O BOM DA IDADE

Daniel J. Levitin

O bom da idade
Um neurocientista examina o poder e o potencial de nossas vidas

TRADUÇÃO
Denise Bottmann
Afonso Celso da Cunha Serra

*Grafia atualizada segundo o Acordo Ortográfico da Língua Portuguesa de 1990,
que entrou em vigor no Brasil em 2009.*

Título original
Successful Aging: A Neuroscientist Explores the Power and Potential of Our Lives

Capa
Valentina Brenner | Foresti Design

Revisão técnica
Gilberto Stam

Preparação
Natalia Engler

Índice remissivo
Gabriella Russano

Revisão
Natália Mori
Luís Eduardo Gonçalves

Dados Internacionais de Catalogação na Publicação (CIP)
(Câmara Brasileira do Livro, SP, Brasil)

Levitin, Daniel J.
   O bom da idade : Um neurocientista examina o poder e o potencial de nossas vidas / Daniel J. Levitin ; tradução Denise Bottmann, Afonso Celso da Cunha Serra. — 1ª ed. — Rio de Janeiro : Objetiva, 2024.

   Título original : Successful Aging : A Neuroscientist Explores the Power and Potential of Our Lives.
   ISBN 978-85-390-0765-3

   1. Cérebro – Aspectos de saúde 2. Cérebro – Envelhecimento I. Título.

23-170511   CDD-616.8

Índice para catálogo sistemático:
1. Cérebro : Neurociências : Medicina   616.8

Cibele Maria Dias – Bibliotecária – CRB-8/9427

Todos os direitos desta edição reservados à
EDITORA SCHWARCZ S.A.
Praça Floriano, 19, sala 3001 — Cinelândia
20031-050 — Rio de Janeiro — RJ
Telefone: (21) 3993-7510
www.companhiadasletras.com.br
www.blogdacompanhia.com.br
facebook.com/editoraobjetiva
instagram.com/editora_objetiva
twitter.com/edobjetiva

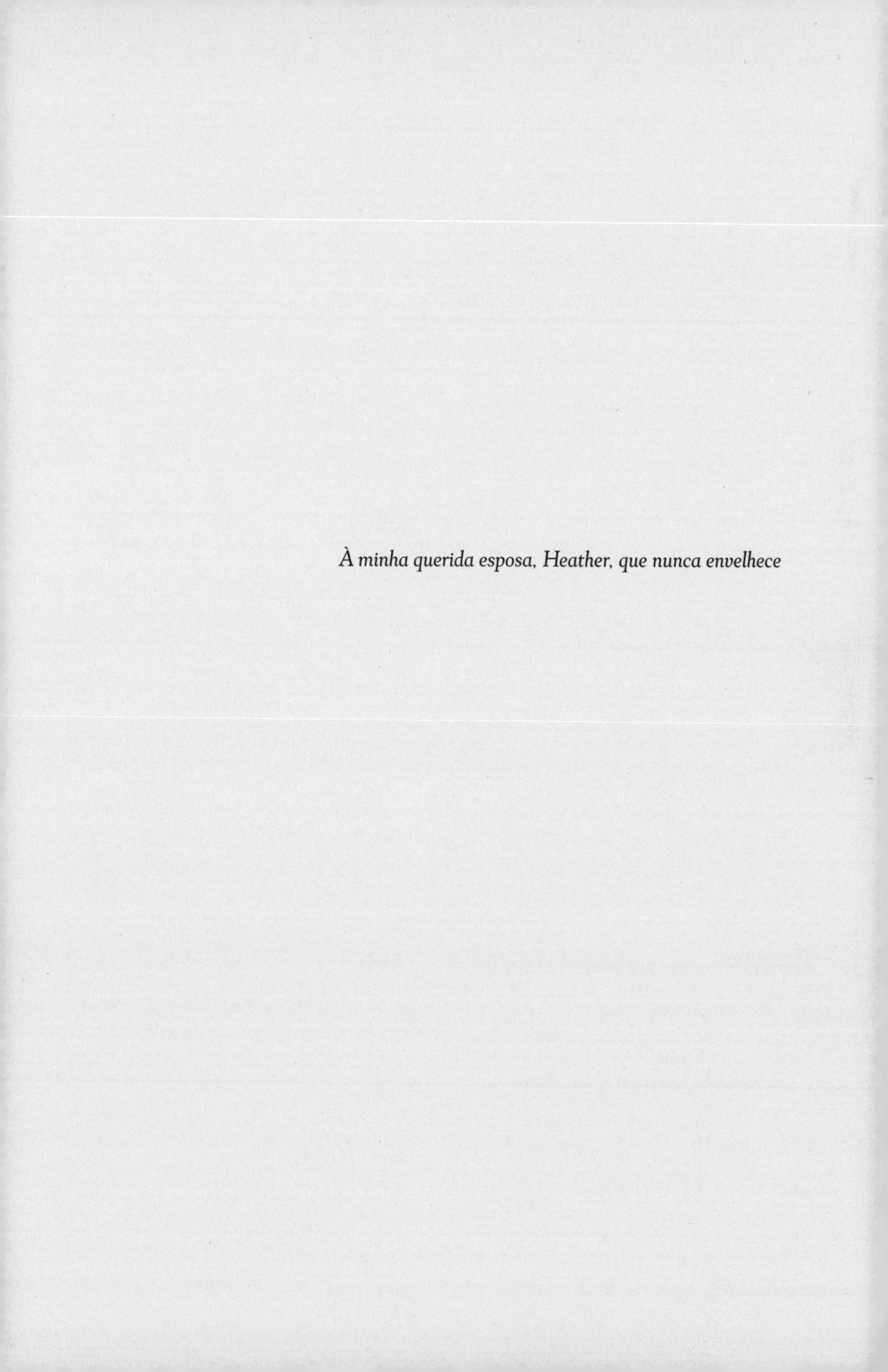

À minha querida esposa, Heather, que nunca envelhece

Sumário

Introdução

O poeta Dylan Thomas escreveu que não devíamos ingressar de forma mansa na noite suave, que a velhice devia arder e se inflamar ao final do dia. Mais jovem, quando li esse poema, essas palavras me soaram vazias. Para mim, a velhice era apenas debilidade: o declínio do corpo, da mente e mesmo do espírito. Eu via meu avô sofrer dores e achaques. Antes ágil e orgulhosamente autossuficiente, aos sessenta anos ele tinha dificuldade em segurar um martelo e não conseguia ler sem óculos o rótulo de um pacote de biscoitos Triscuit. Eu via minha avó esquecer as palavras, e chorei quando ela passou a esquecer o ano em que estávamos.

No trabalho, eu via as pessoas perto de se aposentar, os olhos sem brilho, o sorriso sem esperança, contando os dias em que deixariam tudo aquilo, mas tendo apenas uma vaguíssima ideia do que fariam quando tivessem um enorme tempo livre o dia todo, todos os dias.

No entanto, à medida que eu mesmo envelhecia e passava mais tempo com gente no quarto final da vida, passei a enxergar outros aspectos desse processo. Meus pais agora estão na faixa dos 85 anos, cheios de vitalidade como sempre foram, envolvidos em relações sociais, buscas espirituais, caminhadas, contato com a natureza e até iniciando novos projetos profissionais. Aparentam a idade, mas se sentem os mesmos que eram cinquenta anos atrás, e se admiram com isso. Quando algumas faculdades ficam mais lentas, entram em ação mecanismos extraordinários de compensação — mudanças positivas de atitude e disposição, acompanhadas pelas vantagens excepcionais da experiência. Sim, o intelecto mais idoso pode ser mais lento do que o mais jovem para processar informações, mas consegue sintetizar de forma intuitiva toda uma vida de informações e tomar decisões mais inteligentes, baseadas em décadas de aprendizado com seus próprios erros. Entre as várias vantagens da velhice, eles têm menos medo de calamidades porque já enfrentaram algumas no passado e conseguiram superá-las. Sabem que podem contar com a resiliência, tanto a própria quanto a do outro. Ao mesmo tempo, aceitam bem a ideia de que podem morrer logo. Isso não quer dizer que queiram morrer, mas que não temem a morte. Viveram de forma plena e tratam cada novo dia como propício para novas experiências.

Estudiosos pesquisam se a velhice traz mudanças químicas no cérebro que facilitam aceitar a morte — sentir-se à vontade com ela, em vez de temê-la. Como neurocientista, pergunto-me por que algumas pessoas parecem envelhecer melhor do que outras. Será uma questão genética, de personalidade, de condição socioeconômica ou mera sorte? O que se passa no cérebro, que move essas mudanças? O que podemos fazer para deter a perda da agilidade cognitiva e física que acompanha o envelhecimento? Muita gente vive bem aos oitenta ou noventa anos, enquanto outros parecem se retirar da vida, prisioneiros de suas enfermidades, socialmente isolados e infelizes. Quanto controle temos sobre nosso futuro, e quanto é predeterminado?

Unindo pesquisas recentes em neurociência do desenvolvimento e psicologia das diferenças individuais, *O bom da idade* apresenta uma nova abordagem de nossas percepções sobre as décadas finais da vida. Baseando-se em várias áreas de estudos, este livro demonstra que o envelhecimento não é apenas um período de decadência, mas um estágio original de desenvolvimento que — tal como a infância ou a adolescência — traz em si suas próprias exigências e vantagens.

O livro mostrará que a qualidade de nosso envelhecimento depende de duas correntes paralelas:

1. a confluência de uma série de fatores que remontam à nossa infância;
2. nossas reações aos estímulos no ambiente e mudanças nos hábitos individuais.

Esse argumento provocador pode revolucionar a maneira como planejamos a velhice enquanto indivíduos, integrantes de uma família e cidadãos em sociedades industriais onde a expectativa média de vida continua a aumentar.

Ele nos oferece escolhas possíveis que manterão nossa agilidade mental na casa dos oitenta, dos noventa e talvez ainda mais. Não precisamos ingressar trôpegos, apáticos e encurvados naquela boa noite; podemos aproveitá-la bem.

Dois dos professores que tive na faculdade são agora octogenários e um terceiro é nonagenário. Continuam ativos e com a inteligência muito viva. Um deles, Lewis R. Goldberg, agora com 87 anos, é tido como o pai das concepções científicas modernas da personalidade — o conjunto único de traços e características que nos diferencia uns dos outros e pode ter profunda influência no curso de nossa vida. Ele descobriu que as personalidades podem mudar: a gente pode melhorar em qualquer fase da vida, ficando mais consciente, agradável, humilde — e qualquer outra coisa. Isso é surpreendente e subverte décadas de especulações informais. Temos a tendência a achar que os traços de personalidade são constantes e duradouros (pense em Larry David, o ranzinza da série de TV *Segura a onda*), mas eles também são maleáveis. E o tanto que esses traços habituais movem nosso comportamento é algo influenciado pelas situações em que nos encontramos e por nosso próprio empenho em melhorarmos como pessoas.

O lado negativo disso é que, infelizmente, alguns contatos e ambientes podem fazer com que nossa personalidade mude para pior. Uma parte fundamental de um bom envelhecimento é aprender a evitar certos hábitos, estímulos e ambientes que têm influência negativa em nossa personalidade. É essencial entender essa potencial maleabilidade da personalidade. Lamentavelmente, mudanças sombrias de personalidade são muito comuns em nosso mundo. Todos nós conhecemos gente que, ao envelhecer, ficou amargurada, isolada ou deprimida.

Grande parte disso se deve a causas culturais. Nos anos 1960, quando eu estava na puberdade, muitos jovens só queriam tirar os velhos do caminho. Apesar de toda a tolerância, da paz e do amor que nossa geração Woodstock professava, não vacilávamos em deixar a geração de nossos pais de escanteio. Cantávamos "Não confie em ninguém com mais de trinta anos", mas podíamos muito bem ter cantado "Não *preste atenção* em ninguém com mais de setenta anos". Roger Daltrey, do The Who, resumia um desdém geral pelos idosos quando cantava: "Tomara que eu morra antes de ficar velho". Meus amigos nascidos nos anos 1930 e 1940 me contam episódios humilhantes, preconceituosos e desrespeitosos que sofreram da parte do pessoal da minha geração.

O envelhecimento, como tem sido representado durante séculos nos meios de comunicação e em nossa consciência coletiva, traria sofrimento físico e emocional e, em muitos casos, isolamento social. Conforme o físico fica mais frágil, as faculdades intelectuais se debilitam, e a diminuição da visão e da audição impede que os idosos se envolvam com sua comunidade do mesmo modo que antes. A aposentadoria anunciava então o fim dos objetivos de vida e, tristemente, parecia acelerar o final da vida.

Meu avô, primeira geração da família a frequentar a universidade, que conseguiu cursar medicina e se tornou um dos primeiros radiologistas da Califórnia, foi afastado do departamento que ele próprio criara no hospital só porque tinha completado 65 anos. Pelo que sabemos hoje sobre a radiologia diagnóstica, ele era provavelmente melhor na profissão aos 65 anos do que na juventude, pois isso depende em grande parte de circuitos de identificação de padrões no cérebro que se aprimoram com a experiência. A sensação de marginalização e inutilidade que meu avô teve no local de trabalho era oposta ao que tinha no lar — nós o amávamos e o venerávamos, e ficamos arrasados quando ele morreu aos 67 anos. Numa carta que escreveu à família antes da cirurgia que acabou lhe custando a vida, meu avô manifestou sua profunda tristeza com a "perda de respeito" por ele no hospital. Sempre desconfiei que isso teve tal impacto sobre sua energia, resiliência e disposição que uma pequena complicação cirúrgica lhe custou a vida.

Aqui quero apresentar explicitamente o que acontece no cérebro quando nos sentimos rejeitados ou subestimados. Nosso corpo reage a insultos, tanto psicológicos quanto físicos, liberando cortisol, o hormônio do estresse. O cortisol é muito útil quando precisamos ter a reação de lutar ou fugir — por exemplo, quando estamos diante de um tigre pronto para atacar —, mas não é tão útil quando estamos lidando com problemas psicológicos de maior duração, como a perda de respeito. A reação de estresse induzida pelo cortisol reduz a função do sistema imunológico, a libido e a digestão. É por isso que, quando estamos estressados, podemos sentir o estômago revirar. Isso faz sentido na reação de luta ou fuga: precisamos direcionar todos os nossos recursos para a situação temporária de lidar fisicamente com uma ameaça iminente. Mas os estresses psicológicos que podem provir de conflitos interpessoais, que permanecem sem solução, podem nos deixar num estado de estresse fisiológico durante meses ou anos. Por outro lado, quando estamos ativamente envolvidos e animados com a vida, os níveis dos hormônios que levantam o ânimo, como a serotonina e a dopamina, aumentam, e a produção de células NK (*natural killer* ou exterminadoras naturais) e T (linfócitos) também aumenta, fortalecendo nosso sistema imunológico e os mecanismos de reparo das células. Minha avó, minha família e eu poderíamos ter aproveitado a companhia de nosso avô por muito mais tempo se não tivessem surgido estressores sociais.

Agora avancemos 25 anos. Meu pai, que era empresário, foi bastante incentivado a se aposentar aos 62 anos, para abrir caminho para alguém mais jovem. Como seu pai, ele se sentiu excluído e começou a questionar seu valor. Seu mundo social encolheu, ele começou a sofrer de mal-estares físicos e entrou em depressão. Mas àquela altura, em 1995, a maré já estava mudando. A sociedade e os empregadores começavam a despertar para a ideia oriental de que os idosos podem ter não só algum valor, mas valor maior. Meu pai se antenou e foi convidado para dar um curso na Marshall School of Business, na Universidade do Sul da Califórnia. Logo estava com a carga horária completa, dando quatro cursos por semestre. Isso foi 25 anos atrás. Meu pai acaba de renovar seu contrato por mais quatro anos, para lecionar até os 89. Os alunos o adoram porque ele consegue transmitir-lhes sua experiência concreta no mundo real de uma maneira que os professores mais jovens não o fazem. E, com isso, aquela depressão e aqueles mal-estares físicos diminuíram de forma drástica desde que ele encontrou um trabalho dotado de significado.

Claro que nem sempre é fácil encontrar na velhice maneiras de continuar ativo e engajado, e isso não compensa de todo o declínio biológico. Mas novos avanços na medicina e mudanças positivas no modo de vida podem nos ajudar a encontrar uma maior realização que talvez não estivesse ao alcance das gerações anteriores.

Quando eu estava na faculdade, um de meus professores favoritos era John R. Pierce, ex-diretor do Laboratório de Propulsão a Jato, inventor da telecomunicação por satélite, prolífico escritor de ficção científica e quem deu nome ao transistor quando este foi inventado por uma equipe sob sua supervisão. Conheci-o aos oitenta anos, em sua segunda experiência de "aposentadoria", dando aulas sobre som e vibração. Uma vez, ele me convidou para jantar em sua casa; ficamos amigos e saíamos periodicamente para jantar. Quando tinha

87 anos, John entrou em depressão. Um de seus passatempos preferidos era ler, mas agora a vista estava falhando. Comprei para ele alguns livros com letra graúda e isso o reanimou por algumas semanas, mas grande parte das coisas que ele queria ler — obras técnicas, livros de ficção científica — não era encontrada em edições com letras grandes. Eu aparecia e lia para ele quando dava e arranjei alguns alunos de Stanford para fazerem o mesmo. Mas ele ainda continuava a se afundar. Então foi diagnosticado com mal de Parkinson. Os tremores o incomodavam. A memória estava falhando. Não sentia mais prazer em coisas que antes lhe agradavam. E estava ficando cada vez mais desorientado.

Sugeri a ele que perguntasse a seu médico sobre o uso de Prozac, que era novo na época e estava sendo receitado exatamente para os tipos de problemas relacionados com a idade que ele estava enfrentando. (O Prozac ajuda a aumentar os níveis de serotonina no cérebro — um daqueles hormônios já citados que levantam o ânimo.) Foi uma transformação. Não ajudou de maneira específica com o Parkinson, mas a atitude dele mudou. Sentia-se mais jovem. Voltou a oferecer jantares e a dar aulas, coisa da qual tinha desistido um ano antes. Uma simples alteração química no cérebro lhe deu novo alento. John viveu até os 92 anos, e grande parte daquela última meia década foi de muita alegria e satisfação para ele. E para mim também — foi como conseguir uma segunda chance para meu avô, que morreu cedo demais.

Vi John duas semanas antes de ele falecer, e ele estava empolgado planejando alguns novos experimentos. Essa é a maneira certa de partir.

Quando o conheci, eu era jovem e não pensava em meu próprio e inevitável envelhecimento. Mas nas décadas que decorreram desde então, passando por minhas mudanças graduais de disposição e conversando com inúmeros colegas pesquisadores e médicos, passei a enxergar um futuro em que poderemos planejar antecipadamente formas de escapar de alguns dos efeitos adversos do envelhecimento; um futuro em que poderemos canalizar o que sabemos sobre a neuroplasticidade para escrever nossos próximos capítulos tal como queremos que sejam; um futuro em que as escolhas de um modo de vida saudável e um uso mais amplo de antidepressivos e outros fármacos poderão atenuar ou reverter os efeitos da depressão e outras mudanças de humor que por tanto tempo imaginamos serem parte irreversível do processo de envelhecimento. Ademais, sem dúvida surgirão outras inovações na medicina e nos protocolos de tratamento.

Por exemplo, descobertas recentes sobre mudanças nas ondas cerebrais e na química do sono sugerem uma abordagem diferente dessa atividade humana absolutamente fundamental. A privação de sono faz mal em qualquer idade. Foi associada à diabetes na gravidez,[1] à depressão pós-parto[2] e ao distúrbio bipolar em todas as idades. Talvez você tenha lido que "gente de idade" não precisa dormir tanto quanto os jovens e que bastam umas quatro ou cinco horas de sono por noite. Esse mito foi recentemente desmascarado por Matthew Walker na Universidade da Califórnia, em Berkeley. Não é que precisemos de menos horas de sono ao envelhecer — é que as mudanças no cérebro decorrentes do envelhecimento dificultam que os mais idosos durmam o quanto precisam. E as consequências são sérias. A privação de sono nos idosos é diretamente responsável pelo declínio cognitivo, para não mencionar o maior risco de câncer e doenças cardíacas. A vovó esquece onde deixou os óculos não porque é senil, mas porque dorme pouco. Walker descobriu evidências de que a privação de sono aumenta o risco de Alzheimer.

A doença de Alzheimer (DA) é agora a terceira causa principal de morte nos Estados Unidos.[3] Nem por isso vamos tirar conclusões precipitadas de que se está formando uma epidemia ou que ela é causada por toxinas ambientais. Até pode ser, mas a DA é basicamente uma doença de pessoas idosas; os avanços médicos fizeram com que nossa vida seja mais longa, e isso significa que estamos vivendo por tempo suficiente para ter Alzheimer. Mas, por razões que ainda não entendemos, a DA é seletiva em relação ao sexo do indivíduo. Sessenta e cinco por cento dos pacientes são mulheres, e agora as chances de uma mulher ter DA são maiores do que as de ter câncer de mama.

Cerca de dois terços do risco geral de termos Alzheimer provêm de nossos genes, e o terço restante está associado a fatores ambientais, como um histórico de depressão ou lesões na cabeça.[4] Assim, episódios da infância podem vir a ter efeito muitas e muitas décadas depois. Pesquisas científicas recentes demonstram que os estímulos ambientais, o comportamento e a sorte têm, todos eles, algum papel, como mostrarei ao longo deste livro. Pelo lado biológico, é fácil reconhecer um cérebro com Alzheimer pelo encolhimento do hipocampo — a sede da memória — e das camadas externas do córtex cerebral (a parte do cérebro associada aos movimentos e pensamentos complexos). Talvez você já tenha ouvido falar dos amiloides, agregados de proteínas que se encontram no cérebro de pacientes de Alzheimer. Uma proteína específica, o beta-amiloide, começa a destruir sinapses (conexões entre os neurônios do cérebro) e depois se amontoa em placas que provocam a morte dos próprios neurônios.

Dale Bredesen, neurologista que estudou sob orientação de meu colega Stan Prusiner na Universidade da California San Francisco (UCSF), há trinta anos investiga a interação desses fatores. Seu Protocolo Bredesen é apresentado em um livro que figurou na lista de best-sellers do *New York Times*. Para evitar o Alzheimer, diz ele, há cinco elementos fundamentais: uma alimentação rica em vegetais e gorduras insaturadas, a oxigenação do sangue com exercícios físicos moderados, treinar o cérebro, boa higiene do sono e um regime de suplementos estabelecido individualmente de acordo com as necessidades de cada um, com base em exames sanguíneos e genéticos. O Protocolo Bredesen ainda está nas fases iniciais de validação — a prova conceitual primária se baseou em apenas dez pacientes. Os pacientes precisam estar num estágio muito inicial do Alzheimer. E, como o protocolo é novo, não há ninguém que o siga há mais de cinco anos.* O protocolo pode ajudar ou não, mas pelo menos as quatro primeiras partes não causarão nenhum dano — ainda não sabemos o suficiente sobre os suplementos —, e, para muitas pessoas, faz sentido começar a seguir essas práticas de vida saudável contando com a possibilidade de acabarem sendo validadas cientificamente.

Prusiner recebeu o prêmio Nobel pela descoberta dos príons, proteínas que podem se acumular e causar doenças neurodegenerativas como a Creutzfeldt-Jakob, uma condição fatal caracterizada pela perda da memória e por mudanças comportamentais. Isso faz você lembrar alguma coisa? Sim, claro, essas são as características do Alzheimer, e Prusiner agora acredita que os príons, na medida em que se reúnem em fibrilas amiloides, são responsáveis pelo Alzheimer e pelo mal de Parkinson. O ponto inovador dessa pesquisa é a ideia da neuroinflamação como precursora do Alzheimer, aparecendo muito antes dos sintomas e sinais clínicos. Isso porque os sintomas visíveis só surgem durante a efetiva destruição de regiões cerebrais — os efeitos cognitivos que percebemos, como a perda de memória e a mudança de humor, refletem estágios relativamente avançados do processo subjacente da doença. Sintomas de tipo depressivo,

* Em 2023, a editora Objetiva publicou, de Dale E. Bredesen, *Os primeiros sobreviventes do Alzheimer*, que reúne relatos de indivíduos que adotaram esse protocolo e contam como superaram o Alzheimer. (N. E.)

como a perda de interesse e de energia, com frequência aparecem muito antes de outras manifestações mais sérias.

Várias equipes de cientistas descobriram que um processo inflamatório crônico precede o início do Alzheimer, o que sugere com firmeza uma possível estratégia de tratamento com fármacos anti-inflamatórios, que poderá ser amplamente utilizada nos próximos anos.[5] O foco atual das pesquisas está em estudar se anti-inflamatórios (como o ibuprofeno) podem amenizar os sintomas já surgidos ou se precisam ser ministrados antes que eles surjam, atuando assim como preventivos (o que parece ser o caso). Outro tratamento inovador que está sendo examinado é a imunização com anticorpos capazes de impedir, em primeiro lugar, a formação de fibrilas amiloides.[6]

Falamos de tempo de vida como a quantidade de tempo em que a pessoa está viva. Salvo casos de morte por acidente, a maioria de nós irá morrer devido a algum tipo de doença, ou nosso organismo simplesmente se esgotará. Podemos pensar a linha de duração de nossa vida dividida em duas partes: o período em que em geral estamos saudáveis (período de saúde) e o em que estamos doentes (período de doença). Está claro que é importante reduzir o período de doença.

Consideremos duas amigas que morrem aos cem anos, ambas com o mesmo tempo de vida, mas com períodos de doença muito diferentes. Grace começa a ter um declínio gradual da saúde aos cinquenta anos, e aos oitenta precisa de atendimento 24 horas por dia. A saúde de Eloise começa a diminuir aos setenta anos, mas os verdadeiros problemas de saúde só surgem aos 95. Todos nós preferiríamos ter esses vinte anos a mais navegando em águas tranquilas, seguidos por mais quinze anos de vida feliz, antes que a doença restrinja nossas atividades. Escrevi este livro a partir da premissa de que nunca é tarde demais para inclinar a balança em nosso favor e aumentar nosso período saudável ao fazer mudanças importantes na forma como abordamos a velhice.

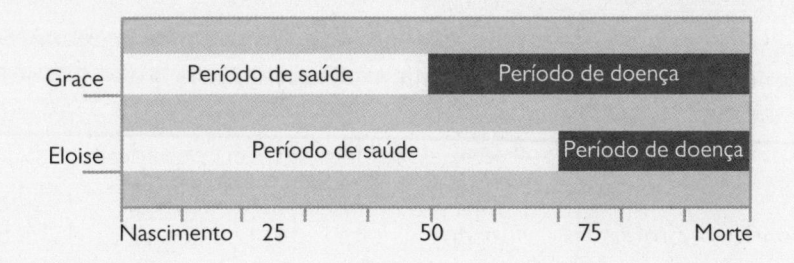

Os fatores ambientais aqui citados podem ter efeito positivo ou negativo na maneira como vivemos a velhice — nosso envolvimento com o mundo, nossos hábitos, nossa vontade de viver e nossa medicação. Uma segunda vertente na narrativa de *O bom da idade* é o lado do desenvolvimento, uma história que, ironicamente, começa na infância.

Já mencionei que o estresse social pode levar ao comprometimento do sistema imunológico. Isso acontece em qualquer idade. Michael Meaney, da Universidade McGill, mostrou que o tipo de cuidado que uma mãe dedica aos filhos altera a química do DNA em certos genes envolvidos nas reações fisiológicas ao estresse. Os ratinhos que são lambidos com mais frequência nos primeiros seis dias de vida se tornam ratos adultos muito mais seguros e menos propensos a sofrer estresse.[7] Em especial, os ratinhos que foram muito lambidos e cuidados produziam, diante de uma situação difícil ou estressante, menos hormônios de estresse do que os que receberam menos cuidados, e aqui está o mais importante: os efeitos se prolongam na idade adulta.

Meaney foi em frente e mostrou efeitos similares nos seres humanos, e o conjunto oposto de consequências para crianças negligenciadas ou abusadas na primeira infância. No caso do estresse, a experiência inicial interage com a genética e a estrutura cerebral. "A saúde das mulheres é fundamental", diz Meaney. "O fator individual mais importante que determina a qualidade das interações mãe-prole é a saúde mental e física da mãe. Isso se aplica igualmente a ratos, macacos e seres humanos."[8] Pais que vivem na pobreza, que sofrem de problemas mentais ou enfrentam um grande estresse são muito mais propensos a viver cansados, irritados e nervosos. "Esses estados comprometem claramente as interações entre pais e filhos", diz ele. E, mais tarde, comprometem a química cerebral e a resiliência dos filhos diante de contratempos, mesmo futuros.

Meaney ressalta que "o desenvolvimento do cérebro humano se dá num contexto socioeconômico, e a situação socioeconômica (SSE) da infância influi no desenvolvimento neural — sobretudo dos sistemas que promovem a função da linguagem e a função executiva" (decidir o que fazer e então fazer). As pesquisas têm mostrado a importância dos fatores pré-natais, das interações parentais e do estímulo cognitivo no ambiente do lar para favorecer um desenvolvimento neural saudável e duradouro. Essas descobertas deveriam nos levar a melhorias em políticas e programas destinados a minorar disparidades na saúde mental e no desempenho escolar relacionadas com a SSE.

O cuidado parental (ou a falta dele) no começo da vida afeta de forma seletiva o desenvolvimento de uma série de sistemas cerebrais, como os receptores glicocorticoides no hipocampo, que são componentes primários da reação ao estresse, fazendo parte do mecanismo de feedback no sistema imunológico que reduz a inflamação. Meaney também mostrou que o cuidado parental afeta a função das glândulas pituitária e adrenal, que regulam o crescimento, a função sexual e a produção de cortisol e adrenalina. Traumas iniciais podem durar por toda a vida. Eles podem ser superados com as intervenções comportamentais e farmacológicas corretas, mas dá certo trabalho. Uma maior quantidade de carinhos e abraços tem longo efeito, em especial no vulnerável primeiro ano de vida. Como pais (e avós e professores), nossas escolhas quanto à maneira de criar nossos filhos em seus primeiros anos de vida terão sobre seus anos finais um efeito muitíssimo maior do que poderíamos imaginar.

Uma terceira vertente deste livro, junto com as influências ambientais e o desenvolvimento neural, é que vim a entender a velhice como um período específico de crescimento, uma fase da vida com características próprias, em vez de um período de declínio ou de diminuição gradual de cada função.

Quando pensamos na velhice, a primeira coisa que vem à cabeça de muitos de nós é um conjunto de problemas relacionados à idade, que todos conhecemos: perda da visão, perda da audição, dores e mal-estares. O que de fato acontece quando o cérebro e o corpo envelhecem — que mudanças fisiológicas afetam nossa vivência de nós mesmos e dos outros? Vou me deter nessas perguntas, e ainda na atrofia das células cerebrais, nos danos na sequência de DNA, no comprometimento de funções de reparo celular e nas mudanças hormonais e neuroquímicas.

Também explorarei alguns efeitos igualmente usuais, mas menos comentados. Por exemplo, a maioria de nós passa por mudanças metabólicas que significam que não podemos continuar a comer as mesmas coisas que sempre comemos e manter o peso ou a silhueta. Podemos nos tornar intolerantes à lactose. (As forças evolutivas estavam preocupadas basicamente com a digestão do leite materno quando éramos crianças, e não com o sorvete que tomamos aos cinquenta anos.) Nosso sistema digestivo passa por mudanças que, além de causar intolerância à lactose, podem nos tornar mais flatulentos com a idade. Nossa pele se enruga. Nossos olhos ressecam. A cafeína pode nos afetar de maneira diferente ou deixar de nos oferecer qualquer efeito benéfico. O processamento do açúcar refinado fica mais difícil conforme nosso pâncreas envelhece. *O bom da idade* vai lhe dizer o que você deve esperar ou talvez lhe explicar algumas coisas pelas quais você já está passando. Mas não é um livro sobre problemas. Meu objetivo é, a partir das pesquisas científicas mais avançadas na medicina, oferecer algumas soluções, diretrizes e sugestões úteis para termos uma vida boa e feliz, deixando em segundo plano essas enfermidades e indignidades e nos permitindo viver de forma plena as coisas significativas no terceiro ato de nossa vida.

Agora que nossa geração de Woodstock está entrando na casa dos sessenta e setenta anos, temos chance de mudar o status quo em relação ao papel que idosos desempenham no cotidiano. Isso, claro, atende ao nosso próprio interesse, mas o mais importante é que pode ajudar a reavivar o sonho de nossa geração de melhorar a sociedade, ideais como respeitar o planeta e todos os seres vivos que nele habitam, ajudar os menos afortunados, promover a tolerância e a inclusão, permitir que pessoas diferentes de nós abracem essas diferenças em vez de ficarem constrangidas com elas.

O custo de pôr os idosos de lado é enorme, com a perda de produtividade econômica e artística, o rompimento de relações familiares e a diminuição de oportunidades. Podemos começar a adotar um comportamento melhor abarcando os que estão numa geração à frente de nós — a geração de nossos pais. E podemos adotar práticas que manterão nossa ligação e o envolvimento com outros quando formos mais velhos, já bem entrados na casa dos oitenta e noventa anos... e talvez até mais. Defendo aqui uma concepção muito diferente da velhice, que vê nossas décadas finais como um período de florescimento, um ressurgimento da vida que não corre atrás de nossos anos mais jovens, mas, pelo contrário, abraça as dádivas que o tempo pode trazer.

O que significaria pensarmos os idosos como recurso e não como fardo, e o envelhecimento como ponto culminante e não como desfecho? Significaria canalizar um recurso humano que está sendo desperdiçado ou, na melhor das hipóteses, subaproveitado. Promoveria laços familiares mais fortes e amizade mais sólida entre todos nós. Significaria que decisões importantes em todos os níveis, de assuntos pessoais a acordos internacionais, seriam enriquecidas pela experiência e pela razão, bem como pela perspectiva que a velhice traz. E poderia até significar um mundo mais compassivo. Entre as mudanças químicas que vemos no cérebro ao envelhecer está uma tendência à compreensão, ao perdão, à tolerância e à aceitação. Embora os idosos possam se tornar mais obstinados em suas posições e haja uma tendência para o conservadorismo, ao mesmo tempo eles podem ficar mais abertos às diferenças individuais e entender melhor as dificuldades que outras pessoas precisam enfrentar. Os adultos de mais idade podem trazer uma compaixão extremamente necessária a um mundo tomado pela impaciência, pela intolerância e pela falta de empatia.

Temos um problema de compartimentação no campo da neurociência cognitiva. Os pesquisadores têm a tendência de falar apenas para gente de sua própria área, e não para outras áreas. Nos últimos trinta anos, temos visto grandes avanços inovadores no entendimento de muitas ideias centrais sobre a personalidade, as emoções e o desenvolvimento cerebral. Mas são poucas as pessoas de uma área que falam com as de outra, e assim ficamos numa situação em que nem os médicos nem o público em geral conseguem utilizar esses avanços para o bem individual e para o bem comum.

Quando comecei, tive a sorte fantástica de ter mentores que trabalhavam em diversas áreas, e todos seguem em atividade — psicólogos da personalidade (como Lew Goldberg e Sarah Hampson, agora com 87 e 68 anos, respectivamente), psicólogos cognitivos (Michael Posner e Roger Shepard, agora com 83 e noventa anos, respectivamente) e neurocientistas do desenvolvimento (Ursula Bellugi, agora com 88 anos, e Susan Carey, com 77). Com isso, lancei uma ponte entre duas áreas que mantêm tradições intelectuais separadas — a neurociência do desenvolvimento e a psicologia das diferenças individuais (da personalidade). Quanto mais estudo o cruzamento entre elas, mais me surpreende o quanto podem nos ajudar a entender o cérebro em envelhecimento e as escolhas que todos nós podemos fazer, a fim de maximizar nossas chances de ter uma vida longa, feliz e produtiva. O cruzamento desses dois campos científicos, com sua aplicabilidade à velhice, é o tema central que percorre *O bom da idade* e que ainda não foi abordado em nenhum livro para o grande público.

Segundo a concepção da neurociência do desenvolvimento que apresentarei aqui, são as interações entre genes, cultura e oportunidade que constituem os principais determinantes:

- da trajetória que nossa vida segue;
- da forma como nosso cérebro se transforma;
- de sermos ou não saudáveis, ativos e felizes ao longo de nossa vida.

Não interessa a idade que temos: nosso cérebro está sempre mudando em reação a pressões dos genes, da cultura e da oportunidade. Nossas escolhas ditam grande parte da vida que levamos. Mas também somos afetados por coisas fortuitas que acontecem conosco e por escolhas feitas por terceiros. A oportunidade ou a falta dela é, muitas vezes, uma questão de sorte, regida por grandes forças históricas, como a riqueza, as pestes, o acesso a água potável, a educação e uma boa legislação. Nosso cérebro é modificado, em grande e pequena escala, pelas experiências da vida, sejam elas quais forem: decepções, amores, interações com pessoas essenciais, êxitos, doenças, lesões acidentais, dores, toxinas ambientais. Em suma, nosso cérebro está sendo constantemente modificado pela própria vida.

Acrescento a essa perspectiva o valioso corpo de estudos sobre as diferenças individuais. A história dos traços pessoais — as maneiras como entendemos nossas diferenças individuais — é uma das mais fascinantes na ciência moderna. Suas raízes remontam a Aristóteles, que explicava as diferenças de personalidade dos indivíduos como de "matéria". O cientista setecentista Franz Joseph Gall e o cientista oitocentista Sir Francis Galton inauguraram o estudo moderno das diferenças individuais, sendo que Gall chegou a antecipar a ideia da neurociência moderna de que é possível localizar funções mentais específicas em diferentes partes do cérebro. (Gall inventou a frenologia, o estudo das saliências na cabeça; hoje já se demonstrou que a frenologia é ridícula, mas a hipótese básica de Gall sobre a localização das funções cerebrais ainda se sustenta.) Gordon Allport, Hans Eysenck, Amos Tversky e Lew Goldberg, entre muitos outros indivíduos de talento, sedimentaram o estudo das diferenças individuais como uma ciência e um campo rigoroso.

A psicologia das diferenças individuais procura caracterizar e quantificar as milhares de variações entre os seres humanos. Ela utiliza ferramentas matemático-estatísticas relativamente sofisticadas e procura entender não só as diferenças entre nós, mas também suas raízes. O objetivo desse trabalho sempre foi o de prever os comportamentos dos outros — se eu sei, por exemplo, que fulano é responsável, minha probabilidade de prever a reação dele a determinada situação será maior do que seria se eu não soubesse disso?

Então, o que podemos fazer para manter a força física, mental e espiritual, ao mesmo tempo aceitando as limitações que podem vir com o envelhecimento? O que podemos aprender com aquelas pessoas que envelhecem alegres, continuando ativas e cheias de energia ao longo de oitenta ou noventa anos de idade, e mesmo além? Como adaptamos nossa cultura para atender às necessidades das gerações idosas, ao mesmo tempo aproveitando mais a sabedoria, a experiência e a motivação delas em contribuir para a sociedade?

Reforçarei ao longo deste livro o conceito de modo de vida segundo o qual *podemos* mudar nossa personalidade e nossas reações ao ambiente, ao mesmo tempo adaptando-nos continuamente às coisas fortuitas e imprevisíveis que a vida nos traz. Esse conceito tem cinco partes: Curiosidade, Abertura, Associações, Conscienciosidade e Práticas Saudáveis ou, como eu o denomino, o princípio COACH.* Não é mais um livro que ensina a fazer sudoku. *O bom da idade* explicará o que se passa em nosso cérebro quando envelhecemos e o que podemos fazer a esse respeito, com base na análise rigorosa de evidências da neurociência.

O bom da idade tem três objetivos: primeiro, canalizar nosso conhecimento para podermos prever as mudanças — positivas e negativas — e utilizar sistemas que facilitem nossas transições e minimizem a possibilidade de consequências indesejadas. Esses sistemas podem ser coisas tão simples quanto desenvolver um bom relacionamento com nosso médico, tomar suplementos que melhorem a mielinização e esconder uma chave numa caixa de segurança, caso a gente esqueça nossa chave dentro de casa (como fiz certa vez com temperaturas abaixo de zero — *antes* de ter uma caixa de segurança). Há certas coisas concretas que podemos fazer para diminuir os efeitos negativos da perda de memória, da perda de percepção e da retração dos círculos sociais que costumam acompanhar o envelhecimento. Podemos lutar para reverter a tendência de estreitar nossos interesses, de nos acomodar demais e de temer correr riscos

* COACH é a sigla em inglês para *Curiosity, Openness, Associations, Conscientiousness* e *Healthy practices*. (N. T.)

mesmo moderados. Podemos aprender a explorar a sabedoria e as habilidades que alcançamos e, em vez de sermos esquecidos pelos amigos, passarmos a ser muito procurados por eles.

Em segundo lugar, o propósito deste livro é estimular todos nós a pensarmos sobre as coisas que, ao olharmos para trás ao final de nossa existência, prenunciarão o sentimento de uma vida bem vivida. Que decisões podemos tomar, neste momento e mais para frente, que maximizarão nossa satisfação com a vida e infundirão significado a ela? Em livros anteriores, manifestei-me energicamente contra o uso excessivo das redes sociais, inclusive do Facebook. Não me entenda mal — eu uso redes sociais e penso que oferecem uma forma maravilhosa de manter contato com nossos amigos e parentes espalhados pelo mundo. Mas, quando estamos no final da vida, no leito de morte, a bibliografia científica da área prevê de forma enfática que não estaremos dizendo: "Queria ter passado mais tempo no Facebook". Em vez disso, provavelmente diremos: "Queria ter passado mais tempo com as pessoas que amo" ou "Queria ter feito mais para deixar uma marca no mundo".

Por fim, este livro pretende nos ajudar a pensar de modo totalmente diferente sobre o envelhecimento, como indivíduos, como integrantes da comunidade, como sociedade; ele almeja promover a evolução de uma cultura que abarque as contribuições dos idosos, entretecendo os contatos intergeracionais no tecido da experiência cotidiana. Ao examinar a ciência do cérebro — especificamente do ponto de vista da neurociência do desenvolvimento e da psicologia das diferenças individuais —, este livro procura induzir um entendimento transformador do processo de envelhecimento, o último capítulo de nossa história humana.

Quando idosos olham de modo retrospectivo para suas vidas e são solicitados a indicar a idade em que foram mais felizes, o que você imagina que respondem? Aos oito anos, quando tinham poucas preocupações? Talvez a fase da adolescência, por causa de toda a atividade e da descoberta do sexo? Talvez os anos de faculdade ou os primeiros anos formando família? Errado. A idade que aparece com maior frequência como a época mais feliz da vida é a de 82 anos! O objetivo deste livro é ajudar a elevar essa idade em uns dez ou vinte anos. A ciência diz que é possível. E eu concordo com ela.

Parte I

O cérebro em desenvolvimento contínuo

Quais são os elementos que determinam o nosso envelhecimento? Os diversos sistemas em nosso cérebro envelhecem em ritmos diversos. Alguns decaem, enquanto outros realmente ganham eficiência e efetividade. A mensagem básica que vemos na cultura popular — a de que a velhice é uma época de declínio completo — não é correta. Sim, algumas coisas ficam mais lentas, mas nossa saúde, nossa felicidade, nossa vivacidade mental não precisam diminuir. As pesquisas mais recentes em neurociência sugerem uma forma totalmente nova de pensar o envelhecimento — a memória, nossos sistemas perceptivos, a inteligência, mesmo a motivação, a dor e a vida social. A gente pode achar, como eu achava, que algumas pessoas envelhecem melhor do que outras por causa de todos esses fatores cognitivos e emocionais. Na verdade, o principal elemento determinante para uma vida feliz e produtiva é uma coisa que nasce (em parte) conosco e que podemos decidir mudar: nossa personalidade.

1. Personalidade e diferenças individuais

Em busca do número mágico

Recentemente visitei um jardim de infância e fiquei impressionado ao ver como as diferenças nos traços de personalidade e as disposições individuais das crianças aparecem desde cedo. Algumas são mais expansivas, enquanto outras são mais tímidas; algumas gostam de explorar o ambiente e de se arriscar, enquanto outras são mais medrosas; algumas se dão bem com os outros, enquanto outras são briguentas — já aos quatro anos de idade. Os jovens pais que têm mais de um filho notam de imediato as diferenças de disposição de suas crianças, bem como entre estas e eles mesmos.

No outro extremo da vida, as pessoas envelhecem de modos claramente distintos — algumas parecem apenas se sair melhor do que outras. Mesmo deixando de lado diferenças na saúde física e as diversas doenças que podem nos acometer em idade avançada, alguns idosos levam uma vida mais dinâmica, mais engajada, mais ativa e satisfatória do que outros. Podemos olhar uma criança de cinco anos e dizer que ela chegará bem aos 85? Sim, podemos.

A descoberta de que a saúde e o envelhecimento estão relacionados com a personalidade resultou de inúmeros estudos. Primeiro, os cientistas tiveram de descobrir como medir e definir a personalidade. O que é ela? Como observá-la com precisão e de forma quantitativa? Nisso podem ter se inspirado em Galileu, que disse: "A tarefa do cientista é medir o que é mensurável e tornar mensurável o que não o é". E assim fizeram eles.

Entre as descobertas mais sólidas está a de que a personalidade de uma criança afetará mais tarde como será sua saúde na vida adulta. Tomemos como exemplo uma criança que vivia criando encrenca no ensino fundamental e seguiu assim durante a puberdade. Ao chegar à adolescência, possivelmente fumaria, beberia e usaria maconha. Em termos de personalidade, poderíamos dizer que esse adolescente gostava de ir atrás de sensações e aventuras, sendo altamente dotado de extroversão e pouco dotado de responsabilidade e estabilidade emocional. Ele teria risco maior de passar ao consumo de drogas pesadas ou de morrer num acidente de carro ao dirigir bêbado. Se sobrevivesse a essas ameaças maiores no começo da idade adulta, mas não mudasse de hábitos, entraria na meia-idade com um risco muito maior de câncer de pulmão devido ao fumo ou de lesão no fígado devido ao álcool.[1] Mesmo comportamentos mais sutis podem influir nas consequências que aparecem muitas décadas depois: a exposição compulsiva ao sol e o bronzeamento desde cedo, a falta de higiene bucal, fazer pouco exercício físico e a obesidade cobrarão seu preço.

Uma das pioneiras na relação entre personalidade e envelhecimento é Sarah Hampson, cientista do Instituto de Pesquisas de Oregon. Observa ela: "A falta de autocontrole pode resultar em comportamentos que aumentam a probabilidade de exposição a situações perigosas ou traumáticas e afetam a saúde, com consequências biológicas de estresse duradouras".[2] Ela descobriu que a infância é um período crucial para o estabelecimento de padrões de comportamento com efeitos biológicos que persistem na idade adulta. Se queremos ter uma vida longa e saudável, um fator que contribui é termos recebido uma boa criação em casa. Os traços de personalidade na infância, avaliados no ensino fundamental, preveem os níveis de lipídios, a glicose do sangue e a largura da cintura da pessoa quarenta anos depois.[3] Esses três indicadores, por sua vez, preveem o risco de diabetes e doenças cardiovasculares. Os mesmos traços da infância chegam a prever a duração da vida.[4]

Embora essas correlações entre os anos iniciais da infância e a personalidade na fase adulta avançada sejam sólidas, elas contam apenas uma parte da história. As pessoas envelhecem de maneiras diferentes, e uma parte dessa história está relacionada com a interação da genética com o ambiente e a oportunidade (ou sorte). Os cientistas desenvolveram uma abordagem matemática para rastrear a personalidade, comparando traços característicos conforme se diferenciam entre os indivíduos ou mudam na mesma pessoa ao longo do tempo. Com isso, podemos falar em alterações de personalidade relacionadas à idade, à cultura e induzidas por fármacos, como acontece com a doença de Alzheimer. Muitas vezes, uma das primeiras indicações de um problema no cérebro é uma mudança na personalidade.

E, nos últimos anos, a ciência do desenvolvimento mostrou que as pessoas, mesmo idosas, podem mudar de maneira significativa — não temos de viver uma vida que nos foi determinada pela genética, pelo ambiente e pelas oportunidades.[5] O grande psicólogo William James escreveu que a personalidade no começo da idade adulta já "estava moldada em gesso", mas felizmente ele estava equivocado.

A concepção de que as pessoas conservam ao longo de toda a vida a capacidade de mudar só se assentou em meados dos anos 1970, quando uma ideia originalmente apresentada pela psicóloga Nancy Bayley[6] foi popularizada pelo psicólogo alemão do desenvolvimento Paul Baltes:

A maioria dos pesquisadores do desenvolvimento aceita a noção de que a mudança desenvolvimental não se restringe a algum estágio específico do tempo de vida e, dependendo da função e do contexto ambiental, a mudança de comportamento pode ser geral e rápida em todas as idades. Na verdade [...], a velocidade da mudança é maior na primeira infância e na velhice.[7]

Nem todos aproveitam essa capacidade, mas ela está ali, tal como a possibilidade de adaptarmos nossa alimentação ou nosso guarda-roupa. Os acontecimentos de nossa infância podem ser superados e transformados com base em experiências de vida posteriores. A grande ideia de Bayley e Baltes era a de que nenhum período da vida se sobrepõe aos demais.

Evidentemente, a ideia de que as pessoas podem mudar forma toda a base da psicoterapia moderna.[8] As pessoas procuram psiquiatras e psicólogos porque querem mudar, e a psiquiatria e a psicologia modernas são muito eficientes em tratar ou curar um grande número de estressores e distúrbios mentais, em especial fobias, ansiedade, transtornos de estresse, problemas de relacionamento e depressão em grau leve a moderado. Algumas dessas mudanças volitivas giram em torno de escolhas melhores no modo de vida, enquanto outras demandam mudanças em nossa personalidade, às vezes só um pouco, que nos deem as melhores chances de envelhecer bem. Para implantar as mudanças de maior eficácia, cada um de nós pode pensar nos componentes fundamentais que formam o que somos agora, o que éramos antes e o que gostaríamos de ser.

O conjunto de disposições e traços característicos que temos num determinado período abrange nossa personalidade. Todas as culturas tendem a descrever os indivíduos usando qualificativos baseados em traços da personalidade, como *generoso, interessante e confiável* (pelo lado positivo) ou *mesquinho, enfadonho e instável* (pelo lado negativo), além de termos mais ou menos neutros ou que dependem do contexto, como *pueril e jovial*. Essa abordagem pelos "traços", porém, pode eclipsar dois fatos importantes: (1) muitas vezes apresentamos traços diferentes conforme as situações; (2) podemos mudá-los.

Pouca gente é generosa, interessante ou confiável o tempo todo — a oportunidade e as situações constantemente variáveis em que nos encontramos podem dar um grande impulso em predisposições genéticas a determinados comportamentos ou maneiras habituais de nos apresentarmos ao mundo. Os traços de personalidade são descrições probabilísticas de comportamento. Quando se descreve uma pessoa dizendo que ela tem muito de determinada característica, isso significa que ela a apresenta com maior frequência e intensidade do que outros.[9] Um indivíduo simpático tem maior probabilidade de mostrar simpatia do que quem é antipático, mas mesmo assim pessoas antipáticas podem ser simpáticas em alguns momentos, assim como os introvertidos às vezes são extrovertidos.

A cultura, tanto em nível micro quanto em macro, também tem seu papel. O que é considerado um comportamento tímido e reservado nos Estados Unidos (cultura num nível macro) pode ser visto como plenamente normal no Japão. E, para nos mantermos por ora dentro dos Estados Unidos, o comportamento que é considerado aceitável numa partida de hóquei pode ser inaceitável numa sala de reuniões (cultura num nível micro).

Booker T. Washington escreveu que é "o caráter, não as circunstâncias", que faz a pessoa. Ralph Waldo Emerson afirmou: "Nenhuma mudança das circunstâncias é capaz de corrigir uma falha de caráter". Embora o caráter sirva como personagem de um bom conto ou poema, na verdade os traços de caráter nos moldam menos do que pensamos, e as circunstâncias da vida — bem como nossas reações diante delas — nos moldam mais do que imaginamos. Seria bom se pudéssemos classificar o grau dessas circunstâncias — de gravemente deletérias a benignas —, mas isso é impossível devido às diferenças individuais em como reagimos às coisas. Algumas crianças que foram (ou se sentiram) abandonadas pelos pais crescem e se tornam adultos bondosos e bem ajustados à sociedade; outras se tornam assassinos cruéis. A resiliência, a força de caráter e a gratidão pelas pequenas coisas da vida ("pelo menos ainda tenho o que comer") são traços de personalidade desigualmente distribuídos entre a população.

Pensamos os genes como fatores que influem nos traços físicos, como a cor do cabelo, a cor da pele e a altura. Mas eles também influenciam características mentais e traços de personalidade, como a autoconfiança, a propensão à compaixão e a variabilidade emocional. Basta olhar uma sala cheia de bebês com um ano de idade: é visível que alguns são mais calmos, outros mais independentes, alguns são mais ruidosos, outros mais quietos. Pais com dois ou mais filhos ficam admirados com as diferenças de personalidade que as crianças apresentam desde o começo. Tive o cuidado de dizer que os genes *influem* nos traços de personalidade porque os efeitos dos genes não constituem uma verdade única e imutável. Os genes não *ditam* como seremos; eles fornecem um conjunto de restrições, de limites na formação de nossa personalidade. A genética não é um decreto — os traços de personalidade, para os quais nossos genes contribuem, ainda precisam percorrer os caminhos sinuosos e imprevisíveis da cultura e da oportunidade. É mais adequado descrever os traços complexos como propriedades emergentes que não encontramos num gene isolado, nem mesmo num grande conjunto de genes, porque a maneira como os genes se expressam ao longo do tempo é fundamental para o desenvolvimento do traço de personalidade como realidade social.

Os genes podem estar presentes em nosso corpo, mas em dormência, aguardando o gatilho ambiental adequado que os ativará — o que é chamado de expressão gênica. Uma experiência traumática, uma alimentação boa ou ruim, o tipo de sono, o contato com alguém que sirva de exemplo a ser seguido podem causar modificações químicas em nossos genes, as quais, por sua vez, fazem com que eles despertem e se ativem, ou adormeçam e se desativem. A maneira como o cérebro se aciona, tanto no ventre quanto ao longo de toda a vida, é uma dança complexa entre possibilidades genéticas e fatores ambientais. Os neurônios são conectados sempre que aprendemos alguma coisa, mas isso está sujeito a limitações genéticas. Se herdamos genes que contribuem para termos 1,50 metro de altura, podemos aprender o quanto quisermos, mas dificilmente ingressaremos na NBA (embora Spud Webb meça 1,65 metro e

Muggsy Bogues, 1,57 metro). Um exemplo mais sutil: se nossos genes limitam os circuitos da memória auditiva em nosso cérebro — talvez por favorecerem a cognição visual-espacial —, é pouco provável que nos tornemos grandes músicos, por mais lições que tenhamos, porque a habilidade musical depende da memória auditiva.

Uma maneira de pensar a expressão gênica é ver nossa vida como se fosse um filme ou um longo seriado de TV.[10] Imaginemos nosso DNA como um roteiro: o conjunto de instruções, diálogos e direção de palco para todos os participantes do filme. Nossas células são os atores. A expressão gênica é a maneira como os atores decidem expressar aquele roteiro. Eles podem dar uma determinada interpretação àquelas palavras, com base em sua experiência, e até chegar a surpreender os roteiristas.

E os atores, claro, interagem e disputam entre si, por bem ou por mal. Jason Alexander, o ator que fazia o papel de George Costanza em *Seinfeld*, reclamou da dificuldade de trabalhar com Heidi Swedberg (que fazia Susan, noiva de George).[11] "Eu não conseguia encontrar um jeito de acompanhá-la... As capacidades dela para fazer uma cena, onde devia entrar o aspecto cômico, e as minhas estavam sempre se desencontrando." Julia Louis-Dreyfus e Jerry Seinfeld tinham reclamações parecidas, e consta que ele dizia ser "impossível" contracenar com ela. Mas a química entre Alexander, Louis-Dreyfus, Seinfeld e Michael Richards (Cosmo Kramer) era visível, o que fez de *Seinfeld* o seriado de comédia de maior sucesso da história.

Nossos genes, então, nos fornecem uma espécie de roteiro da vida, trazendo apenas um esboço das coisas mais gerais. A partir daí, podemos improvisar. A cultura, bem como a oportunidade e as circunstâncias, afeta nossa interpretação desse roteiro. E então, depois de o interpretarmos, ele influi na reação dos outros a nós. Essas reações em nosso mundo social podem mudar as conexões e a química de nosso cérebro, o que, por sua vez, afeta a maneira como reagiremos a eventos futuros e a ligação ou desligamento dos genes — de forma incessante, numa complexidade crescente.

O segundo elemento da tríade, a *cultura*, desempenha um papel importante em nosso entendimento dos traços de personalidade. A humildade é mais valorizada no México do que nos Estados Unidos, e mais valorizada no Wisconsin rural do que em Wall Street. O que é cortês em Tel Aviv pode ser visto como grosseiro em Ottawa. Os termos que usamos para descrever os outros não são absolutos; são relativos em termos culturais — quando descrevemos diferenças nos traços de personalidade, estamos necessariamente falando da comparação entre um indivíduo e sua sociedade e suas normas societais.

A família é uma microcultura, e as tradições, a perspectiva, as visões sociais e políticas se diferenciam muito, sobretudo em grandes países industrializados. Se formos de porta em porta em qualquer cidade, grande ou pequena, encontraremos um amplo leque de atitudes sobre coisas tão prosaicas como se amigos podem aparecer sem avisar ou precisam marcar a visita com antecedência; com que frequência devemos (se é que devemos) passar fio dental; se há um horário estabelecido para ficar diante da TV ou do computador. E esses valores culturais dentro de cada família incidem em traços específicos da personalidade: espontaneidade, responsabilidade e disposição (ou, pelo menos, capacidade) de seguir regras. A cultura é um fator poderoso em quem viremos a ser.

A terceira parte da tríade do desenvolvimento é a *oportunidade*. O papel da oportunidade e das circunstâncias no comportamento é maior do que costumamos supor, e isso se dá de duas maneiras distintas: como o mundo nos trata, e as situações em que nos encontramos (ou nos colocamos).

As crianças de pele clara se queimam mais depressa ao sol do que as de pele escura, e por isso podem passar menos tempo ao ar livre; as crianças magrinhas podem explorar as tubulações de drenagem e o topo das árvores com mais facilidade do que as robustas. Podemos ter de início uma personalidade aventureira, mas, se nosso corpo não nos permite, podemos ir atrás de outras experiências ou ter aventuras menos corporais (como os video games — ou a matemática).

Tirando essas características físicas, todos nós desempenhamos papéis em nossa família e na sociedade. O primogênito num lar de muitos filhos tende a assumir uma parte da criação e da instrução dos mais novos; o caçula pode ficar relativamente mimado ou ser ignorado, dependendo dos pais; a criança do meio pode se ver incumbida do papel de conciliadora. Esses fatores influem em nosso desenvolvimento, mas aqui também, como no caso dos genes, não são determinantes — podemos nos libertar deles para improvisar e criar nosso próprio futuro, mas isso demanda certo esforço (e, para alguns, muitos tropeços, fracassos e terapia).

Alguém poderia supor que gêmeos idênticos acabam tendo personalidades parecidas apenas porque têm genes idênticos (ou quase idênticos). Mas isso também pode decorrer do fato de que o mundo, em certa medida, trata indivíduos parecidos de modo parecido. As pessoas, em geral, reagem de determinada maneira à nossa aparência; quando chegamos a uns doze anos, provavelmente já teremos identificado um padrão no modo como os outros reagem a nós. A cor da pele, o peso, a aparência atraente são fatores cruciais que estabelecem o tratamento que recebemos dos professores, de desconhecidos e, infelizmente, da polícia.[12] Num estudo sobre as operações policiais em St. Petersburg, na Flórida, todos os suspeitos mais jovens, homens, não brancos e pobres eram tratados com mais força física, qualquer que fosse o comportamento deles.[13]

Suponhamos que exista alguma coisa em nosso rosto e nosso corpo que nos dê um ar antipático — o jeito como nossas sobrancelhas se encurvam sobre os olhos, um olhar com as pálpebras meio abaixadas, sulcos fundos em volta da boca —, o que é coloquialmente chamado de "cara emburrada". Segundo o *Washington Post*, a atriz Kristen Stewart é a melhor ilustração disso, e Anna Kendrick diz ter esse mesmo problema.[14] (Aplica-se também aos homens, inclusive Kanye West.) A gente pode sentir que os outros ficam meio desconfiados e até com medo em nossa presença. Por dentro, podemos ser ternos e bondosos, mas, depois de uma vida toda sendo mal interpretados, tratados com suspeita, ficamos frios em nossas interações sociais, viramos uns Shreks da vida real — aquele ogro que parece malvado e assusta as pessoas, mas tem um coração de ouro.

Uma forma de estudar essa questão de modo experimental é examinar a concordância entre avaliadores. Os participantes de um experimento encontram desconhecidos ou veem fotos ou vídeos de desconhecidos, e então têm de descrevê-los utilizando um leque de termos de personalidade. O pressuposto é que, se não conhecemos uma pessoa, nosso juízo sobre ela se baseará em sua aparência física — os detalhes do rosto, o tipo físico, a roupa e a linguagem corporal. Tais estudos remontam ao trabalho inicial de Lew Goldberg, nos anos 1960, na Universidade de Oregon e no Instituto de Pesquisas de Oregon. Esses estudos encontraram uma concordância sistemática entre uma variedade de traços de personalidade, como *sociável*, *extrovertido*, *simpático*, *responsável*, *calmo, consciencioso* e *intelectual*, baseados apenas na aparência da pessoa. É bem menor a regularidade em juízos para outros termos como *agradável, neurótico* e *emocionalmente estável*.

Claro, o fato de que um monte de desconhecidos concorde que uma pessoa é *responsável* não significa que ela o seja. O que esses experimentos mostram é que, quando interagimos com estranhos, trazemos certa bagagem sociopsicológica. O consenso quanto a essa bagagem sugere que as pessoas dentro de uma cultura têm as mesmas crenças sobre a ligação entre certos traços de personalidade e certas características físicas. Quando as classificações dos participantes sobre si mesmos foram comparadas às dos desconhecidos, alguns termos mostraram alta concordância, sobretudo *sociável* e *responsável*. E, embora nossas autopercepções muitas vezes sejam totalmente erradas ou distorcidas por necessidades do ego, às vezes elas são precisas — o problema é que não sabemos quando.

A cultura em que vivemos tem enorme influência sobre nossas categorizações e avaliações dos traços de personalidade. Uma cultura pode considerar ameaçador certo tipo físico que outra considera acolhedor; um rosto que uma cultura considera honesto pode ser tido como zombeteiro por outra.

EM BUSCA DO NÚMERO MÁGICO

Como os cientistas estudam uma coisa tão pessoal e aparentemente tão subjetiva como a personalidade? Me fiz essa pergunta durante muitos anos, até que, quis o destino — a *oportunidade*, poderíamos dizer — que eu encontrasse alguém que estava prestes a solucionar a questão.

Em 1980, eu procurava uma casinha no litoral do Oregon para alugar por uma curta temporada. Peguei o jornal local, encontrei um anúncio e liguei de um telefone público para o proprietário. Encontramo-nos no mesmo dia, algumas horas depois. O dono da casa, afinal, era Lew Goldberg — o professor de psicologia responsável por grande parte do trabalho inaugural de mensuração da personalidade. Ele estava saindo em licença sabática e queria alugar sua casa de veraneio. Acabou não alugando o imóvel para mim — preferiu um inquilino com mais idade e maior estabilidade financeira —, mas mesmo assim ficamos amigos. Ele me apresentou a Sarah Hampson, pesquisadora que era sua colega no Instituto de Pesquisas de Oregon. O simples fato de eu, um estudante jovem e ignorante, vir a conhecer Sarah e Lew mostra como eles eram sociáveis e abertos a novas relações.

Lew em geral não gosta de falar de si mesmo. É extrovertido e caloroso, mas modesto. Depois que já nos conhecíamos há algum tempo, consegui que ele contasse sobre seu trabalho de mensuração da personalidade. Lew começou perguntando: "Como *você* estudaria a personalidade?". (Vale a pena interromper a leitura e pensar nisso por uns instantes.)

Pensei: talvez a gente possa pôr a pessoa num aparelho de tomografia e lhe mostrar imagens de pessoas em situação de rua pedindo esmola. Se a parte do cérebro que é responsável pelos sentimentos de generosidade se excitar, talvez a gente possa inferir que a pessoa é generosa e, se a mesma parte do cérebro mostrar repulsa, talvez possamos inferir que ela é mão-fechada. Mas como sabemos qual parte do cérebro corresponde à região da "generosidade"? Na verdade, não sabemos, e, se queremos descobrir *isso*, precisamos *começar* com pessoas generosas a fim de localizar essa parte do cérebro. Então voltamos ao ponto de partida: como sabemos se a pessoa é generosa?

Talvez possamos colocá-la numa situação em que ela tenha oportunidade de demonstrar generosidade. Por exemplo, ao vir para nosso escritório, ela passa por uma pessoa em situação de rua, e ficamos observando sorrateiramente o que ela faz.

Aqui, no entanto, há três problemas. Primeiro, a pessoa pode ser generosa em inúmeras situações, mas não naquela que estamos observando. Pense na pessoa que tem espírito filantrópico e prefere fazer doações a entidades beneficentes. Ontem mesmo ela pode ter doado mil dólares para um abrigo de sem-teto, mais mil dólares para uma cozinha que atende a pessoas carentes e mais dinheiro para a Cruz Vermelha, a Oxfam, o Habitat for Humanity e a United Way. Apesar disso, seria reprovada em nosso teste. Ou talvez tenham acabado de roubar sua carteira e agora ela não *tem* nenhum dinheiro para dar, coisa que teria feito em qualquer outro dia.

Segundo problema: como distinguir entre traços de personalidade que podem ser ativados pelo mesmo cenário, mas que são diferentes? O indivíduo pode *não* ser generoso, mas o cenário ativa alguma coisa parecida: a compaixão — talvez aquela determinada pessoa em situação de rua lhe faça lembrar de uma irmã falecida querida, e com isso ele pega a carteira e lhe dá uns trocados.

Ou talvez o sujeito, por causa de uma lesão cerebral, não tenha controle sobre seus impulsos e simplesmente não consiga negar nenhum tipo de solicitação — esse também não é um indivíduo que convencionalmente chamaríamos de generoso; só aparenta ser naquela circunstância específica que estamos vendo.

Terceiro problema: a mera quantidade de traços de personalidade que uma pessoa pode ter exigiria que fizéssemos experimentos com milhares de comportamentos, dificultando e praticamente inviabilizando a pesquisa. Precisa haver uma maneira mais fácil.

Não consegui resolver esse problema sozinho, mas Lew tinha uma resposta elegante. Ele começou com uma suposição, popularizada de início por Sir Francis Galton no século XIX. Eis o que Lew diz:

> Suponhamos que essas diferenças individuais que são da máxima relevância nos contatos diários entre as pessoas venham a se codificar em sua linguagem. Essa é a hipótese lexical. Quanto mais importante essa diferença, mais as pessoas irão notá-la e vão querer falar sobre ela, disso resultando que acabarão inventando uma palavra para designá-la, como os substantivos (por exemplo, *intolerante*, *valentão*, *palerma*, *reclamão*, *caipira*, *vagabundo*, *pão-duro*, *bobalhão*) e adjetivos (por exemplo, *decidido*, *corajoso*, *enérgico*, *honesto*, *inteligente*, *responsável*, *sociável*, *sofisticado*) que são usados para descrever as pessoas.[15]

A suposição de Lew é correta? Talvez não. Mas é um bom ponto de partida. Talvez existam alguns traços de personalidade que não são captados em palavras, seja por serem relativamente raros (e, nesse caso, por enquanto não precisamos nos preocupar com eles), seja por representarem coisas que não nos sentimos à vontade em comentar (e, nesse caso, precisamos criar outros instrumentos de avaliação). Suponhamos que a hipótese lexical não significa que identificaremos todos os possíveis traços de personalidade, mas apenas que chegaremos à maioria daqueles que de fato importam.

Se você acha que esses termos podem depender da cultura — segundo a tríade da abordagem do desenvolvimento —, ganha nota dez (e, pelo menos com base nesse exemplo, você é *esperto/a*, *inteligente* e *sofisticado/a*). A dependência cultural pode ficar óbvia num termo como *caipira*. Numa comunidade fechada, distante, que não interage com gente de fora, seria difícil imaginar que alguém fosse chamado de *caipira* ou *intolerante*. Esses termos, ao que parece, dependem de que se viva numa cultura mais urbanizada, em que há oportunidade de contrapor gente da cidade a gente da roça, gente tolerante e de espírito aberto a fanáticos e intolerantes. Da mesma forma, uma sociedade estritamente monogâmica pode não precisar de uma palavra para *bigamia*, e uma sociedade baseada na posse comunitária de todos os bens pode não precisar de uma palavra para *ladrão*.

A possibilidade de que os traços de personalidade sejam influenciados pela cultura não impede que sejam mensurados — tudo depende dos fins a que se destina a informação. Se quisermos entender os traços de personalidade que as pessoas mostram em nossa própria cultura, ou como eles podem mudar em nós mesmos ou em nossos amigos ao longo da vida, não haverá nenhum problema. Se, como alguns psicólogos interculturais, quisermos entender como a personalidade varia de uma cultura para outra, ou se existem padrões universais de personalidade que aparecem em todas as culturas, então pegaremos todos os testes que aparecerem pela frente e os aplicaremos ao leque mais amplo possível de seres humanos. Como diz Lew: "Quanto mais importante for uma diferença individual nos contatos humanos, mais as línguas terão um termo para ela".[16]

E, assim, intrépidos pesquisadores e exploradores do campo da personalidade arregaçaram as mangas e estudaram as línguas de várias culturas do mundo inteiro. Vejamos um tipo de diferença individual, a doença mental. Parece bastante importante saber se a pessoa com quem interagimos é *sã*, *racional* e *emocionalmente estável* ou se *ouve vozes na cabeça dela*. Viu-se que povos tão diferentes quanto os inuítes no noroeste do Alasca, as tribos iorubás da Nigéria rural e os aborígines pintupis da Austrália central, que até uma ou duas gerações atrás viviam como caçadores-coletores do Paleolítico, dispõem de palavras em suas línguas para esses importantes descritores da personalidade. Além disso, as atitudes e ações dessas sociedades em relação aos portadores de distúrbios mentais apresentam pouquíssimas coisas que sejam específicas de suas respectivas culturas.[17] Em todo o mundo, encontram-se termos até mesmo para formas menores e mais frequentes de transtornos mentais, como a ansiedade e a depressão.

Depois que os cientistas descobriram *como* medir a personalidade e *como* descrever as pessoas, surgiu outro problema. Existem milhares e milhares de termos diferentes usados para descrever traços de personalidade — em inglês, há 4500 palavras no *Webster's Unabridged Dictionary* e mais de 450 em uso habitual e corrente.[18] Devido pura e simplesmente à quantidade de termos, uma ciência da descrição desses traços pode se tornar inviável — difícil de condensar, de expor ou de possibilitar previsões. Esse foi um dos primeiros problemas dos "big data", décadas antes de existirem os dados do Facebook ou das mudanças climáticas para analisar.

O que os cientistas costumam fazer com essas montanhas de dados é empregar técnicas matemáticas para a redução deles, juntando itens semelhantes dentro de uma mesma categoria ou dimensão. Com isso, é possível discutir os dados de forma abreviada. Não descartamos os dados originais, assim podemos sempre voltar a eles.

Vejamos por analogia a forma abreviada que usamos para falar da localização espacial — onde estão as pessoas e as coisas no mundo. Poderíamos usar um sistema tridimensional de coordenadas, como latitude, longitude e altitude a partir do nível do mar. Mas é um sistema incômodo, que fornece mais informações do que em geral precisamos. Em lugar dele, dividimos o mundo em continentes, países, cidades, bairros e assim por diante, e isso costuma ser o bastante.

Suponhamos que eu queira marcar uma reunião em nossa entidade em Houston e não consiga falar com o Terry. A Briana me diz: "Ah, o Terry está passando quinze dias na Europa". É só o que preciso saber — não preciso saber se ele está em Portugal ou na Macedônia, ou se está hospedado na Rue des Capuchins em Lyon, mas, se eu quiser enviar pelos Correios algumas notas da reunião, decerto consigo saber exatamente onde ele está — ou talvez eu só precise do endereço de e-mail dele. E, se me disserem apenas que o Terry está na *Europa*, isso não significa que vou confundir a localização dele com a de outras pessoas ou coisas naquele continente. Se o Doug diz: "Ah, acabaram de enviar por engano a mala do meu primo para a Europa; talvez o Terry tope com ela por lá", vemos logo a besteira: a Europa é grande. E é assim com as descrições da personalidade.

Mesmo que conseguíssemos sintetizá-las de uma maneira que nos fornecesse uma forma abreviada para falar sobre elas, isso não quer dizer que todas as pessoas que se enquadram numa categoria descritiva da personalidade sejam iguais. Mas talvez existam tendências amplas e significativas que podemos levar em conta, as quais diferenciam, de modo geral, uma atitude ou um temperamento norte-americano de um temperamento asiático ou africano, sem perder de vista a variabilidade e as diferenças individuais. E os traços de personalidade se dispõem numa linha de continuidade: podemos usar modificadores para dizer que uma pessoa é menos ou mais cativante, menos ou mais ranzinza, menos ou mais europeia.

Dezenas e dezenas de pesquisadores de diversos países se puseram a tentar entender a melhor maneira de organizar os termos a respeito da personalidade, de criar uma taxonomia proveitosa. Idealmente, qualquer sistema a que se chegasse iria operar entre línguas e culturas, o que facilitaria muito as comparações. Demorou mais de cinquenta anos até que os cientistas chegassem a um consenso sobre isso.

Um importante cientista defendia de vinte a trinta dimensões;[19] vários outros defendiam apenas duas.[20] Alguns defendiam cinco ou treze. Nosso amigo Lew Goldberg, de início, se inclinava em favor de um modelo de três fatores (tridimensional) proposto pelo psicólogo Dean Peabody, rejeitando o modelo de cinco fatores, agora conhecido como Big Five, ou Cinco Grandes Fatores. "Para o meu gosto científico, o modelo Peabody era elegante e bonito", disse Lew, "enquanto a estrutura em cinco fatores era um pesadelo. Todos os fatores do Big Five, tirando o primeiro, a extroversão, estavam altamente relacionados com a valoração [bom-mau], indicando que não eram dimensões de fato independentes." Entre mais ou menos 1975 e 1985, Lew trabalhou coletando e analisando dados de diversas fontes para dar sustentação ao modelo de três fatores de Peabody, mas, por mais que o fizesse, sempre emergia das análises um modelo de cinco fatores. Lew recorreu a Dean Peabody para montarem um experimento, que conceberam em conjunto, que os ajudasse a escolher entre três e cinco dimensões. Obtidos os dados, eles publicaram um artigo juntos, mostrando que as cinco dimensões compunham um sistema mais útil (e incorporava as três dimensões originais de Peabody). Goldberg e o próprio Peabody, mesmo relutantes, se converteram ao Big Five.

Isso nunca teria acontecido se Goldberg e Peabody não tivessem sido *colaborativos, abertos a novas experiências, agradáveis* e pelo menos um pouco *extrovertidos*.

Um dos ideais científicos é a colaboração com pessoas das quais discordamos. Quando dois ou mais pesquisadores seguindo teorias diferentes e com discordâncias mútuas resolvem trabalhar juntos, os resultados podem transformar todo o campo de estudos. Hoje, muitos consideram Lew o pai das categorias de personalidade do Big Five. Há várias replicações interculturais em dezenas de culturas e línguas, entre elas o chinês, o alemão, o hebraico, o japonês, o coreano, o português e o turco. Como seria de esperar, surgem algumas diferenças secundárias nas várias culturas, mas o Big Five continua a ser a melhor descrição.

As dimensões do Big Five são:

I. Extroversão
II. Amabilidade (ou simpatia)
III. Conscienciosidade (ou responsabilidade)
IV. Estabilidade emocional x Neuroticismo
V. Abertura às experiências + Intelecto (também chamada de Imaginação)[21]

Cada uma dessas categorias inclui muitas dezenas de traços individuais. Como se pode ver, há certa controvérsia sobre o nome da última, mas isso não precisa nos preocupar — é uma dimensão bem definida que inclui uma série de traços que estão ligados na vida real.

EXTROVERSÃO: inclui *loquaz, arrojado, cheio de energia*, e seus opostos, *quieto, tímido e apático*.[22] As pessoas que têm resultado alto na dimensão Extroversão tendem a se sentir à vontade entre outras pessoas, a puxar conversa e não se importar em ser o centro das atenções.[23]

AMABILIDADE: inclui *cordial, cooperativo, generoso*, e os opostos *frio, do contra e avaro*. As pessoas que têm resultado alto nessa dimensão tendem a se interessar pelos outros, a se solidarizar com os sentimentos alheios e fazer os outros se sentirem à vontade.

CONSCIENCIOSIDADE: inclui *organizado, responsável, cuidadoso e prático*, e os opostos *desorganizado, irresponsável, desleixado e pouco prático*. As pessoas que têm resultado alto nessa dimensão tendem a ser preparadas, diligentes, a prestar atenção nos detalhes e a cumprir o que prometem.

ESTABILIDADE EMOCIONAL: inclui *estável*, *satisfeito* e *relaxado*, e os opostos *instável*, *insatisfeito* e *nervoso*. As pessoas que têm resultado alto nessa dimensão não se aborrecem facilmente com as coisas, são descontraídas e não apresentam muitas variações de humor.

ABERTURA (também chamada de INTELECTO e IMAGINAÇÃO): inclui *curioso*, *inteligente* e *criativo*, bem como os opostos *indiferente*, *obtuso* e *não criativo*. Inclui flexibilidade cognitiva e comportamental. As pessoas que têm resultado alto nessa dimensão entendem rápido as coisas, têm imaginação viva e gostam de experimentar coisas novas, de ir a restaurantes novos e conhecer novos lugares. Não se confunde com a capacidade intelectual, mas revela uma propensão a gostar de experiências intelectuais, culturais, estéticas e artísticas.[24]

Se a pessoa quiser falar como um pesquisador da personalidade, pode usar a forma abreviada da numeração dos fatores, como: "Ah, aquela Nancy é muito baixa no Fator II" ou "Creio que você devia promover o Stan na contabilidade — ele é alto nos Fatores II e III".[25]

O impulso de organizar os traços das pessoas em categorias é muito antigo. A astrologia é uma dessas tentativas — se atribuem personalidades às pessoas de uma maneira sistemática, dependendo da data em que nasceram. Embora ainda seja popular em todo o mundo, ela não tem base científica. Claro que podemos conhecer um capricorniano que é teimoso, mas, em termos estatísticos, a probabilidade de encontrarmos leoninos, librianos e sagitarianos teimosos é igual.

Um ponto que muitas vezes fica confuso é que as pessoas tendem a pensar que o Big Five é uma tipologia (o tipo extrovertido, o tipo neurótico etc.). Não é o caso — o que representa a personalidade de uma pessoa é a configuração (ou perfil) dos cinco fatores. Assim como podemos descrever os objetos físicos em termos de comprimento, largura e altura, o arcabouço do Big Five nos permite descrever a personalidade humana em termos dos cinco fatores. Os proponentes do Big Five nunca tiveram a intenção de reduzir a rica tapeçaria da personalidade a meros cinco traços. Pelo contrário, eles procuram oferecer um arcabouço em que seja possível organizar as incontáveis diferenças individuais que caracterizam os seres humanos. Essa organização revela muito de coisas que foram historicamente importantes que os humanos soubessem uns dos outros.

Fator I — Jason é *ativo* e *dominante* ou *passivo* e *submisso*? (Posso provocar o Jason, ou é o Jason que vai tentar me provocar?)

Fator II — Mari é *simpática* ou *antipática*? (Minhas interações com a Mari serão cordiais e agradáveis ou frias e distantes?)

Fator III — Letitia é *responsável* e *conscienciosa* ou *negligente* e *dispersa*? (Posso contar com a Letitia?)

Fator IV — Hannah é *doida* ou *sã*? (Posso prever o que a Hannah vai fazer? As ações dela farão sentido para mim?)

Fator V — Felix é *esperto* ou *tapado*? (Vai ser fácil ensinar o Felix? Posso aprender alguma coisa com ele?)

E DAÍ?

O que tudo isso significa para nós, os interessados na ciência do envelhecimento? O Big Five nos fornece uma estrutura universalmente reconhecida para organizar o que, de outro modo, seria uma quantidade impraticável de traços de personalidade.

Sempre que os genes, as situações ou a terapia alteram nossa personalidade, é porque mudaram nosso cérebro. Nesse sentido, todas as diferenças de personalidade são biológicas, quer sejam ou não influenciadas pela genética, pois precisam passar pelo cérebro.[26] Essas alterações neurobiológicas vêm acompanhadas de mudanças químicas no cérebro. Por exemplo, a assertividade, a competitividade, a dominância e a beligerância são todas influenciadas pela testosterona em todos os gêneros. Níveis mais altos nos levam a comportamentos agressivos, enquanto mais baixos nos levam a comportamentos cordatos.[27] Os níveis de testosterona são afetados pela tríade de fatores — genes, cultura e oportunidade. Situações como realizar uma boa caçada,[28] dirigir em alta velocidade,[29] estar sob os olhos do público ou ser responsável por um grande número de pessoas podem aumentar os níveis de testosterona.[30] O processo normal de envelhecimento tende a diminuí-los. Na trajetória típica da carreira de um profissional liberal, ele se vê com mais poder à medida que envelhece — em alguns indivíduos, isso pode compensar os níveis biologicamente reduzidos do hormônio.

Pode-se considerar que a Conscienciosidade, a Amabilidade e a Estabilidade Emocional refletem uma tendência de reduzir a dramaticidade indesejada em nossa vida, e vêm se somando evidências de que elas são influenciadas pela serotonina. A Abertura e a Extroversão refletem uma tendência geral de explorar e se engajar em novas possibilidades e aparentam ser influenciadas pela dopamina. As drogas que aumentam a dopamina podem nos levar a querer explorar mais e adotar comportamentos mais arriscados. Níveis baixos de serotonina estão associados à agressividade, ao pouco controle sobre os impulsos e à depressão, e uma forma frequente de tratamento é receitar fármacos que melhorem a função serotonérgica.[31]

Também está comprovado que a estrutura dos genes influi na personalidade. As alterações no gene conhecido como *SLC6A4* estão associadas a traços relacionados com o neuroticismo, entre os quais se incluem a ansiedade, a depressão, o desalento, a culpa, a hostilidade e a agressividade.[32] Outros genes de nome difícil estão associados à autodeterminação, à autossuperação e ao gosto por novidades. Os genes de busca por novidades fazem parte da regulação da dopamina. Há uma área muito atuante de pesquisas dedicada a mapear esses tipos de interações entre genes, cérebro, neuroquímicos e personalidade.

TEMPERAMENTO VERSUS PERSONALIDADE

Os bebês nascem com certas predisposições — um padrão de diferenças individuais na maneira como reagem a situações diferentes, bem como de regulação desses padrões.[33] Em bebês e crianças, esses padrões costumam ser chamados de temperamento, ao passo que, nos adultos, são chamados de personalidade. O temperamento e as experiências iniciais da criança pequena contribuem para formar uma personalidade,[34] que se baseará nas noções de si e dos outros que a criança desenvolve, conforme são moldadas pela experiência. Uma criança que cresce num ambiente com muitos riscos e perigos e outra que recebe proteção e cuidado decerto verão o mundo de maneiras diferentes. O fascinante é que o desenvolvimento da personalidade nem sempre segue o caminho que seria de esperar.

Podemos pensar que uma criança que cresce num ambiente perigoso aprenderá a ser medrosa e desenvolverá uma personalidade assustadiça, nervosa e talvez neurótica. Sem dúvida, isso pode acontecer. Mas outra criança, com outras predisposições genéticas, outro ambiente uterino e outra forma de criação pode se tornar corajosa, destemida, afeita a desafios. O temperamento se torna personalidade quando a criança desenvolve seus próprios valores, atitudes e estratégias para lidar com as coisas. Há uma base biológica, associada à constituição genética do indivíduo, mas a personalidade não é inteiramente determinada por ela.[35]

O temperamento nas crianças pequenas é tipicamente medido segundo dimensões que encontram paralelo no temperamento dos animais.[36] Elas abrangem a surgência (nível de atividade, ou Fator I), a sociabilidade (Fator II), a autorregulação (Fator III) e a curiosidade (Fator V). Constatou-se que elas têm alta correlação com o Big Five. O Fator IV, sobre a sanidade ou insanidade mental, é mais difícil de ser avaliado em animais e crianças pequenas. (Embora às vezes eu ache que toda mãe e todo pai de uma criança de dois anos imaginam que ela deve ser doida. E claro que são! Os bebês são totalmente egocêntricos, verdadeiros psicopatas, que só se importam consigo mesmos.)

MUDANÇAS DE PERSONALIDADE RELACIONADAS À IDADE

O próprio processo natural de envelhecimento tende, de várias maneiras, a causar algumas mudanças de personalidade. Numa meta-análise de 92 artigos de pesquisa, cobrindo o curso da vida dos dez aos 101 anos, 75% dos traços de personalidade estudados mudaram significativamente depois dos quarenta anos e até bem depois dos sessenta.[37] (Essas tendências não se aplicam a todos. Algumas pessoas simplesmente não mudam, e algumas mudam de formas que contradizem as tendências estatísticas.) Algumas alterações derivam de doenças e lesões, como Alzheimer, doença de Pick, AVC ou concussão decorrente de uma queda.

Então quais são as tendências? Os adultos de mais idade tendem a controlar melhor seus impulsos, isto é, têm maior autocontrole e autodisciplina e tendem a seguir mais as regras do que os adultos jovens — traços que estão relacionados com o Fator III (Conscienciosidade).[38] Depois dos vinte anos, o autocontrole aumenta de forma contínua ao longo das décadas. Isso, em parte, guarda relação com o desenvolvimento do córtex pré-frontal, que prossegue até mais ou menos os 25 anos, mas vemos também outras mudanças de disposição no controle dos impulsos relacionadas com a idade, cujas causas ainda não descobrimos.

A flexibilidade — a capacidade de nos adaptarmos com facilidade a mudanças de plano ou em nosso ambiente — diminui de maneira contínua ao longo das décadas depois dos vinte anos. Com a idade, os homens mostram tipicamente uma maior sensibilidade emocional, e as mulheres passam por uma redução da vulnerabilidade emocional.[39] Como seria de esperar — e como talvez nós mesmos tenhamos passado por isso —, a Abertura aumenta por volta da adolescência e depois diminui com a idade.[40]

Além disso, adultos mais velhos costumam estar mais interessados em causar boa impressão, cooperar e se dar bem com os outros — a Amabilidade aumenta de forma substancial.[41] Eles também mostram maior calma e Estabilidade Emocional.[42] Claro que existem exceções — vale lembrar que são apenas médias. Uma das imagens em neurociência social que mais me agradam consta num estudo de quase 1 milhão de indivíduos de 62 países, mostrando o aumento sistemático da Estabilidade Emocional, da Amabilidade e da Conscienciosidade com o avanço da idade. A imagem na próxima página traz o quadro referente apenas a um país, o Canadá.[43]

A Conscienciosidade, a Abertura e a Extroversão diminuíram na velhice, ao passo que a Amabilidade e a Estabilidade Emocional aumentaram de modo considerável. Da mesma forma, esses resultados sugerem que os níveis inicialmente crescentes de Conscienciosidade podem, na verdade, começar a diminuir depois dos cinquenta anos. Os indivíduos parecem ficar mais satisfeitos consigo mesmos na velhice, e esse é um aspecto da Estabilidade Emocional chamado de "efeito La Dolce Vita".[44] Adultos de mais idade se contentam mais com o que têm, são mais autônomos e descontraídos, menos voltados para a produtividade. Transtornos de humor, ansiedade e problemas comportamentais diminuem depois dos sessenta anos, e é muito raro o surgimento desses problemas depois dessa idade.

Os adultos de mais idade têm menor probabilidade de adotar comportamentos de risco e tendem a ter maior responsabilidade moral e menor abertura a novas experiências.[45] Nos termos do modelo Big Five, as pessoas mais velhas mostram diminuição na Extroversão e na Abertura e aumento na Conscienciosidade, na Estabilidade Emocional e na Amabilidade.

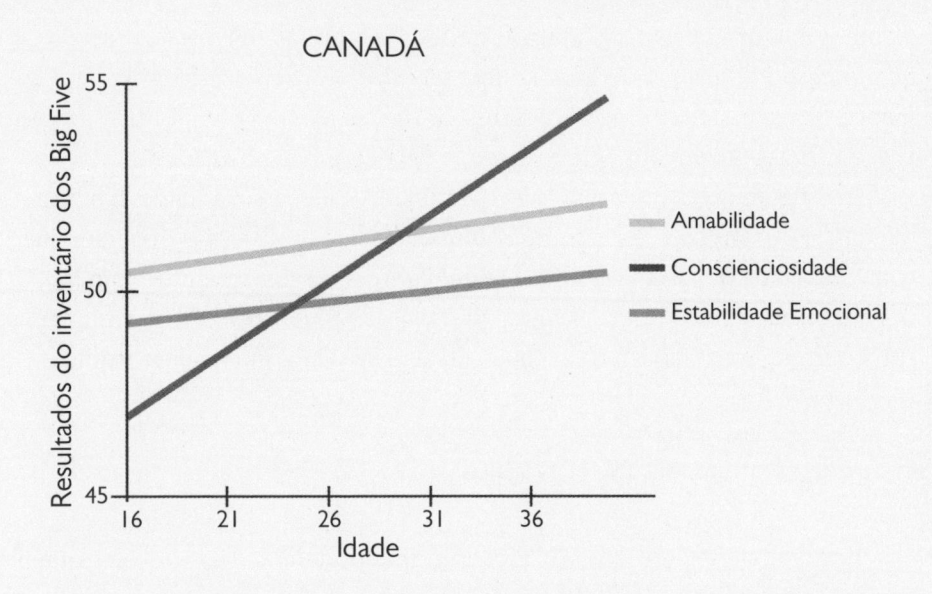

CANADÁ

Legenda do gráfico:
- Amabilidade
- Conscienciosidade
- Estabilidade Emocional

Eixo Y: Resultados do inventário dos Big Five (45, 50, 55)
Eixo X: Idade (16, 21, 26, 31, 36)

Algumas dessas mudanças relacionadas com a idade se baseiam na microcultura e na oportunidade — os papéis sociais em que nós e nosso círculo de amizades investimos em fases anteriores da vida. No final da adolescência e começo da idade adulta, as pessoas ficam mais independentes e começam a investir em sua educação e carreira. O sucesso nesses campos depende muito da confiabilidade e da competência. Antes desse período, provavelmente é menor a necessidade de apresentar um comportamento consciencioso, pois pais e instituições estão ali para guiar a pessoa na vida. Para alguns, a Conscienciosidade diminui depois da aposentadoria, não porque o cérebro mudou, mas porque é menor a necessidade de uma personalidade muito resoluta e trabalhadora — parece aceitável relaxar um pouco e aproveitar *la dolce vita*. E ocorrem muitas transições nos papéis sociais na fase mais adiantada da idade adulta, quando podemos nos tornar avós, deixar o trabalho em tempo integral ou adotar novos passatempos. Os problemas de saúde nos apresentam uma clara escolha e uma oportunidade de moldar nossa personalidade: sou daqueles que fraquejam e cedem, ou reajo, adoto a resiliência e o otimismo e tento aproveitar ao máximo o tempo que me resta?

O otimismo prenuncia a longevidade. Mas o excesso de otimismo pode levar a problemas de saúde. Se somos de um otimismo irrealista, deixamos passar aquela marca escura na testa e não vamos verificar se é câncer; podemos fechar os olhos ao fato de estarmos engordando cinco quilos por década, desde os quarenta anos, imaginando que vai ficar tudo bem. O otimismo é parte fundamental da recuperação da saúde, do reparo dos tecidos e assim por diante, mas precisa vir acompanhado pelo realismo e pela conscienciosidade.

É frequente que a doença nos leve a mudanças de personalidade. No trabalho de Sarah Hampson com pessoas com diabetes tipo 2, várias disseram que, com o início da doença, passaram a se cuidar mais. Assim, querer ter um modo de vida mais saudável pode levar à alteração da personalidade — um maior autocontrole, uma maior conscienciosidade e uma conduta mais metódica.

O PAPEL DOS MODELOS DE CONDUTA

Os modelos de conduta nos mostram que podemos deixar de ser quem somos. Olhamos esses modelos e vemos os tipos de mudanças que queremos fazer, o tipo de vida que queremos levar — vemos que uma aspiração que talvez tenha ficado secreta, escondida e empoeirada é *possível*. Eles nos ajudam a entender que podemos ser nossos próprios biógrafos — podemos alterar a história de nossa vida para melhor ou pior. Mas o modelo que inspira uma pessoa pode ser irritante para outra.[46] É por isso que muitas vozes diferentes adornam este livro. Podemos não concordar com a linha política ou a perspectiva de vida de todas elas, mas essas pessoas estão incluídas aqui para mostrar o amplo leque de possibilidades para nos manter saudáveis, engajados e ativos em nossos anos mais avançados, para — como me descreveu Jane Fonda — envelhecermos de maneira elegante.

É possível criar nosso futuro em qualquer idade. Julia "Hurricane" Hawkins é natural de Baton Rouge, na Louisiana, e professora aposentada.[47] É uma jardineira dedicada, com grande apreço por bonsais. Hawkins entrou pela primeira vez em competições esportivas aos 75 anos. Competiu como ciclista nos National Senior Games, ganhando medalhas de bronze e de ouro. Vinte e cinco anos depois, aos cem anos, diversificou e passou a correr. Competiu outra vez nos National Senior Games, estabelecendo o recorde de mulheres centenárias com 39,62 segundos na corrida de cem metros. Ela também competiu na corrida de cinquenta metros contra outros corredores "jovens" de noventa anos, terminando em 18,31 segundos. Seu segredo? "Manter-se em boa forma, evitar o sobrepeso, dormir bem, continuar praticando e treinando."[48] Mas, acrescenta ela, "há uma linha tênue entre se forçar e se esgotar. A gente não quer abusar. Quer apenas fazer o melhor que pode". Em 2017, depois de vencer a corrida de cem metros nos National Senior Games, ela disse: "Não me sinto com 101 anos. Me sinto com uns sessenta ou setenta. A gente não vai ser perfeita aos 101, mas nada me detém". Um ano depois, com 102 anos, Hawkins estabeleceu novo recorde mundial ao correr sessenta metros em 24,79 segundos. "Gosto da sensação de ser independente e de fazer uma coisa um pouco diferente e testar a mim mesma, procurando melhorar." Em junho de 2019, aos 103 anos, ela ganhou medalhas de ouro nas corridas de cinquenta e cem metros.

Testar a si mesmo e procurar melhorar são temas que atravessam a vida inspiradora de muita gente. Aos 93 anos, o violonista Andrés Segovia iniciou uma nova turnê, e numa de suas últimas entrevistas, antes de morrer aos 94 anos, disse que ainda praticava cinco horas por dia. Ora, após realizar tantas coisas na vida e ser considerado o maior violonista vivo, por que ainda continuava a praticar? "Tem essa passagem aqui que anda me dando um pouco de trabalho", disse ele.

A série *Grace and Frankie*, da Netflix, cuja última temporada foi ao ar em 2022, traz Jane Fonda com 84 anos e Lily Tomlin com 82. A personagem de Tomlin, Frankie Bergstein, é um exemplo de pessoa com grande abertura — fuma maconha regularmente, é pintora e uma vez contratou um empreiteiro de obras que morava no meio da mata, atrás da casa de um vizinho. Grace Hanson, a personagem de Fonda, é acomodada, emocionalmente fria e conservadora. Na segunda temporada, elas criam um negócio próprio, o que é uma novidade total para a hippie socialista Frankie, e na quarta temporada Grace começa a namorar um homem mais novo, interpretado por Peter Gallagher. O que atrai tantos espectadores para o seriado é a mensagem de que podemos mudar em idade avançada, tentar coisas novas e nos divertir com isso. Diz Fonda:

O que a Lily e eu ouvimos muito é: "Faz a gente ter menos medo de envelhecer. A gente sente esperança". [...] Deixei o setor [do entretenimento] aos cinquenta anos e voltei aos 65. Era uma situação incomum recriar uma carreira naquela idade. [...] Uma das coisas que nos dão orgulho, à Lily e a mim — e queremos continuar com ela —, é mostrar que a gente pode ser velha, pode estar no terceiro ato, mas ainda podemos ser vitais, sexuais, engraçadas... que a vida não acabou.[49]

Anna Mary Robertson, mais conhecida como Vovó Moses, só começou a pintar a sério depois dos 75 anos, e ela continuou até os 101. Hoje, suas obras estão expostas no Smithsonian e no Metropolitan Museum of Art de Nova York, entre outros, e são vendidas por mais de 1 milhão de dólares. Um de seus quadros está na Casa Branca e foi tema de um selo comemorativo. Ela o pintou aos 91 anos. Alma Thomas só teve sua primeira exposição aos 75 anos. Foi a primeira mulher afro-americana a ter uma mostra exclusiva no Whitney, e agora seus quadros estão no Smithsonian e na Casa Branca.

Lembro-me de outra história: um homem que nasceu pobre em Indiana, em 1890, e ficou órfão de pai aos cinco anos.[50] Menino sem motivação, ele largou a escola no meio do sétimo ano do fundamental e nunca mais voltou. Aos dezessete, já tinha sido despedido de quatro empregos. Ficou à toa, pulando de galho em galho em serviços não qualificados, vivendo sem dinheiro durante boa parte do tempo. Se a história de uma vida se resumisse às experiências da infância e da juventude, poderíamos prever que a vida dele seria caracterizada por uma série ininterrupta de decepções. De fato, ele parecia não ter foco nem metas. Encontrou trabalho, entre outras coisas, como foguista de máquinas a vapor, boia-fria, ferreiro, soldado, foguista de trem, pintor de charrete, condutor de bonde, zelador, vendedor de seguros e frentista de posto de gasolina, mas nunca conseguiu se firmar num emprego nem guardar um tostão. Aos cinquenta anos, conseguiu outro emprego sem futuro, num restaurante de estrada em Corbin, no Kentucky. O restaurante se sustentava a duras penas e por fim deu seu último suspiro, fechando quando o homem tinha 62 anos. Lá estava ele, chegando na idade de se aposentar, sem um tostão (de novo) e morando num carro. Quantos não desistiriam a essa altura? Ele nunca se dera bem em nada, e a expectativa de vida para uma pessoa com 62 anos em 1952 era de apenas mais 3,2 anos.

Um dia, ele pegou uma velha receita de família e, imaginando o potencial de uma franquia de restaurantes, abriu um no Utah, com dinheiro emprestado. A história poderia terminar aí — só que ele se chamava Harland Sanders, e o restaurante era o Kentucky Fried Chicken, agora conhecido como KFC e uma das maiores redes de alimentação do mundo. Aos 74 anos, Sanders vendeu a empresa por 2 milhões de dólares, algo equivalente a 32 milhões em valores atuais. A empresa que ele concebeu aos 62 anos agora tem um faturamento anual de 23 bilhões de dólares e é mundialmente conhecida. Ele continuou a dar consultoria à empresa e a trabalhar como embaixador da marca até depois dos noventa anos.

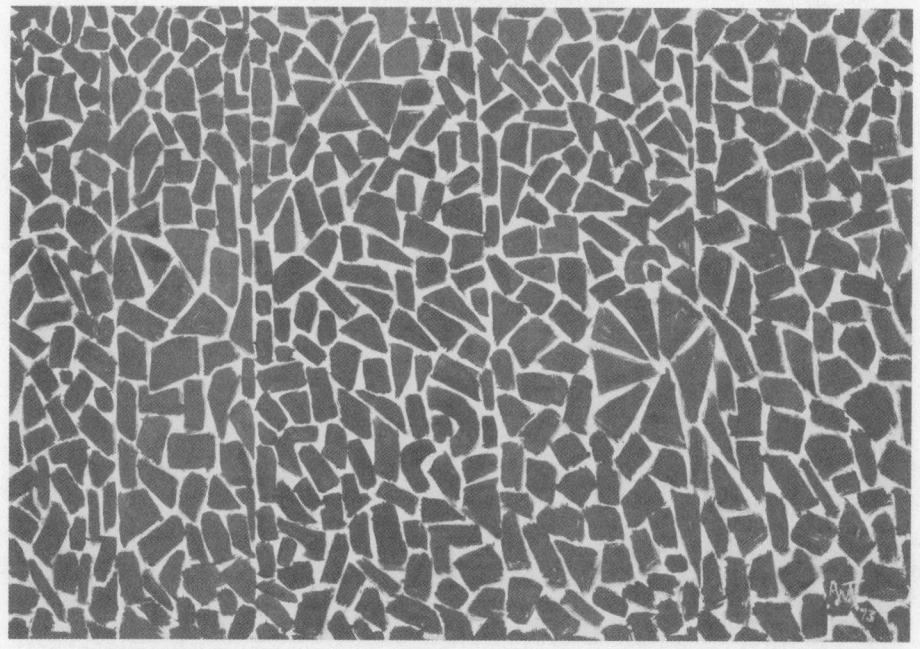

Aos 89 anos, perguntaram ao coronel Sanders: "Não pensa em se aposentar?". A resposta foi taxativa: "Não. Nem de longe. Quando o Senhor pôs o Pai Adão aqui, nunca falou para ele parar aos 65, falou? Ele trabalhou até os últimos anos de vida. Penso que, enquanto a gente tiver saúde e capacidade, a gente usa... até o fim".[51]

Lançar-se a uma coisa nova em idade adiantada, como esportes competitivos, empreendimentos empresariais ou atividades artísticas, pode aumentar de forma drástica nossa qualidade e nosso tempo de vida. A abertura e a curiosidade estão intimamente relacionadas com a boa saúde e a longevidade. As pessoas curiosas são mais aptas a se impor desafios intelectuais e sociais e colher os frutos que resultam dessa musculação mental. Também são mais propensas a se interessar e se envolver, tornando-se uma companhia mais divertida, e a interação social com os outros é uma boa maneira de manter a atenção e a agilidade mental.

CONSCIENCIOSIDADE

Os traços mais importantes a alimentar e desenvolver ao longo da vida são, talvez, os do Fator III, a Conscienciosidade. As pessoas conscienciosas são mais capazes de ter um médico de confiança e se consultar quando estão doentes. São mais capazes de fazer check-ups com regularidade e cumprir seus compromissos profissionais, familiares e financeiros. Pode parecer uma questão essencialmente prática, mas os traços do Fator III guardam íntima relação com uma ampla variedade de resultados positivos na vida, entre eles a longevidade, o sucesso e a felicidade. A conscienciosidade tem sido associada a uma menor mortalidade por qualquer causa.[52] De maneira inversa, uma menor conscienciosidade infantil prenuncia maior obesidade, desregulação fisiológica e piores perfis de lipídios na idade adulta. Para ficar mais conscienciosa, a pessoa precisa mudar processos cognitivos subjacentes como a autorregulação (controlar comportamentos impulsivos) e o automonitoramento (notar quais circunstâncias levam a uma boa autorregulação e quais sabotam a autorregulação).[53] Se a pessoa quiser melhorar nesses aspectos, existem vários métodos comprovadamente eficazes para adultos de qualquer idade, desde a terapia comportamental cognitiva até o livro *A arte de fazer acontecer*, de David Allen.

Um estudo psicológico recente, publicado na grande revista da Association for Psychological Science, corroborou o que diz Charles Koch, diretor-presidente de uma das maiores empresas do mundo: "Prefiro contratar uma pessoa conscienciosa, curiosa e honesta a alguém extremamente inteligente, mas que não tenha essas qualidades. Aprendi que uma inteligência solta, sem conscienciosidade, curiosidade e honestidade, pode levar a graves consequências".[54]

O QI, o quociente de inteligência de uma pessoa, é uma forma de medição muito conhecida. E o QE, o quociente de inteligência emocional, também tem se tornado cada vez mais conhecido, em parte graças aos textos de divulgação de Daniel Goleman. Os cientistas da cognição agora falam de uma terceira forma de medição, o QC, o quociente de curiosidade, que prevê o sucesso na vida tão bem e, muitas vezes, melhor do que o QI e o QE.

Como bem se pode imaginar, há limites tanto para a Conscienciosidade quanto para a Curiosidade. Em excesso, podem causar problemas. Uma pessoa conscienciosa demais pode embarcar em comportamentos do transtorno obsessivo-compulsivo (TOC); é recomendável distinguir entre a conscienciosidade sadia e a compulsão ou uma rigidez extrema. A conscienciosidade sistêmica, caso inclua uma adesão cega a regras falhas, também se torna problemática, como quando a comunidade médica recomenda programas de ação que podem ser prejudiciais. Fazer exames de câncer de próstata usando o biomarcador do antígeno prostático específico (PSA) é provavelmente o caso mais notório de algo que causa danos significativos aos pacientes. A maioria dos homens com níveis altos de PSA nunca desenvolverá sintomas de câncer de próstata, mas muitos morrem ou sofrem graves problemas de saúde depois de receber tratamentos desnecessários. A proporção entre os que foram ajudados e os que foram prejudicados pelo exame de PSA está em torno de um para cem. O sobrediagnóstico também é comum em outros exames "conscienciosos" de câncer.[55]

ABERTURA

Uma abertura excessiva pode levar a pessoa a adotar comportamentos arriscados e perigosos? Sim, pode. John Lennon era notoriamente aberto a novas experiências, e em dado momento pensou em fazer uma terapia ainda não testada, que incluía perfurar o cérebro e abrir um orifício nele. Amy Winehouse, que tinha grandes dificuldades em controlar os impulsos, morreu aos 27 anos por excesso de álcool. Steve Jobs, também famoso por sua abertura, seguiu um tratamento não testado para seu câncer no pâncreas, e essa abertura — em vez da confiança em tratamentos médicos cientificamente validados — o matou.

Felizmente, nossos traços e nossa personalidade são maleáveis, tal como o cérebro. Somos capazes de mudar, de aprender com nossas experiências. Todos nós mantemos um monólogo interior, um narrador em nossa cabeça que diz coisas como "estou com fome" ou "estou com frio". O narrador interno também nos diz: "É assim que eu sou — são essas as coisas que gosto de fazer, são essas as reações que tenho a determinadas situações". Ter essa sabedoria em relação a nós mesmos é o primeiro passo para a mudança, para a afirmação de que nosso comportamento passado não determina obrigatoriamente nosso comportamento futuro. Mesmo pessoas que são modelos de conduta que conhecemos pelos meios de comunicação podem nos ajudar a engendrar mudanças que atendam a nossas aspirações. E afirmações pessoais ("Sou generoso, sou bondoso") podem ajudar a nos tornarmos o que não somos. Um antigo e famoso experimento psicológico mostrou que as pessoas que *agem* como se estivessem felizes acabam *sendo* felizes. Quando estamos felizes de verdade, usamos o músculo facial zigomático para sorrir. Num experimento, as pessoas que forçavam o sorriso efetivamente se sentiam mais felizes do que quem forçava uma carranca, só porque era aquele músculo que se movia.[56] Acontece que o sistema nervoso é bidirecional. Não importa se é o cérebro que faz a boca sorrir ou se é a boca que faz o cérebro sorrir. Então sorria, tenha pensamentos positivos e experimente coisas novas. Se não estiver se sentindo bem, aja como se estivesse feliz. Uma atitude alegre, positiva, otimista — mesmo que de início fingida — pode acabar se tornando real.

COMPAIXÃO

Há uma assimetria intrínseca na quantidade e no tipo de informação que temos sobre nós mesmos versus o que sabemos sobre os outros. Temos um acesso exclusivo a nossas ações passadas e a nossas motivações e estados de espírito atuais, mas não temos esse nível de acesso às memórias e aos estados de espírito dos outros (a não ser num bom filme ou romance). Os outros, quando nos julgam, também não têm esse acesso a nós. Imagine que você está dirigindo um carro de luxo e, quando está parado no semáforo, uma pessoa em situação de rua lhe pede dinheiro. Imagine também que você não dá. O pedinte pode concluir que você é mesquinho. Você queria ajudar, mas nesse momento está sem um tostão. Um comportamento só, duas interpretações diferentes.

Uma coisa concreta que todos nós podemos fazer para evitar juízos equivocados sobre os outros é exercer a compaixão, aceitar a possibilidade de que podemos errar ao atribuir determinado traço ao comportamento de outra pessoa. De fato, esse é o princípio fundamental que se encontra no centro tanto da psicologia social quanto nos ensinamentos do Dalai Lama. "A compaixão é a chave da felicidade", diz ele. "Somos uma espécie social, e nossa felicidade é definida por nossa relação com os outros."[57] O Dalai Lama acredita que isso decorre da biologia de nossa espécie, da importância das interações sociais para todos os primatas. Ele procura evitar sentimentos de raiva, desconfiança e suspeita, e pratica a paciência, a tolerância e a compaixão.[58] Além disso, evita se considerar privilegiado ou especial, e isso aumenta muito sua felicidade:[59]

> Nunca me considerei alguém especial. Se me considerar alguém diferente de vocês, como "sou budista", ou ainda pior, [em tom presunçoso] "sou Sua Santidade, o Dalai Lama", ou mesmo considerar que "sou um ganhador do prêmio Nobel", então na verdade faço de mim mesmo um prisioneiro. Esqueço essas coisas — simplesmente considero que sou um entre 7 bilhões de seres humanos.

O budismo, como a maioria das religiões do mundo, nos ensina como mudar nossa personalidade. Talvez tenhamos a impressão de que nossa personalidade é fixa, imutável e foi determinada na infância, mas a ciência mostra que não é assim. Mais especificamente, estudos desde Bayley e Baltes têm constatado que é possível haver mudanças volitivas (não induzidas por uma doença) da personalidade pelo menos até a casa dos oitenta anos, nos três continentes estudados até o momento, a América do Norte, a Europa e a Ásia.[60]

Atitude e perspectiva compassivas também estão relacionadas à diminuição do estresse. Podemos escolher ou aprender a não ser estressados, e isso pode salvar nossa vida. O eixo HPA (hipotálamo-pituitária-adrenal) é um sistema endócrino que controla a secreção dos hormônios do estresse (glicocorticoides), entre eles o cortisol. A exposição a altos níveis de glicocorticoides pode ser especialmente prejudicial para o hipocampo em envelhecimento e está associada a decréscimos no aprendizado e na memória.[61] Entre os aspectos em que a psicoterapia sobressai, a redução do estresse é uma das coisas principais que podemos fazer para beneficiar nossa condição geral de saúde. Mesmo assim, é melhor não exagerar no que é bom. Uma redução excessiva do estresse, assim como um excesso de otimismo, pode nos levar a ignorar questões importantes de saúde ou perder a motivação para trabalhar ou procurar contato social. Um nível moderado de estresse nos impele a ter atividades — praticar exercícios, comer bem e cuidar de nossa saúde mental fazendo amigos e passando algum tempo com eles.

BASTA UMA BOA PERSONALIDADE?

Curiosidade, Abertura, Associações (como na sociabilidade), Conscienciosidade e Práticas Saudáveis constituem as cinco escolhas de modo de vida que exercem o maior impacto sobre o resto de nossa existência. As quatro primeiras estão presentes na personalidade de qualquer indivíduo. Em inglês, esses cinco elementos formam o acrônimo COACH, termo que utilizo algumas vezes neste livro e que provém, em última instância, da leitura de milhares de páginas de pesquisas sobre o envelhecimento. Voltarei a suas várias implicações em capítulos posteriores. Mas há um aspecto lamentável do envelhecimento que não se enquadra num traço de personalidade: a memória. É um assunto que vai ao cerne de quem somos e como vivemos. Muita gente não se importaria em ter o cabelo de outra pessoa, ou talvez o intelecto ou a compostura emocional de outrem — mas ter lembranças alheias? Deixaríamos de ser quem somos. Então, o que sabemos sobre a base cerebral da memória e por que ela parece ser a primeira coisa a desaparecer?

2. A memória e nosso senso de identidade

O mito da perda de memória

Estou na frente do armário do corredor. Eu estava arrumando a mala no quarto e vim até aqui para pegar alguma coisa, e agora não lembro o que era. Volto ao quarto para ver se algo me ajuda a lembrar. Me deu um branco. Vou até a cozinha, pensando que talvez eu tenha parado na frente do armário por mero acaso enquanto vinha para cá, na esperança de que haja algum objeto, qualquer coisa bem à vista, que me lembre por que estou aqui. Volto ao quarto e fico olhando a mala e as pilhas de roupas, mas não me ocorre nada.

Não é a primeira vez que isso acontece. Na verdade, não é novidade nenhuma — isso me acontecia na casa dos trinta anos, mas na época eu achava que era distraído. Se não fosse neurocientista, agora, sendo sexagenário, eu ficaria preocupado, pensando que é um sinal inequívoco de que meu cérebro está decaindo e que logo vou estar num lar de idosos, esperando que alguém me traga o jantar e me sirva na boca o purê de ervilhas e as cenouras amassadas. Mas a bibliografia das pesquisas é reconfortante — quando a gente envelhece, tais lapsos são normais e rotineiros e não indicam necessariamente nenhuma doença sombria à espreita. Devem-se, em parte, a uma interiorização neurológica geral — desde nosso quadragésimo aniversário, a cada década nosso cérebro passa mais tempo contemplando nossos próprios pensamentos, em vez de absorver informações do ambiente externo. É por isso que a gente se pega na frente da porta aberta do armário, sem nenhuma ideia do que estamos fazendo ali. Isso faz parte da trajetória do desenvolvimento normal do cérebro em envelhecimento e nem sempre é sinal de algo mais sinistro.

Quando esquecemos alguma coisa, principalmente quando temos mais idade, sentimos um pânico desconcertante, visceral. Ele indica claramente como a memória é importante e fundamental — não só para fazer as coisas, mas para nosso senso de identidade mais profundo. As lembranças nos dizem quem somos em momentos de dúvida ou conflito. As boas lembranças nos reconfortam. As más nos afligem. E os sentimentos que despertam em nós são muito íntimos e pessoais.

Como há muito sabem filósofos e escritores, sem memória não temos identidade. O filme *Amnésia*, de Christopher Nolan, ilustra claramente a questão, bem como *Westworld*, o seriado de sucesso da HBO, de Jonathan Nolan, irmão de Christopher. (Ora, mas esse *é* um argumento que mostra a base genética do talento. Ou será que mostra a influência do mesmo ambiente familiar? Evidentemente, é a interação dessas duas coisas.) Nossa própria concepção de nós mesmos e quem somos depende de um fio contínuo, de uma narrativa mental das experiências que tivemos e das pessoas que encontramos. Sem memória, não sabemos se gostamos de chocolate ou não, se os palhaços nos divertem ou nos dão medo; não sabemos quem são nossos amigos ou se conseguiremos preparar porções individuais de mousse de chocolate para as dez pessoas que vão chegar ao nosso apartamento daqui a uma hora.

Mas por que a memória não é mais confiável, se é tão importante? Seria de imaginar que ela tivesse se aprimorado nos bilhões de anos de evolução, mas a história da evolução da memória tem alguns vaivéns e algumas características inesperadas. Por exemplo, nossas lembranças se parecem mais com um quebra-cabeça do que com uma gravação em vídeo de nossas experiências. Esse simples fato gera muitas piadas sobre a perda de memória relacionada com a idade, como esta:

Dois idosos estão sentados um ao lado do outro num jantar.

— Na semana passada, minha esposa e eu fomos jantar num restaurante novo — diz um deles.

— Ah, é mesmo? E como se chama? — pergunta o outro.

— Hmm... puxa... não me lembro.

O homem pensa, coça o queixo e retoma:

— Hmm... Como se chama aquela flor que a gente compra nas ocasiões româniticas? Aquela que costuma vir em dúzias, sabe qual? Tem várias cores e espinhos na haste...

— Rosa, você quer dizer?

— Isso, ela mesma!

Ele se inclina sobre a mesa, na direção da esposa, e diz:

— Rosa, como se chama aquele restaurante aonde a gente foi na semana passada?

A memória, de fato, parece um quebra-cabeça com várias peças faltantes. Raras vezes encontramos todas as peças, e nosso cérebro preenche as lacunas com palpites criativos, baseados na experiência e na identificação de padrões. Isso leva a muitas lembranças lamentavelmente equivocadas, muitas vezes acompanhadas pela teimosa convicção de que estamos recordando direito. Aferramo-nos a elas, armazenando-as incorretamente em nossos bancos de memória e depois recuperando-as nessa forma ainda incorreta com uma certeza ainda maior (e descabida) de que estão certas. George Martin, o produtor dos Beatles, contou sua experiência a esse respeito:[1]

Tinha esse cara legal, que se chamava Mark Lewisohn. Quando fiz o filme *The Making of Sergeant Pepper*, chamamos ele como uma espécie de consultor. E chamei o George, o Paul e o Ringo, que entrevistei sobre a criação do álbum. O interessante era que tinha umas partes que cada um de nós lembrava de um jeito diferente. Quando eu estava entrevistando o Paul, ele recordava alguma coisa e estava errado. E eu tinha de ficar dizendo para o Mark Lewisohn não corrigir o Paul, pois se o Lewisohn dizia "Tá errado; segundo esses documentos aqui e esses registros, foi assim"... bom, ficava meio humilhante pro Paul. Aí, o Paul conta a história dele do jeito que ele lembrava. O interessante dos registros do Lewisohn é que me fizeram entender que a minha memória também era falha — o Paul lembrava uma coisa de um jeito, e eu lembrava a mesma coisa de outro jeito, e os documentos provavam que a coisa tinha sido feita de um terceiro jeito, totalmente diferente.

Por que isso acontece?

COMO FUNCIONA A MEMÓRIA

A memória não é uma coisa só. É um conjunto de processos diferentes que, por acaso, descrevemos usando um único termo. Falamos em decorar um número de telefone, recordar certo cheiro, lembrar o melhor caminho para a escola ou para o trabalho, memorizar qual é a capital da Califórnia e o que significa a palavra *flebotomista*. Lembramos que somos alérgicos a coentro ou que cortamos o cabelo três semanas atrás. Os celulares "lembram" os números de telefone para nós e os termostatos inteligentes aprendem qual é a hora em que provavelmente estamos em casa e vamos querer 21°C de temperatura. Como acontece com muitos conceitos, temos intuições sobre o que é a memória, mas muitas vezes elas estão totalmente erradas.

Como outros sistemas cerebrais, a memória não foi projetada; ela evoluiu para resolver problemas de adaptação ao ambiente. O que pensamos que ela é na verdade engloba vários sistemas biológica e cognitivamente distintos. Entre as coisas que vivemos, apenas algumas são armazenadas na memória. Isso porque uma das funções evolutivas da memória é abstrair regularidades do mundo, é generalizar. A generalização nos permite usar objetos como pias e canetas — podemos usar uma pia nova ou uma caneta nova sem nenhum treinamento específico porque, em termos funcionais, elas são iguais a outras que já usamos. Como e por que ocorre essa aprendizagem da generalização constitui um dos temas mais antigos da psicologia experimental e foi o campo de especialidade de Roger Shepard, meu supervisor no pós-doutorado, por mais de cinquenta anos. (Aos noventa anos, Roger segue ativo, trabalhando em dois livros diferentes e colaborando comigo num artigo — fico envergonhado em dizer que sou eu que estou atrasando o texto, não ele.)

O exemplo mais básico de generalização é, talvez, a comida — desde criança, a gente aprende que o pedaço de frango que estamos comendo hoje é de aparência e tamanho diferentes do de ontem, mas também é de se comer e tem gosto praticamente igual. Também vemos esse princípio da generalização no uso de instrumentos. Se precisamos de faca para cortar a comida, a gente pode ir até a gaveta da cozinha onde ficam os talheres e pegar qualquer faca que esteja ali — em termos funcionais, todas são iguais. Generalizamos dessa forma milhares de vezes por dia, sem nem perceber. A generalização está relacionada com a memória, na medida em que a representação do pedaço de frango ou da faca de mesa em nossa memória com frequência é uma impressão um tanto generalizada, e não uma fotografia mental de uma determinada faca ou de um determinado pedaço de frango.

Dois outros professores meus, Michael Posner e Steve Keele, apresentaram nos anos 1960 algumas das primeiras e mais interessantes evidências a esse respeito. Eles queriam descobrir uma maneira de determinar o que, entre um sortimento de itens semelhantes, era realmente armazenado no sistema mnemônico do cérebro — eram as características únicas de um determinado item ou as generalizadas do item médio? É como a semelhança física dentro de nossa família — pode ser a tendência a uma determinada cor de cabelo, um tipo de nariz ou de queixo. Nem todos na família os têm, e o cabelo, o nariz e o queixo variam de pessoa para pessoa, e mesmo assim... há alguma coisa que é um ponto de união entre todos. Essa é a generalização abstrata que Posner e Keele queriam explorar.

A semelhança de família inclui a variabilidade em torno de um protótipo — aqui, o protótipo, ou o patriarca, está no centro.

Como costumam fazer os psicólogos cognitivos, Posner e Keele começaram por itens muito simples, muito menos complexos do que um rosto humano. Apresentaram padrões de pontos gerados por computador, que haviam feito a partir de um pai ou protótipo, e então deslocaram alguns pontos em um milímetro, mais ou menos, numa direção aleatória. Isso gerou padrões que tinham uma semelhança de família com o original — algo muito parecido com a variação que vemos no rosto de pais e filhos. Abaixo há um exemplo do padrão com que começaram (o protótipo, no canto superior esquerdo) e algumas das variações (indicadas pelas setas). No canto superior direito, há um padrão independente, usado como controle no experimento.

Se olharmos com atenção, veremos uma espécie de semelhança de família nos quatro quadrados relacionados — todos apresentam um tipo de padrão triangular de três pontos embaixo à esquerda, embora a proximidade entre os pontos varie. Todos têm uma diagonal de três pontos que vem da parte superior à esquerda e atravessa o centro até a parte inferior à direita, variando de onde parte o primeiro ponto e como se distribuem entre si.

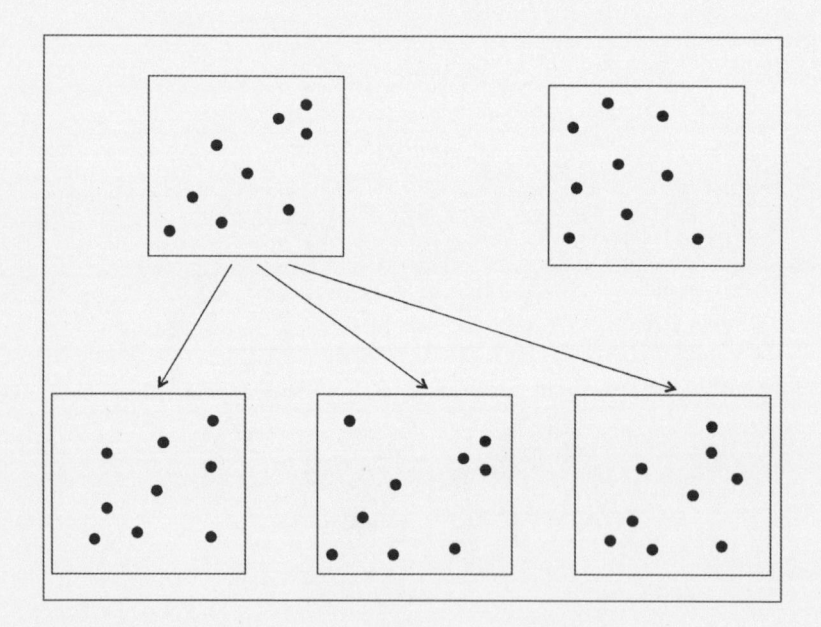

No experimento, os pesquisadores mostravam às pessoas várias versões sucessivas de quadrados com diversos padrões de pontos, todos diferentes entre si. Os participantes não sabiam como esses padrões tinham sido montados. O lance da coisa era o seguinte: Posner e Keele mostravam os descendentes (como os que aparecem na fila de baixo da imagem) e não mostravam os pais (como o que aparece em cima à esquerda, o pai). Uma semana depois, as mesmas pessoas voltavam e viam um monte de padrões de pontos, alguns novos e outros velhos, e precisavam apenas indicar quais tinham visto na vez anterior. Os participantes não sabiam disso, mas alguns dos "novos" padrões eram de fato os pais, os protótipos usados para gerar os outros padrões de pontos. Se as pessoas armazenassem os detalhes exatos das imagens — se sua memória fosse como registros em vídeo —, a tarefa seria fácil. Por outro lado, se o que armazenamos na memória é uma versão abstrata, generalizada dos objetos, as pessoas deveriam se lembrar de ter visto o pai, mesmo não o tendo visto — ele constitui uma generalização abstrata dos filhos que foram criados a partir dele. Foi exatamente o que aconteceu.

Quando envelhecemos, nosso cérebro melhora cada vez mais nesse tipo de abstração e identificação de padrões, e, embora os padrões de pontos pareçam muito distantes de qualquer coisa com importância no mundo real, o experimento mostra que a abstração se dá sem nossa percepção consciente e responde por um dos traços mais generalizados que se encontram nos idosos: a sabedoria. Do ponto de vista neurocognitivo, a sabedoria é a capacidade de enxergar padrões que outros não veem, de extrair pontos comuns generalizados a partir da experiência anterior e utilizá-los para prever o que provavelmente virá a seguir. Os idosos talvez não sejam tão rápidos para fazer cálculos mentais e lembrar nomes, mas são muito melhores e muito mais rápidos em enxergar o quadro geral. E isso resulta de décadas de generalização e abstração.

Ora, alguém pode objetar e dizer que tem memórias muito precisas de objetos *específicos*. Perceberia se trocassem sua aliança de casamento. Reconhece nos pés a sensação de seus sapatos prediletos. Se tem uma bela caneta que ganhou de presente, ficaria triste se a perdesse. Mas, se perdesse uma Bic de um real, provavelmente abriria a gaveta e pegaria outra, porque elas são intercambiáveis, o que é apenas outra forma de dizer que a pessoa fez uma generalização. Se você já tentou alguma vez tirar o cobertorzinho favorito de uma criança pequena, sabe que ela vai espernear — para a criança, o cobertor não é um mero cobertor e ela não o generaliza: esse cobertor é o cobertor especial *dela*.

Na maioria dos casos de generalização, não é que não *notemos* a diferença entre esta ou aquela caneta se nos pedirem para estudá-las, ou que necessariamente não lembremos das diferenças — apenas não precisamos fazê-lo. Nosso sistema de memória se esforça para ser eficiente em não congestionar a mente com detalhes desnecessários.

Retomando, vemos diferenças individuais na maneira como generalizamos. Para Lew Goldberg, um carro é um carro é um carro. Seu único valor é levar a pessoa de um lugar a outro. Ele não entende quem coleciona carros ou tem mais do que um. Perguntaria: "Por que você iria querer ter dois carros? É como ter duas lava-louças". Ele enxerga o mundo dos objetos de modo transacional, com pouco sentimentalismo ou interesse pelas diferenças. Não parece ver a ironia no fato de que alguém que passou a vida estudando as diferenças individuais nos seres humanos pouco se interesse pelas diferenças individuais nos objetos feitos por mãos humanas. Ele se entusiasma com as diferenças individuais que vê na natureza, entre as árvores, as montanhas, os lagos, as rochas e os crepúsculos. Simplesmente não se empolga com objetos manufaturados.

Algumas pessoas, de fato, são obcecadas por objetos — um par de botas que continuam a usar muito tempo depois de merecer ser trocado, um sofá favorito que já devia ter ganhado forro novo muito tempo atrás. Em casos assim, não é que deixam de generalizar; é que os objetos adquiriram um significado especial e pessoal que ultrapassa sua utilidade, adquiriram caráter sentimental. E ativaram um circuito privilegiado na memória.

A generalização promove a economia cognitiva para não precisarmos nos concentrar em detalhes sem importância. O grande neuropsicólogo russo Alexander Luria estudou um paciente, Solomon Shereshevsky, com um problema de memória que era o contrário do que estamos acostumados a ouvir falar — Solomon não tinha amnésia, a perda de memórias; tinha o que Luria chamou de hipermnésia (seu superpoder, digamos assim, era uma memória superior). Sua memória superativa lhe permitia realizar proezas espantosas, como repetir palavra por palavra discursos que tinha ouvido apenas uma vez, fórmulas matemáticas complexas, longas sequências de números e poemas em línguas estrangeiras que nem sabia falar. Antes de imaginar que seria ótimo ter uma memória tão fantástica, vale lembrar que isso tinha um custo: Solomon não conseguia formar abstrações porque lembrava todos os detalhes como distintos entre si. Tinha especial dificuldade em reconhecer as pessoas. De um ponto de vista neurocognitivo, a cada vez que vemos um rosto, é provável que ele pareça pelo menos um pouco diferente do que quando o vimos pela última vez — estamos vendo de outro ângulo ou a outra distância, podemos estar diante de outra expressão facial. Enquanto interagimos com alguém, seu rosto passa por uma sucessão de expressões. Como nosso cérebro é capaz de generalizar, vemos todas essas diversas manifestações como pertencentes à mesma pessoa. Solomon não conseguia fazer isso. Como ele explicou a Luria, era quase impossível reconhecer os amigos e colegas porque "todos têm muitos rostos".

SISTEMAS DA MEMÓRIA

O entendimento de que a memória não é uma coisa só, e sim muitas coisas, foi uma das descobertas mais importantes na neurociência.[2] Cada uma delas é influenciada por variáveis diferentes, governada por princípios diferentes, armazena espécies diferentes de informação e se sustenta em circuitos neurais diferentes. E alguns desses sistemas são mais sólidos do que outros, permitindo que preservemos memórias precisas durante a vida toda, ao passo que outros são mais frágeis, mais afetados pela emoção, e são inconstantes.

Lembremos que a evolução se dá aos saltos; ela não começa com um plano ou um objetivo. Depois de centenas de milhares de anos de evolução cerebral, não chegamos ao tipo de sistema regular e ordenado que teríamos se tudo tivesse sido projetado desde o início. É provável que os diferentes sistemas de memória humana que temos atualmente tenham seguido trajetórias evolutivas separadas, enquanto tratavam de problemas adaptativos distintos. Assim, acabamos ficando hoje com um sistema de memória que mantém registro de onde estamos no mundo (memória espacial), outro que mantém registro sobre os lados de abrir e fechar uma torneira (memória procedimental) e outro que mantém registro sobre o que estávamos pensando trinta segundos atrás (memória de curto prazo). Os lapsos de memória relacionados com a idade começam a fazer sentido quando vemos que eles tendem a afetar um, mas não outro sistema.

Nossos sistemas de memória formam uma hierarquia. No nível mais alto estão a memória explícita e a implícita. Eles contêm o que o nome sugere — a memória explícita guarda nossas lembranças conscientes de fatos e experiências; a implícita guarda coisas que sabemos sem ter consciência de que sabemos.

Um exemplo de memória implícita é saber como realizar uma sequência complexa de ações, como digitar sem olhar o teclado ou tocar ao piano uma música de cor. Em geral, não conseguimos dividir a ação em seus subcomponentes, os movimentos conscientes de cada dedo — eles estão unidos como uma sequência conjunta em nossa memória. Ainda mais implícito é o condicionamento, como salivar ao abrir um pote de conserva ou sentir aversão ao cheiro de um alimento que antes nos fez mal — podemos não ter consciência disso, mas nosso corpo lembra.

A memória explícita aparece em dois tipos amplos, refletindo dois sistemas neurológicos diferentes. Um é o conhecimento geral — nossa memória dos fatos e definições de palavras. O outro é o conhecimento episódico — nossa memória de episódios específicos em nossa vida, em geral autobiográficos. Os cientistas dão à memória de conhecimento geral o nome de *memória semântica* e à de episódios específicos o nome de *memória episódica*. (Penso que escolheram o nome certo para a *memória episódica*, mas o termo *memória semântica* sempre me incomodou por me parecer menos descritivo. Prefiro pensar em "memória generalizada", mas por ora fiquemos com o termo dado.)

A memória semântica, nosso reservatório de conhecimentos gerais, é tudo aquilo que sabemos sem lembrar quando de fato o aprendemos. Seriam coisas como saber qual é a capital da Califórnia, a data de nosso aniversário e mesmo a tabuada ($3 \times 1 = 3$; $3 \times 2 = 6$; $3 \times 3 = 9$, e assim por diante).

A memória episódica, por outro lado, é tudo aquilo que sabemos a respeito de um determinado episódio ou incidente. Seriam coisas como nosso primeiro beijo, nossa festa de 21 anos e a que horas levantamos hoje de manhã. Esses eventos aconteceram conosco, e lembramos a ocorrência deles e *nossa* presença ali. É isso o que os diferencia das memórias semânticas: eles possuem um componente autobiográfico. Você lembra quando aprendeu que $4 + 3 = 7$ ou em que dia faz aniversário? Provavelmente não. São coisas que a gente *simplesmente sabe*, e assim são nossas memórias semânticas.

Claro que há variações entre as pessoas, e há exceções. No ano passado, eu estava conversando sobre os diferentes tipos de memória com meu amigo Felix, que estava com nove anos. Como forma de demonstrar, perguntei se ele sabia qual era a capital da Califórnia. Ele respondeu: "Sei, é Sacramento". Então perguntei se ele lembrava quando havia aprendido. Ele respondeu: "Lembro". Duvidando um pouco, perguntei se ele lembrava em que dia tinha aprendido aquilo, imaginando que ele queria dizer que tinha aprendido na escola no ano anterior ou em algum outro período genérico. Ele respondeu que sim, que lembrava o dia. Perguntei qual era. Ele respondeu: "Hoje". Assim, para Felix, a capital da Califórnia era uma memória episódica, não semântica. E até pode continuar assim, visto que todos nós — minha esposa, eu, Felix e os pais dele — rimos muito nessa ocasião em que um catedrático universitário foi derrotado por um menino de nove anos. Um detalhe que em geral ficaria esquecido nos anais do cérebro de Felix pode ter se elevado a uma espécie de status especial, por causa das emoções vinculadas a ele. Esta é uma das regras da memória que agora está firmemente estabelecida: tendemos a lembrar melhor o componente episódico daquelas coisas que nos foram impressas com uma ressonância emocional, positiva ou negativa, independente se, de modo geral, o aprendizado viria a se tornar *semântico* ou *episódico*.

Mas, para a maioria das pessoas, memórias episódicas como essa — que envolvem conhecimentos gerais e o aprendizado de informações — com o tempo se tornam semânticas, e esquecemos o momento específico da aprendizagem.

Imaginemos só como seria avassalador se lembrássemos não só o significado de todas as palavras que conhecemos e todo o nosso tesouro de conhecimentos básicos sobre o mundo (em que continente fica Portugal? Quem nasceu antes, Beethoven ou Mozart? Quem escreveu *Guerra e paz?*), *mas também* exatamente quando e como aprendemos aquilo. O cérebro desenvolveu características eficientes para descartar essa informação contextual (em geral) desnecessária, conservando seletivamente as partes do conhecimento mais capazes de surgir com maior presteza — os fatos. Algumas pessoas, porém, inclusive algumas portadoras de transtornos do espectro autista, não fazem esse descarte e conservam todos os detalhes, o que pode ser para elas uma fonte de conforto e sucesso ou de irritação e abatimento.

Existem algumas áreas cinzentas. A memória de coisas como uma alergia ao coentro ou nosso corte de carne predileto pode ser semântica — algo que a gente sabe, e só — ou pode ser episódica, na medida em que é possível relembrarmos os aspectos específicos envolvidos, o tempo e o lugar, e chamá-los à memória; por exemplo, aquele exato momento em que, depois de uma reação alérgica que nos fez inchar feito um baiacu, percebemos que não podemos nem chegar perto de um pé de coentro. A distinção biológica é que são partes diferentes do cérebro que guardam memórias semânticas versus memórias episódicas, e esse é um passo fundamental para entender por que as falhas de memória tendem a acontecer mais a um sistema do que ao conjunto completo da memória — é porque ela não é uma coisa só, e sim várias.[3]

Há duas regiões cerebrais, fundamentais para alguns tipos de memórias, que decaem e se encolhem com a idade e com a doença de Alzheimer: o hipocampo (termo grego para *cavalo-marinho*, porque seu formato curvo faz lembrar essa espécie) e o lobo temporal medial (termo da neurologia para a parte média de uma estrutura que fica logo atrás e acima de nossas orelhas). O hipocampo e o lobo temporal medial são importantes para formar alguns dos tipos de memória explícita, e não são necessários para a implícita. É por isso que a tia Marge, de 88 anos, perdida numa névoa de desorientação gerada pela amnésia, não consegue se lembrar de você, onde ela está ou que ano é, mas ainda sabe usar um garfo, ligar a TV, ler, fica animada ao ver uma comida apetitosa — tudo isso são formas de memória implícita. As estruturas cerebrais prejudicadas afetam sua memória explícita, mas não a implícita.

O hipocampo também é necessário para armazenar a navegação espacial e a memória dos lugares. Danos a ele e a regiões do lobo temporal associado, como ocorrem com frequência na velhice, podem levar à desorientação e ao extravio espacial. Na maioria dos casos, o hipocampo não encolhe ou decai por completo de uma vez só, e assim os pacientes ficam com memórias espaciais fragmentadas, vagueando, registrando alguns pontos de referência e imagens familiares, mas não conseguem reunir todos num mapa mental significativo.

Tudo o que vim comentando até agora se aplica à memória de longo prazo — aquele depósito mais ou menos duradouro de lembranças que podem se manter por toda a vida. A memória de curto prazo é uma coisa totalmente diferente. Ela guarda o conteúdo de nossos pensamentos neste instante e talvez por mais alguns segundos. Quando fazemos uma conta de cabeça, quando pensamos no que vamos dizer a seguir numa conversa ou vamos até o armário para pegar um par de luvas, trata-se de memória de curto prazo.

Todos esses sistemas de memória — mesmo os sadios — são afetados com facilidade por distrações ou perturbações. Repassando esses exemplos de baixo para cima, a memória de curto prazo depende de prestarmos ativamente atenção aos itens que estão na lista de "próxima coisa a fazer". E isso se faz pensando neles, talvez repetindo várias vezes ou montando uma imagem mental ("vou até o armário pegar as luvas..." ou "é hora de tomar meus comprimidos para o coração — estão no armário da cozinha, ao lado do telefone"). Mas fica evidente a fragilidade do item se começamos a pensar em outra coisa, mesmo de forma momentânea ("Como será que meus netos estão indo na escola nova? Ué, *por que* vim até a cozinha?"). Qualquer distração — um novo pensamento, alguém perguntando alguma coisa, o telefone tocando — pode perturbar a memória de curto prazo. Nossa capacidade de recuperar de modo automático seu conteúdo começa a diminuir aos poucos, década por década, depois dos trinta anos.

Mas a diferença entre um lapso da memória de curto prazo numa pessoa de setenta anos e numa pessoa de vinte anos não é o que se poderia pensar. Tenho dado aulas durante toda a minha carreira a jovens de vinte anos na graduação, e posso atestar que eles cometem *todos os tipos* de erros de memória de curto prazo: entram na sala errada; aparecem nos exames sem lápis; esquecem alguma coisa que ensinei dois minutos atrás. Já chamei alunos que estavam levantando a mão e então humildemente admitiram que, nos poucos momentos que demorei para chamá-los, tinham esquecido o que iam dizer. São coisas parecidas com o que os septuagenários fazem. A diferença é como descrevemos esses eventos para nós mesmos, as histórias que nos contamos. O pessoal de vinte anos não pensa: "Ai ai ai, deve ser um Alzheimer precoce", e sim: "Estou com muita coisa na cabeça" ou "Preciso mesmo dormir mais, quatro horas é pouco". O septuagenário observa a si mesmo nesses eventos e fica preocupado com a saúde do cérebro. Isso não significa que os problemas de memória relacionados com a demência e o Alzheimer são inventados — são muito reais e muito trágicos para todos os envolvidos —, mas que pequenos lapsos da memória de curto prazo não indicam obrigatoriamente um distúrbio biológico.

Distrações também perturbam a memória procedimental. Nela, uma forma de memória implícita, costumamos realizar uma série de movimentos ao longo do tempo para, aos poucos, criar uma espécie de performance. Se alguma vez tivemos de aprender a dirigir um carro com câmbio mecânico, provavelmente lembramos que, em nossas primeiras tentativas na direção, várias vezes fomos dando uma guinada e derrapando, e até deixamos o motor morrer. (Foi o que aconteceu comigo. Aprendi a dirigir nas ladeiras de San Francisco, e assim, muitas vezes, enquanto eu engatava a marcha, o carro descia de ré e batia no carro de trás.) A coordenação entre embreagem, freio e acelerador, levando em conta o declive e a inércia, é um conjunto complexo de ações que precisam ser sincronizadas, isso sem falar que precisamos engatar a marcha certa (mais de uma vez, quando o semáforo abria e eu tentava dar a partida, engatava a terceira ou mesmo a ré). Mas, com a prática, todas essas coisas se juntam e a gente não precisa mais pensar sobre elas.

Aprender a digitar sem olhar o teclado, tocar uma música num instrumento musical, bater e arremessar uma bola de basquete, dançar uma coreografia, fazer tricô, embaralhar cartas — tudo isso, no começo, é difícil. Mas a certo ponto, depois que a gente pega o jeito, não precisa mais pensar. Quando isso acontece, dizemos que a ação ficou automática. Não exige mais nosso esforço consciente e nosso monitoramento ativo. Não exige mais a memória de curto prazo. Ela fica armazenada em nosso cérebro como uma unidade intacta, uma sequência de conhecimentos. E é *isso* que se perturba com facilidade quando tentamos voltar o relógio e pensar de novo no que estávamos fazendo naquele momento. A maneira mais fácil de romper nossa memória muscular automática — deixar o motor morrer, cair da bicicleta, esquecer como se toca Chopin — é tentar reconstruir as peças anteriores e não integradas daquela sequência construída. É quando tentamos ensinar alguém a fazer essas coisas, passo a passo, que percebemos que não temos mais a memória passo a passo, mas apenas uma memória holística, autocomandada, de como fazer tais coisas.

As memórias de longo prazo também sofrem perturbações com facilidade e, quando isso acontece, podem apagar ou, com maior frequência, reescrever nosso estoque permanente de informação, levando-nos a acreditar em coisas que não foram ou não são assim — a situação descrita antes neste capítulo por George Martin, o produtor dos Beatles. Por analogia, suponhamos que temos um Word, um Pages ou outro documento de texto no computador, que escrevemos ao chegar em casa depois de uma festa especialmente interessante a que fomos dez anos atrás. Esse documento contém lembranças da época do evento. Provavelmente é falho em alguns aspectos. Primeiro, não escrevemos todas as possíveis coisas que aconteceram, porque nem percebemos algumas delas — não ouvimos todas as conversas nem notamos a roupa do Carlos, não soubemos do drama inesperado na cozinha, quando um prato inteiro de bolinhas de queijo caiu no chão. Segundo, não escrevemos todas as possíveis coisas que *efetivamente* percebemos, porque selecionamos aqueles eventos que eram importantes ou interessantes para nós, as coisas que queríamos lembrar. Terceiro, nossas memórias vêm com o viés que lhes é impresso por nossa perspectiva subjetiva. Quarto, algumas de nossas lembranças podem simplesmente estar erradas porque nossa memória nos traiu ou porque entendemos mal — achamos que John disse: "Cuidado com o prato, que está quente", mas o que ele disse foi: "Cuidado com o gato, que está doente".

Bom, abrimos o documento dez anos depois, e dá para editá-lo. Podemos mudar o que escrevemos, mesmo sem querer. A gente deixa o documento aberto na tela e vai pegar uma xícara de café; enquanto isso, o gato anda por todo o teclado, e uma parte do texto vira um monte de coisas sem sentido. Outra pessoa pode encontrar o arquivo e editá-lo. Um problema no computador pode corrompê-lo e apagar ou mudar algumas partes. Aí a gente (ou o gato) clica em "salvar" ou o computador salva sozinho o arquivo, e aí temos um documento modificado que substitui o anterior e se torna nossa nova realidade do que aconteceu naquela festa.

Se as alterações foram sutis ou se faz tempo que criamos o documento, podemos nem notar. Se esquecemos aquela ocasião e o arquivo é nosso único registro dela, mesmo que tenha sido alterado sem que a gente saiba, ele *se torna* a realidade.

É assim que a memória funciona no cérebro — tão logo recuperamos uma lembrança, ela se torna editável, como um documento de texto; ela entra num estado vulnerável e pode ser reescrita sem querermos, consentirmos ou sabermos. Muitas vezes, uma memória é reescrita por uma nova informação que ganha cor durante uma rememoração, e aí essa nova informação se enxerta na antiga e é armazenada junto com ela, de maneira imperceptível, sem nossa percepção consciente. Esse processo pode se repetir de forma incessante, até que a memória original em nosso cérebro é substituída por interpretações, impressões e rememorações posteriores.

A memória é como é porque, ao longo da história do desenvolvimento humano, ela resolveu certos problemas de adaptação, dando a nossos ancestrais uma vantagem de sobrevivência em relação a seus vizinhos de adaptação mais lenta. Vinte mil anos atrás, numa era pré-industrial, é fácil imaginar os benefícios dessa reescrita para nossa sobrevivência. Imaginemos que a fonte de água fresca que abastece nossa tribo secou. A gente vai explorar e encontra outra. Mas, na vez seguinte, a gente tenta encontrá-la, só que não consegue: damos um monte de voltas erradas, até que por fim encontramos a fonte nova e bolamos um conjunto de pontos de referência mais simples para nos guiar até lá. Que mapa mental seria melhor para guardarmos no cérebro: o mapa que reconstitui todos esses passos errados ou um mapa novo, melhorado, que traz apenas os pontos de referências mais simples e úteis?

Ou imaginemos que vemos um chacal rodeando a fogueira do acampamento e o chamamos. O bicho parece amistoso e, de fato, deixa a gente fazer carinho nele e passa a noite enrodilhado a nossos pés. Mas, no dia seguinte, ele pula em cima da gente, me morde, morde minha irmã e abocanha aquele pedaço de carne que estava sendo assado na fogueira. Se nossa memória se detiver na noite anterior, mais agradável, podemos cometer o mesmo erro. Melhor reescrever nossa memória do chacal como predador imprevisível, com o qual é preciso ter cuidado. (Os cachorros nos conquistaram, mas o processo foi lento.)

A memória autobiográfica é, talvez, o sistema mais intimamente associado a nosso senso de identidade, a quem somos e às experiências que nos moldaram. O sistema de memória autobiográfica dá forma a nossas escolhas de vida de várias maneiras. Sem ele, não saberíamos se conseguimos fazer uma caminhada de duas horas, se podemos comer amendoim ou se somos casados ou não.

E, no entanto, o sistema de memória autobiográfica é propenso a enormes distorções. É um sistema voltado para metas. Ele relembra informações que são compatíveis com nossa perspectiva ou nossos objetivos. Todos nós temos uma tendência a recontextualizar as histórias de nossa vida, bem como as memórias que as formaram, com base nas histórias que contamos a nós mesmos ou que outros nos contam. Nossas memórias originais, de fato, se corrompem para se adequar à narrativa mais convincente.

Também preenchemos muitas lacunas com base em inferências lógicas. Não guardo muitas lembranças específicas de minha última visita a Londres, mas, utilizando minha memória semântica, meu conhecimento geral das viagens londrinas, suponho que tomei o metrô, que o céu estava cinzento, que eu estava com jet lag e que bebi um chá especialmente bom. Como posso me visualizar com facilidade tomando o metrô, a partir de todas as vezes que o tomei nos últimos quarenta anos, essa imagem pode ter se enxertado em minha memória autobiográfica da viagem mais recente a Londres e, antes que eu me dê conta, já tenho uma "memória" de tomar o metrô no ano passado que não é de fato uma memória minha — é uma inserção editorial, e em geral não percebemos que a fazemos.

As memórias também podem ser afetadas e reescritas por nosso estado de humor. Imagine que você está irritadiço e mal-humorado — talvez porque acabou de chegar a Los Angeles vindo de Londres (com seu excelente trânsito urbano) e está farto do tráfego barulhento da cidade. Para se animar, você recorda aquela vez em que estava passeando com uma amiga no Griffith Park, que costuma ser uma lembrança feliz. Mas seu humor nesse momento pode levar a uma reavaliação daquela memória como uma ocasião menos feliz — em vez de se concentrar no magnífico passeio, você evoca a lembrança de todo o trânsito que teve de enfrentar para chegar até lá e as dificuldades de encontrar uma vaga para estacionar. Tudo isso reescreve a memória evocada, antes de devolvê-la ao depósito do cérebro, e assim, na próxima vez que você retomá-la, ela não será mais tão feliz quanto era antes.

Existe um caso famoso de reescrita de memória em massa envolvendo os ataques às Torres Gêmeas do World Trade Center em Nova York, em 11 de setembro de 2001. Note que, conceitualmente, ele tem paralelos com a história de encontrar uma nova nascente de água, que comentei acima.

Oitenta por cento dos americanos dizem que se lembram de ter visto na TV as pavorosas imagens de um avião colidindo contra a primeira torre (a Torre Norte) e então, cerca de vinte minutos depois, a imagem de um segundo avião colidindo contra a segunda torre (a Torre Sul).[4] Mas essa memória é totalmente falsa! Em 11 de setembro, as redes de televisão transmitiram em tempo real o vídeo da colisão na Torre Sul, mas o da Torre Norte foi encontrado apenas no dia seguinte e só então passou na TV, no dia 12 de setembro. Milhões de americanos assistiram aos vídeos fora da sequência, vendo o do impacto na Torre Sul 24 horas antes do na Torre Norte. Mas a narrativa que nos contaram e sabemos ser verdadeira — a de que a Torre Norte foi atingida cerca de vinte minutos *antes* do que a Torre Sul — faz com que a memória costure a sequência dos acontecimentos *tal como ocorreram*, e não como nós os vivemos. Isso gerou uma falsa memória tão convincente que até o presidente George W. Bush se lembrou falsamente de ver a queda da Torre Norte em 11 de setembro, embora os arquivos da TV mostrem que isso seria impossível.

Portanto, é um enorme equívoco pensar que as memórias pessoais que a maioria de nós temos são corretas. Assim pensamos porque algumas *dão a impressão* de ser corretas; *dão a impressão* de ser como uma gravação em vídeo de coisas que nos aconteceram e não foram adulteradas. E isso ocorre porque é assim que elas nos são apresentadas por nosso cérebro.

Nossas memórias são falhas também por outra razão: é que costumamos armazenar apenas fragmentos dos fatos ou eventos, e aí nosso cérebro preenche as lacunas recorrendo a palpites baseados na lógica. Aqui também nosso cérebro faz isso com tanta frequência que nem percebemos essa intervenção. Grande parte de nossa atividade mental tem lacunas. Os sons de uma fala podem estar abafados pelos ruídos, nossa visão de alguma coisa pode estar bloqueada por outros objetos, para não falar das piscadas, cerca de quinze vezes por minuto, que interrompem nossa visão e o que estamos enxergando do mundo. O cérebro mescla — fabula — o que de fato sabe e o que infere, muitas vezes sem fazer uma distinção significativa entre ambos.

Ao envelhecermos, começamos a fabular mais, à medida que nosso cérebro fica mais lento e nossos milhões de memórias começam a disputar a prioridade na rememoração, criando um congestionamento de informações. Todos temos em nossa mente coisas gravadas como verdadeiras, mas que nunca aconteceram ou que combinam coisas que aconteceram de forma separada.

A fabulação se mostra especialmente vívida em pessoas que tiveram um AVC (acidente vascular cerebral) ou alguma lesão cerebral e têm problemas em reconstituir memórias fragmentadas. O neurocientista Michael Gazzaniga discorre a esse respeito como um exemplo de lateralização: a ideia de que os dois hemisférios, o direito e o esquerdo, desempenham algumas funções distintas. (Se somos destros, a fabulação se dá no hemisfério esquerdo. Se somos canhotos, a fabulação pode se dar em qualquer um dos dois — a função cerebral de lateralização é menos previsível nos canhotos do que nos destros.)

Gazzaniga conta a história de uma paciente que estava no hospital depois de sofrer um AVC no hemisfério direito, mas não lembrava por que estava lá — acreditava de forma convicta que o hospital era a casa dela.[5] Quando Gazzaniga a questionou, perguntando sobre os elevadores logo na frente do quarto dela, a paciente respondeu: "Doutor, o senhor faz ideia do quanto me custou mandar instalá-los?". Esse é o hemisfério esquerdo fabulando, inventando coisas, a fim de dar coerência a uma história que se encaixe com nossas outras lembranças e pensamentos. Ela não tinha memória de ser levada para o hospital nem capacidade de processar essa nova informação; assim, para seu hemisfério esquerdo, ela ainda estava em casa.

Pense na última festa de aniversário infantil em que esteve e tente lembrar o maior número de detalhes que conseguir — percorra mentalmente a sequência dos eventos. É o que um advogado lhe diria para fazer se você fosse testemunha num julgamento. Talvez você lembre se a criançada brincou de pôr rabo no burro, se havia bolo, se o aniversariante abriu os presentes na frente de todos ou se deixou para depois. Mas outros detalhes podem ter se perdido — se havia um pula-pula no quintal, se as outras crianças ganharam lembrancinhas. Outras pessoas e fotos podem lhe recordar algumas coisas, ajudando a ativar algumas lembranças.

Mas ainda há lacunas. Quantos tipos de refresco foram servidos? Se você fosse atendente de bar ou tivesse uma empresa de catering, poderia ter notado; do contrário, não. Qual era a temperatura da cor da lâmpada no banheiro? Se você estivesse no ramo da iluminação, poderia ter percebido se era luz branca fria, luz branca quente, natural ou amarelada. Mas, do contrário, provavelmente não. A memória é filtrada por nossos interesses e áreas de especialidade. Outras lacunas: em algum momento, as luzes na sala piscaram? O investigador da seguradora quer saber, pois, no dia seguinte, houve uma explosão elétrica. E aí você pensa: é, podem ter piscado. É, pensando bem, piscaram, sim. Lembro claramente. Consigo *visualizar* o momento em que aconteceu. Mas não havia *nenhuma* luz acesa na sala — o fusível já tinha queimado. Afinal, sua memória não é tão confiável quanto você pensa, não é mesmo? Quando já vivemos um bom tanto e tivemos muitas experiências, é muito fácil *imaginar* as coisas acontecendo conforme o descrito, e essa imaginação se enxerta em nossas memórias. Os advogados que atuam em tribunais sabem e lançam mão disso para levantar dúvidas entre os jurados em relação ao depoimento de uma testemunha. A memória humana faz inferências lógicas a partir da informação disponível, que ela nos apresenta numa intensa mescla de fatos e fabulações.

Fiz uma cirurgia alguns anos atrás e passei vários dias de cama, com analgésicos opioides. Eles me deixavam um pouco desorientado, para dizer o mínimo. Não conseguia lembrar em que dia da semana ou mesmo em que mês estava. Recordo que olhei pela janela e vi os caminhões de lixo. Ah!, deve ser segunda-feira, o dia da coleta de lixo. Minha memória semântica do dia da coleta de lixo continuava intacta, embora minha percepção do dia da semana estivesse comprometida. Vi que a alface e a cebola na horta lá fora estavam começando a brotar — em Los Angeles, isso significa que deve ser fevereiro. Respondia aos tipos de perguntas que os médicos fazem para ver como está nossa condição cognitiva, mas sem saber de fato as respostas, e sim por inferência a partir do ambiente onde me encontrava.

Uma amiga teve um AVC e agora faz esse tipo de inferência o tempo todo, disfarçando suas incapacidades e confundindo os médicos. Antes, ela era uma mulher altiva e independente, e esse tipo de pergunta a faz se sentir acuada. Quando ficamos só nos dois, perguntei-lhe em que ano estávamos e vi que ela deu uma olhada sub-reptícia para uma revista em cima da mesa e citou aquela data. Perguntei que horas eram e, vendo a casca de um sanduíche num prato ali perto, ela chutou "começo da tarde". Perguntei quem era o presidente e ela disse que não sabia, mas que provavelmente descobriria. Aquilo me pareceu pouco provável e, como não queria constrangê-la, deixei para lá.

Assim, nossa memória autobiográfica é precisa? Algum de nossos sistemas de memória é exato? Sim e não. Nossa memória para detalhes perceptuais pode ser de uma precisão impressionante, sobretudo em áreas que nos interessam. Conheci um pintor de casas no Oregon, Matthew Parrott, que entrava numa casa e, só de olhar as paredes, era capaz de identificar o acabamento (liso, casca de ovo, acetinado, semibrilho, alto brilho), a marca (Benjamin Moore, Sherwin-Williams, Pratt and Lambert, Glidden) e, muitas vezes, a tonalidade exata do branco. E podia examinar a textura do *drywall* e inferir quantos "plaqueiros" [operários que montam as placas das paredes] tinham trabalhado na obra da casa. "Olhe aqui", dizia ele, "note essas curvas: foram feitas por um plaqueiro canhoto." Sua área era essa, e ele era muito bom no que fazia. (Ele me contou que seu pai já trabalhava nisso. "Meu pai era plaqueiro", dizia ele.) Um projetista de iluminação pode lembrar as cores e intensidades específicas das lâmpadas. Um músico pode saber, só de ouvir, qual é a marca e o modelo do instrumento que estão tocando.

Conduzi um experimento em 1991 em que apenas pedi a estudantes escolhidos de forma aleatória que cantassem de memória sua música favorita.[6] Comparei o que cantaram com as gravações dessas músicas em CD, para ver até que ponto a memória musical deles era precisa. O impressionante foi descobrir que a maioria cantou as notas exatas ou quase exatas. E eram pessoas sem formação musical. Mas claro que, se essa é a música *favorita* da pessoa, é provável que ela a conheça bem. Essa descoberta contradizia décadas de trabalhos sobre a memória que mostravam as grandes imprecisões nas lembranças. Assim, ficamos com um quadro um tanto confuso — as memórias são espantosamente precisas, exceto quando não são. Paul McCartney e George Martin lembram de maneira totalmente distinta quem tocou tal ou qual instrumento em uma coisa tão importante quanto um álbum dos Beatles. Mas os fãs são capazes de cantar versões quase perfeitas dessas mesmas músicas.

As lembranças são organizadas no cérebro por meio de etiquetas de memória. Nunca ninguém viu uma etiqueta dessas, de modo que, por ora, é apenas uma teoria que ajuda a explicar o funcionamento da memória — talvez possamos vê-las no futuro próximo, com o aperfeiçoamento da tecnologia para captação de imagens cerebrais.

Retomemos o aniversário hipotético que mencionei antes. Há uma série de perguntas que poderiam acionar etiquetas de memória para aquela festa:

- Qual foi a última vez que você esteve numa festa?
- Onde você estava na última vez que comeu um canapé?
- Qual foi a última vez que você viu Bob e Kate?
- Algum amigo seu tem um pula-pula no quintal?
- O que você fez no sábado passado?

Cada uma delas fornece uma via de acesso à memória referente àquela festa, e provavelmente existem centenas de outras mais. Se havia no evento determinado cheiro que você nunca mais sentiu, é provável que, ao senti-lo outra vez, mesmo em outro contexto, venha todo um fluxo de lembranças associadas a ele. Nossas memórias, portanto, são associativas. Elas são constituídas por eventos que as ligam numa rede de associações. É como se tivéssemos no fundo da cabeça um índice remissivo gigantesco, que nos permite procurar qualquer experiência ou pensamento possível e então indicar onde podemos encontrá-lo. Algumas memórias são mais fáceis de recuperar porque a pista que usamos — o registro no índice remissivo — é tão exclusiva que só há uma lembrança à qual ela pode se associar: pensemos, por exemplo, em nosso primeiro beijo. Outras são difíceis de recuperar porque a pista leva a centenas ou milhares de registros similares. É por isso que é difícil lembrar a que horas levantamos na segunda-feira retrasada e coisas do gênero — levantar é um evento tão prosaico, tão rotineiro que, a menos que tenha acontecido alguma coisa extraordinária duas segundas-feiras atrás, puxamos da memória um número tão grande de ocasiões parecidas que fica difícil diferenciar uma da outra. Em outros casos, é mais fácil recuperar certas memórias porque já as recuperamos várias vezes antes — o ato de puxar uma lembrança pode melhorar o acesso futuro a ela (embora, como vimos, também possa distorcê-la e reduzir sua precisão em determinadas circunstâncias).

Ao longo dos últimos cem anos, uma grande parte das pesquisas sobre a memória tem se dedicado a descobrir *em que local* do cérebro ela se situa. Parece uma pergunta bastante lógica, mas, como acontece com tantas coisas na ciência, a resposta contraria as expectativas: ela não fica armazenada em nenhum lugar específico. A memória é um processo, não uma coisa; ela reside em circuitos neurais distribuídos espacialmente, e não num determinado local, e esses circuitos são diferentes conforme se refiram às memórias semântica ou episódica, procedural ou autobiográfica.

Se a ideia de alguma coisa que não existe num lugar determinado nos incomoda, pensemos no governo, nas universidades e nas corporações — são entidades reais, mas, como a memória, não existem de fato num lugar específico e claramente definido. Podemos apontar certo edifício onde o governo tem alguns departamentos — o palácio do governo, digamos — e afirmar que ali fica o governo. Mas, se esse edifício é condenado, os indivíduos que trabalham lá simplesmente se mudam para outro e então dizemos que o governo agora fica *lá*. Ou, com o desenvolvimento do teletrabalho, vemos que os funcionários do governo estadual estão espalhados por todo o estado, trabalhando em casa. Onde fica o governo agora? Uma função importante do governo é estabelecer as regras e regulamentações do trânsito. Onde ficam as leis de trânsito? Na verdade, estão distribuídas no cérebro de todos que têm carteira de motorista. (Pelo menos é o que se espera.)

Algumas *partes* do processo da memória são localizadas. Os lobos temporais e o hipocampo são responsáveis por sua consolidação — são vários processos neuroquímicos que pegam as experiências, dão um trato nelas, organizam-nas e as preparam para a armazenagem. Essa ação é catalisada pelo sono e pela neuroquímica específica do sonho, inclusive a modulação da acetilcolina no cérebro (cito-a porque ela desempenha uma parte importante no envelhecimento e nas memórias). Mas a consolidação é apenas o processo preparatório. Se as memórias não ficam armazenadas num determinado lugar, como funcionam? Eu soube isso basicamente por acaso ou — adotando a abordagem da ciência do desenvolvimento — oportunidade.

Como a maioria dos cientistas, passo boa parte do tempo lendo com atenção artigos de outros cientistas, que apresentam suas mais novas descobertas. Meus pais gostam muito de história e, desde que eu era pequeno, tínhamos conversas à mesa sobre o Oeste americano, a Grécia clássica e os tempos bíblicos. Quando eu estava com oito anos, meus pais foram cofundadores de uma associação dedicada ao estudo da história da cidade onde cresci, a Sociedade Histórica de Moraga.

Meu avô morreu quando eu tinha dez anos e me deixou sua *Encyclopaedia Britannica* de 1910. Eu passava horas estendido no chão do quarto, lendo sobre o mundo tal como se afigurava às pessoas em 1910. Não havia verbetes como *avião*, *automóvel*, *rádio* ou *penicilina*. Os verbetes sobre *preservação dos alimentos* (com ênfase na salga e na secagem), *aeronáutica* (cheio de fotos de dirigíveis e zepelins) e *Alasca* ("antes chamado de América Russa") formam um contraponto interessante com o que conhecemos agora. Assim, não admira que, quando eu era estudante de neurociência, me sentisse atraído para a história dessa área; comecei voltando ao que os cientistas escreviam sobre neurociência na segunda metade do século XIX. Ficava fascinado com muitas coisas que achamos que estamos descobrindo só agora, mas que já haviam sido descobertas antes ou intuídas por cientistas precedentes, muitas vezes cem ou mais anos atrás.

A memória é um excelente exemplo disso: os cientistas modernos esquecendo o que veio antes. (Que tal a ironia da coisa?) Quando ingressei na pós-graduação em 1992, os pesquisadores da memória se dedicavam a entender dois problemas: quais são os tipos de coisas mais prováveis de serem lembradas versus serem esquecidas, e quais os papéis dos lobos temporais e do hipocampo. Confundia-se, discordava-se e até se ignorava a questão básica da armazenagem ou recuperação de uma lembrança. Acontece que isso já fora tratado por um grupo de pesquisadores no começo do século XX, mas a descoberta deles passou anos sem ser utilizada, até que foi ressuscitada e revivida por um grande conjunto de evidências que não tinham outra explicação.

Entrei no programa de doutorado da Universidade de Oregon, e meu orientador era Doug Hintzman, especialista em memória humana. Na primavera do primeiro ano, fui à Bay Area para visitar o Departamento de Psicologia da Universidade da Califórnia em Berkeley e dar uma palestra sobre minhas pesquisas, a convite de dois professores de lá, Erv Hafter e Steve Palmer. (Depois de obter o doutorado, recebi uma bolsa para o pós-doutorado com Steve e, anos depois, Erv oficiou meu casamento.)

Naquela visita, Steve me apresentou a um professor que lhe servira de inspiração por muitos anos, Irv Rock. (Pois é, nessa história há duas pessoas com nomes que soam iguais, Erv e Irv.) Irv tinha se aposentado da Rutgers aos 65 anos e se mudara para Berkeley, a fim de trabalhar com Steve. Ele havia estudado com o último dos psicólogos da Gestalt, um importante grupo de cientistas formado na Alemanha nos anos 1890. A frase "o todo é maior do que a soma das partes", que talvez muitos conheçam, provém das pesquisas dos psicólogos da Gestalt (com efeito, o termo "gestalt" entrou no dicionário designando uma forma completa unificada). Podemos pensar uma ponte pênsil como uma gestalt — não é fácil entender as funções e a utilidade da ponte olhando as peças avulsas de cabos, vigas, cavilhas e pilares; só quando elas se juntam para formar uma ponte é que podemos ver como é diferente, digamos, de um guindaste de obras que pode ser formado por essas mesmas peças.

Quando conheci Irv, ele tinha setenta anos e eu, 35. Nossa ligação se deu por causa de nossa paixão em comum por picles na salmoura e pela história da ciência. Mais de cem anos antes, os psicólogos da Gestalt acreditavam que, cada vez que passamos por alguma experiência — um passeio pelo bairro, preocupações com nosso futuro, o sabor de um picles —, ela deixa um rastro no cérebro e uma espécie de resíduo químico. Essa teoria do rastro ou do resíduo fora praticamente ignorada durante cem anos, mas não por Irv. Ele me apresentou à riqueza dos textos da psicologia da Gestalt. Era como se eu voltasse a ler a *Britannica* de 1910, estendido no chão do meu quarto. Os artigos davam a mesma sensação de época e soavam verdadeiros — faltavam-lhes apenas os protocolos experimentais rigorosos que utilizamos hoje em dia.

Enquanto isso, lá na Universidade de Oregon, Doug Hintzman desenvolvia uma versão atual da teoria do resíduo — a teria dos múltiplos rastros.[7] Na concepção de Doug, que ampliava o trabalho dos gestaltistas, toda experiência mental deixa um rastro na memória. Doug é um verdadeiro cientista. Não tira conclusões apressadas, é comedido e cauteloso na abordagem e não tem propriamente uma teoria de estimação — apenas elabora experimentos engenhosos e espera para ver o que dizem os dados. E os dados lhe disseram que a teoria do rastro era a explicação mais eficiente para milhares de observações da memória.

Doug me explicou a questão, num de nossos primeiros encontros, da seguinte maneira (tal como registrei em minhas notas de laboratório de 1992):

O número de vezes que um evento se repete afeta vários aspectos do desempenho da memória. Entendo por desempenho a capacidade de recuperar o evento em algum momento posterior. Quanto mais vezes ele tiver se apresentado, maior será nossa precisão em rememorá-lo e reconhecê-lo, e menos tempo levaremos para recuperá-lo da memória. Talvez nem todos esses efeitos se devam ao mesmo processo subjacente, mas, devido a falta de provas claras em contrário, é mais econômico supor que se devem a ele.

Esse processo subjacente é a teoria dos múltiplos rastros, ou MTT (*multiple-trace theory*, em inglês). Toda experiência deixa um rastro único, e as repetições da experiência não se sobrepõem aos rastros anteriores; elas simplesmente deixam mais, quase idênticos, mas exclusivos delas.

Quanto mais rastros houver para um determinado evento mental, maior será a probabilidade de o relembrarmos e de fazê-lo com rapidez e precisão. É assim que aprendemos coisas — repetindo, brincando com elas, explorando-as —, coletando múltiplos rastros correlacionados àquele conceito, experiência ou habilidade. Interessante notar que a MTT também explica as descobertas assombrosas de Posner e Keele, nos anos 1960, sobre a abstração naqueles padrões de pontos aleatórios. A criação de múltiplos rastros relacionados facilita a extração da informação comum entre eles,[8] e isso ocorre nas células cerebrais, sem precisar envolver o hipocampo.[9]

A beleza da MTT é que ela unifica as memórias explícita e implícita, as memórias semântica e episódica. Podem existir vários sistemas diferentes, mas são regidos por um mesmo processo, que armazena rastros episódicos e semânticos, e assim o conhecimento abstrato enquanto tal não precisa ficar armazenado, mas pode ser derivado do conjunto de rastros de experiências específicas. Se melhoramos depois de treinar procedimentos, como as escalas no piano, é porque temos muitos rastros para nos basear. E podemos tocar essas escalas em pianos diferentes porque — de maneira automática, como parte da biologia da memória — nosso cérebro forma uma representação abstrata do teclado do piano, independente de qualquer teclado em particular.

Passei a considerar a MTT como a maneira correta de olhar para a memória. Cada experiência que temos, mesmo exclusivamente mental — todo pensamento, todo desejo, toda pergunta, toda resposta —, é preservada como um rastro na memória. Mas elas não ficam armazenadas num local especial da "memória", como ficariam num computador. Quando vivenciamos alguma coisa — por exemplo, olhamos a letra *a* impressa neste livro ou imaginamos nossas próximas férias na praia —, uma determinada rede de células cerebrais entra em atividade. O mesmo ocorre quando choramos durante um filme triste, ficamos com medo ao andar numa ponte instável ou olhamos dentro dos olhinhos de nosso bebê — essas experiências ganham uma representação exclusiva num conjunto de células cerebrais. O ato de armazenar uma memória requer que se faça um rastreamento daquele que era o padrão original de ativação e, então, se arrebanhe o máximo possível daquelas células cerebrais originais para que se ativem tal como fizeram durante a experiência original. As partes do cérebro que fazem o rastreamento são, de início, o hipotálamo e partes aliadas dos lobos temporais, que atuam como uma espécie de sumário ou de índice remissivo. Com o tempo, esses índices deixam de ser necessários e as memórias se situam inteiramente nas mesmas células que estiveram envolvidas na experiência original.

Se você é como a maioria das pessoas, tem um conjunto central de memórias que traz à mente com regularidade e ao longo de toda a sua existência — os grandes eventos da vida ou histórias engraçadas que seus pais lhe contaram ou que você conta a seus filhos.

Muitos teóricos da memória ainda não estão convencidos da MTT. Alguns nem sabem muito a respeito dela. Mas é a explicação que apresenta maior coerência com os dados. E, em termos do envelhecimento, ela oferece uma explicação bastante convincente para o fato de que, ao envelhecermos, esquecemos eventos recentes, mas ainda lembramos coisas mais antigas: estas últimas criaram mais rastros de memória, seja pela repetição, seja por suas múltiplas rememorações. Acrescente-se a isso o caráter único de algumas lembranças ou, pelo menos, as etiquetas únicas de memória associadas a elas, e a MTT explicará por que algumas lembranças são de recuperação mais fácil do que outras — não se confundem tão facilmente com outras. Elas se sobressaem.

A armazenagem e a recuperação das lembranças são um processo ativo. Frederic Bartlett, uma das grandes figuras históricas nas pesquisas da memória, evitou dar o nome de *Memory* [Memória] a seu livro de 1932 por achar que sugeria uma coisa estática. Preferiu usar para sua obra, que é um verdadeiro marco, o título *Remembering* [Lembrar-se], a fim de indicar um processo ativo, adaptativo e mutável. Consideremos a questão da seguinte maneira: os neurônios que usamos para provar um chocolate são integrantes de um circuito único de neurônios que nos transmitem essa experiência. Se mais tarde quisermos gozar dessa memória, teremos de reunir os integrantes daquele circuito neuronal, para que formem o mesmo circuito. Assim, fazemos com que voltem a ser integrantes daquele grupo — nós os "re-integramos".*

A chave para lembrar as coisas é ter um envolvimento ativo com elas. Aprender algo de maneira passiva, por exemplo, ouvindo uma palestra ou uma aula expositiva, é garantia de esquecê-la. O uso ativo da informação, gerando-a e regerando-a, envolve um número de áreas do cérebro maior do que a mera recepção auditiva, e é uma forma mais certeira de relembrá-la. Muitos idosos se queixam de não conseguir recordar o nome das pessoas que lhes são apresentadas em uma festa. Gerar a informação e utilizá-la de maneira ativa significa simplesmente usar o nome da pessoa no momento em que a gente o ouve. "Prazer em conhecê-lo, *Tom*." "Tem lido algum bom livro ultimamente, *Tom*?" "Ah, você é de Grand Forks, *Tom*. Nunca estive lá." Isso pode impulsionar a memória em 50% com pouquíssimo esforço. O trabalho de laboratório de Art Shimamura em Berkeley, na Universidade da Califórnia, mostrou que esse tipo de geração e regeração de itens de informação aumenta a atividade e retenção cerebral, em especial em gente de mais idade.

E O QUE QUER DIZER TUDO ISSO?

Precisamos combater o comodismo e a recepção passiva de novas informações. E precisamos combatê-los com atenção sempre maior depois dos sessenta anos. Felizmente, existem coisas que podemos fazer, estratégias que podemos empregar para aumentar a durabilidade e a precisão da memória. Para problemas da memória de curto prazo, o treino de nossas redes de atenção ajuda a

* Aqui o autor faz um jogo de palavras: *member* ("integrante") e *re-member*, "lembrar" e "se tornar membro de novo". (N. T.)

nos concentrarmos no que está se passando agora e a armazenar com clareza e maior precisão as coisas mais importantes que estamos pensando e sentindo. Podemos fazer isso diminuindo o ritmo e praticando a atenção plena [*mindfulness*], tentando fazer uma coisa por vez, em lugar de várias ao mesmo tempo, e tentando seguir o conselho do mestre zen de *estar aqui e agora*.

A seguir, podemos exteriorizar nossas memórias falíveis em objetos no mundo que não mudam com a mesma rapidez que as células cerebrais. Podemos fazer isso anotando coisas e fazendo listas. Também existem aplicativos de celular e computador para melhorar a memória, que integram o programa de práticas para a saúde do cérebro, como o Neurotrack, a ferramenta de medição e fortalecimento da linha de base da memória desenvolvida por uma equipe de cientistas em Stanford, no Instituto Karolinska e em Cornell.

Tendemos a lembrar melhor as coisas a que prestamos maior atenção. E, quanto maior a atenção, mais provável que elas formem memórias robustas em nosso cérebro. Se vemos um passarinho do lado de fora da janela e notamos as penas amarelas embaixo do bico, esse é um processamento mais profundo e mais elaborado do que simplesmente notar o passarinho. Se começamos a procurar na mente a diferença entre ele e outras aves que vimos antes, percebendo diferenças na cauda e no formato do bico, por exemplo, estamos processando num nível ainda mais profundo. Essa profundidade do processamento é hoje comprovadamente uma das características fundamentais que ajudam a memória profunda. Quando um músico consegue tocar mil músicas de cabeça, não é porque ele as aprendeu dando apenas uma atenção superficial a elas, mas sim porque elaborou um processamento profundo dessas músicas, registrando as semelhanças e diferenças entre elas e outras que conhece. Há nessa linha de trabalho um conjunto crescente de pesquisas que indicam que, se precisamos lembrar alguma coisa, o melhor é desenhar — desenhar algo nos obriga a entrar no tipo de processamento profundo que é necessário.[10]

A atenção é regulada por estruturas no córtex pré-frontal e por neurônios presentes ali que são sensíveis a dopamina e GABA. O acrônimo GABA designa o ácido gama-aminobutírico e é um neuroquímico inibidor no cérebro. Já comentei que o córtex pré-frontal só amadurece a partir dos vinte anos. E o córtex pré-frontal humano aumentou muito de tamanho quando comparado ao do macaco — na verdade, é a única área cerebral que mostra grande diferença entre nós e nossos primos primatas. Sabendo que o córtex pré-frontal é responsável pelo controle cognitivo, pelo planejamento e, de modo geral, pela atenção e conscienciosidade, alguém poderia imaginar que as diferenças relacionadas com a espécie e com a idade consistem no número de neurônios "inteligentes" ou alguma coisa do gênero. Mas, na verdade, a maior diferença entre o córtex pré-frontal dos humanos e o dos macacos, e entre o dos adolescentes e o dos adultos, é a presença de neurônios que são receptores de GABA — montes deles. Isso mesmo, o neuroquímico da inibição. Grande parte do que significa ser humano e ser adulto consiste em reações inibidoras que temos naturalmente. Pense só: não esmurrar o sujeito que me deixou bravo; adiar a gratificação e continuar a trabalhar naquele projeto importante, mesmo sabendo que está passando um programa bacana na TV; recusar aquele terceiro copo de bebida; comer alimentos saudáveis apesar da tentação dos pouco saudáveis.

Esses neurônios da dopamina e do GABA, somados, nos ajudam a concentrar a atenção no que decidimos, sem ceder à distração. Mas, com a idade, o córtex pré-frontal perde um pouco do pique e vamos ficando mais distraídos. Precisamos fazer mais esforço para nos concentrar.

O juiz federal Jack Weinstein (98 anos) diz:

Fico pensando no dr. Spock, que escreveu todos aqueles livros sobre a criação dos filhos que seguíamos quando eu era um jovem pai e [risos] lembro que ele disse na rádio — ouvi esse programa talvez uns setenta anos atrás — que a gente precisa tentar uns macetes para lidar com a perda da memória, e deu um exemplo que nunca mais esqueci. Ele falou que, se a gente está ouvindo rádio ou vendo TV e dizem que vai chover, na mesma hora — para não esquecer — a gente pega o guarda-chuva e pendura na maçaneta da porta para levar quando for sair.[11]

Nosso ambiente visível nos faz lembrar. É o que o neurocientista cognitivo Stephen Kosslyn chama de prótese cognitiva.[12]

Joni Mitchell (79 anos) também utiliza o ambiente de sua casa:

Lembro no *Dr. Jivago* que a Julie Christie, na hora que entra em casa, põe as chaves na bancada bem ao lado da porta. Genial, pensei eu — fazendo assim, ela sempre sabe onde estão as chaves. Desde então, faço a mesma coisa. Quando construí minha casa nova na Colúmbia Britânica, uns dez anos atrás, mandei pôr na cozinha um conjunto adicional de gavetas pequenas, para guardar coisas que vivo perdendo, uma gaveta para cada: baterias, caixas de fósforo, hashi, fita adesiva e coisas assim. Detesto não conseguir encontrar as coisas. Quem dera eu tivesse feito isso anos atrás.[13]

Muita gente tem vários macetes diferentes para lembrar as coisas quando sai de casa. George Shultz, ex-secretário de Estado dos Estados Unidos (99 anos), explica: "A gente tem uma rotina. Meu aparelho auditivo fica no bolso direito do paletó. Sempre no mesmo bolso. As chaves de casa em outro bolso e a carteira em outro".[14] O cineasta Jeffrey Kimball (63 anos) tem uma lista mental de cinco coisas que sempre confere quando sai de casa, repetindo como um mantra: óculos, carteira, chaves, celular e binóculo (ele adora observar pássaros). E, quando chega em casa, deixa a carteira e as chaves dentro dos sapatos, ao lado da porta.[15]

Tenho dois amigos que precisaram fazer quimioterapia por causa de um câncer. Foram avisados de que poderiam ter lapsos cognitivos ou brancos mentais. Os dois empregaram sistemas em que usavam a tecnologia de que dispunham. Quinze anos atrás, teriam de comprar vários temporizadores e pôr uma etiqueta em cada um, com as diversas coisas que deveriam fazer durante o dia. Agora fazem isso no celular, programando o calendário que mantêm na nuvem. Programavam um compromisso de acordo com as vezes em que precisavam tomar um comprimido, consultar um médico ou preencher um relatório sobre sua condição de saúde. Programavam miudezas como "Tomar banho" ou "Se vestir para receber os netos". Podiam acessar "Ligar para o médico daqui a quinze minutos", o que lhes dava tempo de se sentar e pensar no que queriam conversar.

Ambos se recuperaram por completo e continuam a usar as agendas eletrônicas como uma mescla de lista de coisas a fazer e sistema de lembretes. Adoram a liberdade de conseguir relaxar mentalmente, de parar de se preocupar com o que estariam esquecendo. Vivem mais o momento. E o simples ato de anotar as coisas, de prestar atenção ao que querem programar, melhorou a memória deles.

A MEMÓRIA DIMINUI MESMO COM A IDADE?

Comentei antes que o hipocampo e os lobos temporais mediais tendem a encolher com a idade, e que o córtex pré-frontal muda, podendo nos deixar mais propensos a distrações. A tendência a se distrair é inimiga da codificação da memória. Também comentei que os pequenos lapsos de memória que temos depois de certa idade não significam necessariamente que o declínio está próximo. Apesar disso, é comum dizerem que devemos esperar uma perda da memória com a idade. A neurocientista Sonia Lupien, especialista em estresse, estuda seus efeitos prejudiciais sobre a memória e como ele pode aumentar os níveis de cortisol. Ela teve o palpite de que os testes de memória de idosos são feitos de uma maneira que os deixa estressados, o que os levaria a ter um desempenho mais fraco do que teriam normalmente.[16]

Diz Lupien:

> Não acredito em enfraquecimento da memória devido à idade. Se é que existe, é muito menor do que se pensa. Estudei a metodologia nos experimentos que alegam perda de memória devido à idade. Os idosos que participaram tinham níveis de cortisol que batiam no teto antes mesmo de começarmos os testes. Imagine só: nós os testamos em ambientes desfavoráveis. Em geral, a novidade, a imprevisibilidade, a falta de controle e a ameaça ao ego são os quatro grandes estressores nos seres humanos. E quando testamos a memória de idosos, nós os submetemos aos quatro!

Quase todos os estudos da memória de idosos são conduzidos num laboratório universitário. É um ambiente familiar para os jovens que servem de controle nesses estudos — todos são alunos da universidade. Mas não é nada familiar para os idosos. Eles têm que procurar lugar para estacionar. Não sabem onde ficam os elevadores no edifício. Finalmente aparecem, estressados por causa do atraso, e são recebidos por um assistente de pesquisas jovem e entusiástico que eles *sabem* que está procurando possíveis falhas de memória. Isso é estressante.

Há também os efeitos da hora do dia. A testagem costuma ocorrer no final da manhã ou no começo da tarde. Os jovens do grupo de controle, de 21 anos, acabaram de acordar e estão no pico da capacidade mental, mas um idoso provavelmente está acordado desde as cinco da manhã. "Usamos um ambiente favorável e um horário favorável para os jovens participantes universitários do grupo de controle", diz Lupien. "Mas não para os idosos."

Lupien inverteu a forma tradicional de testagem da memória para eliminar qualquer vantagem do grupo de controle formado por universitários.[17] Fez com que os participantes idosos fossem conhecer o laboratório antes do dia dos testes a fim de que, na segunda visita, se estressassem menos para conseguir chegar lá e encontrar a sala certa. Nas duas ocasiões, em vez de serem recebidos por um estudante jovem com o qual pouco tinham em comum (e por quem podiam se sentir intimidados), eram recebidos por Betsy, uma assistente de pesquisas de 72 anos. No dia da testagem, Betsy serviu refrescos e tomou junto com eles, para terem tempo de superar qualquer resquício do estresse que tivessem sentido por causa do percurso e mesmo por estarem no laboratório. Depois de um tempo adequado para "serenar", Betsy trouxe um álbum de retratos, que folheou com eles. Nele havia a foto de uma mulher chamada Laura, com um gato de estimação. Ou a foto de um quintal com um belo olmo. Na verdade, Betsy estava lhes mostrando os estímulos para o teste de memória. Quando lhes apresentaram mais tarde o retrato de Laura, os participantes responderam: "Ah, é aquela com o gato". Quando lhes perguntaram sobre a árvore no quintal, lembraram corretamente que era um olmo. Aliviados do peso de todos aqueles estressores, inclusive da pressão de estarem, na verdade, sob avaliação, e do medo de falhar, os idosos se saíram tão bem quanto os participantes mais jovens do grupo de controle.

Existe outra explicação para o desempenho eventualmente fraco dos idosos nos testes de memória: o declínio sensorial. Perdas visuais e auditivas que não tenham sido corrigidas podem responder por 93% da variabilidade no desempenho cognitivo. Colocados num ambiente silencioso, os adultos de mais idade com problemas auditivos se saíram tão bem quanto os adultos mais jovens; e também tiveram melhor desempenho quando lhes foi dado mais tempo para as respostas.[18]

Deborah Burke, que dirige o Projeto de Cognição e Envelhecimento da Faculdade de Pomona, descobriu que a capacidade de encontrar as palavras, sobretudo os nomes próprios, pode diminuir com a idade entre os idosos e que isso é um efeito colateral da atrofia na ínsula esquerda, região associada a encontrar a forma fonológica da palavra.[19] Ou seja, não esquecemos de fato a palavra em si, apenas o som dela — é por isso que temos a impressão de que ainda sabemos a palavra, que ela parece estar na ponta da língua e que, quando alguém se prontifica a pronunciá-la, a reconhecemos como correta. Nada disso acontece quando esquecemos de verdade alguma coisa.

COMO É SERMOS QUEM SOMOS

Nossa memória é parte indispensável de quem somos. E como é sermos quem somos? Quando saímos ao sol no primeiro dia quente da primavera, para onde vai nossa atenção? À sensação do calor na pele ou ao céu azul, aos aromas, às cores das árvores? Algumas pessoas têm um foco interno — em situações novas, voltam-se para dentro; a primeira coisa que percebem é a sensação física: calor, frio, coceira, pressão na pele, se as roupas são folgadas ou apertadas. Outras têm um foco externo — estar vivo envolve sentir o mundo exterior e a atenção se dirige a ele e a quem estiver ali.

Existem inúmeras maneiras em que sermos *nós* é diferente de sermos outra pessoa — as memórias que associamos a experiências do momento, boas e más, ou as atividades que gostamos de fazer. Quando o Alzheimer e a demência se instalam, podemos perder o acesso a essas maneiras muito pessoais e idiossincráticas de estar no mundo. Nossa personalidade muda; nossas memórias se perdem ou, pior, se tornam fabulações. Coisas simples, como comer amoras frescas, não parecem familiares. A gente pode se sentir como se estivesse no corpo de outra pessoa. Isso pode levar a um alto grau de ansiedade. Quem tem demência com frequência fica agitado, incomodado, nervoso, zangado e confuso. E com razão — não se sente à vontade no próprio corpo nem no ambiente que tem em torno de si.

Uma parte do atendimento compassivo consiste em devolver a essas pessoas um senso de identidade. O toque pode fazer isso — o simples ato de lhes dar um beijo no rosto ou afagar suas costas. A música também é capaz disso — ouvir músicas que conhecem bem e que remontam à infância pode despertar e reativar os circuitos neurais que nos dão aquele sólido senso de "sou eu".

2,5. Interlúdio

Uma breve biografia do cérebro

Todos nós começamos a vida como uma célula única, um óvulo fertilizado que então se divide em duas células. Estas se dividem em quatro, e assim por diante, de forma exponencial. Já no início desse estágio de divisão celular, as células começam a se diferenciar e se especializar, para depois se tornar pele, dedos, veias, tendões, células pancreáticas, células cerebrais — todas as diversas partes e componentes de nosso corpo. Por volta da quarta semana de gestação, podemos ver o cérebro surgindo em imagens de ultrassom. Em que está pensando esse jovem cérebro em desenvolvimento? Ou é vazio de pensamentos, esperando nascer para iniciar sua vida mental?

Os médicos gregos Herófilo e Erasístrato descobriram o sistema nervoso em 322 a.C., situando a sede do pensamento no cérebro. Seria justo dizer que eles foram os primeiros neurocientistas. Antes, Aristóteles e outros pensavam que a função do cérebro consistia apenas em resfriar o sangue, devido a suas múltiplas dobras e cavidades. Diz-se que a Bíblia nos ensinou o papel central da ética e que os gregos antigos nos ensinaram o do conhecimento e da racionalidade.[1] Só para constar, a Bíblia realmente falou do cérebro, em Jó 12,3 (Jó, respondendo a Sofar: "Mas eu também tenho um cérebro, tanto quanto você") e em Jeremias 5,21 ("Ouçam isso, gente insensata e sem cérebro, que têm olhos, mas não veem, que têm ouvidos, mas não ouvem").* Essas passagens

---

* As citações foram retiradas pelo autor da *Complete Jewish Bible* (cjb, 1998). Disponível em: <https://www.biblegateway.com/versions/Complete-Jewish-Bible-CJB/>. (N. T.)

foram escritas uns trezentos anos antes de Herófilo e Erasístrato começarem a estudar o cérebro. Como os autores do Velho Testamento sabiam disso, séculos antes dos gregos, é assunto para teólogos, historiadores literários e filósofos da ciência, não para um simples neurocientista interiorano como eu.

Na quarta semana de gestação, é possível reconhecer as quatro estruturas distintas do cérebro. Uma dela, a vesícula ótica, se transformará nos componentes principais do sistema visual: o nervo ótico, a retina e a íris. Na semana seguinte, o tronco cerebral e o cerebelo começam a se diferenciar — inclusive os circuitos neurais que virão a guiar o movimento, os ciclos de sono e vigília e a regulação da temperatura. O crescimento neural no útero alcançará uma velocidade de 250 mil neurônios por minuto.[2] A partir de suas humildes origens numa única célula, todos os diversos sistemas especializados encontram seus respectivos lugares no cérebro e no corpo. Essas células iniciais indiferenciadas se chamam células-tronco. Como elas têm a capacidade de se tornar qualquer coisa, as células-tronco ocupam a linha de frente nas tentativas de reparar tecidos danificados e envelhecidos e de curar enfermidades. Nos primeiros tempos das pesquisas com esse tipo de células, a única maneira de obtê-las era tirá-las de embriões humanos descartados. Isso levou a um debate ético durante a presidência de George W. Bush. O debate se tornou questionável em 2017, quando os cientistas descobriram uma maneira de criar células-tronco a partir de células da pele humana adulta. As células-tronco são promissoras para um amplo leque de tratamentos médicos. Nos próximos vinte anos, é bem possível que tratamentos que as usem substituam lentes de contato e aparelhos auditivos, terapias de reposição hormonal e hidratação da pele, e sejam usados para diabetes e câncer. Podem até reverter o declínio dos rastros da memória.

Conforme as células do feto se dividem e se diferenciam, o cérebro vai se construindo aos poucos. Um dos primeiros a se formar é nosso sistema visual, rapidamente seguido por nossos outros sentidos. Na vigésima semana, o sistema auditivo está plenamente funcional. O feto em desenvolvimento consegue ouvir o mundo, filtrado pelo fluido amniótico, pelas paredes uterinas e pelos músculos; o som se parece com o que ouvimos quando ficamos com a cabeça debaixo d'água na banheira ou na piscina. O feto consegue detectar variações de volume e timbre e os ritmos e duração dos sons. A partir dessa informação, o cérebro em desenvolvimento começa a se programar, a formar conexões neuronais que mapeiam a própria natureza e a estrutura do mundo auditivo, preparando-se para a vida fora do útero. As linhas de baixo e as progressões harmônicas da música são extraídas junto com o timbre e os padrões rítmicos da fala. Com um ano de idade, o bebê mostrará familiaridade e preferência pelos tipos específicos de padrões sonoros que encontrou no útero.

Na 28ª semana de gestação, os olhos abrem e até começam a piscar. O nariz começara a se desenvolver na sétima semana, e duas minúsculas narinas se formaram na 11ª semana, ficando fechadas até por volta da trigésima semana. A essa altura, o futuro bebê começa a sentir odores e a se familiarizar com o cheiro da mãe — essa é uma parte importante da ligação bebê-mãe e prepara o bebê para a amamentação, porque os cheiros do útero são quimicamente semelhantes aos do leite materno. Com efeito, novas pesquisas indicam que, antes mesmo que as narinas se abram, o bebê se familiariza com o cheiro da mãe conforme o fluido amniótico passa por sua boca e pela cavidade nasal.

Por que os seres humanos estão no topo da cadeia alimentar?[3] Não somos os corredores mais velozes — até um gato corre mais rápido. Não conseguimos levantar pesos muito grandes. Não temos presas como os leões, não temos veneno como as cobras-coral, nem armadura como os rinocerontes. Aprendemos na escola que é por causa dos polegares opositores e do uso de ferramentas. Mas não é — é por causa do cérebro.

Todos os nossos pensamentos e experiências são mediados pelo cérebro, e os blocos de construção desse órgão são suas células especializadas, os neurônios. São cerca de 85 bilhões no cérebro adulto. A maquinaria elétrica de nosso cérebro consome uma quantidade enorme de combustível — cerca de 20% de toda a energia do corpo, muito embora o cérebro represente apenas 2% do nosso peso. Ele emprega cerca de vinte watts de potência, o que, em 1978, dava para alimentar o som estéreo do meu carro no volume máximo.

O cérebro de um bebê se parece muito com uma área de terra virgem, e o processo de desenvolvimento cerebral é como trazer tratores para abrir estradas entre o matagal. O neurônio é uma célula especializada em transmitir informação sob a forma de impulsos nervosos. Sua longa linha de transmissão, o axônio, é como uma autoestrada. Seus dendritos ramificados são como uma cidade movimentada, cheia de vias secundárias, vias centrais, ruas, entradas de garagem e ruelas. Há restrições nos dois lados da analogia. Não é fácil abrir uma estrada em granito sólido ou atravessando uma montanha; nem todo neurônio consegue fazer uma sinapse (conectar-se) com qualquer outro neurônio. As restrições topográficas do cérebro limitam certos tipos de conexão e favorecem outros. Por exemplo, nosso terreno virgem pode já ter algumas trilhas onde os veados pisaram a vegetação e amaciaram a terra — seria um trecho de menor resistência para construir uma estrada. E há alguns lugares mais propícios do que outros para abrir uma trilha — até o poço de água, por exemplo. O cérebro pega instruções gerais sobre a topografia de seu terreno usando a informação codificada no DNA, que é, digamos, o equivalente cerebral dos mapas de trilhas que, entre outras coisas, mostram todos os caminhos dos veados.

Nosso cérebro é predisposto a um imenso crescimento neural no primeiro ano de vida. Ocorre uma explosão de novas conexões — mais de 1 milhão por minuto ao nascer,[4] chegando aos seis meses a 2 milhões de conexões novas por minuto.[5] Os neurônios no cérebro do bebê começam a se conectar conforme aprendem sobre o mundo; cada conexão dessas representa uma experiência, uma memória ou uma percepção. Quando o bebê aprende que a luz do sol de manhã cedo é seguida por uma refeição, ou que chorar vai fazer com que alguém venha trocar a fralda suja, inicia-se dentro do cérebro uma reação eletro-química. No minúsculo espaço entre dois neurônios se forma uma nova cone-xão, chamada sinapse. Quando os neurônios estão sinapticamente conectados, a atividade elétrica deles ficará sincronizada. Como dizem os neurocientistas, eles vão disparar juntos. Esse disparo neural emparelhado é a essência do pen-samento, do aprendizado, da memória e da experiência. Formam-se conexões como essa em todo o cérebro, e qualquer neurônio pode ter até 10 mil delas. Se fizermos as contas, veremos que, na idade adulta, a quantidade de conexões num cérebro humano será maior — isto é, mais pensamentos e estados cerebrais possíveis — do que a de partículas existentes no universo conhecido. Pode ser por isso que é tão difícil prevermos o comportamento dos outros.

Começando por volta dos seis meses, os caminhos neurais que transmitem impulsos elétricos ficam mais eficientes graças a uma adaptação evolutiva biologicamente engenhosa que os isola. Uma camada de material biológico gorduroso não condutor, chamada mielina, reveste as linhas de transmissão e aumenta a velocidade delas. A mielina é branca e os corpos das células neu-ronais são cinzentos. O que chamamos de *substância branca* no cérebro são os conjuntos dessas linhas de transmissão altamente eficientes, conectando os eixos computacionais da *substância cinzenta*.

Existem centenas de tipos neuronais distintos. Como uma única célula — o óvulo fertilizado — dá origem a cada um deles? As proteínas determinam como os neurônios adquirem suas identidades, e como e onde os axônios e dendritos crescem na direção das células-alvo e formam conexões sinápticas. Os genes de proteínas em nosso DNA contêm instruções sobre o momento e a maneira de fazer essas proteínas. Os seres humanos têm cerca de 20 mil a 25 mil genes codificadores de proteínas em 23 pares de cromossomos.[6] (O número de genes não codificadores de proteínas é de cerca de 26 mil. Alguns indivíduos têm um cromossomo a menos num par, levando a condições monossômicas como a síndrome de Turner; outros têm um terceiro cromossomo, levando a condições trissômicas como a síndrome de Down.)

O crescimento do sistema nervoso depende da expressão de certos genes em determinados locais e momentos durante o desenvolvimento. A maioria das instruções centrais para o desenvolvimento e a formação do sistema nervoso se encontra em organismos separados por milhões de anos de evolução. Nós, humanos, temos 99% de nosso DNA em comum com os chimpanzés.[7] E aquela banana que nós e nossos primos chimpanzés gostamos de comer? Temos nada menos que 60% de nosso DNA em comum com a banana, bem como com as moscas-da-fruta que gostam de enxamear em volta dela. Isso porque muitos dos genes necessários à manutenção celular — a função celular básica, replicando o DNA, controlando o ciclo de vida da célula e ajudando as células a se dividirem — são comuns a plantas e animais.

Esses esquemas são antigos. O ancestral comum que deu origem aos humanos e aos chimpanzés viveu entre 4 milhões e 13 milhões de anos atrás. E a sobreposição com as bananas se dá porque os animais e as plantas evoluíram a partir de um ancestral comum cerca de 3 bilhões ou 4 bilhões de anos atrás, chamado LUCA (acrônimo de *last universal common ancestor*, último ancestral comum universal). Devido a essa similaridade, a neurociência aprendeu a maior parte do que sabemos a partir de organismos relativamente simples, que são mais fáceis de estudar, tanto em termos logísticos quanto éticos. Se você quiser mesmo dar a impressão de que está por dentro da coisa, mencione de maneira casual numa conversa o *C. elegans* (um verme) e a *Drosophila melanogaster* (a mosca-da-fruta) — dois organismos que nos ensinaram muito sobre o funcionamento do DNA.

O PAPEL DA EXPLORAÇÃO E DO ESTÍMULO

A tarefa do cérebro do bebê é, em primeiro lugar, explorar o mundo e, então, criar circuitos neurais que incorporem esse entendimento do mundo. Alguns parecem ser inatos,[8] como o de que as coisas, ao cair, vão para baixo, não para cima, que ocorre aos dois meses de idade. Mas se isso é realmente inato ou aprendido ainda é objeto de debate — aos dois meses, os bebês já têm muitas experiências do mundo.

Essas duas tarefas do cérebro — a exploração e a implementação dos resultados dessa exploração — são solidamente suplementadas por uma terceira grande tarefa, que atinge o auge na velhice: a previsão. Nosso cérebro tenta encontrar padrões tanto no mundo físico quanto no mundo das ideias e fazer previsões sobre eles. Isso acarreta a formação de categorias, a realização de inferências e a solução de problemas — as operações da cognição superior.

Embora o cérebro comece a absorver informação enquanto ainda está no útero, isso se dá num estado que poderíamos denominar como semidesperto ou onírico. Como o cérebro nascente, que começa a se desenvolver, é "ligado" para operar mais como um cérebro pós-natal? O neurobiólogo Evan Balaban descreve o cérebro fetal da seguinte maneira:[9]

> A maioria de nós biólogos imaginaria ver algo que fosse parecido com uma função cerebral adulta, talvez só não tão ativa. Imaginaríamos vê-la começar devagar e então crescer. Mas o que vemos, quase até a hora do nascimento, são esses múltiplos estados diferentes em que se encontra o cérebro, nenhum deles parecendo um estado desperto.

Seria como estar dormindo ou estar em coma, ou outro estado totalmente diferente? Balaban, que é bom em eletrônica, desenvolveu um pequeno transmissor que pode gravar a atividade das ondas cerebrais dos embriões a fim de responder à pergunta. Uma coisa que já sabemos é que dar estímulo externo aos cérebros fetais que normalmente não estão recebendo muito estímulo do mundo exterior tem um enorme efeito no desenvolvimento deles. E dar estímulo externo a um recém-nascido é fundamental para o desenvolvimento normal do cérebro; sem isso, as consequências podem ser terríveis.

Ao nascer, os receptores dos cinco sentidos (visão, audição, tato, paladar e olfato) seguem com a tarefa que começaram no útero, ramificando suas rotas até a parte apropriada do cérebro, a fim de entregar à nossa consciência uma impressão do que há lá fora. Mas eles precisam de estímulo perceptual para crescer. Nesse ponto, tudo é novidade para o bebê — a sensação do leite descendo pela garganta, o som de vozes no corredor, as várias cores do ambiente ao redor.

Nos seis primeiros meses de vida, mais ou menos, o cérebro infantil não é capaz de distinguir com clareza a fonte dos inputs sensoriais; a visão, a audição, o olfato, o tato e o paladar se fundem numa representação perceptual unitária — como disse William James, uma miscelânea.[10] É como cantava o Grateful Dead: *"Trouble with you is the trouble with me/ Got two good eyes but we still don't see"* [O problema com você é o problema comigo/ Temos dois bons olhos, mas ainda não vemos]. As regiões do cérebro que virão a ser o córtex auditivo, o córtex sensorial e o córtex visual são indiferenciadas em termos de experiência, e os inputs dos vários receptores sensoriais têm o potencial de se conectar a muitas partes diferentes do cérebro, aguardando a poda neuronal que ocorrerá numa época mais adiantada da vida.

Com toda essa conversa sensorial cruzada, os sentidos se fundem e o recém-nascido recebe um torvelinho de impressões sensoriais. O fluxo de informação vindo pelos olhos se mistura com os fluxos vindos dos ouvidos, do nariz, da boca e da pele. O bebê vive num estado de esplendor psicodélico em que uma luz verde pode ter sabor, ou a voz da mãe pode despertar uma sensação quente e macia na pele. Alguns bebês nunca atingem totalmente a diferenciação sensorial e então têm uma condição que se chama sinestesia.[11] Existem algumas indicações de que os adultos que desenvolvem certas formas de demência podem reverter a esse estado, e há quem proponha que isso, em parte, explica por que alguns idosos passam a sentir de repente um novo interesse pelas artes.

É apenas por meio da interação com o mundo que nós, quando bebês, aprendemos a separar esses inputs sensoriais; aprendemos que os sons têm uma qualidade mental interior diferente da dos sabores. Depois que aprendemos a diferenciar os sentidos, passamos por uma fase de reintegrar a informação vinda deles. Aprendemos que, quando a pessoa move os lábios, costuma sair som; que ver alguma coisa cair no chão em geral vem acompanhado de barulho e talvez uma vibração; que um cheiro pungente prenuncia um sabor ácido.

Enquanto tudo isso se passa, o cérebro do bebê se sobrecarrega, faz uma quantidade de conexões muito maior do que o necessário;[12] axônios e dendritos se estendem a um número maior de alvos do que o suficiente para a função normal em idade adulta.[13] A missão básica do cérebro nos primeiros anos de vida é fazer o máximo de conexões possíveis baseadas em inputs sensoriais, porque o cérebro nessa idade não sabe de quais precisará mais tarde. Há uma multiplicação exuberante de novas conexões neurais. Imaginemos a construção de uma casa nova — antes de pôr as paredes, podemos acrescentar muito mais fios e cabos do que de fato precisaremos, porque o custo de instalá-los nessa fase inicial é relativamente baixo; sempre poderemos deixar de lado os que não usarmos. Mas o cérebro, sendo um organismo biológico, não se limita a deixar de lado as conexões desnecessárias; ele se livra delas, retirando-as ou usando procedimentos de manutenção celular para desfazê-las.

Por volta do segundo ano de idade, o cérebro começa esse processo de poda que se prolonga por duas décadas, livrando-se de conexões sinápticas que não estão mais em uso. Aos dez, o cérebro terá podado 50% das conexões que ele tinha aos dois, e essa poda prossegue até os vinte anos. Alguns transtornos mentais que se estabelecem em idade adulta, como a esquizofrenia, podem resultar de uma poda incompleta do córtex pré-frontal durante a adolescência.[14] Alguém pode perguntar: "Por que todos os neurônios não se conectam entre si e ficam assim?". Primeiro, porque o cérebro ficaria gigantesco se fizesse isso — vinte quilômetros de uma ponta à outra.[15] Segundo, porque a poda nos permite talhar um cérebro eficiente em resposta a nosso ambiente específico. A poda obriga o cérebro a se especializar, a criar circuitos locais que conseguem funcionar de maneira independente de outros e automatizar certas tarefas.[16] O resultado final são milhares de módulos, cada qual fazendo o que lhe é próprio.

Tomemos os idiomas, por exemplo. O cérebro do bebê é configurado de forma a ser receptivo ao aprendizado de qualquer língua falada no mundo. Nascemos com circuitos que extraem a forma e a estrutura dos sons vocálicos e consonantais, da gramática, da sintaxe e de todas as outras características individuais da língua. A predisposição de um bebê de pais chineses em aprender chinês não é maior do que a de aprender espanhol — o que determina o idioma que a criança falará é aquilo a que o cérebro é exposto. E parece não haver limite à quantidade de línguas que uma criança muito nova é capaz de aprender. Estudos desmentiram a velha ideia popular de que uma criança multilíngue não se sai muito bem em nenhum dos idiomas que fala — as diversas línguas coexistem no cérebro e uma não rouba espaço da outra. Em outras palavras, se nossa capacidade máxima é de um vocabulário de 30 mil palavras, isso não significa que essa capacidade tenha de ser dividida entre as três ou quatro línguas que falamos; cada uma tem seu próprio espaço de armazenagem vocabular no cérebro, e ninguém encontrou ainda um limite.

O *Guinness World Records* coloca Ziad Fazah como sendo capaz de falar 59 idiomas. (Ele mesmo diz ser fluente em "apenas" quinze por vez e precisa de um período de prática para aumentar a fluência nos outros que conhece.) O poeta seiscentista John Milton sabia falar inglês, latim, francês, alemão, grego, hebraico, italiano, espanhol, aramaico e siríaco. Um dos poliglotas mais impressionantes que conheço é o cientista cognitivo Douglas Hofstadter, cujo passatempo é traduzir poemas de uma língua para outra procurando respeitar todas as restrições formais e estruturais da forma poética. Uma vez, ouvi-o pegar um poema de quinhentos anos atrás, escrito em francês antigo, e traduzi-lo para o inglês moderno, o inglês shakespeariano, o francês, o italiano, o alemão e o russo, tentando ao mesmo tempo preservar as características métricas do original. Chegou a fazer uma tradução inglesa em que as primeiras letras de cada verso formavam o nome do poema e do poeta.

Como a poda entra nisso tudo? O cérebro do bebê tem capacidade de aprender qualquer um dos milhares de sons das línguas do mundo.[17] Quando ouve um subconjunto desses sons em seu ambiente, formam-se circuitos a partir deles. Nenhum bebê ouvirá todos esses milhares de sons, e muitos dos que ouve não serão necessários — o falante de uma língua estrangeira que está passando na rua; uma pronúncia errada porque o falante está com a boca cheia. Reconhecemos os sons da fala com tanta rapidez e facilidade porque em nosso cérebro há pouca concorrência com os sons de outros idiomas que passaram por uma poda. Mesmo os multilíngues gozam dessa eficiência porque, quando estão imersos numa conversa em determinada língua, o cérebro deles espera ouvir os sons desse idioma, e assim os neurônios para esse conjunto específico de sons estão alertas e de prontidão, e os neurônios que representam outros ficam em segundo plano.

Grande parte dessa poda e dessas conexões sinápticos se baseia na capacidade de nosso cérebro de receber uma grande quantidade de dados e extrair ordem e estrutura. Imagine o mundo como uma estrutura estatística que molda o cérebro com repetidas interações. Nesse sentido, o cérebro é uma máquina gigantesca de análise estatística.

Aprendemos com base nas coocorrências das coisas. Os bebês aprendem que o som /st/ no começo das palavras *start* e *stop* constitui uma sequência fônica comum no começo de palavras em inglês, mas não em espanhol. (É por isso que os falantes de espanhol ao falar inglês põem uma vogal na frente da palavra *start*, dizendo *estart*.) Os bebês aprendem que a combinação de /wszczn/ nunca aparece em inglês (embora apareça em polonês). A inferência estatística também é a base de outros tipos de conhecimento. Aprendemos que encostar numa boca quente do fogão, estatisticamente, provoca dor. E que, estatisticamente, chorar tende a trazer a mamãe até o bebê.

Quanto mais experiências temos com determinada coisa, melhor se torna nossa base de dados e mais afinadas ficam nossas representações mentais. Um bebê que ouviu trinta ocorrências da vogal *ä* não vai reconhecê-la com a mesma eficiência de um adolescente que a ouviu 30 mil vezes. Essa atividade de inferência estatística se aplica não só à língua, mas praticamente a tudo o que aprendemos. É assim que aprendemos a ler, reconhecendo letras do alfabeto **mesmo** quando *aparecem* **em fontes** diferentes e em fontes que nunca vimos antes. Nosso cérebro sabe qual é a carinha que uma letra *a* costuma ter e, como um ímã, aproxima variações dessa forma à usual. Esse é um fundamento geral do aprendizado perceptual. Quadrados, círculos, a cor vermelha, cachorros, casas, mesas, xícaras, sanduíches... Nosso cérebro forma categorias para eles baseando-se nos inúmeros exemplos que vemos. Chegamos ao ponto de ver um triângulo distorcido ou geometricamente impossível, que não se parece com nenhum outro que vimos antes, e mesmo assim ainda ver um triângulo.

A interação com o ambiente por meio do movimento e da exploração também é importante para o crescimento e o desenvolvimento neural adequado. Nos primeiros anos de vida, é assim que aprendemos a alcançar e pegar alguma coisa, a desenvolver a percepção da profundidade e aqueles importantes circuitos visual-motores. Conseguir fazer contato com um alvo em movimento, como um móbile que gira em cima do berço ou apanhar uma bola, é tão importante que tem um nome: *tempo de intercepção*. Essa habilidade é precursora da capacidade matemática: em geral, precisa se desenvolver antes que a criança consiga representar conceitos abstratos, como os números.[18]

O tempo de intercepção exige que agucemos e desenvolvamos os circuitos preditivos do cérebro — temos de predizer onde um objeto em movimento estará no futuro com base no local que está agora, na velocidade e na trajetória. Precisamos fazer uma série de cálculos parecidos sobre o movimento de nossa mão, a fim de calibrar nosso gesto para pegar o objeto. Em tudo isso, há um senso intrínseco de ordem e quantidade. Pode ser até que o tempo de intercepção seja um pré-requisito para a linguagem, porque o seu uso bem-sucedido requer conseguir discriminar a ordem temporal — para entendermos a linguagem escrita ou falada, os sons que aparecem praticamente juntos no tempo precisam ser postos na ordem adequada. Em inglês, a palavra *tsar* não significa o mesmo que *star* [estrela], e só podemos entender seu sentido porque temos um refinado timing de milissegundos para perceber se o /t/ veio antes ou depois do /s/.

O tempo de intercepção é uma forma de neuroplasticidade — o cérebro acomoda informações sobre o ambiente dentro de suas próprias conexões, alterando a si mesmo para desenvolver a coordenação entre olho e mão, com base na experiência.

PERÍODOS CRÍTICOS NA PRIMEIRA INFÂNCIA E NEUROPLASTICIDADE NA IDADE ADULTA

O desenvolvimento das capacidades mentais é uma dança complicada de instruções genéticas que vêm por quatro lados: pelo DNA, pela topografia do cérebro, pelos estímulos ambientais e pela cultura em que somos criados. O desenvolvimento cortical depende da experiência. Ao nascimento, o sistema perceptivo fica no aguardo de informações que cheguem até ele, para que possa assimilá-las e conectá-las. Se, durante os períodos críticos iniciais do desenvolvimento, o bebê é privado do ambiente normal, tanto social quanto físico, podem surgir consequências profundas em anos muito posteriores da vida. O termo *período crítico* é utilizado para designar um intervalo temporal em que é preciso cultivar determinada habilidade ou capacidade a partir do input ambiental correto, ou nunca se conseguirá adquiri-la. O intervalo temporal dessas fases tem uma distribuição estatística, significando que, depois de certa idade, torna-se extremamente improvável conseguir desenvolver uma determinada habilidade. O desenvolvimento neural durante os períodos críticos inclui uma grande variedade de processos combinados, o que dificulta que, encerrado esse intervalo, seja possível retomá-lo.

Se alguma vez você fez um curso de psicologia, há de se lembrar de alguns exemplos famosos. Gatinhos que são privados de um input visual normal num período crítico nunca desenvolvem uma visão normal. Gatinhos com tapa-olho, privados do input de um dos olhos, nunca desenvolvem uma visão binocular nem a percepção da profundidade, mesmo depois de removido o tapa-olho. Gatinhos criados no escuro nunca aprendem a enxergar, ainda que os olhos sejam plenamente saudáveis. (Muitos cientistas hoje lamentam que naquela época, nos anos 1950, se considerasse ético fazer experimentos com gatinhos.) Embora ninguém tenha feito tais experimentos com seres humanos, as crianças nascidas sem visão num dos olhos, que é restaurada depois do período crítico (removendo uma catarata, por exemplo), também nunca desenvolvem a percepção da profundidade. O dado fundamental aqui é que os olhos enviam sinais ao cérebro visual avisando quando é o momento de crescer e como ele deve se organizar. Os outros sentidos também operam da mesma maneira.

Tal como a visão, o sistema auditivo requer input do ambiente a fim de se desenvolver normalmente. Bebês com perda auditiva periférica (um problema no ouvido e não nas partes auditivas do cérebro) também estão sujeitos a um período crítico. Implantes cocleares, capazes de fornecer input ao córtex, precisam ser introduzidos desde cedo para terem plena eficácia.[19] O implante na adolescência ou mais tarde nunca resulta numa percepção normal da fala, embora ainda ofereça a vantagem de permitir que o portador ouça a aproximação de objetos que não estão visíveis, como um carro vindo por trás dele.

O cérebro em desenvolvimento começa com algumas tendências biológicas — por exemplo, o output auditivo enviado pelo ouvido vai se ligar ao córtex auditivo. Mas, se a experiência não fornece isso por causa, digamos, de alguma lesão do ouvido periférico, vão acontecer outras coisas. Assim, o cérebro em seus primeiros anos é como um bloco de argila e, dentro de certos limites, pode ser moldado de acordo com o ambiente, que pode ser praticamente qualquer um.

Durante décadas, pensamos que o input auditivo era necessário para que as crianças adquirissem algum tipo de linguagem. Agora, com base num novo estudo publicado em 2018, sabemos que não é do *som* que o cérebro precisa para adquirir uma sustentação estatística da linguagem: é da própria *linguagem*, inclusive a língua de sinais.[20] Se a surdez é identificada em idade precoce o bastante e a criança pequena é exposta à língua de sinais durante o período crítico para o desenvolvimento da linguagem, o cérebro não terá qualquer lacuna — ela adquire a língua de sinais como uma língua nativa completa, tal como adquiriria o holandês, o japonês ou o suaíli. Essa descoberta explica por que crianças surdas que recebem implantes cocleares depois dos dezoito e até os 24 meses de vida não se desenvolverão tão bem quanto as crianças surdas expostas à língua de sinais durante o primeiro ano de vida.

A aquisição da linguagem e a aprendizagem sensorial em geral são possíveis graças à neuroplasticidade, à capacidade do cérebro de alterar a si mesmo. Chama-se neuroplasticidade porque as conexões neuronais são moldáveis e flexíveis, como plástico maleável. E o cérebro está no auge de sua plasticidade nos primeiros anos de vida. Felizmente, continuamos a manter alguma forma de neuroplasticidade ao longo de toda a vida, mesmo em idade avançada.

A expressão *período sensível* se refere à aprendizagem neuroplástica que pode ocorrer fora de um período crítico, mas que tende a ser qualitativamente diferente por sofrer menos restrições impostas por eventos biológicos.[21] Dois exemplos: tocar um instrumento musical e falar uma língua estrangeira. Essas duas coisas podem ser aprendidas em qualquer idade, mas a pessoa que aprende qualquer uma delas em idade mais adiantada pode se mostrar menos fluente do que quem aprende cedo, digamos antes da faixa dos oito aos doze anos.

O tempo que se passa no útero, embora não seja usualmente chamado de período crítico, sem dúvida é crítico. Como o feto vive dentro do corpo da mãe, compartilhando o suprimento de sangue e nutrientes, as coisas podem ficar calamitosas se a mãe ingerir qualquer coisa que interfira no desenvolvimento neural normal. Esteroides, hormônios, álcool, heroína, opiáceos e outros fármacos sob prescrição podem causar defeitos no desenvolvimento. Um caso famoso em minha época foi a talidomida, fármaco que passou a ser receitado a partir de 1957 para o enjoo matinal das grávidas. Mais de 10 mil bebês de mães que tomavam talidomida nasceram com malformação dos braços e das pernas — mãos retorcidas, um braço que terminava no cotovelo, ausência de polegares. O uso dos antidepressivos Paxil e Prozac durante a gravidez levou em alguns raros casos a defeitos no coração e nos pulmões. Tem-se associado o uso de Valium ou de outros fármacos ansiolíticos durante o primeiro trimestre a malformações e aberturas faciais. E não são apenas as condutas das mães que contribuem para o desenvolvimento fetal — ter um pai alcoólatra pode aumentar o risco de órgãos mal desenvolvidos, menor capacidade de lidar com a ansiedade e déficits motores.[22] Uma ameaça atual à saúde fetal é o vírus zika, que causa microcefalia, um cérebro menor do que o normal. Há várias síndromes de nomes complicados, mas todas se resumem a uma coisa só: interferência no ambiente do feto.

Os bebês que são privados de contato físico ou emocional com os genitores ou cuidadores passam por uma série de problemas de socialização que podem durar pelo resto da vida. Os bebês não precisam só de alimento e sono, precisam também de calor, de colo e, quando começam a andar e entram na segunda infância, de adultos que interajam com eles. Isso se aplica a todas as espécies, não só aos mamíferos, e ao longo de toda a vida.[23] O desenvolvimento social de uma criança é um sistema frágil, e uma boa atenção parental não é um dado automático, sobretudo entre pessoas que podem, elas mesmas, não ter tido uma boa atenção parental. Os genitores que são volúveis nos afetos e atenções também podem causar danos psicológicos. Muitas crianças que não tiveram interações parentais sadias se tornam adultos que não conseguem confiar nos outros.

NEUROPLASTICIDADE E REMAPEAMENTO

O cérebro tem regiões e circuitos específicos para determinadas atividades mentais — falamos, por exemplo, de córtex auditivo, córtex visual ou córtex motor; falamos em áreas de linguagem do cérebro. Quando o desenvolvimento cerebral se dá de modo típico, os neurônios do olho encontram seu caminho até o córtex visual. Da mesma forma, os receptores sensoriais na língua em desenvolvimento do feto traçam de forma sinuosa seu caminho pelo cérebro até chegar ao córtex gustativo (paladar), de forma que uma determinada combinação de impulsos é interpretada como "azedo" ou "doce".[24] Os neurônios do interior do ouvido crescem até encontrar o córtex auditivo, antes parando em cinco estações de retransmissão que ajudam a preparar o som para um processamento detalhado. (Para quem está acompanhando de perto, as estações de retransmissão são os núcleos cocleares no tronco encefálico, o complexo olivar superior, o colículo inferior, o colículo superior — para o controle do movimento da cabeça na direção de sons inesperados — e o corpo geniculado medial.)

Mas e as pessoas que nascem com deficiência auditiva severa, cujo cérebro não recebe nenhum input dos ouvidos? Quando isso acontece, o cérebro costuma se adaptar para maximizar sua eficiência. A informação visual, em especial a que transmite informação comunicativa, como faz a língua de sinais, percorre seu caminho até o chamado córtex auditivo, usando aquela área do território neural para comunicação. As línguas de sinais têm sintaxe e gramática, tal como a língua falada — não consistem num amontoado de gestos sem estruturação —, e utilizam muitas das mesmas regiões cerebrais usadas pelas línguas faladas. Em conformidade com o princípio dos períodos críticos já esboçado, os bebês que nascem com deficiência auditiva precisam ser expostos à língua de sinais ou receber implantes cocleares durante o período crítico para o desenvolvimento da linguagem ou, do contrário, nunca alcançarão fluência na linguagem.

De modo semelhante, as pessoas com deficiência visual que leem braile usam para isso regiões do chamado córtex visual, remapeando a informação tátil dos dedos em áreas do cérebro que em geral são ativadas por input visual. A neuroplasticidade fornece o mecanismo de compensação para pessoas que têm deficiência visual de nascença, e a organização cerebral modificada permite que seu córtex visual seja ativado tanto pelo braile — a leitura tátil — quanto pela fala.[25]

Ainda não se sabe com clareza como ocorre esse remapeamento. Não sabemos exatamente como os neurônios "auditivos" encontram o córtex visual ou como os neurônios "visuais" encontram o córtex auditivo. O que aconteceria se os receptores de sabor na língua fossem parar no córtex visual, em vez de ir para o córtex gustativo? Veríamos os sabores? Um gosto ácido apareceria em nossos olhos com uma determinada cor ou forma? Pode ser isso o que se passa com os bebês em seu estágio de não diferenciação, de esplendor psicodélico.

Numa extraordinária série de experimentos, pesquisadores começaram a entender algumas coisas a esse respeito. Uma equipe coordenada por Mriganka Sur, do MIT, bloqueou o caminho da retina até o córtex visual de furões jovens.[26] Com seu caminho usual bloqueado, onde aqueles neurônios retinais se conectavam? Não só encontraram o caminho até o córtex auditivo, como também, chegando lá, criaram uma espécie de mapa topográfico do mundo visual do furão dentro do córtex auditivo. Nos seres humanos, pode ser que exista esse tipo de plasticidade intermodal nos casos de pessoas com deficiência visual ou auditiva que muitas vezes têm habilidades superiores nos sentidos que estão intactos.

EFEITOS ESPECÍFICOS DO ENVELHECIMENTO NO CÉREBRO

A primeira infância é um período de desenvolvimento mental e perceptual, mas, antes que se complete esse crescimento, podemos dizer que é também um período de certa confusão e falta de controle sobre o corpo. Assim, em alguns aspectos, o envelhecimento é similar à primeira infância. Podemos ficar incontinentes. Podemos nos tornar incapazes de comer sozinhos. Podemos ter dificuldade em entender a fala e nem sempre conseguimos nos expressar com a fluência e continuidade de que gostaríamos. Embora a integração sensorial possa começar a falhar com a idade, os idosos, de modo geral, são mais capazes de usar tanto a informação auditiva quanto a visual quando vêm apresentadas em conjunto — o que pode ser uma boa coisa.[27] Podem precisar de mais tempo do que os adultos mais jovens para conseguir gravar novas informações.

A maioria de nós enfrentará uma série de desafios mentais com o avançar da idade, e esses desafios vêm de várias fontes. Devido à formação de placas e artérias parcialmente bloqueadas (arteriosclerose), o fluxo da corrente sanguínea pode não ser tão fácil quanto costumava ser. Uma redução na capacidade de produzir neuroquímicos pode fazer com que os neurônios disparem com menor eficiência.[28] Os níveis de dopamina diminuem cerca de 10% a cada década, e os níveis do fator neurotrófico derivado do cérebro e da serotonina também diminuem com o avançar da idade.[29] Anos de consumo alcoólico podem levar à morte neuronal e contribuem para o encolhimento do cérebro.[30] A diminuição do grau de eficiência das conexões sinápticas leva a uma redução geral da rapidez dos processos mentais. Há declínio ou incapacidade de regenerar a camada isolante de mielina que cerca os axônios — levando a uma menor condutividade elétrica. Por fim, a maioria dos adultos tem uma redução gradual do volume do cérebro a partir dos 35 anos, na faixa de 5% por década até os sessenta anos,[31] e esse declínio se acelera depois dos setenta anos.[32] Todos esses fatores levam a uma perda geral de agilidade da função cognitiva.

Grande parte dessa redução de volume e peso decorre do encolhimento do hipocampo e do córtex pré-frontal. O córtex pré-frontal é o que usamos para estabelecer metas, fazer planos, dividir um projeto grande em partes menores, exercer controle sobre os impulsos e decidir ao que vamos prestar atenção. Como comentei antes, o córtex pré-frontal é a última região a se desenvolver na infância e só amadurece plenamente depois da puberdade — na casa dos vinte anos já adiantados. Devido a sua relação com o controle dos impulsos, existem vários processos judiciais em que os advogados de defesa argumentam que as pessoas de dezoito a vinte anos não deveriam ser consideradas responsabilizadas por transgressões à lei porque lhes falta um córtex pré-frontal maduro, de adulto, que lhes permita controlar os impulsos de maneira adulta.

O córtex pré-frontal é também a primeira região cortical a mostrar desgaste com o avançar da idade. "É por isso que um dos problemas mais significativos em idosos está relacionado com a capacidade de manter o fio dos pensamentos e impedir que outros pensamentos divergentes interfiram", diz Art Shimamura.

> A boa condição do cérebro, ao envelhecermos, depende em grau significativo de manter um córtex pré-frontal ativo e saudável. Quanto mais envolvermos essa região cerebral nas atividades cotidianas, melhor poderemos controlar nossos pensamentos e pensar de modo flexível.[33]

Outra região cerebral importante que nos é necessária para o envolvimento mental ativo é o lobo temporal medial, acima e atrás das orelhas. Essa área do cérebro inclui aquela região que parece um cavalo-marinho, chamada hipocampo, que é fundamental para o armazenamento e recuperação da memória. Imaginemos que vamos assistir a uma peça com nossos amigos. É nosso córtex pré-frontal que nos faz querer ler o texto do programa, que nos ajuda a prestar atenção ao que nossos amigos estão dizendo e a pensar numa resposta coerente. Quando começa a peça, é nosso córtex pré-frontal que refreia nosso impulso de falar ou gritar durante a apresentação. Enquanto isso, o lobo temporal medial está vinculando traços dessa experiência a experiências prévias semelhantes — as outras vezes que assistimos a uma peça, em que estivemos nesse teatro, em que estivemos com esses amigos específicos — e, além disso, o lobo temporal medial está ajudando a armazenar todos esses pensamentos e experiências, de forma que nosso cérebro seja capaz de recuperá-los no futuro. Sem o lobo temporal medial, todas essas ligações se perderiam e não conseguiríamos mais tarde relembrar a experiência como um evento integral em si. E, sem a função do hipocampo, não nos lembraríamos, ao acordar no dia seguinte, do quanto nos divertimos.

Outro grande fator para o declínio mental tem a ver com a mielina, aquela camada gordurosa em volta dos axônios que serve como isolante. Os tratos de substância branca — as linhas de transmissão do cérebro, os axônios revestidos de mielina — decaem a partir de certa idade, por volta dos cinquenta anos, e a remielinização se torna mais lenta, até chegar ao ponto em que não consegue mais continuar.[34] Enquanto a substância cinzenta do hipocampo e do lobo frontal humano encolhe em média cerca de 14% entre os trinta e os oitenta anos, o encolhimento da substância branca é ainda mais pronunciado, numa média de 24%. Ademais, ao contrário da substância cinzenta, que mostra um encolhimento mais gradual ao longo do tempo, o declínio da substância branca é especialmente agudo entre os setenta e os oitenta anos. Não que os tratos desapareçam, mas a perda de isolamento leva a disparos falhos e a perturbações no sinal elétrico e reduz a velocidade de transmissão dos pensamentos no cérebro.

Isso leva a uma lentidão generalizada nos idosos, afetando todos os nossos sistemas mentais, inclusive a transmissão da informação perceptual, a memória, a tomada de decisões e os movimentos motores. Isso, por sua vez, pode explicar problemas de memória e outros retardamentos cognitivos, porque os tratos de substância branca que ficam mais comprometidos são os situados no hipocampo e no córtex pré-frontal.

Ora, com a menor eficácia do córtex pré-frontal e do lobo temporal medial, junto com o menor volume do cérebro em encolhimento e a redução da substância branca, podemos ver por que os idosos sentem maior dificuldade em integrar e agir com base na informação proveniente de várias fontes e por que consideram especialmente difícil a execução de várias tarefas ao mesmo tempo. É por isso que, quando envelhecemos, podemos ter maior dificuldade tanto em concentrar nossa atenção quanto em transferi-la para outra coisa. É por isso que ficamos distraídos. E é por isso que temos dificuldade em lidar com novas tecnologias, principalmente novos celulares. O cérebro se tornou mais lento, menor, e o fato de que nosso cérebro é moldado a partir da reiterada exposição a estruturas existentes no ambiente facilita lidar com situações conhecidas, mas dificulta lidar com situações novas.

Você pode testar pessoalmente essa maior lentidão. Segure uma caneta em posição ereta entre o polegar e o indicador, perto da ponta dela. Solte os dedos e então, quando a caneta estiver caindo, tente agarrá-la o mais depressa possível e meça o quanto ela passou entre os dedos. Compare com o resultado obtido por pessoas mais jovens ou mantenha um registro mensal, para ver se você continua com a mesma rapidez ou se ela começa a diminuir.

Uma das coisas mais importantes que podemos fazer para promover a saúde neural diz respeito à mielina, que consiste em 80% de lipídios. A capacidade de nosso corpo de criar e manter a mielina se apoia nos alimentos gordurosos. Sem eles, ou em caso de capacidade reduzida de metabolizá-los, vemos um declínio da bainha de mielina ainda maior do que o causado apenas pela idade. Nem todos os problemas relacionados a lembrarmos uma palavra ou onde deixamos a carteira se devem à desmielinização, mas melhorar e manter a mielinização realmente ajuda. Dois mecanismos fáceis são comer peixes gordurosos e consumir o suficiente de vitamina B12. Talvez você tenha ouvido falar que peixe faz bem para a cabeça, e é verdade. O óleo de peixe fornece os ácidos graxos ômega-3 que o corpo utiliza para criar mielina, e pode até reparar a mielina danificada por uma lesão cerebral traumática.

Os efeitos cumulativos do envelhecimento incluem tudo, desde a reiterada exposição a toxinas, doenças e degradação do DNA. Há várias coisas que podem danificar o DNA — a fumaça de tabaco, raios ultravioleta do bronzeamento natural ou artificial, certos fármacos e mesmo o estresse. Felizmente, nosso corpo tem mecanismos sofisticados de reparo do DNA, capazes de detectar e consertar os danos. Mas eles não são perfeitos. As próprias instruções de funcionamento dos mecanismos de reparo estão contidas dentro do DNA, de forma que, se elas se danificarem... bom, você pode imaginar o problema que seria.

Até agora, passei muito superficialmente pelo termo *atenção*, supondo (como William James) que todo mundo sabe o que é. Temos diferentes modos de atenção ao longo do dia. Os dois mais visíveis são o que os neurocientistas chamam de modo executivo central e modo padrão ou repouso passivo.

No modo executivo central estamos focados, guiamos nossos pensamentos e filtramos nossas distrações. No modo passivo, nossos pensamentos vagueiam, é frouxa a ligação entre eles, e com isso ele passou a ser chamado de "modo devaneio" do cérebro. O modo devaneio é restaurador depois de nos concentrarmos de forma intensa durante algum tempo em alguma coisa, e muitas vezes é o modo no qual conseguimos resolver problemas de modo efetivo. Se já lhe aconteceu de estar andando no corredor do supermercado onde ficam os cereais matinais, sem pensar em nada especial, e de repente lhe veio à cabeça a solução do problema com que você andava se debatendo, este é o modo devaneio. Os dois modos tendem a trabalhar em oposição, como uma gangorra — quando um desce, o outro sobe. Veem-se perturbações desse modo devaneio em pessoas com autismo e com Alzheimer.[35]

DISFUNÇÃO COGNITIVA BRANDA, DOENÇA DE ALZHEIMER E DEMÊNCIA

A disfunção cognitiva branda é definida como um declínio cognitivo maior do que se esperaria normalmente de acordo com a idade e o nível de instrução de um indivíduo, mas que não interfere de forma acentuada nas atividades do cotidiano.[36] Em cerca de 50% dos pacientes, ela leva à doença de Alzheimer (DA) e pode ser um sinal de alerta prévio;[37] outras vezes, existe de maneira independente.[38] Isto é, alguns pacientes com disfunção cognitiva branda manterão o mesmo nível de disfunção por muitos anos (boa notícia), ao passo que, para outros, é uma fase de transição para a demência. As pessoas com disfunção cognitiva branda ainda conseguem realizar as tarefas diárias e cuidar de si mesmas, mas têm dificuldades de memória e problemas com pôr as coisas em lugares errados. (Na verdade, essa é uma boa descrição da maioria dos cientistas que eu conheço, até mesmo de alguns na casa dos quarenta anos!)

Não descobrimos um correlato cerebral único para a disfunção cognitiva branda, e sua base neuroanatômica é heterogênea — isto é, várias condições cerebrais diferentes podem levar a ela. E, quando analisamos mudanças sistemáticas no cérebro de pessoas com disfunção cognitiva branda, as tomografias cranianas mostram lesões altamente similares no cérebro de pessoas que não apresentam absolutamente qualquer sintoma![39] Nisso ela se assemelha à demência — não existe um perfil neurofisiológico único porque ela surge de um grande número de anormalidades cerebrais diferentes.[40]

Enquanto redijo este texto, acaba de ser publicado um novo artigo de um grupo de neurocientistas da China, que decompôs os sinais da ultrassonografia craniana em diferentes faixas de frequência, e com essa nova técnica conseguiram classificar os indivíduos com disfunção cognitiva branda com 93% de precisão.[41] Por ora, é um único artigo e serão necessários outros trabalhos para confirmar a precisão e a utilidade dele, mas é um começo promissor.

Os tipos de redundâncias existentes no cérebro e o conceito de reserva cognitiva podem ser tão importantes quanto o que realmente aparece naquelas ultrassonografias.[42] A reserva cognitiva é a ideia de que as pessoas mais instruídas e mais inteligentes podem ser capazes de resistir melhor do que outras à degeneração biológica. A reserva cognitiva é como aquela reserva secreta de gasolina extra que os Volkswagen costumavam ter antigamente (que *engenhoso*!). É a capacidade do cérebro maduro de enfrentar os golpes, de suportar os efeitos de lesões ou doenças que, de outra forma, poderiam prejudicar outras pessoas.

Pense nessa questão em termos de força ou de resistência nas atividades físicas. Se você consegue levantar cem quilos ou correr durante vinte minutos em velocidade máxima, não precisará de muito esforço para levantar 25 quilos ou correr durante cinco minutos, quando comparado a alguém que esteja fora de forma. E mesmo com um resfriado, que é algo que prejudica o tônus muscular e a capacidade pulmonar, provavelmente você ainda conseguiria um desempenho melhor do que o de outros. Esse é o conceito de reserva.

Demência é um termo geral usado para descrever qualquer transtorno cerebral que provoque déficits em dois ou mais domínios cognitivos, como a atenção, a memória e a linguagem. O Alzheimer é uma forma de demência, e existem muitos outros tipos.

O Alzheimer é caracterizado por agregados (placas) proteicos anormais e emaranhados neurofibrilares que atrapalham a transmissão neural. Uma proteína específica, chamada beta-amiloide, começa destruindo sinapses e depois se aglutina em placas que levam à morte neuronal.[43] A doença em geral começa no lobo temporal medial e então se espalha por grande parte do cérebro. Os danos costumam afetar em especial as regiões ligadas à aprendizagem e à memória, por razões que ainda não entendemos. Os sintomas iniciais incluem danos na memória, em especial relativos a acontecimentos recentes, mas aí começam a surgir outros transtornos cognitivos, como problemas de atenção, de linguagem e de processamento espacial. Há um fator genético, embora, como acontece com praticamente todos os transtornos, o cuidado que se dedica ao corpo influa no grau e na extensão da doença.

Eu gostaria de poder informar que, depois do 1,8 bilhão de dólares que os Estados Unidos gastaram apenas no ano de 2018, e depois de décadas de pesquisa, sabemos o que causa o Alzheimer e como é possível preveni-lo e curá-lo. Durante algum tempo, pensamos que o problema era o acúmulo de amiloide e que, se o reduzíssemos, teríamos uma cura. Agora existem fármacos que reduzem o acúmulo de amiloide, mas eles não detêm nem revertem a doença.[44] Nenhum fármaco chegou a melhorar nem sequer em escala modesta os sintomas do Alzheimer. E nem todos que apresentam esses emaranhados e placas de amiloides têm a doença ou sintomas dela. Muitos cérebros humanos normais e aparentemente saudáveis mostram a formação de depósitos de placas de beta-amiloide, a perda das conexões neurais e a degradação das bainhas mielinizadas (substância branca) e não apresentam sintomas.

Algumas evidências iniciais sugerem que processos inflamatórios crônicos alimentam a doença de Alzheimer ou talvez até sejam sua causa.[45] Alguns pesquisadores têm sugerido que seria recomendável tomar AINEs (anti-inflamatórios não esteroides) já desde dez anos antes do surgimento esperado dos sintomas de Alzheimer, mas ainda precisamos de muitos outros trabalhos — não sabemos quais outros efeitos negativos podem decorrer desse uso crônico de AINEs.[46]

Se você está entre aqueles milhões de pessoas que enviaram amostras de saliva para testes genéticos comerciais, deve ter recebido um relatório sobre um fator genético específico capaz de prever a probabilidade de vir a ter demência. O gene *APOE* (apolipoproteína E) é um fator genético que aumenta muito o risco de desenvolver demência, bem como Alzheimer com início tardio (depois dos 65 anos).[47] O problema dessa informação é que as contribuições genéticas para a demência são complexas; é preciso levar em conta interações com outros genes e outros biomarcadores a fim de termos um quadro preciso. O *APOE* por si só não causa demência nem Alzheimer. E claro que um maior risco não significa que haja plena certeza de que a doença se desenvolverá; em alguns grupos, a presença do gene é protetora.[48] Creio que essa informação mais prejudica do que ajuda as pessoas sem formação avançada em estatística e análise de risco — ou seja, a maioria de nós. Como expus em meu livro *A mente organizada*, algumas atividades nossas podem triplicar o risco de desenvolvermos certas doenças raras. Isso significaria uma coisa, caso nossa chance de ter a doença fosse de um para três — passaríamos de uma possibilidade para uma quase certeza. Mas, se nossa chance de ter a doença é de um em 60 milhões e nosso risco triplica, nossa chance ainda é de apenas um em 20 milhões — é mais provável ser atingido por um raio, ganhar na loteria e morrer num acidente de carro, tudo no mesmo dia.

Quero me somar a John Zeisel, fundador da I'm Still Here Foundation, e dizer que o maior problema enfrentado pela demência é a narrativa pública do desespero, da impossibilidade de fazer qualquer coisa a respeito.[49] Não creio que seja verdade. Creio que deveríamos trocar a estigmatização da demência pela esperança e pelo reconhecimento de que as pessoas com demência ainda estão aqui entre nós.

O painel de especialistas do *Lancet* oferece alguma esperança. Como apontam:[50]

A demência não é de forma alguma uma consequência inevitável da chegada à idade de aposentadoria ou mesmo de iniciar a nona década de vida. Existem fatores do modo de vida que podem diminuir ou aumentar o risco do indivíduo de desenvolver demência. Em algumas populações, a demência já está sendo adiada em anos [...]. É possível prevenir um terço dos casos de demência.

ACIDENTE VASCULAR CEREBRAL (AVC)

Um AVC é a restrição da corrente sanguínea no cérebro, causando morte celular. Os AVCs são de três tipos. Quando se forma um coágulo no cérebro, impedindo que o sangue oxigenado alcance determinadas regiões, chama-se *AVC isquêmico*. (*Isquemia* é o termo usado para restrições do fornecimento sanguíneo.) Se o coágulo é apenas temporário, o AVC resultante é chamado de *ataque isquêmico transitório* ou AIT. Eles costumam ser sinais de alerta de AVCs subsequentes. Quando um vaso sanguíneo enfraquecido do cérebro estoura e causa sangramento interno, chama-se *AVC hemorrágico*. (Hemorragia é a perda de sangue de um vaso sanguíneo.)

O principal fator de risco para qualquer tipo de AVC é a pressão sanguínea alta. Portanto, os anti-hipertensivos são receitados não só para reduzir o risco de doenças cardíacas, mas também para reduzir o risco de AVC, principalmente em pessoas que têm outros fatores de risco, como obesidade, problemas de saúde ou histórico familiar de AVC. Alterações no modo de vida, como diminuir a ingestão de sal, aprender a lidar com o estresse e fazer exercícios aeróbicos, também diminuem a pressão sanguínea.

Os médicos passaram anos aconselhando as pessoas com mais de cinquenta ou sessenta anos a tomar diariamente um comprimido de aspirina infantil (cerca de oitenta miligramas) como preventivo, para afinar o sangue e assim reduzir o risco de um coágulo sanguíneo ou de um AVC isquêmico.[51] O problema é que, se a pessoa sofre um AVC hemorrágico, o sangue fino não vai coagular e o dano causado pelo sangramento interno será mais grave. É uma daquelas situações estranhas na medicina em que realmente temos de decidir como queremos morrer ou sofrer outros danos: prefiro o dano de um coágulo ou de uma ruptura? Por outro lado, se a pessoa já teve um AVC isquêmico — e tem certeza de que foi isquêmico, e não hemorrágico —, em geral é aconselhável tomar aspirina ou outro afinador do sangue, a fim de reduzir a chance de uma segunda ocorrência. Em 2019, existiam indicações crescentes de que a ingestão preventiva da aspirina de baixa dosagem não compensava o risco, e um estudo com 12 mil europeus mostrou que ela não tinha qualquer efeito sobre AVCs.[52]

As consequências do AVC são altamente variáveis. Algumas pessoas não sofrem qualquer efeito posterior; outras ficam parcialmente paralisadas, não conseguem falar ou passam por profundas mudanças de personalidade. Em alguns casos, terapias cognitivas e físicas conseguem restaurar as funções em quase 100%, mas ainda não sabemos quais pacientes terão e quais não terão plena recuperação. A genética, a resiliência, a determinação e os fatores ambientais têm seu papel, mas ainda não elucidamos por que e como se dão.

A NEUROPLASTICIDADE AO LONGO DA VIDA

Médicos e cientistas supuseram durante décadas que nosso cérebro é formado por um número finito de "células", cada qual com sua tarefa, e que, depois que o cérebro atinge a maturidade, vamos perdendo as células, uma a uma, até terminarmos numa segunda infância.[53] Embora acreditássemos nisso de modo geral, tínhamos indicações de que não era verdade. O neurocientista Karl Lashley afirmou, oitenta anos atrás, que, se uma parte do cérebro fosse danificada, outras áreas cerebrais assumiriam o papel, mas a ideia do cérebro como uma máquina imutável se manteve. Como explicou a médica Abigail Zuger:[54]

> Todas as partes tinham uma finalidade específica, nenhuma poderia ser substituída ou reparada [...]. Agora, técnicas experimentais sofisticadas sugerem que o cérebro é mais parecido com uma criatura marítima de desenho animado. Espalhando-se constantemente em várias direções, ele é, ao que parece, capaz de reagir a danos com uma surpreendente reorganização funcional e, às vezes, consegue de fato se conceber numa nova configuração anatômica.

Seguindo essa mesma linha, os cientistas pensavam que o cérebro humano não criava nenhum novo neurônio depois do nascimento. Então surgiram evidências de que a neurogênese — o crescimento de novos neurônios — se dava no hipocampo dos adultos, e algumas estimativas apontavam o número de setecentos novos neurônios por dia.[55] Não é muito, considerando que se calcula que o hipocampo tem cerca de 47 milhões de neurônios; corresponde ao crescimento de cerca de 1,5% do número total de neurônios em um ano.[56] Então, em 2018, foram publicados no mesmo mês dois estudos que chegavam a conclusões opostas. Um deles, publicado na *Nature*, da Universidade da Califórnia em San Francisco, mostrava que a neurogênese hipocampal cai a níveis indetectáveis na infância.[57] Outro estudo, da Universidade de Columbia, encontrou a presença de neurogênese preservada em adultos.[58]

Dois artigos de revisão daquele ano tentaram resolver a contradição.[59] Há uma série de complexos problemas técnicos e metodológicos na medição do crescimento neuronal e, como (ainda) não é possível contar fisicamente os neurônios nos seres humanos, as estimativas se baseiam numa série de inferências, tanto conceituais quanto estatísticas. As duas equipes utilizaram a presença de marcadores de proteínas DCX e PSA-NCAM (proteína dupla-cortina e molécula de adesão celular neuronal polissialilada), que costumam acompanhar o crescimento neuronal. Esses marcadores só podem ser medidos em autópsias, de forma que, dependendo das variações na preservação dos cérebros e no intervalo entre o momento da morte e o do exame, podem surgir resultados tremendamente contraditórios. Além disso, alguns estudos descobriram que o crescimento de novos neurônios em animais não vem necessariamente acompanhado por esses marcadores de proteínas. Você continua confuso? Nós, eu e outros neurocientistas, também. Nossa área ainda está estudando tudo isso e, assim, devo dizer que por ora ainda não sabemos de fato se os seres humanos adultos podem gerar novos neurônios hipocampais. Mas o peso das evidências, abrangendo os últimos vinte anos de pesquisas, sugere vivamente que podem, sim. Um único estudo que não consegue encontrar esse crescimento não basta para invalidar uma dúzia de outros que o encontraram, nem as dúzias de estudos em animais que mostram que *eles* continuam a gerar novos neurônios — não sabemos de nenhuma razão pela qual seria diferente nos seres humanos. Mas mesmo a inexistência de neurogênese não significa que não formamos novas lembranças ou que a capacidade de nossa memória é limitada. A memória reside nas *conexões* entre neurônios e na plasticidade sináptica, que é um processo que se dá durante toda a vida.

O psiquiatra canadense Norman Doidge descreve estudos de casos de indivíduos que passaram por esse tipo de plasticidade sináptica, uma reconexão do cérebro, desde uma mulher com um sistema vestibular (de equilíbrio) prejudicado até um homem que sofria de dor fantasma em um membro que fora amputado — todos tiveram reorganizações funcionais em seu cérebro adulto.

Eu aprendi em 1976 que esse tipo de neuroplasticidade atingia o auge na adolescência e no começo da idade adulta, e que as pessoas com mais de sessenta anos não podiam ter esperança de passar por uma remoldagem tão rápida e completa do cérebro. Mas as pesquisas nos últimos dez anos têm mostrado que essas suposições estão erradas. O cérebro dos idosos é plástico, capaz de grandes proezas na criação de novas conexões e adaptação; só leva um pouco mais de tempo porque o cérebro de mais idade faz muitas coisas (mas não tudo) mais devagar.

A neuroplasticidade nem de longe parece adquirir essa mesma lentidão em idosos que há muitos anos exigem do cérebro que ele pense de modo diferente e crie novas conexões. Se a pessoa está envolvida com artes criativas — pintura, escultura, arquitetura, dança, escrita, música e outras formas de criatividade —, ela está exercitando o cérebro, forçando o cérebro, de maneiras sempre interessantes porque todo novo projeto exige novas adaptações, exige mudanças na maneira de olhar o mundo e agir a partir daí. E isso não se limita às artes criativas — qualquer trabalho ou passatempo que exige que a pessoa interaja com o mundo e a cada vez reaja a ele de maneira diferente é uma atividade que ajuda a proteger o cérebro contra a demência, a rigidez e a atrofia neural. Pode-se aplicar a pintores de casa, arboristas, atletas, empreendedores em série, articulistas, motoristas profissionais, jogadores de bridge, aficionados por palavras cruzadas e assim por diante.

Minha experiência pessoal com instrumentos musicais mostra que essa remodelação pode se dar em qualquer idade. Às vezes, quando estou assistindo a um show, amigos músicos me chamam ao palco para tocar uma ou duas músicas, e toco qualquer violão ou guitarra que já esteja ali. Todos os violões são diferentes uns dos outros, e me vejo diante de parâmetros a que não estou acostumado — diferenças na altura das divisões, na distância entre as cordas, no encordoamento, na grossura do braço do instrumento. Ou podem me dar um violão acústico depois de eu ter passado meses tocando guitarra elétrica. A adaptação é quase imediata. O cérebro de um músico contém uma representação abstrata da maneira como seu instrumento opera, como os dedos devem interagir com ele, e faz os ajustes adequados. Ainda mais interessante foi o que me aconteceu outro dia, quando quebrei a unha do dedo médio da mão direita, a mão que uso para dedilhar. Simplesmente "falei a mim mesmo" que o dedo estava de férias e transferi para os dois dedos abaixo tudo o que aquele costumava fazer. O ajuste levou cinco minutos, um exemplo de neuroplasticidade. Mari Kodama, a grande pianista de concertos, diz que com frequência precisa trocar ali na hora, durante uma apresentação, os dedilhados que tanto ensaiara, por causa do piano ou da acústica da sala.[60] Assim, embora tenhamos padrões de dedos profundamente memorizados, as abstrações desses padrões estão, pelo visto, igualmente memorizadas e prontas para serem usadas.

Decerto você já passou pessoalmente por essas coisas em atividades do cotidiano, sem nem saber que existia uma coisa tão grandiosa quanto a neuroplasticidade ou adaptabilidade do cérebro: dirigindo um carro alugado, usando uma caneta com corpo ou grossura diferente do habitual, cozinhando na cozinha de outra pessoa, abotoando uma camisa nova, ouvindo alguém falar com uma pronúncia que você nunca tinha ouvido antes. E mesmo em uma coisa tão simples quanto tomar café numa xícara nova, de peso diferente e alça de tamanho diferente do que o de costume. Todos esses são exemplos de neuroplasticidade adaptativa.

A neuroplasticidade se mantém até morrermos, mas, assim como acontece com os tempos de reação, ela fica mais lenta, e com a idade diminui o grau em que pode se dar a remodelação do cérebro. A boa notícia é que as habilidades motoras aprendidas *previamente* continuam preservadas na casa dos sessenta anos e, para muitos, bem além dos noventa. O músico Glen Campbell é um excelente exemplo. Aos 76 anos, profundamente afetado pela doença de Alzheimer, desorientado, incapaz de se cuidar sozinho, ainda executava músicas complexas que conhecia há mais de 45 anos, o que mostra com clareza como certas rotinas motoras admiráveis ficam impressas de maneira profunda na memória, onde a doença não consegue alcançá-las. Outras rotinas motoras desandam, e Campbell às vezes se perdia e não sabia como voltar. Uma das melhores coisas que se pode fazer contra o envelhecimento é aprender uma habilidade manual quando jovem e mantê-la. A segunda melhor coisa que se pode fazer é começar a aprender alguma coisa nova na velhice.

A eficiência com que aprendemos novas habilidades motoras, porém, diminui com a idade — conseguimos aprender aos noventa anos ou mais, mas demanda mais tempo e mais concentração. Num exemplo que se tornou assunto corrente entre avós e netos, os idosos conseguem aprender a usar celular e computador, mas erram mais enquanto aprendem e não retêm as informações novas por tanto tempo quanto os mais jovens.[61] Os idosos demoram mais para se adaptar a óculos novos, a sapatos novos ou a novos caminhos por causa de obras na rua, e também demoram mais para retomar a maneira anterior de fazer as coisas. Os idosos são mais lentos em fazer muitas coisas, mas não só: são mais lentos em se adaptar a coisas novas. Se você está achando que pode haver aí uma correlação entre isso e a tendência dos idosos de ficar politicamente mais conservadores — de querer que as coisas se mantenham como são —, é um bom palpite.

Nossos sentidos são das primeiras coisas a surgir no útero, mas infelizmente podem se desgastar mais cedo do que muitas outras faculdades, como vemos com os idosos. Metade dos adultos com mais de 75 anos informa ter perda da audição, e um em seis informa ter perda da visão. Uma maioria esmagadora de 90% das pessoas com mais de 55 anos usa óculos;[62] apenas um em seis americanos com perda da audição usa aparelhos auditivos,[63] e o fato de *não* usá-los está associado a um maior risco de hospitalização entre os idosos.[64] Felizmente, a neuroplasticidade oferece ao cérebro várias maneiras de compensar o declínio na qualidade da informação sensorial. A neuroplasticidade amplia o que nosso corpo pode nos dizer sobre o mundo, como e quão bem nossos sentidos o percebem. Para entender o bom da idade, é essencial entender como a percepção opera e se desenvolve.

3. Percepção

O que nosso corpo nos fala a respeito do mundo

O filósofo inglês John Locke propôs o que agora chamamos de "o desafio de Locke": tente imaginar um cheiro que você nunca sentiu antes ou descrever um novo sabor para alguém que nunca o provou. A grande sacada de Locke foi que tudo o que sabemos sobre o mundo, sabemos por meio de nossos sentidos. Locke, aliás, não era um cara de uma ideia só. Foi o primeiro a propor que nosso senso de identidade provém da continuidade da consciência. E foi ele o primeiro a escrever sobre a importância da separação entre Igreja e Estado — a mesma ideia que Alexander Hamilton e os pais fundadores dos Estados Unidos incorporaram mais tarde na Constituição americana.

O desafio de Locke põe os sentidos na frente e no centro de nosso entendimento do processamento humano das informações. Sua observação mudou a maneira de pensarmos o conhecimento — o que é e como o adquirimos. Como o cérebro passa de um estado aparentemente não desenvolvido para um que parece mais adulto? O fator isolado mais importante é o input do mundo exterior. O cérebro aprende a ficar totalmente funcional por meio de suas interações com o ambiente. Sem isso, o cérebro nunca se torna de todo adulto, nunca atinge seu pleno potencial. É uma lição que se aplica igualmente a animais e a humanos, a crianças e a adultos de todas as idades. *As interações com o mundo exterior são fundamentais.* Engenheiros de robótica e IA aprenderam na marra que, por mais depressa que suas CPUs consigam processar algoritmos, a maior barreira para alcançar habilidades de tipo humano é a ausência de inputs sensoriais e de integração dos inputs entre esses sentidos artificiais.

Aprendemos nos primeiros anos de escola que os seres humanos têm cinco sentidos. Menos conhecido é o fato de que alguns animais usam outros sentidos, que não temos. Alguns são bastante exóticos. Os tubarões, por exemplo, conseguem detectar os disparos neurais de espécies que querem devorar, usando um sentido elétrico. As abelhas encontram flores detectando campos elétricos (as flores têm uma carga elétrica ligeiramente negativa, que contrasta com a carga elétrica ligeiramente positiva das abelhas). As cobras encontram suas presas usando um detector de calor infravermelho, e os elefantes são sensíveis a vibrações através de receptores especiais em suas patas. Muitos animais têm sentidos mais aguçados do que os nossos — o olfato de um cachorro é 1 milhão de vezes mais sensível do que o humano. (Com toda essa capacidade olfativa, imagino que um cachorro esperto, ao cheirar um hidrante, pode ter uma ideia bastante boa de quem está na vizinhança, qual é sua alimentação e talvez até a condição geral de saúde da população canina local.)

Os receptores sensoriais são células especializadas, que detectam e coletam constantemente informações no mundo e as transmite ao cérebro. Os pavilhões auditivos, por exemplo, reagem a perturbações de moléculas do ar ou de líquidos — as vibrações. Nossos olhos registram a amplitude e a frequência das ondas luminosas. (A luz é uma forma de energia eletromagnética e, assim, nosso sentido visual não é tão diferente dos sentidos elétricos das abelhas e dos tubarões — a diferença reside na maneira como nosso cérebro interpreta essa informação.) Nossos receptores táteis registram temperatura, umidade, pressão e lesões; eles existem mesmo em alguns de nossos órgãos internos — pense em sua última dor de estômago. Nossos receptores gustativos e olfativos detectam o conteúdo químico dos objetos.

Depois que nossos receptores sensoriais recolhem informações do mundo externo, eles enviam impulsos elétricos a áreas do cérebro especializadas na interpretação desses sinais. A sequência de picos dos pulsos elétricos vindos dos vários receptores sensoriais nos traz todo o leque de experiências sensoriais: doce, azedo, quente, frio, doloroso, calmante, ruidoso, suave, claro, escuro, vermelho, violeta, perfumado, acre e dezenas de outras. Não tem nada "azedo" no impulso nervoso vindo da língua — o "azedo" ocorre no córtex gustativo, uma parte do cérebro que se dedica a interpretar esses impulsos. Sir Isaac Newton, contemporâneo de Locke, sabia que nossas ricas experiências perceptuais são criadas no cérebro, e não lá fora, no mundo. Ele escreveu que as ondas de luz que iluminam um céu azul não são azuis — apenas *aparentam* ser azuis porque nossa retina e nosso córtex interpretam a luz de uma determinada frequência, 650 terahertz, como azul. O azul é uma interpretação que pomos no mundo, e não uma coisa que está objetivamente ali.

A LÓGICA DA PERCEPÇÃO

Tendemos a pensar que nossos sentidos nos fornecem uma visão do mundo sem distorções — que o que vemos, ouvimos ou sentimos por meio de nossos sentidos é real. Mas nada poderia estar mais distante da verdade buscada pela ciência. Se eu projetar numa tela ondas luminosas de diversas cores, algumas vão parecer mais brilhantes do que outras, mesmo que eu controle com cuidado a emissão de luminância do projetor. (Nossos olhos são mais sensíveis à luz verde e menos sensíveis à azul, o que significa que, mesmo que as cores verde, azul e vermelha sejam apresentadas com a mesma luminância, o verde vai ter aparência mais brilhante e o azul uma aparência mais apagada do que o vermelho.) Talvez isso se deva a centenas de milhares de anos, quando, antes mesmo de andarmos sobre duas pernas, nossos olhos percorriam folhas verdes ao procurarmos alimento. Não perceberemos o mesmo volume em vozes ou instrumentos musicais que têm exatamente a mesma amplitude porque algumas frequências simplesmente *soam* para nós, para nosso cérebro, como mais altas do que outras.

Nosso sistema perceptivo interno constrói uma versão da realidade que, em certos aspectos, é melhor para nossas necessidades de sobrevivência do que aquilo que nossos receptores sensoriais detectam. Por exemplo, as frequências auditivas a que nosso cérebro é mais sensível são as que diferenciam vogais e consoantes umas das outras na fala — nosso cérebro efetivamente favorece mais algumas frequências do que outras, para ajudar a nos entendermos melhor. A lente do olho, ou o cristalino, tem um formato que deveria fazer com que as linhas retas no mundo aparecessem levemente encurvadas e certas linhas curvas aparecessem retas.[1] Mas isso não acontece — o córtex visual "conhece" a distorção do cristalino e faz correções. Há também a aberração cromática — cores de luz vindas da mesma fonte não atingem a retina num mesmo ponto focal, por causa de seus diferentes comprimentos de onda, mas o cérebro compensa de maneira a percebermos que vêm da mesma fonte. Esses são apenas alguns entre as centenas de ajustes de compensação realizados pelo cérebro, e eles se dão de maneira inconsciente.

Meu amigo e mentor Irv Rock (que tinha setenta anos quando nos conhecemos na Universidade da Califórnia) escreveu um livro importante chamado *The Logic of Perception* [A lógica da percepção], que sintetizava o trabalho de sua vida. Como observou ele, os sinais que atingem nossos receptores sensoriais muitas vezes são incompletos ou distorcidos, e nossos receptores sensoriais não funcionam de forma perfeita. Há outros casos em que nossos receptores podem nos dizer coisas erradas sobre o mundo e o cérebro precisa intervir. Rock mostrou ainda como nosso sistema perceptivo utiliza inferências lógicas para nos ajudar a perceber o mundo. A percepção não é uma coisa que apenas acontece — ela acarreta uma série de inferências lógicas e é resultado de inferências inconscientes, de resolução de problemas e de meros palpites sobre a estrutura do mundo físico.

A constância da luminosidade é um exemplo marcante. Quando vamos ao cinema, a tela é branca e o projetor lança uma luz brilhante sobre ela. Mas é claro que há imagens escuras na tela — o vilão que usa chapéu preto, gatos de pelagem preta, George Clooney com um smoking preto. Mas o preto é a ausência de luz; então, como é que o projetor faz isso? A resposta é que não faz — nosso cérebro é que precisa fazer algumas inferências. A única coisa que o projetor faz é lançar luz ou não lançar luz naquela tela branca. Tudo o que aparece como preto na tela é, na verdade, apenas a cor da própria tela. O que acontece é que nosso cérebro evoluiu para fazer inferências sobre as cores e a luminosidade tal como aparecem em relação a outras cores e luminosidades. (Hoje em dia há uma nova mania de telas pretas e alguns cinemas as utilizam porque dão mais autenticidade aos pretos.)

Na próxima página, à esquerda, a imagem apresenta como percebemos um tabuleiro de xadrez que é projetado. À direita, a imagem mostra o que o projetor está realmente mostrando. Nosso cérebro usa a lógica da percepção para inferir que o que se pretendia é a imagem da esquerda. Nosso cérebro faz isso de modo inconsciente — o fato de saber que esse princípio está em operação não nos permite fechar o conjunto de circuitos neurais que leva a esse resultado. Nosso cérebro sabe que o smoking de George Clooney não é cinzento e, assim, apresenta-o pretíssimo.

A ilusão visual de Edward Adelson abaixo mostra qual é a questão. Os quadrados A e B têm exatamente o mesmo tom de cinza, mas aparentam ser diferentes porque o cérebro — por meio de um processo automático de inferência lógica — distorce e corrige a imagem vinda dos olhos. O cérebro supõe que o quadrado, por estar numa sombra, deve *ser* mais claro do que *aparenta*. Se você recortar um pedaço de papel mais ou menos do tamanho dessa figura e tirar fora uns quadradinhos, deixando à mostra apenas A e B, vai ver que é verdade.

Existem dezenas e dezenas de princípios assim. Outro é a constância da cor. Se você já viu uma foto tirada em ambiente fechado, nos velhos tempos do rolo físico de filme e da fotografia analógica, talvez tenha notado que a cena toda tem uma espécie de tom amarelado e que os tons de pele das pessoas não parecem naturais. Isso acontecia porque a lente da câmera via o aposento como realmente era, amarelado por luzes incandescentes. Mas nosso olho não vê assim, porque nosso cérebro emprega a constância cromática. Aquele vestido vermelho nos parece igual seja em espaço fechado, seja ao ar livre, mas não é assim para a câmera.

A maioria dos exemplos que conhecemos a esse respeito provém da visão e da audição porque esses são os dois sentidos mais estudados. Mas há também exemplos disso nos outros sentidos. Se eu tocar no seu pé e em sua testa no mesmo instante, você perceberá que eles foram tocados ao mesmo tempo. Mas o impulso nervoso que sai de seu pé vai demorar muito mais tempo para chegar ao cérebro do que o vindo da testa. O que *realmente* acontece é que o cérebro recebe primeiro a mensagem do toque na testa e então vem o toque no pé; aí, o cérebro precisa subtrair uma constante de *delay* (levando em conta quanto tempo leva a transmissão neural) e então chega à conclusão lógica de que ambos, pé e testa, foram tocados ao mesmo tempo.

Irv Rock falava em *lógica da percepção* porque acreditava que o cérebro fazia tudo isso com base nas probabilidades. Diante de algo que atinge os receptores sensoriais, o cérebro tenta entender qual é a coisa mais provável de estar acontecendo. A percepção é o produto final de uma cadeia de eventos que se inicia com um input sensorial e inclui um componente cognitivo e interpretativo. Consegui convencer você de que o cérebro é cheio de truques e que o mundo nem sempre é como aparenta ser? É aqui que a coisa fica realmente interessante. O cérebro *introduz* informações faltantes sem que a gente saiba. E, quanto mais nossa idade avança, mais ele procede assim. Esse preenchimento perceptual também se baseia na lógica da percepção. Se estamos falando com alguém numa sala lotada, é provável que algumas palavras da pessoa sejam abafadas por outras conversas, por copos retinindo ou pelo som de passos. Mas, mesmo assim, ainda conseguimos interpretar o que ela está dizendo. Durante anos, usei em meus cursos um vídeo de uma pessoa dizendo uma frase em que uma sílaba fora totalmente removida e substituída por uma tosse. Os estudantes sabem que a tosse está ali, porém não percebem que uma sílaba foi eliminada, e não têm qualquer problema em entender — o sistema perceptivo deles preenche a informação faltante. A percepção é um processo construtivo — constrói para nós uma representação do que há lá fora no mundo, uma imagem mental que nos permite interagir com o mundo tal como ele é segundo as conclusões a que nosso cérebro chegou, e não como ele pode meramente aparentar ser.

Todos os cinco sentidos têm ilusões. Uma frutinha da África ocidental, chamada fruta-do-milagre ou fruta-milagrosa, pode criar uma ilusão gustativa, eliminando a sensação de acidez dos alimentos. Se tomarmos suco de laranja depois de escovar os dentes, ele vai ficar com um gosto ácido. Existem até ilusões motoras: quando éramos crianças, minha irmã e eu ficávamos na passagem de uma porta com as mãos em suas laterais, então pressionávamos a moldura da porta com toda a força que podíamos, mais ou menos durante um minuto. Quando soltávamos as mãos, elas flutuavam estranhamente, sem intervenção de nossa vontade — uma espécie de ilusão de controle motor.

O preenchimento perceptual surge na primeira infância, mais ou menos entre os quatro e os oito meses, e os ajustes de tipo adulto vêm por volta dos cinco anos.[2] Um exemplo mais corriqueiro de preenchimento perceptual se refere ao ponto cego em nosso campo visual. Na parte da retina por onde passa o nervo ótico, não há cones nem feixes, e assim ali não é projetada nenhuma imagem visual — apesar disso, nosso cérebro preenche a informação faltante com base no que a cerca.

Conforme nossa idade avança, há a tendência de ficarmos melhores nesse tipo de preenchimento perceptual, justamente porque passamos por tantas coisas no mundo que nossa base mental de dados sobre o que é provável e o que é improvável guarda outros milhões de observações. Essas observações se tornam dados para o processador estatístico (inconsciente) de nosso cérebro. Por meio da neuroplasticidade, isso muda as ligações em nosso cérebro com cada nova observação. Assim, embora nossos receptores sensoriais comecem a mostrar desgaste com a idade e nosso cérebro apresente atrofiamento, redução da corrente sanguínea e outros déficits, nosso preenchimento perceptual pode melhorar. Esse é mais um dos vários mecanismos de compensação que trazem uma vantagem para o cérebro em envelhecimento. Os idosos podem muito bem ter maior eficiência e precisão em lidar com sinais deteriorados do que os jovens, porque o sistema perceptivo deles tem mais experiência.

OS EXPERIMENTOS DE BERLIM E INNSBRUCK

Um exemplo espantoso de neuroplasticidade, do cérebro criando novas conexões, é encontrado em uma série de experimentos iniciados nos anos 1800 por Hermann von Helmholtz. Eu o considero um dos pais da neurociência cognitiva moderna, e seu trabalho foi de grande inspiração para Irv Rock. Helmholtz se interessava por todos os sentidos e pelo funcionamento deles, e era um faz-tudo. Sabia que nosso sistema visual era capaz de se adaptar a novas experiências, mas se perguntava sobre os limites dessa adaptação neuroplástica: então estudou a questão usando lentes de distorção.[3]

Voluntários em Berlim usaram óculos prismáticos que deslocavam o campo visual deles em vários centímetros para a esquerda ou para a direita. Aí Helmholtz pedia que pegassem uma xícara de café, uma caneta ou algum outro objeto ali próximo. Como agora a informação visual mudara, as mãos deles iam para o lugar errado, a vários centímetros de distância do objeto que queriam pegar. No prazo de uma hora, o cérebro deles começou a se ajustar, usando a adaptação perceptual. Era a neuroplasticidade em ação! O cérebro recebia a nova informação e criava uma nova conexão no sistema motor para acomodar a mudança. Quando os óculos foram removidos, os participantes voltaram a cometer erros na direção contrária por um curto período, mas o cérebro se readaptou rapidamente.

O experimento de adaptação do prisma mostrou até que ponto o sistema visual e o sistema de movimento (sistema motor) em nosso cérebro estão conectados e são interdependentes. O experimento sugere vivamente que nosso cérebro contém um mapa espacial do que nos cerca. Quando colocamos os óculos prismáticos, sentimos que esse mapa interno está errado e precisa ser atualizado. Tais adaptações produzem mudanças no cérebro, no córtex sensorial,[4] no córtex motor, no sulco intraparietal — uma região associada à detecção e correção de erros — e no hipocampo, a sede dos mapas espaciais.[5]

Se alguma vez você estendeu o braço no escuro, à noite, para pegar um copo de água na mesinha de cabeceira ou foi ao banheiro no meio da noite sem acender a luz, então utilizou esses mapas espaciais. Os mapas mentais podem ser de alta resolução, duráveis e estáveis ao longo do tempo. Mas também podem mudar, caso cheguem novas informações que os contradigam.

Helmholtz pensava que o grau de adaptação dependia do tempo de uso dos óculos prismáticos, mas recentemente foi demonstrado que o processo depende do número de interações que temos entre o sistema visual e o sistema motor.[6] Assim, se apenas pusermos óculos de distorção e não interagirmos de forma ativa com o ambiente, não ocorrerá nenhuma adaptação. Se uma enfermeira mover nosso braço por nós, quantas vezes for, não nos adaptaremos. Não é o olho ou o córtex visual que faz a adaptação em casos como esse; são o sistema motor (de movimento) e os circuitos cerebrais que regem a interação entre visão e movimento. Mas apenas três interações já podem fazer o cérebro criar novas conexões.[7]

Os experimentos pioneiros de Helmholtz exerceram grande fascínio em Innsbruck, na Áustria, e levaram a uma série de experimentos nos anos 1920 e 1930. Num deles, os participantes usavam óculos invertendo esquerda e direita. A adaptação levou muito mais tempo do que um simples deslocamento da imagem visual para a esquerda ou para a direita, mas o espantoso é que realmente ocorreu uma adaptação completa. Pelo menos uma alma corajosa percorreu de moto as ruas de Innsbruck usando esses óculos (mas, nesse caso, talvez os pedestres de Innsbruck, assistindo à cena, é que eram corajosos).

Levando a noção de adaptação ao extremo, os experimentos de Innsbruck incluíam um par de óculos inversores que viravam o mundo de cabeça para baixo.[8] O impulso do cérebro em se adaptar a mudanças perceptuais é tão poderoso que até conseguiu corrigir isso, virando tudo da maneira certa no cérebro do agente perceptor. Nos três primeiros dias de uso dessas lentes, os participantes cometeram muitos erros. Um deles segurou uma xícara de ponta-cabeça no momento de pôr o líquido. Outro tentou passar por cima de um poste de luz, pensando que a parte de cima estava no chão. Durante dois dias houve um ajuste gradual e, no quinto dia, quando os participantes acordaram de manhã e viram o mundo pelos óculos inversores, tudo apareceu desinvertido. Podiam andar, fazer suas atividades cotidianas, como se nada tivesse acontecido. Várias atividades da vida real, como assistir a um filme ou a um espetáculo circense, ir a uma taverna, andar de moto, andar de bicicleta, participar de excursões de esqui, faziam parte da experiência dos participantes com óculos inversores. Quando finalmente tiraram os óculos, o mundo na posição certa lhes apareceu de ponta-cabeça.[9] Mas a readaptação ao normal levou apenas alguns minutos. O cérebro foi capaz de retornar ao modo de percepção que conhecia há décadas com uma rapidez assombrosa.

Por que a adaptação original demora tanto e a readaptação, o retorno, é tão rápida? A biologia das trilhas muito percorridas e a das mudanças que ocorrem em poucos dias é diferente. Todo aprendizado resulta em conexões sinápticas. Coisas aprendidas e praticadas muitas vezes geram maior força sináptica e, assim, é mais fácil voltar a elas.

Tudo isso pode parecer meramente teórico ou uma coisa que só interessa a neurocientistas da percepção excêntricos, mas há também usos clínicos proveitosos. Veja os AVCs, coisa que afeta um quarto das pessoas com mais de setenta anos.[10]

Depois de um AVC, quase um terço das pessoas passa por negligência hemiespacial, também conhecida como negligência unilateral.[11] Isso faz com que o sobrevivente ignore um lado do corpo ou do campo visual e não perceba que tem um déficit. Como bem se pode imaginar, essa é uma causa importante de quedas e outras lesões. Uma maneira confiável de tratar a negligência hemiespacial é com o uso de óculos prismáticos que deslocam aos poucos a atenção do paciente para o lado que está negligenciado.[12]

Os experimentos de adaptação prismática também são pertinentes para todos nós que usamos óculos. Os oftalmologistas estudam esses experimentos para saber até que ponto o sistema visual consegue se adaptar a distorções. Se você está com um novo par de óculos de grau forte e eles lhe parecem desconfortáveis, seu oculista pode lhe recomendar que espere umas duas semanas. Quanto maior o grau da lente, mais alto o índice de refração e, assim, maiores as distorções que ela causará nas imagens à sua volta. Em receitas de lentes realmente fortes, você pode até ver cores que parecem de arco-íris nas bordas do campo visual. Com o tempo, o cérebro costuma se adaptar a elas (embora o processo possa ser difícil).

Eu mesmo passei por uma adaptação prismática quando fazia a graduação no MIT. Depois de me inteirar dos experimentos no curso de neuropsicologia, numa sexta-feira à tarde montei um par de óculos prismáticos que deslocava todo o mundo cerca de trinta graus à esquerda. Antes do experimento, minhas mãos sabiam onde ficavam as coisas no mundo e elas simplesmente as encontravam. Quando pus os óculos, não acertei uma. Tentei pegar a xícara de café na mesa da sala da república estudantil e errei por vinte centímetros. Na segunda tentativa, tentei o ajuste, mas errei outra vez. Tive de estender a mão e movê-la devagar para a direita até encontrar a xícara. Andar era um desafio e tanto. No corredor que levava ao meu dormitório, eu ficava batendo na parede. Não me atrevi a sair do prédio, mas continuei empenhado no projeto. Fiquei andando por ali, tentando pegar coisas. Fiz as refeições e li os livros do curso usando os óculos.

Naquela noite, meus sonhos foram cheios de pequenos episódios em que eu tentava pegar coisas, perambulava e, nos sonhos, consegui fazer tudo o que queria. Quando acordei na manhã seguinte, o mundo e minhas interações com ele se afiguraram normais. Parecia um milagre. Passei o final de semana andando com aqueles óculos esquisitos, estudando, comendo na cantina e conseguindo levar a comida do prato até a boca.

Tirei os óculos prismáticos na segunda de manhã, dois dias e meio depois de começar o experimento. O mundo agora tinha se deslocado por completo trinta graus para a direita, e voltei a bater nas paredes, a derrubar ovos na camisa limpa, a errar totalmente as maçanetas das portas, e assim por diante. Meu cérebro tinha se adaptado com sucesso à primeira mudança e teria de reaprender e se readaptar a mais uma. Lá pelo meio-dia, tudo tinha voltado ao normal — a readaptação levou muito menos tempo do que a adaptação original. Isso porque a adaptação exigiu que eu aprendesse algo novo; a readaptação exigiu apenas que eu reativasse aquelas trilhas e conexões sinápticas muito estabelecidas que já existiam.

Os experimentos de adaptação prismática são um belo exemplo de neuroplasticidade de curto prazo — o cérebro se adapta a condições modificadas e cria novas conexões. Esses experimentos também são um bom exemplo de integração sensorial — as interações entre o sistema motor e o sistema visual —, e não só do sistema visual em si.

Estamos atualizando constantemente a representação pessoal de nosso corpo, onde ele está no espaço e como se relaciona conosco e com os outros — fazemos isso por meio de uma combinação entre tato e visão. Um exemplo disso é a "ilusão da mão de borracha".[13] Nela, o experimentador esconde a mão do participante, pondo-a, por exemplo, embaixo da mesa, e coloca em cima da mesa uma mão de borracha na mesma posição em que estaria a mão de verdade. O experimentador então põe uma de suas mãos sobre a mão do participante, que está escondida sob a mesa, e a outra mão sobre a mão de borracha à vista. A seguir, toca ao mesmo tempo as duas mãos. Após apenas um minuto, a maioria das pessoas passa a acreditar de forma convicta que a mão de borracha é sua mão de verdade. Isso porque o sistema visual informa o sistema tátil e, quando há ambiguidade ou conflito, o sistema visual costuma vencer. O interessante é que isso pode acontecer mesmo que a mão de borracha não pareça muito realista ou tenha uma cor ou tom de pele diferente — o sistema visual age em conjunto com o sistema tátil para prevalecer sobre o conhecimento a respeito de nossa mão de verdade. Essa ilusão não ocorrerá se a pessoa ficar apenas olhando a mão de borracha, sem que sua mão de verdade seja tocada sub-repticiamente — é necessário que haja o input tátil-visual sincrônico. A ilusão também pode operar com outras partes do corpo. O surpreendente é que ela também opera com o rosto. Na ilusão de sobreposição, você assiste a um vídeo em que o rosto de outra pessoa é tocado por um cotonete, ao mesmo tempo que o experimentador toca o seu rosto, e você passa a sentir que o outro rosto é o seu, mesmo que nem seja muito parecido![14] O que tudo isso significa é que nosso próprio senso de identidade é construído, é montado a partir de inputs perceptuais e é maleável.[15]

O poder da visão em prevalecer sobre os outros sentidos aparece em um curta-metragem animado da Warner Bros., dirigido por Chuck Jones, que se chama *Ratos demolidores*. Dois ratinhos, que moram atrás dos rodapés de uma ampla casa humana, sentem-se tolhidos com a presença do gato doméstico e combinam uma forma de deixá-lo louco para que se mude de lá. Numa sequência, eles pregam no teto todos os móveis da sala de estar, removem a luminária do forro e a prendem no chão. O gato, acordando de uma soneca, olha em volta e vê ao seu lado a luminária do teto. Olha para cima e vê o sofá, a mesinha de centro, a espreguiçadeira e assim por diante, e conclui que deve estar no teto e lá onde está a mobília deve ser o chão, que é seu lugar habitual. Em pânico, tenta saltar para o teto, onde pensa que estará em segurança. Mas não consegue se agarrar a nada, pois a gravidade o puxa para baixo. Ele continua dando saltos na direção do teto (que tem certeza de ser o chão) e continua caindo. Seu sistema visual se mostrou não ser um bom indicador da realidade, mas o gato não consegue contê-lo. A genialidade do desenho animado reside, em parte, no fato de se basear nesse princípio neurocientífico solidamente estabelecido.

Os pilotos aéreos passam dezenas de horas aprendendo a não confiar demais em seu sistema visual, nem, aliás, em seu sistema auditivo, e a "confiar nos instrumentos". Nosso cérebro e nosso corpo não têm tempo de desenvolver sistemas que interpretem com precisão as sensações que surgem quando estamos voando e, por isso, não devemos confiar muito neles. Muitos acidentes fatais ocorrem porque os pilotos ignoram os instrumentos de voo e se baseiam em suas percepções. Foi o que aconteceu com John F. Kennedy Jr.[16] Voando ao anoitecer, com mau tempo, provavelmente não conseguiu distinguir entre o céu e a água que estava sobrevoando, e pode ter tido a sensação física e visual de que estava de cabeça para baixo. Os instrumentos de voo lhe teriam dito se era isso mesmo ou não, mas talvez ele tenha pensado que os instrumentos não estavam funcionando bem — de vez em quando isso acontece, mas é mais frequente que nossos sentidos nos enganem. Ao que parece, ele virou o avião de ponta-cabeça e mergulhou na água, pensando que estava subindo em direção ao céu. Acredita-se que é essa também a causa de acidentes aéreos no Triângulo das Bermudas — os pilotos ficam desorientados com a ausência de pontos de referência terrestres, confundem céu e mar e, ignorando os instrumentos de voo, mas baseando-se em seus sentidos (não confiáveis), mergulham o avião diretamente nas profundezas marinhas.

As condutas de tipo exploratório são fundamentais para formar a experiência sensorial e a neuroplasticidade. As crianças vítimas de privação motora não conseguem desenvolver um comportamento normal. Foi o que mostrou um experimento com gatinhos. Um gatinho pequeno podia se deslocar em seu ambiente com bastante liberdade. Outro gatinho da mesma ninhada foi posto num carrinho que reproduzia os movimentos do primeiro gato. Se este virava à esquerda, o carrinho do segundo fazia a mesma coisa. Se o primeiro gatinho saltava, o segundo também saltava, por meio do carrinho. Os dois recebiam basicamente o mesmo estímulo visual, mas apenas um explorava ativamente o ambiente. O gatinho passivo não desenvolveu comportamentos normais. Não reagia à aproximação dos objetos. Quando posto com cuidado no chão, não estendia as patas para reduzir o impacto, e não evitava um penhasco visual. (O penhasco visual é uma aparente queda de vários metros de profundidade, sob uma placa segura de vidro grosso; em outras palavras, não existe perigo real, mas os mamíferos superiores com senso intacto de comportamento motor o evitarão. É por isso que passarelas com base de vidro, embora usuais em algumas cidades, causam enjoo ou palpitação cardíaca em muitas pessoas — é uma reação profundamente entranhada.) Aqueles brinquedos no berço do bebê são mais eficazes se a criança consegue alcançá-los e pegá-los, em vez de ficar apenas olhando de forma passiva para eles. E se a criança consegue realmente pôr alguma coisa em movimento com suas mãozinhas e perninhas, é um treino ainda melhor para ela. Os idosos que querem manter o senso de equilíbrio e a orientação não devem se limitar a observar o ambiente, mas precisam também se locomover por ele.

Ajustes neuroplásticos ocorrem ao longo de toda a vida. À medida que o bebê cresce e fica adulto, o cérebro precisa se adaptar à maneira como a informação sensorial se modifica, com a separação crescente entre os olhos e os ouvidos e o tamanho maior da língua. O sistema tátil tem de se adaptar a mudanças na distância entre as várias partes do corpo em crescimento. O crescimento dos ossos e dos músculos requer uma modificação gradual dos sinais que o cérebro envia para iniciar movimentos suaves e coordenados — todas essas são formas de neuroplasticidade compensatória.

Nosso sentido do tato consegue remapear com grande rapidez. Quando sentimos dor num determinado local da pele, devido, por exemplo, a uma injeção ou uma picada de agulha, uma área de até 1,5 centímetro em torno do local afetado pode de imediato se tornar hipersensível.[17] Esse tipo de neuroplasticidade pode nos proteger de danos, caso as células nervosas tenham sido afetadas por um ferimento, por nos permitir maior sensibilidade à dor em volta do local inicial. Essa sensação pode nos motivar a nos afastar de um ambiente perigoso ou a retirar da pele espinhos, lascas e outros objetos estranhos.

Quando há a amputação de um membro, de um dedo ou de alguma outra parte do corpo, seus terminais nervosos são cortados. Mas a outra extremidade das fibras nervosas ainda continua conectada ao cérebro. Em decorrência disso, muita gente declara ter sensações numa parte do corpo que não está mais ali; na verdade, a dor do membro fantasma afeta 90% das pessoas amputadas.[18] Utilizando uma abordagem terapêutica tátil-visual que é semelhante em termos conceituais à mão de borracha, os terapeutas conseguem promover o remapeamento neural encostando no paciente em partes do corpo, no toco ou na área em torno, enquanto ele observa e tem sensações de toque que antes estavam associadas ao membro faltante. A sincronia entre a visão e a sensação acelera o processo. Outras técnicas parecidas ajudam no tratamento da dor referida, uma dor que se origina num conjunto de receptores sensoriais, mas dá a sensação de vir de outro conjunto.

Uma abordagem diversa da dor do membro fantasma foi inaugurada por Vilayanur Ramachandran, da Universidade da Califórnia em San Diego.[19] Pessoas que sofrem de dor do membro fantasma com frequência tinham sofrido paralisia ou dor na região antes que fosse amputado e se queixam de que o membro (fantasma) está com cãibra ou se encontra numa posição incômoda ou muito apertada. Ramachandran põe um espelho no centro, com um membro de cada lado, e diz ao paciente para olhar o lado do espelho com o membro intacto — agora o paciente vê dois membros, sendo um deles a imagem espelhada do outro. Então ele pede ao paciente que mova os dois de forma simétrica. Claro que ele não pode de fato mover o membro fantasma, mas, ao olhar no espelho, vê dois membros se movendo — o intacto e seu reflexo. O cérebro é ludibriado e pensa que vê o membro fantasma em movimento, e isso leva a um remapeamento favorável dos circuitos que estavam causando o incômodo, a cãibra ou a compressão, e em muitos casos há alívio da dor.

DISFUNÇÕES RELACIONADAS COM A IDADE

Visão

O marcador de envelhecimento mais confiável e mais conhecido talvez seja o declínio da visão, para ser mais específico a incapacidade de ler. A partir de cerca dos quarenta anos, as pessoas começam a aparecer na seção de óculos de leitura na farmácia do bairro ou a marcar consulta com um oculista.

Minha primeira lembrança de envelhecimento é de um fato que ocorreu exatamente no dia em que completei cinquenta anos. Era final de dezembro e eu tinha acordado cedo para *carpe* o *diem*. Lá fora ainda estava escuro — consequência dos dias curtos de um inverno em Montreal —, e segurei o jornal matutino à minha frente, à distância de um braço, para que meus olhos enfocassem as letras, tal como já havia feito centenas de vezes antes. Mas, *nessa* manhã, meus braços pareciam ter encurtado e as letras eram miúdas e borradas demais para conseguir ler. A primeira coisa que pensei foi que o *Times* tinha mudado a fonte tipográfica. Remexi no cesto de papéis para encontrar o jornal do dia anterior e tive o mesmíssimo problema com ele. Experimentei segurar o jornal a uma distância maior, até as letras entrarem em foco, mas o comprimento dos braços não dava, faltavam de uns três a cinco centímetros. Era como se meus braços tivessem encolhido durante a noite, pois fazia mais ou menos um ano que eu segurava o jornal assim e funcionava muito bem.

Essa mudança na visão se chama presbiopia. Ela se dá por causa de mudanças relacionadas com a idade nas proteínas do cristalino, tornando-o mais rijo e menos elástico com o passar do tempo. Com menos elasticidade, o olho tem mais dificuldade em ter foco de perto, pois isso exige mais tensão muscular do que o foco à distância.

Alguém poderia pensar que, se é apenas uma questão muscular, bastaria fazer exercícios para impedir ou retardar o processo, mas não existe nenhuma prova que dê sustentação a isso, ou para impedir o enrijecimento do cristalino. Como o que está na base desse fenômeno são as proteínas e como o DNA é o codificador das sínteses proteicas, talvez surjam durante nossa vida terapias genéticas capazes de resolver o problema. Mas, por enquanto, o que o futuro oferece para a maioria são os óculos de leitura ou a correção cirúrgica da presbiopia.[20]

A maioria experimentará esse tipo de mudança no sistema visual. Devido à adaptação, não percebemos a transição suave entre a boa visão e a vista fraca. Seguramos as coisas a uma distância maior, instalamos lâmpadas mais potentes, aumentamos o tamanho da fonte nas mensagens de texto no celular. Nosso cérebro se adapta continuamente, usando seus poderosos sistemas de reconhecimento padrão. O sinal que nossa retina envia ao cérebro é borrado e, pelo fluxo de input efetivo, talvez a gente não consiga diferenciar um c em minúscula de um o em minúscula, mas o contexto é tudo. Uma das combinações de letras forma uma palavra (*moto*), a outra não (*mctc*). E às vezes precisamos de um contexto maior, avaliando não só a palavra isolada, mas também a frase e o contexto semântico em torno dela: *Cuidado com a moto*. Mesmo se o dado que chegar ao cérebro, referente à segunda palavra, seja ambíguo ou apareça como *mctc*, o cérebro decifra de forma automática, sem que tenhamos consciência disso.

Essa correção automática do fluxo de inputs é uma forma de preenchimento perceptual, sendo algo que o cérebro tem a chance de praticar ao longo de toda a nossa vida. Com o avançar da idade, a proporção no trabalho cerebral entre o sinal de input e nosso processo de inferência perceptual vai mudando a cada década a partir dos quarenta anos. Nosso grandioso cérebro, em seu processo de casar padrões, passa a fazer uma quantidade cada vez maior de preenchimentos, não só porque assim exigem nossos sentidos, mas porque ele tem uma quantidade de experiências tão maior do que a de um cérebro jovem que é simplesmente mais eficiente fazer inferências do que tentar decodificar cada pequeno detalhe perceptual. Já lhe aconteceu ler uma palavra e descobrir dali a pouco que a leu errado? Você volta, olha e pode jurar que antes tinha visto uma palavra e agora está vendo outra. Seu cérebro simplesmente cometeu um erro na identificação de padrões e enviou uma representação vívida e realista da palavra errada ao plano de sua consciência.

Isso me aconteceu poucos dias atrás. Eu estava planejando ir a Nova York, e o hotel me deu um monte de vouchers para refeições e atrações gratuitas em Coney Island. Naquele dia, na hora do almoço, um amigo serviu *bratwurst* e pôs na mesa vários frascos de condimentos, inclusive uma nova mostarda que eu nunca tinha visto. Olhei o frasco, li com toda a clareza e certeza *Coney Island* e resolvi experimentar. Era deliciosa e assim olhei o frasco com mais cuidado para anotar a marca, e só aí notei que as palavras que eu tinha visto antes eram, na verdade, *Honey Mustard* [mostarda com mel]. Eu estava com *Coney Island* na cabeça, e então meu cérebro transformou *Honey* em *Coney* e, ademais, *Mustard* tinha o número suficiente de letras em comum com *Island* para que ele preenchesse e substituísse o que realmente estava escrito ali. A identificação de padrões e o preenchimento perceptual estavam enlouquecidos: a diferença nas palavras *Coney* e *Honey* é de uma letra só, e tanto *Island* quanto *Mustard* têm a forma s-espaço-a-espaço-d. (E mais: para meu sistema visual em processo de envelhecimento, que passou a se basear na inferência estatística, o *r* estilizado provavelmente parecia um *n*.)

O preenchimento perceptual é uma espécie de categorização, um efeito impulsionado de maneira cognitiva, e é chamado de processamento de cima para baixo, em oposição à percepção impulsionada exclusivamente por estímulos, que é chamada de processamento de baixo para cima. Quando somos jovens ou quando estamos aprendendo alguma coisa nova, temos poucas noções preconcebidas, e assim vemos as coisas de maneira mais próxima ao que realmente são. O processo de amadurecimento e de envelhecimento inclui a categorização. Tendemos a categorizar mais com o avançar da idade porque, na maioria dos casos, é eficiente em termos mentais proceder assim. Um estudo recentíssimo mostra que esse tipo de categorização automática depende em alto grau do predomínio dos membros da categoria.[21] Como um arquivista eficiente, tendemos a juntar coisas, a criar categorias mais amplas, para não terminarmos com um monte de pastas de arquivos mentais com apenas um único item em cada.

Se eu lhe mostrar uma mesma quantidade de pontos azuis e de pontos roxos e lhe pedir para classificá-los como "azul" ou "roxo", você não terá problema algum em fazer isso. Mas, se eu diminuir a quantidade total de pontos azuis presentes, você começará a classificar alguns pontos roxos como azuis — a escassez de pontos azuis fará com que você amplie sua categoria.

Isso acontece não só com as cores, mas também com os estímulos emocionais. Se lhe pedirem para categorizar rostos como benignos ou ameaçadores, você expandirá sua definição de ameaçador caso a proporção de rostos ameaçadores esteja abaixo de determinado nível. O mesmo se aplica a juízos mais abstratos, como julgar se tal ou tal comportamento é ético: na ausência de comportamentos *claramente* não éticos, comportamentos que antes eram tidos como aceitáveis agora se afiguram como não éticos. Isso tem amplas implicações societais.[22] Como explicam os autores de um estudo:

> Quando os crimes violentos se tornam menos predominantes, o conceito de um policial sobre "agressão" não deveria se expandir a ponto de incluir atravessar a rua fora da faixa de pedestres. Para uma fruta ser considerada madura, a pessoa leva em conta as outras frutas que estão em volta, mas o mesmo não deveria acontecer para algo ser considerado crime, pênalti ou tumor, e quando essas coisas estão ausentes, policiais, árbitros e radiologistas não deveriam expandir seus conceitos para encontrá-las a qualquer custo [...]. Embora as sociedades modernas tenham feito um progresso extraordinário para lidar com um amplo leque de problemas sociais, desde a pobreza e o analfabetismo até a violência e a mortalidade infantil, a maioria das pessoas crê que o mundo está piorando. O fato de que os conceitos se ampliam quando suas ocorrências diminuem pode ser uma das fontes desse pessimismo.

Certamente é fácil cair no pessimismo se a pessoa está perdendo os sistemas sensoriais nos quais se baseou durante a maior parte da vida. Outro problema visual comum é a catarata, que é um enevoamento do cristalino de um ou dos dois olhos.[23] Pode-se ter catarata em qualquer idade, mas ela se mostra com mais frequência depois dos quarenta anos, embora tenda a ser pequena e, portanto, não afete muito a visão. Aos sessenta anos, ela pode começar a embaçar a vista, e aos oitenta mais da metade dos americanos terá catarata. Normalmente, a luz atravessa o cristalino e é projetada sobre a retina no fundo do globo ocular. A catarata gera uma imagem borrada. O cristalino é majoritariamente composto de água e — adivinha? — proteínas. Ao envelhecermos, algumas dessas proteínas se aglutinam e encobrem uma região do cristalino.

Lembremos que a evolução depende da reprodução para transmitir vantagens de sobrevivência ao longo de múltiplas gerações. Em decorrência disso, a evolução não gera aperfeiçoamentos adaptativos para condições que ocorrem fora da idade reprodutiva normal. Por isso não houve nenhuma pressão evolutiva para favorecer quem não tem catarata ou presbiopia, e elas continuam sempre presentes nas populações idosas.

Vem se formando um conjunto de evidências, mas ainda pequeno, que vincula a catarata ao tabagismo e à diabetes. Práticas sadias na adolescência podem influir anos depois nesses desdobramentos. A melhor proteção contra a catarata consiste no uso de óculos escuros ao ar livre desde jovem. A cirurgia da catarata substitui o cristalino enevoado e com agregados proteicos por uma lente intraocular.[24] É uma das operações mais comuns e mais seguras quando é realizada por um médico qualificado numa boa clínica. A partir dos sessenta anos, o recomendável é que você faça exame de vista a cada dois anos, a fim de ver desde cedo a ocorrência de catarata, degeneração macular, glaucoma e outras doenças dos olhos. A detecção precoce pode salvar sua capacidade de enxergar.

Audição

O segundo enfraquecimento mais usual talvez seja o da audição — a presbiacusia —, e a maioria das pessoas acaba em algum momento precisando de aparelho auditivo. Presbiopia e presbiacusia vêm do radical grego *presby*, que significa velho. (Os presbiterianos têm esse nome porque sua religião segue um sistema de governança eclesiástica a cargo dos anciões da Igreja.) Tal como ocorre com a visão, a perda auditiva tende a ser gradual. Há várias causas para a perda da audição, e os cientistas ainda não desvendaram o processo todo. Em parte, as células capilares do ouvido enrijecem e deixam de conduzir os sinais elétricos necessários na direção do cérebro.

Assim como os raios ultravioletas do Sol danificam o cristalino do olho, fatores ambientais podem prejudicar o ouvido: a perda auditiva induzida pelo barulho, devido à exposição prolongada a sons altos e súbitos no local de trabalho ou em shows de rock, pode causar danos irreversíveis às células capilares do ouvido. A melhor prevenção é usar tampões de ouvido nos ambientes barulhentos. A pressão alta, a diabetes e a quimioterapia também podem danificar de maneira irreversível as células capilares. Outra causa possível é a deterioração relacionada com a idade no DNA mitocondrial nas diferentes estruturas da cóclea (ouvido interno).[25] Considera-se que o estresse oxidativo é uma causa importante de mutações no DNA mitocondrial que levam à deterioração. Provavelmente você já ouviu falar dos antioxidantes — o estresse oxidativo se dá quando há um desequilíbrio químico entre eles e os radicais livres, comprometendo a capacidade de desintoxicação do corpo. Esse desequilíbrio pode levar a problemas com lipídios, proteínas e DNA e desencadear uma série de doenças.[26] Um antioxidante é uma molécula que pode doar um elétron a um radical livre, que assim é neutralizado. Alimentos com alta quantidade de antioxidantes, como o mirtilo, podem ser uma forma promissora de impedir ou corrigir esse desequilíbrio, mas ainda é cedo demais para dizer;[27] as evidências quanto à eficácia de alimentos antioxidantes são ambíguas.[28] Mesmo assim, a Clínica Mayo e outros especialistas recomendam que sejam adotados como componente regular da alimentação enquanto as pesquisas prosseguem, não só para prevenir a perda da audição, mas também para diversas enfermidades, incluindo o câncer e o Alzheimer (retomarei o tema adiante).[29]

A perda auditiva afeta um terço da população americana entre 65 e 74 anos e (como mencionei antes) quase metade da população com mais de 75 anos.[30] A perda auditiva em pessoas que nasceram com audição traz um isolamento social muito maior do que a perda da visão, porque atinge o próprio cerne de nossa forma de comunicação mútua. Os indivíduos com deficiência auditiva severa, mesmo quando aprendem a língua de sinais, ainda se sentem socialmente isolados pela comunidade dotada de audição, cujos integrantes, em sua maioria, não conhecem essa linguagem. Do ponto de vista do cérebro, quando o input vindo pelo ouvido diminui, populações inteiras de neurônios ficam sem estímulo externo. E o que você supõe que eles fazem? Inventam seus próprios estímulos ou recorrem a disparos aleatórios, resultando em alucinações auditivas, algumas das quais podem ser musicais.[31] A perda de input para o sistema visual pode resultar em alucinações visuais. Isso acontece com frequência suficiente para receber um nome: a síndrome Charles Bonnet.

As alucinações auditivas causadas pela perda da audição se manifestam muitas vezes como acufeno, um zumbido nos ouvidos que afeta um em cinco adultos e pode ser intermitente ou crônico.[32] Os pacientes com zumbido, em sua maioria, não o consideram grave, mas muitos o consideram irritante, dispersivo ou invasivo, interferindo no sono, no trabalho e nas atividades de lazer. Muitos se sentem emocionalmente aflitos por causa dele.[33] O zumbido crônico leva de forma quase certa a uma diminuição na qualidade de vida; é difícil sentir a paz e a tranquilidade de um ambiente sereno quando se escuta um zumbido constante nos ouvidos. Como disse um pesquisador: "A noção de paz e quietude deixa de existir para muitos pacientes com acufeno".[34]

O acufeno de fato parece ocorrer no cérebro, não no ouvido, embora a pessoa sinta que ele vem do ouvido.[35] Tem sido comparado à dor do membro fantasma, no sentido de ser resultante de uma perda de input numa área cortical. A hipótese mais recente é a de que ele resulta da plasticidade neural homeostática: os neurônios no córtex auditivo que se acostumaram a receber inputs num amplo leque de frequências, ao longo de toda a vida, de repente se veem sem nenhum input devido à perda auditiva periférica decorrente da idade.[36] A fim de obter um fornecimento estável de todo o leque de estímulos esperados (homeostase), esses neurônios começam a amplificar uma atividade espontânea e aleatória, causando o acufeno — o zumbido nos ouvidos. Uma terapia experimental para o zumbido baseada nessa ideia parece bastante promissora.[37] Os neurônios no ouvido interno disparam em reação a frequências muito específicas. Como o zumbido costuma ocorrer numa frequência específica e inalterável, usar de maneira seletiva esses neurônios até fatigá-los pode trazer alívio. Pode-se usar uma máquina ajustável de ruídos ou mesmo programar um aparelho auditivo para que forneçam estímulo na frequência exata do zumbido, dando assim algum estímulo àqueles neurônios órfãos, o que faz com que eles se acalmem e, *voilà*, o zumbido desapareça.

A tecnologia de aparelhos auditivos se beneficiou imensamente com a revolução eletrônica digital. Apenas uma geração atrás, os aparelhos auditivos não eram muito mais do que uma versão atualizada daquelas enormes cornetas acústicas que as pessoas usavam para amplificar o som no século XVIII. Os aparelhos modernos podem ser programados por um audiologista para realçar algumas frequências mais do que outras e se concentrar em sons provenientes de determinadas direções, coisa que, ironicamente, as velhas cornetas acústicas faziam com eficiência e que os aparelhos auditivos análogos e "aperfeiçoados" não conseguiam fazer. (Se a pessoa quisesse realçar diversas frequências, ela escolhia uma corneta de forma e tamanho diferente; se quisesse ouvir sons vindos de uma determinada direção, ela escolhia uma com o tubo virado para aquela direção — para a frente, para trás, para cima, para baixo.) Existem muitas marcas diferentes de aparelhos auditivos, cujos preços variam bastante, mas o fator mais importante é a qualidade do audiólogo que faz a sintonização e os ajustes personalizados — um audiólogo realmente bom com um aparelho auditivo medíocre é melhor do que o inverso.

Mas, para que um aparelho auditivo dê certo, ainda é preciso que a pessoa tenha células capilares viáveis. Como as células capilares são seletivas quanto à frequência — só disparam um sinal elétrico às frequências para as quais estão sintonizadas —, pode acontecer de a perda auditiva se dar apenas em relação a determinadas frequências. É aí que reside a importância fundamental da sintonização da frequência nos aparelhos auditivos digitais.

Mas e se as células capilares estiverem detonadas por completo? Um recurso relativamente recente, o implante coclear, pode funcionar para muitas pessoas com deficiência auditiva profunda. Um microfone, parecido com o que se encontra num aparelho auditivo, recolhe sons do ambiente e costuma ficar instalado atrás da orelha. Ele se conecta a um dispositivo cirurgicamente implantado dentro da cóclea, que é uma parte do ouvido interno. Um implante coclear pode permitir que pessoas sem nenhuma audição escutem, mas a tecnologia atual nem de longe restaura a audição em níveis normais. Isso porque a cóclea em geral recebe informação em milhares de canais auditivos, e estes fornecem informação dentro do leque de frequência da audição humana — desde os sons graves do trovão ou de um violoncelo aos sons agudos das cigarras no verão ou dos pratos num conjunto de percussão, abrangendo todos os sons intermediários. Todos esses canais nos permitem ter uma resolução exata das frequências, conferindo à música, à fala, ao riso e aos ruídos ambientais suas características acústicas e psicológicas próprias. Em contraste, um implante coclear costuma ter apenas de doze a 22 canais de informação. Quando é devidamente configurado, ele pode fornecer uma espécie de sinal arranhado e ruidoso que permite que a pessoa entenda a fala, mas a música e outros sons não são bem captados. Sem dúvida isso será aperfeiçoado nos próximos anos pelas novas bionanotecnologias.

Nosso sentido do tato também decai com a idade. O menor fluxo da corrente sanguínea até as extremidades — mãos e pés — pode prejudicar os receptores táteis ali presentes; os idosos podem não conseguir sentir que o chão do chuveiro é escorregadio ou diferenciar entre água quente e fria. Com a idade, os sensores táteis na polpa dos dedos se deterioram, gerando perda da sensibilidade. Atrapalhamo-nos ao pegar as coisas. A artrite torna doloroso mover os dedos das mãos e dos pés. Como escreve Atul Gawande:[38]

> A perda dos neurônios motores no córtex leva a perdas na destreza. A escrita à mão se degrada. A rapidez manual e a sensação de vibração diminuem. O uso de um celular normal, com suas teclas minúsculas e a tela que opera ao toque, se torna cada vez mais inviável.

Algumas partes da pele podem ficar entorpecidas conforme nossos sensores táteis se desgastam ou a mielinização se reduz. Há também uma mazela usual da velhice que vai parecer inventada, mas é real: um trecho da pele nas costas, tipicamente fora de alcance, que coça de maneira intermitente e às vezes incessante. E coçar não traz alívio — nenhum alívio! Como essa condição decorre do dano dentro de certas vias nervosas, esses mesmos caminhos bloqueiam o alívio que costuma decorrer de coçar. Essa condição se chama *notalgia parestésica*. Não se conhece cura e são poucos os tratamentos. Um gel anti-inflamatório, o diclofenaco (nome comercial: Voltaren), pode trazer alívio a alguns pacientes, e há resultados promissores com óleo e creme de CBD, isto é, à base de canabinóis.

Paladar e olfato

Estamos mais familiarizados com transtornos dos sistemas visual e auditivo do que com dos outros sentidos, mas a idade também pode influir no paladar e no olfato. As disfunções olfativas podem aparecer de três maneiras diferentes: uma menor sensibilidade olfativa, que se chama *hiposmia*; a perda total da capacidade olfativa, que se chama *anosmia*; e a percepção alterada de que as coisas têm um cheiro diferente do que deveriam ter, que se chama *fantosmia*.

(Se você se sente incomodado com esses nomes de ar estrangeiro, basta olhar os prefixos para lembrar o que significam: *hipo-* é a insuficiência de alguma coisa; *a-* é a ausência de alguma coisa; *phantom-*, bom, você sabe que é alguma coisa que não está ali.) A fantosmia muitas vezes se manifesta como a sensação ilusória de alguma coisa cheirando a queimado, a estragado, a podre ou a qualquer outra coisa desagradável.

Um menor senso olfativo é muito usual entre os idosos, declarado por metade das pessoas entre 65 e oitenta anos e por três quartos das pessoas com mais de oitenta anos.[39] Não é uma mera inconveniência. Nosso sentido do olfato não está ali só para podermos sentir o aroma dos pinheiros na floresta ou o perfume da pessoa amada. Ele é fundamental para nossa capacidade de perceber situações que ameaçam a saúde e a vida, como uma fumaça perigosa, o ambiente poluído, o alimento podre ou deteriorado, e serve também como sistema de detecção precoce do fogo. Igualmente importante é que, se não conseguimos sentir cheiros, não conseguimos mais sentir os sabores de verdade. Sem o olfato, é fácil confundir uma cebola com uma maçã (se estivermos de olhos fechados), e perdemos um mecanismo importante que nos impede de consumir comida estragada. Um número desproporcional de idosos morre por intoxicações acidentais de gás natural e explosões de gasolina, por não conseguirem detectar esses cheiros. O risco de morrer por qualquer causa é 36% mais alto para os idosos com danos olfativos.

As mulheres costumam ter um olfato mais apurado do que os homens e conseguem detectar cheiros que os homens não conseguem, graças a uma maior concentração de neurônios olfativos. Para sentirmos o cheiro de alguma coisa, é preciso que elementos químicos do objeto que estamos cheirando entrem na cavidade nasal seja pelas narinas, seja pela boca, onde entram em contato com uma camada de muco que recobre uma camada de células, que parece uma pele, onde se abrigam nossos receptores olfativos. Existem mais de 350 proteínas receptoras diferentes no sistema humano e, combinando-se entre si, elas nos permitem detectar 1 trilhão de cheiros diferentes.[40]

Essas células podem ser danificadas pelo uso normal, e costumam ser reparadas, tal como as células danificadas da pele. Mas, com a idade, fica mais difícil ou até impossível repará-las, por causa do dano cumulativo decorrente da poluição e de infecções virais e bacterianas. Outro fator que restringe os reparos é o encurtamento dos telômeros, devido à idade. Os telômeros são ponteiras protetoras na extremidade dos cromossomos, que se encurtam a cada replicação. As pesquisas mais avançadas contra o envelhecimento estão tentando encontrar uma maneira de inibir o encurtamento dos telômeros, o que pode ocorrer nas próximas décadas.

Outro fator quanto aos cheiros que o mundo nos apresenta é o neurotransmissor acetilcolina. Como todos os neurotransmissores, a acetilcolina está envolvida em várias funções no cérebro e no corpo; é simplista demais supor que cada substância química cerebral controla apenas um comportamento, uma emoção ou uma reação. A acetilcolina faz parte do sistema colinérgico do cérebro, e é necessária para a consolidação das lembranças no estágio 4 do sono. Ela também está intimamente envolvida no sentido do olfato, facilitando a atenção, a aprendizagem e a memória para os odores. Como ocorre com muitos hormônios e neuroquímicos, a produção de acetilcolina diminui com a velhice. Em alguns casos, o déficit olfativo indica uma doença relacionada com a idade, como o Alzheimer, o mal de Parkinson e a síndrome de Korsakoff, bem como doenças não relacionadas com a idade, como a ELA (esclerose lateral amiotrófica) e a síndrome de Down; todas se mostram associadas a danos no sistema colinérgico. Os fármacos que fortalecem a atividade colinérgica, como a rivastigmina, podem ajudar a aliviar os sintomas dos idosos, quer o déficit olfativo esteja relacionado com uma doença, quer seja apenas um transtorno independente.

É tentador pensar no paladar apenas pelo prazer que nos traz — uma boa refeição, um bom vinho, nossa sobremesa predileta, a pele da pessoa amada. Mas o paladar é um sentido importante por outras razões. Os déficits palatais alteram as escolhas alimentares e, quando não ingerimos as vitaminas e os minerais de que precisamos, eles levam a uma nutrição medíocre, à perda de peso e à redução na função do sistema imunológico. Além disso, o paladar nos ajuda a preparar o corpo para a digestão do alimento ao acionar a produção de saliva, junto com a dos sucos gástricos, pancreáticos e intestinais.[41] As sensações agradáveis ao comer alimentos saborosos se tornam mais importantes na velhice, quando outras fontes de gratificação sensorial — como o contato físico — podem estar comprometidas ou são menos frequentes.

Talvez você tenha aprendido na escola que podemos sentir quatro sabores: ácido, salgado, doce e amargo. Os cientistas do paladar (sim, isso existe) identificaram um quinto sabor, o umami, que detecta a presença de um aminoácido, o ácido glutâmico, tipicamente descrito como sabor de carne ou de sopa.[42] Encontramos o umami em carnes, peixes, cogumelos e molhos de soja, e ele também está presente no leite materno mais ou menos na mesma proporção que se encontra nos caldos de sopa. Mas nem mesmo esse novo quinto sabor leva ao quadro completo. Nosso sentido palatal nos permite detectar o teor de gordura dos alimentos, em especial dos óleos emulsificados; é isso que dá ao sorvete com alto teor de gordura láctea sua irresistível "textura na boca". Também podemos detectar gosto de giz, como o que se encontra nos sais de cálcio que são o ingrediente principal nas pastilhas antiácidas, e gosto de metal, como o que se encontra em alimentos ricos em ferro ou magnésio. Essas sensações palatais variadas nos ajudam a manter uma dieta equilibrada de nutrientes essenciais.

Muitos idosos se queixam que a comida não tem sabor.[43] Em geral isso se deve a déficits olfativos — o cheiro opera junto com o gosto para transmitir o sabor da comida e da bebida, e os sensores dentro das bochechas alimentam os centros olfativos do cérebro. Outras causas de déficit palatal são: um histórico de infecções no trato respiratório superior, lesões na cabeça, uso de drogas e redução na produção da saliva, relacionada com a idade. Todos esses fatores podem gerar falta de apetite, falta de prazer em comer, má nutrição e até depressão.

A perda de sabor pode resultar de declínios normais, relacionados com a idade, nos próprios receptores sensoriais, mas, em muitos casos, esses declínios resultam de doenças (principalmente cânceres e doenças do fígado) ou de medicamentos.[44] A lista de medicamentos que podem alterar o olfato e o paladar é parecida com o armário de remédios de um típico septuagenário. Entre eles estão certos fármacos que reduzem os lipídios, anti-histamínicos, antibióticos, anti-inflamatórios, remédios para asma e antidepressivos. A quimioterapia, anestesias gerais e outros tratamentos médicos também podem causar danos permanentes aos sentidos do paladar e do olfato baseados em substâncias químicas.

O problema mais explícito que afeta a percepção palatal em idosos é uma elevação dos limiares — é preciso uma maior quantidade de um determinado sabor para que ele seja reconhecido na mesma medida de antes. Para um idoso típico, com um ou mais problemas de saúde e tomando três medicamentos receitados pelo médico, a quantidade de moléculas de sabor necessária para reconhecer um gosto aumenta acentuadamente, dependendo do sabor. Nos casos típicos, é preciso uma gigantesca duodecuplicação, isto é, aumentar doze vezes a quantidade de sal para ao menos perceber que ali tem sal, em comparação ao que a pessoa percebia na faixa dos cinquenta anos. Quanto aos sabores amargos, como o do quinino, é preciso aumentar sete vezes a quantidade; para os sabores de carne e caldo do umami, cinco vezes; para os sabores doces, cerca do triplo da quantidade normal. (Talvez seja por isso que as avós sempre têm uns doces para oferecer aos netos.)

Outro aspecto do paladar declina com a idade — o limiar de diferença, ou a quantidade de um sabor que é preciso acrescentar a um existente para detectar que ele mudou. Provavelmente você tem mais familiaridade com essa ideia a partir do campo visual ou do campo auditivo. Imagine que você está em casa e nota que a geladeira está com um zunido. Tem de ser alto o suficiente para que você perceba, e isso se chama limiar de detecção. Uma questão em separado que interessa aos neurocientistas sensoriais é a altura do som: quanto o zunido da geladeira teria de aumentar ou diminuir antes que você o percebesse. Claro que isso depende de fatores como se você está prestando atenção ou não, mas esses limiares podem ser mensurados de maneiras confiáveis. Muitos anos atrás, alguns psicólogos brincalhões deram a esse limiar o nome de DAP, *diferença apenas perceptível*, aquele mínimo para que se perceba alguma coisa.

Estudamos as DAPs para qualquer coisa. Quanto eu tenho de alterar a intensidade ou o brilho da iluminação num aposento antes que você perceba se ela aumentou ou diminuiu? Num cômodo bem iluminado com cem lâmpadas, cada uma produzindo 1500 lúmens, a mudança de um único fóton passará despercebida. Mas num aposento totalmente escuro, com seus olhos adaptados à escuridão, você notará um fóton. Ou imagine que está carregando uma sacola de compras cheia. Quanto peso terei de acrescentar ou retirar antes que você se perceba? Se eu acrescentar um grãozinho de arroz, você não vai notar. Se eu acrescentar um pacote de meio quilo de arroz, provavelmente notará, mas isso depende do peso que já está dentro da sacola — notamos um aumento quando o peso passa de meio para um quilo, mas não quando ele passa de 25 para 25,5 quilos.

Quanto ao sabor entre os idosos, as DAPs mudam na direção que seria de prever: é preciso uma mudança maior para se chegar a perceber alguma alteração. Isto é, as DAPs para o paladar aumentam nos idosos. Há também mudanças relacionadas com a idade na sensibilidade das diferentes áreas da língua e da boca. Um adolescente pode sentir uma explosão de sabores ao colocar uma bala de hortelã ou um chiclete de tutti frutti na boca. Um idoso talvez precise girar a bala ou o chiclete na boca durante um tempinho. Tudo isso leva a uma menor capacidade dos idosos de identificar os alimentos apenas com base no paladar — a vista, o cheiro e o som dos alimentos se tornam mais importantes. Susan Schiffmann, cientista e pesquisadora da velhice (com 79 anos de idade), alerta que "passar de um alimento para outro no prato durante a refeição reduz a fatiga ou adaptação sensorial [...]. Fornecer refeições com variedade de gostos e sabores aumenta a probabilidade de que pelo menos um item no prato seja atraente".[45] Agora entendo por que meu mentor Irv Rock, aos 73 anos, gostava de pedir pratos variados quando saíamos para almoçar. O *thali* nos restaurantes indianos e nepaleses que frequentávamos em Berkeley ou a travessa de *mezze* nos restaurantes médio-orientais lhe ofereciam uma maneira de manter seus receptores palatais e olfativos sempre estimulados. Ou talvez ele tivesse alto nível de Fator V e gostasse de experimentar coisas novas.

Quando fiz sessenta anos, comecei a notar que os alimentos que comia não eram tão saborosos quanto eu me lembrava. A memória estava me pregando uma peça? Ou os alimentos modernos cultivados comercialmente tinham menos sabor? Ou minhas papilas gustativas tinham mudado? Na primavera daquele ano, tive a oportunidade de ir ao México para me encontrar com o ex--presidente Vicente Fox e conversar sobre suas estratégias e conselhos para uma boa velhice. No Centro Fox, perto de León, no México central, fiz três das mais deliciosas e saborosas refeições de minha vida. Não havia nada de errado com minhas papilas gustativas; eram os alimentos que eu andava comendo! Como acontece com muita gente acima dos sessenta, meu médico tinha sugerido uma dieta baixa em calorias, com pouco sal e pouca carne vermelha, nada de pão nem de massas, baixa em carboidratos e nada de açúcar refinado. Eu tinha trocado meu desjejum com bacon, omelete e uma granola gostosa por mingau de aveia e claras de ovo — em suma, estava com uma dieta leve, não porque quisesse, mas como efeito colateral da tentativa de manter uma alimentação saudável. Qual foi a saída? Quando voltei para casa, comecei a usar Tabasco e Cholula nas claras de ovo e a temperar o mingau de aveia com canela e noz--moscada, e meu prazer em comer voltou sem que eu engordasse e sem que meu colesterol aumentasse.

Infelizmente, não existem próteses para déficits olfativos e gustativos, equivalentes aos óculos e aos aparelhos auditivos. Por razões de segurança, recomenda-se um dispositivo de detecção de gás com sinalizador visual para pessoas com danos olfativos, de forma que fumaças perigosas não passem despercebidas. Às vezes elas também não notam os cheiros de comida estragada, e assim pode ser necessário algum sistema de alerta culinário, talvez tão simples quanto um cuidador perspicaz.

A repulsa é uma emoção complexa que surge de pensamentos ou percepções que consideramos repugnantes — o cheiro ou o gosto de comida podre pode despertar repulsa, tal como a traição de uma pessoa amada ou uma figura pública que trai nossa confiança. Como nossas reações a certos cheiros e sabores são muito imediatas e viscerais, é tentador pensar que há no objeto alguma molécula ou qualidade que é, em si mesma, repulsiva, mas isso é um engano — o cérebro precisa interpretá-la como repulsiva, e nem todos os cérebros reagem da mesma maneira. Isso é, em parte, aprendido — se a gente come um melão estragado que dá dor de barriga, a gente pode passar um bom tempo achando *todos* os melões repulsivos. Mas, claro, a repulsa está no cérebro de quem a sente. Os cachorros, por exemplo, parecem não ter nojo de nada — comem ou rolam em praticamente qualquer coisa. Há também uma camada cultural — os americanos acham repulsivo que outras culturas comam gafanhotos, formigas, cachorros e macacos, e tenho certeza de que muita, muita gente acha nossa dieta de cheeseburger e batata chips simplesmente inimaginável.

Percepção e ambientes complexos

Evoluímos em ambientes naturais complexos e variados. Alguns cientistas souberam apreciar a sabedoria de Joni Mitchell na música "Woodstock": "*And we've got to get ourselves back to the garden*" [E temos de voltar ao jardim]. As plantas, a terra, o céu e a vida em meio à natureza oferecem estímulos a nossos sistemas perceptivos. A primeira coisa em que se pensa, talvez, é o input visual, mas há também sons e odores; o sabor do ar úmido antes da chuva, o toque da casca de uma árvore ou das pedras sob nossos pés. Como tudo o que conhecemos tem origem em nossos sentidos, é fundamental mantê-los estimulados a fim de assegurar um cérebro ativo, alerta e saudável. O neurologista Scott Grafton é um firme defensor do poder terapêutico do contato com o ar livre.[46]

"Tirem os idosos de um ambiente complexo e eles envelhecerão mais depressa", observa ele. "O cérebro não precisa apenas de atividade física para manter a vitalidade; ele precisa também de atividade física complexa — o cérebro precisa disso para continuar saudável e engajado." Algo tão simples quanto andar num novo ambiente proporciona esse input cerebral fundamental. Nossos pés precisam se ajustar a outros ângulos e superfícies, nossos tornozelos precisam se mover junto com os pés. Nossos olhos examinam as redondezas procurando coisas novas enquanto recebemos informação de todos os outros sentidos. Muitos idosos sentem necessidade de viajar, e isso pode provir de um impulso biológico adaptativo que servirá para nos manter saudáveis por mais tempo, sobretudo se a viagem inclui passeios a pé por lugares novos. Os que não têm mobilidade ou recursos financeiros para uma viagem exótica podem se beneficiar com um passeio por um parque, uma floresta ou um jardim, e mesmo por uma rua movimentada da cidade, com toda a sua atividade fervilhante. Esses inputs sensoriais fazem com que os neurônios dormentes e acomodados se animem, disparem e façam novas conexões. A neuroplasticidade é o que nos mantém jovens, e para isso basta uma caminhada pelo parque.

4. Inteligência

O cérebro solucionador de problemas

O efeito mais perceptível do envelhecimento, afora as rugas e a perda de cabelo, é o declínio no processamento intelectual que alguns têm. Mas nem todos. Alguns continuam felizes, saudáveis e mentalmente ágeis, enquanto outros perdem a forma.

O que se passa no cérebro daqueles idosos que mantêm a vitalidade mental aos oitenta e aos noventa anos? Estão apenas tentando se aferrar ao que tinham ou estão realmente melhorando em alguns aspectos? Vim a crer que a vida depois dos 75 anos pode iniciar um período não de mera preservação, e sim de efetivo crescimento intelectual. Perguntaram ao grande violoncelista Pablo Casals, com oitenta anos, por que ele continuava a praticar tanto, e sua resposta foi rápida: "Porque quero melhorar!". Casals, como Segovia, acreditava que o aperfeiçoamento e a perícia são possíveis em qualquer idade, sejam intelectuais, físicos, emocionais ou espirituais.

Um dos melhores exemplos que conheço de perícia nos idosos se deu no ano passado. Como muitos músicos, tenho um estúdio caseiro de gravação num quarto de hóspedes. Se a acústica do local não é boa, a gente pode cometer sérios erros porque o que ouvimos ali não corresponde ao que está realmente acontecendo na gravação. De fundamental importância é a posição da caixa de som. Depois de instalar e ligar todo o equipamento e de aplicar tratamento sonoro nas paredes e no teto, eu sabia que precisava de um consultor acústico para "sintonizar" o aposento — isto é, fazer ajustes essenciais. Michael Brook, um amigo que é produtor musical e compositor de trilhas sonoras de filmes, me recomendou George Augspurger. George é uma lenda na área e afinou muitos dos melhores estúdios do mundo. Mas fiquei preocupado porque ele estava com 87 anos, e é sabido que a audição de alta frequência despenca depois dos 65 anos. Meu amigo falou que também tinha se preocupado com isso, mas que George fez uma afinação magnífica no estúdio caseiro dele. Então o contratei.

George chegou trazendo um CD de James Taylor e pôs a música "Line 'Em Up" tocando em loop. Percorreu a sala, ouvindo atentamente à música em diversos pontos. Fez isso durante quarenta minutos. Então me falou para me sentar diante da mesa de mixagem e ouvir o atabaque aos 36 segundos da música.

"De onde parece que está vindo o som?", perguntou ele.

"Do centro", respondi.

"Deveria vir da direita. Há um desalinhamento das frequências aqui na sala. E agora", perguntou ele, avançando o CD para 1 minuto e 22 segundos, "está ouvindo o órgão?"

"Não", respondi.

"O órgão está sendo abafado pelos reflexos da sala."

Ele coçou o queixo, olhou em volta e então disse:

"Desloque a caixa de som da esquerda dois centímetros e meio para a esquerda. Desloque a caixa de som da direita 1,3 centímetro para a esquerda e 1,3 centímetro para trás. Então ponha um desses painéis de tratamento de som na porta atrás de você."

Fiz tudo isso. Ele se sentou, ouviu outra vez e então me fez deslocar a mesa 7,6 centímetros para a esquerda. Pôs o CD e sorriu.

"Ouça", disse ele, e me fez sinal para me sentar à mesa.

Foi uma transformação. Pude ouvir o som do atabaque vindo claramente da caixa de som do lado direito, tal como tinha sido gravado, e não do centro. Pude ouvir uma parte do órgão que nunca tinha percebido antes. A audição de alta frequência de George podia ter diminuído, mas sua experiência, seu grande conhecimento e memória lhe permitiram fazer os ajustes necessários. Só aí ele pegou um analisador de espectro, um aparelho digital que mede as características acústicas de um aposento. Depois de olhar a leitura do aparelho, ele me falou para aumentar o volume do subgrave em meio decibel. E pronto. Os músicos que vêm à sala ficam maravilhados com a qualidade do som, e o aposento não é de forma nenhuma uma sala especialmente projetada para isso — é apenas um quarto de hóspedes. Mas está configurado da maneira devida, graças à perícia de George. O serviço saiu por trezentos dólares, pelo tipo especial de inteligência que apenas sessenta anos ou mais de experiência profissional pode trazer.

Tenho visto esse mesmo impulso de se manter ocupado com atividades significativas entre meus próprios parentes e colegas da universidade. Minha mãe publicou mais de quarenta romances em sua carreira, mas, depois dos 75 anos, não conseguiu manter o interesse dos editores por sua obra. Então ela passou para outra forma de arte e começou a escrever peças teatrais, que exigiam que aprendesse todo um novo vocabulário e um conjunto inteiramente novo de técnicas e habilidades. Até agora ela escreveu quatro peças, e duas foram encenadas em teatros conhecidos de Los Angeles, a primeira quando estava com 78 anos. Essa parte exigiu que ela aprendesse a digitar e formatar corretamente o roteiro no computador, encontrar uma locação, contratar um diretor, fazer testes com os atores, supervisionar os ensaios, o figurino, a cenografia, a iluminação, a venda de ingressos — coisas que lhe eram completamente novas. "Deu mais trabalho do que eu imaginava", disse ela, relembrando. "Começava às sete da manhã e ficava na escrivaninha até o final da tarde. Nos testes e ensaios, muitas vezes ficava fora até a meia-noite. Descobri que eu tinha mais estamina do que imaginava." Já era uma agenda exaustiva para alguém com metade de sua idade. E estressante — ela não sabia se apareceriam espectadores para assistir ou se iriam gostar. "Não existe sensação mais arrebatadora do que estar ali na noite de estreia e ver sua peça ganhar vida diante dos olhos, ouvir as risadas da plateia, ver lágrimas, aplausos. Aplausos!" Aos 78 anos, minha mãe descobriu que adora aplausos. E eu descobri o poder de estar disposto a tentar algo novo — em qualquer idade.

George Shultz, que foi secretário de Estado durante o governo de Ronald Reagan, publicou seu 11º livro aos 97 anos e continuou envolvido em pesquisas acadêmicas. Tornou-se grande defensor da redução das emissões de carbono prejudiciais ao clima, promoveu novas noções para uma reforma monetária internacional e publicou suas ideias em artigos com revisão de pares e na coluna de opinião do *Wall Street Journal*. Seu apelo pelo fim da guerra às drogas nos Estados Unidos, que saiu no *New York Times*, teve grande apoio e repercussão. No dia em que estive em sua sala em Stanford, havia pilhas de folhetos em sua mesa e ele estava empolgado porque acabara de recrutar um novo e jovem colaborador para ajudá-lo no trabalho. Estava encantado com esse sujeito, Jim Timbie, dotado de enorme energia, e com o grande progresso que agora os dois estavam fazendo. O "jovem" Jim Timbie estava na época com 74 anos. Ou, como disse o famoso baterista de jazz Art Blakey, que renovava constantemente sua banda, Jazz Messenger, com músicos mais jovens: "Isso mesmo, fico com os jovens. Quando ficam velhos demais, pego alguns mais jovens. Isso mantém a cabeça ativa".[1]

As pessoas envelhecem em ritmos diferentes. No tempo de vida que temos, o objetivo é tentar aumentar nosso período de saúde e diminuir nosso período de doença (lembre-se da ilustração no capítulo 1). Para a maioria de nós, algumas doenças, inclusive perdas da função mental, são inevitáveis, mas podemos pensar sobre isso e lidar com os pontos negativos implementando sistemas para minimizá-los e para minimizar o impacto deles sobre nossa vida. Adoto uma concepção do período de saúde mais ampla do que outras pessoas. Para mim, o período de saúde se refere não só à saúde física, mas também à mental. A meu ver, todos nós podemos ampliar o período de saúde para gozar de muitos anos mais de agilidade e boa forma *mental*, e assim ainda poder fazer as coisas que nos são mais caras na vida com nossa inteligência intacta.

As práticas saudáveis do princípio COACH são em parte responsáveis pelo aumento do período de saúde das pessoas: a Curiosidade, a Abertura, as Associações, a Conscienciosidade e as Práticas Saudáveis. Entre as pessoas que conheço, todas as que continuam a contribuir para a sociedade, para as artes e as ciências, para suas comunidades e suas famílias atendem a esses cinco itens. Dou alguns exemplos de Práticas Saudáveis. Minha mãe é vegetariana há 35 anos. George Shultz teve um instrutor de pilates e fazia exercícios regularmente. A Conscienciosidade nos ajuda a dar andamento às coisas que começamos, a de fato *contratar* um instrutor de pilates e comparecer às aulas. A Abertura a novas experiências permitiu que minha mãe se lançasse no mundo do teatro aos 78 anos e que George Shultz fosse, por décadas, contra uma plataforma republicana em relação à mudança climática e ao uso recreativo de drogas. E as Associações? Minha mãe e George Shultz procuraram e se envolveram com outras pessoas que os ajudassem a concretizar seus projetos. Suas colaborações às vezes são exasperantes e frustrantes, mas também mentalmente desafiadoras e, ao fim e ao cabo, trazem realização. A Curiosidade alimentou a vontade intelectual de fazer todas essas coisas novas.

O COACH nos permite manter a inteligência que tínhamos quando éramos mais jovens e aumentá-la em qualquer idade. O crescimento intelectual é um dos segredos de uma boa velhice; é diferente da inteligência, mas não é fácil dizer no que se diferenciam. Mesmo assim, podemos suspeitar que têm alguma coisa em comum. Vamos investigar.

O QUE É A INTELIGÊNCIA?

Existem grandes divergências sobre a inteligência: o que ela é e como medi-la. Passei a acreditar que a inteligência é a capacidade de aplicar o conhecimento de novas maneiras, de estabelecer relações entre coisas que antes não eram vistas. E a inteligência prevê até que ponto somos capazes de nos adaptar a ambientes mutáveis. Para George Augspurger, as salas que precisa sintonizar são sempre diferentes, mas ele aplica a cada uma delas uma inteligência assombrosa. Qualquer que seja a maneira de medi-la, mais inteligência deveria significar que somos mais capazes de resolver novos problemas. Esses problemas podem ser teóricos ou acadêmicos, físicos, práticos, estéticos, interpessoais ou mesmo espirituais.

Como adquirimos informação, em primeiro lugar, é uma questão que está relacionada com a inteligência. Aquilo em que os seres humanos mais se sobressaem, em comparação aos outros animais, é o fato de fazermos associações: pegar a informação, seja nova ou velha, e ver como ela interage com outra. Sempre que nos deparamos com uma nova informação, nosso cérebro a insere num quadro contextual e então procura associá-la a outras coisas que conhecemos. O cérebro é um gigantesco detector de padrões, aplicando análises estatísticas para tomar decisões. Nosso cérebro soma a isso a capacidade de formar analogias, algo que (até onde sabemos) é exclusivamente humano. As analogias — ou raciocínio analógico — levaram a algumas das maiores descobertas na ciência, desde as origens de nosso universo com o Big Bang até a imunoterapia para o câncer.

E é por isso que ganhamos mais sabedoria conforme envelhecemos. A sabedoria vem do conjunto acumulado de coisas que vimos e vivenciamos, de nossa capacidade de detectar padrões nessas vivências e de nossa capacidade de prever resultados futuros com base nelas. (E o que é a inteligência, senão isso?) Naturalmente, quanto mais numerosas forem nossas experiências, mais sabedoria conseguiremos extrair delas. Além disso, certas mudanças no cérebro em envelhecimento facilitam esse tipo de comparação. Os jovens podem ser mais ágeis nos video games e mais rápidos em se adaptar a novas tecnologias, mas, no campo da sabedoria, não se comparam aos mais velhos que testemunharam inúmeras coisas que parecem se repetir em ciclos constantes. A sabedoria permite que a pessoa trate de alguns problemas com maior rapidez e eficácia do que o mero poder de fogo da juventude. Uma pessoa jovem e forte pode conseguir transportar uma enorme carga pesada morro acima sem um único pingo de suor. Uma pessoa mais velha pensará em pôr a carga numa carrocinha ou num carrinho de mão.

A formação de associações é o que sustenta o aprendizado. Para assimilar novas informações, precisamos associá-las ao que já vimos antes. Com a experiência de vida, temos mais associações a fazer, mais padrões a reconhecer.

O entendimento e os estudos da inteligência têm sido tolhidos por enormes divergências sobre sua definição. Na neurociência cognitiva do desenvolvimento, não temos como identificar a base cerebral dos comportamentos até que sejam claramente definidos. E simplesmente falta uma definição de inteligência; mesmo quando os pesquisadores tentam defini-la, existem divergências enormes em relação a se os testes de medição são eficientes ou se são falhos ou tendenciosos e deixam passar inúmeras coisas às quais esperaríamos que fossem sensíveis. Precisamos entender esse debate sobre a inteligência antes de conseguir ver com clareza as interações entre ela e o envelhecimento.

DIFERENTES TIPOS DE INTELIGÊNCIA

Desde o começo do século XX, os psicometristas e psicólogos cognitivos — o pessoal que mede e estuda a inteligência — a consideravam uma coisa única e unitária. Suas variações se davam dentro de um continuum, e a pessoa podia ter um maior ou menor grau de inteligência. Eles faziam uma medição que se chamava Quociente de Inteligência, ou QI. A ideia era intuitivamente atraente e, em certa medida, condiz com nossa experiência normal. Você, quando criança, provavelmente tinha colegas de classe que pareciam se sair melhor do que os outros na escola. Para eles, a escola era fácil, mas, para muitos outros, as aulas eram um suplício. É fácil concluir que as pessoas que achavam a escola fácil eram mais inteligentes e as que a achavam mais difícil eram menos. Aquela coisa no cérebro que levava à inteligência era vista como um fator geral, influenciando muitas áreas de atuação, e por isso era chamada de *g* (designando inteligência geral).

Mas, se você pensar em suas experiências, tanto na escola quanto mais tarde na vida, fica evidente que essa versão é simplista demais. A tríade genes, cultura e oportunidade atua nas diversas maneiras de aprendizado das crianças. Existem diferenças surpreendentes entre culturas e países em coisas tão básicas como o desenvolvimento motor, mesmo levando em conta as condições econômicas. Por exemplo, os bebês de países africanos começam a firmar o pescoço e a andar mais cedo do que os da Europa e dos Estados Unidos.[2] (Isso se deve às expectativas dos pais africanos de que os filhos atinjam esses marcos fundamentais desde cedo e ao fato de adotarem práticas na criação dos filhos que aceleram esse crescimento, como puxar os membros das crianças durante o banho diário e utilizar massagens musculares de modo sistemático.) Embora todos os seres humanos tenham a mesma genética e neuroanatomia básica, os mesmos estágios de desenvolvimento e as mesmas mudanças hormonais, cada um desses aspectos é moldado pelas experiências próprias do indivíduo. Por exemplo, a deficiência em ferro (que afeta 9% das crianças americanas de um a três anos), a presença de chumbo no sangue e outras toxinas ambientais prejudicam a aprendizagem e a memória.[3] A aprendizagem não se dá da mesma maneira para todos porque a influência da cultura, dos genes e da oportunidade afeta tudo o que fazemos, do berço ao túmulo.[4]

A variação se mostra em nossas salas de aula ocidentais. Lembre: alguns de seus colegas podem ter tido dificuldades na escola por problemas de aprendizagem, não por falta de inteligência. Talvez tivessem dislexia ou não conseguissem se concentrar por muito tempo, ou viessem de famílias iletradas ou passassem por privação de sono, se o lar fosse desorganizado. Alguns podiam ser criados em lares ou culturas que não davam valor à educação e, assim, não se sentiam motivados. Stephen Stills e Joni Mitchell não iam bem na escola porque achavam as aulas arbitrárias, tediosas e distantes de seus interesses. Quincy Jones se envolveu com um pessoal da pesada, ocupando sua energia mental com pequenos roubos e outras atividades criminosas em Seattle. Muitas pessoas que consideramos brilhantes muitas vezes iam mal na escola, por uma série de outras razões, e podiam apresentar um QI, tal como era avaliado em testes padronizados, mais em nível "normal" do que em nível "elevado". Mas não podemos dizer que lhes faltasse inteligência.

Assim, há alguma coisa visivelmente errada na ideia de que a inteligência pode ser medida apenas por um critério, o QI. Como diz David Krakauer, presidente do Instituto de Santa Fé e especialista em sistemas complexos: "Não existe tema em que tenhamos nos mostrado mais obtusos do que a inteligência".[5]

No outro extremo do continuum, agora sabemos que os alunos que vão bem na escola têm, muitas vezes, vantagens que faltam a outros, como pais ou irmãos mais velhos que valorizam a educação, ajudam nas lições de casa e ensinam de antemão coisas que esses jovens verão mais tarde em sala de aula. Isto é, a escola se torna um lugar onde alunos privilegiados podem mostrar o que já aprenderam em casa. Isso significa que têm mais inteligência? Ou significa que são expostos a um maior grau de conhecimento? Uma coisa pode não ter nada a ver com a outra. Uma comissão especial da Academia Nacional de Ciências americana concluiu em 2018 que "o desempenho insuficiente na escola pode ser, em parte, explicado pela discrepância entre o que os alunos aprenderam em sua cultura familiar e o que lhes é exigido na escola".[6] E a vantagem de ter aprendido em casa um determinado conjunto de coisas não só elucida essas coisas específicas, mas também oferece mais tempo para que a pessoa aprenda coisas novas.

Precisamos separar de alguma maneira as experiências de aprendizado de uma pessoa — sua aquisição de conhecimento — e sua capacidade inata de usar a informação de que dispõe. Os cientistas chamam esse conjunto de coisas que já aprendemos de "inteligência cristalizada" e chamam nosso potencial de aprender de "inteligência fluida". Há ainda uma terceira inteligência, que chamo de "inteligência aquisitiva": a rapidez e a facilidade com que a pessoa consegue adquirir novas informações (se tiver a devida oportunidade). Considere-a como anterior à inteligência fluida e à cristalizada. Não há como juntar rapidamente um estoque de informação aprendida sem a inteligência aquisitiva.[7]

A inteligência cristalizada é o conhecimento que já adquirimos, não importando se foi fácil ou difícil alcançá-lo. Ela inclui coisas como nosso vocabulário, nossos conhecimentos gerais, nossas habilidades e qualquer regra ou fórmula matemática que tenhamos aprendido. Ela depende maciçamente da cultura, porque certos tipos de conhecimento são mais valorizados do que outros, dependendo de onde vivemos. Pense em *conhecimento de plantas* para pessoas que vivem numa comunidade de caçadores-coletores versus *leitura* para quem vive numa comunidade industrializada. A inteligência cristalizada também depende das oportunidades e experiências educacionais. As palavras cruzadas são um exemplo de inteligência cristalizada, pois precisamos ter um extenso vocabulário; saber muitas coisas sobre o mundo, a geografia, nomes próprios e coisas assim — bem como palavras curtas que muitas vezes as pessoas que criam palavras cruzadas têm de usar. A rapidez e a facilidade com que conseguimos adquirir e reter novas informações enquanto fazemos palavras cruzadas, como a capital de Mianmar, fazem parte da inteligência aquisitiva.

A inteligência fluida é nossa capacidade de aplicar qualquer informação que tenhamos (seja extensiva ou não) a novos contextos. É nossa capacidade inata de raciocinar, pensar, identificar padrões e resolver problemas. Todos conhecemos pessoas com notável capacidade de reter o que aprenderam e conseguem aprender depressa, mas não têm habilidade de aplicar essa informação — elas têm um nível alto de inteligência cristalizada, mas baixo de inteligência fluida. Algumas pessoas com memória fotográfica são assim.

A inteligência fluida é fazer as coisas de improviso, baseando-se na experiência própria e confiando em sua capacidade de julgamento; é o tipo de pensamento que queremos que um piloto tenha, quando os motores falham logo depois da decolagem, e estamos a mil metros de altitude vendo a cidade de Nova York abaixo (como ocorreu no chamado "Milagre no Hudson"). É preciso juntar esses elementos e os princípios de voo e aerodinâmica para controlar o avião (inteligência cristalizada). E, idealmente, é possível aprender novas informações pertinentes sem muito esforço, com grau alto de inteligência aquisitiva. Claro que a situação ideal é ter as três — isto é, se acharmos que a inteligência é uma boa coisa.

Os termos *cristalizada* e *fluida* são um tanto enganosos, mas é o que temos. Pode parecer que a palavra *cristalizada* implica que a base de conhecimento se torna altamente estruturada, dotada de forma e não muda (como um cristal), mas não é isso o que significa. Nossa base de conhecimento concreto aumenta com a idade, conforme aprendemos e provamos coisas novas. A inteligência aquisitiva também pode mudar, caso tenhamos grande motivação para aprender algo novo, sem sofrer com a atual epidemia de sobrecarga de informação.[8] O termo *fluida* sugere que esse tipo de inteligência muda ao longo da vida, mas em geral isso não acontece (embora possamos aprender a aumentar a nossa com uma prática sistemática; evidentemente, a demência ou o dano cerebral pode diminuir a inteligência fluida).

MÚLTIPLAS INTELIGÊNCIAS

A tripla distinção entre as inteligências cristalizada, fluida e aquisitiva contém maneiras importantes de diferenciar a inteligência. Mas não capta a ideia de *domínios* da inteligência, que é vital para entender como as pessoas se diferenciam mentalmente entre si. Já jantei com escritores ou músicos geniais que não sabiam calcular os 20% da gorjeta sobre a conta do restaurante. Mesmo quando a gente dá algum macete simples, como "tire o último decimal, pegue o que ficou e multiplique por dois", eles continuam sem saber. Podem ser superiores em inteligência cristalizada, fluida e aquisitiva em música e literatura, mas simplesmente não são bons em matemática. A matemática parece ser um domínio de habilidade especial. Aliás, a música também. Não faria sentido computar de maneira separada um QI em matemática e um QI em música, em vez de estabelecer uma dependência mútua entre eles ou uma dependência de um vocabulário extenso?

Foi exatamente o que pensou o prof. Howard Gardner, de Harvard, ao propor a teoria de inteligências múltiplas em seu importante livro de 1983, *Estruturas da mente*. A obra tomou de assalto a comunidade de neurociência cognitiva, e todos os professores que eu conhecia começaram na mesma hora a ensinar esse conceito em seus cursos de psicologia cognitiva, como uma abordagem nova e inovadora da inteligência. Há várias exigências formais que devem ser preenchidas por uma habilidade a fim de ser considerada uma dessas estruturas mentais (um tipo separado de inteligência), mas aqui não há por que nos distrairmos com elas. As inteligências de Gardner são:

1. Rítmico-musical;
2. Visual-espacial;
3. Verbal-linguística,
4. Lógico-matemática;
5. Corporal-cinestésica (atletismo, dança, atuação);

6. Interpessoal (ou inteligência "social");[9]
7. Intrapessoal (ou autoconhecimento);
8. Espiritual (pense, por exemplo, em Moisés, Jesus, Maomé, Buda);
9. Moral (capacidade de resolver problemas dentro de uma estrutura moral e ética; pense no rei Salomão);
10. Naturalista (conhecimento da natureza, plantas, animais e os tipos de coisas que precisaríamos saber para sobreviver na natureza selvagem).[10]

Quanto à inteligência naturalista, diz Gardner:

O indivíduo que é prontamente capaz de identificar a flora e a fauna, de fazer outras distinções importantes no mundo natural e de usar de forma produtiva essa capacidade (na caça, na agricultura, na ciência biológica) está exercendo uma inteligência importante.

Existiam pessoas claramente muito inteligentes e criativas em nosso passado pré-industrial, que foram as primeiras a usar o fogo, a inventar a roda e a descobrir a agricultura. Poderiam ser gênios nesse domínio naturalista e apenas medianos em outros domínios.

Robert Sternberg, especialista no assunto, estudou a inteligência naturalista visitando uma aldeia rural no Quênia ocidental, onde ocorrem muitas infecções de parasitas.[11]

Ele testou 85 aldeões entre doze e quinze anos. Entre eles, 94% estavam infectados com *Schistosoma mansoni*, 54% com ancilóstomos, 31% com nematoides e 19% com lombrigas. Sternberg testou a inteligência naturalista do grupo perguntando sobre seus conhecimentos de tratamentos vegetais contra parasitas — esse domínio do conhecimento tinha, evidentemente, um grande significado prático para eles. Como escreve Sternberg: "As crianças nessa comunidade usam remédios herbais naturais para se tratar e tratar as outras, às vezes com, às vezes sem o envolvimento dos pais ou de outros adultos". As crianças se saíram muito bem nesses testes de múltipla escolha (à p. 470, na nota 12, há um exemplo de uma dessas perguntas), e o desempenho nessas habilidades do mundo real foi significativamente melhor do que em testes de conceitos que tinham aprendido na escola da aldeia ou em outras medições padrão da inteligência, como o vocabulário.[12] Escreve Sternberg: "Seu conhecimento desses remédios se mostra bastante extenso" e inclui "quais remédios devem ser usados para quais doenças e em que doses". O que poderia explicar essa discrepância na testagem? Em alguns países em desenvolvimento, inexiste uma ligação entre ter êxito na escola e na vida. Como nota Sternberg:[13]

> Numa aldeia em que os garotos se tornarão na maioria agricultores ou pescadores e as garotas se tornarão na maioria esposas e mães, o sucesso escolar não traz nenhum benefício imediato. Na verdade, mesmo o tempo passado na escola pode ser visto como um grande desperdício, em termos das habilidades e dos recursos que levarão ao sucesso no futuro. [...] A pessoa pode estar usando seu tempo de maneira inteligente, aprendendo as coisas que são mais importantes para ela — sejam remédios herbais, teoria musical ou jogadas na quadra de basquete — e, com isso, perdendo pontos num teste de inteligência convencional.

Em termos mais amplos, a inteligência naturalista pode ser vista como um tipo de inteligência prática, o que, num cenário urbano, poderíamos chamar de esperteza. A inteligência prática (ou qualquer uma das outras acima mencionadas) pode constituir uma faculdade diferente daquela que é medida pelos testes de inteligência convencionais.

Todas essas inteligências múltiplas podem ser cristalizadas (a pessoa acumulou muito conhecimento naquele domínio), fluidas (a pessoa tem grande potencial naquele domínio) e aquisicionais (a pessoa pode aprender coisas naquele domínio de maneira especialmente rápida), mas o que se tem num domínio não se transfere necessariamente a outro.

Muitos cientistas cognitivos acreditam que, quanto maior a especialização que se obtém num determinado domínio, maior a distância entre este e outros domínios. (Uma exceção seriam os polímatas, como Leonardo da Vinci.) Isso contrasta com os indivíduos de inteligência média que tendem a ter baixa variabilidade entre os vários subtestes de habilidades que são utilizados para estabelecer o QI. Essa é apenas uma maneira elaborada de dizer que, se eles são bons de forma moderada numa certa área, como a habilidade verbal, tendem também a ser bons de forma moderada em outras, como a habilidade espacial e a matemática. Isso tem alimentado a crença naquele fator de inteligência geral que mencionei antes, g — se você é razoavelmente bom num monte de coisas, deve haver algum substrato mental comum entre todas elas.

Mas isso não se aplica a indivíduos de desempenho excepcionalmente elevado. Eles tendem a se sobressair em um ou talvez dois domínios. Não que não possam se sobressair em muitos; o que ocorre é que essas pessoas de alto desempenho, quando começam a ficar de fato boas em alguma coisa, ficam cada vez mais absorvidas por ela e continuam a desenvolver aquela área específica de excelência redirecionando para lá os recursos cerebrais e deixando de lado outras que não a interessam tanto. Durante meu trabalho, conheci ganhadores do prêmio Nobel que têm uma inteligência visual-espacial tão escassa que se perdem ao passear no próprio bairro onde moram. (As histórias de Einstein se perdendo no campus de Princeton são famosas.) É tentador atribuir isso à distração ou ao envolvimento com outros pensamentos, mas muitas vezes não é uma questão de não estarem prestando atenção; a questão é que eles deixaram que suas habilidades espaciais se atrofiassem porque realocaram recursos neurais para o assunto que mais os absorve. Conheço matemáticos que não têm absolutamente qualquer inteligência social e vendedores que têm a misteriosa capacidade de fazer com que todos se sintam bem na presença deles, mas que são carentes em outros domínios. Para pessoas de desempenho excepcional, uma medição da inteligência verbal, digamos, pode ser significativamente diferente (vários desvios-padrão) de outras, como a visual-espacial. Isso levou o grande psicólogo cognitivo Buz Hunt a fazer o comentário muito interessante de que o g não é, na verdade, um fator de inteligência geral, e sim um fator de mediocridade geral: aqueles que não se sobressaem de verdade em nenhum domínio provavelmente têm resultados similares em vários subtestes de inteligência. Um alto grau de inteligência liberta a pessoa das restrições do hipotético g.

Nos últimos tempos, Gardner vem se indagando se a *capacidade de ensino* não seria uma undécima inteligência. Ele deveria saber. Muitos dos pesquisadores mais brilhantes em escolas de elite como Harvard e Berkeley são péssimos professores (e talvez não seja falta de capacidade, e sim de motivação). Muitos dos acadêmicos que melhor ensinam as matérias — que têm talento para explicar as coisas associado a uma verdadeira empatia pelos estudantes — não fazem descobertas próprias importantes e nunca entrarão nos anais dos grandes pesquisadores. Muitas vezes, o baixo desempenho escolar se dá por falha não do estudante, mas do docente. Os dentes-de-leão dão praticamente em qualquer lugar e não precisam de muitos cuidados para vicejar.[14] As orquídeas, por outro lado, precisam de cuidados muito específicos para sobreviver. Os dentes-de-leão são como as crianças com fatores genéticos e socioeconômicos que as predispõem a se saírem bem na escola e nos testes de QI — para elas, o ambiente não é tão importante, pois provavelmente se sairão bem de todo modo. As orquídeas são como as crianças sem essas predisposições genéticas e socioeconômicas. Para elas, é fundamental que sua educação receba cuidado e atenção, a fim de se saírem bem na escola.

A teoria das inteligências múltiplas de Gardner é amplamente ensinada nas universidades, mas a comunidade de testagem da inteligência tem sido mais lenta em adotá-la e se prende ao conceito centenário de um fator de inteligência geral, o g. Em parte, isso se dá porque os testes utilizados, WISC, Woodcock-Johnson, Ravens Matrices e outros, têm sido empregados há décadas, fornecendo-lhes respostas de dezenas de milhares de pessoas, revelando dados normativos: o perfil típico de respostas de pessoas na média. Há um volume tão grande de dados que muitas vezes é possível prever muito bem como será o desempenho de 88% da população. O problema é que não se sabe quais 88%.

Uma coisa que tem limitado a aceitação da teoria de Gardner é que não dispomos de testes bem definidos para cada uma dessas inteligências, e os testes que temos tendem a ter uma alta correlação com aquele problemático g. Gardner não é elaborador de testes, e quem os elabora preenchem essa lacuna. Podemos olhar pessoas como Serena Williams e Paul McCartney e concordar que eles mostram capacidades únicas, excepcionais, de primeira categoria em seus respectivos domínios, mas isso é diferente de quantificar suas capacidades com instrumentos de medição especializados. Em psicometria, queremos um número que nos permita dizer, por exemplo, que Paul McCartney tem 212 numa escala de inteligência musical e que alguém sem ouvido apurado tem por volta de noventa. Você pode achar surpreendente — como eu achei — que não exista nenhum bom teste de capacidade musical. Existem testes, mas eles não medem nada que tenha relação com a música real no mundo real. São inúteis.

O PROBLEMA COM OS TESTES PADRONIZADOS DE INTELIGÊNCIA

Os testes padronizados de inteligência em uso apresentam uma série de problemas. Os psicometristas procuram duas propriedades num teste, a confiabilidade e a validade. A confiabilidade significa que, se o mesmo teste for realizado em diversas ocasiões, o resultado será praticamente o mesmo. É de esperar uma pequena variabilidade — às vezes a pessoa está num dia ruim, ou com fome, ou o teste está sendo aplicado no final da tarde em alguém de hábitos matinais, e assim por diante. Mas o teste confiável é aquele que apresenta resultados semelhantes em todas as vezes em que a pessoa o faz. É assim que são, na maioria, os testes usuais de QI. Validade é outra coisa — significa que o resultado num teste é pertinente para algum atributo ou cenário do mundo real. Pouca gente levaria a sério um teste geral de habilidade atlética se LeBron James, Tom Brady e Serena Williams tivessem resultados fracos, e Homer Simpson (ou Harry Styles) tivesse ótimo resultado. O teste pode ter alta confiabilidade, revelando que as pessoas apresentaram mais ou menos o mesmo resultado a cada vez que o fizeram, mas o que ele de fato demonstra se não condiz com o que vemos como excelência atlética?

E esse é o primeiro problema com muitos testes psicométricos de inteligência: nem sempre sabemos com clareza o que estão medindo. Cerca de 25% da diferença no desempenho escolar entre estudantes se deve ao resultado do teste de QI; isso deixa uma enorme porcentagem de 75% sem explicação. O que poderia contribuir para um bom desempenho escolar? A alimentação, exercícios, a classe socioeconômica, a cultura familiar — e aquele fator proposto por Gardner, a inteligência pedagógica. E, muito embora o QI guarde uma moderada correlação com as notas na escola, a vida não se resume à sala de aula. Os testes têm um viés direcionado para uma concepção ocidental decididamente de classe média sobre inteligência, aprendizagem e valores. Mesmo uma rápida olhada em qualquer veículo de comunicação mostra que a inteligência mensurável tem muito pouco a ver com o sucesso econômico. A motivação, a resiliência, a oportunidade e as boas relações com outras pessoas são, muitas vezes, ainda mais importantes, contribuindo para aqueles inexplicados 75%.

Os testes padronizados de QI também têm um viés cultural. Foram majoritariamente escritos por pessoas brancas que viam o mundo de determinada maneira, resultando em testes com notória tendenciosidade contra afro-americanos. Dr. Robert Lee Williams II criou um teste de QI negro de cem perguntas, com informações pertinentes para negros. Americanos negros que fizeram o teste atingiram resultados mais altos do que os obtidos nos testes padronizados de QI e resultados mais altos do que os dos brancos que fizeram aquele teste.

Um componente dos testes de QI são perguntas de conhecimentos gerais, como quem era o presidente na época da Guerra Civil americana. Evidentemente, quem não é dos Estados Unidos está em desvantagem. (E pessoas do norte do país provavelmente responderiam Abraham Lincoln, e algumas pessoas do sul poderiam responder Jefferson Davis.)

Outro problema com os testes padronizados de QI é que eles penalizam o pensamento criativo: não há espaço para respostas criativas nem para soluções que não tenham ocorrido ao elaborador do teste. Para um indivíduo criativo, fazer um teste padronizado de QI requer não só resolver um problema, mas tentar imaginar como o elaborador do teste — branco, de classe média — resolveu esse problema, o que são coisas diferentes.

Veja este exemplo:

Qual destes não pertence ao conjunto: golfe, tênis, squash, futebol, beisebol?

O que você responderia? Apenas um deles era considerado como resposta correta: o futebol, porque é o único esporte que não exige um instrumento para bater na bola. Mas seria possível argumentar de maneira igualmente convincente que era o golfe, pois é o único jogo que a pessoa pode jogar sozinha, ou o tênis, o único jogo em que se usa rede. Eu conversava sobre isso com um amigo, trocando ideias, até que a filha dele, Jocelyn, de sete anos, que tinha entreouvido nossa conversa, entrou correndo na sala e disse: "Vocês dois estão errados! É o squash [abobrinha, em inglês], porque é um legume!". E nos pegou! Então ela também assinalou que o squash era o único que sempre se joga em espaço fechado. (Aliás, aquela menina de sete anos acabou indo para o MIT e agora é uma inovadora professora de matemática de ensino médio; eu, como padrinho, fico muito orgulhoso.)

As explosões de grande criatividade vêm de algum lugar, e só podemos nos maravilhar e admirar os cérebros que as produzem. Perante esses momentos, parece insustentável insistir que a criatividade não faz parte do intelecto.

Meu exemplo favorito a esse respeito se encontra no livro *Ideias criativas: Como vencer seus bloqueios mentais*, de James L. Adams, professor emérito de engenharia mecânica em Stanford. Aos 85 anos, ele diz: "Estou aposentado sem salário faz doze anos. Mas não é fácil, pois há muitas coisas boas para fazer, e não me deram dinheiro infinito nem tempo infinito na minha festa de aposentadoria".[15]

Já ouviu a expressão "pensar fora da caixa"? Jim a popularizou a partir da solução de um problema conhecido como a charada dos nove pontos, que remonta pelo menos a 1914. Mostram à pessoa três fileiras de três pontos cada, e a tarefa é ligar todos eles traçando quatro linhas retas contínuas que passam apenas uma vez por cada um dos nove pontos, sem levantar a caneta do papel em momento algum.

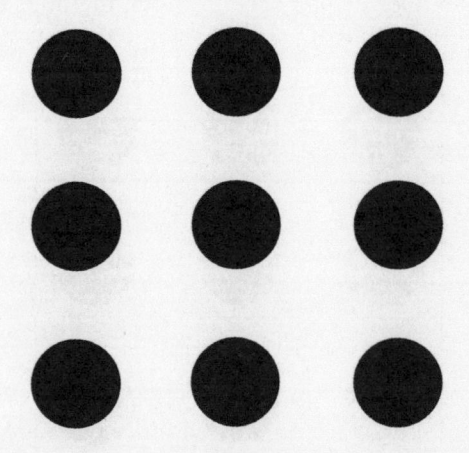

Como em qualquer charada, sugiro que você tente resolvê-la. E isso por uma razão baseada no cérebro. É fácil esquecer as coisas quando simplesmente nos contam. Se nos envolvemos de maneira ativa na exploração de uma questão — seja um enigma, um problema mental ou mesmo uma pergunta de história ("Quem era o presidente durante a explosão do Challenger?") ou de artes ("Em que século Monet fez seus trabalhos?"), é mais provável assimilar a resposta depois de fazermos algum esforço pessoal para encontrá-la, usando nosso próprio raciocínio e habilidade de resolver problemas.

A solução padrão para a charada dos nove pontos está na nota 16, à p. 471.[16] A primeira solução, que muita gente tenta, é começar pondo a caneta num dos pontos (o problema não diz que isso é obrigatório) e não traçar linhas que avancem para além dos pontos (o problema também não diz que isso é obrigatório). Na verdade, a pessoa assim está impondo um quadro ou uma caixa em volta dos pontos e não deixa que a caneta ou a imaginação ultrapasse os limites dessa caixa (veja a imagem abaixo).

Para resolver o problema, é preciso pensar para além desses limites. O livro de Jim causou grande alvoroço no mundo corporativo. *Pensar fora da caixa* se tornou uma forma sucinta de dizer que não se deveria impor a um problema limites que não precisavam estar ali, fosse projetando um motor com maior eficiência de combustível (como fez a Mazda com seu motor rotativo) ou, mais recentemente, compartilhando acomodação e transporte por meio de empresas como o AirBnb e a Uber. (Quem falou que os clientes só andariam num carro que fosse pintado de determinada cor e com um medidor de corrida?)

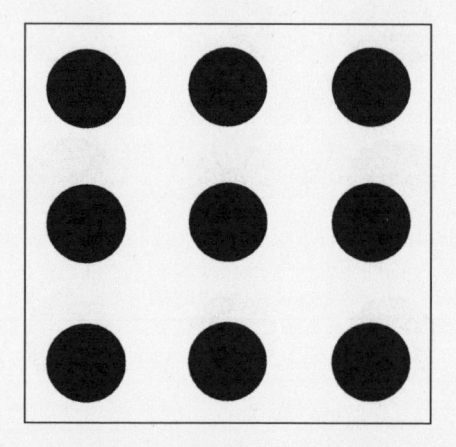

Depois de publicado o livro de Jim, ele recebeu uma enxurrada de cartas de pessoas que tinham resolvido a charada dos nove pontos — usando duas ou três linhas, dobrando, rasgando, perfurando o papel, em suma, das mais variadas maneiras. Nada no problema diz que não se poderia fazer isso. Uma solução especialmente elegante, usando apenas uma linha, consistia em enrolar o papel no formato de um cone e unir os pontos com uma linha contínua que percorre o cone no espaço tridimensional. Minha solução favorita é a de uma menina de dez anos, que escreveu esta carta:

Acho esse tipo de solução extremamente interessante. A abertura mental que leva a tais explosões de criatividade é, a meu ver, um grande sinal de inteligência e penso que é uma coisa inata que todos nós temos. As crianças de quatro anos vivem perguntando o *porquê* das coisas. Por que tenho de ir me deitar? Por que tenho de ir para a escola? Por que está chovendo? Pais e professores cansados acabam nos treinando para suprimir essa curiosidade natural. É uma pena. A boa notícia é que podemos redescobri-la e reavivá-la em qualquer idade. Aliás, Becky Buechel, a menina de dez anos que escreveu aquela deliciosa carta a Jim Adams, ingressou em Stanford oito anos depois.

O livro de Jim mostra, entre outras coisas, que é possível impulsionar nossa criatividade observando como se dá uma solução criativa para um problema. A capacidade de solucionar problemas é uma postura, um quadro mental, que pode ser construída e aperfeiçoada simplesmente fazendo. Todo sudoku ou jogo de palavras cruzadas exige a solução de um problema e ficam mais fáceis à medida que a gente pratica. Mas tem uma coisa: se você ouviu falar que fazer sudoku ou palavras cruzadas é a chave para uma boa saúde cognitiva na velhice, isso é simplista demais. As evidências dizem que, embora sem dúvida você vá melhorar nesses jogos, não irá necessariamente melhorar em outras coisas. Não, a melhor estratégia para a saúde cognitiva é continuar fazendo coisas *novas* — coisas que exigem novas formas de pensar. Se você nunca fez palavras cruzadas e começa a fazer aos setenta anos, isso é ótimo. Se você faz palavras cruzadas desde os dezesseis anos, não há nenhuma razão para deixar de fazê-las agora, mas não fique achando que é um elixir mágico que afastará a demência. Em vez disso, encontre algum outro tipo de charada que nunca fez — um cubo mágico, problemas lógicos, quebra-cabeças, quebra-cabeças de madeira em três dimensões, desafios mentais. De início podem ser frustrantes, então é melhor ir devagar. E prosseguir. Talvez você encontre alguém de catorze anos para ajudar, o que atende a mais um ponto do princípio COACH: a associação com pessoas novas.

VELOCIDADE DE PROCESSAMENTO

Os testes padronizados, em geral, e o teste de QI, em particular, costumam ser aplicados utilizando um limite de tempo predeterminado; assim, a velocidade de processamento faz parte da concepção de inteligência adotada pelos psicometristas. A pessoa que consegue resolver um problema com uma rapidez estonteante tem maior grau de uma qualidade mental que certamente parece ser inteligência. Mas e o pensador lento, laborioso, metódico, que resolve um imenso problema, porém precisa de tempo para isso? Einstein levou dez anos para elaborar a relatividade geral. Tolstói levou seis anos para escrever *Guerra e paz*, e J. R. R. Tolkien levou doze anos para escrever *O senhor dos anéis*. São menos inteligentes do que Mozart, que, ao que consta, escrevia músicas com a mesma velocidade do pensamento? A pergunta, formulada dessa maneira, parece absurda. No entanto, a comunidade de testes psicométricos tem sido lenta em reconhecer que a rapidez, embora impressionante, não é tudo. O neurocientista Jeffrey Mogil, da Universidade McGill, que é um arguto observador da área, afirma: "Sempre considerei que a velocidade de processamento, embora seja evidente que exista, não tem essencialmente nada a ver com a inteligência. É só um truque pra exibir por aí".[17] A *Mona Lisa*, um dos quadros mais famosos da arte ocidental, levou catorze anos para ser pintada.[18] Em todo caso, resolver certos problemas com rapidez é uma habilidade que podemos perder com a idade, e isso pode ser frustrante e preocupante.

Art Shimamura estudou o cérebro idoso e os tempos de reação:[19]

O número a gravar é ⅟₂₅ de segundo, que é o decréscimo anual do tempo de reação que encontramos em participantes entre trinta e 71 anos de idade. O valor não parece muito grande, mas, depois de trinta ou quarenta anos, esse retardamento pode causar lapsos mentais e quadris fraturados.

A velocidade de processamento e a função do córtex pré-frontal estão significativamente relacionadas. O córtex pré-frontal é responsável por uma série de aspectos cognitivos que muitas vezes decaem com o avançar da idade:

- inibição de informação dispensável ou geradora de distração
- planejamento, programação
- pensamento analítico
- execução de ações motoras sequenciais e complexas
- modo de lidar com novidades
- inteligência fluida

Infelizmente, o córtex pré-frontal é suscetível a reduções do fluxo sanguíneo relacionadas com a idade,[20] alterações na estrutura das células e redução do volume (encolhimento).[21] Uma explicação biológica é que não há nenhuma pressão evolutiva para que o córtex pré-frontal continue aguçado na velhice, assim como não há nenhuma pressão evolutiva para que *qualquer coisa* continue aguçada na velhice. (Depois que passamos da idade de reprodução e transmitimos nossos genes para a geração seguinte, a evolução não se importa com como passamos o resto de nossa vida.) E assim a velocidade de processamento, seguindo o declínio do córtex pré-frontal, diminui.

A inteligência fluida decai com a idade ou, pelo menos, é o que acontece com os resultados dos testes. No Lothian Birth Cohort Study [Estudo de Coorte de Nascimentos de Lothian], cujo nome vem da região da Escócia onde moravam os participantes, tanto a inteligência quanto os sintomas depressivos decaíram num período de nove anos, entre os setenta e os 79 anos. Mas a baixa inteligência fluida na infância predizia maiores sintomas depressivos na velhice.[22] A alta inteligência fluida protege contra os declínios da idade, não só intelectuais, mas também emocionais.

A inteligência prática aumenta com a idade, atingindo o auge depois dos cinquenta ou sessenta anos.[23] Um exemplo de questão prática é: "Se você está viajando de automóvel e fica preso numa autoestrada interestadual durante uma nevasca, o que faz?". Ou podem ser perguntas que envolvem tarefas sociais, tais como lidar com o dono do imóvel que não quer fazer os reparos na casa, ter um amigo para visitar com mais frequência ou o que fazer quando não se é promovido. As pessoas com mais de cinquenta anos se saem muito melhor nessas perguntas do que as pessoas abaixo de cinquenta anos, e muitas se saem melhor depois dos sessenta ou até dos setenta anos. A inteligência prática parece aumentar junto com a inteligência cristalizada à medida que envelhecemos.

A inteligência analítica é preservada na velhice quando a pessoa continua a praticá-la. Em vez de receber passivamente a informação, questione-a, relacione-a com outras coisas que conhece, reflita sobre ela. Nas universidades em que tenho trabalhado, um professor de noventa anos que vem todos os dias a seu gabinete, participa de seminários e interage com colegas muito mais jovens é a norma. Não vejo isso com tanta frequência nas salas de diretoria, mas tal vitalidade não é rara entre médicos, advogados e juízes. Veja Jack Weinstein, juiz federal de 98 anos no Brooklyn que ainda lida com inúmeros processos. Os colegas até lhe passam alguns de seus casos mais difíceis. Tivemos, ele e eu, um ótimo encontro, cercados por pilhas de processos abertos, atualizações de pesquisas de seus assistentes e manuscritos que ele estava escrevendo. Não cometi nenhum erro na escrita, ele tem mesmo 98 anos. Sua filosofia condiz com o que tenho visto em outros nonagenários: tente não diminuir o ritmo. Grande parte do trabalho do juiz Weinstein exige análises, exames detalhados dos fatos, hipóteses e apoiar-se em uma vida toda de aprendizado e experiência.

Na área artística, a musicista Judy Collins (oitenta anos, ainda compondo e fazendo turnês) aconselha: "Nunca pare. Esse é o segredo. Nunca pare. Nunca pare de crescer. Nunca pare de ter curiosidade. Nunca pare de pensar que existem coisas que você quer fazer e não fez. E faça!".

Jane Goodall (85 anos, que ainda mantém um rigoroso programa de pesquisa de campo na Tanzânia e apresenta palestras públicas pelo mundo afora) acrescenta:

As pessoas que se aposentam definham bastante rápido, a menos que tenham algo realmente importante que queiram fazer. É sentir que temos um propósito, e que temos cada vez menos tempo para deixar nossa marca. Em vez de diminuir o ritmo, a gente precisa é acelerar.

O PENSAMENTO ABSTRATO MELHORA COM A IDADE

Depois que nosso cérebro recebe inputs dos sentidos, os estágios iniciais ou inferiores do processamento conservam uma cópia relativamente fiel desses inputs. O pensamento abstrato se dá nos centros superiores do cérebro; isso não é exclusivo dos seres humanos, mas está mais plenamente desenvolvido em nossa espécie, e sustenta a capacidade matemática, a linguagem, a solução de problemas e a industrialização. O comportamento adaptativo inteligente exige a abstração de conceitos e categorias referentes ao comportamento, capacidade esta que melhora com a idade.[24]

O neurocientista Earl Miller, do MIT, descobriu que a abstração envolve um amplo leque de regiões cerebrais e aumenta de forma gradual conforme se avança na hierarquia do cérebro, atingindo o pico no córtex pré-frontal.[25] Lembremos que o córtex pré-frontal é a última região do cérebro a se formar por completo durante o desenvolvimento, e normalmente só atinge um estado adulto na casa dos vinte anos. Quando formamos representações abstratas dos objetos, vamos além da aparência deles e os pensamos em termos de categorias: por exemplo, como podem ser usados, onde é mais provável encontrá-los, quão raros ou quão frequentes são, que tipos de movimentos podem fazer, e assim por diante. Esses podem ser os tipos de abstrações que Posner e Keele estudavam em seus padrões aleatórios de pontos, as representações abstratas que os músicos têm para os dedilhados ou que você tem para usar objetos do cotidiano, como garfos e canetas.

A tendência de formar representações abstratas é inata e se inicia no nascimento, se não antes, mas leva muitos anos para se desenvolver.[26] É por isso que, em geral, a álgebra e o cálculo passam a ser ensinados depois dos treze e dos dezesseis anos, respectivamente: é porque, antes disso, as crianças em idade escolar ainda não apresentam o raciocínio abstrato exigido para aprendê-los. Com efeito, estudos mostram que mesmo esse cronograma é visivelmente ambicioso:

é apenas por volta dos dezesseis ou dezessete anos que os indivíduos começam a mostrar uma capacidade acurada de resolver equações com letras (símbolos) em lugar de números, o que é a base fundamental da álgebra.[27] A álgebra é o primeiro campo na matemática escolar que incentiva o raciocínio abstrato dos alunos. É por causa dessa trajetória do desenvolvimento que, de modo geral, a literatura adulta não faz sentido para as crianças: não se trata apenas do vocabulário mais difícil ou dos temas adultos, e sim das relações abstratas entre personagens e ideias. (O estudo do pensamento abstrato em outras espécies é um pequeno nicho dentro da biologia e da neurociência, e um novo artigo muito interessante mostra que mesmo as abelhas conseguem ter pensamento abstrato e representar o número zero, coisa que, até então, se pensava ser exclusividade humana.)[28]

Aos sessenta anos, a gente começa a perceber que nem sempre dá para confiar em nossos sentidos e que há coisas mais importantes do que as aparências na hora de avaliar as similaridades. Por exemplo, este é o tipo de raciocínio abstrato com que o córtex pré-frontal lida: suponha que você precisa escorar a porta para mantê-la aberta. Entre os objetos abaixo, qual pode ajudar nisso?

- martelo
- banana
- livro grosso
- bota
- folha de papel
- bola de beisebol
- peso de papéis
- cunha

Os objetos não têm nada em comum no plano da aparência visual — é a função deles que define se se encaixam ou não numa categoria. Aqui, basear-se no córtex visual e no lobo occipital não vai ajudar em nada — você precisa que o córtex pré-frontal analise a relação funcional abstrata.

Grande parte da informação que nos é mais útil no mundo exige abstração e categorização. Veja os alimentos: poucos se parecem entre si, e mesmo assim sabemos — na verdade aprendemos — que objetos tão díspares na aparência como batatas, abacaxis, salmão, cúrcuma e amêndoas são todos comestíveis. Podemos ainda subdividi-los entre os que precisamos ou não cozinhar antes de comer.

A escritora Diane Ackerman inventou um jogo chamado Dingbats, que ela jogava com seu finado marido, o escritor Paul West. Começavam com um objeto e tentavam criar outros usos para ele:[29]

O que dá para fazer com um lápis, além de escrever?

Eu começava. "Tocar bateria. Reger uma orquestra. Lançar um feitiço. Enrolar um novelo. Usar como bússola de mão. Jogar vareta. Apoiar a sobrancelha nele. Prender um xale. Prender o cabelo em coque. Usar como mastro num veleiro liliputiano. Jogar dado. Fazer um relógio de sol. Esfregar na vertical numa pederneira para fazer fogo. Juntar com uma correia para fazer um estilingue. Pôr fogo e usar como vela. Testar a fundura do óleo. Limpar cachimbo. Mexer a tinta. Operar num tabuleiro ouija. Traçar um aqueduto na areia. Abrir uma massa de torta. Juntar bolinhas soltas de mercúrio. Usar como eixo de pião. Puxar a água de uma janela. Servir de poleiro para o periquito... Te passo o bastão-lápis..."

"Usar como verga num aeromodelo", continuava Paul. "Medir distâncias. Furar uma bexiga. Usar como mastro. Dar o nó na gravata. Socar a pólvora numa espingardinha pequena. Testar o conteúdo de um bombom... Esmigalhar e usar o grafite como veneno."

Os neuropsicólogos usam esse tipo de teste para avaliar a inteligência. E os resultados estão correlacionados com a maior espessura cortical e maior volume de substância cinzenta nas estruturas cerebrais do modo devaneio.[30] Os participantes podem dispor de dois minutos para gerar e anotar todas as ideias que tiverem em resposta a uma pergunta como "O que se pode fazer com um tijolo?". As respostas típicas incluem construir uma casa, quebrar uma janela, usar como suporte de caneta, como escora para manter a porta aberta, e assim por diante. (Um aspecto estranho é que esse teste de pensamento divergente penaliza os participantes que apresentam numerosos exemplos da mesma categoria geral, sem informá-los previamente dessa penalidade. As respostas apresentadas acima como amostras valeriam quatro pontos. Mas as respostas "Construir uma casa, construir uma fábrica, construir um muro, empilhá-los sequencialmente para fazer uma escada" receberiam apenas um ponto. Mais um gol contra da testagem padronizada.)

A tendência do desenvolvimento em direção ao pensamento abstrato é um dos mecanismos de compensação do envelhecimento que atenua o declínio de nossos sistemas sensoriais. Mesmo tirando esse declínio, a tendência na direção do pensamento abstrato nos ajuda a solucionar problemas que não seriam solúveis de outra maneira. O envelhecimento não é acompanhado por um inevitável declínio cognitivo.[31] O cérebro idoso muda, graças à neuroplasticidade. Muda a si mesmo, cura a si mesmo e encontra outras maneiras de fazer as coisas, algumas delas (como o raciocínio abstrato) de fato melhores do que as anteriores; ele mobiliza e aproveita capacidades neuroprotetoras e neuroregeneradoras.[32]

A capacidade de aprender coisas novas atinge rapidamente o auge na adolescência e nos anos de universidade, declinando depois dos quarenta anos. A inteligência fluida, a capacidade de usar o que já sabemos, é menor antes dos quarenta anos e se eleva a cada década subsequente. Embora nossa velocidade de processamento neural e tempos de reação, tomados em si, possam diminuir (e de forma vertiginosa na casa dos oitenta anos), os idosos têm uma quantidade de experiências tão maior do que as pessoas de vinte anos que, com isso, têm uma vantagem competitiva. Essa é uma das razões pelas quais tantas das empresas da lista da *Fortune 500* mantêm seus funcionários mais antigos como diretores eméritos. Clive Davis, aos 87 anos, é diretor de criação da Sony Music, prosseguindo em uma notável carreira como executivo e inovador da empresa discográfica. É o que torna George Augspurger tão eficiente no que faz.

Não devemos esquecer um ponto importante: envelhecemos de maneiras muito variadas. Muita gente aos 95 anos ou mais supera o desempenho de pessoas com sessenta e poucos anos, e o contrário também é verdadeiro. O ritmo de declínio em nossas capacidades cognitivas e a severidade do Alzheimer que pode nos acometer são altamente variáveis. Muitas pessoas (em algumas pesquisas, até 25% delas) apresentam os marcadores biológicos patológicos da doença de Alzheimer e, apesar disso, mostram dano zero na capacidade de pensar.[33] A reserva cognitiva pode servir de isolante contra os efeitos prejudiciais do envelhecimento.[34]

Então, como obtemos reservas cognitivas? Um nível alto de instrução e uma alimentação equilibrada ajudam. Lembremos também a conclusão do Lothian Birth Cohort Study: um alto grau de inteligência fluida protege contra os declínios do envelhecimento, talvez devido à reserva cognitiva.

A reserva também depende da complexidade da atividade profissional.[35] Atividades profissionais complexas exigem aprendizado contínuo, envolvimento intelectual constante e esforço mental. Elas apresentam um panorama variável de opções e decisões que não podem ser feitas no piloto automático ou segundo regras simples. No outro extremo, estudos epidemiológicos demonstraram que o baixo nível educacional e a baixa complexidade das atividades profissionais aumentam os fatores de risco da doença de Alzheimer.[36]

TREINO DA INTELIGÊNCIA FLUIDA

Quase todos os livros e artigos que lemos sobre inteligência dizem que não podemos aumentar a inteligência fluida, e certamente não acima dos sessenta ou setenta anos. Embora possa ser verdade (tenho lá minhas dúvidas), seguramente podemos aumentar nossos resultados em testes referentes a ela, o que me parece tão bom quanto — expande nosso cérebro e aumenta nossa reserva cognitiva para aprender novas formas de abordar os problemas.

Para um purista, a inteligência fluida não é alterada pela aprendizagem. Mas a maneira de testá-la é falha e impura, e praticamente todos os testes que se propõem a medi-la são sensíveis a efeitos da aprendizagem. Os testes *não* são independentes do nível de instrução, da experiência ou da classe socioeconômica. Pouca coisa é. Algumas crianças são ensinadas ou incentivadas a assumir sua identidade mental e intelectual, ao passo que outras são ensinadas a assumir apenas sua identidade emocional, física ou espiritual. Essa orientação desde a infância pode ter efeitos profundos. Estive em lares onde desafios lógicos, enigmas e jogos mentais eram parte integrante das conversas diárias com as crianças à mesa do jantar. Estive em outros onde o foco central eram as preces, as súplicas e as obras de caridade. E não são só as crianças. O estilo de vida dos idosos, o foco que adotam e o grau em que se envolvem em jogos intelectuais afetam sua capacidade de responder aos tipos de questões que se encontram nos testes de inteligência fluida. O casal de idade que compartilha jogos mentais vai simplesmente estar mais preparado para testes de solução de problemas do que o que passa todo o seu tempo fazendo caminhadas e percorrendo trilhas juntos, em silêncio, ou do que o casal que se dedica apenas a serviços comunitários, excluindo todas as demais atividades. Mas nem por isso os trilheiros e os caridosos são menos inteligentes — apenas não ministramos testes em que eles se sairiam muitíssimo bem.

Karl Duncker, grande psicólogo gestaltista do século XX, aborda a capacidade de solucionar problemas de maneira mais geral, reunindo essas várias formas de inteligência:[37]

Um problema surge quando uma criatura viva tem um objetivo, mas não sabe como atingi-lo. Sempre que não se consegue passar da situação dada para a desejada simplesmente por meio da ação é preciso recorrer ao pensamento. [...] Esse pensamento tem a tarefa de encontrar alguma ação que possa servir de mediação entre a situação existente e a desejada.

Então Duncker propôs um problema que requer reflexão:[38]

Suponha que você é um médico que tem um paciente com um tumor maligno no estômago. Não é possível operar o tumor, mas você pode usar um tipo específico de raio para destruí-lo. Se os raios o alcançarem de imediato a uma intensidade alta o bastante, o tumor será destruído. Infelizmente, a essa intensidade, o tecido sadio por onde passam os raios também será destruído. A uma intensidade menor, os raios não prejudicariam o tecido sadio, mas tampouco destruiriam o tumor. O que se pode fazer para destruir o tumor e, ao mesmo tempo, evitar que se destrua o tecido sadio?

É um problema de difícil solução para quem não é médico — apenas 10% apresentam a solução. As pessoas com alto nível de inteligência fluida podem atacar o problema considerando histórias ou ocorrências que têm alguma semelhança estrutural. Em termos abstratos, a questão é como destruir um alvo quando a aplicação direta de uma força grande e intensa é danosa para a área adjacente. Pensamos: "Já ouvi falar de um problema assim em outro campo que possa ser ilustrativo?".

Agora veja este cenário extraído da história militar tática:

Um general quer tomar uma fortaleza situada no centro de um território. Existem muitas estradas saindo da fortaleza. Todas estão minadas e, embora pequenos grupos de soldados possam passar em segurança por elas, qualquer força numerosa detonará as minas. Portanto, é impossível fazerem um ataque direto em grande escala. O general divide seu exército em grupos pequenos, envia cada um para uma estrada diferente que leva até a fortaleza e programa o tempo para que os grupos convirjam de forma simultânea na fortaleza.

A situação análoga no problema do tumor é usar ao mesmo tempo vários feixes de baixa intensidade, apontados para o tumor por diversos lados. Cada um, por si só, não danificará o tecido circundante, mas a soma destruirá o tumor. Os elementos dos dois problemas são similares. Onde é preciso dar um salto lógico ou criativo é aqui: no problema da fortaleza, há muitas estradas que saem dela; no problema do tumor, não há. E se fosse possível criar múltiplas estradas? É isso o que faz a radioterapia de intensidade modulada. (Se você acompanha a tecnologia médica, sabe que hoje se usa a braquiterapia e outros procedimentos cirúrgicos que implantam pequenas sementes radioativas, mas não são estritamente análogos ao problema da fortaleza militar.) O conceito abstrato é o da dispersão dos recursos, que surge em vários cenários diferentes, como a lavagem de dinheiro: grandes somas são divididas em somas pequenas e cada uma delas é levada para um país ou depositada numa conta, em quantidades que não despertam suspeitas e, assim, não são detectadas.

Nos problemas do tumor e da fortaleza, usa-se uma analogia para descrever um conjunto de relações específicas entre os objetos. Quando avisadas de que o caso da fortaleza é uma dica para o problema do tumor, a proporção de pessoas que o solucionam chega a 90%. O filósofo Karl Popper sugeriu que a totalidade da vida consiste em solucionar problemas. Aqui, a estratégia de resolução eficaz é pensar em qualquer analogia que se aplique. O pensamento analógico tem levado a grandes descobertas, como as tentativas de Rutherford de entender a estrutura do átomo e o gato de Schrödinger.

A maneira para ficar bom em solucionar problemas, para surfar na melhor onda de sua inteligência fluida em qualquer idade é praticar, é se expor a vários tipos diferentes e dividi-los com os amigos. O que as pessoas com resultados acima da média em inteligência fluida têm a seu favor é que aprenderam um sistema para atacar um determinado tipo de problema e têm enorme prática em resolver questões de diversos tipos. Melhor do que fazer sudoku ou palavras cruzadas é se envolver numa variedade de tipos de problemas.

O que é a sabedoria? Tal como a inteligência, não existe um consenso científico, mas das pesquisas surgem nove temas em comum:[39]

1. capacidade de tomar decisões sociais e conhecimento pragmático sobre a vida
2. atitudes e comportamentos pró-sociais
3. capacidade de manter a homeostase emocional (com tendência a favorecer emoções positivas)
4. tendência de reflexão e autocompreensão
5. reconhecimento da incerteza e eficácia em lidar com ela
6. valorização do relativismo e da tolerância
7. espiritualidade
8. abertura a novas experiências
9. senso de humor

Essa lista não pretende ser exaustiva — você pode discordar de alguns itens e pensar em outros que não estão nela —, mas é um ponto de partida. Paul Baltes definiu a sabedoria como conhecimento útil para lidar com os problemas da vida, incluindo uma consciência dos contextos variados da nossa existência e como eles mudam no decorrer do tempo, o reconhecimento de que os valores e metas diferem entre os indivíduos e entre os grupos, e o reconhecimento das incertezas da vida junto com as formas de lidar com elas.[40]

E não é justamente para isso que procuramos a sabedoria? Não subimos até o topo de uma montanha no alto dos Himalaias para perguntar a um guru que nome daremos a nosso animalzinho de estimação. Não lemos tratados filosóficos para saber se é melhor servir arroz ou batata para acompanhar uma truta nem para lidar com outros problemas miúdos ou corriqueiros. Quando buscamos sabedoria, queremos repostas para as grandes questões incomuns da vida. Consultamos as pessoas que consideramos sábias, sejam avós, guias espirituais ou poetas, seja o Dalai Lama, Shakespeare, Guinan (*Jornada nas estrelas: A nova geração*) ou Vishnu, que ofereçam uma perspectiva que nos falta: um vislumbre de felicidade, de paz e de nossa integração harmoniosa com o mundo.

Se você está pensando que o que chamamos de sabedoria tem muito a ver com os tipos de inteligência que podem passar despercebidos nos testes padronizados, concordo. No início deste capítulo, comentei que a sabedoria nasce de quatro coisas: associações, experiência, reconhecimento de padrões e uso de analogias. E é por isso que ganhamos cada vez mais sabedoria à medida que envelhecemos. Os idosos têm mais sabedoria exatamente por conta do modo como as redes do cérebro evoluíram para se sustentar na experiência e no conhecimento prévio, para abstrair princípios comuns, para conseguir enxergar o cerne de uma questão que poderia escapar a observadores mais jovens (e menos sábios), e para ter mais experiências que sirvam de base para analogias.

A psicóloga do desenvolvimento Judith Glück propõe que os desafios da vida atuam como catalisadores para o desenvolvimento da sabedoria e que nossos recursos internos influem na forma como avaliamos, abordamos e integramos esses desafios. Segundo o modelo proposto por ela, os recursos internos que prenunciam o desenvolvimento da sabedoria incluem: *domínio da área* (administrar a incerteza e a incontrolabilidade), *abertura, capacidade de reflexão e regulação das emoções*, inclusive a empatia (o modelo se chama MORE).* Os recursos externos são igualmente importantes.[41] Outras pessoas, como mentores e amigos, desempenham um papel fundamental na sabedoria, tanto para sua expressão no curto prazo quanto para seu desenvolvimento no longo prazo. Os contextos situacionais, incluindo as fases da vida, também influem no grau em que as pessoas agem com base em seu conhecimento relacionado à sabedoria.

Uma das inteligências múltiplas de Gardner, a interpessoal ou social, está ligada a algo que costumamos considerar sabedoria: ajudar os outros e mediar divergências. Na Bíblia, o rei Salomão foi chamado para intermediar a disputa entre duas mulheres que diziam ser mães de uma mesma criança.[42] A resposta dele se tornou o próprio arquétipo do julgamento sábio na cultura ocidental. Quando comparados a adultos mais jovens, os idosos mostram níveis mais altos de regulação emocional,[43] de tomada de decisões e solução de conflitos com base na experiência,[44] comportamentos pró-sociais como a empatia e a compaixão,[45] bem-estar emocional subjetivo[46] e autorreflexão ou discernimen-

* A sigla se refere aos recursos que prenunciam a sabedoria, em inglês: Mastery, Openness, Reflectivity, Emotional Regulation. (N. T.)

to.[47] Os mais velhos também mostram uma tendência de favorecer emoções positivas[48] e maior capacidade de manter relações positivas.[49] São mais capazes de cumprimentar desconhecidos na rua, de acenar para outros motoristas na frente deles e de confiar nos outros (é por isso que os golpistas consideram os idosos um alvo fácil).

A sabedoria que atribuímos aos idosos pode muito bem ter bases neurobiológicas, nascendo de mudanças no cérebro que permitem que os dois hemisférios se comuniquem com maior liberdade, combinem o lógico e o intuitivo, o quantitativo e o qualitativo, o pensamento de base fatual e o pensamento artístico. Uma maior sabedoria também é caracterizada por conexões mais livres entre os lobos frontais e o sistema límbico muito mais velho e por mudanças neuroquímicas relacionadas com a idade.[50] Por exemplo, sabe-se que a dopamina diminui com a idade, ao passo que os níveis de norepinefrina e serotonina se mantêm estáveis.[51] A neuroquímica do cérebro é um sistema com interações complexas e dinâmicas. É claramente simplista dizer coisas como "a dopamina aumenta isso ou aquilo" ou "a serotonina diminui aquilo ou aquilo outro". Na verdade, mudanças mesmo num único neurotransmissor, como a dopamina, podem alterar o funcionamento dos outros receptores e circuitos químicos no cérebro. Alguns idosos descrevem o "sumiço" de estados mentais antes angustiantes. Leonard Cohen, por exemplo, ficou surpreso que sua depressão crônica, que nenhuma medicação conseguia aliviar, simplesmente sumiu na casa dos setenta anos.

Nem todos, porém, ficam sábios com a idade. A sabedoria deriva de uma combinação de experiências motivacionais, emocionais e cognitivas, de ter vencido desafios e mantido interações significativas com outras pessoas. Embora possamos conceber a sabedoria como uma qualidade basicamente intelectual, na verdade ela se baseia de forma maciça na maturidade emocional e numa alteração daquelas motivações que nos impulsionam. A emoção e a motivação mudam com a idade, em função de uma série de alterações hormonais e em neurotransmissores no cérebro.

Todos nós temos defeitos. Provavelmente faremos ao longo da vida coisas sábias e temerárias. A sabedoria consiste, talvez, em alcançar o ponto em que as ações sábias ultrapassem as temerárias, e nos encontramos em posição de examinar problemas e decisões de um ponto de vista que nos permita prever melhor um bom resultado, quer envolva a nós ou a outras pessoas. A boa notícia é que a sabedoria pode ser cultivada e ensinada. Os precursores da sabedoria, como a empatia, a regulação emocional e o pensamento crítico, podem ser moldados e ensinados de modo explícito desde cedo.[52] E podemos lutar pelo ideal mais elevado de adquirir inteligência e sabedoria — para usá-las para o aprimoramento dos outros e do mundo onde vivemos. É o que Jane Goodall apresenta como sua motivação básica: "Recrutar montes de jovens que ajudarão a fazer do mundo um lugar melhor".

5. Das emoções à motivação

O seriado Mad Men, os jogos Snake e Rickety Bridges e o estresse

Dois de meus cantores favoritos, Joni Mitchell e Stevie Wonder, fazem uma coisa que nunca vi mais ninguém fazer: abarcam um leque completo de emoções e fazem com que a gente também sinta todas elas, muitas vezes num único verso da música. Quando Stevie canta *"People hand-in-hand, have I lived to see the milk and honey land?"* [Pessoas de mãos dadas, será que vivi para ver a terra do leite e do mel?], ele consegue juntar vulnerabilidade e confiança, tristeza e esperança no mesmo verso.[1] Quando Joni canta a palavra *blue* [azul], e só ela, da música e do álbum de mesmo nome, é como se chorasse e risse ao mesmo tempo — como se a depressão fosse terrível, mas ela conseguisse pôr de lado e ver que é apenas uma fase passageira.[2]

Muita gente recorre à música em busca de inspiração, consolo ou apoio emocional ou para ter motivação para prosseguir. A música pode desencadear emoções e, às vezes, nos ajudar a interpretar nossos sentimentos, quando não sabemos bem como nos sentimos. Pode tirar as pessoas com Alzheimer de seu mundo fechado e ajudá-las a retomar o contato com a vida e o ambiente.

As emoções surgem dentro de nós e afetam de maneira profunda nosso humor. O que são, exatamente, esses estados psicológicos? As emoções estão relacionadas com os humores, mas não são a mesma coisa. *Emoções* são um estado agudo de afeto e excitação que dura entre alguns segundos e minutos, ao passo que *humor* se refere a um tom emocional que se mantém por mais tempo. As emoções se dão contra o pano de fundo de um humor.[3] Você pode estar com um humor levemente irritado depois de discutir com seu patrão. E aí, quando você está na fila da cafeteria e alguém pisa em seu pé ou seu filho de sete anos fica o tempo todo interrompendo, bom, é aí que você começa a mostrar emoção.

Emoção, motivação, reforço e ativação são temas intimamente relacionados e costumam aparecer juntos nas pesquisas de neurociência.[4] As emoções se desenvolveram porque nos motivam. São aquela irrupção de alguma coisa (excitação) que sentimos subir dentro de nós e nos fazem querer empreender algum tipo de ação. Elas nos afastam do perigo e nos orientam para o alimento, um abrigo seco e potenciais parceiros: elementos fundamentais que reforçam de forma positiva nossa identidade. As emoções são os meios pelos quais o corpo nos incentiva a fazer o que é melhor para nós e, como diz o biólogo Frans de Waal, elas "dão foco à mente e preparam o corpo, ao mesmo tempo deixando espaço para a experiência e o julgamento".[5]

Pode parecer que as emoções ocorrem apenas em reação ao ambiente, mas não é assim que os neurocientistas pensam. Como a percepção, as emoções parecem ser construídas por fragmentos de experiências e inferências, e a tarefa de nosso cérebro é unir fios díspares e tentar entender o que está acontecendo ao redor e dentro de nós.

Em outras palavras, as emoções surgem de uma maneira que é exatamente o contrário do que costumamos imaginar. Você acha que viu uma cobra, sente medo e dá um pulo para trás para evitá-la, mas as cobras são ligeiras e nosso cérebro consciente e analítico é lento. Se você fosse esperar até seu cérebro determinar que aquele som farfalhando na grama era uma cobra, seria tarde demais — levaria uma picada. Em vez disso, um processo subcortical, subconsciente, faz com que você se afaste depressa. Só aí seu cérebro vai entender por que você deu um salto e sinalizará: "Você está com medo". Tudo isso acontece tão depressa que você pensa que aconteceu na ordem inversa. Da mesma forma, se sentir uma dor no braço, vai se basear no contexto. Se acabou de levar um soco, o cérebro designa uma emoção específica — talvez raiva e vontade de revidar, talvez medo e vontade de sair correndo para evitar outro. Mas, se a dor é porque você acabou de tomar uma injeção contra a gripe, vai sentir outra emoção — talvez resignação, frustração ou estoicismo, em conjunto com o otimismo de que ela ajudará a passar esse inverno sem pegar gripe. A mesma sensação física dá origem a duas correntes de emoção diferentes.

O neurocientista Joseph LeDoux faz uma distinção entre emoções surgidas de comportamentos de sobrevivência e as outras. Os comportamentos de sobrevivência incluem coisas como defesa, manutenção da energia e suprimentos nutricionais, equilíbrio fluido, termorregulação e reprodução, e são comandados por circuitos neurais distintos. Nossas estratégias humanas de sobrevivência remontam a organismos unicelulares, como as bactérias, que, embora não tenham sistema nervoso, têm a capacidade de fechar sua parede externa semipermeável na presença de substâncias prejudiciais e de aceitar substâncias com valor nutricional.[6] Nossos circuitos próprios de sobrevivência incluem sistemas químicos que regulam nossas reações aos outros. Nos seres humanos, a oxitocina e a vasopressina influem no estabelecimento de laços e filiações. Mesmo criaturas tão simples como as minhocas têm um equivalente, um neuropeptídeo chamado nematocina que, quando ativado, faz com que queiram acasalar.[7] Minhocas que têm a nematocina bloqueada não ficam muito a fim de acasalar e, se tentam, não se saem muito bem.

Os circuitos de sobrevivência, das minhocas aos seres humanos, fazem com que determinadas reações físicas e cerebrais específicas tenham prioridade, inibindo outros circuitos e ações.[8] Com a excitação do cérebro e do corpo, a atenção se concentra nos estímulos ambientais e internos pertinentes, os sistemas motivacionais se acionam, realiza-se a ação, a aprendizagem ocorre e se formam memórias. O que chamamos de emoções ou sentimentos ocorrem quando detectamos conscientemente que um circuito cerebral de sobrevivência ou motivação está ativo ou quando detectamos alguma mudança no estado físico, e então — e essa é a parte admirável — nossa consciência avalia e rotula esse estado.[9]

Um de meus experimentos favoritos em psicologia, o da ponte instável, ilustra a questão.[10] Rapazes universitários eram separados em grupos para atravessar duas pontes distintas. Uma foi escolhida para induzir medo — uma ponte instável, a grande altura, sobre uma ravina profunda. A outra foi escolhida para não induzir medo — uma ponte sólida e robusta a apenas três metros acima do solo. No final de cada ponte, ficava uma moça, que fazia parte do experimento, aguardando os rapazes. Ela perguntava a eles se preencheriam um questionário sobre as paisagens do ambiente para um projeto de psicologia que estava desenvolvendo. Depois que eles preenchiam, ela lhes dava seu número de telefone, caso tivessem mais alguma ideia. A hipótese dos experimentadores era a de que os rapazes que atravessaram a ponte instável estariam fisiologicamente excitados quando chegassem ao final dela (devido ao medo), mas que interpretariam — ou entenderiam de forma equivocada — essa excitação como atração sexual pela moça. Do mesmo modo, os experimentadores previram que os rapazes que atravessaram a ponte instável teriam maior probabilidade de telefonar para a pesquisadora, a fim de marcar um encontro, do que os que atravessaram a ponte sólida. Foi exatamente esse o resultado. (O experimento serviu de base para uma das cenas mais memoráveis no seriado de TV *Mad Men*. Roger Sterling e Joan Holloway caminham à noite em Nova York e são assaltados, o que os amedronta muito. Logo depois que o ladrão vai embora, os dois correm para as sombras e fazem um sexo ardente.) Outros experimentos mostraram que toda uma série de emoções pode ser facilmente atribuída a causas errôneas.[11] Tudo isso ressalta o argumento nada evidente de que as emoções são construções cognitivas que dependem das circunstâncias e da interpretação.

Essa maneira de encarar as coisas nos faz reavaliar a emoção animal. Ninguém está alegando que os animais não sentem emoções — claro que sentem —, mas provavelmente o fazem de maneira diferente porque não dispõem dos instrumentos analíticos cognitivos para interpretá-las com a complexidade com que fazemos. Muita gente que tem cachorro acha que seus queridos bichos de estimação sentem uma ampla variedade de emoções que parecem humanas — alegria quando rolam pela grama, vergonha depois de serem flagrados fazendo xixi no sofá, ciúme quando brincamos com outro animal, tristeza quando os deixamos por muito tempo sozinhos. Uma possibilidade é que estejamos antropomorfizando. Outra é que eles sintam protoemoções um tanto parecidas com as humanas, em vista das descobertas que mostram que têm uma neuroquímica e ativações cerebrais semelhantes às dos seres humanos em reação a estímulos que nos levam a sentir certas emoções específicas. Por outro lado, há emoções que parecem faltar totalmente aos cachorros e outros animais.[12] Por exemplo, minha cadela Madeleine, mesmo que muitas vezes pensemos nela como um ser humano, não sente nojo. Assim como não sentiam a série de grandes amiguinhos que vieram antes dela: Winifred, Shadow, Isabella, Charlotte, Karma ou 99. Os cachorros comem e rolam em praticamente qualquer coisa e não dão nenhum sinal de nojo, que parece ser exclusivamente humano. Nós, quando bebês e até os três a sete anos de idade, também não sentimos, mas, depois que passamos a sentir, essa emoção permanece até o final da vida. Com efeito, quanto mais avança a idade, mais abrangente se torna nossa sensação de repugnância, ao vermos as injustiças, as violências e as fraudes em nosso mundo — e não só fezes ou comida podre.

Muitas emoções parecem inatas. Não é preciso ensinar explicitamente bebês humanos a evitar certos perigos. Topar com uma criatura grande, de dentes afiados, que se aproxima depressa — mesmo que nunca se tenha visto uma antes —, desperta de forma automática medo e a tentativa de se esquivar. A evolução instalou um modelo geral de medo em nosso cérebro, em vez de um medo particularizado de coisas específicas, e o que pode nos amedrontar facilmente faz parte daquele modelo geral. É mais fácil desenvolver um medo de cobra, por exemplo, do que de flores.

Existem emoções que todos os seres humanos têm e que aparecem em períodos e culturas diferentes? Uma teoria muito duradoura, atribuída a Paul Ekman, é a de que existem seis emoções básicas desse tipo, as universais culturais, o que significa que existem independente da cultura. São elas: o medo, a raiva, a felicidade, a tristeza, a repugnância e a surpresa. De acordo com essa teoria, as centenas de outras emoções que descrevemos, como vergonha, atração, pesar e esperança, podem ser culturalmente dependentes ou construções cognitivas. A teoria é controversa e as evidências não são unívocas — mesmo aquelas seis talvez não sejam de fato universais; simplesmente ainda não sabemos. Podem existir outras, e inclusive estão surgindo indícios de que deveríamos acrescentar o despeito a essa lista. (Eles vão ver!)[13]

Por outro lado, parecem existir centenas de emoções que são culturalmente específicas. Em várias línguas existem palavras para coisas que não têm nome em nosso próprio idioma. O holandês descreve uma emoção específica para os efeitos revitalizadores de fazer um passeio ao vento: *uitwaaien*. Se você nunca sentiu uma vontade irresistível de tirar a roupa enquanto dança, você não conhece a emoção bantu de *mbuki-mvuki*. Se você estiver paquerando alguém e for acometido de intensa ansiedade e excitação, pode reconhecer esse sentimento, mas talvez não encontre palavras para expressá-lo, a não ser que fale tagalo, que o chama de *kilig*.[14] Os dinamarqueses têm um termo para a emoção de aconchego, segurança, conforto e acolhimento, de receber cuidados, mas é mais que isso — ela abarca a sensação prazerosa dos bate-papos com amigos ou de andar de bicicleta num dia ensolarado: *hygge*. E, notoriamente, os alemães têm o termo *schadenfreude*, o prazer que experimentamos diante do infortúnio alheio (em especial de quem não gostamos). Essas palavras podem não ter equivalente em nossa língua nativa, mas representam emoções muito precisas em outras culturas.

Uma função incontroversa das emoções é regular o equilíbrio corporal, os recursos fisiológicos disponíveis a qualquer hora, conservando-os ou consumindo-os, conforme as exigências da situação. Se você estiver ofegante e suando, qual será a reação do seu corpo? Depende do que provocou esse estado, de suas causas. Foi porque você acabou de encontrar um tigre ameaçador ou porque está gripado? Essas situações exigem reações psicológicas diferentes.

As emoções também produzem moeda social, a compreensão dos estados mentais dos outros. Para tanto, o cérebro faz inferências emocionais. Lisa Feldman, pesquisadora das emoções, diz: "Se você vir um homem respirando em ritmo acelerado e transpirando de maneira intensa, vai pensar uma coisa se ele estiver usando calça de moletom e outra se estiver de terno".[15] Essas avaliações significam que o cérebro faz previsões o tempo todo. Ao ouvir um farfalhar na grama, você formula uma inferência estatística sobre sua causa provável, considerando fatores como se alguém está atrás de você, se o vento está agitando a folhagem ou se a área é conhecida pela presença de cobras.

Portanto, quando se trata da interpretação emocional dos acontecimentos, seu cérebro não faz previsões, mas "pós-visões", inferências pós-fáticas sobre o que já aconteceu. Ele reescreve de modo contínuo sua história perceptiva para conformá-la aos novos fatos. Isso é uma forma de inferência bayesiana: formule uma opinião e a atualize à medida que novas informações se tornarem disponíveis.

Nossa vida emocional precisa se desenvolver e amadurecer, como qualquer outra coisa. De início, as crianças não têm autoconsciência emocional e experimentam apenas uma gama limitada de emoções: no primeiro mês, não são muitas as manifestações, além de choro (aflição) e satisfação. Sorrisos sociais (felicidade ou alegria) surgem no segundo mês. Outra camada de emoções aparece apenas seis meses depois. Quase ao fim do primeiro ano, as crianças começam a sentir medo, e no segundo, raiva (a fase difícil dos dois anos!). Então, há toda uma classe de emoções sociais que emergem de nosso relacionamento com outras pessoas e só despontam mais tarde, quando a criança desenvolve o senso de autoconsciência e começa a se preocupar com a maneira como é vista pelos outros; aí se incluem culpa, vergonha, embaraço e orgulho. A diferenciação de emoções, a capacidade de avaliá-las e descrevê-las, não se completa até o começo dos vinte anos — adolescentes, por exemplo, tendem a relatar que sentem uma emoção de cada vez, enquanto jovens adultos podem se referir a mistos de emoções e podem entender que ocorrem de forma simultânea.[16]

AS EMOÇÕES SÃO CIENTÍFICAS?

É possível reduzir por completo as emoções a substâncias neuroquímicas? Em outras palavras, seria justo dizer que as suas emoções *são* combinações químicas? Em teoria, sim. Um pressuposto da neurociência moderna é que, dadas informações suficientes, podemos associar todos os pensamentos, sentimentos, esperanças e desejos a estados cerebrais específicos. Mas, no momento, e ainda por muitos anos vindouros, trata-se apenas de um ideal teórico. Estamos muito longe de sermos capazes de afirmar: "Adicione dois microlitros de progesterona ao giro para-hipocampal e eis o que acontece".

Por quê?

Para começar, há um grande número de participantes nessa história — mais de cinquenta hormônios e substâncias neuroquímicas que atuam dentro de um sistema de receptores químicos, sinapses, taxas de disparo neuronal, arquitetura cerebral e fluxo sanguíneo. Ainda não temos a capacidade de medir o estado momentâneo de todos esses fatores, e, portanto, ainda não podemos lhes atribuir funções. Além disso, eles interagem de maneiras complexas. Seria como perguntar se dez pessoas podem deflagrar uma revolução. Talvez — depende da sociedade, das ruas, do clima e da presença de opções políticas alternativas. É complicado.

Outra barreira prática para a compreensão é que cada um de nós é único e nos diferimos de inúmeras maneiras. Um monte de dopamina em seus lobos frontais pode provocar uma coisa muito diferente do que faria em mim, porque podemos ter números distintos de receptores de dopamina, e os circuitos que eles suportam quase decerto operam de maneiras variadas (essa diferenciação é parte do que nos faz diferentes uns dos outros). E o cérebro está mudando o tempo todo: o mesmo pico de dopamina pode afetá-lo de forma distinta hoje e amanhã, assim como aos vinte e aos setenta anos. Nossas diferenças individuais surgem em parte porque temos diversos genes que influem no desenvolvimento do cérebro e, como consequência, no comportamento. Também são importantes as interações genes-ambiente e a expressão gênica: você pode ter uma predisposição genética para a psicopatia narcísica, porém, sem os gatilhos ambientais certos, esses genes talvez nunca se tornem ativos. (Mas, de novo, poderiam.)[17]

Os neurocientistas postulam que todos os sentimentos, esperanças, desejos, crenças e experiências são codificados no cérebro como padrões de disparos neuronais. Ainda não entendemos com exatidão como isso acontece, mas estamos avançando na compreensão de como os neurônios se comunicam uns com os outros. Também estamos progredindo no mapeamento de quais sistemas cerebrais controlam que tipos de operações: um sistema é responsável por piscar os olhos, outro sente a dor de quando você é picado por uma abelha; um sistema o ajuda a resolver palavras cruzadas, outro gosta de assistir *Jovem Sheldon*. Uma nova abordagem para o estudo de cérebros e diferenças individuais inclui o mapeamento de como os neurônios se conectam entre si. Seguindo o termo *genoma*, esses mapas são denominados *conectomas*. Nossas experiências são codificadas no modo como os neurônios se conectam uns com os outros.

Em algum ponto do futuro, quando o conectoma for decifrado e tivermos desenvolvido técnicas mais eficazes para medir a química do cérebro, talvez possamos falar sobre emoções em termos hormonais e neurais específicos. Essa medicalização de experiências pode parecer estranha, mas é algo que já estamos fazendo. Cem anos atrás, se alguém ficasse rabugento ou sonolento antes de uma refeição, diríamos que estava com fome. Agora, talvez digamos que o indivíduo está experimentando sintomas de pouco açúcar no sangue, outra maneira de dizer que o sangue não tem bastante glicose biodisponível. Setenta anos atrás, se uma criança se comportasse mal na escola e parecesse desatenta, diríamos que era indisciplinada. Agora, poderíamos diagnosticá-la com um transtorno psicológico (TDA) e tratá-la com um agonista da dopamina (agonista dopaminérgico), como o metilfenidato (Ritalina) ou Adderall. (Um agonista estimula a ação de determinado sistema neuroquímico; um antagonista bloqueia.)

O ASPECTO SURPREENDENTE DO ESTRESSE

O estresse também é uma emoção, algo que temos em comum com outros animais e entre nós, ao longo da vida, embora as causas possam ser muito variáveis. O estresse crônico é sobremodo danoso. Ele também é altamente variável — o que pode estressar uma pessoa pode não incomodar outra, e vice-versa.

O estresse pode impactar a longevidade de forma significativa. Veja um experimento com o salmão do Pacífico. Depois de nadar contra a corrente para desovar e liberar toneladas de glicocorticoides, eles morrem. Não porque estejam exaustos ou por alguma outra razão pré-programada biologicamente — ao contrário, eles passam por um envelhecimento acelerado por força da atuação desses hormônios do estresse. Quando os pesquisadores removeram as glândulas adrenais do salmão, que liberam todos esses glicocorticoides, eles não morreram depois da desova.

É como diz o biólogo Robert Sapolsky:

Se você pescar salmões logo depois da desova [...], percebe que têm glândulas adrenais enormes, úlceras pépticas, lesões nos rins e colapso do sistema imune [...] [e têm] concentrações espetaculares de glicocorticoides na corrente sanguínea.

O estranho é que essa sequência [...] ocorre não só em cinco espécies de salmão, mas também em dezenas de espécies de ratos-marsupiais-australianos [...]. O salmão do Pacífico e o rato-marsupial não são parentes próximos. Pelo menos duas vezes na história evolutiva, dois conjuntos muito diferentes de espécies, completamente distintas, apresentaram o mesmo truque: se você quiser degenerar com muita rapidez, produza uma tonelada de glicocorticoides.

Já mencionei minha colega Sonia Lupien, da Universidade de Montreal, uma das maiores especialistas na fisiologia do estresse. Ela escreve:[18]

Raramente se passa uma semana sem que escutemos ou leiamos sobre estresse e seus efeitos deletérios sobre a saúde. [...] Há um grande paradoxo no campo de pesquisa sobre estresse, e ele se relaciona com o fato de que a definição popular é muito diferente de sua definição científica.

Em termos populares, estresse é definido principalmente como a pressão do tempo. Sentimo-nos assim quando não temos tempo para executar as tarefas que precisamos [...]. Em termos científicos, estresse não equivale a pressão do tempo. Se isso fosse verdade, todos os indivíduos se sentiriam estressados quando pressionados pelo tempo. No entanto, todos conhecemos pessoas que são extremamente estressadas pela pressão do tempo e outras que de fato a buscam para alcançar um desempenho adequado (os chamados procrastinadores). Isso mostra que o estresse é uma experiência altamente individual.

O termo remonta ao inglês antigo, em 1303, como variante de *distress* [desconforto, angústia], e costumava ser usado em contextos de coerção ou suborno.[19] Nos tempos modernos, *stress* foi usado pela primeira vez por engenheiros, na década de 1850, para descrever forças externas capazes de tensionar uma estrutura — calor, frio e pressão. Nos anos 1930, o endocrinologista Hans Selye ressuscitou esse uso do termo para incluir reações fisiológicas a forças externas que atuam sobre o corpo, como calor, frio e lesões que provocam dor. Só na década de 1960 começamos a usar o termo da maneira como o empregamos hoje, para descrever a tensão psicológica que sentimos ao prever eventos adversos e seus correspondentes biológicos.

Talvez você esteja familiarizado com o conceito de homeostase, a ideia de que o corpo procura manter consistência, digamos, em termos de temperatura ou níveis de oxigênio no sangue. Nos últimos vinte anos, porém, reconhecemos que os níveis de alguns de nossos sistemas fisiológicos — como açúcar no sangue, batimentos cardíacos, pressão arterial e taxa de respiração — exigem ajustes contínuos para seu melhor funcionamento.[20] Essa ideia de estabilidade por meio de mudanças é chamada *alostase* — flutuação regular dos sistemas em resposta às demandas da vida.[21]

Quando uma situação é percebida como estressante (porque é nova, imprevisível, incontrolável ou dolorosa), são secretadas duas grandes classes de hormônios do estresse — catecolaminas e glicocorticoides. Eles são os primeiros sistemas hormonais a responder ao estresse. A secreção em curto prazo desses hormônios em face de um desafio serve a um propósito adaptativo e leva à reação de lutar ou fugir (alostase). Contudo, os mesmos hormônios do estresse que são essenciais para a sobrevivência podem ter efeitos danosos sobre a saúde física e mental se forem secretados por períodos mais longos (a chamada *carga alostática*). Isso acontece porque o aumento prolongado do nível desses hormônios acarreta desregulação de outras vias biológicas importantes do corpo e do cérebro, como insulina, glicose, lipídios e neurotransmissores. Isso, por sua vez, provoca uma desregulação de várias outras operações, como o sistema imune, o sistema digestivo, o sistema reprodutivo, a saúde cardíaca e a saúde mental.[22]

Nossa carga alostática é o efeito cumulativo do estresse no tempo; ela indexa nossas mudanças em vários biomarcadores de estresse (açúcar no sangue, insulina, marcadores imunes, marcadores de estresse etc.), em resposta aos acontecimentos da vida. Nossa carga alostática pode ser calculada com base nos níveis de certos "biomarcadores de estresse", como proteína C-reativa (PCR), insulina, pressão arterial e assim por diante.[23] O apoio social é forte previsor da carga alostática, sendo que aqueles que têm menos apoio social apresentam cargas mais altas. Esse é outro caso em que desconhecemos a direção da causalidade — ter poucos ou não ter amigos aumenta o estresse? Provavelmente. Ser estressado desde o começo afasta os amigos? Provavelmente. Não ter amigos para confortá-lo prolonga em vez de dissipar o estresse? Outra vez, provavelmente.

Claro, existem muitas maneiras de reduzir o estresse.[24] A terapia cognitivo-comportamental (TCC), uma forma de terapia pela fala que ensina ferramentas para ajudar a enfrentar a situação, é uma delas. Atividade física, meditação, música, imersão na natureza, e, às vezes, apenas conversar com amigos e ter apoio social podem ajudar a reduzir essa sensação de maneira significativa.

Se as emoções são construídas, como as percepções, é de supor que o cérebro tenta preencher as lacunas e prever o que vai acontecer conosco em seguida, do ponto de vista emocional — e, de fato, é assim. Na maioria das pessoas, o corpo procura manter uma espécie de consistência emocional; internamente, regulamos nossas emoções de modo a não experimentar extremos, pois eles podem ser massacrantes, em termos emocionais e fisiológicos. O sistema nervoso central aprende a antecipar os estressores e a fazer ajustes alostáticos preventivos. Todo o processo é dinâmico — é um sistema plástico adaptável, que responde às percepções sensórias e aos processos cognitivos, regulando neurotransmissores e hormônios, para produzir ou superar o estresse.

Parte da regulação eficaz é a redução da incerteza. O cérebro tenta antecipar o resultado de eventos futuros para predizer nossas necessidades e planejar como satisfazer previamente a essas demandas. Agir assim é dispendioso em termos metabólicos se a vida for marcada por grande incerteza, e o cérebro pode com facilidade esgotar seus recursos, resultando em aumento prejudicial da carga alostática.[25]

Enquanto sistema preditivo, a alostase pode ser influenciada ou mal calibrada por estressores da vida pregressa ou por traumas extremos. Ambientes fetais e da primeira infância estáveis contribuem para o bom funcionamento do sistema alostático.[26] Experiências adversas na infância, porém, podem resultar em um sistema que reage demais ou simplesmente desliga em resposta a coisas que, do contrário, poderiam ser consideradas oscilações normais do dia a dia, gerando hipervigilância, reduzindo a resiliência e, às vezes, provocando mudanças bruscas de humor — uma vida em que nunca se alcança a regulação alostática normal. Alguém que cresceu em condições adversas terá recordações duradouras que contêm informações ameaçadoras e estressantes; sua predição padrão até para eventos neutros é de que alguma coisa ruim pode acontecer, o que desencadeia reações de estresse, liberando previamente cortisol e adrenalina em muitas situações benignas. No nível dos sistemas, diríamos que essas pessoas não estão regulando o eixo hipotálamo-pituitária-adrenal (HPA) — o sistema corporal de resposta ao estresse.

Quando carecemos desse tipo de regulação, seja porque a vida está caótica, seja porque nossos sistemas neuroquímicos não estão bem calibrados, podemos esperar viradas de humor; agir de maneira irracional ou impulsiva, o que nos faz mal; e experimentar uma gama de patologias, doenças e outros problemas ao longo da vida. A elevação da carga alostática (e a consequente perda da regulação hormonal) pode provocar doenças cardiovasculares, diabetes, comprometimento da função imune e declínio cognitivo.[27] Ela também tem sido associada a numerosas condições psiquiátricas, como transtornos de depressão e ansiedade, além de *burnout* e estresse pós-traumático.[28]

Níveis de cortisol elevados em resposta a estresse na vida pregressa têm sido associados a atrofia hipocampal acelerada entre indivíduos saudáveis e pessoas nos primeiros estágios da doença de Alzheimer. Portanto, a boa regulação das emoções pode proteger não só o bem-estar físico dos idosos, mas também sua capacidade mental.

Muitos são os fatores que influenciam a resposta ao estresse e a saúde do sistema alostático — não são apenas situações óbvias, como a mãe que ingere drogas durante a gravidez ou passar a primeira infância em contexto de violência doméstica. Esses fatores incluem:

- características demográficas, como idade, sexo, condições socioeconômicas, educação;
- condições de desenvolvimento, como apego parental problemático, doenças crônicas, bullying;
- genética, como comprimento do telômero, insuficiência de cortisol, deficiência de angiotensina na conversão de enzimas (que regula a pressão arterial);
- fatores ambientais, como cultura, condições climáticas extremas, fumo, fome;
- funcionamento neuroendócrino;
- fatores psicológicos, como lócus de controle e ferramentas que usamos para a regulação emocional.

Mas nem todos que tiveram uma infância estressante acabam desenvolvendo transtornos psiquiátricos ou apresentam alta carga alostática. Experiências estressantes podem levar a desfechos muito diferentes, dependendo da interação dos fatores listados. Algumas pessoas desenvolvem resiliência, garra, tenacidade e foco. Outras desmoronam. As combinações de ouro que permitem a algumas pessoas viver vidas mais positivas, converter limões em limonadas, ainda são desconhecidas e constituem tópico ativo de pesquisa. Uma coisa que sabemos muito bem é que parentalidade ponderada e/ou boa educação pode lançar as pessoas em caminhos positivos, oferecendo-lhes soluções mais construtivas e lhes propiciando melhores realizações na vida, de forma geral, reduzindo as desvantagens resultantes de adversidades na infância.

Definida como os efeitos *cumulativos* do estresse e das respostas corporais ao estresse, a carga alostática e os danos celulares conexos aumentam com a idade, independente de quão bem o sistema funciona. Em especial, as alterações normais relacionadas com a idade nas estruturas que regulam a alostase, o hipocampo e o córtex pré-frontal dificultam a manutenção da alostase saudável.[29] Cargas alostáticas mais altas também têm sido associadas a redução na massa cinzenta do cérebro. Três estudos recentes também ligaram perturbações do sono à elevação da carga alostática.[30]

A redução do estresse e o aumento da resiliência, a capacidade de se recuperar da adversidade, podem ser ensinados e treinados através de psicoterapia especializada, fortalecimento das redes sociais, exercícios físicos e programas que ajudam as pessoas a encontrar em suas vidas atividades com significado e propósito.[31] Esses resultados, porém, podem exigir algum esforço (e abertura a novas experiências).

DEPRESSÃO

Nossas emoções, por certo, podem se tornar incapacitantes. As crianças fazem birra. Os adolescentes se retraem e ficam rabugentos. Como adultos, podemos sucumbir à depressão, doença intratável que afeta cerca de 15% dos americanos. Essa proporção é mais ou menos a mesma em todos os continentes.[32] Digo intratável porque, apesar dos grandes avanços em neurofarmacologia, os medicamentos antidepressivos tendem a funcionar apenas em 20% dos casos.[33]

As emoções negativas podem interferir em nossa capacidade de fazer o que queremos; podem ser debilitantes, e as substâncias neuroquímicas que liberam podem turvar o raciocínio.

Fui visitar o Dalai Lama em seu mosteiro em Dharamsala, na Índia, para pedir conselhos sobre o bom envelhecimento. Enquanto eu o esperava, sentei-me em uma antessala. Ele estava do lado de fora, cumprimentando uma longa procissão de seguidores, um de cada vez. Por uma janela, eu o enxergava de perfil, sentado numa cadeira, com uma longa fila diante de si, que se estendia pátio afora. As pessoas pareciam vir de todos os lugares, com diferentes antecedentes e experiências de vida. Variavam em faixa etária, desde a crianças até pessoas de idades muito avançadas. Alguns trajavam suas melhores roupas; outros vinham descalços e maltrapilhos. À medida que avançavam devagar na procissão, eu percebia, nos sulcos e rugas da face e na inclinação da cabeça para a frente, toda a esperança que depositavam no encontro com Sua Santidade. Era notório o sentimento de que aquela interação os aliviaria dos sofrimentos e realinharia a vida deles. Alguns haviam viajado durante semanas para chegar ao topo da montanha, a 2 mil metros de altitude, no Himalaia.

Sua Santidade passava cerca de quarenta segundos com cada pessoa da fila, à medida que se apresentavam diante dele, um de cada vez. Ele dizia algumas palavras, punha as mãos na testa da pessoa, a abençoava, e recebia o próximo romeiro. O momento era tão profundamente emotivo que havia três homens parrudos próximos ao Dalai Lama, com a única tarefa de amparar as pessoas cujas pernas bambeavam no momento exato em que se postavam diante dele. E os três estavam muito ocupados naquele dia.

A certa altura, ouvi uma mulher gemer e chorar, em meio a súplicas horríveis e lancinantes. Eu não conseguia distinguir as palavras — podia ser tibetano, nepalês ou qualquer outra língua. Fui à janela e vi a mulher — os assistentes do Dalai Lama a seguravam pelas axilas; as pernas dela já haviam cedido e não a sustentavam. Entre as lamentações, ouvi os gritos dela, interrompidos pela voz do Dalai Lama, que proferiu em tom áspero, profundo e staccato, algumas palavras de repreensão. A mulher logo se calou. Então, ele lhe sussurrou alguma coisa. Seguiram-se alguns segundos de silêncio, e, de súbito, os dois começaram a gargalhar.

Depois da procissão, eu me reuni com o Dalai Lama no escritório.[34] Perguntei-lhe sobre esse encontro intrigante.

"Ela se aproximou se lamentando de coisas como: 'Sou tão desgraçada, sou tão infeliz. Tenho um marido ausente. Tenho um filho com fome. Tenho uma dor terrível nos pés...'"

"Eu a interrompi", disse o Dalai Lama, "e disse: 'Quem é esse *eu* que você tanto repetiu? Isso não está em nossos ensinamentos!'. E ela ficou quieta. Perguntei-lhe, então: 'Fale-me sobre esse *eu* que está tão infeliz — onde ele está?'. Ela apontou para o peito. Prossegui: 'Qual é a forma dele? Um triângulo? Um quadrado? Um círculo?'. Ela respondeu: 'É um círculo'. Eu disse: 'Tudo bem. Imagine o círculo em seu peito. Medite sobre ele. Não o deixe se deslocar um centímetro para a esquerda ou para a direita'. Ela fechou os olhos e se concentrou nele. Momentos depois, sussurrou: 'Desapareceu!'. E ambos rimos." A discípula despertou para a constatação de que ela não existia e, como não existia, não havia ninguém para sofrer.

Controlar nossas emoções, ou pelo menos canalizá-las para algo positivo, é bom para a saúde. Sabemos disso agora pela neurociência, mas isso é parte das pregações budistas há séculos. O Dalai Lama é um aficionado por ciência; participou e deu palestras em reuniões anuais da Sociedade de Neurociência e disponibilizou seus monges para estudos de neuroimagem. Ele observa que "raiva, ódio e medo são muito ruins para a saúde".[35] "Para viver a vida, avançar para a velhice e, por fim, morrer, não basta simplesmente cuidar do corpo. Também precisamos cuidar de nossas emoções."[36]

Essa não é a perspectiva que costuma ser adotada por artistas. Tive a oportunidade de trabalhar num álbum com Stevie Wonder, que muitas vezes se atrasava porque se deixava arrebatar por uma emoção e não tinha forças para se desvencilhar dela. Um dia, quando estávamos trabalhando juntos, veio a notícia, logo de manhã, de que um incêndio terrível nos Estados Unidos havia matado muitas pessoas. Quando Stevie apareceu, com um atraso de quatro horas, parecia nitidamente transtornado e disse que não conseguia parar de pensar na família. Deixar-se dominar pelas emoções pode ser positivo se o seu trabalho for transmitir emoções aos outros. Para outras pessoas, nem tanto.

A depressão pode afetar pessoas de qualquer idade, e em geral não é diagnosticada em adultos mais velhos. Podemos perceber comportamentos depressivos em nós mesmos ou em outros idosos e achar que é parte do envelhecimento. Não é. Ao falar em depressão, não me refiro à tristeza ocasional que vez por outra sentimos, mas sim ao sentimento persistente de desesperança, melancolia e insignificância que nos invade por mais de duas semanas. Depressão é uma doença com causas biológicas, não apenas uma poeira a ser "sacudida" ou algo a ser "contornado". Os sinais de depressão nos idosos nem sempre se manifestam da mesma maneira como se expressam nos jovens — é mais comum que se exteriorizem como letargia, desmotivação e falta de energia, em vez de tristeza. Assim, os idosos talvez não percebam que estão sofrendo de depressão fisiológica. E algumas pessoas acreditam, de forma equivocada, que depressão é uma característica normal do envelhecimento. Mas ela sem dúvida não é normal e deve ser tratada.

A boa notícia é que a depressão é menos frequente entre os idosos do que entre os jovens. Isso, porém, não significa dizer que não há riscos.[37] Oitenta por cento dos idosos têm pelo menos uma condição médica crônica, e 50% têm duas ou mais; estilo de vida e mudanças biológicas resultantes de doenças podem contribuir para a depressão, além de vários sistemas corporais em processo de desaceleração e desgaste. Certos medicamentos controlados têm sido associados à depressão. Alguns idosos têm dificuldade para dormir e, portanto, recorrem a drogas vendidas com prescrição médica — mas o uso habitual desses medicamentos, como Zolpidem, Lorazepam e Triazolam, podem de fato provocar depressão depois de um curto período de uso. Os efeitos benéficos de um sono reparador são completamente anulados pelo temperamento depressivo que se estabelece durante o dia. (O uso eventual em crises periódicas de insônia pode ser benéfico.) Outras drogas associadas à depressão incluem aquelas indicadas para a reposição de estrogênio, controle da pressão arterial, estatinas e opioides.

A depressão em idade avançada é causa independente de incapacidade e pode exacerbar problemas físicos existentes, retardando a recuperação de lesões e de doenças, ao enfraquecer os sistemas imunes.[38] Também é importante não subestimar o impacto da redução das atividades diárias que às vezes acompanha o envelhecimento — coisas que nos davam prazer e que se tornam fisicamente difíceis, dolorosas ou perigosas, privações que podem contribuir para a depressão.[39]

Fatores de risco para a depressão na velhice são consistentes com a tríade genes, cultura e oportunidade, com a qual temos trabalhado até agora, e suas interações: vulnerabilidades genéticas, alterações no volume do cérebro e na velocidade de processamento relacionadas à idade, e eventos estressantes. A insônia, como marco do envelhecimento para muita gente, é um fator de risco muitas vezes negligenciado para a depressão tardia, afetando 25% dos homens e 40% das mulheres na faixa dos oitenta anos.[40] Mudanças na integridade do hipotálamo, que ajuda a regular os ciclos sono-vigília, assim como redução relacionada à idade na produção de melatonina e de outros neuro-hormônios também contribuem para a insônia. Se você não pode desfrutar de boas noites de sono, todos os tipos de sistemas neurais e fisiológicos começam a falhar. A prática de uma boa higiene do sono, como detalharemos no capítulo 11, é quase sempre mais eficaz que medicamentos.

O fluxo sanguíneo para o cérebro diminui com a idade — às vezes simplesmente em consequência da redução nos exercícios físicos, em outros casos como resultado da deterioração normal do sistema circulatório ou do acúmulo de ateromas ou placas arteriais. Isso pode levar à depressão vascular. Formam-se hiperintensidades na substância branca — regiões do cérebro onde a substância branca atrofia devido à falta de sangue oxigenado — e essas regiões podem ser bastante extensas. Sintomas de depressão estão associados ao tamanho dessas lesões.

Parte dos fatores de risco e de proteção correspondentes para depressão em idade avançada são mostrados na ilustração da próxima página, com a idade em que surgem pela primeira vez como fatores.

Considerando tudo isso, talvez pareça surpreendente que a quantidade de idosos deprimidos não seja maior. Três categorias de fatores parecem ser os mais protetores. A primeira é a presença de recursos dos quais alguns idosos desfrutam — saúde, função cognitiva e estabilidade financeira suficiente para atender às necessidades da vida diária. A segunda são os recursos psicológicos — ao longo da vida e às vezes por meio de tentativa e erro, muitos idosos aprendem estratégias e maneiras de recorrer ao apoio social para gerenciar os estresses relacionados à saúde. A terceira é a compreensão do papel do envolvimento significativo com outras pessoas, por meio de atividades sociais, trabalho voluntário ou religiões congregacionais.[41] Nesse sentido, a presença de relacionamentos íntimos reduz de maneira significativa o risco de desenvolver depressão.[42]

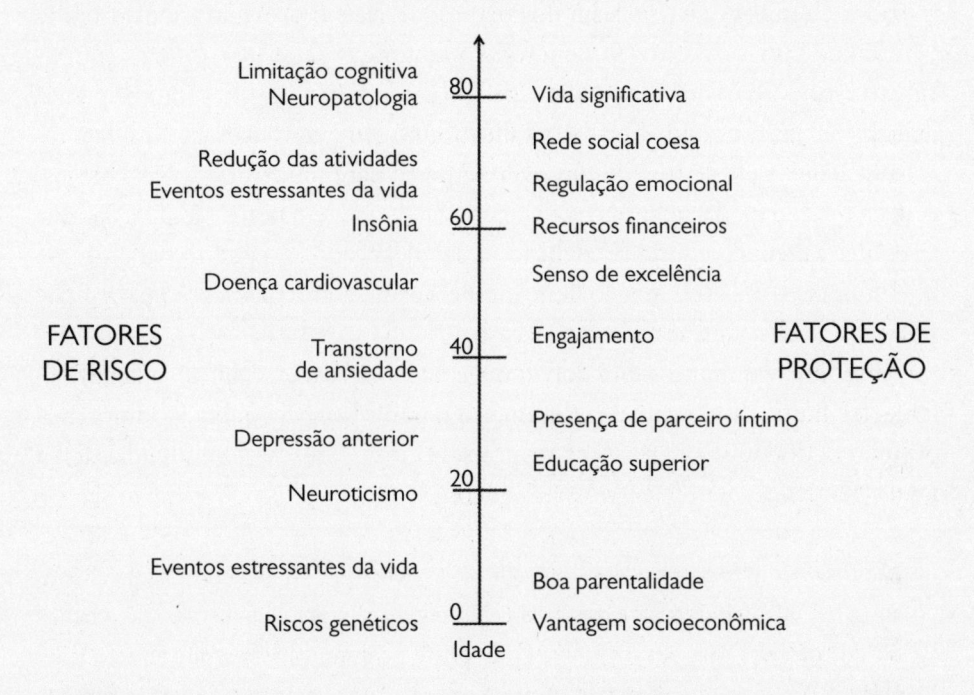

As pessoas que experimentam depressão têm níveis mais baixos de serotonina. Por que, então, simplesmente não lhes dar esse neurotransmissor? Por duas razões — uma é técnica; a outra é conceitual. Tecnicamente, não há como administrar serotonina de maneira direta, porque uma pílula ou injeção não seria capaz de transpor a barreira sanguínea do cérebro. Em fins da década de 1980, desenvolveu-se uma nova classe de medicamentos denominada ISRSs (inibidores seletivos da recaptação de serotonina). Os ISRSs induzem qualquer serotonina existente no cérebro a ficar mais tempo ao redor das sinapses —

é como se você estivesse fornecendo mais ao cérebro, mas, na verdade, está apenas fazendo a que já está disponível render mais. Daí o modismo que se criou em torno desses medicamentos. ISRSs como o Prozac foram amplamente prescritos para indivíduos com depressão.

David Anderson, neurobiólogo da Caltech, trabalha há 35 anos com a neuroquímica da emoção. Um dos aspectos que o frustra em relação a essa abordagem é o fato de a serotonina ser apenas um de mais de uma centena de neurotransmissores e neuro-hormônios, e todos eles interagem de maneiras complexas. Os ISRSs afetam o cérebro inteiro, em vez de apenas focar determinados circuitos que precisam de correção. Esse é o problema conceitual.

É como borrifar aditivo STP em todo o motor e esperar que algumas gotículas caiam no carburador. Como diz David, o cérebro não é apenas um recipiente de substâncias químicas. Seu TED Talk sobre o tema tem mais de 1 milhão de visualizações e ele se tornou um tipo de herói para muitos de meus colegas. Aquela lista de medicamentos que já mencionei, que têm potencial para agravar a insônia, salienta o equilíbrio delicado a ser alcançado no cérebro para termos bom humor. Uma intervenção bem-intencionada, como medicação para o coração, pode desarranjar todo o processo.

Até aqui, falei muito sobre dopamina e, embora seja uma substância importante, há muitas outras que não devemos ignorar. Mas, para quem lê a imprensa popular, a dopamina parece ser responsável por tudo! Essa tendência deixa neurocientistas como Jeffrey Mogil loucos.

Muitos cientistas pensam dessa maneira, mas acho que, ah, digamos, daqui a vinte anos, todos olharemos para trás e perceberemos que a dopamina era como o bêbado que procura suas chaves embaixo do poste de iluminação porque ali está mais claro.[43] Por enquanto, é só isso. A dopamina é a substância que podemos estudar com as nossas ferramentas. Ela, porém, não é mais importante que os cem outros transmissores, que os outros duzentos canais de íons, ou as mil outras moléculas de transdução de sinais. As ações que mais nos interessam estão embutidas em circuitos muito complexos.

Hoje, parece que muito da história do cérebro, do comportamento, da emoção e da motivação tem a ver com a dopamina, mas isso acontece apenas porque é onde já podemos ver alguma coisa. É onde a luz é melhor.

A reivindicação de David, uma espécie de denúncia, é por melhores pesquisas biomédicas e farmacêuticas. Enquanto isso, contudo, o Prozac e outros ISRSs são nossas melhores apostas. Com efeito, o prestigioso *British Medical Journal* concluiu recentemente que os ISRSs devem ser a primeira linha de tratamento farmacológico em idosos, inclusive os portadores de doenças físicas crônicas — assim como meu amigo e mentor John R. Pierce, que teve Parkinson e experimentou uma nova onda de vida poucas semanas depois de começar o tratamento com Prozac. A abordagem mais eficaz no tratamento da depressão envolve o desenvolvimento de ferramentas para lidar com mudanças, por meio de terapia cognitivo-comportamental ou outras intervenções terapêuticas.[44] Outros medicamentos, tradicionalmente não considerados antidepressivos, também podem ser eficazes no tratamento de adultos. Baixas doses de metilfenidato ou armodafinila, sozinhos ou combinados com antidepressivos, podem compensar a perda da função dopaminérgica e uma série de problemas de sinalização e transmissão no cérebro em processo de envelhecimento.[45]

A psicoterapia pode alterar a estrutura do cérebro.[46] Isso não é nada surpreendente, considerando o que já vimos neste livro — toda experiência altera o cérebro. Em especial, a terapia cognitivo-comportamental envolve mecanismos neurais semelhantes aos de medicamentos antidepressivos, mas sem os efeitos colaterais da abstinência. Há muito rejeitada por médicos mais focados em fármacos, em eletrochoques ou em outras intervenções "medicamentosas", a terapia pela fala demonstrou sua eficácia, e até superioridade.[47] Para depressão, ela é pelo menos tão eficaz no curto prazo quanto medicamentos antidepressivos, e no longo prazo vemos menos recaídas — dois anos depois da intervenção, pessoas que se submeteram à terapia comportamental estão melhores do que aquelas que se limitaram à medicação.[48]

LIDANDO COM A SITUAÇÃO

A maneira como lidamos com frustrações e adversidades é bastante influenciada pela combinação de genes, cultura e meio ambiente. A predisposição genética para a resiliência e o otimismo pode levar a adaptações e a desfechos muito diferentes dos de indivíduos em situação idêntica propensos ao fatalismo e ao pessimismo. Em geral, as crianças aprendem a reagir ao mundo seguindo o exemplo dos pais, cujo estilo para lidar com eventos desagradáveis ou traumáticos será observado e imitado pelos filhos. (Isso nos leva a pensar que deveria haver treinamento intensivo para pais, não? Bem, meio que existe — nossa própria infância.)

Uma das descobertas mais importantes sobre formas de lidar com a depressão foi feita por Susan Nolen-Hoeksema, que distinguiu ruminação e distração, concluindo que a distração era muito mais eficaz que a ruminação no enfrentamento da má sorte, e que a ruminação se associava a períodos muito mais longos de humor depressivo.[49]

As pessoas que ruminam tendem a focar de maneira insistente o que deu errado e de forma reiterada as causas e consequências do fracasso. Elas se trancam no quarto, ficam prostradas na cama horas a fio e esperam o pior do futuro. Todos temos certa tendência a agir assim, em graus variados. Retirar-se do mundo depois de uma experiência negativa é uma adaptação evolutiva — esse comportamento nos dá tempo para refletir de modo produtivo sobre o que deu errado e assim evitar ou corrigir padrões problemáticos de nosso próprio comportamento. E, até certo ponto, a melancolia em que imergimos durante a ruminação envolve bem-estar: ela libera a substância neuroquímica prolactina, que é calmante e sedativa — o mesmo hormônio liberado nas mães e nos filhos durante a amamentação.[50]

A ruminação excessiva, porém, estimula o fluxo dos hormônios do estresse, desencadeando um ciclo depressivo de infelicidade, e pode disparar um ou vários episódios de depressão profunda. A ruminação interfere na solução de problemas pessoais, exaure a motivação para se engajar em comportamentos construtivos e prejudica os relacionamentos sociais. Ela também alimenta os aspectos destrutivos da recuperação de memórias associadas ao humor, porque o hipocampo é excepcionalmente sensível a emoções. Quando você está infeliz, o hipocampo tem muito mais facilidade em acessar recordações dolorosas, a ponto de ficar muito difícil se lembrar de ocasiões em que você *não* se sentiu infeliz. Isso perpetua o ciclo depressivo de não apenas se sentir mal no momento, mas de prever um futuro nada promissor.

A estratégia mais eficaz, de acordo com Nolen-Hoeksema, é a distração positiva — ou seja, imergir em atividades positivas de que você gosta e que o façam olhar para frente: esportes, culinária, viagens, música — qualquer coisa que te absorva e seja bastante envolvente e cativante para demovê-lo de sua infelicidade, além de ser agradável e construtiva.[51] Mesmo atividades relativamente neutras fornecem quase a mesma magnitude de benefícios — coisas como apreciar obras de arte, ler um livro, dar uma caminhada por lazer em ambientes naturais, passar tempo com animais de estimação.

Conversar com outras pessoas no contexto de relacionamentos de apoio saudáveis não é o mesmo que ruminação. Essas interações podem ser úteis depois de uma experiência negativa e já demonstraram reduzir o desânimo quando propiciam melhores insights e compreensão sobre a fonte dos problemas. Mas nem todo apoio social é saudável. Conversar com amigos que o fazem pensar o pior, a ficar obcecado e a ruminar estimula os hormônios do estresse. (Amigos desse tipo podem ser piores do que a falta de amigos).

Há outras maneiras de romper o ciclo de ruminação depressiva, além da distração. Meditação é uma delas — não funciona para todos, mas funciona para muitos. O senso de autoconsciência se amplia em pessoas deprimidas. As instruções do Dalai Lama para a mulher deprimida que mencionei há pouco permeavam tudo isso. Pensamentos obstinados e foco intenso em si mesmo são ruins para o cérebro. A meditação pode curar pensamentos obstinados, porque remove o "você" de seus pensamentos.

Uma das maneiras mais adequadas de superar a depressão é ajudar os outros — o altruísmo lhe permite sair de si próprio e de suas preocupações. Esse é um remédio poderoso.

São várias as maneiras para alcançar o *bodhi*, ou o que os psicólogos comportamentais ocidentais denominam *estado de fluxo*, ou *flow*. Como é de imaginar, isso envolve aquela rede de devaneio a que já me referi (ver pp. 108-9), o modo-padrão do cérebro. Pouquíssimas pessoas vivem nesse estado de "ausência de ego" ou "morte do ego". Há quem alegue, de forma egocêntrica, ter esse dom e diz que lhe ensinará a desenvolvê-lo, pelo que lhe cobrará muito caro. Se você estiver interessado em imergir nesse estado, procure um guru relutante, alguém que não tenha um senso inflado de si mesmo e se veja como um grande professor.

Passei a acreditar que essa ausência de ego está no cerne do que nos atrai para a música de grandes improvisadores, como John Coltrane e Miles Davis. Eles ficam absortos no momento, ouvindo e respondendo aos outros músicos, tocando ou não tocando, dando o melhor para contribuir para a riqueza do conjunto, despidos do senso de eu ou outro. Muitas pessoas dizem que têm experiências semelhantes ao prestar serviços comunitários, trabalhando para ajudar outras pessoas em situação de crise, ou durante esportes coletivos e individuais... Há muitas maneiras de alcançar esse estado.

MOTIVAÇÃO E HORMÔNIOS

Grande parte de nossa motivação para agir é controlada pelo cérebro e pelos hormônios e substâncias neuroquímicas que nele circulam. (Hormônios são uma espécie de substância neuroquímica que atua dentro e fora do sistema nervoso central.) Tendemos a pensar que nossa motivação e nosso desejo de fazer alguma coisa são induzidos por nossas próprias ideias ou vontades. *Decidimos* sair para uma caminhada rápida e partimos porta afora. Os hormônios, porém, são as cordas ocultas que impulsionam o corpo. Por exemplo, a produção de estrogênio nas mulheres segue um ciclo mensal e alcança o pico por volta da metade do ciclo menstrual. As mulheres são muito mais propensas a caminhar nesse ponto do ciclo menstrual do que em qualquer outro momento. Especula-se que essa é a época do mês em que a mulher é acometida por uma febre claustrofóbica e anseia explorar as redondezas para encontrar um parceiro desejável — mesmo que no nível subconsciente.[52] O aumento do nível de estrogênio também se relaciona com a exacerbação da competitividade e possivelmente com a atenuação do medo.[53]

Essas cordas ocultas nos movimentam em todos os estágios da vida. O aumento da produção de progesterona que acompanha a gravidez provoca a redução da resposta do sistema imune do corpo e, em especial, das inflamações.[54] As mulheres grávidas que têm artrite reumatoide, esclerose múltipla e enxaqueca relatam atenuação desses sintomas.[55] Evidentemente, diminuir a resposta do sistema imune também torna as mulheres grávidas (e outras com alto nível de progesterona) mais propensas a contrair infecções, e é aqui que os hormônios interagem com os pensamentos, os mesmos que você supõe estarem sob controle. Mulheres com altos níveis de progesterona tendem a evitar situações em que podem ocorrer transmissão de germes e a lavar mais as mãos depois de passar por situações propícias a contágios.[56]

Progesterona elevada também é associada à leitura mais rápida de pistas faciais e da linguagem corporal e à categorização impulsiva de amigos versus inimigos potenciais. A psicóloga e pesquisadora Martie Haselton escreve:

"Mulheres com progesterona elevada têm o potencial de examinar uma sala, identificar os amigos e inimigos e intuir de quem ficar perto e quem evitar."[57] Progesterona se correlaciona com o cultivo de amizades e o convívio com amigos.[58] Também há evidências de que a progesterona tem efeitos calmantes e diminui as tendências suicidas.[59]

Em homens e mulheres, a testosterona parece regular a busca e a manutenção de status social, inclusive status sexual, e comportamentos que marcam a busca por parceiros atraentes.[60] Tanto homens quanto mulheres com altos níveis de testosterona são mais inclinados a se engajar em atividades arriscadas, como apostas[61] e múltiplos parceiros sexuais.[62] De fato, a maioria das pessoas em relacionamentos monogâmicos apresenta níveis de testosterona mais baixos do que os que não se comprometem com apenas um parceiro. Podemos imaginar que há uma base evolutiva para essa tendência, de que pessoas em relações compromissadas manterão interações mais estáveis e duradouras e exercerão melhor a parentalidade, o que reforçará a tendência dos filhos a também buscar relações estáveis, reproduzir-se e criar filhos.

As circunstâncias influenciam os níveis de testosterona. No "estudo da camiseta com cheiro forte", homens foram expostos ao odor de mulheres que estavam no período de ovulação e fora dele, cheirando camisetas que elas haviam usado recentemente.[63] Eles não conheciam as participantes e não sabiam o período em que estavam. Os níveis de testosterona aumentaram depois de terem cheirado as camisetas, mas o efeito foi mais intenso quando cheiraram as camisetas das mulheres que estavam no período de ovulação, supostamente para aumentar a libido e estimular a busca de parceiros. Os níveis de testosterona também se elevam quando os homens alcançam sucesso público e diminuem depois de fracassos públicos (possivelmente uma adaptação evolutiva que estimula homens altamente bem-sucedidos a buscar mulheres mais bem-dotadas em termos genéticos).[64]

A influência da testosterona no comportamento remonta a centenas de milhões de anos. Em aves, o canto é componente fundamental da defesa territorial e da atração do parceiro, e machos que costumam cantar. Quando recebem testosterona, os machos tentilhões cantam mais, mas apenas na presença de fêmeas tentilhões.[65]

Uma característica do envelhecimento é que ambos os hormônios ligados ao sexo, testosterona e estrogênio, declinam com a idade, e isso produz efeitos bem documentados. Primeiro, reduz-se o interesse pela atividade sexual. Quando Sócrates pergunta a Céfalo, com 68 anos, sobre sua libido, Céfalo responde: "Com a maior alegria escapei dessa coisa de que você está falando; sinto como se tivesse fugido de um mestre louco e furioso". Um amigo meu de 68 anos, H., que conheço há quarenta anos, foi uma das pessoas mais ativas sexualmente que já conheci, até poucos anos atrás, quando sua libido simplesmente desapareceu. "Mal posso acreditar em quanto tempo eu tenho agora para fazer outras coisas", observa. De fato, podemos encarar a vida como um enredo que se desenrola em três atos: infância, antes da entrada em ação dos hormônios sexuais da puberdade; da puberdade à maturidade, quando o desejo sexual domina muitos de nossos pensamentos; e velhice, quando, como na infância, queremos brincar com amigos, mas não pensamos muito em sexo.

Evidentemente, as diferenças individuais são vastas. Algumas pessoas mantêm interesse ativo por sexo, outras o perdem, e algumas que começam a perdê-lo o restabelecem graças a alguma casualidade romântica ou mediante terapia de reposição hormonal (TRH). Estas são eficazes e, se prescritas de maneira adequada, têm poucos efeitos colaterais e muitos benefícios adjuvantes. Isso porque a redução de testosterona e estrogênio acarreta confusão mental e comprometimento de numerosas áreas: função cognitiva, memória, motivação e disposição, função do sistema imune e densidade óssea. É aconselhável, depois dos cinquenta anos, acompanhar os níveis hormonais e talvez restabelecê-los via fármacos a níveis fisiológicos adequados, se suas condições médicas não contraindicarem. A terapia de reposição hormonal, em homens e mulheres, pode restabelecer a qualidade de vida e energia, com eficácia talvez inigualável.

Embora em geral se acredite que testosterona elevada aumenta a agressividade, ainda não temos total segurança em relação a essa causa e efeito — pode ser que os comportamentos agressivos elevem a testosterona.[66] Mas tenho amigos homens na casa dos oitenta que, de acordo com outros que os conheceram mais jovens, eram pessoas terríveis na juventude. Conheço-os hoje como idosos amistosos e corteses. Alguns deles têm muito poucos amigos, por terem passado por cima dos relacionamentos na busca pelo sucesso e na competição desenfreada — mas nunca conheci esse lado deles. Será que também eu, naquela época, me cansaria deles? Não sei. Mas hoje são tão agradáveis e interessantes que nem quero descobrir.

Será que as emoções podem ser reduzidas a níveis hormonais? Em outras palavras, será que com mais conhecimento sobre as substâncias neuroquímicas seremos capazes de dizer que certo equilíbrio hormonal desperta sentimento de culpa e outro leva à euforia? Talvez. A situação, porém, é mais complexa — os mesmos hormônios ou substâncias neuroquímicas atuam de modo distinto em diferentes partes do cérebro. Nossa avaliação emocional, como vimos, é influenciada por nossa avaliação cognitiva da situação. E o cérebro é mais que um repositório de substâncias químicas.

MOTIVAÇÃO E APRENDIZADO AO LONGO DA VIDA

A motivação é a condição que nos empurra para alcançar um objetivo. Este pode ser uma questão de sobrevivência ou diversão, prazer ou analgesia. Se você estiver lendo este livro, é muito provável que tenha motivação para aprender, que usufrua de uma curiosidade inata ou cultivada em relação ao mundo. Como vimos, a curiosidade pode ser atenuante do envelhecimento e uma grande motivadora da educação, que também é protetora.

Tenacidade e determinação ajudam a nos manter engajados em um objetivo, mesmo quando alcançá-lo é difícil — e, sobretudo, quando sua realização se revela mais árdua do que supúnhamos de início. Para muita gente, os objetivos são intelectuais — o desejo de aprender novas habilidades e conceitos e de aplicar as novas competências na busca por trabalho ou por diversões interessantes. O médico que participa de um workshop sobre as mais novas técnicas para tratamento da doença de Parkinson não é assim tão diferente do atleta de fim de semana que faz aulas de tênis, ou da observadora de pássaros que vai a um lugar novo para identificar aves que nunca viu antes.

A educação obrigatória no nível do ensino fundamental e médio é relativamente bem definida e não deixa muito espaço para escolhas individuais.[67] As pessoas têm níveis distintos de motivação para o estudo das disciplinas escolares e para o aprendizado em outras áreas depois da escola. Algumas seguem estudando, outras se matriculam em cursos profissionalizantes, e outras ainda vão direto para o mercado de trabalho. A intensidade do desejo de aprender depois da vida escolar é muito variável, e isso não tem muito a ver com o tipo de trabalho de cada um. É fácil supor que profissionais como professores, médicos, advogados ou líderes de empresas estejam sempre em busca de aprimoramento, e que pedreiros, dedetizadores ou caminhoneiros sejam mais acomodados. Mas isso é um equívoco. Lamento dizer que encontrei muitos médicos, advogados e professores intelectualmente preguiçosos, que se tornaram complacentes e que simplesmente não têm motivação para se manterem atualizados com as mudanças em seus campos. Também conheci trabalhadores de construção civil e caminhoneiros que parecem esponjas para novas tecnologias e informações, buscando constantemente maneiras inovadoras de aumentar suas habilidades, como Pablo Casals, aos oitenta anos, no violoncelo.

O que diferencia essas pessoas é a motivação e, até certo ponto, uma visão de mundo sobre quem é responsável pela sua vida. Se você tende a pensar que o curso de sua vida é governado por outras pessoas, sistemas, organizações e circunstâncias, é provável que "aceite seu destino" e não se empenhe muito em mudar as coisas. Em termos técnicos, essa mentalidade é denominada lócus externo de controle (o mundo externo exerce controle sobre você). Se tende a pensar de outra maneira, acreditando que pode mudar sua trajetória, tem lócus interno de controle e costuma ser mais motivado, com mais disposição para fazer mudanças. Veja o caso de Paul Simon — num dos muitos picos da carreira dele, depois de seu álbum solo de enorme sucesso, *There Goes Rhymin' Simon*, ele concluiu que queria aprender mais teoria musical e que não seria limitado pelos acordes e estruturas que já conhecia.[68] Assim, fez aulas de música com Philip Glass e outros. E, como grande cantor, também fez aula de canto durante muitos anos.

Acreditar que você não pode mudar de vida acaba sendo uma profecia autorrealizável, porque passa ao largo das oportunidades que *poderiam* ajudá-lo a mudar de vida.

Há aqui uma ironia, no sentido de que acreditar que você pode mudar a sua vida não é o mesmo que ser capaz de prever ou planejar como ela vai ser. Como disse Linda Ronstadt, "as pessoas sempre pensam que as carreiras se baseiam em decisões calculadas e que são o resultado de como você pensa que será. [...] O processo é muito diferente disso".[69] Paul Simon mais uma vez:

Eu nunca pensei sobre o que o público queria ouvir ou como eu poderia compor um sucesso. Sempre compus o que eu queria ouvir. Durante algum tempo, outras pessoas também queriam ouvir o mesmo que eu. Depois, não queriam mais e, então, voltaram a querer. Passei a carreira compondo essas canções porque, às vezes, havia um alinhamento entre o que eu queria ouvir e o que o público também queria. Mas eu nunca planejei gravar um sucesso.[70]

Imergir por completo em quaisquer atividades em que você se engaje — trabalho, lazer, família, comunidade — protege do declínio cognitivo e de males físicos. As recompensas por fazer o que lhe agrada levantam o ânimo e fortalecem o sistema imune, aumentando a produção de citocinas, células T e imunoglobulina A.

MOTIVAÇÃO PARA REALIZAR MUDANÇAS

Com o avanço da idade, tendemos a resistir mais à mudança, em consequência de vários fatores. Diminuição da dopamina e deterioração dos receptores de dopamina no cérebro induzem ao desinteresse por novidades. Ficamos quimicamente menos motivados a procurar experiências ou a aprender coisas novas. Os limites corporais e cognitivos dificultam o aprendizado e a inovação. E a memória? Nossas memórias e percepções se baseiam em milhões de observações de como são as coisas; nossos circuitos de previsão se baseiam em cálculos do que aconteceu sucessivas vezes no passado. O sistema de memória intacto se torna uma força competitiva contra o esforço de nosso cérebro para se manter atualizado. Adicione a isso reduções no volume do hipocampo, o que dificulta o armazenamento de novas memórias e facilita a recuperação das antigas, e você tem a receita para o conservadorismo.

Dois domínios de conhecimento da maior importância para idosos são saúde e finanças pessoais, e adquirir novas informações sobre essas áreas é importante.[71] A experiência anterior é um fator: idosos com base de conhecimento sobre saúde e finanças têm mais capacidade de reter novas informações sobre esses tópicos, uma vez que sua estrutura de conhecimento minimiza a carga cognitiva.[72] Os médicos têm mais facilidade de compreender novas descobertas em textos médicos que alunos de medicina, porque eles possuem estruturas e esquemas de memória nos quais incorporar as novas informações.[73]

O envelhecimento pode ser problemático quando as novas informações contradizem o aprendizado anterior ou não se encaixam nos caminhos já calcados de nossa base de conhecimento. Nessas condições, a desaceleração generalizada dos processos cognitivos somada ao declínio da capacidade de raciocínio que acompanha o avançar dos anos podem acarretar dificuldades cuja superação demandam forte impulso de motivação.

Caso você seja um médico mais velho, o padrão-ouro tem sido a remoção física de qualquer câncer suscetível a cirurgia (alguns tumores mais difíceis de acessar, volumosos demais ou encistados eram as exceções). Hoje, porém, vivemos numa época em que é melhor ignorar alguns casos de baixo risco e em lenta progressão, como o de próstata, pois é mais provável que o tratamento provoque danos maiores que a doença em si. Alguns cânceres são tratáveis com radioterapia, outros, com quimioterapia. A descoberta mais avançada é a imunoterapia. Ouvi uma palestra, uns dois meses atrás, em que um dos criadores da imunoterapia, Jim Allison, premiado com o Nobel, descrevia seu trabalho. O processo envolve o que é chamado de inibidores de ponto de controle, que curam 60% ou mais de melanomas e outros cânceres. O ex-presidente Jimmy Carter recebeu um inibidor de ponto de controle, Keytruda, em 2015, quando um melanoma havia passado para o cérebro e o fígado, e, quando esta página foi escrita, ele estava livre do câncer. Agora, se você for um médico mais velho, preso às tradições — e há muitos assim — tentar integrar essas novas informações em suas ideias tradicionais pode ser difícil. Não basta receber novas informações, também é preciso descartar velhas formas de pensar sobre toda uma área de estudos científicos. Como desenvolver a motivação e os meios para fazer isso?

Pense na música e nos filmes. Se já tiver certa idade, você passou grande parte da vida com a ideia de que, para ouvir música ou ver um filme em casa, teria de comprá-los numa loja e reproduzi-los num aparelho adequado. Você precisaria montar uma coleção, item por item, e enfrentaria problemas de armazenamento e escolha, se a coleção fosse grande demais, para não mencionar os aspectos financeiros. Talvez seja necessário um forte impulso de motivação para superar os velhos modos de ver as coisas e abraçar o novo estilo "jukebox sem limites" de ouvir música e assistir a filmes na TV.

Ou considere os modernos atributos de segurança encontrados em formulários e aplicativos na internet. Se você nasceu antes de 2000, não havia passado pela experiência sem precedentes de ter de provar que não é um robô ao tentar executar tarefas básicas na internet (que em si é um conceito inteiramente novo e inédito para quem nasceu antes de 1990). Agora, antes de avançar para a próxima página ou passo on-line no que costumava ser um processo de rotina, executado pessoalmente ou com um agente pelo telefone, talvez lhe peçam para "identificar todas as fotografias em que apareça a parte de um animal" ou "marcar todas as fotos que contenham um sinal de trânsito". Isso funciona como tela de segurança porque os computadores não podem resolver esses problemas... ainda. Daqui a uns dez anos, mais ou menos, quando a visão dos computadores e a IA já estiverem mais avançados, todos estaremos executando outras tarefas de autenticação (talvez reconhecimento facial ou da íris).

Há como energizar sua motivação diante de todos esses tipos de mudança. Primeiro, as pessoas que são curiosas (o primeiro C do princípio COACH) e que gostam de aprender sozinhas se saem melhor em toda uma grande gama de resultados na vida. Pessoas que se concentram principalmente em serem reconhecidas por suas realizações são muito menos propensas a buscar desafios e tendem muito menos a persistir no aprendizado do que aquelas que focam o aprendizado em si.[74] Em outras palavras, a motivação intrínseca é sempre mais poderosa que a extrínseca.

Segundo, motivação envolve trabalho. Como enuncia o título de um artigo da psicóloga Carol Dweck, *até os gênios trabalham duro*.[75] Dweck descreve dois tipos de disposição mental que podemos adotar — fixa e de crescimento —, que se relacionam com o lócus de controle.[76] Como na maioria das situações, essas duas disposições mentais são as pontas de um continuum; poucas pessoas se situam num ou noutro desses extremos em todos os aspectos da vida. Pessoas com uma disposição mental fixa acreditam que suas qualidades e habilidades não mudam, e dizem coisas como:[77]

- Não sou bom em matemática.
- Não me lembro do nome das pessoas.
- Não entendo de tecnologia.
- Não sou do tipo atlético.
- Sou muito velho para mudar.

O lócus de controle das pessoas com disposição mental fixa costuma ser externo. Elas demonstram pouca curiosidade e abertura. Não se interessam em aprender coisas novas e não acreditam que a recompensa valerá o esforço.

Pessoas com disposição mental de crescimento acreditam que podem mudar seu conjunto de habilidades e continuar a aprender. Seu lócus de controle é interno e acreditam que o esforço é, às vezes, a própria recompensa e pode render grandes dividendos. O trabalho duro pode ser prazeroso. Pessoas com disposição mental de crescimento são energizadas pelo aprendizado e revigoradas quando são bem-sucedidas em alguma coisa que antes achavam difícil. Para elas, a viagem é uma jornada para a coleta de novas informações, para conhecer pessoas novas, buscar feedback útil de mentores e professores e aprender novas habilidades. Indivíduos de todas as idades com disposição mental de crescimento superam os estudantes com disposição mental fixa. Em geral, basta que alguém lhe mostre que você pode mudar seu cérebro e superar limitações que enfrentou antes, não só com esforço, mas também com aprendizado direto e focado (por isso a educação funciona). Além do esforço, os estudantes precisam tentar novas estratégias e buscar ajuda de terceiros quando empacam em alguma coisa. Dispor de um repertório de abordagens e de perspectivas a que recorrer enriquece sua vida mental e pode estimular aquela motivação tão necessária. Sem esses fatores, o conhecimento tende a estagnar.

Dweck aconselha o seguinte:

Fique atento a reações de disposição mental fixa ao enfrentar desafios. Você se sente ansioso ou uma voz em sua cabeça o adverte para se afastar? [...] Você se sente incompetente ou derrotado? Você busca desculpas? Observe para ver se críticas despertam sua disposição mental fixa. Você fica defensivo, aborrecido ou arrasado, em vez de interessado em aprender com o feedback? Atente para o que acontece quando você vê [alguém] que é melhor do que você em alguma coisa que lhe pareça importante. Você se sente invejoso e ameaçado ou ansioso por aprender? Aceite esses pensamentos e sentimentos e trabalhe até resolvê-los. E continue a trabalhar com eles e através deles.[78]

À medida que envelhecemos, nossa motivação para sermos reconhecidos por nossas realizações e para acumularmos cada vez mais tende a declinar — ou seja, indivíduos idosos tendem a ter mais motivações intrínsecas que extrínsecas. Os idosos têm mais motivação para usar seus conhecimentos acumulados, ajudar os outros, preservar seus recursos e manter o senso de autonomia e competência.[79]

Um indivíduo de setenta e tantos anos em meu bairro sobe e desce uma pirambeira todos os dias, duas vezes por dia. Ele calça bons sapatos de corrida, usa joelheiras e se mantém em forma. Joni Mitchell, aos 75 anos, nada todos os dias e tem um treinador para melhorar seu desempenho e resistência. E não se esqueça de Julia "Hurricane" Hawkins, que, aos 102 anos (em 2018), bateu um recorde mundial na corrida dos cem metros. Meu colega na Universidade McGill, Jim Ramsay, era entusiasta do ciclismo quando estava na faixa dos setenta anos. Quando eu tinha 48 anos e ele estava com 64, fizemos o Tour de L'Île, uma corrida de bicicleta de cinquenta quilômetros, que contorna a Ilha de Montreal e atrai milhares de ciclistas todo verão. Tive dificuldade para acompanhá-lo. Poucos anos atrás, aos 77, ele pedalou de Vancouver a Winnipeg, uma viagem de 2400 quilômetros que o levou ao longo da Coast Mountain Range, das Cascades e das Canadian Rockies.

Quais são os objetivos compatíveis com a idade? A resposta exige autoavaliação honesta. Foi razoável para Pablo Casals dominar uma nova peça de violoncelo. Foi razoável para a minha mãe apresentar sua primeira peça e para Jim Ramsay pedalar 2400 quilômetros — ele estava em boa forma e fazia check--ups regulares. Fui músico durante a vida toda e toquei como profissional, mas provavelmente não seria realista começar de repente a tocar violino — instrumento que nunca toquei antes — e esperar ser um solista de nível mundial. Por outro lado, eu poderia provavelmente me tornar bastante bom em três ou quatro anos, com esforço e instrução concentrados, para me apresentar numa orquestra comunitária. Esses são objetivos compatíveis com a idade.

Sem treinamento atlético, poderia ser despropositado para um indivíduo de oitenta anos se tornar jogador de hockey, esporte que tende para a violência e que pode ser prejudicial para ossos quebradiços. As limitações físicas não são motivo para rir. Um amigo meu, de 62 anos e músico profissional, estava mostrando a alguns de seus alunos de vinte e poucos anos "a maneira adequada" de transportar equipamentos em um carro sem lesionar as costas. Ele poupou as costas, mas acabou rompendo dois tendões no ombro. Rompi dois tendões e um feixe de nervos na mão direita ano passado, não por praticar qualquer atividade arriscada, mas por executar atividades rotineiras sem inspecionar a situação e o ambiente com cuidado — baixei a guarda por trinta segundos e as consequências foram graves e duradouras.[80]

Por outro lado, é importante combater a tendência de desistir ou de restringir demais nossas atividades. Tim Laddish (77 anos), ex-procurador-geral assistente sênior do estado da Califórnia, escreve:

Não devo me render à idade quando não é necessário. Semanas atrás, ao caminhar até a nossa caixa de correio, percebi que tinha assumido a postura encurvada de um velho — inclinado para frente, com o queixo projetado diante do corpo. Tentei dizer a mim mesmo: "Você não tem 77 anos, você está com 66". (Foi o mais longe que consegui levar minha imaginação.) Em seguida, empertiguei-me, aumentei o passo (teria sido aquilo um pequeno saltitar?) e realmente tive a sensação de melhorar meu ponto de vista por causa de uma postura mais aprumada.

Não estou dizendo que você é apenas tão velho quanto se sente, mas é possível configurar a mente de modo a não se sentir tão velho quanto se é.

Isso funciona até não funcionar mais. Desde então, fui diagnosticado com ruptura no manguito rotador, com artrite no quadril e com lesão nos músculos psoas, que neste exato momento me faz caminhar com a ajuda de uma bengala. Mas meu fisioterapeuta está ajudando com os psoas, tenho uma consulta com um ortopedista para o ombro e posso tomar Advil para o quadril.

Estou convencido de que voltarei a correr, praticar caiaque, brincar de pega-pega com meu neto e escalar trilhas montanhosas (com cuidado). Com sorte, esforço e algumas soluções médicas, voltarei a me sentir, talvez, com 67 anos.

Em todo caso, minha esposa e eu compramos na sexta-feira uma nova barraca para acampar.[81]

FELICIDADE

Felicidade é um conceito singular. É altamente subjetivo, variável e dependente de numerosos fatores, como cultura e expectativas. Também é tremendamente relativo, contextual e influenciado por comparações sociais. É a ideia de que avaliamos nossa própria felicidade à luz do que as pessoas ao nosso redor estão fazendo, ou — de maneira mais objetiva — do que elas têm e nós não. Pouca gente hoje acharia confortável um carro Modelo T, de 1919, mas, se tivéssemos um naquele ano, acharíamos mais confortável que um cavalo e mais conveniente que caminhar — é relativo. Talvez você nunca tenha imaginado que um gramado lhe traria felicidade, mas se todos os seus vizinhos tivessem gramados verdes exuberantes e o seu fosse cheio de ervas daninhas, talvez se sentisse infeliz.

A felicidade também pode estar sujeita a um efeito de distorção pelo observador, que poderia comprometê-la na tentativa de avaliá-la o tempo todo. Essas sondagens sucessivas interrompem o fluxo de atividade e fazem você parar a todo momento para inspecioná-la. E uma constante entre as pessoas felizes parece ser não pensar em felicidade — elas estão muito ocupadas fazendo alguma coisa e *sendo* felizes para parar e questionar se são felizes. A felicidade, portanto, é um julgamento retrospectivo.

Os humanos são adaptáveis e resilientes; nós nos recuperamos. Quando se pergunta às pessoas o que as deixaria mais felizes, a resposta mais comum é ganhar na loteria. Mas quem ganha na loteria tende a não se sentir feliz um ano depois da grande vitória.[82] Essas pessoas são assediadas por interesseiros em busca de dinheiro, o que transforma relacionamentos antes baseados no compartilhamento de experiências e afeição em relacionamentos superficiais com base no dinheiro. E se elas odiavam o vizinho ou não se davam com o cunhado, essas situações não mudam só porque agora têm dinheiro. Quando se pergunta às pessoas o que as deixaria mais infelizes, costumam mencionar a perda de um membro. Mas tetraplégicos e paraplégicos se adaptam, vivem vidas em grande parte normais (com algumas adaptações, claro) e acabam avaliando a própria vida como muito mais feliz do que haviam imaginado.[83]

Sobre felicidade, o Dalai Lama diz: "Costumo descrever a felicidade no sentido de mais satisfação; felicidade não é necessariamente alguma experiência prazerosa, mas uma neutra capaz de trazer profunda satisfação".

O que o deixa feliz de verdade? Ele responde: "No final das contas, o que nos deixa mais felizes é fazer outras pessoas felizes".

O ex-presidente mexicano Vicente Fox concorda. "Qual é a chave da felicidade?", eu lhe perguntei.

> Em essência, é uma ideia a que me dediquei durante toda a vida, do jardim de infância até a universidade. Devo-a toda a Inácio de Loyola, que criou o maior sistema de universidades e o maior número de campi de todos os tempos na história deste mundo. E em tudo isso se destaca um ensinamento singular, que é "viva para os outros". Viver para os outros é o atalho para a felicidade. Dê tanto quanto puder e receba de volta mais do que esperava.[84]

Talvez seja por isso que o presidente Fox deixou o cargo com a maior taxa de aprovação de todos os presidentes da história mexicana.

A melhor dica para promover emoções saudáveis à medida que envelhecemos é encontrar uma maneira de ajudar os outros. É muito mais difícil ficar deprimido ou sentir desânimo se você estiver trabalhando para melhorar a vida de alguém.

6. Fatores sociais

A vida com pessoas

O filósofo Jean-Paul Sartre escreveu a passagem famosa: *"L'enfer, c'est les autres"* [O inferno são os outros].[1] Não. Não se você quiser uma vida longa. Uma das chaves para ter saúde duradoura e longevidade é o relacionamento social.

A solidão está associada à morte precoce.[2] Ela tem relação com quase todos os problemas médicos imagináveis, inclusive incidentes cardiovasculares, transtornos de personalidade, psicoses e declínio cognitivo e pode dobrar a probabilidade de desenvolver Alzheimer. Também aumenta a produção de hormônios do estresse, os quais, por sua vez, contribuem para artrite e diabetes, demência e aumento de tentativas de suicídio. E propicia inflamações,[3] aumentando as citocinas pró-inflamatórias, como interleucina-6 (IL-6), além de anular os efeitos benéficos da atividade física sobre a neurogênese,[4] o crescimento de novos neurônios. A solidão faz mais mal à saúde do que fumar quinze cigarros por dia.[5] Se você for um solitário crônico, o risco de morrer nos próximos sete anos aumenta em 30%.[6]

Solidão e isolamento social não são sinônimos. Isolamento social se refere a ter poucas interações com pessoas e pode ser avaliado de maneira objetiva (por exemplo, com quantas pessoas você interage numa semana e durante quanto tempo). Já solidão é uma condição inteiramente subjetiva — é um estado emocional. O isolamento social é quantificável. A solidão é sentida.

As pessoas podem sentir solidão mesmo quando cercadas por outras, como durante uma festa numa grande família. Solidão é o sentimento de estar à parte de relacionamentos significativos e pode resultar na percepção de não ser reconhecido, de se sentir incompreendido ou de falta de intimidade. Ter um cônjuge às vezes ajuda, e às vezes não. Por certo há pessoas que gostam de ficar sozinhas e que não sentem solidão, como há pessoas que estão sempre na presença de outras, talvez batendo papo, mas se sentem completamente sozinhas. Ser solteiro aumenta o risco de solidão e de um conjunto de problemas relacionados à saúde, ser casado nem sempre ajuda — nem todos os casamentos são felizes.

Evidentemente, o isolamento social pode resultar em solidão, e ambos podem acelerar o envelhecimento, em consequência de uma variedade de fatores. Os indivíduos se aposentam e logo perdem o contato social com colegas de trabalho. Os amigos morrem. Problemas de saúde e mobilidade tornam mais difícil sair de casa. O etarismo, presente em muitas sociedades modernas, leva os mais idosos a se sentirem desvalorizados, indesejáveis ou invisíveis. Os amigos mais jovens e os membros da família se enredam na própria vida e talvez não tenham tempo para visitar as pessoas mais velhas. Pesquisas do governo do Reino Unido descobriram que 200 mil idosos não haviam conversado com amigos ou parentes havia mais de um mês. É claro que esse tipo de isolamento social extremo pode levar à solidão.[7]

Esse parece ser um problema moderno, típico de nossos tempos. Robert Putnam, cientista político de Harvard, em seu livro *Bowling Alone* [Jogando boliche sozinho], critica o "individualismo corrosivo" que infectou a sociedade moderna. Ele documenta o que vê como uma tendência pouco saudável e crescente para a apatia política, a redução da frequência nas igrejas, a erosão do sindicalismo e o declínio dos clubes de bridge e dos jantares dançantes, do voluntariado e das doações de sangue.[8]

O sociólogo Eric Klinenberg, da Universidade de Nova York, acrescenta:

> As sociedades em todo o mundo abraçaram uma cultura de individualismo. Mais pessoas estão morando sozinhas e envelhecendo solitárias, mais do que nunca. Políticas sociais neoliberais converteram os trabalhadores em agentes autônomos precários, e quando os empregos desaparecem, as coisas degringolam rápido. Sindicatos trabalhistas, associações cívicas, associações de moradores, grupos religiosos e outras fontes tradicionais de solidariedade social estão em franco declínio. Cada vez mais, sentimos que estamos por conta própria.[9]

Klinenberg prossegue para sugerir a ascensão da tecnologia da comunicação, talvez de maneira paradoxal, como a causa da solidão. Quando surgiram o Facebook e outras redes sociais, essas e outras empresas de tecnologia, como Apple, Microsoft e Google, previram que a internet ajudaria a promover relacionamentos mais fortes e mais significativos, oferecendo recompensas e construindo comunidades on-line. Em vez disso, o que constatamos é que os últimos anos aprofundaram as divisões. Podemos ter milhares de "amigos" em redes como Facebook, Instagram, Twitter, Kiwibox, Vine, Tumblr, LinkedIn, Pinterest, QZone, Sina Weibo e MeWe, mas raras vezes são relações satisfatórias. Não há ainda nenhum estudo convincente publicado a esse respeito, mas estou disposto a apostar que interações no ciberespaço não disparam a liberação de oxitocina, prolactina e endorfina da maneira como ocorre com os contatos humanos autênticos e verdadeiros. (No entanto, como já escrevi, receber "curtidas" pode equivaler a uma dose viciante de dopamina.)[10] E, infelizmente, a população que mais sofre é a de desempregados, deslocados e migrantes, cuja vida e esferas sociais foram profundamente desconectadas. Quando ficam solitários, eles são os menos capazes de reconstruir e fomentar uma comunidade.

Isolamento social e solidão estão ligados a reduções nos níveis do neurotransmissor glutamato — o mais abundante nos vertebrados e importante para a transmissão de sinais por entre as células do cérebro. Se você está pensando em o que ele tem a ver com o glutamato monossódico, o intensificador de sabor conhecido como MSG e que costuma ser usado na culinária chinesa, ambos são formas de ácido glutâmico, um aminoácido. O funcionamento adequado do cérebro depende de manter baixos os níveis de glutamato no fluido extracelular, os quais, quando muito altos, podem resultar em morte de células.[11] A evolução produziu vários mecanismos para manter esses níveis baixos, inclusive um complexo sistema de necrófagos químicos, com nomes como oxaloacetato e glutamato-piruvato transaminase, que caça e neutraliza moléculas de glutamato. Uma pergunta não respondida é se o glutamato dietético pode impactar os níveis de glutamato no cérebro (o que seria ruim). É aqui que entra a barreira sangue-cérebro. Quaisquer moléculas que entrem ou saiam do cérebro devem passar por duas membranas, e cada uma tem propriedades específicas para impedir que sejam atravessadas por diferentes moléculas. Elas evitam que a química do cérebro fique descontrolada depois de comer ou beber muito ou pouco de certos alimentos — trata-se, com efeito, de uma proteção que promove a homeostase dos níveis de substâncias químicas no cérebro. Até agora, o peso das evidências parece sugerir que a ingestão de MSG não provoca mudanças significativas nos níveis de glutamato no cérebro.[12]

Além dos efeitos nocivos de níveis de glutamato elevados demais, níveis muito baixos estão ligados à solidão e ao isolamento social, e, portanto, aumentar os níveis de glutamato no cérebro pode ser útil nesses casos. Os pesquisadores estão trabalhando na identificação de medicamentos capazes de ajudar. Não estou sugerindo que devemos recorrer a intervenções farmacológicas para qualquer mazela que nos afete, mas, para algumas pessoas, o isolamento social (e a ansiedade social) são condições debilitantes e paralisantes. Numa descoberta que pode deliciar certos membros da geração *boomer*, demonstrou-se que substâncias psicodélicas como LSD e psilocibina reduzem sentimentos de solidão e depressão, com efeitos duradouros, e que a cetamina alivia essas mesmas manifestações, embora apenas por pouco tempo.[13]

Isolamento social e solidão podem até mudar nossos genes. Ambas as situações, assim como a depressão, afetam a expressão gênica, provocando inflamação crescente no cérebro e diminuindo a produção da substância antiviral interferon, proteína liberada por células animais em resposta à entrada de um vírus no organismo, com a propriedade de inibir a sua replicação.[14] Ao intensificar a ativação do eixo hipotálamo-pituitária-adrenal (HPA), a solidão torna as pessoas hipervigilantes em relação a ameaças sociais, levando-as até a acreditar que todo mundo quer prejudicá-las, humilhá-las, ridicularizá-las e desprezá-las. Sob esse aspecto, pessoas em condições de solidão crônica parecem sofrer de TEPT (transtorno de estresse pós-traumático).

O isolamento social influencia os circuitos de medo e agressão no cérebro, provocando estados persistentes de medo, hipersensibilidade a estímulos ameaçadores e aumento da agressividade em relação aos outros.[15] Por exemplo, os camundongos costumam ficar paralisados (como os veados) quando se deparam com um estímulo ameaçador, pois a maioria de seus predadores naturais usam pistas de movimento para localizá-los. Depois que o estímulo ameaçador desaparece, os camundongos normais voltam a se movimentar de imediato, enquanto aqueles em isolamento social — hipersensíveis a ameaças — continuam congelados por muito mais tempo.[16]

Há uma pequena estrutura no cérebro, denominada putâmen, que acho misteriosa. Ela aparece em estudos de imagem do cérebro relacionados a música, transtornos neurológicos, sintaxe de discursos e criatividade. Também se manifesta em estudos de emoção, sobretudo ódio — alguns criminosos apresentam anomalias estruturais no putâmen (assim como no hipocampo, na amígdala e no núcleo accumbens) —, sugerindo seu papel em comportamentos antissociais.[17] Aumento no tamanho do putâmen está associado a comportamentos mais agressivos em relação aos outros,[18] enquanto a redução está ligada à doença de Alzheimer.[19]

O putâmen participa de tantos processos diferentes e se conecta com tantas partes do cérebro que os cientistas têm dificuldade de lhe atribuir uma função específica. Parece que o fio condutor tem a ver com recompensa e motivação e com seu papel no sistema químico de recompensa do cérebro. O putâmen também pode modular a ansiedade social.[20] As pessoas que tentam evitar os outros têm baixa densidade de receptores de dopamina no putâmen, o que pode bloquear qualquer sensação prazerosa de simplesmente estar com mais gente — até com quem gostam.

O fato de ser algo neurobiológico não significa que o cérebro desses indivíduos foi moldado para agir assim. Certamente há fatores genéticos, mas também sabemos que a formação do sistema que libera dopamina é influenciada por fatores ambientais e sociais durante a infância, inclusive os tipos de interações sociais que experimentamos nos primeiros anos e na adolescência. Em conjunto, esses fatores podem levar ao alheamento e ao afastamento dos outros.

Lembre-se, porém, do trabalho de David Anderson, neurobiólogo da Caltech que mencionei no capítulo anterior, que proferiu o TED Talk sobre como nosso cérebro não é apenas um saco de substâncias químicas: receptores de dopamina numa parte do cérebro não é necessariamente o mesmo que em outras partes. No putâmen, eles moderam o engajamento social. Mas em duas estruturas próximas, o estriado ventral e o globo pálido, menor captação de dopamina acarreta aumento da impulsividade e do ódio à monotonia.

Estruturas como o putâmen e substâncias neuroquímicas que recompensam o envolvimento social sugerem uma história evolutiva ancestral para o nosso desejo de conviver com pessoas. Outras estruturas, como o globo pálido, sugerem uma base evolutiva para gerenciar o controle dos impulsos. Nossos impulsos e comportamentos são influenciados pela maneira como o cérebro responde à tríade genes, cultura e oportunidade.

Como vimos até agora, a tríade da neurociência do desenvolvimento — genes, cultura e oportunidade — influencia o desenvolvimento do cérebro e pode afetar o curso da vida. O desenvolvimento social não é diferente. Como já mencionei, os bebês precisam de contato físico.

O psicólogo Harry Harlow executou alguns dos experimentos mais perturbadores já conduzidos. Ele criou filhotes de macaco em isolamento até 24 meses, para ver qual seria o efeito; os macaquinhos saíram do experimento profundamente transtornados e muitos nunca se recuperaram.[21] Em outro estudo, ele pôs filhotes de macaco em uma gaiola com dois macacos de arame. Um tinha uma mamadeira de leite presa a ele; o outro estava envolvo numa manta felpuda. Harlow partiu da hipótese de que os filhotes de macaco passariam mais tempo com o macaco de arame que guardava a mamadeira — o alimento de que precisavam para saciar a fome. Mas, na verdade, os filhotes se fixaram no que tinha a manta felpuda. Os vídeos do experimento são de cortar o coração. (Harlow e seus colaboradores mancham a reputação de todos os cientistas, embora a grande maioria de nós nunca tenha cogitado fazer estudos tão monstruosos.) Num dos vídeos, um dos filhotes continua agarrado à mãe de arame com a manta felpuda, enquanto se estica para alcançar a mamadeira e beber o leite com a outra mãe de arame. Maternidade não é apenas alimentar. Também é oferecer a suavidade do toque e o calor do aconchego.

Mais ou menos na mesma época, o psicólogo John Bowlby criava a teoria dos laços afetivos, a ideia de que as crianças humanas precisam dos cuidados de pelo menos um responsável principal para crescer de maneira bem-sucedida em termos emocionais e sociais e para regular com equilíbrio suas emoções. O responsável não precisa ser o pai ou a mãe biológicos, nem mesmo apenas uma ou duas pessoas — pode envolver uma comunidade de cuidadores, como se vê com frequência nas culturas não ocidentais.

Pesquisas mostram que o estresse social está associado a um sistema imune comprometido. Isso pode acontecer em qualquer idade. Mas, como fator que se manifesta cedo na vida, o estresse social é em especial danoso, pois seus efeitos são duradouros. Michael Meaney, da Universidade McGill, mostrou que o tipo de cuidado que a mãe dispensa à prole de fato altera as respostas psicológicas da criança ao estresse durante toda a vida. Filhotes de ratos que são lambidos mais nos primeiros dez dias de vida se transformam em adultos muito mais seguros e menos propensos a serem desestabilizados pelo estresse. Os ratos bebês que recebem muitas lambidas e afagos no começo da vida também demonstram melhor desempenho da memória quando adultos.

As primeiras experiências interagem com a genética e a estrutura do cérebro. A saúde da mãe é fundamental. "O fator isolado mais importante para determinar a qualidade das interações mãe-prole", diz Meaney, "é a saúde mental e física da mãe. Essa constatação se aplica igualmente a ratos, macacos e humanos." Pais que vivem na pobreza, que sofrem de doenças mentais ou que enfrentam grande estresse são muito mais sujeitos a se sentirem exaustos, irritadiços e ansiosos. Essas condições são transferidas para as interações entre pais e prole.

O cuidado e a atenção (ou a falta deles) no começo da vida afetam de maneira seletiva o desenvolvimento de numerosos sistemas cerebrais, como os receptores de glicocorticoides no hipocampo — parte do mecanismo de feedback do sistema imune que reduz inflamações. Meaney também mostrou que o cuidado parental afeta a função das glândulas pituitária e suprarrenais, que regulam o crescimento e a função sexual, além de produzir cortisol e adrenalina. Embora esses efeitos possam durar toda a vida, é possível superá-los com intervenções comportamentais e farmacológicas adequadas, mas isso requer algum trabalho. Os abraços contam, principalmente no primeiro ano de vida. Pense em termos de uma planta que cresceu demais no seu quintal: se você podá-la e moldá-la no começo do ciclo de vida, fica fácil mantê-la. Se a ignorar nos primeiros anos, até o caule ficar grosso e lenhoso, ainda é possível domá-la, mas exige muito mais trabalho, e seus esforços vão contra o formato que a planta assumiu. Como pais (e avós e professores), nossas escolhas sobre como criar nossos filhos nos primeiros anos desempenham um papel muito mais importante em como serão seus anos mais tardios do que antes se supunha.

Não se esqueça que os humanos crescem em contextos socioeconômicos que, por sua vez, influenciam o desenvolvimento do sistema nervoso, em especial o dos sistemas subjacentes à linguagem e ao raciocínio. Fatores pré-natais, interações pais-criança, e estímulos cognitivos no ambiente doméstico influenciam o desenvolvimento neural. Para oferecer um exemplo, as realizações educacionais têm sido associadas à redução da carga alostática mais tarde na vida.[22] Porém, a relação de causa e efeito aqui não é clara. Talvez a educação nos ajude a gerenciar melhor os estressores da vida ou quem já gerencia os estressores com eficácia é capaz de ir mais longe na escola. (De fato, já foi demonstrado que, em ratos, o enriquecimento ambiental no começo da vida — o equivalente ao jardim da infância — aumenta o volume do hipocampo, diminui a resposta ao estresse e melhora a função da memória na vida adulta.) Ou, talvez, as pessoas instruídas simplesmente ganhem mais dinheiro e se alimentem melhor. Em todo caso, essas descobertas devem apontar para a melhora das políticas e dos programas destinados a reduzir as disparidades socioeconômicas em serviços de saúde mental e apoio acadêmico.

Estima-se que, hoje, haja mais de 100 milhões de crianças órfãs ou abandonadas no mundo — isso são 20 milhões a mais que toda a população da Alemanha. Em 1915, o dr. Henry Chapin, pediatra e professor da Escola de Pós-Graduação em Medicina de Nova York (hoje, NYU), escreveu no *Journal of the American Medical Association* (JAMA):

> Ao considerar as melhores condições para o alívio de crianças com doenças agudas e para bebês enjeitados ou abandonados, dois fatores importantes sempre devem ser lembrados: (1) a suscetibilidade não usual da criança ao seu ambiente imediato, e (2) sua grande necessidade de cuidado individual. As melhores condições para a criança, portanto, exigem um lar e uma mãe. Quanto mais nos afastarmos dessas necessidades vitais no começo da vida, maior será nosso fracasso em alcançar resultados na tentativa de ajudar as crianças carentes. Por mais estranho que seja, essas condições importantes têm sido com frequência ignoradas, ou, pelo menos, não enfatizadas o suficiente por quem trabalha nesse campo.[23]

Isso foi escrito em 1915. *Mais de cem anos atrás.* E, no entanto, o problema de crianças órfãs ou abandonadas persiste em todo o mundo.

Depois da queda do regime de Ceausescu na Romênia, em 1989, foram encontradas mais de 170 mil crianças abandonadas ou recém-nascidas em instituições abarrotadas e mal administradas em todo o país. Muitos americanos souberam da crise romena através de um programa televisivo da ABC, *20/20*, e correram para adotar órfãos romenos — 8 mil deles, no total. Mas, coletivamente, os novos pais estavam despreparados para os danos psicológicos que muitas dessas crianças já haviam sofrido.[24]

Dez anos depois, pesquisadores americanos, inclusive Charles Nelson e Nathan Fox, iniciaram o Projeto Bucareste de Intervenção Precoce (Bucharest Early Intervention Project — BEIP), para estudar os efeitos da adoção versus a internação. Sessenta e oito crianças, inclusive pequenas, na faixa etária de um a três anos, foram retiradas de instituições e encaminhadas para lares temporários preparados especificamente para o estudo. Constatou-se que as que haviam sido internadas sofreram alterações profundas no desenvolvimento do cérebro. Elas tiveram o QI muito prejudicado e manifestaram vários transtornos sociais e emocionais — depressão, ansiedade, comportamentos destrutivos e transtorno de déficit de atenção e hiperatividade (TDAH). Contudo, quanto mais cedo as crianças internadas foram abrigadas em lares temporários, melhor se mostrou a recuperação, em especial quando a transferência ocorreu antes dos vinte meses de idade.

Ao completarem doze anos, as crianças foram de novo avaliadas em relação a diversos fatores, como resposta ao estresse, saúde física, saúde mental, uso de drogas e desempenho escolar. Apenas 40% das que já tinham sido internadas estavam se saindo bem aos doze anos. Essa porcentagem, porém, é uma média, abrangendo diferenças marcantes entre as que acabaram crescendo em um contexto familiar e as que continuaram no regime de internato. No caso de crianças adotadas por uma família, mais ou menos 55% apresentavam bom desempenho aos doze anos. Das que continuaram em internatos, apenas 25% estavam se saindo bem. E das que passaram para um lar temporário antes dos doze meses de vida, 80% demonstravam bom comportamento. A convivência familiar desde cedo é fundamental não só para a socialização,[25] mas também para o bom funcionamento do cérebro como um todo. Como observa Charles Nelson:

O desenvolvimento normal do cérebro depende de experiências. O que acontece em situações de negligência, como a de crianças em instituições, é a carência de experiências. Assim, o cérebro fica como que em um padrão de espera, dizendo: "Tudo bem, e onde está a experiência? Onde está a experiência? Onde está a experiência?". E quando ela não ocorre, os circuitos não se desenvolvem, ou se desenvolvem de maneira atípica — e o resultado, sob certo aspecto, é a má configuração dos circuitos.

A grande questão é: o que acontece dez, vinte ou trinta anos depois? Supõe-se que o indivíduo se sentiria em condições cada mais desvantajosas ou cada vez mais deficientes.[26]

Houve um aumento significativo no número de crianças diagnosticadas com transtorno do espectro autista nos últimos vinte anos, e provavelmente também há fatores culturais em ação aqui. Considere a diferença entre uma criança mexicana típica e uma criança americana típica. A cultura mexicana encoraja interação social, tempo com a família e atividades em grupo. As crianças americanas costumam ser estimuladas a brincar sozinhas com tablets, telefones e outros dispositivos eletrônicos. Embora a etiologia do autismo seja complexa, uma cultura parece desencorajar comportamentos que poderíamos caracterizar como autistas, enquanto a outra os estimula. De fato, as taxas de autismo entre crianças que cresceram no México, assim como entre hispânicas e latinas criadas nos Estados Unidos, são muito mais baixas que entre americanas "brancas".[27]

O QUE FAZER EM RELAÇÃO AO ISOLAMENTO SOCIAL

Existe cura para a solidão? Um dos primeiros passos é admitir que você é solitário e que quer fazer alguma coisa a respeito, mas isso não é fácil, de acordo com Dhruv Khullar, médico no New York-Presbyterian Hospital:

> A solidão é um problema especialmente complicado, porque aceitar e declarar a própria solidão acarreta estigma profundo. Admitir que somos solitários pode dar a impressão de que fracassamos nas áreas mais fundamentais da vida: pertencimento, amor, laços afetivos. Esse reconhecimento ataca nossos instintos básicos de preservar nossa imagem, e dificulta pedir ajuda.[28]

E, sem dúvida, a cura não consiste apenas em reduzir o isolamento social, porque podemos sentir solidão numa multidão. Mas sair da concha e estar com pessoas é um bom começo.

David Anderson tem estudado isolamento social entre moscas-das-frutas, *Drosophila melanogaster*.[29] Você talvez imagine que esses insetos são primitivos do ponto de vista neural em comparação com os humanos, mas eles de fato exibem comportamentos sociais, e muitas proteínas associadas à tradução do RNAm são altamente semelhantes entre moscas-das-frutas e humanos (embora haja 780 milhões de anos de evolução entre nós).[30] Isso sugere que medo e sociabilidade estão ligados por um mecanismo pré-humano muito antigo. Mais uma vez, podemos pensar que somos precursores de comportamentos e respostas ao ambiente e a outras pessoas, mas, pelo menos até certo ponto, as cordas ocultas das substâncias neuroquímicas e dos hormônios nos impulsionam, nos fazem dançar, aproximar ou congelar, despertando ao mesmo tempo a ilusão de que estamos no controle.

Anderson também estudou esse mecanismo em camundongos. O isolamento social durante duas semanas acarreta aumento na produção de uma substância química específica, a neurocinina (Tac2/NkB), que engendra a resposta ao estresse.[31] Bloquear sua produção com o medicamento Osanetant (um receptor antagonista, ou bloqueador da Tac2/NkB) neutraliza os efeitos do estresse, levando camundongos em isolamento social a se comportarem como camundongos comuns. No sentido contrário, aumentar a Tac2/NkB leva camundongos que cresceram em ambiente social a se comportarem como se estivessem em isolamento social. Curiosamente, depois de serem tratados apenas uma vez com Osanetant, os camundongos em isolamento social — que se comportavam de maneira muito agressiva em relação a outros antes do tratamento — podiam voltar às gaiolas com outros camundongos, onde agiam de maneira normal, sem agressividade. Descobriu-se que essa mesma substância neuroquímica, taquicinina, despertava agressividade nas moscas-das-frutas de Anderson. Como diz Anderson, "isso suscita a questão de se esse medicamento poderia mitigar os bem conhecidos efeitos deletérios do confinamento solitário, como o aumento do comportamento violento em indivíduos encarcerados". Ou ajudar pessoas em lares para idosos, que costumam se sentir agitadas e desorientadas.[32]

A importância de tudo isso vai além da mera superação dos efeitos adversos do isolamento social, abrangendo o tratamento mais amplo da grande gama de transtornos de saúde mental. A capacidade de regular com grande precisão os níveis de substâncias neuroquímicas como a Tac2/NkB pode melhorar de forma drástica a medicina da saúde mental nos anos vindouros. O Osanetant por enquanto não é oferecido para humanos, mas o campo está mudando rapidamente e os próximos anos prometem numerosos desenvolvimentos inovadores.

A história da Tac2/NkB nos conta um pouco sobre como o isolamento social provoca agressão e medo, mas não por que algumas pessoas têm dificuldade em se desvencilhar dessa situação. O isolamento social é em geral autoimposto porque as pessoas não recebem os tipos normais de recompensas cerebrais advindas das interações sociais. Ou seja, em circunstâncias comuns, gostamos de estar com os outros — como todos os primatas, somos uma espécie social —, e as interações sociais positivas liberam opioides no cérebro, sobretudo no centro de recompensa mais importante do cérebro, o núcleo accumbens. Quando as pessoas sofrem assédio moral, provocações e humilhações em contextos sociais, a experiência inata de prazer em estar com os outros pode ser sequestrada pelo sistema do medo. As pessoas com o sistema de recompensa danificado, em razão dessas interações negativas ou de lesões orgânicas no núcleo accumbens e no sistema límbico associado, ou do encolhimento natural do cérebro associado ao envelhecimento, tendem a socializar menos, pois deixaram de ter recompensas. A estimulação direta do núcleo accumbens em camundongos aumentou a motivação social e lúdica.[33] Mas, por enquanto, não é possível fazer isso em humanos. A estimulação indireta, contudo, é possível através do uso de drogas que aumentam a atividade do centro de recompensas, como canabinoides como maconha, morfina e metilfenidato, que, respectivamente, modulam os receptores de endocanabinoides, opioides endógenos e dopamina.[34] Outro agente que aumenta os níveis de dopamina é a armodafinila, que em geral é usada para combater jet lag ou narcolepsia, mas em algumas pessoas produz o efeito colateral de torná-las mais sociáveis, por agir sobre o sistema dopaminérgico, que busca novidades.

Uma série de estudos que conduzi em colaboração com o neurocientista Vinod Menon mostrou que a música pode ativar os mesmos centros de recompensa. A música em geral ocorre em contextos sociais, como festas, restaurantes e comícios políticos, e há evidências de que ouvir música em grupo libera oxitocina, o hormônio que facilita a conexão social. Nossos estudos mostraram que mesmo ouvir música sozinho, nos confins estéreis de um scanner cerebral, ainda ativa esses centros de recompensa. Sem drogas, então, é possível que o isolamento social e os sentimentos de solidão sejam reduzidos apenas ouvindo música.[35] Afinal, ao fazer isso, é quase como se estivéssemos com os músicos, certo?

Já foi demonstrado que Paxil e Zoloft, dois ISRSs (inibidores seletivos da recaptação de serotonina), embora sejam conhecidos basicamente como antidepressivos, atenuam a ansiedade social e ajudam as pessoas a desfrutarem de suas interações com os outros. Não desista se o tratamento não funcionar logo — ele está sujeito ao que denominamos "retardo terapêutico".[36] Descobrir a medicação e a dose certas para a sua situação pode exigir um pouco de tentativa e erro.

Por outro lado, embora medicamentos como esses sejam muito prescritos, questiona-se cada vez mais sua eficácia. Os pacientes em geral se sentem ludibriados se os médicos não lhes prescrevem alguma coisa, e costuma ser mais fácil escrever uma receita do que convencer os pacientes a buscar psicoterapia, algo que em grande parte do mundo ainda é estigmatizado. Um estudo norueguês mostrou que a terapia cognitivo-comportamental (TCC), que já mencionei, é mais eficaz que a com medicamentos ou do que uma combinação das duas.[37] O problema é que os medicamentos tendem a camuflar os problemas, levando as pessoas a se sentirem melhor durante algum tempo, impedindo que aprendam a controlar elas próprias suas emoções.

Regular nossas emoções é fundamental para uma saúde duradoura. Em especial, já foi demonstrado que aprender a controlar elementos do estilo de vida, como higiene do sono, dieta e atividade física, reduz os sentimentos de solidão, assim como aprender a se concentrar em emoções positivas como a gratidão.[38] Gratidão é uma emoção e um estado mental importante e não raro negligenciada. Ela nos leva a focar o que é bom na vida, em vez de o que é ruim, deslocando nossa perspectiva para o lado positivo. A psicologia positiva nasceu da crença de que o foco da psicologia em transtornos e problemas de adaptação ignorava boa parte do que torna a vida digna de viver. Essa área descobriu que as pessoas que praticam a gratidão simplesmente se sentem mais felizes.

A esse respeito, numerosos estudos demonstraram que as pessoas religiosas são mais felizes que as não religiosas. Muitas são as explicações para isso, mas não são aquelas que você talvez esteja imaginando: as pessoas religiosas não são mais felizes porque acreditam em Deus nem porque sentem o conforto por Ele as observar; isso pode ser importante para elas e pode lhes dar o senso de propósito, moral ou ética, ou apenas lhes incutir a crença de que estão fazendo o certo, mas esses não são fatores de felicidade. As pesquisas sugerem que as pessoas religiosas se sentem mais felizes porque a religião promove a gratidão através de preces e lhes proporciona uma rede social, além do senso de propósito e sentido — três coisas que beneficiam a maioria das pessoas, quaisquer que sejam suas origens. Esses benefícios sociais também parecem emergir nos indivíduos não religiosos que se reúnem em grupos para escutar música, oferecer refeições aos pobres ou participar de festas com os vizinhos.[39] E as pessoas religiosas que não são parte de uma comunidade não parecem desfrutar dos mesmos níveis altos de felicidade dos que convivem em comunidades.

Muitos de nós nos sentimos socialmente deslocados, e há programas e intervenções capazes de ajudar-nos a atenuar esse sentimento. Participar de clubes do livro, de grupos de excursão e de organizações como Toastmasters ou Rotary Club, além de organizações de voluntariado, seculares ou religiosas, pode oferecer alguma ajuda.

Um programa inovador iniciado pela Palo Alto Medical Foundation é chamado linkAges (um jogo de palavras que pode ser lido como *link ages* [conectar as idades] ou *linkages* [ligações]). O programa funciona como um sistema de trocas que estimula jovens e idosos a intercambiar serviços. Os membros da comunidade linkAges postam on-line alguma situação em que precisam de ajuda. Os membros mais velhos talvez precisem de transporte para uma consulta médica ou de ajuda para trocar uma lâmpada; os membros mais jovens talvez queiram aulas de violão ou aprender a elaborar balanços financeiros para um novo negócio. Imagine que Tiffany, 27 anos, ajuda June, 77 anos, a plantar uma horta de legumes e verduras, o que rende para Tiffany duas horas de crédito. Tempos depois, ela quer ter aulas de violão, que recebe de Ramesh, 32 anos; Tiffany troca seus créditos, hora por hora, e Ramesh recebe novos créditos. Ramesh quer montar um negócio de aulas de violão e usa seus créditos com June, que foi contadora de uma grande corporação. Ela o ensina a preparar balanços financeiros. Tiffany e Ramesh interagem com June em diferentes situações, e June desenvolve alto senso de propósito e autoestima ao ser capaz de transferir seus conhecimentos a alguém que precisa deles. Como diz Paul Tang, médico da Palo Alto Medical Foundation, "você não precisa de um parceiro todos os dias, mas saber que é valorizado e está contribuindo para a sociedade é terrivelmente gratificante".[40]

O Estudo Longitudinal Canadense sobre Envelhecimento descobriu que 30% das mulheres com mais de 75 anos relataram ser solitárias.[41] Uma maneira criativa de enfrentar o problema da solidão de idosos é a habitação intergeracional. O programa pareia jovens adultos, em geral estudantes, com idosos, e está sendo desenvolvido em Ontário, Quebec e Nova Escócia. Synbiosis, um programa em London, Ontário, por exemplo, coloca estudantes universitários para morar com idosos em casas de repouso. Esse projeto de coabitação é dirigido pela escola de pós-graduação da McMaster University e conecta estudantes que precisam de moradia segura e acessível e idosos locais que precisam de companhia. Estudantes internacionais que estão trabalhando para melhorar sua proficiência em inglês se beneficiam com as oportunidades de conversar no idioma, enquanto os idosos ganham com a ajuda nas tarefas de casa. As duas partes são beneficiadas com a redução do isolamento social e com o senso de comunidade compartilhada.

Outro novo programa na Grã-Bretanha, Befriending, pareia um voluntário com um idoso para que desenvolvam companheirismo regularmente.[42] Enquanto o programa de Palo Alto propicia que idosos contribuam para a comunidade em suas áreas de especialidade, o programa Befriending é menos transacional. É muito cedo para dizer se esses programas gerarão benefícios tangíveis em termos de saúde duradoura. Mas o programa Befriending alega que

> com frequência oferece às pessoas novo rumo na vida, promove ampla gama de atividades e contribui para o aumento da autoestima e da autoconfiança. O Befriending também pode reduzir a carga sobre outros serviços que as pessoas podem usar de forma inadequada, à medida que buscam contato social.

Perder um cônjuge em consequência de divórcio tardio, doença ou morte pode ser uma experiência profundamente difícil. Minha avó paterna perdeu o marido com quem estava casada há quarenta anos, meu avô, quando tinha apenas 63 anos, e viveu outros dezesseis sem ele. Ela estava despreparada para estar sozinha. Quando ele estava vivo, o casal tinha uma vida social ativa, principalmente com outros médicos, colegas de trabalho que ele conhecia havia décadas. O pai de minha avó era alfaiate e imigrante espanhol. Ela se formou na faculdade em 1923, especializando-se em filosofia. Depois que se casou, ela aproveitou bem a graduação em filosofia em contextos sociais. Meus avós socializavam regularmente com outros médicos e o nível das conversas era culto e instigante.

Mas, depois da morte do meu avô, ela ficou sem rumo. Os médicos, que ela supunha serem seus amigos, pararam de convidá-la para festas. De início, ela buscou companhia marcando consultas no consultório deles. Duas vezes por semana, ou algo assim, ela percorria o circuito clínico geral, otorrino, ginecologista, cirurgião de pé e tornozelo, dentista — todos os profissionais com quem socializava quando meu avô estava vivo. Provavelmente não havia nada errado com ela, mas essa era a única maneira que lhe ocorrera para se manter em contato com essas pessoas. Era estranho para os médicos e os afastava de pacientes que estavam de fato doentes. E estou certo de que era frustrante para ela. Até que minha avó teve um estalo. Ela leu sobre o programa Head Start no jornal, e que o programa local de San Francisco estava procurando voluntários que se dispusessem a ir para as salas de aula ler para crianças pequenas. Tão logo começou a se dedicar a isso, o humor dela mudou por completo. E ela parou de visitar consultórios médicos. Essa foi uma conexão que beneficiou muito minha avó e as crianças desfavorecidas com quem ela se reunia duas vezes por semana. É como escreve Sir Michael Morpurgo, escritor inglês de livros infantis:

> É uma necessidade de cada um de nós, criança ou adulto, sentir-se querido; estar consciente de que pertencemos e de que importamos para mais alguém no mundo. Todos sabemos, com base na experiência, que se sentir isolado de todos ao redor, alienado da sociedade, nos deixa tristes, até zangados. Quanto mais profundo se torna esse isolamento, mais magoados e pesarosos nos sentimos, e mais isso se reflete em nosso comportamento. Essa situação apenas leva a mais alienação. Crianças que, desde a mais tenra idade, sentem-se solitárias e segregadas do resto do mundo, e há muitas delas que se tornam amargas e magoadas, têm poucas chances de se sentirem realizadas com a própria vida. Acima de tudo, precisam de amizade, do calor acolhedor de alguém que cuide e continue cuidando. Com essa amizade duradoura, a autoestima e a autoconfiança podem florescer, e a vida da criança pode ser transformada para sempre.[43]

MUDANÇAS NA SOCIABILIDADE ENTRE ADULTOS MAIS VELHOS

Laura Carstensen era uma jovem professora assistente em Stanford quando a crise da aids irrompeu nas redondezas de San Francisco. Na época, ser HIV positivo era quase uma sentença de morte. Como psicóloga e pesquisadora interessada em envelhecimento, ela ficou pensando em como essas pessoas predominantemente jovens, cuja vida estava prestes a ser interrompida, lidariam com a morte iminente. Em termos de quanto tempo lhes restava, eram como idosos — que semelhanças psicológicas, se é que existiam, haveria entre as duas situações?

Carstensen propôs que os objetivos sociais, de maneira geral, dividem-se em duas categorias: a aquisição de conhecimento e a autorregulação da emoção. Além disso, a maioria das pessoas entende que nosso tempo uma hora vai se esgotar; essa consciência, por sua vez, influencia nossos objetivos em diferentes momentos de nossa existência. Ao longo da vida, diz ela, envolvemo-nos em um processo seletivo para cultivar nossas redes sociais de forma estratégica e adaptativa, para nos ajudar a maximizar os ganhos sociais e emocionais e ao mesmo tempo minimizar os riscos sociais e emocionais.[44] Quando o tempo é visto como ilimitado — como ocorre para a maioria dos jovens —, os objetivos muito provavelmente serão preparatórios, e nos dedicaremos a fatores que otimizarão o futuro — por exemplo, reunindo informações, desdobrando-nos para encontrar nossos limites e desenvolvendo novas habilidades. Os jovens em geral atribuem grande ênfase a atividades que os ajudarão mais tarde; afinal, o que é a escola se não o exemplo máximo de algo que de fato não nos ajuda naquele momento?

Em contraste, quando nos damos conta das limitações de tempo, os objetivos focam mais atividades significativas, que podem ocorrer no presente.[45] Em consequência, os objetivos se deslocam da ênfase em conhecimentos e relacionamentos futuros para estados emocionais, paz de espírito, bem-estar e amizades importantes. Quando o tempo é limitado, os objetivos relacionados a extrair significado emocional da vida são priorizados em detrimento dos que maximizam retornos em longo prazo num futuro encurtado. Evidentemente, os jovens às vezes perseguem objetivos relacionados a obter sentido, e os idosos às vezes perseguem objetivos relacionados à aquisição de conhecimento; a importância relativa atribuída a eles é que está sujeita a mudanças. E se a aquisição de conhecimentos e habilidades por seus próprios méritos é prazerosa no momento, como notoriamente era o caso de Pablo Casals, esse objetivo não diminui com a idade.

Carstensen estudou homens jovens com infecções de HIV sintomáticas que se aproximavam do fim da vida e concluiu que seus objetivos em relação a como queriam usar o tempo se tornavam muito semelhantes aos de idosos que se sentiam no fim da vida — queriam passar o tempo com quem importava para eles, pessoas de quem se sentiam próximos, e atribuíam grande ênfase a atividades com forte significado emocional no momento, em vez de atividades preparatórias. Carstensen chamou essa situação de teoria da seletividade socioemocional.[46] A perspectiva do tempo, não a idade cronológica, induz essas mudanças nas motivações sociais. Por que investir tempo em um novo contato se você não estará presente para colher os benefícios? O que importa, quando você está ficando sem tempo, é manter as amizades duradouras, profundamente significativas, que alimentaram sua vida emocional.

Outra mudança interessante, associada à idade, tem a ver com a maneira como nos relacionamos com o mundo.[47] Adultos de meia-idade tendem a direcionar suas energias para alinhar seu ambiente com seus próprios desejos — constroem e reformam moradias, por exemplo, e agem de outras maneiras para moldar seu mundo às suas preferências. Os idosos costumam focar mudar a si mesmos de acordo com o seu ambiente. Para enfrentar os desafios do envelhecimento, os indivíduos mais velhos cada vez mais precisam recorrer a estratégias de ajuste de expectativas e atividades, a fim de perseguir objetivos mais realizáveis quando as atividades típicas da juventude se tornam mais difíceis.

Felizmente, o passar dos anos, em muitos casos, está ligado a um melhor equilíbrio emocional.[48] Parte desse equilíbrio se deve a desativações da amígdala — ficamos menos inclinados a experimentar pensamentos negativos à medida que envelhecemos, e menos propensos a sentir medo.[49] A amígdala é responsável por detectar e responder a ameaças, processo que pode resultar na secreção de substâncias químicas em todo o cérebro (norepinefrina, acetilcolina, dopamina, serotonina) e no corpo (hormônios como adrenalina e cortisol). Embora você talvez conheça idosos que têm medo e desequilíbrio emocional, não se trata de uma tendência estatística. (Também pode ser o resultado de comorbidade como Alzheimer ou demência, ou apenas diferenças individuais naturais, e uns poucos casos pessoais mais impressionantes não negam a tendência mais ampla de melhor equilíbrio emocional.)

A teoria da seletividade socioemocional afirma que, ao envelhecermos, ficamos cada vez mais conscientes do encurtamento de nosso horizonte temporal futuro. Essa consciência nos leva a priorizar o significado emocional, a regulação da emoção e o bem-estar. Ocorre também um efeito de desenvolvimento da positividade — idosos dão mais atenção a experiências positivas e se lembram mais delas, em comparação com adultos mais jovens. Juntas, essas tendências podem ajudar a amortecer declínios no bem-estar objetivo e a induzir percepções subjetivas de bem-estar e positividade em adultos mais velhos.

AUTOEFICÁCIA

O estudo de Bucareste sobre crianças órfãs demonstrou o papel crítico da socialização para o desenvolvimento do cérebro no começo da vida. Este, porém, muda constantemente, não só na infância. Isso me leva a pensar sobre como as experiências sociais e a vida familiar impactam o cérebro no outro extremo do contínuo da vida. A velhice envolve aposentadoria e, assim se espera, a independência de nossos filhos, o que leva a uma importante mudança psicológica: não somos mais responsáveis pela execução de determinada função, numa organização ou na sociedade. Essa perda de senso de responsabilidade pode gerar uma perda mais ampla da capacidade de fazer a diferença — a percepção de que nossas atividades no mundo são importantes e de que importamos para outras pessoas. A crença de que exercemos algum controle sobre o nosso ambiente é essencial para o bem-estar e é considerada uma necessidade psicológica e biológica.[50] Esse controle ambiental e a capacidade de corrigir os próprios erros é um princípio valioso ensinado às crianças pequenas no bem-sucedido método Montessori. Se é valioso para crianças pequenas, talvez também seja para adultos mais velhos.

Pense em casas de repouso e em lares de idosos, o que costumávamos chamar de "asilos de velhos". Em alguns casos, a equipe executa tudo o que os residentes antes faziam para si próprios, como cozinhar e limpar. À parte aqueles que de fato *não podem* mais cuidar de si mesmos, em razão de problemas de mobilidade e demência, inúmeras pessoas que seriam capazes de executar algumas tarefas são encorajadas a ficar ociosas, a "relaxar e pegar leve". A mensagem recebida por muitos idosos é "você não é capaz; não importa mais". A condição debilitada de muitos nessas instalações talvez resulte, pelo menos em parte, de serem induzidos a viver em ambientes em que não decidem nada. Será que essa condição é reversível?

Um estudo que se tornou um marco na década de 1970 explorou escolha e responsabilidade numa casa de repouso.[51] Metade dos residentes recebeu um vaso de planta e ouviu que a equipe regaria e cuidaria da planta. A outra metade primeiro foi questionada se queria ou não a planta e, se a resposta fosse positiva, foi informada de que seria responsável por cuidar dela. Essa intervenção simples, quase trivial, teve consequências dramáticas. Os residentes que tiveram pelo menos essa pequena escolha e foram incumbidos de cuidar de uma planta se mostraram mais felizes e mais ativos. Passavam mais tempo visitando uns aos outros e conversando com a equipe do lugar. No final das contas, pareciam muito mais alertas.

Albert Bandura (agora com 94 anos, professor de Stanford que publicou três importantes estudos científicos em 2019) usa os termos *agência* e *autoeficácia* para descrever a crença de que se é capaz de controlar o próprio ambiente.[52] Quanto mais alto for o senso de autoeficácia da pessoa, mais altos são os objetivos que ela estabelece para si própria. O senso de controle é necessidade básica da vida psicológica. Os indivíduos com a percepção de que não controlam o próprio ambiente talvez procurem recuperar o controle a qualquer custo, extravasando seus conflitos internos, transgredindo a lei, atacando seus entes queridos ou desenvolvendo transtornos alimentares. Lembra daquela estrutura misteriosa, bem no interior do cérebro, o putâmen? As pessoas mostram grande atividade no putâmen quando, ao obterem algo desejável, *escolhem* a recompensa em vez de simplesmente recebê-la por escolha alheia.[53] Escolher, ou seja, exercer controle sobre o próprio ambiente, ativa o sistema de recompensa do cérebro.[54] Isso se aplica mesmo quando a escolha ocorre durante uma situação estressante, num contexto de "o menor de dois males". O próprio fato de termos opções entre as quais decidir parece atenuar as respostas ao estresse no cérebro e pode contribuir para preservarmos um cérebro mais saudável à medida que envelhecemos.

Em estreita conexão com as ideias de escolha, controle, autoeficácia e agência se encontra a questão da autonomia funcional — somos livres de verdade para fazer o que queremos? Ao envelhecermos, tendemos por necessidade a confiar nos outros, à medida que nossas habilidades aos poucos diminuem ou, em alguns casos, entram em colapso. Meu avô adorava executar trabalhos de manutenção em casa — ele *tinha construído* a casa, atuando como empreiteiro, encanador, eletricista e tudo o mais. No entanto, aos 62 anos, ele se viu chamando o encanador para fazer até os menores reparos. Ele estava cansado de tentar se espremer em espaços apertados ou se içar ao sótão. Suas costas doíam. Ele já não tinha a destreza manual de antes. Na carta comovente que escreveu para a família pouco antes de morrer, ele lamentou essa mudança em suas atitudes e habilidades. Ele se sentia menos como si mesmo. Esse tipo de mudança é natural. As pesquisas, todavia, mostram que, à medida que envelhecemos, os amigos e a família desempenham papel crítico no desenrolar dessa história.[55] Se as pessoas à nossa volta reforçam e encorajam nossa autonomia, tendemos a melhorar. Se estamos cercados de gente que desencoraja nossa autonomia e tenta nos convencer de que não devemos fazer o que sempre fizemos, a vida pode sair dos trilhos rapidamente. Eu o ajudava nos consertos, e meu avô adorava ter habilidades que podia transmitir a uma geração futura.

Evidentemente, há casos em que precisamos intervir e desencorajar a autonomia de nossos entes queridos. A mãe de minha mãe, lutando contra o Alzheimer aos 95 anos, quase incendiou o apartamento dela várias vezes, deixando coisas no forno ligado e se esquecendo delas. Também negligenciava a limpeza. Já não tinha condições de viver com autonomia. Depois de muitas consultas e deliberações, minha mãe a levou para uma residência de idosos. Era um bom estabelecimento — a equipe a deixava tomar todas as decisões de que era capaz e ampliou a autonomia dela, em vez de cerceá-la. Ela não decidia quando se alimentar; isso estava programado. E não escolhia o próprio quarto no prédio. Mas podia escolher o que comer, aonde ir e com quem se relacionar. Ela morreu durante o sono, de problemas não relacionados a isso, aos 96 anos, mas tinha amigos no lar e, mesmo em seu estado de demência avançada, encontrou alguma alegria no fim da vida.

Instalações de vida assistida (VA) são uma tendência nos Estados Unidos. Nelas, em geral, as pessoas têm o próprio apartamento, e o nível de atenção e de cuidados é ajustado sob medida para cada indivíduo, com ênfase na autonomia. Elas são direcionadas para o lazer, com atrações no local, como pubs, piscinas e academias de ginástica.

Elas oferecem às pessoas oportunidades de socialização que não estão disponíveis em casa. Os problemas com os quais pessoas de noventa anos se defrontam são os mesmos em lares convencionais e em VAs, mas estas resolvem muitos deles. Alguém as ajuda a se vestir e então podem ir ao pub beber uma cerveja.

TRABALHO

Walter Isaacson observa que a maior criatividade decorre de associações com outras pessoas, o tipo de polinização cruzada resultante de conversas entre indivíduos com ideias interessantes. Da Vinci criou suas obras mais famosas,

A última ceia e *Mona Lisa*, depois de se mudar para Milão e se cercar de pessoas oriundas de várias ocupações e disciplinas — a cidade na década de 1470 fervilhava de criatividade. Benjamin Franklin criou um clube na Filadélfia, em 1727 (quando tinha apenas 21 anos), o Leather Apron Club [Clube do Avental de Couro], que reunia pessoas com diferentes formações e perspectivas para conversas e debates. Ele se manteve socialmente ativo desse modo até o fim da vida, aos 84 anos.

O quadro que emerge daí é claro. Ao se aposentar, as pessoas tendem a se voltar para si mesmas. Nessas condições, o declínio cognitivo e as perturbações do humor podem prevalecer. Isso não se aplica a todos, mas afeta muita gente. E, à medida que a depressão se infiltra, de início despercebida, ela vem de forma tão gradual que não fazemos nada a respeito enquanto temos alguma lucidez em relação a nós mesmos e nossa vontade de mudar. Mais tarde, alguém próximo percebe a mudança no comportamento, os indícios, e se inicia uma batalha difícil para a contenção dos danos. Aposentar-se da maioria dos trabalhos significa encolher rapidamente o número de pessoas com quem nos relacionamos e a perda do senso de que estamos envolvidos numa atividade significativa.

Há exceções. Sonny Rollins, o grande saxofonista de jazz, é uma. Aos oitenta anos, ele se mudou de sua casa na cidade de Nova York para o interior do estado com a namorada, "onde não corríamos o risco de alguém nos pegar desprevenidos e tocar nossa campainha". Para pessoas como Sonny, as interações sociais podem ser estressantes e incômodas. E, embora tenha se aposentado do saxofone em 2013, depois de ser diagnosticado com fibrose pulmonar, ele se manteve ativo. Passa o tempo fazendo ioga, cantando e imerso em leituras de filosofia oriental. Depois de uma vida de viagens e apresentações com muitos milhares de pessoas, Sonny parece encontrar alegria na solidão. Nem todos acham a socialização estimulante.

Mas, para a maioria de nós, o melhor conselho é não parar de trabalhar. Freud disse que as duas coisas mais importantes na vida são relacionamentos saudáveis e trabalho significativo. Não há experimentos controlados a esse respeito, nem estudos em que idosos foram escolhidos ao acaso para continuar trabalhando ou se aposentar. Mas os casos são impressionantes, de Ralph Hall, um democrata do Texas que atuou como deputado até os 91 anos, a Mastanamma, uma mulher na Índia que morreu em 2018, aos 107 anos, cujo canal de culinária no YouTube tinha mais de 1,3 milhão de seguidores.

Ou Anthony Mancinelli, de Nova York, que até sua morte, em setembro de 2019, aos 108 anos, era o barbeiro mais idoso do mundo e que ainda comparecia ao trabalho todos os dias para cortar cabelo.[56] Seu gerente, na barbearia, sempre dizia: "Ele nunca telefona para avisar que está doente. Tenho aqui pessoas jovens com problemas no joelho e nas costas, mas ele simplesmente continua firme e forte. Ele faz mais cortes de cabelo que qualquer garoto de vinte anos, que fica sentado à toa, olhando para o telefone, escrevendo mensagens de texto, ou o que for, enquanto ele trabalha". Numa entrevista em 2017, Mancinelli disse que continuava a trabalhar porque isso o mantinha ocupado e animado depois da morte da esposa Carmella, aos setenta anos, ocorrida catorze anos antes. (Ele visitava o túmulo dela todos os dias antes do trabalho.) O que ele não disse foi que cortar cabelo é uma ocupação social. Ele passava o dia todo conversando com clientes e colegas.

Navegar por entre os costumes complexos e as armadilhas traiçoeiras do trato com outras pessoas, indivíduos com suas próprias necessidades, opiniões e sensibilidades, é uma das atividades humanas mais complexas. É uma tarefa que exercita várias redes neurais, mantendo-as sintonizadas, em forma e prontas para serem acionadas. Durante boas conversas, ouvimos e sentimos empatia. E a empatia é saudável, ativa redes em todo o cérebro, inclusive o córtex parietal posterior e o giro frontal inferior.

Imagine como seria viver uma vida longa e rica, sentir-se valorizado e útil para a sociedade, e, então, de repente, ser tirado da pista. Isso é o que acontece com adultos mais velhos em todo o mundo, em países que adotam a aposentadoria compulsória, como Brasil, China, França, Alemanha e Coreia do Sul. Acho isso triste porque em todos os domínios do empreendimento humano ainda há muito a ser feito, e muita gente apta fisicamente e capaz mentalmente, com experiência e sabedoria para nos ajudar. As pessoas mais velhas talvez sejam um pouco mais lentas e precisem de certas acomodações médicas, mas as mais jovens são mais impulsivas, menos experientes e ainda não desenvolveram a habilidade para identificar padrões que é aprimorada ao longo de toda uma vida de uso do cérebro.

Espanha, Austrália, Estados Unidos e Reino Unido revogaram a aposentadoria compulsória, mas isso não significa que o etarismo tenha sido erradicado. Se a sua empresa diminuir as operações ou quebrar, e você tiver setenta anos, mesmo em um desses países talvez seja difícil encontrar outro emprego. É difícil mesmo aos cinquenta.

Não faltam exemplos de pessoas que continuam trabalhando até uma idade avançada. À medida que o número de pessoas com mais de 65 anos já ultrapassa 1 bilhão hoje, e acima de oitenta anos ultrapassa 125 milhões, expande-se a quantidade de modelos de longevidade ativa e produtiva, a ponto de se converterem no novo normal.

Poucos dias atrás, recebi um engenheiro para olhar a fundação da minha casa. (Moro na Califórnia, uma área sujeita a terremotos.) Ele tinha 75 anos e já não conseguia se espremer em espaços apertados ou subir em telhados, mas minha casa não foi problema para ele. Ele já havia estado nela várias vezes, muito tempo atrás, antes de eu comprá-la, e o que ele se lembrava da construção e seus conhecimentos do terreno eram incríveis. Um inspetor com um terço da idade dele tinha visitado a casa um ano antes e demorou duas vezes mais para fazer o trabalho, e nem de longe foi tão minucioso.

Louise Slaughter era uma deputada democrata que morreu em 2018, enquanto ainda representava seu distrito em Nova York, aos 88 anos. Betty White ainda atuava na televisão aos 97 anos, com participações em *Bones* e *Bob Esponja Calça Quadrada*. Brenda Milner, uma das figuras de maior destaque em neurociência, trabalhava todos os dias no Montreal Neurological Institute, aos 101 anos. Aos 86 anos, Ruth Bader Ginsburg voltou ao trabalho menos de uma semana depois de fraturar três costelas. A deputada Maxine Waters, que representa o 43º Distrito de Los Angeles, na Califórnia, estava em seu 15º mandato na Câmara dos Representantes, aos 81 anos. Ela atraiu a atenção de todo o país, em 2018 e 2019, como presidente da Comissão de Serviços Financeiros da Câmara. Embora receba elogios dos democratas e desperte ira nos republicanos, todos em ambos os partidos a veem como calma, comedida, poderosa e brilhante. E ela se orgulha de alcançar diferentes gerações. "Lamentamos o tempo todo a falta de envolvimento dos jovens", disse ela.[57] "Mas eles me ensinaram muito sobre o que os motiva. Parece que tudo que estão buscando é alguma honestidade e verdade, e alguém em que possam acreditar."

ENVOLVA-SE COM OUTRAS PESSOAS

O envelhecimento tem efeitos benéficos sobre nosso comportamento social. Os idosos, em geral (sei que você provavelmente conhece exceções), são melhores para regular as emoções; conseguem controlar melhor seus sentimentos, são menos reativos a insultos e prestam mais atenção aos aspectos positivos da vida.[58] Art Shimamura descreve assim:

> Uma explicação para essa maturidade é que, durante décadas de interações sociais, os idosos confrontaram os aspectos bons, maus e feios de como as pessoas lidam umas com as outras. Nessas condições, compreendem melhor que é possível fazer escolhas quanto a como nos comportamos e sobre como vivemos com mais saúde quando focamos o lado positivo da vida. Essa inclinação para a positividade segue o ditado *não se aborreça com ninharias*, e é importante para o bem-estar psicológico, pois a vida é muito curta para se preocupar com pequenos contratempos.[59]

O engajamento social ajuda a manter as funções do cérebro e protege contra o declínio cognitivo. Estudos epidemiológicos demonstram que ter uma rede social ampla e contatos sociais diários é muito relevante para prevenir a demência.[60] Esses fatores são importantes mesmo quando são controlados outros fatores, como idade, educação e antecedentes de saúde. Até a probabilidade de morte precoce é menor quando se participa de atividades sociais. No entanto, todos esses benefícios se associam apenas a relacionamentos sociais positivos. Os abusivos, angustiantes e de alguma outra maneira perniciosos, obviamente, podem agravar o estresse e serem danosos.

Uma meta-análise de 76 estudos diferentes concluiu que é urgente a necessidade de identificar atividades de estilo de vida que reduzam a degeneração funcional e a demência associadas ao envelhecimento da população.[61] O voluntariado parece ser uma delas. Atuar como voluntário em organizações locais, centros comunitários ou hospitais pode produzir todos os benefícios de continuar trabalhando: senso de autoestima e de realização e interações diárias com outras pessoas, capazes de energizar o cérebro. Os dados revelam que o voluntariado se associa à redução dos sintomas de depressão, melhora da saúde autodeclarada, menos limitações funcionais e mortalidade mais baixa.[62] Nos Estados Unidos, um quarto das pessoas com 65 anos atua como voluntário, e no Canadá essa participação é superior a um terço (ah, Canadá!). Mesmo com base em estimativas conservadoras, em todo o mundo o voluntariado contribui com quase meio *trilhão* de dólares para as economias locais.[63] O voluntariado é uma atividade essencialmente altruísta, e práticas desse tipo por parte de idosos — de todos nós, na verdade — estão ligadas à saúde física e mental.

Em um estudo controlado, voluntários demonstraram melhor capacidade de alternar entre dois conjuntos de tarefas, assim como de aprendizado verbal e de memória, e escaneamentos do cérebro mostraram aumento significativo da atividade no córtex pré-frontal — área de raciocínio complexo e de função executiva.[64] O voluntariado em funções de gestão ou de comissão se associou a maiores emoções positivas, mas apenas para mulheres.[65] Por quê? Não sabemos ao certo. Talvez porque as mulheres desenvolveram melhores habilidades de comunicação 10 mil anos atrás, mantendo acesa a fogueira comunitária e cuidando das crianças, enquanto os homens saíam a campo, como coletores e caçadores.

Lembre-se do capítulo 4, sobre o cérebro solucionador de problemas, que quanto mais complexa tenha sido sua ocupação principal enquanto trabalhava, maior será a sua proteção contra o declínio cognitivo na velhice. Complexidade inclui aspectos como fazer escolhas em contextos de opções voláteis, interagir com outras pessoas e aprender coisas novas — basicamente trabalhos que não podem ser executados no piloto automático. São muito poucas as pesquisas sobre complexidade ocupacional entre voluntários, mas como eles executam basicamente muitas das mesmas funções de trabalhadores remunerados, é razoável inferir que essa relação entre complexidade e benefício se mantém, se reconhecermos que é provável que haja níveis ótimos de complexidade além dos quais qualquer trabalho, mesmo os voluntários, tornam-se irritantes.

É claro, nem todo voluntariado é benéfico. Se você está confinado num quarto sem janela, elaborando os balanços financeiros de uma organização sem fins lucrativos, e você não tem como espairecer ou interagir com alguém, os benefícios serão limitados, se houver algum. O ideal é que você encontre um trabalho compatível com suas capacidades físicas, sociais e cognitivas, alargando-as um pouco, talvez, mas não até o ponto de ruptura. Talvez seja útil conversar com um amigo ou com um familiar para se certificar de que os requisitos da atividade voluntária se encaixam com seus objetivos e aspirações.

Cerque-se de pessoas que sejam melhores do que você em alguma coisa, mas que não se imponham sobre você. Quando comecei como músico profissional, 45 anos atrás, prometi a mim mesmo que nunca entraria no palco se eu não fosse o pior músico presente. Tenho a satisfação de dizer que nunca me decepcionei, e que todas as apresentações foram para mim excelentes experiências de aprendizado. Relacione-se com pessoas que o estimulem a crescer, a explorar o desconhecido, e que apreciem o seu sucesso. Tente descobrir situações sociais que respeitem os idosos e uma função que lhe permita contribuir com os seus conhecimentos acumulados e sua sabedoria para uma organização comunitária cujos propósitos você admire. E, quando for possível, saia de casa! Saia! Saia!

7. Dor

Dói quando faço isto[1]

Entre os aspectos mais comuns da velhice estão dores crônicas e agudas, generalizadas e locais — parece que, como num carro velho, as peças se desgastam e o carro começa a enguiçar. Dores representam 80% das causas de visitas ao médico nos Estados Unidos — são a queixa mais comum quando as pessoas vão ao médico.[2] Quando o médico pergunta "Por que você me procurou?", a resposta mais frequente é: "Sinto dores aqui", ou a variante: "Dói quando faço isto".

Há cerca de dez anos eu e meu amigo Michael comparamos nossos inventários de marcadores físicos do envelhecimento. Essas características do envelhecimento se manifestam de maneira lenta, uma de cada vez, e cada uma parece manejável em si, mas elas se acumulam e interagem. Algumas respondem a tratamento. Outras requerem mudança de comportamento. E ainda há aquelas com que é preciso aprender a conviver.

O principal tema de nossas conversas é como temos sorte. Conhecemos pessoas que sofrem de dores debilitantes e ameaçadoras. Conheci J. D. Buhl em 1984, quando ele era cantor e compositor e eu trabalhava como produtor de alguns musicais. Aos 25 anos, ele já havia liderado duas bandas de sucesso, J. D. Buhl and the Believers e The Jars. Quando nos conhecemos, ele estava iniciando a carreira solo. Produzi alguns álbuns para ele, tocamos juntos e nos tornamos amigos. Eu admirava o talento dele e seu conhecimento enciclopédico sobre discos... Ele sabia quem tinha escrito cada música, o ano em que o álbum foi lançado, o nome de cada músico que tocou na sessão. Entre meus outros amigos, eu sempre fui o rei desse tipo de curiosidade. Mas com J. D. eu era o aprendiz, e eu o amava por isso. Nos anos 1990 e 2000, passamos a fazer outras coisas — ambos nos tornamos professores — e continuamos em contato. Em 2013, J. D. me telefonou e disse que havia sido diagnosticado com câncer terminal. Ele queria escrever e gravar um último álbum, e queria que eu o produzisse. Seis meses de quimioterapia o haviam deixado cansado e desgastado, mas o câncer estava em remissão e ele se sentia animado. E, assim, começamos. Devagar.

Em 2016, o câncer havia retornado, e ele pediu para voltar ao estúdio para gravar quatro novas músicas. A dor agora era intensa e parecia não haver nada que ele pudesse fazer para aliviá-la. Ele tinha feito planos para se internar num hospital de cuidados paliativos. Em Oakland, onde morava, os funcionários da instituição o ajudaram a se preparar para acabar com a própria vida quando a dor se tornasse insuportável. Já se demonstrou que a ansiedade aumenta a dor, e saber que não há o que fazer para mitigá-la pode agravar ainda mais a ansiedade. Ainda por cima, J. D. estava mais ansioso por causa de suas finanças minguantes, da perda de mobilidade e da falta de energia.[3]

Um dia, no verão de 2017, aos 57 anos, ele me telefonou e disse que tinha chegado a hora. A dor era demais. Ele acordava todas as manhãs depois de rolar a noite inteira na cama, meio adormecido e inquieto, atormentado por sensações lancinantes por todo o corpo e sabendo que o novo dia não lhe traria nada além de mais dor, sem alívio. Ele ainda enfrentava o embaraço de um saco de colostomia, além da aparência sugada e encovada. Ele não tinha sido abençoado com muitos pares românticos na vida, e percebeu que nunca teria outro. Faltava-lhe a energia para tocar e até para escutar música. "Tenho muito pouco a esperar", disse. Telefonei-lhe na noite de 14 de agosto de 2017, para me despedir, e na manhã seguinte ele ingeriu um coquetel de fármacos e partiu.

A dor é um inimigo formidável, e nem mesmo os avanços espetaculares da ciência médica são páreos para ela. Tendemos a pensar a medicina em termos de quanto ela pode prolongar a vida e, como sociedade, derramamos muito dinheiro e outros recursos no esforço para curar doenças que encurtam a duração da vida — como o câncer. Mas não resolvemos o problema de como erradicar a dor. Em outras palavras, a ciência médica tende a focar a duração da vida em vez da duração da doença.

A todo instante, 30% da população está sentindo dores crônicas — ou seja, sente dor e se encontra nesse estado há mais de três meses. As chances de sofrer de dores crônicas em algum momento da vida são de uma em duas.

Mais pessoas têm dores crônicas neste minuto do que câncer, cardiopatias ou diabetes somados.[4]

O Global Burden of Disease Project é um olhar epidemiológico estatístico sobre as várias doenças e lesões que afetam as pessoas em todo o mundo.[5] Produzido pela Organização Mundial da Saúde, ele fornece um mapa interativo que considera numerosas variáveis, inclusive causas de morte por país e estado, idade e sexo. Um aspecto inovador é o relatório de AVDs — anos vividos (ou perdidos) com doença ou deficiência —, o que eu descrevi como *duração da doença*.[6]

Considere as duas visualizações (baseadas em dados da Organização Mundial da Saúde) na p. 248. A primeira figura mostra as causas de morte de pessoas com mais de setenta anos. A segunda mostra os AVDs para pessoas com mais de setenta anos. O objetivo aqui é demonstrar que aquilo que nos debilita é diferente do que nos mata.

Como mostra o primeiro gráfico, acidente vascular cerebral (AVC) e câncer respondem por 15% e 16% das mortes de pessoas com mais de setenta anos, respectivamente. Dores crônicas respondem pela mesma proporção de AVDs — anos de duração da doença dentro da duração da vida. (Cefaleias respondem por cerca de 1% e se agrupam em "outras doenças crônicas".) Observe também que, das pessoas que sofrem de dores crônicas, quase metade tem dores nas costas. Cerca de uma pessoa em cinco tem dor no pescoço, e outra pessoa em cinco tem artrite. E compare a magnitude do câncer como causa de morte versus como causa de deficiência. Câncer é uma causa de morte importante, mas, em termos de deficiência, responde por apenas 3%, em comparação com, digamos, quedas, que respondem por 7% das deficiências. Isso não significa que não devemos buscar a cura do câncer e de doenças cardíacas, mas sim que se gasta uma quantia desmedida em pesquisas sobre duração da vida, quando comparado com o que se gasta com pesquisas sobre duração da saúde. Só os custos do tratamento de doenças crônicas nos Estados Unidos envolvem despesas anuais superiores a 635 bilhões de dólares e podem acarretar consequências imprevisíveis e catastróficas,[7] talvez incluindo a epidemia de opioides em curso.[8] As pesquisas sobre dor recebem apenas uma pequena fatia dos financiamentos destinados à pesquisa médica, talvez por causa da crença muito difundida de que "dor dói, mas não mata". Mas, de fato, a dor pode matar. As dores crônicas aumentam em 1,57 o risco de mortalidade. Isso significa que, para cada dez anos que a pessoa passa com dores crônicas, a duração da vida é reduzida em um ano. Em outros termos, as dores crônicas nos conferem uma idade ajustada ao risco seis anos superior à idade cronológica. Quem sofre de dores crônicas aos 74 anos tem, na verdade, uma idade ajustada ao risco de oitenta anos.

Muita gente supõe que a dor simplesmente piora com a idade, mas isso não é verdade — ela atinge o pico e depois cai. A dor crônica atinge o pico quando se tem cinquenta ou sessenta anos, e depois declina aos setenta e além. Esses números talvez sejam mais altos porque os idosos ficam mais estoicos e param de se queixar, ou apenas porque não a sentem mais.

A sensação de dor é de fato gerada pelo cérebro, embora costume se manifestar em uma parte específica do corpo. Em outras palavras, o dedo do pé está doendo, mas a "dor" ocorre na parte do seu mapa cerebral que representa o dedo do pé. Por isso é que, se desligamos o cérebro, com o sono, a perda de consciência ou certas drogas, a dor cessa. Ou que, se bloqueamos a transmissão de disparos neurais do dedo do pé para o cérebro, também cessa a dor. Esse resultado pode ser alcançado com um anestésico tópico ou com um agente intravenoso para o bloqueio dos nervos. Seja como for, nenhum sinal de dor oriundo do receptor sensorial chega ao cérebro e, portanto, não se sente a dor. Como vimos no capítulo sobre percepção (capítulo 3), podemos sentir dor mesmo quando não há input sensorial, como no caso da dor do membro fantasma de um amputado. Portanto, ela é um fenômeno cerebral.

A dor não é apenas uma reação automática que sentimos quando estamos lesionados. Em um trabalho publicado pouco depois da Segunda Guerra Mundial, o tenente coronel Henry Beecher escreveu: "Há uma crença comum de que feridas sempre se associam a dor e que, quanto maior é a ferida, pior é a dor". Ele descobriu que isso não é verdade depois de observar um fenômeno estranho: os soldados em batalha podem sofrer lesões terríveis, como um ferimento à bala ou a amputação de um membro, e não sentir nenhuma dor até muito mais tarde.[9]

Ela também tem um componente emocional e afetivo; ou seja, não temos a sensação de dor se não a sentimos como inconveniente e indesejada.[10] A mesma percepção de alguém pressionando com força nosso pescoço é interpretada de maneiras diferentes se for provocada por um assaltante ou um fisioterapeuta. Como escreveu Beecher,

não havia relação confiável entre a extensão da lesão e a intensidade da dor. Tampouco se constatou diferença significativa entre a dor de uma lesão súbita e a de uma doença crônica. A intensidade do sofrimento é em grande parte determinada pelo que a dor significa para o paciente.[11]

Causas de morte no mundo em 2017 (setenta anos ou mais)

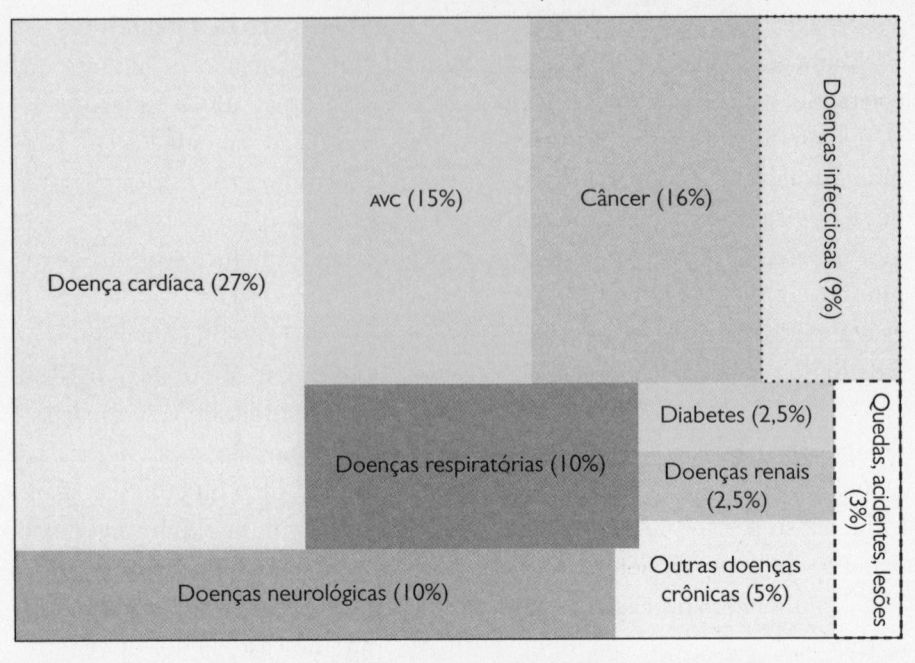

Anos de vida passados com deficiências no mundo em 2017 (setenta anos ou mais)

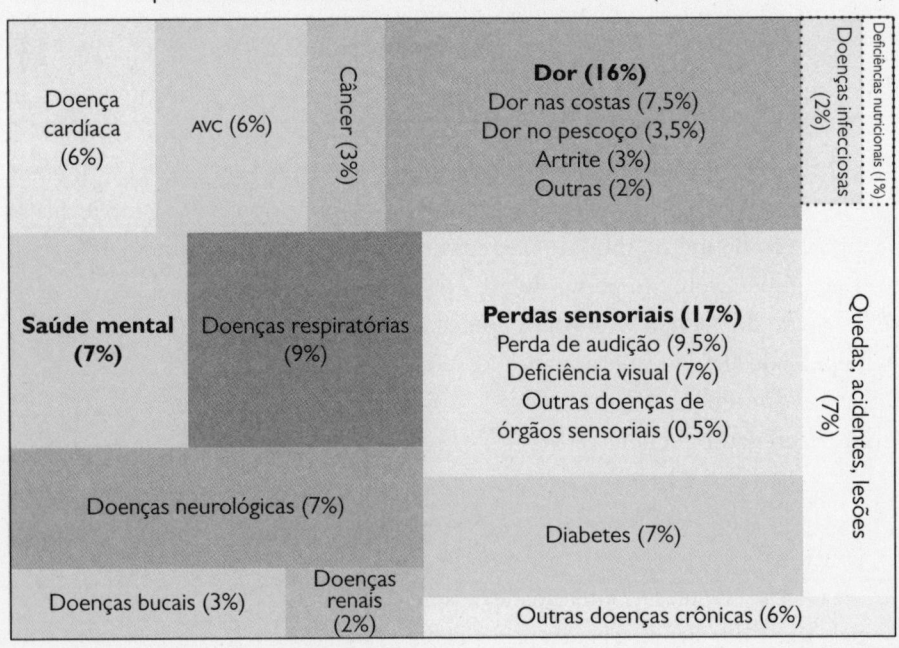

A razão para alguns soldados se ferirem mas não sentirem dor é a analgesia induzida pelo estresse. Basicamente, o cérebro está dizendo à medula espinhal: "Não me perturbe agora, tenho coisas mais importantes com que me preocupar — estou tentando nos manter vivos".

A Universidade McGill, em Montreal, onde passei boa parte de minha carreira, é um dos principais centros de estudos sobre a dor. Como californiano nativo, atribuo esse sucesso aos invernos extremamente frios da região. (Meus colegas canadenses, que parecem *gostar* do frio, não hesitam em observar que a Sibéria, o Alasca, o Himalaia e Yukon também são muito frios, mas não produzem pesquisas sobre a dor com o mesmo impacto.)

Uma das maiores contribuições para a pesquisa sobre dor foi feita pelo pesquisador da McGill Ronald Melzack, na década de 1960. Tendemos a pensar que os nervos periféricos indicam quando sentimos dor. Damos uma topada e machucamos o polegar, ou a faca desliza quando fatiamos cebola, cortamos o dedo e, *voilà* — dor. Melzack, porém, mostrou que é o cérebro que decide se sentiremos dor ou não. A teoria que ele criou junto com o fisiologista inglês Patrick Wall, denominada teoria do portão de controle da dor, envolveu numerosos experimentos da vida real.

Em especial, Melzack mostrou que o cérebro pode se sobrepor a tudo que ocorre na medula espinhal, aumentando ou diminuindo a sensação de dor. Se o cérebro for ativado ou alertado para esperar dor, inputs sensoriais normais e rotineiros talvez acabem sendo percebidos por ele como sinais de dor, mesmo que a medula espinhal não esteja enviando nenhum sinal. Talvez a dor crônica seja isso: você sofreu alguma lesão que já foi reparada, mas um simples toque na região desperta a sensação de dor. (É a chamada *alodinia*.)[12]

A visão neurocientífica é de que a dor é uma condição motivacional e emocional que nos diz para fazer alguma coisa — como friccionar ou lamber uma ferida — ou não fazer algo — como pôr a mão em um fogão quente. No entanto, nem todas as experiências que nos dizem para fazer alguma coisa são percebidas como dor. Por exemplo, *disestesia*, o formigamento que se manifesta quando os pés ficam dormentes, pode nos levar a pular e a nos contorcer ou a esfregar a área afetada, mas essa sensação não costuma ser considerada dor. *Parestesia* é o termo geral que se aplica a qualquer espécie de sensação cutânea anormal, inclusive dormência, comichão, calafrio ou calor, que não são dolorosos. Quando são desconfortáveis, são denominadas disestesia.

E quanto ao sofrimento psicológico angustiante, como quando a namorada ou o namorado termina a relação — será isso uma espécie de dor física? Aludimos ao coração partido como dor de forma metafórica. Todavia, a angústia mental está ligada à dor. Luto, por exemplo, pode ser sentido quase fisicamente, e estresse ou tristeza podem acarretar enxaqueca, fadiga, desconforto gástrico, e assim por diante. Como a dor é, em última instância, um fenômeno cerebral, não há razão científica para distinguir dor mental, emocional, de dor física.

Também há numerosas experiências sensoriais desagradáveis e aversivas que não são dor, como ingerir comida estragada, ouvir água gotejando quando estamos tentando adormecer, ou ser surpreendidos com o som desagradável de unhas arranhando uma lousa. Repugnante, exasperante, azucrinante, talvez, mas não o mesmo que dor.

Ronald Melzack também abordou a maneira como falamos e tratamos da dor ao lançar o Questionário de Dor McGill.[13] Na próxima vez em que você procurar um médico para falar dessa sensação, seria útil relatar seu quadro nos seguintes termos descritivos:

0 = sem dor; 1 = branda; 2 = desconfortável; 3 = aflitiva; 4 = horrível; 5 = excruciante

TEMPORAL	ESPACIAL	PRESSÃO PONTUAL	PRESSÃO INCISIVA	PRESSÃO CONSTRUTIVA
Oscilante	Saltadora	Picada	Aguda	Beliscão
Palpitante	Intermitente	Incômoda	Cortante	Pressão
Pulsante	Penetrante	Perfurante	Lacerante	Atormentante
Latejante		Punhalada		Espasmódica
Contundente		Lancinante		Massacrante
Golpeante				
Breve				
Momentânea				
Transitória				
Rítmica				
Periódica				
Intermitente				
Contínua				
Firme				
Constante				

PRESSÃO TRACIONAL	TERMAL	BRILHO	EMBOTAMENTO	DIVERSOS — SENSORIAL
Que puxa	Quente	Formigamento	Difusa	Branda
Que empurra	Candente	Coceira	Incômoda	Tensa
Que torce	Escaldante	Ardência	Dolorida	Áspera
	Cauterizante	Pungente	Persistente	Dilacerante
			Intensa	

TENSÃO	AUTONÔMICA (AUTÔNOMA)	MEDO	PUNIÇÃO	DIVERSOS — AFETIVO
Cansativa	Nauseante	Temerosa	Punitiva	Miserável
Exaustiva	Sufocante	Assustadora	Extenuante	Cegante
		Aterrorizante	Cruel	
			Perversa	
			Mortal	

		DIVERSOS — LÉXICO		
Contagiante	Apertada	Quente	Irritante	Exasperante
Irradiante	Dormente	Fria	Nauseante	Problemática
Penetrante	Que repuxa	Congelante	Agonizante	Miserável
Perfurante	Que espreme		Apavorante	Intensa
	Que rasga		Torturante	Insuportável

Observe que algumas palavras descrevem eventos sensoriais (*formigamento, quente*); outras descrevem "sentimentos" (*temerosa, miserável*), e outras ainda são cognitivas e avaliativas (*exasperante, irritante*). As diferenças entre os componentes sensoriais e os sentimentais da dor se refletem em dois caminhos distintos que o sinal da dor percorre através dos núcleos talâmicos do cérebro.[14] A partir desse ponto, os sinais que experimentamos como sensoriais vão para o córtex somatossensorial, área que contém uma espécie de mapa do corpo, com diferentes partes representadas em porções distintas desse córtex. Esse mapa neurológico mostra as áreas do cérebro em que são representadas as sensações de diferentes partes do corpo. Vale notar que quantidades distintas de matéria cerebral são atribuídas a partes distintas do corpo, e que as quantidades relativas de matéria cerebral não se relacionam com o tamanho da parte do corpo a que estão ligadas. Por exemplo, uma parte grande do corpo, como o tronco, fica por conta de uma porção muito menor do córtex somatossensorial do que a destinada ao dedo polegar. É assim porque nossos ancestrais evolutivos precisaram desenvolver polegares sensíveis para sentir alimentos e usar ferramentas. É o que mostra a imagem abaixo, concebida originalmente por Wilder Penfield, da McGill. Você está vendo um perfil do cérebro, com todas as suas circunvoluções, e as áreas correlatas do corpo, com tamanho mais ou menos proporcional à quantidade de neurônios que representam as sensações de cada área.

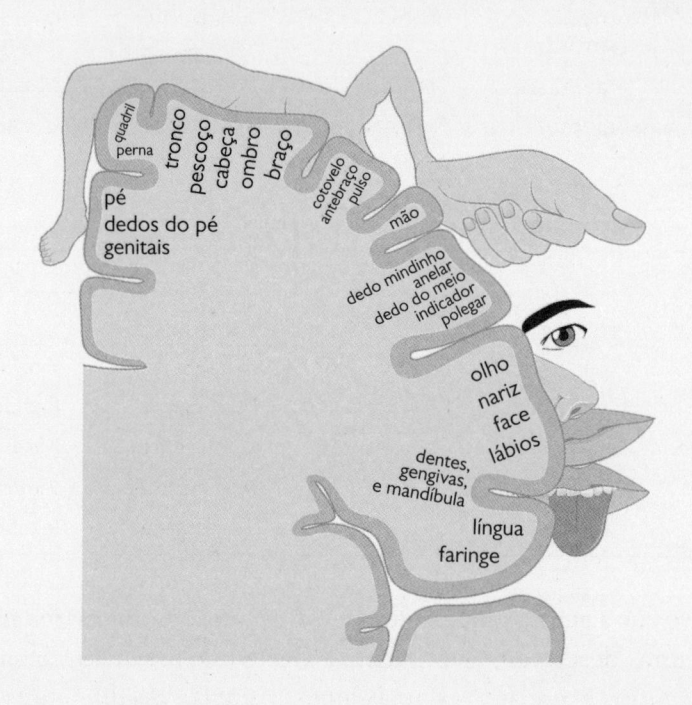

Você talvez já tenha percebido que diferentes partes do corpo apresentam graus distintos de sensibilidade para distinguir toques.[15] Por exemplo, se for mordido por um mosquito perto do cotovelo, talvez sinta alguma coceira na área, mas terá dificuldade em localizá-la para saber exatamente onde coçar. Isso ocorre porque a quantidade de neurônios que representam sensações no cotovelo é relativamente baixa e, portanto, a sensibilidade nessa área é mais baixa do que no rosto, que é representado por muito mais neurônios.

Os diferentes tipos de dor no quadro de Melzack — por exemplo, pungente, candente ou persistente — se situam em regiões distintas do cérebro.[16] Os sinais de dor que experimentamos como emocionais (afetivo-motivacionais) viajam do tálamo para o cingulado anterior e para a ínsula, partes do sistema límbico. Os sinais de dor que interpretamos de maneira cognitiva são manejados em diferentes circuitos do lobo frontal, em conjunto com o sistema límbico. O córtex somatossensorial nos diz quanto dói, onde dói e durante quanto tempo vai doer. O sistema límbico nos diz quão desagradável é a dor e nos motiva a fazer alguma coisa a respeito. O sistema cognitivo nos ajuda a analisar, contextualizar e avaliar suas causas. Uma consequência prática de tudo isso é que uma lesão no cérebro, como por conta de um AVC, pode acarretar falhas em um desses três sistemas de dor, mas não nos outros, e já vimos pacientes desenvolverem indiferença à dor (afetivo-emocional), embora ainda a percebessem (sensorial) e conseguissem avaliá-la (cognitivo).

Todos esses sistemas interagem. Por exemplo, nossa percepção da dor é alterada pela empatia — nossa sensibilidade aumenta quando observamos um ente querido sentir dor, o que não ocorre quando observamos um estranho. Esse processo parece ser mediado pelos neurônios-espelho, células cerebrais especializadas que possibilitam a simulação mental do mundo em ação. Penso nesses neurônios como "macacos de imitação", por causa da maneira como foram descobertos. Um macaco, ao observar outro descascar uma banana, começou a apresentar atividade neural apenas na parte do cérebro que movimentaria suas mãos para agir da mesma maneira, embora fisicamente não estivesse fazendo nenhum movimento — era apenas o seu cérebro fazendo uma simulação neural. Do mesmo modo, quando vemos alguém se machucar, mesmo que numa cena de cinema, nos retraímos, como se também estivéssemos nos ferindo. A base evolutiva para essa reação talvez seja o desenvolvimento da capacidade de reagir a situações aversivas sem ter realmente de vivenciá-las.

A dor pode ter um efeito negativo sobre as emoções e sobre a função cognitiva, deixando-nos de mau humor ou impacientes e comprometendo a atenção, a memória e a capacidade decisória. No outro sentido, um estado emocional negativo pode aumentar a dor e um estado emocional positivo pode reduzi-la. Da mesma maneira, a avaliação cognitiva da dor pode aumentá-la ou reduzi-la. O cérebro está configurado de modo que cognição, emoção e dor podem interagir em ambas as direções.

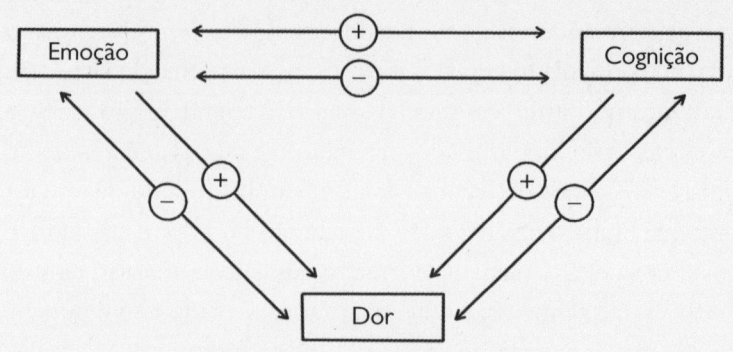

Sinais de subtração indicam efeito negativo, enquanto sinais de soma indicam efeito positivo.

Catherine Bushnell, da McGill e do National Institutes of Health, mostrou que a dor cutânea (na pele, também denominada dor somática) e a dor visceral (órgãos internos, as vísceras, também denominada dor epicrítica) são sentidas de maneiras muito diferentes.[17] Tendemos a avaliar de modo subjetivo a dor visceral como sendo mais desagradável que a cutânea. Em termos neurológicos, a intensidade da dor de cortar um dedo pode ser igual à dor de estômago. Subjetivamente, porém, avaliamos a dor de estômago como sendo mais desagradável. A sensação de ter um dentista raspando ou limando o seu dente pode ser extremamente desconfortável, mas, em geral, não é descrita como dolorosa. Uma massagem no pé, usando acupressão ou reflexologia, pode ser dolorosa, mas agradável, de uma maneira um tanto estranha. Assim, redes em nosso cérebro são capazes de distinguir dor e incômodo.

A distinção entre sensações cutâneas e viscerais e entre dor e incômodo provavelmente tem origem evolutiva. A percepção sensorial da parte do corpo que interage com o mundo exterior evoluiu para se tornar muito sensível à área que foi lesionada. A dor interior não costuma exigir esse grau de exatidão. Dessa maneira, a dor cutânea em geral é experimentada como local e exata, e as pessoas são muito melhores em discriminar diferentes intensidades de dor cutânea. Em contraste, a dor visceral é mais difícil de localizar.[18] A maioria das fibras nervosas que promovem a comunicação entre os órgãos internos e o cérebro são amielínicas, ou seja, não contêm mielina e se distribuem de maneira mais esparsa. Daí decorre certa imprecisão.[19] Por exemplo, a dor esofágica costuma ser confundida com problemas cardíacos, e a indigestão não raro é descrita como azia.

Essa história evolutiva fez com que se desenvolvessem circuitos cerebrais distintos para os dois tipos de dor. A dor cutânea ativa o córtex pré-frontal ventrolateral (embaixo e nos lados) com mais intensidade do que a dor visceral. Esta, por sua vez, provoca maior ativação do córtex somatossensorial, a parte do cérebro mostrada no desenho anterior, junto com o cingulado anterior e o córtex motor.[20] Por que o córtex motor? As regiões do córtex motor que são ativadas pela dor visceral controlam o rosto, a língua e o reflexo de vômito. Os pesquisadores compreenderam isso inserindo e depois inflando um balão no esôfago dos participantes. Isso simulava o tipo de desconforto e dor de que somos acometidos quando ingerimos comida ou bebida estragada e devemos nos preparar para fechar a boca, expelir qualquer coisa remanescente, salivar para diluir o que sobrou e, talvez, regurgitar o material danoso. Daí a ativação do córtex motor da face, da língua e do reflexo de vômito.

As palavras que usamos para descrever as duas fontes de dor e a maneira como as sentimos são muito diferentes. Usamos palavras mais exatas para descrever a dor cutânea, e somos muito específicos nessa descrição. Como a dor visceral não é bem localizada, tendemos a gesticular e a apontar para descrevê-la. Também recorremos a adjetivos como difusa e latejante. Muitas vezes, não temos certeza de sua origem. Os pacientes usam termos mais genéricos e emocionais para descrever a dor visceral.

Você talvez se lembre, do capítulo anterior, que a droga alucinógena cetamina pode reduzir a ansiedade social, condição que é influenciada pelos níveis de glutamato no cérebro. A administração de cetamina a pessoas com dores produz efeitos diferentes sobre as dores cutânea e a visceral, com um mínimo de efeitos colaterais. Para a dor visceral, a cetamina reduz tanto a dor em si quanto o incômodo. Para a cutânea, a cetamina reduz só o incômodo.[21] E, de fato, ansiedade é isto: um sentimento de incômodo e o medo de que a situação perdure no futuro.

A diferença no modo como experimentamos esses dois tipos de dor são importantes em especial para adultos mais velhos e para as opções de tratamento. Os idosos são mais propensos a sentir dor visceral do que os adultos mais jovens, em consequência do envelhecimento dos órgãos internos e de seus sistemas de apoio. Comprometimentos na eficácia dos rins, do fígado, dos pulmões, do coração, do trato digestivo e da vesícula biliar podem acarretar dores importantes, e os próximos anos acenam com a promessa de terapias cada vez mais diferenciadas para essas dores internas.

A antecipação da dor ativa muitas das mesmas regiões neurais que são ativadas pela dor em si, regiões que são relevantes para a sensação de dor, para os efeitos da dor, para a modulação da dor e para a ansiedade associada à dor.[22] Do mesmo modo, o córtex sensorial e o cingulado anterior são ativados tanto durante as cócegas em si quanto na antecipação das cócegas. (As cócegas são muito interessantes de um ponto de vista evolutivo. De fato, trata-se de uma falsa ameaça simulada — alguém nos tocando em lugar vulnerável, como barriga e pescoço. É por isso que as cócegas só "funcionam" se for alguém em que confiamos fazendo cócegas — do contrário, tornam-se aversivas. Primatas não humanos adoram cócegas tanto quanto crianças humanas, e a alegria de um cão quando lhe coçamos a barriga provavelmente tem a ver com isso.)

POR QUE SENTIMOS DOR

A razão mais óbvia para sentirmos dor é que durante milhares de anos ela nos deu uma vantagem na luta pela vida — nos leva a proteger a parte do corpo que foi machucada, oferecendo melhores chances de a curarmos. A camada de pele que se estende sobre nosso corpo, dos dedos dos pés até o alto da cabeça, serve para sustentar nossos fluidos e órgãos vitais que, do contrário, poderiam entrar em contato com agentes nocivos no ambiente. Quando essa barreira cutânea é rompida, precisamos saber. Do mesmo modo, temos sensores de dor no interior do corpo para sinalizar quando alguma coisa não vai bem — como sentir dor de estômago depois de comer alguma coisa estragada, o que nos desencoraja a comer a mesma coisa de novo. A dor serve como sinal de alerta essencial.

Basta considerar como é a vida para alguém com o transtorno NHSA (neuropatia hereditária sensorial e autonômica, também denominada insensibilidade congênita à dor, ou ICD), que não sente nenhuma dor. Embora rara (há apenas 56 casos relatados no mundo), o transtorno entrou na cultura popular quando Stieg Larsson escreveu sobre ele na trilogia que começou com *Os homens que não amavam as mulheres*, atribuindo-o ao personagem Ronald Niedermann. (Também foi destaque em um episódio de *Grey's Anatomy* e em *House*, em que uma paciente de dezesseis anos, Hannah, tem esse transtorno.) Na verdade, crianças pequenas com NHSA/ICD têm dificuldade em ir ao banheiro porque não reconhecem as sensações associadas a essa necessidade.[23] Também podem cair, sofrer fraturas, machucar-se ou morder a boca sem perceber de imediato o que está acontecendo. Algumas mordem a ponta da língua enquanto mastigam. Podem não sentir que a comida está quente demais e queimar a boca ou o esôfago. Corpos estranhos nos olhos não são percebidos e provocam infecções e danos na córnea. Num caso horrível, um bebê de seis meses roeu a ponta dos dedos. Sem percepção de dor, crianças com NHSA desenvolvem escaras intratáveis porque não têm motivação para mudar de posição enquanto dormem. A expectativa de vida dessas pessoas é curta, cerca de doze anos — elas tendem a morrer de hipotermia e de complicações de fraturas múltiplas e feridas infectadas. Vinte por cento das pessoas com esse transtorno morrem antes dos três anos, e é incomum encontrar pacientes com mais de 25 anos.[24] Num truque cruel da natureza, esses indivíduos, contudo, sentem dor emocional, como qualquer outra pessoa.

Um tipo especial de NHSA é causado por uma mutação aleatória no gene *SCN9A*, que fornece instruções para a construção de canais de sódio no cérebro e se situa no braço longo do cromossomo 2. Os canais de sódio permitem que íons com carga positiva sejam transportados em células neuronais, onde desempenham papel-chave na capacidade do neurônio de transmitir sinais. O gene *SCN9A* codifica uma subparte do canal de sódio, denominada NaV1.7, que governa o funcionamento dos receptores de dor no sistema nervoso periférico. Esse transtorno não causa um colapso completo da sinalização da célula porque a NaV1.7 não é o único canal de sódio — nossa fisiologia tem vários desse tipo de redundância, sistemas de backup desenvolvidos ao longo da evolução para aumentar nossas chances de sobrevivência.[25]

Outro tipo de NHSA deixa os pacientes com sensibilidade à dor, embora totalmente indiferentes a ela. Ou seja, um ferimento que, para pessoas sãs, seria doloroso, não suscita nesses indivíduos quaisquer emoções negativas e, portanto, eles não têm nenhuma motivação para alterar seu comportamento.[26]

Em indivíduos normais, a reação à dor costuma percorrer uma sequência: escapar do estímulo doloroso, limitar danos adicionais (o que se alcança pela reação defensiva à sensibilidade dolorosa do ferimento), buscar segurança e alívio e dar tempo ao processo de cura.[27] Portanto, sabemos por que temos dor, mas por que a dor tem que ser tão incômoda e nos deixar tão agoniados? A resposta curta é que esse incômodo é o fator decisivo que nos leva a fazer alguma coisa em relação ao que a causa, a aprender com os erros, procurar um médico, poupar e proteger a articulação dolorida, alterar os padrões de movimentos repetitivos que estão desgastando a cartilagem nos quadris, descansar e ir com calma.

Enquanto a dor aguda e passageira é importante para a sobrevivência,[28] o que dizer da dor crônica? A dor lombar crônica e incapacitante e a artrite podem durar anos, até a vida toda, e não são fáceis de tratar e de curar. Essas dores persistentes não funcionam como advertência, porque não há nada a fazer contra elas. Qual seria o benefício biológico *dessa* situação? Não sabemos. É um dos vários mistérios ainda insolúveis da neurociência.

Um estudo recente da lula e de seu predador natural, o robalo-negro, nos deixa perto de uma resposta. O neurobiólogo Robyn Crook e seus colegas indagaram se, além dos efeitos protetores da dor, o propósito da dor crônica também poderia ser o de produzir uma espécie de sensibilização e hipervigilância em relação aos predadores.[29] As lulas são boas para esse tipo de estudo porque seu comportamento defensivo é fácil de acompanhar — elas mudam de cor (para mimetizar o meio ambiente) ou esguicham tinta. As lulas têm oito braços e dois tentáculos. Os pesquisadores fizeram um pequeno ferimento em um dos braços, cortando-lhe a ponta. Foi o suficiente para causar dor (a ciência pode ser brutal), mas sem prejudicar a capacidade da lula de nadar e manobrar. Eles, então, puseram um grupo dessas lulas feridas em um tanque com alguns robalos e outra não ferida em outro tanque, com outros robalos famintos.

"As lulas feridas eram realmente sensíveis", disse Crook. "Elas respondiam com mais intensidade que as normais aos estímulos visuais. Assim, o que apenas atraía a atenção de uma lula normal levava a ferida a iniciar seus mecanismos de defesa."[30] Essas lulas feridas prestavam muito mais atenção a pistas visuais sutis dos robalos-negros. Em outras palavras, o ferimento deixou seu sistema sensorial hipervigilante, exatamente como na hipótese formulada por Crook. Como condição de controle, os pesquisadores anestesiaram outro grupo de lulas antes de cortar a ponta de um braço; essas lulas não experimentaram dor traumática. Como o grupo de lulas não feridas, as anestesiadas não se mostraram hipervigilantes na presença dos robalos-negros.

Curiosamente, contudo, os pesquisadores não puderam discernir quais lulas haviam sido feridas e quais continuavam intactas apenas ao observar sua mobilidade e atividade; mas os peixes famintos podiam — era muito maior a probabilidade de que caçassem lulas feridas, em vez de não feridas, independente de terem sido anestesiadas ou não. Nesse caso, a sensação de dor significava a diferença entre a vida e a morte da lula. (Lembrete para a lula: evite cientistas.) Portanto, embora elas tenham desenvolvido um conjunto de comportamentos para se tornarem mais vigilantes quando feridas, os robalos-negros também desenvolveram a capacidade de detectar lulas feridas, mesmo quando estas não sabiam que estavam feridas e não sentiam dor. A evolução é uma corrida armamentista (ou uma corrida tentacular).

E quanto à experiência humana de dor crônica? Sabemos que os humanos com dores podem ficar mais atentos ao ambiente externo, assim como a lula.[31] Pense nisso: o fato de ter sido ferido há pouco sugere que o ambiente em que você está não é seguro como supunha. Aumentar a vigilância sensorial parece boa ideia. Qualquer mecanismo biológico que seja tão prevalente quanto a dor crônica provavelmente foi uma importante função para nossos ancestrais, razão de ter persistido ao longo de milhões de anos de evolução.

CULTURA, GENES E COGNIÇÃO DA DOR

Nem todos experimentamos a sensação de dor da mesma maneira. Ela é influenciada por fatores culturais, ambientais, históricos e cognitivos. A cultura define o que é aceitável ou é tabu na maneira como lidamos com a dor.[32] Há distinções em como pessoas de diferentes etnias a experimentam e a comunicam, e quais são suas expectativas.[33] Muitos rituais culturais envolvem o que você ou eu poderíamos considerar dor, mas os participantes não o veem assim. Piercings, tatuagens e procedimentos cirúrgicos ornamentais que outros veriam como mutilação em geral não são encarados como pertencentes à mesma categoria sensorial-emocional da artrite ou da enxaqueca. Em muitas culturas, soldados, guerreiros e caçadores que sobreviveram a flagelos dolorosos são admirados.

Também a microcultura familiar influencia o modo como, na infância, aprendemos a considerar, experimentar e enfrentar a dor. Os pais podem encorajar uma visão mais estoica (absorva e aguente) ou uma mais terapêutica (uau, você parece muito melhor depois daqueles comprimidos e de um pouco de repouso).[34] Essa oposição entre estoicismo e terapia é influenciada pela cultura, tanto na família quanto nas comunidades. Nas salas de emergência, os médicos e paramédicos costumam pedir ao paciente para descrever a dor numa escala de um a dez, em que um é sem dor e dez significa dor intensa. Os médicos de pronto atendimento são treinados para se manterem alertas para o fato de que alguns pacientes dirão "oito" e mesmo assim não será preciso agir de imediato, porque, generalizando, os indivíduos oriundos de algumas culturas tendem a atribuir alta pontuação a níveis de dor relativamente moderados e a fazer demonstrações públicas de seu desconforto. Por outro lado, se os membros de outras culturas relatam que seu nível de dor é "quatro", os médicos devem correr para a sala de cirurgia, porque os integrantes desses grupos são conhecidos por serem altamente reservados em suas manifestações públicas de dor.

O pano de fundo cultural em que experimentamos dor é um dos fatores que contribuem para a psicologia e a atribuição da dor. A maneira como as pessoas se machucam influencia seu estado neuropsicológico, que, por sua vez, afeta a forma como se recuperam. Os soldados feridos em combate podem ver seus ferimentos como insígnias de heroísmo e contribuição para uma causa nobre. Funcionários de lojas de conveniência feridos em ataques terroristas talvez não desfrutem desse enquadramento positivo — talvez se vejam como vítimas. O mais provável é que sofram de depressão e é ainda mais provável que se viciem em opioides. O contexto é importante. Como diz o psicólogo e pesquisador Steven Linton, "Testemunhei pessoalmente um homem enfiar um prego enferrujado no braço sem a mais leve queixa ou hesitação, ao passo que, na infância, eu sentia a picada de uma injeção como uma dor excruciante".[35]

Para mais evidências de que a dor é bastante influenciada por fatores psicológicos, não precisamos ir além do enorme sucesso dos placebos, quase tão eficazes quanto os medicamentos em si.[36] Em um estudo sobre dor, o placebo foi eficaz em 35% dos pacientes, enquanto os opioides surtiram efeito em apenas 36% deles.[37] Outro estudo (financiado pela empresa Eli Lilly) constatou que, para pacientes com osteoartrite crônica no joelho, o placebo funcionou em 47% dos casos — o mesmo número que respondeu ao Cymbalta da farmacêutica, medicamento para nevralgias que também é usado como antidepressivo e ansiolítico.[38] Constata-se efeito placebo até em acupuntura, quando agulhamentos falsos em pontos de inserção impróprios são tão eficazes quanto a verdadeira acupuntura, com efeitos que se prolongam por até um ano.[39]

O tratamento com placebo — medicamento ou procedimento inócuo, cuja ineficácia você desconhece — libera substâncias analgésicas naturais do cérebro, que atuam como opioides endógenos. Uma das maneiras de constatar esse efeito é que a administração de naloxona, droga que bloqueia os receptores de opioides, neutraliza o efeito placebo. Neuroimagens revelam que os aspectos de alívio da dor nos placebos consistem em ativar os circuitos do cérebro no cingulado anterior, no núcleo accumbens e no giro frontal médio — as mesmas regiões que geram nossos opioides endógenos.

Há também fatores genéticos na percepção da dor, além da insensibilidade (ou indiferença) hereditária à dor. Os genes são complexos, e certo gene pode influenciar o desenvolvimento de tipos de atributos ou fenômenos muito diferentes. Durante décadas, equipes médicas observaram que indivíduos ruivos resistiam mais à anestesia. Esse fato é conhecido e até ensinado em escolas de medicina, mas ninguém conseguiu descobrir por quê. Certamente, os cabelos ruivos não são um traço cultural, como ser japonês ou indiano. Quem imaginaria que o gene que transmite cabelos ruivos também gera aumento radical na sensibilidade à dor? Mas é verdade.[40] Isso foi descoberto por Jeffrey Mogil, da Universidade McGill e, quem sabe um dia, em breve, resulte em linhas separadas de analgésicos nas prateleiras das farmácias com a indicação *fórmula especial para pessoas ruivas*. Geneticistas como Mogil não acham que ter cabelos ruivos aguça a sensibilidade à dor nem que esta se relaciona com cabelos ruivos. Trata-se apenas do fato de que a mesma sequência de DNA afeta ambos os traços, por motivos que ainda não compreendemos, ou apenas por acaso. E talvez nunca venhamos a compreender. Com apenas 20 mil genes, ou algo próximo, e uma variedade quase infinita de traços, o *provável* é que cada gene transmita muitas características desconexas e que um gene isolado em geral não possa ser considerado como única causa exclusiva ou determinística.

Como vimos, a intensidade da dor que experimentamos se associa à nossa criação — tipos de família e aspectos culturais, na medida em que interagem com as outras duas partes da tríade do desenvolvimento humano, genes e oportunidade. Oportunidade, aqui, são as circunstâncias específicas do nosso contexto. Se crescemos num ambiente em que alguém sofreu um acidente grave ou enfrentou uma doença debilitante, ou temos amigos ou membros da família que lutaram em conflitos militares ou foram vítimas de ferimentos graves, nosso contexto nos expôs a como as pessoas em nossa família ou comunidade reagem à dor ou a ferimentos. Por outro lado, se crescemos numa família com poucas dores crônicas e agudas, não experimentamos essa exposição.

Outro fator é que nossa constituição genética pode nos predispor a sermos desajeitados, desastrados ou com pouco equilíbrio físico, o que aumenta as chances de nos machucarmos. Ou o nosso genoma nos torna mais propensos a ter maior sensibilidade à dor, como as pessoas ruivas já mencionadas. Uma descoberta impressionante mostra que as substâncias químicas que o corpo produz em resposta ao estresse e à dor podem ser transmitidas para os filhos, através do leite materno, afetando a resposta da criança à dor ao longo da vida, mesmo quando a mulher que amamenta não é a mãe biológica.[41]

Fatores temporais também influenciam a percepção da dor e, como a conexão entre cabelos ruivos e sensibilidade à dor, são contraintuitivos. Seria perfeitamente razoável, por exemplo, presumir que as pessoas preferem dores menos duradouras a mais duradouras. Considere duas situações diferentes. (1) A dor se mantém constante no nível oito (de alguma escala) durante trinta minutos, como mostra o gráfico abaixo, à esquerda. (2) A dor se mantém constante no nível oito durante trinta minutos e, então, diminui para o nível três por mais 25 minutos, como mostra o gráfico abaixo, à direita.

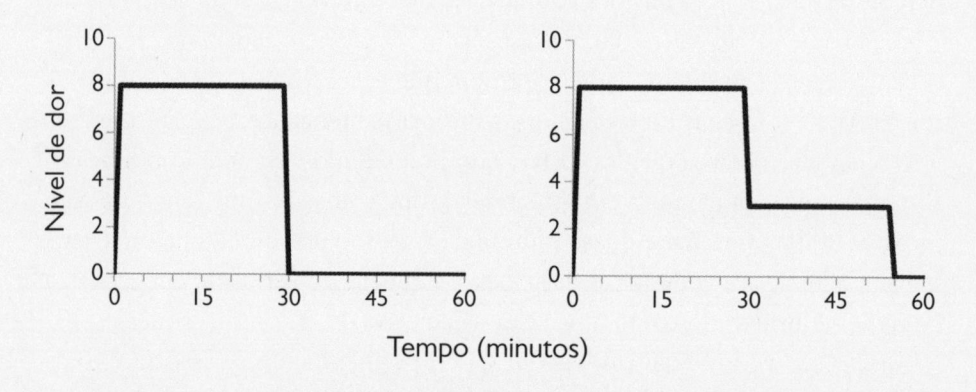

É claro que o cenário 2 deve ser mais aversivo — você sente dor durante 55 minutos, em vez de trinta minutos, e, além disso, você sente toda a dor do cenário 1, e *mais um pouco*. (Quem gosta de matemática poderia usar cálculo integral ou geometria plana para calcular a dor total experimentada em cada caso e concluir que o índice total dor-tempo do cenário 1 seria pouco inferior a 240, e que o do cenário 2 seria de 315.) No entanto, as pesquisas de Daniel Kahneman, psicólogo ganhador do prêmio Nobel, mostram que não é assim que reagimos.[42] Quando submetidas a esses procedimentos, a maioria das pessoas classifica o procedimento do cenário 2 como menos doloroso que o do cenário 1 e tende a recomendar este último a um amigo e a optar por ele. Isso não ocorreu porque todo mundo estudado por Kahneman era masoquista! A explicação é a natureza da memória humana. Prefere-se mais dor a menos dor quando a experiência mais recente é de menos dor. Em vez de avaliar a duração total da sensação de dor, o cérebro, de forma seletiva, se lembra apenas dos últimos momentos do episódio doloroso. A duração da dor desempenha papel muito pequeno em nossa avaliação total dela; nosso desconforto é dominado pelos momentos piores e finais do episódio. As implicações práticas disso são de que a dor talvez se torne suportável se tivermos períodos de alívio relativo. Uma preocupação da medicina é que a quantidade de opioides altamente viciantes necessária para o alívio completo de uma dor terrível acarreta numerosos outros problemas médicos. A alternância de doses mais leves e mais pesadas desses medicamentos talvez seja mais eficaz no longo prazo.

O QUE PODEMOS FAZER?

Um objetivo central da prática e da pesquisa médica modernas é aliviar a dor. Embora a ciência médica tenha avançado muitíssimo nas últimas décadas, poucos foram os avanços na tecnologia da dor.[43] Os opioides ainda são a maneira mais confiável e eficaz de reduzi-la, mas, como revelou a recente epidemia de opioides na América do Norte, essas substâncias farmacêuticas são altamente viciantes e muito suscetíveis a doses excessivas.[44] Em condições cuidadosamente controladas, os opioides podem ser seguros; com bastante frequência, porém, essas condições não são cumpridas. O processamento da dor envolve vários caminhos. Essa redundância é importante para o sistema de alerta e para as funções da dor na elevação das chances de sobrevivência. No entanto, essa mesma redundância é uma das razões para o tratamento da dor ser tão difícil.

Para a dor inflamatória, como mordidas de insetos, artrite, entorses e algumas cefaleias, os medicamentos anti-inflamatórios podem ser eficazes. Para aumentar a tolerabilidade ao uso duradouro de anti-inflamatórios em pacientes mais velhos, desenvolveu-se um movimento nas últimas décadas para substituir os analgésicos orais por tópicos, em especial agentes anti-inflamatórios não esteroides (AINEs).[45] Mas eles continuam subutilizados, na medida em que médicos caem no hábito de prescrever as mesmas coisas sucessivas vezes.

Metade das prescrições modernas de AINEs são para osteoartrite, a forma mais comum de artrite e a condição de dor mais predominante nos Estados Unidos, afetando cerca de 30 milhões de pessoas. O AINE mais usado no mundo é o diclofenaco, disponível na forma de comprimido, gel, creme e emplastro; hoje, é o tratamento mais eficaz para osteoartrite, com quase 100% dos pacientes relatando alívio pelo menos moderado da dor.[46] A oferta de emplastros de diclofenaco é uma nova promessa para os pacientes. Os medicamentos na forma de gel e creme se destinam apenas a serem absorvidos pela pele, e depois de uma ou duas horas não há mais nada a ser absorvido. A versão oral é responsável por sérios problemas gastrointestinais, inclusive sangramento estomacal, em 30% dos pacientes com mais de sessenta anos, enquanto o emplastro não está ligado a esses problemas. Achei a versão em gel muito eficaz contra picadas de insetos.[47]

O paracetamol (também conhecido como Tylenol) tem sido considerado o menos eficaz contra artrite, o que faz sentido — não é um anti-inflamatório e não é intercambiável com, por exemplo, ibuprofeno (como Advil e Motrin). O paracetamol alivia a dor e reduz a febre. Se o seu tornozelo estiver inchado, o paracetamol provavelmente não ajudará muito como anti-inflamatório.

A glucosamina em geral é usada por idosos para a artrite, mas os resultados científicos são efetivamente inconclusivos. Nos Estados Unidos, é considerada um "suplemento dietético", não um medicamento, e, assim, sua fabricação e utilização não são regulados, além de ser ilegal anunciá-la para condições médicas. Como ocorre com muitos suplementos, sua popularidade se baseia em alegações inconsistentes, impregnadas de muito blá-blá-blá técnico, que apenas parece linguagem científica de maneira superficial, redigido de forma cuidadosa para convencer os consumidores ingênuos. A glucosamina é um composto natural encontrado em cartilagens — o tecido que reveste as articulações. Alguns casos de osteoartrite envolvem o colapso da cartilagem; por que, então, não ingeri-la em pílulas? Bem, não há evidências de que ingerir glucosamina de fato afeta os níveis dessa substância nas articulações. Pode afetar ou não. É como dizer que quem tem algum tipo de doença hepática deve comer muito fígado de vitela para reconstruir o próprio. O corpo não funciona assim. Todavia, a propaganda agressiva e as falsas alegações envolvendo a glucosamina a transformaram em matéria-prima de uma indústria de 15 bilhões de dólares só nos Estados Unidos.

Há algumas evidências iniciais de que a ioga pode oferecer alívio real e duradouro à dor. A prática amplia a ínsula, oferecendo aos pacientes maior capacidade de tolerar a dor.[48] Exercícios brandos também podem reduzi-la[49] — como diz Jeffrey Mogil, "exercício é o melhor analgésico que conhecemos, por uma margem ampla. O problema é que, nas crises de dor, o exercício incomoda. Mas se você superar essa dificuldade, ele ajuda de verdade".[50]

A neuropatia afeta praticamente 8% dos idosos e se inclui entre as complicações mais comuns da diabetes tipo 2, que costuma surgir no início da idade adulta.[51] Neuropatia é um termo abrangente para designar condições em que os nervos que transportam mensagens do corpo para o cérebro e para a medula espinhal são danificados — isso inclui nervos na pele assim como no interior dos órgãos e vísceras. Também é comum o termo *neuropatia periférica* para se referir a danos no sistema nervoso periférico, mas essa é apenas uma maneira elegante de dizer neuropatia. O único outro sistema nervoso é o do cérebro e da medula espinhal, denominado sistema nervoso central. A *neuropatia central* é causada por uma lesão, ferimento ou outro dano ao cérebro ou à medula espinhal, incluindo condições como esclerose múltipla, doença de Parkinson e paralisia cerebral.

A neuropatia periférica costuma ser tratada com eficácia por amitriptilina, duloxetina e gabapentinoides, e algumas pessoas se dão bem com AINEs tópicos. A neuropatia central exige uma abordagem diferente. Se ela resulta de lesões no cérebro ou na medula espinhal, em geral se recorre a cirurgias, mas não há evidências quanto à eficácia dessas intervenções. Analgésicos e opioides em geral não são bem-sucedidos em casos de neuropatia central, mas antidepressivos e anticonvulsivos têm tido sucesso limitado, embora não se compreenda bem as razões dessa eficácia.

Lembra de nossa amiga neurocinina, mencionada no contexto do isolamento social no capítulo anterior? Uma substância neuroquímica correlata, denominada substância P (de *pain*, dor em inglês) é encontrada em nervos sensoriais e no cérebro, e se acredita que seja responsável por dor e inflamação. Se você está pensando que bloquear a substância P poderia aliviar a dor, você não está sozinho — essa foi uma área de pesquisa ativa durante uns vinte anos, até que diversos experimentos clínicos falharam em 1999.[52] Constatou-se que o problema é que a substância P também atua de muitas outras maneiras úteis e necessárias, como regular o humor, a ansiedade e o estresse,[53] no crescimento de novos neurônios,[54] na cicatrização de ferimentos e no crescimento de novas células,[55] razão de o seu bloqueio poder ser pior que não fazer nada.

Outro problema que começa a se manifestar na idade avançada é a hipersensibilidade à dor, ou hiperalgesia. A pele é um órgão. A dor numa área da pele pode causar hiperalgesia em outra área ilesa.[56] Ou em toda a pele — como parte da reação de hipervigilância que aprendemos com a pobre lula. Imagine que você seja mordido por uma aranha horrível na perna. Como a área coça de forma intensa, você aplica nela Benadryl creme ou cortisona creme, que atenua a dor. Mais tarde, porém, seu braço começa a coçar, sem razão aparente. Ou suas costas. Os receptores de dor sensorial na pele, denominados nociceptores, são ativados pela dor ou coceira em uma área — porque são todos parte do mesmo órgão e se comunicam entre si de modo eletroquímico — e a ativação se espalha. Paradoxalmente, o uso crônico de opioides para reduzir a dor pode causar hipersensibilidade. Outra manifestação possível é a alodinia, quando se tem sensação de dor em resposta a algo que em geral não é doloroso, como um toque suave.[57]

Muitas dores estão ligadas a pinçamentos em nervos do pescoço ou da medula espinhal. Aquela velha lesão no pescoço, quando você tinha uns vinte anos, pode voltar a incomodá-lo aos sessenta, na forma de dores crônicas e agudas. Há uma dor especialmente insidiosa que vou mencionar porque muitas vezes não é diagnosticada nem tratada e parece ao mesmo tempo cômica e trágica. Imagine aquela parte das suas costas entre as escápulas, fora do alcance das mãos. Agora, suponha que você sinta uma coceira exatamente nessa área. Para você, não é fácil coçá-la, pois ela é quase inalcançável. Se conseguir esfregar as costas no tronco de uma árvore, como um urso peludo, ou tiver uma daquelas ferramentas de bambu para coçar as costas, um bom amigo que possa coçá-la em seu lugar, você terá algum alívio. A coceira não vai embora depois de alguns meses. Você tenta todas as pomadas e cremes anticoceira imagináveis, e eles não surtem efeito. Você tenta emplastros de lidocaína, que amortecem a pele, mas ela continua, e, agora, como a pele está dormente, coçar não adianta nada. A certa altura, a hipersensibilidade se manifesta, e até experiências de toque prazerosas, como ser massageado na região lombar, receber carinho nas costas ou enlaçar as mãos com a pessoa amada, parecem desconfortáveis. Não se trata de uma doença inventada — é notalgia parestésica. Algo de enlouquecer. Não se conhece cura para isso; contudo, alguns pacientes relataram sucesso com géis anti-inflamatórios como diclofenaco (já mencionado para osteoartrite).

O relato de um caso descreve algum alívio para a notalgia parestésica com exercícios.[58] A paciente tendia a trabalhar num computador todo o dia, cabisbaixa e com os ombros encurvados. Essa posição protraía e elevava suas escápulas e flexionava a cabeça e a espinha, acentuando os ângulos dos nervos espinhais. Através de exercícios, ela fortaleceu os músculos romboides e grande dorsal e alongou os músculos peitorais. Tudo isso melhorou sua postura e reduziu a sensação de coceira, embora não de todo.

ESTRATÉGIAS DE ENFRENTAMENTO

Se conseguirmos não pensar em determinada dor, ela tende a nos incomodar menos; a distração é uma das maneiras mais eficazes de aliviá-la. O cérebro é bombardeado por milhões de pacotes de estímulos por hora e prestamos atenção apenas a pequena proporção deles — se pudéssemos estruturar as coisas de modo que a dor não ocupasse a dianteira de nossos sistemas de atenção, nossa sensação de incômodo seria menor.

Quem vive em ambientes mais ricos — com muitas coisas para ver, ouvir e fazer —, experimenta menos dor que quem vive em ambientes mais simples, e esse tipo de distração diminui os sinais de dor na ínsula e no córtex sensorial primário.[59] As distrações eficazes em situação de dor incluem exercícios, passatempos, conversas interessantes, prática de ioga, meditação, socialização, música calmante ou imersão na natureza.[60] Mesmo quando imposta ao indivíduo em situação de dor, a atividade de distração reduz a dor e faz com que o corpo produza mais de seus próprios opioides orgânicos analgésicos.

Quanto mais experiências interessantes pudermos ter no mundo exterior, menos tempo passaremos focados em nosso mundo interior, que é onde reside a dor. Steve Linton descreve o papel que um ambiente fecundo exerceu sobre sua avó, que alcançou melhora de 80% em sua situação de dor.

Minha avó durante algum tempo viveu numa unidade habitacional escura e estéril, com pouco para fazer durante o dia, a não ser olhar para as paredes [...]. Ao visitá-la uma tarde, ela se queixou de uma longa lista de dores, que ela poderia levar de trinta minutos a uma hora para descrever. Felizmente, ela conseguiu se mudar para uma unidade habitacional para idosos onde havia outras pessoas com quem conviver, atividades sociais planejadas e visitas regulares. Aconteciam muito mais coisas que dispersavam a atenção dela para o mundo exterior. Embora minha avó ainda se queixasse de dores, elas eram em número muito menor, a ponto de serem descritas em não mais que cinco ou dez minutos.[61]

Além da distração, o bom humor torna a dor menos propensa a nos deprimir. Se estivermos de mau humor, qualquer pontada é suficiente para nos deixar ainda mais deprimidos. Lembre-se também de que a memória depende do humor. Se estamos de mau humor, tendemos a ter acesso mais fácil a lembranças de outras vezes em que estávamos mal-humorados ou tristes, e de outras ocasiões em que as coisas não andaram bem, propiciando a imersão num ciclo de desânimo, do tipo "essa dor vai piorar cada vez mais... isso sempre acontece comigo". Se estivermos de bom humor, a mente tende a se lembrar de eventos felizes, e imaginamos um futuro mais positivo. Esse bom humor pode desencadear um ciclo virtuoso em que as substâncias neuroquímicas do humor positivo contribuem para o processo de cura e de fato melhoramos mais rápido. Por isso é que drogas que melhoram o humor, como ISRSs, costumam ser prescritas para pacientes em situação de dor.

Fatores psicológicos desempenham importante papel na situação de dor, como já mencionei. Se estivermos caminhando ou trabalhando e nossos músculos começarem a doer, o cérebro pode codificar essa sensação como positiva — significa que estamos nos exercitando e reforçando a musculatura. Esse tipo de abordagem desloca a compreensão da dor e nos distrai do desconforto, ao contrário, por exemplo, de sermos picados por uma abelha ou de estarmos com uma pedra no sapato.

Um estilo de enfrentamento comum é orar ou meditar. Algumas pessoas oram pela recuperação da saúde e pela liberação da dor, e, em algumas formas de oração, atribuem a responsabilidade pela dor a um poder superior. Outros adeptos da oração agradecem a oportunidade de "mostrar seu valor". Ou seja, se eles atribuem a dor que estão experimentando a um teste de sua determinação, ou a uma oportunidade para explorar sua força espiritual, é possível transformar suas reações subjetivas em um desafio positivo — talvez ativando uma área completamente diferente do cérebro.

PROBLEMAS ESPECIAIS NO TRATAMENTO DA DOR NA VELHICE

Dor crônica

Os pacientes tendem a reagir à dor de curto prazo (aguda) de maneira diferente de como reagem à dor de longo prazo (crônica). Tendemos a achar que podemos tratar a dor de curto prazo com medicamentos. Também podemos limitar nossas atividades e recorrer à ajuda de outras pessoas.

A dor crônica é muito mais difícil de tratar. Os pacientes com dor crônica costumam relatar que um estímulo que deveria parecer inócuo é doloroso. Essa redução do limiar da dor em geral ou aumento da sensibilidade ocorre em muitos pacientes com transtorno de dor crônica, como síndrome do intestino irritado, lombalgia e fibromialgia.[62] Imagens do cérebro desses pacientes mostram padrões de ativação anormais nas regiões que participam da regulação da dor, sobretudo no cingulado anterior. Mudanças cerebrais estruturais foram observadas em pessoas com dores crônicas, como perda do volume da matéria cinzenta e da matéria branca, não apenas no cingulado anterior (que é parte do circuito da dor), mas também no córtex pré-frontal dorsolateral, a região do cérebro responsável por atividades como processos decisórios, memórias de trabalho, flexibilidade cognitiva, planejamento, inibição e raciocínio abstrato.[63] Os sistemas neuroquímicos também são afetados, incluindo reduções na produção de dopamina, nas ligações dos receptores opioides e na modulação dos sistemas GABA e de glutamato. Se você já esteve em situação de dor e sentiu que não estava pensando com clareza, essas são as explicações.

Uma boa notícia na pesquisa da dor no último ano foi a disponibilidade dos novos medicamentos para enxaqueca, Pasurta, Emgality e Ajovy. Ainda não conhecemos ao certo as causas da enxaqueca, mas esses medicamentos foram transformadores para os indivíduos propensos a ela — devem ser administrados apenas uma vez por mês e atuam como preventivos.

O próximo grande avanço no horizonte talvez seja a aprovação, em breve, do tanezumab (quem inventa esses nomes?) pelo FDA, a agência que regula alimentos e novos medicamentos nos Estados Unidos; é um anticorpo contra o fator de crescimento nervoso, que trata a dor e é eficaz contra dores do câncer ósseo, artrite e lombalgia crônica. Nos testes clínicos de fase 2, o tanezumab foi eficaz, mas apareceu um efeito colateral: as articulações passaram a degenerar mais rápido e, assim, o FDA suspendeu novos testes. A Pfizer, uma das desenvolvedoras do medicamento, examinou com muito cuidado os dados e concluiu que a degeneração das articulações era consequência de uma interação com os AINEs que as pessoas estavam tomando ao mesmo tempo. Em teoria, disse a Pfizer, se os pacientes tomassem apenas tanezumab, não deveria haver problema. O FDA se convenceu e, assim, cancelou a suspensão de novos testes. Jeffrey Mogil observa:

> O estudo original de fase 2 gerou de fato o mais impressionante conjunto de dados de testes clínicos que eu já vi. Na fase 2, o medicamento superava o placebo por quarenta pontos de cem, o que é absolutamente inédito, porque é possível conseguir a aprovação do FDA com dez pontos. E agora, nos testes mais amplos de fase 3, o medicamento deve superar o placebo pela margem mais comum de dez-quinze. Parece que ele está alcançando esse resultado de maneira confiável. Superar o placebo por quinze pontos não parece muito, mas para um subconjunto da população, isso acaba sendo muito.[64]

Dores crônicas não tratadas perturbam os padrões de sono, o que por sua vez pode provocar profundos déficits de memória e de humor. A atitude social em relação à dor em pessoas idosas costuma ser censurável. Os provedores de cuidados de saúde presumem (sem comprovação) que a dor é "componente normal do envelhecimento". Pacientes idosos em geral não relatam dor porque têm medo das respostas desdenhosas dos médicos ou por causa da falsa crença de que "bons" pacientes não se queixam. Você não precisa ser esse tipo de paciente. Tudo bem falar abertamente.

Polifarmácia

Também é importante falar sobre fármacos e suplementos que tomamos. O número médio de medicamentos com prescrição ingeridos pelos idosos é superior a dez. Essa situação é denominada polifarmácia. Resulta do desejo dos médicos de agradar os pacientes, preparando uma prescrição rápida que trate de um único sintoma — e fazendo o mesmo várias vezes. Daí decorrem enormes problemas, associados a efeitos de interação medicamentosa muito complexos. De um ponto de vista científico, temos muitos dados sobre como as drogas interagem aos pares, porque estudos de dois medicamentos administrados são fáceis de serem realizados. Mas é lamentavelmente difícil e impraticável estudar todas as possíveis interações numa combinação de dez medicamentos. Portanto, simplesmente não temos dados sobre essas interações múltiplas e complexas. Alguns fármacos mascaram ou neutralizam os efeitos de outros; alguns são incompatíveis de modo perigoso com outros; nessas condições, os efeitos colaterais podem se multiplicar de maneira rápida. Algumas drogas são contraindicadas para várias condições que afetam de forma desproporcional os idosos, como problemas cardíacos e circulatórios, ou deterioração de órgãos.

Apenas como exemplo, o curso natural do envelhecimento pode levar a uma diminuição das secreções gástricas. Enquanto isso, a perda de receptores de vitamina D acarreta perda de apetite que, por sua vez, pode resultar em má nutrição e em decréscimo da densidade óssea. Fármacos com o efeito colateral de reduzir o apetite intensificam um problema existente. O processo espontâneo de envelhecimento também pode redundar no maior espessamento e em rigidez das artérias, aumentando o risco cardiovascular. A menor elasticidade dos pulmões nos torna suscetíveis a transtornos pulmonares. Mudanças nos rins comprometem a filtragem, agravando a acumulação de material tóxico no corpo. O sistema digestivo funciona com menos eficiência, provocando constipação crônica. Qualquer medicamento que produza efeitos colaterais capazes de amplificar ou de exacerbar essas condições pré-existentes podem causar nos pacientes um desconforto digno de pesadelo.

Com frequência, essas diferentes medicações poderosas são prescritas por médicos distintos, sem a coordenação de um único médico "responsável". Os efeitos colaterais da polifarmácia podem criar condições em que *supomos* ter uma doença que não temos, e, ademais, alguns medicamentos e interações medicamentosas podem mascarar sinais precoces de doenças.[65] Para agravar tudo isso, a polifarmácia tende a persistir porque poucos médicos estão dispostos a suspender um fármaco prescrito por outro profissional, com medo de que aconteça alguma coisa prejudicial para o paciente, pela qual sejam responsabilizados. Assim, eles se limitam a adicionar medicamentos, sem nunca reavaliar o panorama geral.

Acontece que a principal causa de confusão, desorientação e delírio entre idosos não é o Alzheimer — são os efeitos adversos de medicamentos ou de suas interações.[66] São numerosos os casos de idosos confinados em asilos não por incapacidade mental, como poderiam supor familiares e amigos bem-intencionados, mas sim por causa das complicações polifarmacêuticas.

Uma parte importante do envelhecimento saudável é cada indivíduo assumir a responsabilidade pela própria saúde, informando aos médicos e farmacêuticos os diferentes fármacos que estão tomando — inclusive remédios sem prescrição médica que, em geral, são tão poderosos e tão sujeitos a interações complexas quanto os com prescrição. Isso não é nada além de uma atitude conscienciosa.

Parte II

As escolhas que fazemos

Na parte I, apresentamos as bases científicas que motivam a adoção de uma abordagem inteiramente nova do envelhecimento. Essa abordagem, combinando a ciência das diferenças individuais e a neurociência do desenvolvimento saudável, enfatiza as forças e os mecanismos compensatórios, em vez de a perda de habilidades. Vimos como as coisas funcionam, desde a personalidade e a inteligência até a experiência das emoções e da dor. Na parte II, olharemos para uns poucos comportamentos específicos que podemos modificar para que o envelhecimento seja tão agradável quanto possível — talvez se tornando a *melhor* idade da sua vida. As modificações não são assim tão difíceis de implementar.

No final das contas, todos morremos. A pergunta é *como queremos que sejam os últimos anos?* Em alguns casos, vemos idosos cuja mente está decaindo e que sobrevivem durante anos sem realmente viver, sem consciência de onde estão, enquanto o coração, os pulmões, os rins e o fígado continuam engasgando por aí. Uma de minhas tias, a irmã mais velha de minha mãe, é desse tipo — enquanto escrevo esta página, ela está com 92 anos e ninguém teve uma conversa significativa com ela nos últimos quinze anos. Ela está viva, seus órgãos estão funcionando bem, mas ela não tem nenhuma das alegrias de estar consciente, que associamos a "estar vivo". Ela está afundada na fase de duração da doença, não na duração da saúde.

Em outros casos, idosos com a mente ativa começam a perceber a decadência do *corpo*, e têm a sensação de perder o chão. Entretanto, esse é o cenário que muitos prefeririam. Em ambos os casos, o corpo se irá em algum momento. Ele falhará e a grande luz se apagará. A questão é: *a sua mente continuará intacta nesse momento, ou você estará condenado à melancólica vida mental de minha tia?*

Um fator que tem recebido relativamente pouca atenção na imprensa popular é a cronobiologia da saúde, o conjunto de relógios internos que regulam os vários ciclos de atenção, energia, restauração e reparo pelos quais passam o cérebro e o corpo. É onde começaremos. O funcionamento normal e sincronizado desses relógios desempenha um papel crítico mais importante do que reconhecemos. Quando eles não estão funcionando de forma adequada, os neurônios degeneram; o metabolismo celular fica comprometido; os sistemas normais do corpo para a reparação celular e a recuperação diária dos danos de DNA são perturbados. Relógios internos defeituosos ou desajustados são fatores importantes que contribuem para Alzheimer, Parkinson, doença de Huntington, depressão, obesidade, diabetes, cardiopatias e câncer.[1] Com base nesses fundamentos, abordaremos práticas importantes a serem adotadas para extrair o máximo de três processos biológicos básicos: dieta, movimento e sono.

8. O relógio interno

São duas horas da madrugada. Por que estou com fome?

Você já acordou no meio da noite com uma fome voraz? Ou quem sabe já se sentiu hiperativo pouco antes de dormir? Ou talvez tenha sentido sonolência na hora errada, numa reunião ou num concerto (ou mesmo lendo um livro sobre velhice e cérebro). Se já teve essas sensações, você experimentou um desajuste do ritmo circadiano. O vocábulo *circadiano* foi cunhado por cientistas, na década de 1950, a partir das palavras latinas *circa* (aproximadamente) e *diem* (dia): o ritmo de um ciclo de mais ou menos 24 horas.[1]

Os ritmos circadianos são produtos dos relógios biológicos, adaptação evolutiva em resposta à duração total de uma rotação completa da Terra em torno de seu próprio eixo.[2] Eles permitem que o corpo e a mente prevejam o que virá em seguida, de modo a se preparar melhor para diferentes situações e circunstâncias. Por exemplo, intuir quando o Sol se erguerá no horizonte possibilita que o cérebro libere substâncias químicas despertadoras (como orexina, dopamina e noreprinefrina) e suprima as substâncias químicas adormecedoras (como melatonina, adenosina e GABA), que nos induzem a rolar na cama e voltar a dormir. O relógio interior nos leva a acordar de manhã refeitos e dispostos.

Os relógios biológicos surgiram cedo na história evolutiva, quando as células, em sua maioria, eram sensíveis à luz.[3] Mais recentemente, essas células fotossensíveis se infundiram em plantas, fungos e bactérias e em todos os animais multicelulares. Também foram encontrados relógios em mofo de pão,

Neurospora crassa, os quais liberam esporos na hora certa do dia, quando a umidade portadora de esporos no ar se encontra no auge.[4] Também foram identificados relógios nos olhos da aplísia, um caracol marinho (ou lesma do mar) cujos ancestrais se diferenciaram dos nossos há 500 milhões de anos. Os relógios da aplísia modulam a memória e a atividade locomotora, em sincronia com os ciclos claro/escuro. Os relógios são configurados pelos genes. Também se descobriu que, ao longo de centenas de milhões de anos de evolução, genes semelhantes atuaram no controle de relógios celulares em todos esses organismos, de bactérias, plantas e moscas-das-frutas a peixes, aves, mamíferos e humanos. Na aplísia, os cientistas encontraram genes notavelmente semelhantes aos dos humanos, inclusive os relacionados com as doenças de Parkinson e Alzheimer.[5]

As plantas usam os relógios celulares fotossensíveis internos para detectar a duração dos dias. Quando sentem os dias mais curtos do outono, os relógios ativam genes que enviam sinais às plantas para produzir sementes e soltar as folhas. Quando os relógios sentem os dias mais longos da primavera, as plantas vicejam novas folhas, além de flores ou frutos. Os relógios biológicos ajudam as plantas a se preparar para o nascer do sol, erguendo suas folhas, inclinando--as para o crepúsculo matutino e preparando seus laboratórios internos para ativar a fotossíntese, convertendo luz solar em nutrientes. À noite, os relógios orquestram a abertura e o fechamento dos poros das folhas e a dobragem noturna das folhas para evitar a perda de água.[6] Se os relógios regulam plantas, mofo e moluscos, é de imaginar a complexidade dos vários papéis que desempenham em nosso funcionamento. Eles também exercem grande influência no envelhecimento — tanto que, quando o tecido do relógio biológico de animais jovens é transplantado para animais idosos, esses últimos vivem mais.[7]

O RELÓGIO MESTRE

Nos mamíferos, os ritmos circadianos dependem de três processos distintos:

1. um sistema de inputs que extrai informações do meio ambiente, consistindo em pistas como ciclos claro/escuro e consumo de alimentos, que são recebidas via osciladores periféricos;

2. um oscilador mestre central, ou relógio, que mantém o controle do tempo dos eventos de input e pode gerar um sinal rítmico consistente;

3. canais de output que permitem ao relógio mestre influenciar e sincronizar os vários osciladores periféricos que governam operações fisiológicas, como digestão, ciclos sono-vigília, temperatura corporal, fome e estado de alerta.

Assim, os ritmos circadianos são organizados numa hierarquia, e diferentes partes do sistema de relógios se comunicam e modificam umas às outras usando loops de feedback e de *feedforward*. Todas as células do cérebro e do corpo são sensíveis à hora do dia, e os genes (como *PER1*, *BMAL1*, *CLK1*, *DBT* e, o mais famoso, *CLOCK*) ativam proteínas de acordo com um ciclo de mais ou menos 24 horas.[8] Digo mais ou menos porque essas células funcionam como um relógio barato — elas tendem a flutuar, a acelerar e desacelerar. Para regulá-las, desenvolvemos por evolução um relógio mestre. Em humanos, ele se situa no hipotálamo, numa estrutura denominada núcleo supraquiasmático, ou NSQ, um grupo com cerca de 20 mil neurônios que oscilam ao longo de um ciclo de aproximadamente 24 horas. O horário ou fase inicial desse ritmo pode ser redefinido por inputs de luz e outros indicadores de tempo (denominados *zeitgebers*, tradução para o alemão de "indicadores de tempo").

O NSQ é como um chefe de estação em uma estação ferroviária movimentada, mantendo todos os trens no horário para que não colidam uns com os outros, e para que os passageiros cheguem ao destino com pontualidade. Assemelha-se menos aos relógios atômicos em que os governos se baseiam para determinar a hora oficial, pois estes sofrem pouca ou nenhuma interferência externa. Nosso NSQ, por outro lado, é sensível aos inputs da retina e de outras células fotossensíveis da pele para distinguir horário diurno e noturno. Também capta inputs de vários processos metabólicos.[9] O NSQ transmite informações sobre a hora do dia a várias regiões do cérebro e a órgãos periféricos, como coração, pulmões, fígado e glândulas endócrinas.[10] Tecidos no fígado e no pâncreas regulam os ritmos metabólicos para manter os níveis de glicose estáveis, o metabolismo lipídico e a remoção de compostos externos do corpo e do sangue (desintoxicação xenobiótica).[11] Assim, por exemplo, quando comemos e liberamos sucos digestivos, o NSQ capta e usa essa informação para regular os ciclos digestivos.

A abordagem da ciência do desenvolvimento procura compreender a interação entre genes, cultura e oportunidade. Os relógios biológicos são um exemplo fascinante desse esforço. Eles funcionam recebendo inputs do meio ambiente — principalmente luz, mas também o horário de alimentação e o ciclo de atividade, que são influenciados pela cultura. A luz, seja do sol nascente ou daquela pequena lâmpada azul no carregador do seu telefone celular, pode ativar ou desativar determinados genes, mudando o momento em que produzem as proteínas que influenciam o relógio biológico e nossos ritmos circadianos. A luz diurna ou sua falta podem acelerar ou desacelerar os ritmos circadianos.

Tudo isso interage com o próprio processo de envelhecimento de várias maneiras. Eis apenas um exemplo. Luz — e a luz azul em especial — é necessária para programar o relógio biológico. A catarata ocular, que acompanha o envelhecimento, é amarela e, assim, tende a bloquear a luz azul. Por conseguinte, pode restringir a quantidade de luz azul que alcança a retina e, por sua vez, diminuir importantes sinalizações neuronais para a glândula pineal e o NSQ. Em alguns casos, a cirurgia de catarata restaura a qualidade do sono de idosos, permitindo a captação de mais luz azul durante o dia e, assim, restabelecendo horários saudáveis de liberação de melatonina. Mas a luz azul perto da hora de dormir, como a do telefone celular, computador ou despertador, pode estimular a glândula pineal e dificultar o adormecimento. (Talvez os engenheiros que projetam despertadores devam consultar neurocientistas antes de escolher as cores do LED.)

"QUANDO" PODE SER TÃO IMPORTANTE QUANTO "O QUÊ"

O que você come, quanto você se exercita e quantas são as suas horas de sono são importantes, mas, nos últimos anos, os neurocientistas e os cronobiólogos (pessoas que estudam os relógios biológicos) passaram a compreender que *quando* você come, *quando* se exercita e *quando* dorme pode ser igualmente importante. Essa afirmação se aplica ainda mais a idosos.

O filósofo e médico do século XII Moisés Maimônides compreendeu a importância de quando comer, assim como quanto comer. O conselho dele para viver uma vida saudável era "comer como um rei de manhã, como um príncipe no almoço, e como um camponês no jantar". Hoje, o campo da crononutrição se esforça para sincronizar nossa ingestão de calorias com os ritmos circadianos do corpo. O horário das refeições pode exercer efeitos profundos sobre numerosos processos fisiológicos, inclusive ciclos sono-vigília, temperatura corporal, picos de desempenho e estado de alerta.[12] Comer em horas diferentes a cada dia, ou fora de sincronia com os ritmos circadianos, pode acarretar obesidade, síndrome metabólica, diabetes e outros problemas. Sua mãe estava certa quando lhe dizia para ingerir um café da manhã reforçado e jantar no horário certo.

O trato gastrointestinal tem um poderoso relógio circadiano e abriga vasta microbiota, também denominada microbioma. O microbioma de cada indivíduo é único, e os organismos que o compõem têm seus próprios relógios. As pesquisas sobre o microbioma ainda estão engatinhando, mas as primeiras evidências apontam para a possibilidade de que o relógio microbiômico (os ritmos circadianos da sua microbiota) pode ser influenciado pelo que e quando você come, e, além disso, de que o seu microbioma pode enviar informações para o relógio mestre no seu NSQ para influenciar seu ritmo. Ademais, o NSQ (núcleo supraquiasmático no hipotálamo) pode regular o microbioma, disparando a produção cíclica de glicocorticoides, insulina e outras substâncias que alteram ritmos e horários.[13]

Como você provavelmente sabe, as pessoas são diferentes em termos da hora do dia em que estão mais ativas e alertas. Eu acordo às 5h30 e já estou pronto para começar — grande parte do que escrevo e pesquiso se concentra antes das dez horas da manhã. Minha esposa, por outro lado, é mais produtiva à tarde e à noite — se ela não tiver de dar uma aula de neurociência às oito da manhã, provavelmente vai trabalhar a noite toda com muita eficiência. Na linguagem popular, eu acordo com as galinhas, minha esposa é um animal noturno. Temos cronotipos diferentes. Estes têm base genética, mas também interagem com o ambiente e a experiência.[14] Anos dormindo tarde, de forma consistente, e de exposição à luz azul depois do anoitecer provocam mudanças na expressão gênica, que alteram nossos cronotipos no nível genético. Mas isso nem sempre ocorre. Muitos trabalhadores noturnos vivem em conflito com seus cronotipos imanentes, o que causa acidentes, depressão e perda de produtividade.

A figura da próxima página mostra quatro dos diferentes ritmos circadianos. O eixo y representa escalas individuais para cada ciclo, com valores crescentes de baixo para cima. *Linha sólida escura*: a temperatura corporal central

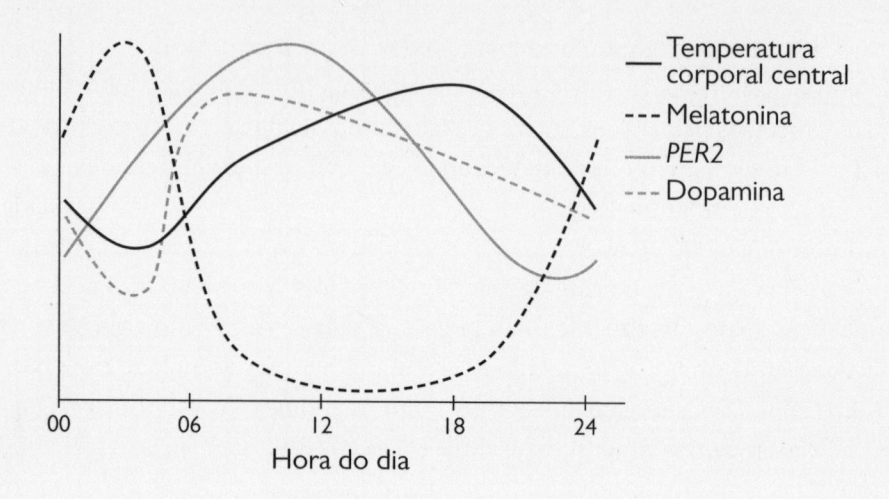

Temperatura corporal central
--- Melatonina
PER2
--- Dopamina

00   06   12   18   24

Hora do dia

começa a aumentar da mínima noturna de aproximadamente 36,5°C cerca de três horas antes de acordarmos, chega a 37,2°C lá pelas nove horas da manhã, continua subindo devagar até alcançar o pico de 37,4°C mais ou menos às oito horas da noite, e então cai até voltar ao nível inicial de 36,5°C às quatro horas da madrugada. *Linha tracejada escura*: ritmo circadiano da melatonina. *Linha sólida cinza*: regulação temporal do gene *PER2*. *Linha tracejada cinza*: níveis de dopamina no plasma ao longo do período de 24 horas. Pode haver variações individuais marcantes na amplitude e extensão de cada forma ondulada. (Esse gráfico se baseia em médias em escala e, portanto, as unidades na transversal dos diferentes sistemas não são idênticas.)

A invenção de luzes artificiais brilhantes, mais de um século atrás, vem causando problemas que a humanidade nunca tinha experimentado antes: a possibilidade de enganar o NSQ, induzindo-o a detectar dia quando não é, e a possibilidade de permitir que nossos ritmos circadianos se ajustem à nossa própria vontade. Infelizmente, durante boa parte do tempo, tudo o que as luzes fazem é romper nossos ciclos de milhões de anos, o que pode envolver sérias consequências para a saúde. Não estou defendendo uma volta a casas sem iluminação artificial, apenas preconizo melhor compreensão dos efeitos daí decorrentes, para criarmos melhores ambientes domésticos. O uso de iluminação artificial interna e, mais recentemente, de telas de computador e outros dispositivos, de relógios e de vários aparelhos que emitem luz azul moldou uma população de notívagos. Hoje, apenas cerca de 30% da população dorme melhor quando vai para a cama antes da meia-noite. Isso significa que 70% da população não consegue chegar ao trabalho por volta de oito ou nove horas sem ter que despertar o corpo antes de estar biologicamente pronto.[15] E adolescentes experimentam alterações acentuadas em seus horários de sono por motivos que ainda não compreendemos de todo, mas que se relacionam com o influxo súbito de hormônios da puberdade. Um movimento nascente nos Estados Unidos para retardar o horário de início das escolas de ensino médio tem ganhado força. Empresas que funcionam 24 horas por dia e empregam trabalhadores fora da jornada normal de nove às dezessete horas infelizmente tendem a designar o pessoal para turnos aleatórios, sem considerar o relógio biológico de cada indivíduo. Isso pode resultar em grandes ineficiências e acarretar privação de sono, perda de dias de trabalho por doença e acidentes graves.

Apenas como exemplo, o cronobiólogo Till Roenneberg e seus colegas conduziram um experimento na siderúrgica ThyssenKrupp, na Alemanha.[16] A empresa é uma das maiores produtoras de aço do mundo, e sua linha de produtos inclui trens de alta velocidade, elevadores e navios. Os cientistas identificaram os trabalhadores que eram madrugadores ou notívagos e lhes atribuíram diferentes turnos, para que os respectivos horários de trabalho se alinhassem com o relógio interno de cada um. Depois que os cronotipos foram alinhados com os turnos, os trabalhadores passaram a desfrutar de um aumento de 16% nas horas de sono, quase toda uma noite de sono no curso de uma semana.[17] O estudo não durou o suficiente para coletar dados sobre acidentes de trabalho ou erros de execução, mas vultosa literatura mostra que a privação de sono é responsável por alguns dos piores desastres industriais da era moderna, como o derramamento de óleo do *Exxon Valdez*, o acidente nuclear de Tchernóbil e o vazamento de gás isocianato de metila em Bopal, na Índia.[18] A Administração Nacional de Segurança do Tráfego Rodoviário dos Estados Unidos relata que uma em cada seis mortes por acidentes de trânsito é provocada por motoristas sonolentos.

Por que os indivíduos têm cronotipos diferentes? Para citar Shakespeare, "Um dorme, outro vela".[19] Do ponto de vista evolutivo, pense em como era a vida dos nossos ancestrais, 10 mil ou 20 mil anos atrás. O sono era necessário para a sobrevivência e, no entanto, foi uma época em que todos éramos extremamente vulneráveis a ataques de animais predadores e de humanos violentos, assim como aos furacões ocasionais e aos vulcões em erupção. A hipótese da sentinela é que, quando vivem em grupo, os animais compartilham a tarefa de vigilância, alguns velam enquanto outros dormem.[20]

Variações do cronotipo são encontradas em muitas espécies, e essa é a origem de nos referirmos a galinhas para quem acorda cedo, e a corujas para quem dorme tarde. Para os humanos, esses rótulos representam os extremos da distribuição — a maioria das pessoas se encontra mais ou menos no meio, com tendências a acordar mais cedo ou dormir mais tarde. Também há diferenças entre os sexos, com os homens que são mais propensos a serem mais notívagos do que as mulheres. (Ainda não há pesquisas sobre as causas — ou sobre os padrões de sono de indivíduos transgêneros, não binários ou não conformantes. Como a identidade de gênero tem origens hormonais e biológicas, é provável que o cronotipo siga o gênero, não o sexo biológico de origem.)

O cronotipo é hereditário, e já foram identificados numerosos genes que contribuem para a variação entre os indivíduos.[21] Em um novo estudo abrangente, os pesquisadores analisaram os genomas de 700 mil britânicos e descobriram mais de 350 genes que contribuem para o cronotipo.[22] Outras variações decorrem do fato de que os ciclos circadianos são adiantados em idosos, que tendem a dormir e a acordar mais cedo. Essas variações associadas à idade também podem ter sido uma adaptação evolutiva: talvez fosse uma vantagem evolutiva para a sobrevivência de idosos, cujas habilidades de caça haviam diminuído, ficar de guarda à noite, de modo que os caçadores mais jovens e mais preparados tivessem uma boa noite de sono. Essa ideia levou um grupo de pesquisadores a propor a "hipótese dos avós maldormidos".[23]

Se a hipótese da sentinela for verdadeira, poderíamos supor que, nos tempos ancestrais, raramente todos os membros de um grupo dormiam ao mesmo tempo. Por outro lado, se todos dormissem ao mesmo tempo, a hipótese da sentinela teria de ser descartada.

Essa hipótese foi confirmada recentemente por antropólogos que estudavam um grupo contemporâneo de caçadores-coletores, os hadzas, do centro-norte da Tanzânia. Os hadzas são um grupo com cerca de 1200 pessoas que vivem em torno do lago Eyasi, na região central do vale do Rift, nos arredores do planalto Serengeti.[24] Os antropólogos os consideram uma janela importante para descortinar o estilo de vida de nossos ancestrais do Pleistoceno. Eles não adotaram as práticas pecuárias e agrícolas de outros tanzanianos próximos, e acreditamos que eles vivam ainda hoje como fizeram durante muitos milhares de anos.

Os pesquisadores descobriram que, ao longo de um período de vinte dias, ocorreu apenas um intervalo de dezoito minutos no total em que todos estavam dormindo. A qualquer momento durante a noite, cerca de um quarto do grupo estava desperto, atuando como sentinelas. E eles sobreviveram.

O RELÓGIO ENVELHECIDO

À medida que envelhecemos, a sinalização de entrada e saída do NSQ se degrada. Parte desse déficit de sinalização decorre da perda ou degradação da bainha de mielina do sistema nervoso, resultante em parte do processo de depleção geral das substâncias e hormônios neuroquímicos, associado à idade.[25] Em parte, é por isso que os idosos podem ter problemas para adormecer ou para despertar às cinco horas da madrugada, e querem jantar às 16h30. Se você perder o relógio mestre passará a viver como um velho de noventa anos em Boca Raton, na Flórida.

Com o avançar da idade, a amplitude da sinalização do NSQ diminui e se desloca para a esquerda (fase avançada, linhas tracejadas), o que explica as mudanças nos ciclos de sono, despertar e alimentação dos idosos. (Como nos gráficos anteriores, eles se baseiam em médias em escala e, portanto, as unidades não são idênticas entre os gráficos.)

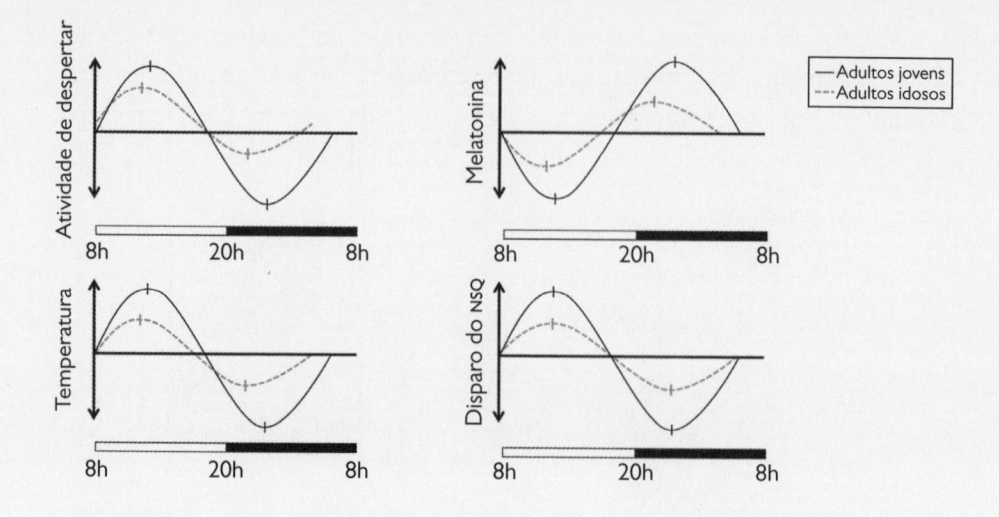

Algumas evidências indicam que o problema é de fato a integridade dos neurônios no NSQ em si — o transplante de tecido jovem no NSQ de hamsters melhorou a sincronia do relógio dos que envelheciam e aumentou a longevidade deles.[26] Isso sugere que o bom ritmo circadiano pode contribuir para a longevidade. Estamos muito longe de fazer esses transplantes em humanos, mas esses resultados ajudam a compreender as vulnerabilidades do relógio envelhecido — e sugerem rumos para as pesquisas sobre aumento da longevidade.

Os idosos tendem a experimentar mudanças em seus ciclos cronobiológicos (ver figura acima) denominadas avanço de fase; à medida que envelhecem, as pessoas ficam mais propensas a se tornar tipos matutinos. Depois dos sessenta anos, o ritmo dos genes *PER1* e *PER2* no córtex orbitofrontal fica achatado e adiantado em aproximadamente de quatro a seis horas, e a expressão do *CRY1* fica arrítmica em comparação com a de adultos com menos de quarenta anos.[27] A degradação da sinalização de vasopressina é responsável pelo aumento da fragmentação do ciclo de atividade sono-vigília e pela disrupção dos ritmos de temperatura corporal central, além do aumento da frequência de urinação — tudo isso leva à insuficiência da qualidade e da quantidade de sono, resultando em aumento da sonolência diurna. O funcionamento do relógio biológico se rompe com mais intensidade na demência. Estudos pós-morte do cérebro de pacientes com demência mostram degeneração total do NSQ do hipotálamo.[28]

Esse processo afeta mais do que comer e dormir. Certos efeitos da hora do dia sobre o estado de alerta e sobre o desempenho funcional são bastante intensificados quando envelhecemos. Os adultos com mais de sessenta anos começam a apresentar diferenças de desempenho numa gama de testes neuropsicológicos — memória, solução de problemas, inteligência espacial, raciocínio, acuidade da coordenação motora e desempenho atlético. Teste-os de manhã, e eles estão normais; teste-os entre o meio e o fim da tarde, e eles apresentam declínio do desempenho, em comparação com os resultados de indivíduos de quarenta e cinquenta anos (como vimos no capítulo 4, sobre a área do cérebro que resolve problemas). As diferenças se acentuam ainda mais depois dos setenta anos. Aplique-lhes um teste de memória de manhã, e eles parecem bem. Repita-o depois do meio-dia, e os decréscimos podem ser grandes. A mensagem a ser registrada é a seguinte: tome decisões importantes, referentes a saúde, finanças e similares, antes do meio-dia. Seu raciocínio está melhor. Se for se exercitar e houver risco de quedas, faça-o no começo do dia, quando você está mais ligado. Por isso George Shultz e Vincent Fox, por exemplo — pessoas altamente produtivas que já passaram da idade de aposentadoria convencional —, aparecem no trabalho de manhã cedo e tendem a folgar à tarde, ou pelo menos a não assumir compromissos cruciais em horários vespertinos ou noturnos.

Os efeitos negativos da ruptura dos ciclos tendem a ser mais sutis ou muito menos pronunciados entre os jovens. Mas, a certa altura, é provável que você comece a percebê-los. Esse momento é variável — pode ser ao completar cinquenta, sessenta, setenta ou oitenta anos, dependendo das interações de genes, cultura e meio ambiente. A ruptura dos ritmos circadianos sem causas externas claramente identificáveis é um sinal de alerta prematuro para as doenças de Parkinson, Alzheimer e Huntington, inflamações crônicas e cânceres.

Sabemos agora que perturbações reiteradas do ritmo circadiano, em especial as decorrentes de mudanças no fuso horário e exposição irregular à luz, têm implicações para várias doenças, como síndrome metabólica, deficiências imunológicas, debilidades ósseas e musculares, doenças cardiovasculares, câncer e redução da longevidade.[29] A síndrome do entardecer, a tendência de pessoas com doença de Alzheimer apresentarem estado de confusão e falhas de memória no fim da tarde e no começo da noite, pode muito bem ser resultado de alterações no ritmo circadiano — pacientes capazes de restaurar com sucesso um padrão normal de sono-vigília podem ficar mais tempo com a família e postergar a necessidade de serem transferidos para instalações de cuidados especiais.[30]

Uma das funções mais bem conhecidas do relógio biológico é controlar a liberação de melatonina para promover o sono. Quando há menos luz — por exemplo, à noite ou em latitudes polares, no inverno — o corpo produz menos melatonina. O jet lag ocorre quando mudam os *zeitgebers*, ou sincronizadores, a que estamos acostumados — nascer do sol, intensidade da luz, duração do dia, ingestão de alimentos, níveis de atividade. Em geral, isso acontece quando atravessamos fusos horários e quando a hora local do destino é diferente da hora local de procedência. O nascer do sol ocorre antes ou depois da expectativa do seu relógio biológico. O relógio tenta se ajustar às condições do novo fuso, mas esse processo pode demorar vários dias.

Quando se é jovem, o relógio biológico é mais flexível, maleável e capaz de reagir com rapidez às mudanças ambientais. À medida que envelhecemos, a reconfiguração do relógio biológico pode ser mais demorada — muito mais lenta. É mais difícil para os idosos se recuperarem dos avanços de fase — mudanças que nos fazem acordar e dormir mais cedo do que de costume; já os atrasos de fase não têm diferenças entre idosos e jovens. Os idosos tendem a achar mais fácil se ajustar a um novo fuso horário ao viajar para o oeste, mas não para o leste, porque as mudanças na direção do avanço de fase são compatíveis com as tendências já apresentadas pelo relógio biológico.

Em geral, ao viajar para o leste, o corpo precisa de um dia para cada hora de mudança no fuso horário para se recuperar ou se ajustar, e meio dia para cada hora de mudança no fuso horário ao viajar para o oeste.[31] Esse é o melhor cenário. À medida que envelhecemos, o processo tende a se tornar mais demorado. Antes de viajar para o leste, comece a adiantar o relógio corporal tantos dias antes da viagem quanto forem os fusos horários a serem atravessados. Exponha-se à luz solar nas primeiras horas do dia ou use uma lâmpada de luz solar. A bordo do avião no rumo leste, use uma máscara de dormir para cobrir os olhos mais ou menos duas horas antes do pôr do sol na cidade de destino, para se aclimatar ao novo horário de "escuridão".

Os meses de inverno também podem causar problemas, pois nos privam do nosso mais importante *zeitgeber*, a luz. O clima frio talvez também nos leve a comer demais, o que às vezes compromete os marcadores de tempo associados à alimentação. O jet lag não raro também ocorre em viagens norte-sul, mesmo na ausência de mudanças no fuso horário, pois a duração do dia pode sofrer grandes alterações. Quanto mais longe você estiver da linha do Equador, mais extrema será a diferença de luz entre os meses de verão e de inverno.

HIGIENE DO SONO

Para a maioria das pessoas, o ciclo sono-vigília impõe uma queda de energia entre duas e quatro horas da madrugada (durante o sono) e outra entre uma e três horas da tarde (depois do almoço). Se o indivíduo estiver em estado de privação de sono — o que envolve não só as horas de sono desfrutadas nos últimos dias, mas também a qualidade do sono —, a tendência é sentir com mais intensidade a queda de energia pós-almoço. E percebemos isso mais conforme envelhecemos.

A higiene do sono consiste em evitar luzes brilhantes antes de se deitar, dormir em ambiente completamente escuro (use cortinas blackout se necessário!), e dormir e acordar mais ou menos na mesma hora todo dia. Agora que nos familiarizamos com os ritmos circadianos, essas recomendações fazem sentido — nosso relógio biológico espera que nos recolhamos a certa altura do ciclo de 24 horas. Assim, ele ajusta a temperatura corporal central, desacelera a digestão, libera melatonina, reprime a dopamina e supervisiona dezenas de outras regulações. Se nos recolhemos para dormir mais cedo ou mais tarde do que de praxe, esses ciclos ficam um pouco dessincronizados com o fato de que estamos dormindo. A qualidade do sono é prejudicada.

A dieta também é importante: comer menos de duas horas antes de dormir pode dissociar o ritmo circadiano central do fígado, do estômago e do intestino.[32] O que se come também pode interferir no sono: sabe-se que o álcool pode perturbar os ciclos de sono e os ritmos circadianos,[33] e dietas com alto teor de gordura tendem a adiantar o relógio — uma implicação prática disso é que, caso seja necessário ficar acordado até tarde, devemos comer alimentos gordurosos, como os que são apresentados quase todas as noites nos comerciais de TV. (Coincidência? Acho que não.)[34]

Fototerapia e tratamentos com melatonina são os meios mais eficazes de acertar o relógio circadiano, em especial nos idosos.[35] Também são eficazes para pessoas com deficiências cognitivas mais brandas ou associadas ao Alzheimer.[36]

É possível que esses tratamentos também previnam ou retardem o começo da doença de Alzheimer em si. Em estudos de laboratório, constatou-se que a melatonina interage com a proteína beta-amiloide para inibir a formação das perigosas fibrilas amiloides, e estabeleceu-se com clareza uma conexão entre perturbações nos ritmos circadianos e a doença de Alzheimer.[37] Numa revisão, foram reforçados os indícios de que o uso da melatonina nos primeiros estágios da doença de Alzheimer melhora a qualidade do sono, reduz as manifestações da síndrome do entardecer e retarda o progresso da degradação cognitiva.[38] Em quatro estudos de tratamento com melatonina, o desempenho cognitivo melhorou e o comportamento agitado diminuiu. A eficácia do tratamento com melatonina em estágio avançado da doença de Alzheimer provavelmente é limitada pela redução acentuada da quantidade e densidade dos receptores de melatonina no NSQ.

Lâmpadas de fototerapia que simulam um alvorecer suave são fáceis de encontrar e custam menos de cem dólares. Aumentar a intensidade da luz e otimizar o comprimento de onda pode compensar parte da deterioração orgânica do NSQ e dos sistemas químicos correlatos, que acompanha o envelhecimento. Porém, a fototerapia deve ser feita na hora certa do dia — ao acordar — e deve ser consistente. As pessoas são diferentes, mas, ao experimentar diversas intensidades e durações de exposição à luz, é possível conseguir as gradações mais eficazes. Você talvez já saiba o que é transtorno afetivo sazonal (TAS), que causa perturbações de humor e de concentração e é ocasionado pelos dias mais curtos e mais cinzentos do inverno. Muitas das lâmpadas para fototerapia são anunciadas e comercializadas como tratamento para o TAS.

A melatonina é vendida sem receita médica e pode nos ajudar a desenvolver um ciclo de sono mais regular. As diferenças individuais no modo como ela é processada pelo corpo são perceptíveis, e um dos requisitos do tratamento eficaz é trabalhar com um médico que possa testar os níveis iniciais de melatonina em nossa corrente sanguínea em condições de luz difusa, a cada trinta ou sessenta minutos, durante o entardecer e o anoitecer, e, então, prescrever as doses e os horários de ingestão.[39] Alfonso Padilla, especialista em medicina do sono da Universidade da Califórnia em Los Angeles (UCLA), recomenda tomar apenas 0,25 a 0,5 miligramas para ressincronizar nosso relógio biológico.[40] Essa dose restabelece os níveis psicológicos que o corpo libera naturalmente (quando tudo está bem). A ação sonífera da melatonina atua como uma função degrau, no sentido de que aumentar a dose não ajuda e pode ser nocivo. Embora os produtos disponíveis sem receita médica em geral contenham de cinco a dez miligramas (e pelo menos um fabricante ofereça comprimidos de sessenta miligramas), a superdose pode causar extrema sonolência no dia seguinte e romper o ciclo de sono por uma semana ou mais. Lembre-se: não se trata de uma pílula para dormir — ela apenas acerta o relógio biológico, o que não é a mesma coisa.

Os níveis de melatonina tendem a subir cerca de catorze horas depois do despertar. Se dormimos oito horas todas as noites e acordamos às seis da manhã, nossos níveis de melatonina subirão naturalmente por volta das oito horas da noite, e começaremos a sentir sono e iremos para a cama duas horas depois, mais ou menos às dez da noite. Se a absorção da melatonina na corrente sanguínea demora cerca de uma hora, devemos tomá-la cerca de três horas antes da hora de dormir.

O terceiro tratamento mais eficaz depois da fototerapia e da melatonina é o exercício físico moderado no fim da tarde ou no começo da noite, como sair para uma caminhada. O melhor é uma combinação dos três.[41]

CAFEÍNA

A cafeína é uma das substâncias que alteram a mente mais consumidas no mundo. Para muitas pessoas, ela melhora a consciência, a vigilância e a atenção e pode contribuir para a consolidação e a alteração dos ritmos circadianos, em especial na travessia de fusos horários.[42]

Não conhecemos ainda a extensão da interferência da cafeína no relógio circadiano humano, se é que há alguma.[43] Já foi demonstrado que ela prolonga o ritmo de atividade durante o dia em moscas-das-frutas, caracóis do mar, mofo de pão e algas.[44] Os efeitos prejudiciais da cafeína sobre o sono são bem conhecidos e incluem o retardo do início do sono noturno, a redução do tempo total de sono, o comprometimento da eficácia do sono e a piora da percepção da qualidade do sono.[45] Tina Burke, jovem cientista do Instituto de Pesquisa do Exército Walter Reed, em Boulder, Colorado, abordou essa questão com base na convergência de evidências de diferentes métodos: genética, farmacologia e experimentos humanos. usando células de cultura in vitro, ela demonstrou que a cafeína de fato interfere em numerosos processos químicos que contribuem para a cronometragem circadiana e para o acerto do relógio, atrasando os horários desses ritmos.[46] Ela, então, ofereceu a voluntários um café expresso duplo (com e sem cafeína, sem conhecimento dos voluntários) três horas antes da hora de dormir. O expresso duplo com cafeína atrasou o ciclo de melatonina em quarenta minutos, e ela ainda descobriu que o atraso parece depender da dose. Os idosos podem descobrir que ficaram mais sensíveis aos efeitos da cafeína sobre o sono do que quando eram mais jovens.

DESEMPENHO MÁXIMO

No começo do livro, introduzi o conceito de duração da saúde em oposição ao de duração da doença — o período em que somos capazes de evitar o declínio da saúde e viver uma vida plenamente produtiva e autossuficiente. Outro conceito correlato é o de duração da produtividade, que se aplica não só ao longo de toda a vida, mas também à extensão de um único dia: há certos momentos do dia em que estamos no auge, e outros em que estamos em baixa. Eu já mencionei isso na discussão sobre os cronotipos e o fato de os idosos tenderem a apresentar melhor desempenho de manhã (essa manhã subjetiva são as primeiras seis horas depois de acordar). Todos nós, acho, preferiríamos ter períodos de pico do desempenho mais longos durante o dia e períodos de baixa mais curtos. Essa afirmação é verdadeira, não importa o que façamos ao longo do dia, usando o cérebro, as emoções, as habilidades sociais ou as habilidades físicas. O efeito dos ritmos circadianos no desempenho máximo foi estudado em grande extensão nos atletas profissionais, por motivos óbvios — há muito dinheiro em jogo.

Atletas de elite costumam precisar atravessar fusos horários para competir, e o horário das competições não pode ser ajustado para se adequar às cronobiologias individuais. Os estudos relatam descobertas conflitantes sobre se eles atingem o desempenho máximo no fim da tarde/ começo da noite ou de manhã. A explicação mais óbvia é a existência de diferenças individuais e diferenças de características nas demandas dos vários esportes. A evidência relevante é que os atletas de elite tendem a escolher e a se destacar em esportes compatíveis com seus cronotipos.[47] Os esportes que concentram o treinamento nas primeiras horas da manhã, como remo e corrida, tendem a atrair indivíduos com cronotipo matutino. Os esportes em geral praticados à tarde e à noite, como polo aquático, vôlei, críquete, hóquei e futebol, atraem atletas com cronotipo vespertino. Como os cronotipos se distribuem em um contínuo, alguns indivíduos não se enquadram em nenhum dos dois (nem matutino, nem vespertino), e há evidências de que esses indivíduos podem mudar seu cronotipo simplesmente treinando de forma contínua em determinado período do dia.[48]

Alguns estudos mostram que o desempenho máximo em força de prensão, corrida, salto, consumo de oxigênio e função muscular tende a ocorrer das quatro horas da tarde às oito da noite, no fuso horário em que reside o atleta. Picos semelhantes foram encontrados no futebol, na natação e no ciclismo. As diferenças no desempenho de atletas de elite, no pico e fora dele, embora relativamente pequenas em termos de números, têm efeitos muito grandes no mundo dos esportes profissionais. Um corredor de elite que tenha de competir do outro lado do mundo — à distância de doze fusos horários de casa — pode perder dois segundos na corrida de 1500 metros e 75 segundos numa maratona.[49] Para jogadoras de elite de hóquei feminino que viajam da Austrália para a Europa, cruzando seis fusos horários, o tempo de plena recuperação em testes de sprint, ou corrida de velocidade, é de oito dias. Já se demonstrou que até voos relativamente curtos, de três horas, que atravessam três fusos horários, afetam o desempenho no futebol americano, no basquete, no hóquei e no beisebol.[50]

Já abordei a maneira como a eficácia da alimentação, dos exercícios físicos e do sono na manutenção de níveis ótimos de saúde e vigor depende dos ritmos naturais do corpo. Vimos que esses fatores se associam por meio dos ritmos circadianos; a dissociação pode causar problemas, sobretudo em idosos, quando o corpo fica menos resiliente.[51] Nos próximos três capítulos, analisarei com mais profundidade esses três fatores importantes de nossa vida diária, para revelar mais sobre o que sabemos em relação à otimização e à sintonia fina deles de modo a nos oferecer o máximo de benefício.

9. Dieta

Alimentos para o cérebro, probióticos e radicais livres

Hoje, depois do café da manhã, abri o YouTube para ver um novo vídeo de música que um amigo me enviou. Antes de começar, apareceu um anúncio de alguém chamado dr. Steven Gundry. Ele estava sentado em um cenário que parecia um consultório médico. Via-se um pequeno modelo de esqueleto humano sobre um aparador atrás dele. Um mapa-múndi pendia da parede (por que um mapa-múndi?). Dois diplomas com molduras baratas também estavam pendurados ao lado do mapa. Não havia livros de referência nas estantes ao fundo, que estavam quase vazias. Olhando diretamente para a câmara, ele disse, carrancudo: "Isto é um tomate. Você acha que ele faz bem? Pense de novo". Uma pausa. "Meu nome é dr. Steven Gundry, autor dos best-sellers *Dr. Gundry's Diet Evolution* [A evolução da dieta do dr. Gundry] e *The Plant Paradox* [O paradoxo das plantas]." Meu detector de lorota disparou naquele momento. Escrever best-sellers não converte ninguém em autoridade. De fato, tomates *são* bons para a saúde, sobretudo quando cozidos, como demonstram estudos robustos, revisados por pares (o licopeno existente neles diminui o risco de câncer de próstata e de mama, cardiopatias, osteoporose e outras doenças crônicas).[1]

Gundry prosseguiu: "E estou aqui para *mexer com a sua cabeça*". Ele abanava o dedo em direção à câmara enfaticamente ao proferir cada uma dessas últimas palavras. "Sabe, após trinta anos de pesquisa e mais de 10 mil cirurgias, descobri alguns fatos chocantes sobre o corpo humano." Meu detector de lorota enlouqueceu. A prática de cirurgias, uma ou 10 mil, não oferece quaisquer dados científicos sobre o que as pessoas devem comer. Ao fim do anúncio, ficamos sabendo que ele está vendendo uma linha de suplementos criada por ele.

Observei que Mehmet Oz endossava o trabalho dele. Outra bandeira vermelha. O dr. Oz é amplamente visto na comunidade médica como um charlatão que cospe uma pletora de tolices pseudocientíficas e coisas semelhantes. A Associação Médica Americana advertiu que ele é um "malandro perigoso".[2]

Em seguida, fui ao PubMed, um banco de dados de artigos médicos e científicos gerenciado pela Biblioteca Nacional de Medicina dos Estados Unidos, dos Institutos Nacionais de Saúde. Um resultado de pesquisa não é considerado "ciência" até passar pelo processo de "revisão por pares" — a validação do trabalho, de seus métodos e de suas conclusões por um painel independente, em geral de três cientistas especializados. Não encontrei nenhum estudo do dr. Steven Gundry revisado por pares que sustentassem suas afirmações. Essa constatação, e o fato de estar promovendo sua própria marca de suplementos, me deixa desconfiado. Seria mais uma longa linha de modismos dietéticos, em que as pessoas depositarão suas esperanças apenas para se decepcionar?

Talvez você esteja farto de ciência e disposto a experimentar qualquer coisa, ainda mais quando é recomendada por um livre-pensador renegado — vai que funciona. A cada dez anos, ou algo em torno disso, parece que os cientistas adotam uma visão completamente diferente do que devemos e não devemos comer como fonte de longevidade e saúde — dietas sem carne, sem gordura, sem carboidratos, rica em carboidratos, paleodieta ou paleolítica. Primeiro, a gordura era o inimigo. Depois, o açúcar. Em seguida, carboidratos, que se desdobram em açúcares. Não seria de estranhar se você pensasse que os cientistas não sabem do que estão falando!

O problema aqui tem a ver com a economia e a logística da aplicação adequada do método científico. Grande parte do que sabemos (ou supomos saber) sobre alimentos e saúde decorre de estudos observacionais ou amostras de conveniência, não propriamente de experimentos. Em estudos observacionais, como o nome implica, simplesmente observamos pessoas que praticam diferentes dietas há anos e vemos como elas se saem. Quaisquer divergências entre grupos de pessoas são atribuídas a diferenças na dieta. O problema científico é que as pessoas que ingerem alimentos distintos também podem apresentar outras divergências que não estamos acompanhando: tendências em se exercitar (ou não), duração do sono, atitudes em relação à medicina, hidratação, outros fatores estressantes diários. Alguém pode ter acabado de perder o emprego, outro pode ter tido um filho há pouco, outro ainda pode ser viciado em heroína, outro é atleta profissional, e assim por diante. E assim se chega ao tema central da psicologia pessoal e das diferenças individuais versus a generalização permitida pela neurociência.

O que realmente gostaríamos é de ser capazes de pegar pessoas idênticas em todas as métricas de estilo de vida e, então, dizer-lhes exatamente o que comer, deixando essa única variável sob o controle completo do experimentador. Algumas pessoas ficariam com a Dieta A, outras, com a Dieta B. Isso é difícil de fazer. Os tipos de pessoas que se apresentariam como voluntárias para esse experimento talvez não representassem o resto da população. Se não monitorarmos os participantes 24 horas por dia, muitos introduzirão de maneira furtiva alimentos proibidos na dieta. E se tivermos alguma suspeita de que uma das dietas poderia ser prejudicial, seria antiético pedir a alguém para segui-la. Mesmo que fosse possível fazer tudo isso, seria preciso monitorar os sujeitos durante *anos* para ver os efeitos.

A propósito, essas foram as dificuldades que prejudicaram as pesquisas sobre fumo. Não se pode pedir que alguém fume em um experimento controlado, porque parece que, com base em estudos observacionais e modelos com animais, o fumo aumenta de modo significativo as chances de morrer de câncer. Assim, inferimos que fumar é ruim, mas não o demonstramos em experimentos controlados com humanos (apenas com roedores e macacos). Também inferimos que as gorduras saturadas e os açúcares são ruins, mas não temos experimentos controlados que comprovem essa inferência.

Assim, a história da pesquisa sobre dietas tem sido prejudicada pela falta de experimentos controlados e pela possibilidade muito real de que haja diferenças individuais (*alô!*) na maneira como as pessoas metabolizam alimentos e nutrientes, no metabolismo da glicose,[3] na atividade da lipoproteína lipase (uma enzina que promove o armazenamento, em vez da oxidação, da gordura),[4] além de fatores genéticos.[5] Em *média*, a Dieta A pode parecer melhor que a Dieta B, mas, para algumas pessoas, é possível que haja grandes disparidades. De tudo isso, só fica claro que (ainda) não há dados que ajudem os clínicos a combinar o genótipo metabólico alimentar do paciente com a dieta benéfica mais eficiente. O novo campo da nutrigenômica promete preencher essa lacuna.[6] No entanto, ter lacunas não significa que não sabemos nada. Os últimos quinze anos de pesquisa nos aproximaram do objetivo de compreender como a dieta afeta a saúde, o bem-estar e a longevidade.

Nossos sistemas digestivos hoje são o produto de dezenas de milhares de anos de evolução do hominídeo. Nossos ancestrais do Paleolítico, de cerca de 50 mil anos atrás, subsistiam colhendo plantas, pescando e caçando ou capturando animais selvagens. Em consequência, a dieta deles consistia basicamente em carne magra, peixe, frutas, raízes, ovos e nozes. Essa é a chamada dieta paleolítica ou paleodieta, que se baseia no fato de que não evoluímos para ingerir altas quantidades de açúcar, sal ou gordura saturada animal, que são a dieta americana típica; esses são produtos da tecnologia e da produção industrial de alimentos aos quais nosso corpo — ou nossa genética — ainda não se adaptou.

O esforço para compor uma seleção especial de alimentos capaz de promover perda de peso, saúde e bem-estar está por aí desde os primórdios da história registrada. Na Grécia antiga, berço da dieta mediterrânea, o grande médico Hipócrates aconselhava os cidadãos com sobrepeso a seguir um regime rigoroso de "exercícios e vômito". Guilherme, o Conquistador, a partir de mais ou menos 1080, seguiu uma dieta totalmente alcoólica. (Mais tarde, ele morreu em um acidente de cavalo.) No começo dos anos 1800, Lord Byron seguiu uma dieta de vinagre. No início dos anos 1900, a dieta recomendada era de tênia ou solitária. (Sim, é exatamente o que parece. A ideia era que o verme consumiria parte da comida ingerida e depois seria eliminado — o que poderia dar errado?) Os registros de regimes alimentares destacam as dietas de toranja, de sopas de repolho, de pimenta-vermelha e suco de limão para purificação, de cigarro, de placenta (celebrada por January Jones e Kim Kardashian), de chumaços de algodão (estanca a fome, mas provoca sérias obstruções intestinais e às vezes morte), e a SlimFast. Muitas dietas populares que parecem contemporâneas, como a vegetariana, a vegana e a de comida crua, surgiram nos anos 1800, e a dieta cetogênica supermoderna remonta à década de 1920. Seria de esperar que, depois de tanto tempo, se alguma fosse nitidamente superior às outras, já saberíamos.

Christopher Gardner, cientista da nutrição de Stanford, observa que

não importa quão insana pareça a dieta, ela será eficaz para alguém se muitas pessoas a experimentarem [...]. Se você a prescrever para cem pessoas, é possível que ela funcione para apenas duas, mas os indivíduos que promovem a dieta não a testam dessa maneira; eles simplesmente focam os dois casos de êxito.[7]

Talvez o que de fato aconteça é que seguir uma dieta, qualquer uma, nos leva a prestar mais atenção às comidas que ingerimos — a nos engajar em *mindfulness* (atenção plena) —, e é isso que explica a sua eficácia, não suas características. A esse respeito, todas as dietas implicam alguma espécie de mudança no estilo de vida. Pessoas que fazem dieta costumam aumentar ao mesmo tempo a atividade física, o que tende a ser muito mais importante do que a real composição dos alimentos recomendados.[8] O fato é que os resultados não diferem muito entre as principais dietas. O *Journal of the American Medical Association* publicou um artigo que comparou as dietas Ornish, Atkins, Zone e Vigilantes do Peso e não descobriu nenhuma diferença entre elas em termos de perda de peso ou redução do risco de doenças cardiovasculares.[9] Os pesquisadores observam que existem mais de mil livros sobre dietas, com muitas "se afastando substancialmente das recomendações médicas convencionais", maneira delicada de dizer que não se baseiam em evidências. Não acho, porém, que devemos ser gentis a esse respeito, devemos chamá-las pelo que são — palpites e especulações sem fundamentos.

Muitos dos livros de dieta mais vendidos promovem restrições aos carboidratos — por exemplo, *A nova dieta revolucionária do Dr. Atkins*, *The Carbohydrate Addict's Diet* [A dieta do viciado em carboidrato] e *The Complete Low Carb Cookbook* [O livro de receitas *low carb* completo]. Quando esta página foi escrita, *Simply Keto* era o 33º livro mais vendido na Amazon. Esse conselho dietético vai de encontro ao que é endossado pelas agências governamentais — o Departamento de Agricultura, o Departamento de Saúde e Serviços Humanos, os Institutos Nacionais de Saúde — e organizações não governamentais — a Academia de Nutrição e Dietética, a Associação Americana do Coração e a Associação Americana de Diabetes. E não há consenso científico de que a restrição extrema de carboidratos é saudável.

O artigo mais lido de 2018 no *British Medical Journal* afirmava que a restrição de carboidratos em dietas oferece a vantagem metabólica de manter a perda de peso, mas os dados podem não respaldar essa conclusão.[10] Kevin Hall, pesquisador sênior do Instituto Nacional de Diabetes e Doenças Digestivas e Renais, descobriu que os dados do *British Medical Journal* foram analisados de maneira imprópria e, ao efetuar uma reanálise, os efeitos desapareceram.[11] Esse tipo de contratempo ocorre com frequência na ciência, porque é um processo autocorrigido e autopoliciado. As correções, no entanto, quase nunca chegam às manchetes. Assim, o público fica com a impressão criada pelos equívocos de alguém.

Muitas dietas são inócuas. Muitas nos inspiram a prestar mais atenção ao que e quanto comemos. Algumas, porém, são francamente perigosas, como a dieta do chumaço de algodão ou a do cigarro. Ou considere o protocolo desenvolvido pelo dr. Nicholas Gonzalez, uma dieta com pretensões de tratar o câncer.[12] Cada paciente recebe recomendações dietéticas individualizadas (até aqui, tudo bem), e elas variam de vegetarianas a carnívoras, requerendo a ingestão de carne de duas a três vezes por dia. Todas exigem o consumo de suplementos, vendidos pelo consultório do dr. Gonzalez. Quanto? Entre oitenta e 175 cápsulas por dia. Ele próprio morreu de ataque cardíaco aos 67 anos, mas, antes, convenceu numerosas pessoas a seguirem uma dieta que foi rejeitada pelo establishment médico e acarretou severa reprimenda do Conselho Médico do Estado de Nova York. A Sociedade Americana do Câncer declarou que não há evidências científicas convincentes de que o protocolo de Gonzalez é eficaz no tratamento do câncer e que pode ser efetivamente nocivo.

Esse tipo de dieta envolve dois perigos distintos — o primeiro é que elas mesmas e os suplementos podem fazer mal; o segundo é que as pessoas com frequência se recusam a seguir tratamentos médicos bem-conceituados em favor desses protocolos alternativos, que não têm evidências de sucesso, e, assim, perdem importantes janelas de tratamento para de fato serem assistidas pela medicina legítima. (E um terceiro perigo é o de desperdiçar dinheiro.) Gonzalez perdeu duas ações judiciais por má prática. Em uma delas, teve de pagar 2,5 milhões de dólares a uma paciente que havia sido diagnosticada com câncer uterino.[13] Ele a dissuadiu de seguir o conselho do oncologista e, em vez disso, recomendou seus próprios suplementos dietéticos e enemas frequentes de café. Depois que o câncer se espalhou para a coluna e a deixou cega, ela desistiu de Gonzalez e voltou para o oncologista.

Se essa história parece familiar, é porque ela se repetiu em diferentes versões mundo afora, de curandeiros videntes no México a médicos homeopatas na Europa. Medicamentos fitoterápicos, vitaminas, sais minerais e suplementos dietéticos são muitas vezes comercializados como produtos "naturais", mas natural nem sempre significa seguro. Esterco de vaca é "natural". Em um estudo, 20% dos medicamentos ayurvédicos de fabricação indiana submetidos a testes continham níveis tóxicos de chumbo, mercúrio e arsênico.[14] A Clínica Mayo fornece um guia útil para os consumidores que consideram a possibilidade de tratamentos alternativos.[15] Embora termos como *purificar*, *desintoxicar* e *energizar* talvez soem impressionantes, eles em geral são usados para encobrir a falta de comprovação científica. Poucas são as "toxinas" conhecidas (por exemplo, chumbo), e esses tratamentos nada fazem para removê-las. A Clínica Mayo também aconselha os consumidores a tomarem cuidado com os depoimentos. Relatos de indivíduos que usaram o produto não substituem as comprovações de pesquisas científicas. Se as alegações tivessem sido validadas por evidências robustas, o fornecedor o diria, direcionando-nos para estudos científicos revisados por pares. Basta lembrar: o plural de *anedota* não é *dados*. Em outras palavras, anedota, ou relato duvidoso, é apenas uma observação ou narrativa oriunda de condições não controladas. Os verdadeiros dados científicos resultam de um esforço sistemático para isolar variáveis, documentar condições e observar tendências extraídas de numerosos casos.

A *Scientific American* chegou a adotar a medida extraordinária de publicar um artigo intitulado "Why Almost Everything Dean Ornish Says about Nutrition Is Wrong" [Por que quase tudo que Dean Ornish diz sobre nutrição está errado].[16] Ornish iniciou sua incursão na indústria de dietas em 1990 com um estudo feito sob condições de controle inadequadas e considerou apenas 48 pacientes com doenças cardíacas — 24 eram o grupo de controle e 24 seguiram a dieta de Ornish. Depois de um ano, ele relatou que o grupo da dieta de Ornish apresentava menor incidência de arteriosclerose. A redução dos níveis de alguma coisa em pessoas que já têm uma doença não diz nada sobre se o mesmo tratamento, para começo de conversa, evitará a doença. Mas isso é um detalhe secundário em comparação com a grande falha do estudo: o grupo da dieta, mas não o de controle, também deixou de fumar, exercitou-se mais e participou de sessões de aconselhamento sobre gerenciamento de estresse. As pessoas do grupo de controle receberam a recomendação de não fazer nada disso. Como relatou a *Scientific American*:

> Não é nem um pouco surpreendente que deixar de fumar, exercitar-se, reduzir o estresse e fazer dieta — quando em conjunto — melhora a saúde do coração. Mas

o fato de [metade] dos participantes terem feito todas essas mudanças de estilo de vida significa que não podemos fazer nenhuma inferência sobre o efeito apenas da dieta.

ANTIOXIDANTES

Chega de dietas da moda, baseadas em pseudociência. Qual é o estado atual da boa ciência? Mencionei de forma rápida os antioxidantes nos capítulos 3 e 8. Eles se tornaram a nova sensação nos círculos de nutrição, dieta e longevidade. Fora dos laboratórios, porém, poucos compreendem o que são, além da noção de que são bons para a saúde. Você talvez lembre, da química do ensino médio, que elétrons são partículas com carga negativa dentro do átomo, e talvez também se recorde do emparelhamento de elétrons. Dois átomos ou moléculas que tenham elétrons com giros opostos podem se emparelhar, configurando um estado molecular estável. Átomos, moléculas ou íons que tenham elétrons desemparelhados são instáveis e são denominados radicais livres. Nossas células produzem radicais livres o tempo todo, à medida que convertem glicose em energia. No entanto, danos na mitocôndria (subunidade da célula, dentro da maioria das células do corpo) também podem aumentar a produção de radicais livres.[17] O mesmo efeito também pode resultar do consumo de alimentos fritos, álcool, fumo, pesticidas e poluentes atmosféricos.

Os radicais livres, por serem instáveis, podem danificar o DNA e as membranas celulares, captando seus elétrons, através de um processo denominado oxidação, que facilmente pode provocar uma reação em cadeia. Uma molécula com um radical livre captura o elétron de outra, tornando-a um radical livre; essa molécula, então, captura o elétron de outra molécula, tornando-a também um radical livre; e, logo, todo o processo vira uma bola de neve descontrolada. No meio-tempo, todas essas moléculas com radicais livres não conseguem executar de maneira adequada suas funções celulares, e sofremos estresse oxidativo.

Felizmente, com a evolução, o corpo desenvolveu diversos mecanismos antioxidantes embutidos.[18] Estes eliminam os radicais livres e, assim, desempenham papel crítico na saúde celular. Para tanto, reduzem a formação de radicais livres ou reagem com os já formados, neutralizando-os com um átomo de hidrogênio. Os antioxidantes costumam atuar com a doação de um elétron ao radical livre antes que ele danifique outros componentes da célula. Depois do emparelhamento de seus elétrons, o radical livre é estabilizado e perde a toxicidade.

Acredita-se que o estresse oxidativo se associa a ampla gama de doenças, como câncer, diabetes e transtornos neurológicos, como Parkinson e Alzheimer, e ao encurtamento da duração da vida. Ele também aumenta os níveis de LDL (lipoproteína de baixa densidade — o "mau" colesterol) e contribui para o acúmulo de placas causadoras de doenças cardíacas. E até acentua a formação de rugas. Desde 1960, sabe-se que os radicais livres aceleram o processo de envelhecimento[19] e que a redução deles pode retardar o envelhecimento.[20]

A grande questão é se os antioxidantes dietéticos podem mitigar os danos provocados pela oxidação dos radicais livres. A questão se torna ainda mais confusa pela falta de consenso universal entre os cientistas sobre que moléculas são ou não são antioxidantes.[21] Algumas das substâncias bem conhecidas que são em regra mencionadas são retinol (vitamina A), betacaroteno (precursor do retinol), ácido ascórbico (vitamina C), vitamina E, flavonoides e alguns ácidos gordurosos ômega-3.[22] Às vezes, também o zinco pode funcionar como antioxidante. A definição de antioxidantes pode ser muito ampla, pois eles podem atuar de maneira direta ou indireta, e qualquer substância capaz de combater os radicais livres pode ser denominada assim. O selênio, por exemplo, não age diretamente, mas pode desoxidar certos tipos de oxigênio reativo, através de ação indireta. Tocoferol (vitamina E), por outro lado, atua diretamente ao doar um átomo de hidrogênio. A questão é, em parte, se o mero fato de uma molécula de alimento ou de suplemento *ser capaz* de doar um átomo de hidrogênio a um radical livre significa que *o fará* em um organismo vivo real e que agirá como supomos que deva. Não sabemos.

Lembre-se da discussão sobre suplementação de glucosamina no capítulo 7, sobre dor — supõe-se que ingerir cartilagem em pílula contribui para atenuar a degradação das cartilagens no corpo, mas o corpo não funciona assim. O mesmo princípio se aplica às substâncias que compõem nossos alimentos, como antioxidantes e colesterol: elas nem sempre têm o efeito esperado. Algumas evidências, não muito robustas, sugerem que a ingestão de antioxidantes em alimentos é benéfica. O problema é que não há estudos rigorosos suficientes sobre alimentos antioxidantes para se chegar a conclusões definitivas. Uma meta-análise recente descobriu que "não houve ensaios clínicos randomizados

[...]. Todos os estudos foram considerados sujeitos a riscos de vieses moderados a graves".[23]

Há ainda menos evidências para justificar a ingestão de suplementos antioxidantes. Por exemplo, um estudo acompanhou quase 40 mil mulheres durante dez anos. Metade foi designada para ingerir suplemento de vitamina E, a outra metade ingeriu placebo. Depois de dez anos, a vitamina E não havia reduzido de maneira significativa o risco de infarto, AVC ou câncer. Os resultados de outros ensaios clínicos randomizados com ampla gama de suplementos antioxidantes, inclusive betacaroteno, vitaminas A e C, e selênio, não apresentaram reduções no câncer.[24] No caso de cânceres gastrointestinais, os suplementos de fato *aumentaram* a mortalidade por qualquer causa. Uma meta-análise reviu os resultados de estudos com mais de 290 mil pessoas e não identificou efeitos dos suplementos antioxidantes sobre doenças cardiovasculares.[25] Eles talvez estejam interferindo no sistema imune ou nos mecanismos de defesa responsáveis pela eliminação das células comprometidas.[26] (Para alguns subconjuntos da população com dietas realmente deficientes ou para mulheres grávidas, os suplementos talvez tenham sido úteis, mas as evidências ainda são insatisfatórias.)[27]

Muitos estudos sobre suplementos fracassaram porque consideraram apenas um de cada vez, o que não reproduz nada parecido com alimentos reais. Os alimentos reais podem conter fibras, micronutrientes e bactérias intestinais benéficas, de que os suplementos carecem. E já se demonstrou que pelo menos alguns antioxidantes, as vitaminas C e E, bloqueiam os efeitos dos exercícios físicos benéficos à saúde.[28]

COLESTEROL, GORDURAS E SAÚDE CEREBRAL

A maioria das pessoas conhece a conexão entre colesterol, gorduras dietéticas e doenças cardíacas, mas é interessante e esclarecedor aprender o que isso significa no nível molecular e biológico.

O colesterol é uma substância cerosa que circula no sangue e se liga às proteínas sanguíneas.[29] O corpo precisa de colesterol para construir células saudáveis, inclusive cerebrais, mas níveis elevados de certas formas de colesterol podem aumentar os riscos de doenças cardíacas. Quando o colesterol se combina com proteínas, a molécula resultante é denominada lipoproteína. A lipoproteína de baixa densidade (LDL, o colesterol "ruim") transporta as partículas de colesterol por todo o corpo. Elas podem aderir às paredes das artérias, enrijecendo-as e estreitando-as, provocando arteriosclerose.

A lipoproteína de alta densidade (HDL, o colesterol bom) captura o excesso de colesterol e o leva de volta para o fígado, que, então, o remove do corpo.

Hábitos alimentares pouco saudáveis e obesidade podem aumentar os níveis do colesterol ruim. A falta de atividade física pode reduzir o nível do colesterol bom. O fumo provoca esses dois efeitos deletérios, sobretudo em mulheres, danificando as paredes dos vasos sanguíneos e tornando-as mais propensas a acumular depósitos de LDL. Os níveis de LDL naturalmente aumentam com a idade, o que torna o estilo de vida cada vez mais importante, sobretudo depois dos cinquenta anos. Também há um componente genético — o ritmo de aumento do colesterol ruim e a capacidade da atividade física de aumentar o colesterol bom são em parte herdados. Se a adoção de um estilo de vida saudável (atividade física, melhora da dieta) não otimiza os níveis de colesterol, certos medicamentos podem reduzir o LDL (estatinas; e, para casos extremos, um procedimento denominado aférese de lipoproteína, que usa uma máquina de filtragem para remover o LDL do sangue.)

Como vimos, entretanto, intervenções bem-intencionadas nem sempre surtem o efeito almejado. Não está totalmente claro que a redução do LDL mediante uso de estatinas de fato diminua o risco de doenças cardíacas — as estatinas podem apenas reduzir um marcador associado à doença, e não sua causa real. E, mesmo assim, o efeito das estatinas é minúsculo: alguns estudos mostram que, a cada trezentas pessoas que tomam estatinas em dado ano, apenas uma se beneficia da prevenção ou retardo do infarto.[30]

Os rótulos de alimentos em muitos outros países listam o teor de colesterol, mas não há consenso científico sobre se a ingestão de alimentos ricos em colesterol de fato altera os níveis dele no sangue. E muitos alimentos com alto teor de colesterol também contêm elevada proporção de nutrientes necessários.

Nós realmente precisamos de gorduras na dieta: além de importante fonte de energia, elas são imprescindíveis para o desenvolvimento de bainhas de mielina em torno dos neurônios e para a preservação de células fortes e saudáveis. Mas nem todas as gorduras são iguais.[31] Os principais tipos são:

- gorduras saturadas, encontradas em carnes, ovos, e laticínios integrais;

- gorduras monoinsaturadas, encontradas em azeite de oliva e óleo de canola;
- gorduras poli-insaturadas, encontradas em sementes, nozes, peixe e óleos vegetais;
- gorduras trans, encontradas em alimentos fritos, pipoca para micro-ondas e alguns alimentos assados comerciais.

As gorduras saturadas há muito são consideradas inimigas da saúde cardíaca; no entanto, uma meta-análise de 72 estudos, monitorando 600 mil pessoas em dezoito países, não mostrou associação entre seu consumo e doenças cardíacas.[32] Nenhuma. Não se trata, porém, de um experimento controlado — pode ser que os indivíduos no estudo que ingeriam gorduras saturadas fizessem mais exercícios; talvez houvesse diferenças genéticas na maneira como o corpo dos sujeitos as metabolizava. Mas o verdadeiro culpado nessa análise foram as gorduras trans, encontradas em alimentos fritos, batatas fritas e outras comidas pouco saudáveis.

Dietas ricas em fibras solúveis são boas porque elas se ligam às moléculas do colesterol LDL no sistema digestivo e as arrastam para fora do corpo antes que entrem na circulação sanguínea.[33] Algumas boas fontes de fibras solúveis são aveia, cevada e outros grãos integrais, leguminosas (inclusive soja e leite de soja), frutas ricas em fibras (maçã, morango, limão, laranja, tangerina; a pectina contida nelas é uma fibra solúvel), berinjela, quiabo, peixe gordo, óleos vegetais líquidos, e nozes (apenas cinquenta gramas de nozes por dia pode reduzir o LDL em 5%). Dietas ricas em ácidos graxos de ômega-3, encontrados em peixes gordos, sementes (principalmente chia, linhaça e cânhamo), castanhas (sobretudo nozes) e óleos de oliva e canola também reduzem o LDL e diminuem o risco de doenças cardíacas em 7%.[34] Fibras insolúveis (farelo de trigo, verduras e grãos integrais) também são saudáveis, pois previnem constipação e diverticulite.

O que se conclui disso é que o consumo dietético de gorduras, até as saturadas, não é a causa de doenças cardíacas, mas sim os processos inflamatórios que acumulam colesterol nas paredes das artérias.[35] O ácido alfa-linolênico, polifenóis e ácidos graxos de ômega-3 presentes em nozes, azeite de oliva extravirgem, verduras e peixes oleosos é que atenuam rapidamente a inflamação e a trombose coronariana.

RESTRIÇÃO CALÓRICA

Ben Franklin recomendou, em *Poor Richard's Almanak* [Almanaque do pobre Richard]: "Para alongar a vida, reduza as refeições". Sabe-se há mais de uma década que camundongos e ratos submetidos a dietas com restrição calórica podem ter vida de 30% a 40% mais longa.[36] Os genes de quem tem acesso fácil a alimentos e nutrientes e desfruta de baixo nível de estresse fisiológico promovem o crescimento e a reprodução celular. Em contraste, em condições desfavoráveis, a atividade genética se desloca para a manutenção e a proteção celular. Uma série de estressores mediam essa reação, e a restrição calórica é uma das mais robustas, atuando em muitas espécies, de levedura ao verme *C. elegans*, de camundongos a primatas.[37] Durante anos, supôs-se que a restrição calórica apenas retardava o metabolismo do organismo e, portanto, diminuía a velocidade com que os danos celulares se acumulam. Hoje é bem aceito que a restrição calórica provoca uma mudança na resposta metabólica, em especial uma desregulação da insulina e do fator de crescimento (IGF-1), semelhante à insulina, bem como da proteína quinase ativada por AMP e sirtuínas.[38] Cynthia Kenyon, bióloga molecular, explica o significado disso:

> A desaceleração do envelhecimento parece um desafio esmagador, já que o processo de declínio é tão difuso. Portanto, é importante observar que, quando estendemos a duração da vida de animais de laboratório, não temos de combater um a um todos os problemas da idade, como a degradação dos músculos, o enrugamento da pele e a mitocôndria mutante. Em vez disso, basta ajustar um gene regulador, e o animal faz o resto. Em outras palavras, os animais têm o potencial latente de viver muito além da longevidade normal.[39]

Nos mamíferos, os níveis de insulina sobem em resposta à glicose, e esse aumento, no final das contas, pode encurtar a duração da vida. Quando Kenyon modificou a enzima PI3K na via da insulina/ IGF-1, seus vermes viveram dez vezes mais. Aqui há uma história importante sobre açúcares e insulina. A insulina é um hormônio produzido no pâncreas. Quando os níveis de açúcar no sangue estão altos, as células beta pancreáticas secretam insulina no sangue, e quando estão baixos, a secreção é inibida. A insulina é necessária para o metabolismo normal; ela ajuda a glicose no sangue a entrar nas células dos músculos, das gorduras e do fígado, onde pode ser usada como fonte de energia. Se os níveis de insulina aumentam (hiperinsulinemia) e se mantêm elevados, podem ocorrer muitos problemas de saúde, como resistência à insulina (e diabetes tipo 2), obesidade,[40] supressão do sistema imune[41] e arritmias cardíacas.[42]

A restrição calórica, devido a sua interação com o sistema de sinalização da insulina, parece ser boa para o cérebro. Por que seria assim? Mark Mattson, neurocientista da Universidade Johns Hopkins, explica: "Se você está com fome e não encontrou comida, é melhor encontrar. Você não quer que seu cérebro desligue se estiver com fome".[43] Alguns dos benefícios neurais associados ao jejum também ocorrem com exercícios vigorosos. As alterações neuroquímicas são semelhantes: ambas as situações estimulam a produção de fatores de crescimento neurotróficos derivados do encéfalo (BDNFs, na sigla em inglês). Jejuar estimula a produção de cetonas, fonte de energia para os neurônios. Também pode aumentar a quantidade de mitocôndrias nos neurônios, o que os ajuda a produzir mais energia.

Kenyon especula que, se pudéssemos inibir os receptores de insulina, poderíamos promover a longevidade em humanos se também ingeríssemos uma dieta com baixos níveis de carboidratos. Também é possível que sejamos capazes de modificar os genes e vias de sinalização que são afetadas pela restrição calórica, de modo que todos possamos comer o que quiséssemos.

Surgem também evidências de que a insulina pode interferir no desenvolvimento da doença de Alzheimer, o que levou alguns médicos pioneiros a prescrever proativamente metformina, fármaco antidiabético que reduz o açúcar no sangue, a pacientes com histórico familiar ou outros fatores de risco para Alzheimer e demência.[44] Embora escassas, essas novas evidências parecem promissoras. Uma meta-análise de três estudos mostrou que a deficiência cognitiva foi bem menos predominante em pessoas que tomaram metformina, e em seis estudos a redução na incidência de demência foi significativa. Também foi demonstrado que a metformina exerce efeito neuroprotetor.[45] Porém, todos esses pacientes *tinham* diabetes. Só não temos evidências, ainda, quanto à eficácia de usar o medicamento para efeitos preventivos. Um protocolo para o teste dessa hipótese foi publicado em 2016, e já se iniciou um estudo no Reino Unido.[46]

Por enquanto, a melhor aposta para aumentar a longevidade e ampliar o horizonte de eventos dos efeitos prejudiciais do envelhecimento parece ser apenas comer menos, e são muitas as maneiras de alcançar esse resultado, embora ainda não saibamos qual será a mais eficaz: ingerir menos calorias ao longo do dia; jejuar um dia por semana; jejuar dois dias por semana; jejuar em dias alternados; jejuar duas semanas por ano; não jantar; um mês de jejum à base de sucos todos os anos; e assim por diante. No início, parece terrível, mas muita gente percebe que é capaz de fazê-lo e de se acostumar ao sacrifício. Muitos pesquisadores que conheço já iniciaram algumas dessas práticas. Jeffrey Mogil jejua um dia por semana. Cynthia Kenyon renunciou aos carboidratos. Não como se não estou com fome e não janto duas vezes por semana. Mark Mattson faz jejuns intermitentes — reduzindo a frequência das refeições.[47] É claro que há perigos em seguir uma dieta improvisada ou casuística de restrição de calorias. Aí se incluem desnutrição, problemas gastrointestinais e transtornos alimentares. Você não deve experimentar por conta própria — é melhor conversar com o seu médico e elaborar um plano. E ainda não há estudos longitudinais suficientes para sabermos se o jejum intermitente ou outra forma pode ter consequências negativas duradouras, além dos benefícios iniciais.

Quanto à alimentação em si, certos alimentos se destacam em sucessivos estudos como sendo saudáveis. Entre eles se incluem azeite de oliva virgem, rico em ácidos graxos monoinsaturados — as gorduras boas. Consumir azeite de oliva (cerca de três colheres de sopa por dia) contribui para o alívio do estresse oxidativo nas células e para a regulação do colesterol e da atividade anti-inflamatória.[48]

Verduras crucíferas, incluindo couve-de-bruxelas, brócolis, couve-flor, couve, repolho e acelga chinesa, tiveram efeitos protetores contra muitas formas de câncer e podem até inibir a progressão de alguns tipos.[49] Para tanto, ativam mecanismos de defesa celular e modificam genes relacionados ao câncer. Glucosinolatos e 3-carbinol são os agentes promotores da saúde presentes em verduras crucíferas.

Outro componente da dieta mediterrânea é o peixe gordo, como sardinha e anchova, que contém ácidos graxos ômega-3, considerados essenciais para o desenvolvimento e a manutenção do tecido do cérebro e da retina, assim como para a mielinização. Também se alega que há benefícios para a redução de doenças cardíacas e câncer. Daí resultou a moda atual de tomar suplementos de ômega-3, o que alimenta uma indústria mundial de 33 bilhões de dólares — mais ou menos do tamanho do mercado global de música.[50] Como no caso de muitas intervenções bem-intencionadas que se anteciparam à disponibilidade de dados suficientes, os suplementos de ômega-3 não parecem ser eficazes. Uma revisão sistemática Cochrane (o padrão-ouro em meta-análise) de 2018 examinou os resultados de 79 testes separados, envolvendo mais de mil pessoas, e descobriu que a ingestão de suplementos de ômega-3 faz pouca ou nenhuma diferença para o risco de eventos cardiovasculares, mortes cardíacas coronarianas, doenças cardíacas coronarianas, AVC ou insuficiência cardíaca. E até pode aumentar a incidência de alguns cânceres.[51]

Essas descobertas negativas se aplicam a suplementos, mas o que dizer do consumo dietético de ômega-3? Há evidências crescentes de que o ácido ômega-3 que ocorre naturalmente em alimentos ajuda a reduzir a inflamação e a melhorar a sensibilidade à insulina, mas, para outros impactos na saúde, as evidências são ainda confusas — enquanto alguns estudos mostram que o ômega-3 protege de câncer e doenças cardíacas, outros sugerem o contrário. Um relatório dos Institutos Nacionais de Saúde (NIH) dos Estados Unidos conclui que os *suplementos* de ômega-3 não reduzem o risco de doenças cardíacas, mas que as pessoas que comem frutos do mar de uma a quatro vezes por semana são menos propensas a morrer de doenças cardíacas.[52] Pode ser que a quantidade mais eficaz de ômega-3 (e de outros antioxidantes) siga o que os engenheiros chamam de função degrau. Depois que se alcança certo mínimo, as quantidades adicionais não surtem efeito e até podem ser nocivas. O relatório *Harvard Health* observou:

> Também é preciso considerar a ingestão de peixes e outros frutos do mar como uma estratégia saudável. Se pudéssemos dizer, de maneira absoluta e assertiva, que os benefícios de comer frutos do mar decorrem inteiramente das gorduras ômega-3, engolir pílulas com óleo de peixe seria uma alternativa para comer peixe. No entanto, é muitíssimo provável que você precise de toda a orquestra de gorduras de peixe, vitaminas, minerais e moléculas de apoio, não só de EPA (ácido eicosapentaenoico) e DHA (ácido docosa-hexaenoico). Essa mesma consideração se aplica a outros alimentos. Tomar até mesmo um monte de suplementos não substitui a riqueza de nutrientes que você extrai de frutas, verduras e outros grãos.[53]

Como em tudo referente a dietas, não exagere: comer peixe demais pode aumentar os níveis de mercúrio e outras toxinas. Além disso, os oceanos estão sendo tremendamente devastados pelo excesso de pesca e, em breve, não haverá mais peixes para os seus netos.

Uma das sugestões mais comentadas, originária da dieta mediterrânea, é a de que quantidades moderadas de vinho tinto às refeições fazem bem à saúde. Aqui, é importante dissociar os efeitos do vinho tinto em si daqueles oriundos do conteúdo alcoólico. Uma revisão sistemática não encontrou evidências de que o vinho tinto influencia a saúde mais do que a ingestão moderada e comedida de outros produtos alcoólicos.[54] Muitos estudos têm demonstrado que o consumo moderado de álcool reduz a pressão arterial e, portanto, os riscos coronarianos.[55] Mas essa é uma questão complexa. O consumo de álcool aumenta os riscos de tumores primários na boca, na faringe, na laringe, no esôfago, no fígado, nos seios, no cólon e no reto.[56] Também aumenta a mortalidade em sobreviventes de câncer de mama e, possivelmente, também a de portadores de outros tipos.[57] Também interfere nos ciclos de sono e sonho e, como vimos no capítulo 8, nos relógios circadianos. E pode ser viciante.

Como no caso do óleo de peixe, toda uma indústria de suplementos brotou de descobertas recentes dos possíveis efeitos do vinho tinto para a saúde. Os pesquisadores identificaram uma substância química no vinho tinto denominada resveratrol, sobre a qual você talvez já tenha lido. O resveratrol tem propriedades antioxidantes e, em animais, reduz afecções como hipertensão, insuficiência cardíaca e doença isquêmica do coração, além de melhorar a sensibilidade à insulina e de reduzir os níveis de glicose no sangue e atenuar a obesidade induzida por dietas com alto teor de gordura. Contudo, revisões sistemáticas concluem que não há evidências suficientes de que os suplementos de resveratrol podem prevenir doenças e prolongar a vida em humanos.[58] Isso dito, outra revisão abrangente os recomendou.[59]

Alegam-se muitos benefícios cognitivos e fisiológicos em favor de diversas dietas, como Dash, Mind e mediterrânea, mas poucas são as evidências que as apoiam.[60] As supostas causas do declínio cognitivo e da doença de Alzheimer são estresse cognitivo, inflamação do tecido neural e problemas cardiovasculares resultantes do acúmulo de substâncias nocivas no sistema circulatório. Dietas saudáveis que reduzem o colesterol e inflamações são uma abordagem lógica.[61] Todavia, na história da medicina, não faltam tratamentos e recomendações que faziam sentido, mas careciam de evidências, e as evidências despontaram contra os conselhos "lógicos". O problema é que a fisiologia (e o cérebro) são complicados, os fatores que interagem são muitos e de fato ainda estamos apenas nos primórdios da compreensão de todas as implicações e até das mais simples intervenções.

PROTEÍNAS

Os idosos são menos eficazes na absorção de proteínas e exigem 0,54 gramas de proteína por dia para cada 0,454 quilos de peso corporal.[62] Se você pesar 68 quilos, precisa ingerir 81 gramas de proteína por dia. Isso talvez não pareça muito, mas, se comer uma coxa de frango, não estará ingerindo proteína pura; de fato essa porção provavelmente terá menos de 28 gramas de proteína. Considere o seguinte:

1 xícara de leite desnatado = 8,5 gramas de proteína
2 colheres de sopa de pasta de amendoim = 5,7 gramas de proteína
2 ovos médios = 11,3 gramas de proteína
227 gramas de salmão = 48,2 gramas de proteína[63]

Se você comer tudo isso, ainda estará onze gramas abaixo da sua necessidade diária de proteínas.

As proteínas mais eficazes para idosos são as ricas no aminoácido leucina — leite, queijo, carne, atum, frango, amendoim, soja e ovos.[64] A leucina é um dos nove aminoácidos essenciais (unidades básicas das proteínas) a serem obtidos através da dieta, encontrados principalmente em proteínas animais.[65]

Há, aqui, objetivos concorrentes — embora sejam fontes eficazes de proteína, queijo e carne contêm gorduras saturadas pouco saudáveis, atum contém níveis nocivos de mercúrio e frango pode conter antibióticos. (Uma boa alternativa para algumas pessoas é carne magra 98%, que contém menos de dois gramas de gordura em cada porção de cem gramas.) A falta de proteína pode causar graves problemas para o cérebro, músculos e sistema imune.

A história da leucina, porém, é um exemplo das armadilhas de focar apenas um componente da dieta de cada vez e supor que, se alguma coisa é essencial, mais deve ser melhor. Precisamos de leucina para a síntese de proteínas e para muitas funções metabólicas. Esse aminoácido ajuda a regular os níveis de açúcar no sangue, o crescimento e recuperação dos tecidos musculares e ósseos e a cicatrização de lesões. A leucina entra no cérebro a partir do sangue com mais rapidez do que qualquer outro aminoácido. Mas quando seus níveis ficam muito altos, ela pode se tornar tóxica, situação que tem sido associada a degradação dos circuitos neurais, delírio, deficiência cognitiva, redução dos níveis de serotonina, nível excessivo de amônia no sangue, além do bloqueio da absorção de outros aminoácidos.[66] A leucina é necessária, mas não em excesso e, assim, os alimentos listados acima devem ser ingeridos com moderação. Comer sanduíche de atum todos os dias no almoço não é o caminho certo.

As proteínas vegetais são parte importante de uma dieta balanceada. Você talvez tenha lido alguma coisa no sentido de que os produtos de soja interferem nos hormônios sexuais, reduzindo a testosterona nos homens e causando problemas de estrogênio na menopausa feminina. Essas informações se baseiam em dados falhos, e hoje a soja é considerada benéfica para todos, exceto os alérgicos.[67]

HIDRATAÇÃO

Aristóteles escreveu que os "seres vivos são úmidos e quentes [...], mas a velhice é seca e fria". O médico da Grécia clássica Galeno de Pérgamo acrescentou que "o envelhecimento se associa ao declínio do calor inato e da umidade do corpo". Galeno depois lamentou que seja difícil o diagnóstico da desidratação. Isso ainda hoje é verdade. E é mais problemático nas crianças e nos adultos com mais de setenta anos.

A hidratação é algo em que as pessoas, em sua maioria, não pensam, mas é essencial para a saúde das células e do cérebro. Em geral, o primeiro sintoma de desidratação é a sensação de fadiga. Outros são cefaleias e náuseas. A desidratação é uma condição médica — não é sede. Sede é apenas um sintoma que pode ou não se manifestar nesses casos.

A desidratação é mortal. É a segunda causa de morte de crianças com menos de quatro anos em todo o mundo,[68] e a oitava causa entre idosos com mais de setenta anos. Também está ligada à formação de cálculos renais.[69] As principais causas são o excesso de calor e o abuso de exercícios (devido à perda de sais através do suor), altitudes mais elevadas e doenças. O álcool é outro culpado:

ele desliga os hormônios que ajudam a absorver água, levando-nos a perder mais fluidos que o normal.[70]

O risco de desidratação é mais elevado em idosos, mesmo em condições de plena disponibilidade de água, por causa da degradação dos detectores de sede no cérebro. Os indivíduos com maiores riscos de desidratação são aqueles com febre ou infecção, deficiência cognitiva ou deficiência renal, além dos que tomam medicamentos que afetam o equilíbrio de fluidos e eletrólitos.[71]

Ela é consequência do desequilíbrio entre água, sais e eletrólitos no sangue. Os eletrólitos são sódio, cloreto, potássio e magnésio. Reidratação não significa apenas beber mais água, pois o corpo desidratado perde a capacidade de reter o líquido ingerido, e ela sozinha não compensa a perda de sais e eletrólitos.

A reidratação requer a ingestão de uma solução de sais de reidratação oral (SRO). Essa solução é uma mistura de água, sal e açúcar; é absorvida no intestino delgado e repõe a água e os eletrólitos perdidos. Se a desidratação for acompanhada de diarreia, suplementos de zinco podem reduzir em 25% a duração do episódio. Casos de desidratação grave exigem a aplicação de soro intravenoso.[72]

Para manter a hidratação, diminua a ingestão de álcool e beba pelo menos 250 mililitros de água para cada bebida alcoólica ingerida. Alimentos nutritivos ajudam a manter o equilíbrio adequado de eletrólitos e sais. Na hipótese de desidratação, evite pães e frutas secas — que extraem água do sistema vascular, agravando a desidratação.[73] Existem várias soluções de reidratação oral disponíveis sem prescrição médica.[74] Leve sempre uma com você e a mantenha ao seu alcance em casa ou no trabalho. Em situação de resfriado ou gripe, tome duas por dia. Caso se sinta letárgico, ou depois de um dia muito quente, exercícios físicos intensos ou ingestão de bebidas alcoólicas, você pode tomar uma solução de reidratação.

CONSTIPAÇÃO

Como observou Hipócrates, "como regra geral, os intestinos ficam preguiçosos com a idade". A constipação é um dos problemas mais comuns e incômodos do envelhecimento, afetando 50% dos idosos.[75] À medida que envelhecemos, os músculos intestinais que ajudam a movimentar os alimentos através do trato digestivo se enfraquecem e as contrações passam a não ser tão fortes. Muitas vezes, a medicação ingerida por idosos provoca constipação como efeito colateral. Muitos reduzem os exercícios físicos, o que também aumenta a constipação. Ela afeta de maneira desproporcional mulheres, indivíduos caucasianos, pessoas de status econômico mais baixo e quem sofre de depressão.

Por que cargas d'água esse tópico está em um livro sobre o cérebro?

Observações clínicas sugerem que a constipação interfere na cognição. Apenas poucos estudos exploraram esse tema, e os resultados, embora preliminares, sugerem alguma conexão. Em ratos, a constipação acarretou mudanças na expressão gênica, o que, por sua vez, afetou o conteúdo e a qualidade da hemoglobina, a capacidade do sangue de levar oxigênio aos neurônios no hipocampo, e alterações no sistema colinérgico do cérebro.[76] Em humanos, identificou-se ligação entre constipação crônica e deficiência cognitiva.[77]

As consequências cognitivas também podem ser sérias. O esforço excessivo para promover a motilidade intestinal pode provocar desmaios ou rupturas de vasos sanguíneos no cérebro. Como muita gente se sente desconfortável ou embaraçada em conversar com os médicos e profissionais da saúde sobre suas dificuldades intestinais, não raro a constipação crônica fica sem tratamento.

Ela envolve dois problemas diferentes: dificuldade na passagem das fezes e redução da frequência dos movimentos intestinais. Ambas podem ser minimizadas com o aumento do consumo de fibras insolúveis, como farelo, grãos integrais e verduras, fluidos (dois litros por dia) e exercícios — em especial os que envolvem torções ou inclinações suaves da região abdominal. Uma simples caminhada pode acelerar a motilidade. Se essas soluções não forem eficazes, resta o recurso a laxantes, que são de duas espécies: formadores de massa e osmóticos. Antes de ir à drogaria e comprar um laxante, é importante compreender a diferença entre os dois.

Os laxantes formadores de massa não são digeridos; em vez disso, as fibras neles contidas ajudam na retenção de mais fluidos — daí a necessidade de, ao usá-los, aumentar o consumo de líquidos.[78] A absorção de água produz fezes mais macias e volumosas. O volume estimula a contração dos músculos intestinais, movimentando a massa e facilitando a motilidade intestinal. Os laxantes formadores de massa demoram de doze a treze horas para produzir resultado, por isso, eles não proporcionam alívio imediato da constipação — são mais usados para promover a saúde digestiva. Os exemplos são casca de *psyllium*

(Metamucil), linhaça moída, dextrina de trigo (Benefiber), metilcelulose e policarbófila.

Os laxantes osmóticos transferem água do intestino delgado para o grosso, assim amolecendo as fezes. Eles podem esgotar os eletrólitos e causar desidratação, daí a importância de se manter hidratado ao tomá-los. Podem surtir efeito em seis horas. Muitos são baseados em polietilenoglicol (Muvinlax, Peg-Lax, PEG-4000). Ao contrário dos laxantes formadores de massa, os osmóticos se destinam ao uso esporádico, não diário, e seu uso não deve exceder a sete dias, pois são viciantes. Norman Lear, pioneiro da televisão (criador de *All in the Family*, *The Jeffersons*, *Sanford and Son*) e político ativista (People for the American Way), ainda está ativo e criativo aos 97 anos. Ao lhe perguntarem como mantém altos níveis de agilidade mental e foco, e o que o mantém ativo, ele respondeu com uma palavra: "Muvinlax".

Para alívio imediato e fortuito, supositórios e enemas de glicerina estão disponíveis sem prescrição médica. Se você já leu sobre irrigação colônica em revistas de saúde alternativa ou na internet, saiba que ela é ineficaz e não tem base científica.

Outra coisa que pode ajudar, reduzindo ou eliminando a necessidade de laxantes, são probióticos. O equilíbrio bacteriano nos intestinos pode ser afetado negativamente por antibióticos, por mudanças na dieta e nos exercícios, pelo processo normal de envelhecimento e por muitos outros fatores que ainda não identificamos.

BACTÉRIAS INTESTINAIS, PROBIÓTICOS

O sistema digestivo — os intestinos — tem seu próprio computador, conhecido como sistema nervoso entérico ou intestinal, com meio bilhão de neurônios e cerca de 100 trilhões de bactérias, boas e más. Coletivamente, elas são conhecidas como *microbiota intestinal*, termo que em geral é usado como sinônimo de *microbioma*. (Apenas para confundir as coisas, até algum tempo atrás, predominava o termo *microflora*.)

Revestindo as paredes internas do intestino grosso há uma camada de muco que forma um biofilme e cria um ambiente úmido e quente para o microbioma.

Os milhares de tipos diferentes de bactérias que compõem o biofilme executam a tarefa especial de preservar a saúde de toda a comunidade intestinal. Essas bactérias regulam diversos aspectos de limpeza e saúde celular por todo o corpo. O sortimento particular de bactérias encontradas nos intestinos é único de cada indivíduo, tão exclusivo e singular quanto as impressões digitais. Ele depende dos genes, da cultura e das oportunidades, inclusive os hábitos alimentares dos pais, o que comemos na infância e as influências duradouras de diferentes doenças e estressores de que já fomos acometidos.

O microbioma é importante para a nutrição, a digestão e o funcionamento do sistema imune. O interior do estômago e do intestino grosso é um ambiente extremamente ácido. As bactérias que o compõem tiveram que desenvolver adaptações para sobreviver lá, mas a recompensa para elas é o grande acesso a alimentos, sem muita competição. O relacionamento é reciprocamente benéfico para ambas as partes.

Um conjunto de evidências emergentes indica que o microbioma intestinal também afeta a cognição, o comportamento e a saúde cerebral. É ciência de ponta, e a história ainda está sendo escrita. Já sabemos que a serotonina é um importante neuroregulador do humor, da memória e da ansiedade. Ocorre que 90% da serotonina se concentra nos intestinos, onde é fabricada por bactérias como *Candida*, *Streptococus*, *Escherichia* e *Enterococcus*.[79]

Nossos microrganismos intestinais também produzem outros neurotransmissores essenciais. *Lactobacillus* e *Bifidobacterium* criam ácido gama-aminobutírico (GABA), importante substância química inibitória, como vimos no capítulo 2. *Escherichia coli*, *Bacillus* e *Saccharomyces* produzem norepinefrina, importante para o estado de alerta; *Bacillus* e *Serratia* produzem dopamina. *Bifidobacterium infantis* aumenta os níveis de triptofano, importante precursor da serotonina, melatonina e vitamina B3. *Lactobacillus acidophilus* aumenta a expressão dos receptores opioides e canabinoides naturais no cérebro, afetando o apetite, a dor e a memória.[80]

As bactérias intestinais têm sido associadas a bem-estar mental e depressão.[81] Os indivíduos que carecem de duas bactérias específicas, *Coprococcus* e *Dialister*, são mais propensos a terem depressão, e os que as mantêm em níveis normais relatam melhor qualidade de vida. *Coprococcus* se associa à sinalização de dopamina e produz butirato, um ácido graxo que é importante agente anti-inflamatório; o aumento da inflamação tem sido correlacionado com sintomas depressivos. Uma terceira bactéria, *Faecalibacterium*, também produz butirato e é encontrada em pessoas que relatam melhor qualidade de vida. O neurocientista John Cryan chama bactérias como essas de "micróbios da melancolia".[82] (Quem disse que a ciência não é divertida?)

O microbioma intestinal pode ficar desequilibrado, levando a uma condição denominada disbiose. A causa mais conhecida da disbiose é tomar antibióticos controlados para infecções. Esses medicamentos podem matar não só as bactérias nocivas, mas também as bactérias intestinais benéficas. A disbiose também pode ser acarretada por um estilo de vida pouco saudável, como refeições em horários irregulares e dietas com alto teor de gordura. Na juventude, os efeitos são tão sutis que não os percebemos. Na velhice, podem ser debilitantes. Suspeita-se que microbiomas desequilibrados contribuam para a obesidade e para numerosas outras doenças, como câncer e Alzheimer.

Lembre-se do trabalho de Michael Meaney, no capítulo anterior, que mostrava que fatores de estresse no começo da vida — como em crianças que são separadas da mãe — podem exercer um forte impacto, que se prolonga por toda a vida, sobre a resposta do cérebro ao estresse. Esses estressores primordiais também podem influenciar a composição do microbioma intestinal,[83] que é afetada pela dieta e pelos níveis de estresse da mãe, assim como pela viagem do nascituro ao longo do canal vaginal. As crianças que vieram à luz por cesariana mostram menor diversidade em seu microbioma intestinal. Em animais, como macacos rhesus, o estresse que sofreram depois de serem separados da mãe alterou sua microbiota e diminuiu os níveis de *Bifidobacterium* e *Lactobacillus*. Ratos separados das mães mostraram redução dos níveis de *Lactobacillus* fecal.[84]

A plena extensão das interações intestino-cérebro ainda é desconhecida,[85] mas as ligações entre essas interações e um microbioma desequilibrado têm sido sugeridas em transtornos mentais tão diversos quanto autismo, esquizofrenia, TDAH, transtorno bipolar e esclerose múltipla.[86] Uma perspectiva confiável, mas ainda não confirmada, é a de que desequilíbrios no microbioma durante a infância podem acarretar essas condições e levar a doenças mais tarde na vida. Isso não significa, porém, que tais situações sejam irreversíveis.

Probióticos contidos em alimentos e suplementos podem introduzir ou reintroduzir bactérias benéficas nos intestinos. Elas podem afetar funções físicas, como aumentar a absorção de ferro,[87] proteger contra a absorção de pesticidas[88] e promover a distribuição de gordura no corpo.[89] Foi demonstrado que esses probióticos podem ser eficazes em especial no tratamento da síndrome do intestino irritável, afecção que aflige em especial os idosos.[90]

O aspecto realmente interessante, no entanto, são os efeitos que os probióticos podem exercer na cognição, nas emoções e no comportamento. Testes em pequena escala demonstraram que um único probiótico, *Bifidobacterium infantis*, pode aliviar a depressão e a ansiedade,[91] e que um coquetel de *Lactobacillus helveticus* e *Bifidobacterium longum* pode reduzir os níveis de cortisol — um indicador de estresse.[92] Um estudo preliminar sugere que uma mistura probiótica contendo *Bifidobacterium lactis*, *Lactobacillus bulgaricus*, *Streptococcus thermophilus* e *Lactobacillus lactis* pode alterar de maneira substancial a atividade cerebral na ínsula intermediária e posterior, regiões associadas a transtornos de ansiedade e foco da atenção.[93] Kefir, iogurte e outros produtos lácteos fermentados contendo probióticos têm demonstrado exercer efeito positivo sobre os centros emocionais do cérebro.[94] E novas evidências sugerem que ingerir mais fibras promove a saúde do intestino e o equilíbrio microbiômico.[95]

Durante muito tempo, acreditou-se que o microbioma de idosos, desenvolvido ao longo de décadas, fosse estável e resistente a influências ambientais. Estudos recentes, contudo, sugerem o contrário. O microbioma próprio dos idosos se caracteriza pela redução marcante da capacidade de lidar com vários estressores e pela inflamação progressiva em todo o corpo.[96] O equilíbrio microbiômico também pode ser alterado de forma abrupta por mudanças esporádicas na dieta.[97]

Um problema específico envolve idosos em instituições de longa permanência. O microbioma intestinal desses indivíduos apresenta muito menos diversidade do que o dos que continuam a viver nas metrópoles, cidades e fazendas em que sempre viveram. Interagir com grupos numerosos e diversificados (e com animais domésticos) mantém a diversidade do microbioma. As características extremamente antissépticas das instituições de cuidado de longa permanência e o grupo restrito de coabitantes (em grande parte humanos idosos) são condições que podem empobrecer e reduzir a diversidade do microbioma. Em alguns poucos estudos até agora, a perda de microbiota, associada à diversidade comunitária, liga-se ao agravamento da fragilidade e das condições inflamatórias e até à morte.[98] Uma importante nova fronteira em gerontologia consistirá em modular o microbioma individual com intervenções dietéticas destinadas a promover o envelhecimento saudável. Com efeito, um consórcio vibrante de pesquisadores, chamado ELDERMET, reuniu-se na University College Cork, na Irlanda. As descobertas do grupo sugerem enfaticamente que intervenções no microbioma intestinal são necessárias para que os idosos mantenham níveis satisfatórios de saúde física e mental.

As pesquisas nessa área estão apenas começando.[99] Ainda não há diretrizes clínicas sobre como alcançar esse resultado, e o progresso da ciência médica leva anos. No meio-tempo, você talvez sinta que não quer esperar. O melhor a ser feito é verificar com o seu médico, de preferência um gerontologista ou, melhor ainda, um gastroenterologista, a saúde do seu intestino.

Por outro lado, a automedicação com probióticos não é tão insensata quanto poderia parecer, de acordo com a Escola de Medicina de Harvard. Infelizmente, uma ampla variedade de produtos é vendida nos Estados Unidos, no Reino Unido e na Europa, com muitas diferenças em relação aos tipos e às quantidades das culturas bacterianas. Nos Estados Unidos, esses produtos não são regulados pela FDA e, portanto, a qualidade é extremamente variável. Algumas poucas evidências mostram que os probióticos são mais eficazes quando ingeridos no contexto de alimentos reais (ou em suspensão líquida), em vez de em comprimidos ou cápsulas.[100] O grande problema é que a maioria das formulações probióticas não sobrevive no ambiente ácido do estômago e, quando o fazem, não prospera o suficiente para colonizar o trato gastrointestinal. Como diferentes formulações e dosagens podem conferir efeitos diferentes, não é possível fazer recomendações específicas, a não ser depois de testar determinado produto. A eficácia de qualquer produto probiótico é determinada por fatores como as espécies microbianas específicas, a dosagem, a formulação, a viabilidade dos probióticos na prateleira e nos intestinos, o tempo de residência nos intestinos e os meios de ingestão. Portanto, não podemos concluir que qualquer descoberta científica relativa a um produto ou cepa probiótica se aplica a outra. É difícil atuar como consumidor esclarecido quando esses fatores raramente são testados antes da entrada de um probiótico no mercado.[101]

A natureza não regulamentada do mercado de probióticos dificulta a avaliação pelos consumidores. Uma formulação que foi testada e considerada eficaz em estudos publicados com revisão por pares, VSL#3, foi vendida pelo inventor a uma empresa farmacêutica que, por motivo desconhecido, *mudou* a formulação e a tornou ineficaz. A questão foi objeto de uma decisão judicial de 18 milhões de dólares contra a empresa.[102] A bebida KeVita Kombucha, da PepsiCo, é anunciada como contendo "probióticos vivos", mas uma ação judicial impetrada em 2017 argumentou que o processo de pasteurização usado pela empresa matava as bactérias vivas (uma segunda ação ajuizada em 2018 sustentou que os níveis de açúcar na bebida, segundo testes, eram seis vezes mais altos do que o informado no rótulo).[103] Em 2009, a Dannon Company fez um acordo de 35 milhões de dólares por acusações de propaganda enganosa sobre os benefícios de sua linha Activia de iogurte probiótico, que custava 30% mais caro do que o iogurte normal, mas na verdade não tinha efeitos diferenciais.[104] Estão incluídos nas notas de fim deste livro dois produtos probióticos reconhecidos pela eficácia em reestabelecer um microbioma intestinal saudável quando esta página foi escrita.[105] O seu médico ou nutricionista também deve ser capaz de oferecer informações atualizadas.

Sabemos menos ainda sobre prebióticos, substâncias que estimulam o crescimento de bactérias saudáveis nos intestinos.[106] Sabe-se que as moléculas dos alimentos protegem os probióticos; portanto, em geral se sugere que os probióticos sejam ingeridos com uma refeição que contenha prebióticos.[107] Estes são fibras vegetais especializadas, encontradas em muitas frutas e verduras, sobretudo as que contêm carboidratos complexos. Esses carboidratos não são digeríveis e, portanto, atravessam o sistema digestivo e se tornam alimentos para as bactérias e outros micróbios. Dezenas de alimentos atuam como prebióticos, como maçã, aspargo, banana, raiz de chicória, alho, cogumelos, algas marinhas, farelo de trigo, inhame e iogurte.[108] Seu médico ou nutricionista pode ajudá-lo a escolher o melhor para o seu caso.

Encarando a questão a partir de outro extremo, você talvez já tenha lido sobre transplante de microbiota fecal (bacterioterapia), que consiste em transferir para o paciente material fecal de uma pessoa saudável, que contenha bactérias benéficas, a fim de restaurar o equilíbrio normal de suas bactérias intestinais.[109] Os cientistas o consideram algo com potencial para tratar uma gama de doenças, como câncer, diabetes e talvez até Alzheimer. A técnica tem apresentado resultados mistos e ainda é experimental. Portanto, não tente fazê-lo em casa. (Ou, se o fizer, cuidado com o ventilador!)[110]

ONDE ESTAMOS?

Em conjunto, doenças cardiovasculares, AVC, câncer e diabetes respondem por aproximadamente dois terços de todas as mortes nos Estados Unidos e por mais de 700 bilhões de dólares anuais em custos diretos e indiretos.[111] Se mudanças dietéticas forem capazes de reduzir a incidência dessas doenças, os efeitos para a saúde mundial serão realmente significativos. As organizações profissionais que representam pesquisadores e clínicos que tratam dessas doenças — a Associação Americana do Coração, a Sociedade Americana do Câncer e a Associação Americana de Diabetes — publicaram uma declaração conjunta com recomendações dietéticas. Elas concluíram simplesmente que a maior ingestão de frutas e verduras frescas, grãos integrais e peixe está associada à redução da incidência dessas doenças.

Herman Pontzer, antropólogo evolutivo da Universidade Duke, estuda a saúde em sociedades de caçadores-coletores cujo estilo de vida é semelhante ao de nossos ancestrais.[112] Pontzer descobriu que eles em geral apresentam excelente saúde, embora sigam ampla gama de dietas. Não importa que extraiam 80% de suas calorias de carboidratos, ou de gordura animal, ou de nozes e frutas vermelhas — quase toda a população ingere mais fibras do que a média norte-americana, mas essa talvez seja a única diferença. (Essa constatação abala as bases da paleodieta ou da dieta paleolítica.) Curiosamente, não evitam açúcar, consumindo-o na forma de mel. É digno de nota, porém, que não têm acesso a alimentos processados ou frituras de imersão. Kevin Hall realizou um experimento controlado de curto prazo. Os participantes foram recebidos no Centro Clínico do NIH (de modo que não podiam trapacear), onde foram alimentados com comidas ultraprocessadas durante duas semanas, e com comidas não processadas, como peixe e verduras frescas, durante duas semanas (em ordem aleatória).[113] Hall combinou com cuidado o número de calorias e os níveis de açúcar, gorduras e nutrientes incluídos nas refeições, mas os participantes podiam escolher quanto queriam comer. As pessoas devoraram os alimentos ultraprocessados mais rápido e comeram quinhentas calorias a mais por dia, ganhando cerca de meio quilo por semana em comparação com quando recebiam alimentos não processados.

A pesquisa de Pontzer, em consonância com a de muitos outros cientistas, descobriu que não existe uma única dieta que seja melhor e que "podemos ser muito saudáveis com uma ampla variedade de dietas". Pontzer observa que uma das razões de os caçadores-coletores tenderem a não ser obesos é a falta de variedade na dieta de qualquer um deles. Quando temos muitas opções de alimentos, tendemos a comer demais, pois a diversidade de sabores é atraente. "Por isso é que você sempre tem espaço para uma sobremesa no restaurante, mesmo quando já está satisfeito", diz Pontzer. Mesmo que você já esteja farto "e não consiga mais engolir um pedaço de bife, ainda está de olho no cheesecake, porque é doce e o botão do açúcar ainda não foi apertado em seu cérebro".

Há um movimento ligado a essa perspectiva, denominado alimentação intuitiva, desenvolvido pela nutricionista Evelyn Tribole.[114] Ela tem sido associada a redução do índice de massa corporal, redução do colesterol, pressão arterial mais baixa e melhora da saúde psicológica. Mallory Frayn, aluna de doutorado em meu departamento na Universidade McGill, estuda as experiências e frustrações das pessoas com a maioria das dietas. Ela escreve:[115]

Por que as dietas não funcionam? Primeiro, o fato de ainda existir uma indústria de dietas multibilionária sugere que há algo fundamentalmente errado na maneira como vemos os alimentos e a alimentação. Ouvimos os conselhos de alguns "especialistas" sobre como devemos tratar nosso corpo, depois os testamos por alguns dias até admitirmos o fracasso inevitável, e então passamos para a próxima grande novidade, enquanto os figurões, nos bastidores, estão ganhando uma bolada com a nossa luta coletiva para melhorar a saúde. [...]

As dietas não funcionam porque se baseiam em restrições. Deus o livre de tocar em carboidratos, nossa mais fundamental fonte de energia, para que eles não se acumulem diretamente em sua cintura. Em seguida, as restrições alimentam as privações e, por fim, você passa a viver com água na boca só de pensar nas delícias que disseram ser proibidas. [...]

É normal que os humanos sonhem em saborear vários pratos deliciosos, cujos sabor e aroma parecem irresistíveis.

Mas as dietas não contam isso [...], e, em algum momento, você vai acabar cedendo. Vai acabar comendo uma barra de chocolate ou pedindo uma porção de batatas fritas (porque ambas são absolutamente aceitáveis para qualquer humano). Porém, quando cair em tentação, você vai se sentir péssimo por romper sua rotina "saudável". Para piorar, não vai culpar a dieta pelo seu "fracasso", vai pôr toda a culpa nos seus próprios ombros, por ser uma pessoa horrível.

O ciclo de reiteradas dietas e fracassos inflige danos fisiológicos e psicológicos.[116] A grande ideia da dieta intuitiva é que o corpo conhece os tipos de alimentos de que precisamos — de que ele é dotado de um impulso intuitivo para proteínas, carboidratos e gorduras em que podemos confiar. Ou quem sabe são os trilhões de micróbios em nosso intestino que enviam sinais ao cérebro para gerar esse impulso intuitivo. Talvez o corpo saiba o que quer comer.

Os quatro princípios adicionais da dieta intuitiva são:

1. tente comer quando está com fome;
2. tente parar quando se sentir saciado;
3. aprenda a lidar com as emoções de formas alternativas, além de comer; e
4. não imponha restrições aos tipos de alimentos ingeridos, a não ser por razões médicas.[117]

Agora, como eu, você talvez seja cético em relação ao corpo "conhecer" os alimentos de que precisamos. Simplesmente não parece científico. Como distinguir alimentação intuitiva de um anseio sem dúvida desajustado, como de comer meio litro de sorvete todas as noites? Primeiro, esse tipo de alimentação compulsiva costuma ser provocado por um desejo de conforto emocional — uma tentativa de aliviar o estresse e a ansiedade devorando alimentos tradicionalmente proibidos, como os com alto teor de gordura e açúcar.[118] As consequências são altos níveis de vergonha e arrependimento, para não mencionar o aumento do peso e o desequilíbrio do microbioma, além de alimentar um ciclo vicioso.

Em contraste, a alimentação intuitiva envolve uma reformulação da alimentação, de motivações emocionais ou sociais para motivações fisiológicas. Assim, saber que qualquer opção de alimento está na mesa, por assim dizer, nos deixa menos propensos a devorar de forma compulsiva alimentos proibidos. Os proponentes da alimentação intuitiva, como Mallory Frayn, falam em cultivar um relacionamento menos obsessivo e mais saudável com a comida, permitindo ao corpo experimentar uma variedade saudável — em quantidades moderadas — de todos os alimentos disponíveis. E tudo isso deve ser iluminado pelo bom senso, com foco no conhecimento de que, embora nada nos impeça de consumi-los vez por outra, a dieta de bolo de chocolate e cebola empanada não é uma boa estratégia duradoura para a melhor saúde.

Na imprensa popular, boa parte da atenção dada ao que comemos se concentra nos chamados superalimentos, como mirtilos, açaí, couve e batata-doce. Essa abordagem, porém, ignora o que os nutricionistas denominam efeito matriz, as maneiras como os alimentos numa dieta eficiente na vida real interagem uns com os outros. Em geral, não se consegue lidar com determinado problema sem criar outros, e essa é uma questão central do jornalismo sobre nutrição: não raro, coloca-se um foco estreito apenas em um aspecto da nutrição, ou em um resultado para a saúde, ignorando outros.

A chave das dietas parece ser não o que se come, mas o que não se come. A dieta americana é muito farta em alimentos processados, açúcar, sal e carne vermelha. A junk food, quase sempre nociva, é viciante — estimula demais o sistema de recompensas do cérebro, que evoluiu em uma época em que gorduras e doces eram raros. Além disso, o fato é que não sabemos o suficiente sobre nutrição para afirmar que existe uma única dieta superior. Como observou um relatório da Universidade Stanford sobre o estado das recomendações nutricionais, "a história da ciência da nutrição está poluída com os restos de hipóteses que já foram a próxima grande novidade".[119]

No momento, o que parece ser claro é que grandes quantidades de açúcar refinado, de fritura de imersão e de alimentos altamente processados fazem mal à saúde. Além disso, tudo indica que comer grande variedade de comidas diferentes, com moderação, e ingerir mais verduras do que o americano comum hoje consome contribui para a longevidade e para o bem-estar. Reduzir o fumo e o álcool também é indicado. Depois de revisar centenas de estudos, descobri que a melhor recomendação dietética para idosos é a frase muito citada do livro de Michael Pollan, de 2008, *Em defesa da comida*: "Coma comida. Não em excesso. Principalmente vegetais".

E se permita alguma diversão, de vez em quando. Saboreie um pouco de sorvete. Curta uns pedaços de chocolate.

10. Exercício

Movimento importa

Um colega meu, septuagenário, que veio de San Diego visitar Montreal, quebrou o quadril depois de escorregar no gelo que cobria as ruas da cidade. Ficou de cama durante meses. Na verdade, ele nunca se recuperou de fato, e, embora tenha vivido outros sete anos, esse período foi doloroso e frustrante para ele e para todos que o conheciam. Por quê? Você talvez imagine que algo físico, como um quadril lesionado, não teria relação com o estado mental. Os humanos, porém, não foram feitos para o sedentarismo. Evoluímos em um mundo que nos forçava a explorar o ambiente, a nos movimentarmos. Sem esse estímulo, o cérebro para de funcionar a plena capacidade... e facilmente pode entrar em parafuso.

Em seu novo livro, *Physical Intelligence: The Science of How the Body and the Mind Guide Each Other Through Life* [Inteligência física: A ciência de como o corpo e a mente guiam um ao outro ao longo da vida], Scott Grafton, neurocientista e médico neurologista da Universidade da Califórnia em Santa Barbara, sugere que a enorme complexidade do cérebro humano existe basicamente para organizar nossos movimentos e nossas ações. Quando deixamos de nos movimentar para explorar o ambiente, quando não usamos mais o cérebro para organizar a ação física, será que ele desacelera, atrofia e fica desorganizado? Se for assim, como explicar o caso de pessoas como Stephen Hawking e Jean-Dominique Bauby (o cara que ditou todo um livro — *O escafandro e a borboleta* — com piscadas dos olhos)? Seriam esses indivíduos excepcionais?

Quando fiz essa pergunta ao dr. Grafton, ele explicou:

Não posso responder por dois gênios que contavam com toda uma equipe para mantê-los vivos durante muito tempo. Com recursos suficientes, é possível cultivar uma roseira no meio do deserto de Mojave. Também não estou afirmando que *não* se exercitar nos deixa estúpidos e atrofiados.

Em vez disso, podemos perguntar como preservar melhor toda a saúde e bem-estar do organismo de qualquer pessoa. O primeiro passo é eliminar o dualismo cérebro-corpo. Só porque alguns aspectos da vida mental e da mente parecem intuitivamente dissociados do cérebro não significa que ele (ou a mente, sob esse aspecto) de fato está desconectado do corpo.

Passo dois. Qual é o fator isolado que mais afeta de forma positiva a saúde mental, a estrutura corporal (inclusive a estrutura do cérebro), o funcionamento de diversas áreas e a longevidade? É a atividade física (ou seu corolário inalienável, "exercício"). A esta altura, já realizamos centenas de estudos, com milhares de participantes.

Passo três. Por que toda essa fisicalidade seria positiva para nós? Bem, há uma longa lista de razões prováveis. Meu livro aborda apenas aquelas que fazem sentido sob uma perspectiva da ciência do movimento: habilidade, adaptação e fidelidade perceptiva no mundo natural. Há, porém, numerosas outras: solução de problemas, enriquecimento social, coordenação mente-corpo e ar fresco.[1]

As descobertas de Grafton se baseiam na ideia de que, no nível mais elementar, o cérebro é um dispositivo gigantesco de solução de problemas.[2] Ademais, grande parte de sua capacidade de solução de problemas evoluiu para permitir que nos adaptássemos à ampla variedade de ambientes. Mil anos atrás, os humanos e seus animais de estimação e rebanhos respondiam por cerca de 0,1% da biomassa de vertebrados terrestres do planeta Terra; hoje, respondemos por 98% dessa parcela da biosfera. O sucesso do *sapiens* se deve em grande parte ao nosso cérebro solucionador de problemas, adaptativo e exploratório.

O cérebro humano se desenvolveu para movimentar o corpo, na busca de alimentos e parceiros reprodutivos e na defesa contra predadores. O exercício é importante por duas razões. A óbvia é oxigenar o sangue. O combustível do cérebro é a glicose oxigenada, transportada pela hemoglobina do sangue, para o que é fundamental a oferta constante de oxigênio fresco. A razão não óbvia é que o cérebro, por ter evoluído para navegar em ambientes desconhecidos, não se dá bem quando não é desafiado a resolver problemas. Todos os nossos passos numa esteira ou num aparelho elíptico nos ajudam no primeiro desses dois objetivos — oxigenar o sangue —, mas não ajudam o cérebro a manter afiadas nossas habilidades de navegação e sistemas de memória. Cada minuto de caminhada numa trilha irregular, num parque natural ou numa área inóspita exige que façamos centenas de microajustes na pressão, no ângulo e no ritmo dos passos. Esses ajustes estimulam os circuitos neurais do cérebro exatamente da maneira como este se desenvolveu para ser usado. A área mais estimulada é o hipocampo, a estrutura na forma de cavalo-marinho que tem importância fundamental para a formação e a recuperação da memória. Por isso que tantos estudos mostram que a memória é aprimorada pela atividade física.[3]

Essa maneira de ver as coisas é conhecida como cognição incorporada, a ideia de que as propriedades físicas do corpo humano, em especial o sistema perceptivo e o sistema motor, desempenham papel importante na cognição (pensamento, solução de problemas, planejamento de ação e memória).[4] De acordo com essa maneira de pensar, a sensação de movimento está inextricavelmente interligada ao conhecimento.[5] A cognição incorporada é compatível com a perspectiva adotada por este livro a partir da neurociência cognitiva do desenvolvimento. É uma abordagem que vê os seres humanos como agentes sociais incorporados, agentes genética e ecologicamente inseridos no mundo social, que moldam e são moldados pelo meio ambiente.[6] O corpo influencia a mente, assim como a mente influencia o corpo.[7] A cognição incorporada embute inteligência e controle no corpo. O melhor exemplo disso é o ligamento elástico do arco do pé humano. Essa pequena mola elimina a necessidade de um circuito maciço de controle de feedback no cérebro para dar aos dedos dos pés um pequeno empurrão durante a caminhada.

Se tivéssemos versões caricaturais dos diferentes personagens que foram nossos colegas na escola — os nerds e os atletas — seria possível que hoje os víssemos como escolhas opostas de estilo de vida: os nerds, sempre livrescos, rejeitam atividades físicas em favor das recompensas mais refinadas de reflexões profundas. Os atletas, sempre agitados e ativos, repudiam o ritmo monótono, vagaroso e reflexivo da leitura, da escrita e da aritmética. Todavia, embora esses arquétipos por certo existam, os intelectuais mais exitosos são os que praticam atividades físicas, e os atletas mais vitoriosos são os que cultivam o intelecto.

Entre meus colegas universitários, os que se mantêm fisicamente ativos são, de longe, os mais produtivos, desde meu colaborador James Ramsay — o que percorreu de bicicleta as Montanhas Rochosas canadenses, com sessenta e tantos anos — até minha esposa, Heather, que é maratonista e montanhista. Recentemente, tive a oportunidade de me reunir com os melhores jogadores universitários e profissionais, inclusive pentacampeões do Super Bowl (para discutir os efeitos de repetidas lesões na cabeça sobre a cognição na terceira idade), e eles se mostraram tão inteligentes, inquisitivos e intelectuais quanto qualquer pessoa que já conheci na universidade.

Depois de uma conversa especialmente instigante com Yauger Williams, ex--atleta do time de futebol americano California Golden Bears, ele disse: "Sabe, isso é ótimo. Nunca estive tão perto de um neurocientista de verdade". Respondi: "Foi ótimo. E nunca estive tão perto de um jogador de futebol americano sem ter a minha cabeça enfiada num vaso sanitário!". (Ele riu, meio sem jeito.)

Uma meta-análise sistemática mostrou que, para adultos com deficiência cognitiva branda, a atividade física produziu efeitos benéficos importantes sobre a memória.[8] Adultos com deficiência cognitiva branda correm riscos bem maiores de progredir para a demência, e esse risco específico é aumentado pela atrofia do hipocampo.[9] A atividade física pode ser tão eficaz quanto agentes farmacológicos para a melhora e a preservação da memória, assim como para a cognição como um todo, e também para adiar o início da demência e outras condições neurológicas, como as doenças de Alzheimer e Parkinson.

O envelhecimento é um processo irreversível e inevitável.[10] Mas os *efeitos* dele são, em alguns casos, reversíveis e, se não completamente evitáveis, pelo menos suscetíveis a adiamentos. Muitos são os fatores sob nosso controle: dieta, microbiota intestinal, redes sociais, sono, visitas regulares ao médico. Mas o fator mais importante para uma saúde física e mental vibrante é a atividade física. Isso não significa que outros fatores (dieta e sono) não são importantes — são —, e não significa que, caso você pratique mais atividade física, não é necessário seguir outras práticas saudáveis. Significa que é preciso levar isso a sério — em especial se, como muitas pessoas, sua atitude sobre se tornar ativo é: "Sim, sim... vou começar amanhã".

Como salienta Scott Grafton, atividade física não é o mesmo que exercício. É movimentar-se por aí, interagir com o meio ambiente. Como sabia muito bem Cícero, é esse tipo de interação que "sustenta o espírito e mantém a mente vigorosa". Correr é benéfico, mas caminhar também é, mesmo com uma bengala ou um andador. A atividade física não precisa ser como o tipo de malhação praticado por indivíduos na casa dos vinte ou trinta anos. É importante respeitar os limites do corpo e considerar os fatores ligados à idade. Os idosos devem consultar o médico ou trabalhar com um treinador profissional para definir os tipos de movimentos certos e adequados para eles. Se você puder correr maratonas, como Harriette Thompson, com 92 anos, ótimo — mas você obterá benefícios substanciais levantando pesos de dois quilos no quarto ou dando uma volta no quarteirão numa velocidade um pouco maior que seus passos normais.

Considerar a memória, o movimento e a cognição incorporada como processos correlatos ajuda a explicar um dos maiores mistérios da memória humana: a amnésia infantil. De um modo geral, não nos lembramos de nada de nossos primeiros anos de vida, e apenas de pouco de antes dos seis anos. (Quem alega ter lembranças vívidas da primeira infância em geral está enganado, e relata histórias que lhe foram contadas pelos pais ou por irmãos, ou confunde fotografias com lembranças originais desses eventos.) Se a memória evoluiu para nos ajudar na navegação espacial, a razão de crianças muito pequenas não terem lembranças é o fato de não estarem se movimentando e interagindo muito com o ambiente. Embora as crianças, mesmo antes de andar, estejam ansiosas para explorar o espaço circundante, parece que os primeiros passos desencadeiam atividades neuroquímicas no hipocampo, levando as células de lugar do hipocampo e as células de grade a começar seu mapeamento interno do ambiente.[11] As células de lugar codificam locais específicos e as células de grade codificam as relações entre esses locais. Embora a maioria das crianças já se movimente e explore o ambiente aos seis anos, pode demorar para que o sistema de localização do hipocampo amadureça o suficiente para codificar com exatidão a memória espacial à maneira dos adultos. Daí a falta de recordações da infância remota.

Uma implicação aqui é que, à medida que os idosos começam a se movimentar e a explorar menos do que, digamos, pessoas jovens e de meia-idade, os sistemas de memória baseados no hipocampo podem atrofiar — use-o ou perca-o, como dizem os atletas profissionais. A função central desempenhada pelo hipocampo em geral, não apenas a memória espacial, pode também responder por outras deficiências cognitivas comuns em idosos menos ativos — inclusive decréscimos no raciocínio, coordenação mãos-olhos e solução de problemas, assim como desaceleração da função cognitiva em geral.[12]

A perspectiva da cognição incorporada afirma ainda que nossas capacidades cognitivas e perceptivas não são estáticas, mas, antes, emergem de intercâmbios fecundos e dinâmicos com o ambiente.[13] Na infância, desenvolvemos o senso de agência e controle sobre o ambiente através de nossas interações com ele — brincar na caixa de areia, brincar no trepa-trepa. Podemos perder esse senso de agência e controle se reduzirmos nossas interações com o ambiente, o que pode acarretar perda de motivação e de confiança em nossa capacidade de lidar com o contexto, disparando uma espiral de declínio. Esse efeito é problemático em especial para idosos, que já experimentam três tipos de mudanças corporais que podem levá-los a interagir menos com o ambiente.[14] A primeira é a perda de destreza, decorrente da desaceleração geral da velocidade de transmissão neural, da perda de condutância neural e da redução da coordenação olhos--mãos. A segunda é a perda da motivação, que pode resultar do confinamento e do sentimento de solidão. A terceira é a perda da alegria e do prazer em fazer as coisas para si mesmo, em parte devido à redução na produção e absorção de dopamina, os canais de sinalização química de recompensa do cérebro.

Em conjunto, essas mudanças podem levar as pessoas a limitar desnecessariamente suas atividades — ou seja, não por motivos de saúde e segurança. Abandonar determinada atividade, como caminhar em terrenos irregulares ou fatiar verduras, resulta em nos vermos como "alguém que não mais é capaz de praticar esses tipos de ações" e gera uma autoimagem cada vez mais intensa de incapacidade e inutilidade no mundo. Esse pode ser um dos piores aspectos do envelhecimento.

Não estou sugerindo que os idosos devem se envolver em atividades arriscadas. Se você ou alguém próximo tem problemas de equilíbrio ou acha que não pode mais manejar uma faca afiada, essas são considerações muito reais. É importante, porém, fazer avaliações honestas e justas. Insegurança ou ansiedade em executar atividades de que gostou durante toda a vida só porque está "velho" não são razões legítimas para não mais se dedicar a esses afazeres — e pode de fato acelerar o seu ingresso na verdadeira "velhice". Seis mulheres que conheço receberam próteses de joelho no ano passado, numa faixa etária de 52 a 84 anos. James Adams, o professor de engenharia mecânica de Stanford "fora da caixa" que mencionei no capítulo 4, está hoje com 85 anos. Na última vez em que o vi, ele tinha uma frota de tratores antigos no quintal e estava restaurando e reconstruindo os motores, um de seus passatempos favoritos.

Mick Jagger, 75 anos, se exercita com um personal trainer.[15] "Treino cinco ou seis dias por semana [...], alterno entre ginástica e dança, e ainda faço corrida de velocidade. Estou treinando para ter resistência." Jane Fonda (81 anos) malha todos os dias, com longas caminhadas e exercícios com peso.[16] Como aconselhou Dylan Thomas, esses personagens não estão entrando de forma mansa naquela noite suave.

Interagir com o mundo também aumenta a criatividade.[17] As interações não precisam ser demasiado complexas, e por certo não convém que ultrapassem limites ou sejam perigosas. Os idosos que tinham permissão para caminhar com liberdade ao ar livre, em comparação com os que eram obrigados a percorrer um caminho retangular, alcançaram pontuação muito mais alta numa bateria de testes de criatividade, inclusive tarefas de pensamento divergente — o que já vimos no capítulo 4, sobre solução de problemas. Os pesquisadores pediram aos participantes para imaginar o máximo de usos possíveis para um objeto do dia a dia — nesse caso, hashi. Uma amostra de respostas que indicam pensamento divergente inclui usá-los como baquetas, batuta de regente, varinha mágica para criança, misturador de café, tostar marshmallows. Você pegou a ideia. E os pesquisadores descobriram que simplesmente caminhar ao ar livre estimulou os participantes a oferecer mais respostas.

Você talvez tenha percebido que até agora, neste livro, evitei definir de modo escrupuloso a que me refiro quando falo em "idosos". Agi assim porque o termo é muito relativo e sujeito a diversos fatores, como histórico de doenças, peso, estresse e genética. Há indivíduos de cinquenta anos com a saúde precária e outros de 95 anos que parecem pessoas de sessenta anos. Para mim, idosos são pessoas que, nitidamente, estão *desacelerando* dos pontos de vista físico e mental, que não mais conseguem fazer muitas das coisas que faziam antes, e que estão ficando constrangidas por limitações físicas e mentais.

Grande parte das histórias de pessoas que se mantêm jovens, apesar da idade cronológica, tem a ver com plasticidade sináptica — a capacidade do cérebro de fazer e manter novas conexões. Como vimos, a plasticidade é influenciada pela constituição genética, pelas experiências de vida e pela cultura circundante. Também é moldada pelas rotinas diárias, sobretudo à medida que envelhecemos. O ato de transmitir informações através de sinapses e a formação de novas conexões sinápticas exigem aumento drástico na quantidade de energia usada pelo cérebro. Astrócitos, um tipo de célula cerebral, atuam como fornecedores dessa energia. Um corpus crescente de evidências mostra que a atividade física aumenta a eficácia dos astrócitos e, assim, melhora a plasticidade sináptica, a memória e a cognição geral.[18]

Além da plasticidade sináptica, a cognição é preservada e ampliada pela neurogênese — o crescimento de novos neurônios. Como vimos no capítulo sobre memória, o hipocampo adulto produz em média setecentos novos neurônios por dia, e esse nível não parece declinar com o envelhecimento normal.[19] Já se demonstrou que a atividade física aumenta a neurogênese hipocampal em roedores.[20] Não é possível observar quaisquer dessas mudanças em humanos, mas observamos melhora na memória de adultos que praticam atividades físicas aeróbicas.[21] O mais eficaz é fazer exercícios aeróbicos pouco antes de aprender alguma coisa nova. Ao acelerar os batimentos cardíacos logo antes de iniciar uma tarefa mental, preparamos o cérebro com o aumento do fluxo sanguíneo, o que cria um contexto mais rico para a atividade mental.[22]

Diferentes tipos de atividade física conferem diferentes benefícios. A atividade física pode ser categorizada como aeróbica ou anaeróbica. O Colégio Americano de Medicina Esportiva (ACSM, na sigla em inglês) define atividade *aeróbica* como "qualquer atividade que usa grandes grupos de músculos, pode ser mantida continuamente e é de natureza rítmica".[23] Inclui natação, ciclismo, corrida, dança e caminhada. Leva esse nome porque *aeróbico* significa "viver na presença de oxigênio", e essas atividades reforçam a capacidade do corpo de usar oxigênio para extrair energia de carboidratos, aminoácidos e gorduras. O ACSM define atividade *anaeróbica* como "atividade física de duração muito curta, abastecida pelas fontes de energia dentro dos músculos em contração e independentes do uso de oxigênio inalado". Inclui treinamento de força (com peso) e corrida de curta distância. (Observe que o treino de Jane Fonda hoje, aos 81 anos, inclui ambas as modalidades.)

A atividade aeróbica é a que reduz os riscos de doença cardíaca e promove os tipos de funções cognitivas que analisamos até aqui. A atividade anaeróbica pode ajudar a construir músculos, aumentar a resistência e a capacidade de suportar a fadiga, e reduzir a gordura corporal.[24] Também pode produzir efeitos benéficos moderados em termos de risco cardiovascular e perfil lipídico.

Sarcopenia é a perda de tecido muscular — semelhante ao que a osteoporose representa para os ossos.[25] É um dos principais fatores que contribuem para o declínio funcional e para a perda de independência em idosos. Felizmente, pode ser revertida. Em um estudo, doze homens sedentários, com idade de sessenta a 72 anos, aumentaram significativamente a força das pernas e a massa muscular com um treinamento de força de doze semanas, três vezes por semana.[26] Em outro estudo, oito semanas de treinamento de resistência promoveram melhoras significativas em residentes frágeis de casas de repouso, com idades entre noventa e 96 anos.[27] O ganho de força foi da ordem de 174%, e a velocidade de caminhada melhorou quase 50%. Portanto, não se trata apenas de resistência e de oxigenação do sangue. A manutenção da força muscular também é essencial.

Evidentemente, interagir com o ambiente nem sempre é possível — as condições do tempo em boa parte do mundo durante o inverno tornam as saídas ao ar livre desconfortáveis e, como descobriu meu colega em Montreal que escorregou no gelo, também perigosas. Mas temos os treinos em ambientes fechados. Embora a cognição incorporada diga que interagir com o ambiente é melhor, evitar o sedentarismo é crucial. Adultos entre sessenta e 79 anos que participaram de treinamento aeróbico em recintos fechados apresentaram aumento no volume do cérebro nos córtices frontal e temporal, assim como tratos de matéria branca maiores.[28]

Essas descobertas são significativas porque esses idosos ex-sedentários apresentaram medidas cerebrais mais saudáveis, mesmo quando iniciaram os exercícios aeróbicos mais tarde na vida.

MOVIMENTO MÍNIMO: TREINO INTERVALADO DE ALTA INTENSIDADE

À medida que envelhecemos, de fato temos a tendência de nos movimentarmos menos. Para algumas pessoas, o sedentarismo começa por volta dos cinquenta anos; para outras, em torno dos setenta; e algumas nunca descambam para o imobilismo. Mas, como vimos, essa falta de movimento pode ser a fonte de muitos dos nossos problemas.

Ulrik Wisløff é chefe do Grupo de Pesquisa de Exercício Cardíaco da Universidade Norueguesa de Ciência e Tecnologia e membro do Comitê de Estatística da Associação Americana do Coração. Ele começou algo como uma revolução cerca de quinze anos atrás, quando publicou uma pesquisa mostrando que até *um pouquinho* de atividade física pode ser transformador para a saúde do cérebro e para a longevidade. Wisløff desenvolveu um programa de alta intensidade, com breves intervalos, que confere muitos dos benefícios dos treinos sérios, mais convencionais, e que pode ser realizado apenas três dias por semana, em sessões de mais ou menos vinte minutos.[29] Mesmo nesta época supercafeinada, quando todos temos tantos afazeres, qualquer pessoa pode sem dúvida encontrar uma hora por semana para isso. As recompensas foram significativas, reduzindo o risco de infarto ou angina em até 50%.[30]

Para aqueles que não querem fazer mais — na verdade, querem fazer menos —, Wisløff e outros demonstraram que até treinos menos estruturados, mais curtos, ainda são extremamente benéficos. "High-Intensity Interval Training — HIIT" [treino intervalado de alta intensidade] é uma série de exercícios muito curta — trinta segundos a um minuto de corrida, subida de escada ou ciclismo —, seguida de um ou dois minutos de desaceleração, como caminhar ou pedalar devagar. Repita o ciclo por apenas *dez minutos* e você completou o treino HIIT. "Embora qualquer coisa ajude, um pouco mais provavelmente é melhor", comentou o pesquisador Weiyun Chen, da Universidade de Michigan.[31]

Todd Astorino, professor de cinesiologia da Universidade do Estado da Califórnia, San Marco, que publicou mais de vinte trabalhos sobre treino HIIT, explica:

> Temos hoje mais de dez anos de dados mostrando que o treino HIIT rende em grande extensão exatamente os mesmos benefícios para a saúde e aptidão que os exercícios aeróbicos prolongados, e, para alguns grupos e populações, é até mais eficaz que os exercícios aeróbicos tradicionais.

O problema com a maioria dos programas de exercícios é que as pessoas que precisam deles não os consideram prazerosos e, portanto, não persistem. Treinos de curta duração, como o HIIT, são uma alternativa que a maioria dos participantes acha mais agradável, além de evitar a monotonia dos programas tradicionais.[32] Em outro estudo, Astorino desmascarou o mito de mais de 2 mil anos de que fazer sexo antes de uma competição atlética diminui o desempenho (não diminui).[33]

Quão intensos devem ser os treinos HIIT? Você deve tentar alcançar de 90% a 95% de sua frequência cardíaca máxima durante os períodos curtos de alta intensidade. Ferramentas on-line podem ajudar a calcular a frequência cardíaca máxima em relação à idade. (Uma regra prática difundida, de subtrair de 220 a sua idade, é enganadora para pessoas com sobrepeso e mais velhas; portanto, é melhor conversar com o seu médico ou encontrar uma calculadora on-line que considere o seu peso.) Se você for novato em tudo isso, compre um monitor de frequência cardíaca numa loja on-line de artigos esportivos, para usar no pulso e em torno do tórax. Se não quiser investir em equipamento antes de experimentar os treinos, você saberá que chegou à intensidade desejada se não puder manter uma conversa normal durante a corrida ou pedalada. Você consegue correr ou pedalar. Só não consegue conversar.

O grupo de pesquisa de Wisløff também desenvolveu uma ferramenta on-line em que você insere algumas medidas físicas e um breve relato de seu estilo de vida para calcular a sua idade de aptidão física.[34] Você talvez descubra que ela é inferior à idade cronológica (parabéns, mantenha os bons hábitos) ou superior (hora de falar sério quanto a aumentar sua atividade física).

Qualquer que seja a sua idade de aptidão física, se os seus antecedentes forem um estilo de vida sedentário, é preciso iniciar qualquer novo programa aos poucos e com a orientação de um médico, ou com a orientação de um personal trainer acostumado a corpos mais velhos. O risco de se lesionar por descuido aumenta a cada década depois dos sessenta anos — ruptura do manguito rotador, lesão nos tendões, quedas traumáticas e fraturas ósseas são todos, com muita frequência, o preço que alguns idosos pagam por serem demasiado exuberantes. Lembramo-nos de quando éramos crianças e nos engajávamos em qualquer nova atividade sem pensar, movimentando o corpo de qualquer maneira que nos passasse pela cabeça, em geral com total e absoluta impunidade. Em nossa mente, ainda somos aquela criança lépida e flexível. Esquecemos daquela ocasião, aos trinta ou quarenta anos, em que torcemos o tornozelo ou lesionamos as costas com muita facilidade. Você talvez ainda tenha capacidade física para fazer muitas coisas, mas é muito importante para os idosos ir com calma, aprender a se alongar antes e depois dos exercícios, e se manter hidratado.

FAÇA PEQUENAS MUDANÇAS EM VEZ DE SE MATRICULAR NA ACADEMIA DE GINÁSTICA

A história fica ainda melhor. Mesmo a mais diminuta, minúscula e quase imensurável quantidade de atividade física melhora a função cerebral — não tanto quanto o treino HIIT já mencionado, mas até esses pequenos esforços são significativos e importantes.[35] Os melhores resultados que já vimos em redução de riscos de doenças cardiovasculares e diabetes, assim como na melhora da memória, ocorreram não em pessoas moderadamente ativas que participam de programas mais sistemáticos e intensos, mas em pessoas sedentárias que aderem ao *mínimo básico* de atividade física — mesmo que seja apenas se levantar e caminhar um pouco.

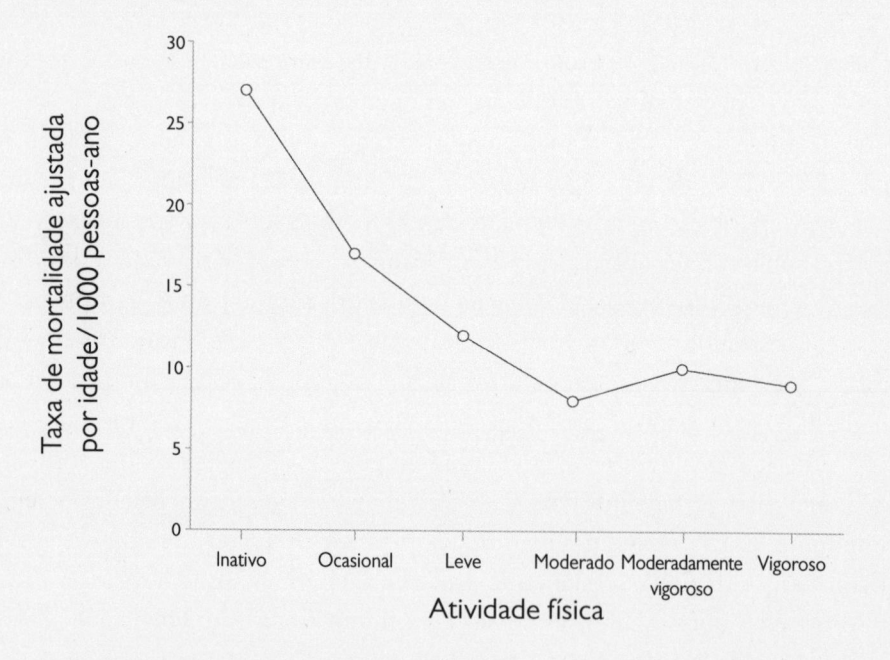

A figura acima é de um estudo que envolveu mais de 6 mil homens ingleses. A curva mostra a taxa de mortalidade (mortes por todas as causas, no eixo vertical) como função do nível de atividade física. Como se vê, a queda mais acentuada na curva — mostrando o benefício mais pronunciado — é entre homens inativos e que praticavam atividades físicas "ocasionais". E, pelo menos nesse estudo, a atividade vigorosa não se associava a qualquer ganho além dos da atividade moderada. Os adultos mais velhos acompanhados nesse estudo específico tinham 84 anos.

Esse conceito de atividade mínima causou sensação em 2018, com um trabalho publicado por uma equipe internacional de pesquisa liderada por Kazuya Suwabe, da Universidade de Tsukuba, no Japão, e Michael Yassa, da Universidade da Califórnia em Irvine. Algumas pessoas participaram de um único período de movimento físico leve, apenas dez minutos de pedalada em bicicleta ergométrica, tão leve que mal acelerava a frequência cardíaca.[36] Um grupo de controle se sentou na bicicleta e não pedalou. Depois, os pesquisadores aplicaram a todos os participantes um teste de memória padrão. Durante a fase de estudo, os participantes viram brevemente uma série de imagens de objetos do dia a dia, como um sofá ou uma árvore. Durante a fase de testes, foram mostradas imagens que já tinham visto antes ou diferentes das anteriores, mas parecidas. Esse teste é difícil, porque depende de manter ativas na memória distinções sutis. É o tipo de diferenciação que fazemos todos os dias, quando nos lembramos, por exemplo, que estacionamos o carro no segundo andar do edifício-garagem ou que a pessoa que acabamos de conhecer se chama Ellen, não Elaine, ou que, sim, de fato tomamos aquele comprimido para o coração na hora do almoço.

Os participantes que realizaram até esses movimentos físicos mínimos superaram em muito o desempenho dos sedentários. Os pesquisadores repetiram o experimento, mas, dessa vez, apresentaram e testaram as imagens dentro de um scanner cerebral (imagem por ressonância magnética funcional). Eles mediram a atividade e a conectividade no hipocampo e a conectividade em outras áreas corticais associadas ao aprendizado e à memória. O que eles perceberam foi o imediato aprimoramento dessas regiões e conexões do cérebro, apenas como resultado desses movimentos extremamente leves. O funcionamento do cérebro dos participantes que pedalaram de modo moderado era muito diferente do funcionamento do cérebro dos que ficaram parados — havia mais atividade coordenada nesses circuitos de memória essenciais, e quanto mais difícil era a tarefa de memória, mais atividade coordenada era encontrada pelos pesquisadores. Além disso, o aprimoramento neural foi específico a essas regiões relacionadas com aprendizado e memória — outras regiões do cérebro, como amígdala, córtex perirrinal e polo temporal, não apresentaram diferenças, permitindo-nos eliminar a hipótese de que o exercício criava um estado geral mais elevado de estimulação cerebral.

Antes desse estudo, supunha-se largamente que os benefícios do exercício dependiam de certo modo de o corpo responder ao estresse e liberar cortisol. Suwabe e Yassa, porém, mediram o cortisol nos participantes e não encontraram diferença — as melhoras na atividade hipocampal e na conectividade ocorreram mesmo sem resposta ao estresse. Outra boa notícia é que não há necessidade de se manter fisicamente ativo durante muito tempo para ver os benefícios. Os ganhos cognitivos aparecem de imediato e, depois de duas semanas, as melhoras no fluxo de sangue no cérebro são evidentes.[37]

As atividades de movimento são úteis em especial, essenciais mesmo, para indivíduos que apresentam um conjunto de condições denominado síndrome metabólica — aumento da pressão arterial, altos níveis de açúcar no sangue, excesso de gordura corporal na região da cintura e níveis anormais de colesterol e triglicérides — o que aumenta de forma substancial os riscos de cardiopatia, AVC e diabetes.

Um dos problemas do exercício é que, como a dieta, as pessoas começam com planos muito ambiciosos, difíceis de manter. A maioria não persiste nesses planos porque perde o interesse, acha os exercícios monótonos ou tem dificul-dade em integrá-los em sua rotina diária. Para quem está fora de forma, a ideia de ir a uma academia pode ser assustadora. Fato inquestionável nessa indústria é que grande parte das pessoas que se matriculam nesses espaços acabam não os usando — por isso é que muitas academias exigem pagamento anual antecipado!

Walter Thompson, professor de cinesiologia na Universidade do Estado da Georgia, resumiu assim a questão:

> Não podemos dizer às pessoas que elas devem se exercitar mais; não adianta. Nosso trabalho deixa claro que precisamos demonstrar mudanças no estilo de vida que podem ser adotadas pela maioria da população, em vez de ficar mandando as pes-soas para as academias. Pequenas mudanças de comportamento, como estacionar o carro nas vagas mais distantes no estacionamento do supermercado ou subir escadas em vez de usar o elevador, são apenas dois exemplos.[38]

Richard Friedman, do Weill Cornell Medical College, exalta as virtudes da caminhada para a saúde neurocognitiva: "Talvez seja o fato de você ser o tempo todo bombardeado por novos estímulos e sensações enquanto se movimenta que desestimula o pensamento linear e promove um processo mental mais associativo e aberto".[39]

Em agosto passado, visitei meus amigos Heather e Len, que, aos 69 anos, são muito ativos física e mentalmente. Saímos para uma caminhada numa floresta perto da casa deles, na área rural de Quebec, trajeto que eles fazem com regularidade, mas que eu nunca tinha feito antes. Na verdade, chamar aquilo de caminhada é um pouco de exagero. Era na verdade um passeio na natureza, em trilhas de terra batida. A saída foi revigorante, e durante o percurso pensei em tudo isso sobre cognição incorporada e as palavras de Scott Grafton. Veja a foto que tirei do caminho com meu celular:

Um emaranhado de galhos, raízes e pedras exigia atenção para evitar tropeços e topadas. Cada minuto de caminhada exige centenas de microdecisões sobre onde pisar, quanta pressão usar ao pôr o pé no chão e erguê-lo de novo, como me equilibrar, como erguer um pé após o outro para dar o próximo passo. O terreno irregular não era o pior de tudo. Era preciso toda a atenção para evitar ser atingido no rosto pelos galhos baixos. Pássaros e outros animais silvestres estavam por toda parte e, embora não receasse que me atacassem, eu tinha de afastar aranhas, moscas e mosquitos e, às vezes, uma criança de uns três anos que atravessava a trilha para cima e para baixo, fustigando o caminho animada e segurando um galho. A quantidade de variáveis — o que pode acontecer com você — é infinita. Você o percebe na agitação do seu cachorro. O terreno acidentado, as pessoas, a vegetação, tudo é mutável. A chance de se deparar com pessoas ou coisas que você nunca viu antes, ou não encontrou exatamente da mesma maneira em outras ocasiões, acentua a animação. *Esse* é o tipo de exploração para o qual o nosso cérebro evoluiu. *Esse* é o tipo de cognição incorporada que revigora as sinapses e rejuvenesce os sistemas de memória hipocampal, os sistemas de planejamento de ação motora e a coordenação olhos-corpo. No ambiente externo, tudo pode acontecer. E essa é a maneira mais potente até hoje descoberta de manter o cérebro flexível e ativo. Uma rua urbana movimentada pode produzir alguns desses mesmos efeitos, menos a força recôndita e ancestral das paisagens naturais, capazes de ser, a um só tempo, tranquilizantes e estimulantes.

Médicos escoceses estão receitando "caminhar e observar pássaros".[40] E, como diz o jornalista Justin Housman, essas prescrições estão sendo usadas para tratar uma ampla variedade de problemas:

> Para tudo, de alta pressão arterial a diabetes, ansiedade e depressão [...], dores e doenças podem ser tratadas com atividades como observação de pássaros, talvez um pouco de caiaque, quem sabe percorrer uma praia à procura de conchas, mesmo lançar seixos em um riacho rumorejante.[41]

Médicos em Quebec também estão receitando visitas gratuitas ao Musée des Beaux-Arts Montréal (Museu de Belas Artes de Montreal) para pacientes que sofrem com diversos problemas de saúde física e mental, para que desfrutem dos benefícios das artes para o bem-estar. Andar no ambiente interno de um museu (ou até de um shopping) oferece altas chances de cruzar com pessoas e coisas nunca vistas antes, e a extensão do percurso pode ser surpreendente.

Exercitar-se numa esteira é bom. Andar pelo bairro é melhor. Caminhar por entre a natureza é o máximo. No inverno em que meu amigo escorregou no gelo, saí e comprei grampos — travas de aderência — de modo a não ter mais desculpas para não caminhar ao ar livre durante os longos invernos canadenses. Não entrarei de forma mansa naquela noite.

11. Sono

*Consolidação da memória, reparo do
DNA e hormônios sonolentos*

Quando me encontrei com Sua Santidade o Dalai Lama, ele tinha 83 anos e acabara de publicar seu 125º livro. "Como você se mantém tão apto mentalmente?", perguntei.

"Sono", ele disse, sem pestanejar. "Nove horas por noite."

"Todas as noites?"

"Todas as noites."

O sono é restaurador. Enquanto estamos inconscientes do que acontece ao nosso redor, talvez imersos em um mundo de sonhos e de pensamentos estranhos, a química de todo o corpo e do cérebro se transforma. Mecanismos de reparo e limpeza celular fazem hora extra. A cura de lesões e o combate a infecções bacterianas e virais ficam mais intensas. Só recentemente começamos a apreciar a enorme quantidade de processamento cognitivo que ocorre enquanto dormimos. Acontece a consolidação de memórias, a solução de problemas, a categorização e o processamento emocional.

A base neural e celular da necessidade de sono tem sido denominada pressão do sono. Os neurocientistas ainda não compreendem a origem dessa pressão, mas ela pode ser conceituada como a pressão homeostática que se acumula durante as horas de vigília e se dissipa durante o sono. Sabemos que certas substâncias químicas no cérebro nos levam a sentir sonolência — agentes sonogênicos, como melatonina e adenosina —, e seu acúmulo gradual gera essa pressão homeostática.[1]

Em consonância com as diferenças individuais que consideramos no capítulo 1, cada pessoa vê o sono de um jeito. Algumas anseiam com prazer pelo sono, enquanto outras o encaram com certa neutralidade, como escovar os dentes, e não lhe atribuem muita conotação afetiva, positiva ou negativa. Um terceiro grupo considera o sono algo a ser evitado a qualquer custo, o máximo possível.

No grupo dos que "anseiam com prazer pelo sono", há quem simplesmente goste de dormir porque é agradável — dá uma sensação de prazer. Também há quem, como o compositor Billy Joel, ache que é uma ótima fonte de inspiração e criatividade. O álbum *River of Dreams* menciona que muitas de suas ideias para canções lhe ocorreram durante o sono.[2] "Acordo todas as manhãs, saio da cama e tenho uma ideia para uma canção na cabeça. Nem sempre uma ideia para uma canção, mas talvez uma ideia melódica ou uma sinfônica. Sonho às vezes com sinfonias." Paul McCartney concebeu um dos maiores sucessos dos Beatles, "Yesterday", durante o sono, e Keith Richards compôs o principal refrão de "(I Can't Get No) Satisfaction", dos Rolling Stones, enquanto dormia — ele acordou, gravou a parte da guitarra em fita e depois voltou para a cama. Stephen Stills escreveu uma de suas canções mais amadas, "Pretty Girl Why", durante um sonho.

No campo "evitar dormir o máximo possível", Thomas Edison via o sono e o anoitecer como aborrecimentos, como "incômodos a serem superados".[3] Edison era um workaholic, o desenvolvimento da lâmpada incandescente lhe permitiu trabalhar mais horas por dia. (Há quem diga que Edison "inventou" a lâmpada incandescente — mas uma longa lista de pelo menos outras vinte precederam o trabalho dele, que consistiu basicamente em aprimorá-la.)[4] O escritor David Kamp observa que o aprimoramento da lâmpada incandescente "foi uma reviravolta muito profunda da ordem natural, na medida em que foi um enorme avanço tecnológico — o primeiro passo no caminho para a era atual de vício em telas, jornadas prolongadas e déficit de sono". E o início do processo de ludibriar a glândula pineal, convencendo-a a achar que é dia quando já é noite; e o ponto de partida na criação de várias gerações de insones, movidos à luz artificial.

Joni Mitchell também está no grupo de quem evita o sono e, durante a maior parte da vida adulta, bebia em torno de dez xícaras de café e fumava três maços de cigarro por dia para retardá-lo. Ela desenvolveu alguns de seus melhores trabalhos durante à noite, quando não havia distrações, telefonemas e ruídos humanos fora de casa. (Nas ocasiões em que ela e eu trabalhamos juntos, em geral foi entre meia-noite e quatro da madrugada.)

Embora possa funcionar de vez em quando e durante algumas noites, postergar o sono é uma má estratégia de longo prazo.[5] Em seu novo livro *Por que nós dormimos: A nova ciência do sono e do sonho*, Matthew Walker, neurocientista da Universidade da Califórnia em Berkeley, adverte que estamos em meio a uma "epidemia catastrófica de perda de sono", que impõe "o maior desafio de saúde pública que enfrentamos no século XXI". Muita gente alega que mudanças climáticas, obesidade e acesso a água limpa são ameaças maiores à saúde pública, mas mesmo que a perda de sono venha em quarto lugar, é uma ameaça séria — e que pode ser combatida por cada um de nós, diretamente, como indivíduos.

Você talvez já tenha lido que cada um tem necessidades de sono específicas, que podem variar de apenas poucas horas até dez ou doze horas por noite. Embora, em tese, isso seja verdade, a proporção de pessoas que podem conviver com menos de cinco horas de sono por noite sem maiores consequências é minúscula — menos de 1%. Você talvez seja um desses indivíduos, mas não é provável.[6] A ideia de que os idosos precisam de menos sono é um mito. Eles tendem a *dormir* menos, mas ainda precisam de oito horas de sono, como todos nós.[7]

Hoje, cerca de metade dos adultos dorme menos de sete horas por noite. Por quê? Eis o que diz Walker:

> Primeiro, eletrificamos a noite. A luz é um profundo degradador de nosso sono. Segundo, há a questão do trabalho: não só as fronteiras diáfanas entre início e fim da jornada, mas também as viagens mais longas entre casa-trabalho-casa. Ninguém quer abrir mão de tempo com a família nem de diversão e, assim, renunciam ao sono. E a ansiedade também contribui com a sua parte. Somos uma sociedade mais solitária e mais deprimida. Álcool e cafeína estão mais disponíveis. Tudo isso são inimigos do sono.[8]

Walker também aponta para uma das partes da tríade da ciência do desenvolvimento como culpada — a cultura:

> Estigmatizamos o sono com o rótulo de preguiça. Queremos parecer ocupados, e uma das maneiras de comprovar isso é proclamando como dormimos pouco. É

uma insígnia de honra. Quando dou palestras, as pessoas aguardam até que não haja ninguém por perto e então me dizem discretamente: "Parece que sou uma dessas pessoas que precisam de oito a nove horas de sono". É embaraçoso dizer isso em público. [...] Os humanos são a única espécie que de forma deliberada se priva de sono sem razão aparente.

A privação do sono pode ocorrer de duas maneiras básicas — pode ser por duração ou por qualidade insuficiente. Isto é, você pode dormir oito horas por noite, mas, por várias razões, não percorrer os estágios do sono necessários, ou talvez não ficar em cada um deles o tempo adequado. É possível que você ache que está dormindo, embora não esteja. Ou, se tiver apneia, talvez acorde centenas de vezes durante a noite sem perceber.

O sono produtivo, saudável, permite que o corpo execute os mecanismos de reparo celular — manutenção celular normal e respostas do sistema imune —, nos ajude a processar emoções difíceis e reabasteça nossos níveis de energia.

O poeta romano Ovídio sabia alguma coisa sobre essas funções do sono, mais de 2 mil anos atrás:

Ó Sono, repouso das coisas, o mais plácido dos deuses, ó Sono, paz da alma, de quem a preocupação foge, tu, que confortas e reparas para o trabalho os corpos cansados pelas duras tarefas.[9]

Uma das funções do sono é processar as experiências emocionais mais intensas do dia anterior, para distinguir fatos de sentimentos, de modo a alcançarmos uma visão quase objetiva da realidade. Outra razão é possibilitar que as emoções em si sejam armazenadas na memória. É importante ser capaz de acessar a memória não apenas com base no tempo e no lugar (o que todos podemos fazer), mas também em função de determinada emoção. Todas as experiências, como ser humilhado, podem ser associadas, por meio da memória emocional, para ajudar-nos a extrair padrões e, assim se espera, modificar nosso comportamento no futuro. As pessoas com privação de sono apresentam ativação da amígdala 60% superior durante a vigília, em comparação com as que não passam por isso.[10] Como a amígdala é parte do circuito de medo do cérebro e sabemos que dispara agressão, raiva e fúria, essa descoberta salienta a relação entre privação do sono e regulação emocional. Quando sua mãe lhe dizia que você estava rabugento porque tinha dormido pouco, é provável que estivesse certa.

O ato de viver, manter-se acordado e cuidar da vida acarreta um acúmulo de toxinas no sangue e no cérebro. O líquido cefalorraquidiano circula por todo o cérebro e medula espinhal e remove as toxinas através de uma série de canais (como hidrovias) que se expandem durante o sono.[11] Quase nada é removido enquanto estamos despertos. Não se sabe de forma plena por que tudo isso acontece melhor durante o sono do que na vigília. Pouco sono ou — talvez de modo contraintuitivo — sono demais compromete a solução de problemas, a atenção a detalhes, a memória, a motivação e o raciocínio.

Descobriu-se uma distribuição em forma de U, mostrando que as pessoas que dormem menos de sete horas ou mais de dez horas por noite estão sujeitas a maior risco de hipertensão.[12] Do mesmo modo, a duração do sono inferior a seis horas e superior a nove horas se associa a aumento da incidência de diabetes e a deficiência de tolerância à glicose.[13] Pouca duração ou má qualidade do sono, assim como sono demais, também aumenta o estresse e a carga alostática — os efeitos cumulativos do estresse ao longo do tempo.[14]

Se eu ainda não o assustei a ponto de você levar o sono a sério, a privação é hoje fortemente associada à doença de Alzheimer. Esta ocorre quando um certo tipo de proteína, amiloide, acumula-se no cérebro, onde forma emaranhados que se instalam entre os neurônios, o que, por sua vez, compromete a ação das células. Durante o sono reparador adequado, esses depósitos de amiloide são varridos do cérebro pela ação do líquido cefalorraquidiano. Quando você está com privação de sono — seja pela curta duração, seja pela má qualidade do sono —, esses depósitos de amiloide não são eliminados e tendem a atacar de modo seletivo regiões do cérebro responsáveis pelo sono, o que, então, dificulta-o ainda mais e, em consequência, torna ainda mais árdua a limpeza dos amiloides. Um círculo vicioso insone que mata a memória. E isso não acontece apenas com a privação de sono crônica — um estudo publicado na semana em que redigi pela primeira vez este parágrafo mostrou evidências obtidas por meio de tomografias de que depósitos de placas amiloides se acumulam no cérebro depois de apenas uma única noite insone. (Sob o protocolo, os participantes talvez tenham conseguido disfarçar breves sonecas durante a noite, mas as enfermeiras ficavam atentas, verificando-os de hora em hora durante toda a noite e acordando-os quando necessário.) As áreas mais impactadas pela privação foram o hipocampo (memória) e o tálamo (controle dos ciclos sono-vigília).[15] Está ficando claro que a falta de sono, em especial a carência crônica, pode levar à doença de Alzheimer. Se você quiser prolongar a duração da saúde, é preferível seguir Ovídio, não Edison.

REINICIANDO SEU CICLO DE SONO

Dormimos em ciclos de mais ou menos noventa minutos, abrangendo estágios diferentes em termos neuroquímicos e eletrofisiológicos.[16] Você provavelmente já ouviu falar nos dois tipos de sono, REM e não REM. REM significa *rapid eye movement* [movimento rápido dos olhos], quando costumamos sonhar. O sono não REM ocorre primeiro em quatro fases, com um sono cada vez mais profundo, durante o qual a frequência das ondas do cérebro desacelera.

Ao se referir a um hospital de doenças mentais e seus residentes, Charles Dickens indagou, em seu ensaio "Night Walks" [Passeios noturnos], sobre o sentimento de que os sonhos são uma forma de insanidade:

> Não seriam o sadio e o doente iguais, à noite, quando o sadio embala um sonho? Não estaríamos todos nós, fora deste hospital, que sonhamos, mais ou menos na condição dos que estão dentro dele, todas as noites de nossa vida?[17]

Os sonhos nos ajudam a elaborar as situações — deixando os pensamentos perigosos, insanos ou angustiantes demais encontrarem um porto seguro na mente, enquanto o corpo fica temporariamente paralisado, prevenindo-nos de entrar em situações perigosas no mundo real. (Uma pequena proporção das pessoas não fica parada durante os sonhos. Às vezes, a situação é induzida por medicamentos. O sonífero Zolpidem tem sido associado a sonambulismo, a comer e dirigir dormindo e a vários acidentes e crimes perturbadores, como pelo menos dois assassinatos.)[18]

O sono REM nos ajuda a manter o equilíbrio emocional. E muito do que acontece nesse período é apenas disparo neural aleatório, sem significado específico. Durante o sono não REM, nossas memórias do dia anterior são consolidadas e associadas a experiências anteriores. Se você conhecer alguém chamada Mary numa festa, o seu cérebro — sem que você o instrua e sem seu conhecimento consciente — se lembrará do rosto e dos gestos dela e os conectará às coisas que disse e ao nome dela. Talvez a ligue a gente de seu círculo que o remete a ela e a pessoas que você conhece com o mesmo nome. Enquanto desfrutamos o sono não REM, nosso cérebro agita e revira as experiências do dia anterior (ou dos dias precedentes, se você ficou acordado a noite inteira), estabelecendo conexões entre essas e outras experiências semelhantes.

Isso se aplica ainda mais ao aprendizado procedimental ou motor. Se você aprendeu a tocar um instrumento musical, a montar um cubo mágico ou a dançar salsa, seus movimentos motores precisam ser codificados na memória. O aprendizado, porém, não se consumará se, em cada lição, você partir do zero — as lições precisam se basear umas nas outras. Para tanto, os movimentos motores e musculares refinados que você fez hoje precisam se integrar em nível neural com o que aconteceu nos dias anteriores. Para habilidades vitalícias, muitos anos e décadas de traços neurais se interconectam aos novos. O sono promove essa interconexão.

Walker descreve o que acontece no cérebro durante o sono não REM como uma espécie de "padrão sincronizado de canto rítmico". Ele escreve:

> Os pesquisadores já se iludiram ao acreditar que esse estado era semelhante a um coma. Nada, porém, poderia estar mais longe da verdade. No sono, processam-se grandes quantidades de memória. Para produzir essas ondas cerebrais, centenas de milhares de células cantam juntas, depois ficam em silêncio, e assim sucessivamente. Enquanto isso, o corpo se acomoda nesse estado adorável de baixa energia, o melhor remédio para a pressão arterial que você poderia esperar.[19]

Os níveis de acetilcolina caem durante o sono não REM e então alcançam um pico durante o sono REM, ajudando a evitar que interferências externas perturbem os seus sonhos.[20] A acetilcolina também é uma importante substância química que media a consolidação da memória. Se seus níveis no cérebro estão reduzidos, ou retardados, a memória pode ficar prejudicada por vários dias.[21] Os níveis de melatonina e acetilcolina se alternam com os de norepinefrina ao dormirmos — os dois primeiros alcançam o pico durante o sono, ao passo que a norepinefrina, neurotransmissor responsável pela ação e vigília, cai.

Percorrer o não REM e o REM compõe um ciclo de sono. Muito se faz durante cada ciclo, e parece que precisamos de cinco a seis deles para promover a restauração completa. Como saber se você está dormindo o suficiente? Se não apresentar certas condições médicas ou não estiver tomando certos medicamentos que provocam fadiga, uma regra prática simples é que, se você não conseguir despertar de manhã sem um despertador e se se sentir sonolento antes do almoço, uma de duas, ou você está dormindo pouco ou, como vimos no capítulo 8, o seu relógio circadiano está desajustado. Para determinar sua necessidade individual de sono, escolha um período de duas semanas em que possa fazer uma experiência, uma época em que não esteja muito estressado nem muito pressionado por prazos, e quando não tiver compromissos noturnos — nada de jantares tardios. Tente evitar álcool e cafeína, ou, se ingerir cafeína, procure se restringir a duas ou três xícaras por dia, e nenhuma nas sete horas anteriores ao horário de dormir. Durma num quarto escuro, em que a luz do sol não o perturbe de manhã cedo. Então, deite-se quando estiver cansado e se levante quando se sentir desperto, sem um despertador. Mantenha um registro de seus horários de dormir e acordar. Se, como a maioria das pessoas, você já estiver com déficit de sono há algum tempo, será necessário liquidar essa dívida. Contudo, mais ou menos ao fim de duas semanas, seu corpo deve ter recuperado o ritmo e você deve ser capaz de despertar de modo espontâneo, sem intervenção externa, sentindo-se revigorado.

SONO E ENVELHECIMENTO DO CÉREBRO

Já vimos que o envelhecimento costuma estar associado à diminuição da capacidade de se adaptar a mudanças ambientais, a deficiências na percepção e no funcionamento fisiológico normal e a um aumento na suscetibilidade a doenças, em consequência da redução da eficácia do sistema imune. O curso do tempo em que todas essas transformações se tornam perceptíveis varia entre as pessoas, mas é raro que alguém com mais de oitenta anos não as tenha percebido, e não são poucas as pessoas que notam os primeiros sinais depois dos 55 anos.

Assim, não admira que mudanças na biologia do sono também acompanhem o envelhecimento. As causas das interrupções do sono em adultos mais velhos incluem uma diminuição da amplitude dos ritmos circadianos gerados pelo NSQ (o núcleo supraquiasmático, o cronômetro no cérebro que mantém os ritmos circadianos), a degradação da sinalização neural no cérebro em envelhecimento e deficiências na produção de melatonina. Mais de 40% das pessoas acima de 65 anos relatam problemas ao dormir.[22] O sono noturno em geral é interrompido por despertares frequentes (fragmentação do sono); essas interrupções se tornam mais comuns nas primeiras horas da manhã, e talvez fique cada vez mais difícil recuperar-se.

Com o passar dos anos, o estágio essencial do sono de ondas lentas, uma fase do sono não REM, diminui, e o sono REM do começo da noite aumenta.[23] A síndrome da perna inquieta, a necessidade de movimentar a perna enquanto dorme, é comum em idosos, o que agrava a fragmentação do sono. Transtornos respiratórios, como a apneia do sono, também são comuns e se relacionam com redução da capacidade pulmonar, obesidade, perda de controle pulmonar e diminuição da função da tireoide. As perturbações do sono provocam perda de memória, além de algumas doenças físicas e psiquiátricas, como depressão. Também aumenta o risco de neurodegeneração e mortalidade.[24]

O problema é que, embora as necessidades de sono continuem as mesmas, ao *envelhecermos* nossa capacidade de supri-las diminui.[25] Os idosos são mais propensos a sonecas, como maneira de compensar a má qualidade do sono noturno. Sonecas *podem* compensar as deficiências do sono noturno, mas é melhor limitá-las a vinte minutos, ou você pode sofrer de inércia do sono — o corpo pode querer continuar dormindo, e uma soneca longa pode deixá-lo mais grogue do que uma curta. Você talvez tenha lido notícias na imprensa mostrando que as sonecas se associam à redução do risco de cardiopatias, mas as evidências são conflitantes, e precisamos de mais pesquisas.[26] O problema é que a maioria dos estudos não controla a duração das sonecas nem do sono noturno dos participantes. Portanto, os estudos combinam diferentes grupos de comportamentos, e é difícil extrair daí conclusões seguras.

A insônia se manifesta sob diferentes formas — incapacidade de pegar no sono, incapacidade de manter o sono, qualidade do sono insatisfatória e ineficiente e, seu primo irritante, o cansaço diurno. Como observa Matthew Walker, a industrialização dos últimos cem anos interferiu no sono em todo o mundo, à medida que o prolongamento das horas com iluminação artificial e, mais recentemente, a luz azul dos computadores, tablets e telefones perturbam o sistema de geração de melatonina no cérebro.[27] Se você pretende seguir a sabedoria convencional de ler um livro quando tem dificuldade para dormir, não o faça em dispositivo eletrônico que emite luz azul — capaz de reduzir a melatonina em até 50%.

Hipersonia é o contrário de insônia — dormir demais. Algumas pessoas infelizes podem sofrer de ambos os males ao mesmo tempo, dormindo demais durante um ou dois dias e, então, ficando acordadas durante uma ou duas noites, e repetindo o ciclo. Esses ciclos são insalubres e em geral são induzidos por medicamentos, álcool e cafeína.

A hipersonia pode resultar de doença neural degenerativa e depressão ou decorrer da causa mais orgânica de aumento da fragmentação do sono entre idosos: despertares múltiplos durante a noite podem acarretar má qualidade do sono, que não restaura o equilíbrio homeostático dos ciclos sono-vigília, induzindo o corpo a ansiar por dormir cada vez mais. Do mesmo modo, a apneia obstrutiva do sono provoca fragmentação e pode levar à hipersonia.[28] Uma de suas causas é o uso de medicamentos, em especial benzodiazepínicos (como Valium ou Lorazepam), fármacos ansiolíticos, antipsicóticos, anti-histamínicos e antiepilépticos.

A relação entre hipersonia e depressão é complexa.[29] A depressão acarreta a modulação da química do cérebro, que pode compelir-nos a querer dormir mais. Entretanto, dormir mais, mesmo na ausência de depressão, altera o equilíbrio das substâncias químicas que estimulam o acordar, os próprios "excitantes" do corpo, e, assim, podem provocar depressão. E os antidepressivos em geral exercem efeito paradoxal. Em vez de despertar um sentimento de animação, muitas pessoas são impelidas a virar para o lado e dormir... e continuar assim. Lembre-se da advertência de David Anderson: o cérebro não é apenas um repositório de substâncias químicas. Introduzir o que parece ser uma alteração desejável na química do cérebro, como aumentar a disponibilidade de serotonina ou norepinefrina, pode ter consequências inesperadas.

O tratamento para a hipersonia envolve remover aos poucos qualquer medicamento controlado capaz de causar sonolência excessiva, evitar álcool e reajustar o ciclo de sono.[30] Quando isso não funciona, modafinila ou armodafinila ao acordar costuma ser seguro, bem tolerado e ajuda a manter a vigília diurna sem causar tremores, nervosismo ou dificuldades para dormir à noite.

PROBLEMAS ESPECÍFICOS DAS MULHERES

Os sintomas da menopausa duram, em média, sete anos e meio, e em algumas mulheres são bem mais longos.[31] Entre eles, os mais comuns são os sintomas vasomotores, que incluem suores noturnos, ondas de calor, rubores e ressecamento vaginal. Eles podem ser causa direta de perturbações do sono, que não raro ocorrem de forma independente, como consequência de qualquer um dos fatores já mencionados.[32] Uma meta-análise de mais de 15 mil mulheres mostrou que, nas que tinham sintomas vasomotores, ocorreram melhoras do sono com a terapia hormonal para a menopausa (THM, também conhecida como terapia de reposição hormonal, TRH ou simplesmente TH), mas a terapia hormonal não melhorou a qualidade do sono de mulheres que tinham distúrbios do sono por outros motivos.[33] A terapia hormonal envolve a administração de estrogênio, sozinho ou com progesterona. Diferentes são as dosagens, formulações e rotas de administração disponíveis, com eficácia variável.

A terapia hormonal permanece controversa porque, por um lado, como contribui para a melhora da qualidade do sono, pode evitar a longa lista de doenças associadas a dormir mal. Por outro, há relatos confiáveis — mas não definitivos — de riscos associados à terapia hormonal, inclusive o aumento da probabilidade de câncer de mama. Como achei confusa a literatura pertinente, procurei Sonia Lupien, especialista em terapias de reposição hormonal da Universidade de Montreal.[34] Saímos para tomar um café na minha cafeteria local favorita (onde eles torram seus próprios grãos) e perguntei a ela o que fazer com tudo isso.

> Realmente gostaria de dar uma resposta clara sobre essa questão [...], mas esse é exatamente o ponto em que estamos agora, isto é, no meio de lugar nenhum! De um lado, há o estudo Women's Health Initiative (WHI) [Iniciativa Saúde da Mulher], que mostrou aumento do risco de câncer de mama em mulheres submetidas a terapia hormonal; de outro, há estudos que sugerem que a terapia hormonal pode não ser tão ruim assim, só é preciso iniciá-la mais tarde (não aos quarenta anos, como ocorria no passado), e tudo deve dar certo. Enquanto isso, o público ainda está empacado em meio a tantas dúvidas.[35]

Uma revisão de onde estamos, de Rogerio Lobo, do Centro Médico da Universidade Columbia, publicada no *Journal of Clinical Endocrinology and Metabolism*, afirma que:

Nos dez anos seguintes à WHI, muitas mulheres não tiveram acesso à terapia hormonal, inclusive algumas com sintomas graves, e [...] isso deixou em desvantagem significativa uma geração de mulheres. Alguns relatórios também sugerem aumento na incidência de fraturas por osteoporose desde a WHI. Portanto, a questão é se agora completamos todo o círculo em nossa compreensão do uso de terapia hormonal em mulheres jovens.[36]

Lobo prossegue, apontando algumas falhas no estudo e na maneira como ele foi relatado na imprensa. Embora a terapia hormonal de fato tenha aumentado o risco de câncer de mama, a probabilidade de isso acontecer continua extremamente baixa, e essa constatação foi varrida para debaixo do tapete. Também não se revelou nos relatórios iniciais que mulheres que começaram a terapia hormonal na faixa de cinquenta anos tiveram redução de 30% na mortalidade. Lobo conclui:

Os dados atuais são altamente positivos para a prevenção de fraturas, cardiopatias coronarianas e mortalidade para mulheres jovens que iniciam a terapia hormonal, em especial só com estrogênio, próximo da menopausa; precisamos individualizar a terapia para mulheres com sintomas, com a visão de que, no caso de mulheres jovens saudáveis, provavelmente já percorremos todo o círculo, e podemos ao menos admitir que a terapia hormonal tem um papel na prevenção.

PROBLEMAS ESPECÍFICOS DOS HOMENS

Com o envelhecimento, os homens passam por uma espécie de menopausa, chamada andropausa, concomitantemente com a redução dos níveis de testosterona. Isso pode levar a ondas de calor, suores noturnos, peito aumentado (ginecomastia), perda de força, comprometimento da memória, depressão, declínio cognitivo, mudanças na função sexual e interrupções do sono. Enquanto nas mulheres a menopausa significa o fim da fertilidade, não é assim nos homens, que podem continuar férteis aos oitenta e noventa anos, não obstante a redução de andrógenos.[37] A terapia de reposição hormonal em homens consiste na administração de testosterona.[38] Os efeitos colaterais são mínimos, desde que os níveis de testosterona se mantenham dentro da faixa fisiológica normal. Para homens com câncer de próstata, a pesquisa sobre terapia hormonal gera resultados contraditórios e ainda é confusa: alguns estudos mostram que a terapia hormonal alimenta o câncer de próstata; outros mostram que exerce função preventiva. Acrescente-se a isso a conjectura de que a maioria dos homens com mais de 75 anos desenvolve alguma forma de câncer de próstata, mesmo que assintomático e não diagnosticado, e temos um problema real para tentar entender o que fazer.[39] Alguns temem o câncer mais do que qualquer outra coisa; outros receiam que os sintomas da andropausa sejam tão impactantes na vida deles que procuram fazer alguma coisa a respeito. Essas questões de qualidade de vida são muito pessoais e complexas para serem resolvidas sem orientação profissional. Como no caso da terapia hormonal para mulheres, o melhor conselho para os homens é se instruir e consultar um médico de confiança.

O QUE INGERIR ANTES DE DORMIR

A cafeína pode perturbar o sono, mas não em todo mundo. Meu amigo Max Mathews, pioneiro da música computadorizada, costumava beber oito xícaras de café forte todos os dias, e tomava a última pouco antes da hora de dormir. Ele viveu até os 85 anos, o que não parece tanto hoje em dia, mas, para alguém nascido em 1926, é extraordinário. Se eu beber uma xícara de café antes de me deitar, ficarei acordado a noite toda. Portanto, evidentemente, o café afeta as pessoas de maneira diferente, e alguns geneticistas intrépidos determinaram que a genética influencia o metabolismo e a tolerância à cafeína em cada um, e começaram a identificar alguns dos genes responsáveis pelo processo, através do estudo de irmãos gêmeos.[40]

A cafeína se decompõe no corpo em paraxantina (80%) e em teofilina e teobromina (16%). A teofilina também está presente no chá, e a teobromina, no chocolate.[41]

A adenosina é um sonogênico — substância química que promove o sono no corpo. Os efeitos estimulantes da cafeína e seus metabólitos (teofilina e teobromina) ocorrem porque eles bloqueiam os receptores de adenosina no cérebro, e isso provoca insônia.[42] A propósito, a principal substância química da maconha, delta-9-THC, aumenta o nível de adenosina no prosencéfalo basal, promovendo sonolência, embora outros ingredientes possam manter algumas pessoas acordadas. Tudo depende da interação de sua adenosina específica com os receptores canabinoides. Na maioria dos usuários, o consumo de maconha acaba levando ao sono.

Em média, a cafeína aumenta a latência do sono, o tempo que alguém demora para adormecer depois de se deitar e decidir dormir. Também reduz a duração e a qualidade totais do sono.[43] A cafeína pode reduzir os níveis de secreção de melatonina em 30%.[44] Ela também encurta os estágios 3 e 4 do sono, as fases mais restauradoras, e reduz a amplitude da atividade cerebral da banda delta de onda lenta.[45] A atividade de onda delta é um indicador confiável da necessidade de sono. Como a cafeína bloqueia os receptores de adenosina e atenua as ondas delta,[46] a homeostase do sono poderia ser afetada, ou seja, as indicações que costumam ser usadas pelo corpo para dormir e continuar dormindo são afetadas no nível molecular.[47]

Mencionei a melatonina no capítulo 8 — aqui me estendo um pouco mais. A melatonina é um hormônio de ocorrência natural no corpo, secretado pela glândula pineal durante as horas escuras do dia, em geral umas duas horas antes de ir dormir. Também é produzida em outras partes do corpo. Na retina, acredita-se que exerça efeitos protetores sobre os fotorreceptores.[48] Na medula óssea, funciona como varredor de radicais livres, melhorando a função imune, reduzindo o dano oxidativo e protegendo contra a sobrecarga de ferro e a deterioração dessas células altamente vulneráveis.[49] No trato gastrointestinal, a melatonina cura e protege contra transtornos e está sendo testada no tratamento de câncer gástrico,[50] esofagite de refluxo, úlcera péptica, colite ulcerativa e isquemia/ reperfusão intestinal.[51]

A melatonina também é muito encontrada no reino vegetal, onde regula os biociclos dia-noite e atua como varredor de radicais livres. Em tomates, por exemplo, ajuda a proteger os componentes da fotossíntese.[52] Em ervilhas e repolho roxo cultivados em solo contaminado com cobre, aumenta sua tolerância e sobrevivência. A melatonina, portanto, é um composto químico muito antigo que, ao longo da história evolutiva, expandiu sua funcionalidade em mamíferos.

A Academia Americana de Medicina do Sono recomenda o uso programado de suplementos de melatonina para promover a adaptação a novos fusos horários ou para ajudar indivíduos com problemas de sono (como distúrbios do ciclo vigília-sono relacionados à idade).[53] A melatonina ingerida no meio da tarde (junto com a proteção contra a luz azul) pode adiantar o relógio circadiano, induzindo o corpo a achar que a noite caiu mais cedo. O efeito é um tanto brando, certamente não tão poderoso quanto um sonífero, mas, para muita gente, esse leve empurrão nos relógios é suficiente para promover o sono. É como diz Luis Buenaver, pesquisador do sono da Universidade Johns Hopkins: "Seu corpo produz melatonina de maneira natural. Ela não faz dormir, mas o aumento dos níveis à noite deixa você em estado de vigília tranquilo, que ajuda a promover o sono".[54]

Os níveis de melatonina no sangue são mais altos em jovens (entre 55 e 75 picogramas por mililitro) e começam a declinar depois dos quarenta anos, acentuando-se o declínio depois dos sessenta anos, alcançando níveis muito baixos nos idosos (entre dezoito e quarenta picogramas por mililitro).[55] Novas pesquisas sugerem que a melatonina exerce efeitos protetores contra muitas formas de câncer, o que talvez explique por que, à medida que envelhecemos e os níveis caem, ficamos mais suscetíveis à doença.[56]

HIGIENE DO SONO

Considerando que as secreções hormonais liberadas ao longo do dia são dependentes do horário, controladas pelo relógio circadiano, qual é o fator mais importante para o sono? Ir para a cama mais ou menos à mesma hora, todos as noites, e levantar-se mais ou menos à mesma hora, todas as manhãs. Até nos fins de semana. Para tanto, é necessário renunciar a festas noturnas se você for madrugador, ou perder eventos de manhã cedo, se você for notívago. Embora poucos jovens de vinte ou trinta anos vivam dessa maneira, ao chegar aos 65 anos ou mais, você talvez comece a perceber que a inconsistência se tornou ainda mais punitiva. Mesmo uma pequena mudança nessa rotina — dormir uma hora mais tarde, por exemplo — pode afetar a memória, seu estado de alerta e o sistema imune durante alguns *dias*. Adrian de Groot, mestre de xadrez e psicólogo holandês, que executou alguns dos mais famosos experimentos mentais em jogadores de xadrez, viveu até os 92 anos. Para manter a sua acuidade mental durante os últimos vinte anos de vida, ele era rigoroso em se deitar e se levantar todos os dias à mesma hora.

Siga os seguintes passos. Eles se aplicam a pessoas de qualquer idade, mas, à medida que envelhecemos, pode ser cada vez mais importante sermos rigorosos a esse respeito:

1. Comece a se preparar para se deitar mais ou menos duas horas antes. Pare de ver TV e de usar computador, tablet, smartphone ou qualquer outra fonte de luz azul (comprimentos de onda de luz diurna) capazes de agir como *zeitgeber* para a glândula pineal e levar o cérebro a produzir hormônios despertadores. Faça alguma coisa que o ajude a relaxar — um banho quente, leitura, música, qualquer coisa que seja eficaz para você.

2. Garanta que o quarto em que dorme esteja totalmente escuro. Se você tiver um relógio, carregador ou outro dispositivo que emita luz azul, cubra-o. Certifique-se de que as cortinas bloqueiam tanto a iluminação do dia quanto qualquer luz artificial que possa entrar no quarto.

3. Durma num ambiente frio, se possível.

4. Ajude a manter sincronizado de modo adequado o ciclo sono-vigília, recebendo luz do sol de manhã — mesmo em um dia nublado, os comprimentos de onda de que você precisa podem ativar a glândula pineal. Uma lâmpada de simulação da aurora (luz azul) durante quinze a trinta minutos de manhã pode ser útil.

5. Escreva um diário antes de dormir. Pesquisas recentes mostram que essa prática ajuda a relaxar e pode melhorar a memória. É muito eficaz escrever uma rápida lista de afazeres para o dia seguinte. Preocupar-se com tarefas futuras incompletas agrava em muito a dificuldade de adormecer.[57]

6. Não recorra a medicamentos para dormir por mais de uma ou duas noites. O sono que induzem é menos produtivo e menos restaurador que o sono natural.

7. Deite-se à mesma hora todas as noites. Levante-se à mesma hora todas as manhãs. Se tiver de ficar acordado até tarde uma noite, você ainda deve se levantar à mesma hora na manhã seguinte — no curto prazo, a consistência do seu ciclo é mais importante do que a quantidade de sono.

Parte III

A nova longevidade

Os assuntos da parte II são orientações relativamente diretas para envelhecer melhor. Os tópicos da parte III são mais complexos. Muito do que ouvimos sobre longevidade, qualidade de vida e aprimoramento cognitivo deve ser considerado com ceticismo. Mas tem várias notícias animadoras. Não, não podemos viver para sempre, mas podemos viver mais tempo do que em qualquer outra época. Podemos continuar ativos até os noventa anos e além, fazendo contribuições significativas para o mundo. E, não, jogos de computador não o pouparão da doença de Alzheimer, mas... Continue a leitura, sábio leitor.

12. Viver mais

Telômeros, tardígrados, insulina e células zumbis

A vida mais longa já registrada foi a de Jeanne Calment, francesa que viveu mais de 122 anos e morreu em 1997.[1] Parece que não havia nada de extraordinário em sua dieta, rotina de exercícios e em outros aspectos de estilo de vida, pelo menos nada que sugerisse uma vida mais longa que a de qualquer outra pessoa. Jeanne gostava de sobremesas. Fumou dois cigarros por dia dos 21 aos 117 anos. (Por que deixou de fumar aos 117 anos não está claro. Evidentemente, deixar de fumar pode ser difícil — talvez por isso ela tenha demorado tanto.)

Qual era o segredo de Jeanne? Talvez tenha sido uma coisa tão simples quanto a velha frase mordaz de Groucho Marx: "Qualquer um pode ficar velho. Tudo o que você tem de fazer é viver tempo suficiente". Ou talvez não. Quando os cientistas falam sobre envelhecimento, não estamos falando sobre idade cronológica, porque é ampla a diversidade de maneiras de envelhecer. Estamos realmente interessados no efeito acumulado de ocorrências em nosso corpo que causam dificuldades. Os neurocientistas usam o termo *senescência* — vocábulo elegante, de raiz latina, que significa ficar velho, ou envelhecer. Você não pode fazer nada para reverter sua idade cronológica, mas é possível diminuir a probabilidade de senescência adotando práticas simples.

É uma sabedoria aceita há décadas que a duração da vida dos humanos se limita a cerca de 115 anos, com apenas algumas exceções pipocando vez por outra. Já foram oferecidas várias explicações para isso, sem comprovação, como um relógio nas células que pré-programa a morte dos indivíduos (o que suscita a pergunta "por que cargas d'água estaríamos pré-programados para morrer?"). Um fato, porém, continua firme: as pessoas morrem. Da mesma forma que a esperança de reverter a desigualdade de renda e a ilusão de que os humanos são racionais. Também os animais de estimação morrem. E as plantas domésticas. O romancista Chuck Palahniuk (*Clube da luta*) escreve que, "numa linha do tempo longa o suficiente, a taxa de sobrevivência de qualquer pessoa se reduz a zero". Ou, como gracejou o economista John Maynard Keynes, em uma passagem famosa: "No longo prazo, todos estaremos mortos". A ubiquidade da morte sugere que, no fim das contas, a morte está determinada no nível das células e, portanto, é genética.

Mas, espere. Na natureza, diversas mortes de animais são provocadas por predadores. Nossos ancestrais humanos remotos costumavam morrer nas garras de predadores ou por força de infecções. Entre os humanos modernos, 90% das mortes são provocadas por doenças cardiovasculares. Se fosse possível eliminar lesões e doenças da equação, poderíamos viver para sempre?

ANIMAIS IMORTAIS

Quando eu tinha oito anos, minha amiga Barbara morava na esquina da minha rua. Em geral, como um garoto de oito anos que se preza, eu não brincaria com meninas, mas Barbara tinha três irmãos mais velhos e uma espingarda de chumbinho. Ela subia em árvores. Adorava brincar na lama do riacho que ficava atrás da casa dela e passava horas caçando salamandras. Tinha uma faca de escoteiro e, um dia, cortou uma minhoca pela metade. "Você não consegue matar esses bichos", disse ela, em tom autoritário. "As duas metades virarão novas minhocas". E fiquei olhando espantado, enquanto as duas metades se contorciam e deslizavam na lama, até encontrar o caminho para a água. (Felizmente não sou freudiano, ou teria de enfrentar um dos meus primeiros arquétipos femininos durante meu desenvolvimento pré-sexual cortando uma minhoca pela metade.)

Poucos anos depois, nas aulas de ciência, devíamos coletar oito espécies diferentes de borboletas e afixá-las no quadro de cortiça. Não tive coragem de realizar a tarefa e tirei nota insuficiente no trabalho. Meus professores da faculdade não toleravam tal sentimentalismo e me vi trabalhando em um laboratório de macacos durante meu segundo ano.

Ocorre que Barbara estava errada sobre aquela minhoca. Se sobrevivesse, a parte que continha a cabeça desenvolveria uma nova cauda, mas a outra metade, que continha a cauda original, continuaria a se contorcer e a se arrastar durante algum tempo, até morrer. Algumas espécies de vermes, contudo, realmente regeneram novos seres inteiros a partir de apenas alguns pedaços de tecido.[2] O biólogo Mansi Srivastava descobriu o gene *EGR*, que permite que vermes e outros animais recuperem membros e tecidos danificados e que atua como comutador, ligando e desligando esses processos de recuperação.[3] Esse mesmo gene está presente em outros animais e humanos. Em um experimento que Barbara teria adorado, Michael Levin e Tal Shomrat, da Universidade Tufts, cortaram a cabeça de uma planária do gênero platelminto e descobriram que a cauda, em que não restara nenhum tecido do cérebro, podia regenerar um novo cérebro.[4] O surpreendente é que o novo verme gerado pela cauda reteve as memórias de longo prazo do verme mais antigo. Como *isso* funciona, ainda não sabemos.

Biólogos identificaram várias espécies que em teoria podem viver para sempre, se apenas forem capazes de evitar predadores, acidentes e cientistas ruidosos; elas simplesmente não parecem envelhecer ou morrer de velhice. Uma é um tipo de medusa (*Turritopsis dohrnii*). Quando ela encontra um fator de estresse mortal, pode basicamente reverter a um estágio anterior da vida e recomeçar desse ponto. Outro exemplo são as hidras, um conjunto de várias espécies de organismos de água doce, com comprimento de pouco menos de um centímetro. Em vez de se deteriorarem de forma gradual ao longo do tempo, suas células se renovam constantemente e se mantêm jovens, devido, supomos, à grande quantidade de genes denominados *FOXO*, que codificam a proteína FOXO. (Mas deve haver mais na história do que isso, porque a superexpressão artificial de *FOXO* em outros animais não parece aumentar a longevidade.)

As lagostas não são imortais, mas não morrem de velhice nem de doença por causa da capacidade de regenerar partes do corpo (não é coincidência que a palavra *gene* componha a palavra *regenerar*) e de promover a multiplicação contínua das células. Elas simplesmente seguem crescendo. Achamos que essa capacidade se deve à ação da enzima telomerase. Você talvez se lembre dos telômeros do capítulo 3, sobre percepção, a capa protetora no fim das sequências de DNA, que se encurtam a cada replicação. E as lagostas têm muitas dessas capas em todas as partes do corpo. A enzima telomerase é abundante

Hydra oligactis *em água doce.*

nos embriões humanos, mas, depois que nascemos, seus níveis caem de forma drástica, deixando quantidades insuficientes para executar todos os reparos de telômeros de que precisaríamos para prolongar a vida. Essa queda nos níveis da telomerase provavelmente é positiva, porque essa enzima também repara células cancerosas, preferencialmente, em vez de células normais, permitindo que as células cancerosas se repliquem de modo indefinido.[5] Portanto, se você estiver pensando que a terapia com telomerase poderia proteger dos efeitos do envelhecimento, como ocorre com as lagostas, a telomerase de alguma maneira teria de ser adaptada para distinguir as células cancerosas das normais, deixando de reparar as primeiras, e ainda não sabemos como fazer isso.

Meu exemplo favorito de animal longevo e, possivelmente, imortal é o tardígrado, uma criatura microscópica (cerca de meio milímetro de comprimento) com oito patas, que parece saída de um filme de ficção científica, embrulhada em um saco de estopa. Eis um deles, na próxima página, aumentado 250 vezes.

Os tardígrados são capazes de sobreviver a condições mais árduas que qualquer outro animal conhecido, como exposição a pressão extrema, radiação, falta de oxigênio, desidratação, inanição e até temperaturas extremas.[6] Eles podem ser congelados ou aquecidos além do ponto de ebulição da água. Conseguem

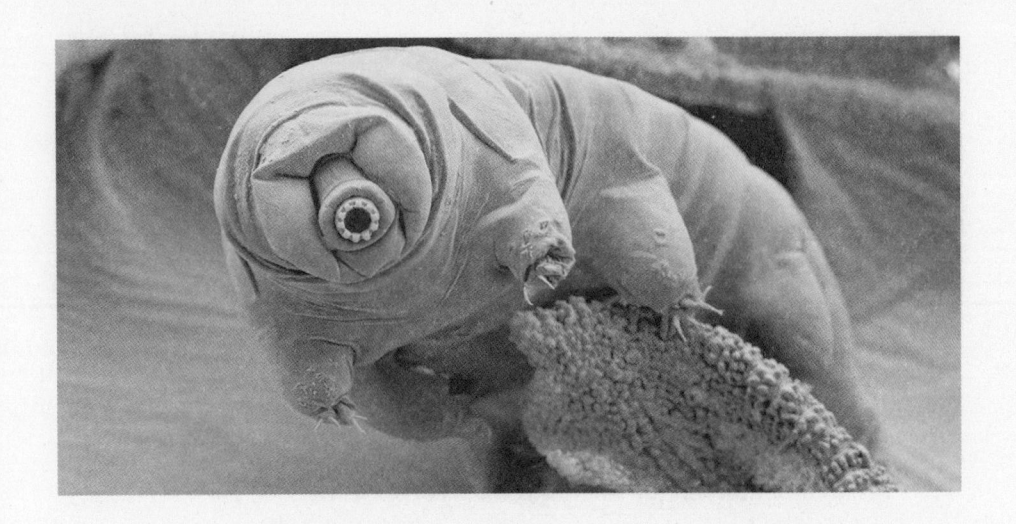

sobreviver no espaço (a Nasa já testou!). Quando estressados por condições adversas, os tardígrados entram numa espécie de estado de super-hibernação, no qual suspendem 99% da capacidade de metabolismo. Eles conseguem sobreviver graças a um tipo inusitado de proteína (IDP), que substitui a água nas células, o que os leva a transitar para um estado vítreo (vitrificado) à medida que secam.[7] Outra proteína, chamada Dsup, os protege dos efeitos da radiação.

DURAÇÃO DA VIDA HUMANA

O estudo da longevidade humana tem sido marcado por muitas controvérsias e uma bifurcação de esforços — de um lado, estudos estatísticos de milhares de pessoas de cada vez; de outro, estudos em células individuais e em conjuntos de células. Em ambas as pontas da investigação, os cientistas estudam a interação de genes e ambientes (e, até certo ponto, cultura). Os epidemiologistas e outros cientistas demográficos observaram grandes grupos de pessoas (como mediterrâneos, com sua famosa "dieta") para identificar tendências em escolhas de estilo de vida e conduzir estudos genéticos para compreender melhor os componentes hereditários da longevidade — ninguém duvida de que existam, mas a questão é até que ponto a variabilidade no envelhecimento pode ser atribuída a diferenças genéticas. Biólogos celulares e geneticistas estão tentando compreender a comunicação celular, os processos de reparo, a expressão gênica e outros detalhes. Os estudos demográficos têm sofrido com a falta de experimentos controlados. Quase todos os dados provêm de experimentos oportunistas naturais. As pesquisas em nível celular são conduzidas principalmente em vermes, moscas e outros organismos não humanos, e, embora sejam sistemas-modelo para humanos — todos os organismos celulares atuam mais ou menos da mesma maneira —, converter esse conhecimento em intervenções práticas para a longevidade humana não é de modo algum um processo simples e direto.

Como exemplo do primeiro tipo, a análise demográfica, um estudo de 2016 publicado na revista *Nature* preconizou um limite para a duração da vida humana. Analisando dados demográficos globais, o geneticista molecular Jan Vijg e colegas argumentaram que melhoras nas taxas de sobrevivência no envelhecimento tendem a se nivelar depois de chegar aos cem anos e que a idade de morte da pessoa mais velha do mundo não aumentou desde a década de 1990. Eles inferiram com base nisso que a duração máxima da vida humana é limitada e está sujeita a restrições naturais.[8] Ao ler esse argumento, achei-o estranho. Vijg não baseou suas conclusões na biologia ou na genética. Em vez de demonstrar os tipos de "morte celular pré-programada", tema que já foi objeto de especulações, ou de demonstrar que os processos de regeneração simplesmente se exaurem em algum ponto, quando os danos acumulados se tornam grandes demais, a abordagem usou apenas estatísticas demográficas. Ele considerou as idades de mortes em todo o mundo, ao longo de várias décadas, e descobriu que, durante muitos anos, a expectativa de vida, assim como a duração da vida dos seres humanos vivos mais idosos, aumentaram de maneira constante e então chegaram a um patamar. Se há um patamar, raciocinou ele, deve ser porque a vida humana é limitada.

Muitos cientistas questionaram os métodos de coleta de dados e os argumentos de Vijg; nem ele, nem seus coautores são demógrafos ou estatísticos. "Eles simplesmente jogaram os dados no computador, como se joga comida para as vacas", disse Jim Vaupel, diretor do Instituto Max Planck de Pesquisa Demográfica.[9] E há um grande buraco: um pilar do raciocínio científico é que só porque não encontramos alguma coisa não significa que ela não exista. Se analisássemos os tempos de atletas masculinos na corrida de 1600 metros entre 1850 e 1950, poderíamos concluir que, como ninguém nunca tinha corrido essa distância em menos de quatro minutos, era impossível superar a marca.

Embora o recorde mundial tenha melhorado nesse período, de 4min28s para 4min01s04, parecia para muita gente que quatro minutos representava um limite físico, um patamar. Então, apareceu Roger Bannister e, desde então, dezoito novos recordes foram batidos, o mais recente em 1999, por Hicham El Guerrouj, em 3min43s13.[10] Não sabemos se há limite para a longevidade humana, mas se indivíduos de 115 e de 120 anos estão morrendo de doenças, talvez estas enfim venham a ser erradicadas. Se estão morrendo do "desgaste de partes", talvez medicamentos ou tecnologias possam ampliar a vida, como já acontece com corações artificiais e marca-passos. O calcanhar de Aquiles de hoje é o cérebro — ainda não sabemos como reparar um cérebro envelhecido. Mas isso pode mudar.

Dois biólogos de McGill, Bryan Hughes e Siegfried Hekimi, questionaram o artigo publicado na *Nature*, mostrando que os pressupostos matemáticos de Vijg eram falhos.[11] Com base em sua própria análise dos registros de morte, chegaram à conclusão oposta, de que não temos provas da existência de limites à duração da vida humana e de que, se existirem, ainda não foram alcançados nem identificados. Hekimi diz ignorar qual poderia ser o limite de idade e acreditar que "a duração da vida, máxima e média [...], poderia seguir aumentando bastante no futuro próximo [...]. Ainda não se pode detectar nenhum limite à duração da vida humana".[12] Ele se apressa em apontar que o aumento da duração da vida, digamos viver 150 anos, não significa que esses idosos passarão seus anos adicionais com uma saúde terrível. "As pessoas que vivem muito tempo", observa, "foram *sempre* saudáveis. Não tinham cardiopatias nem diabetes." Portanto, vida mais longa geralmente significa vida saudável mais longa. O sociólogo Jay Olshansky, da Escola de Saúde Pública da Universidade de Illinois, discorda.[13] "Hekimi precisa passar algum tempo numa casa de repouso ou com pacientes com Alzheimer", diz, "para receber uma dose de realidade." (Acadêmicos podem ser competitivos.)

Pouco depois de toda essa altercação, uma estatística italiana da Universidade de Roma, Elisabetta Barbi, conduziu uma análise exaustiva de milhares de italianos idosos que tinham vivido 105 anos ou mais.[14] Em geral, o risco de morrer aumenta com a idade — alguém com oitenta anos tem muito mais probabilidade de morrer nos cinco anos seguintes do que alguém com quarenta anos. A equipe de Barbi, porém, descobriu que, depois dos 105 anos, o risco de morrer se achata num patamar; portanto, depois dessa idade, o risco de morrer no ano seguinte é de 50%-50%. Hekimi, que não participou do estudo, o elogiou.[15] Sugeriu que pode *não* haver limite, sobretudo se conseguirmos descobrir como controlar doenças que costumam afligir pessoas com idades entre oitenta e 104 anos. Estatisticamente falando, se você conseguir chegar aos 104 anos, a navegação será mais tranquila daí em diante. Como expôs um grupo de pesquisa, "a atual compreensão da biologia do envelhecimento afasta de modo enfático qualquer ideia de que o fim da vida em si é programado geneticamente".[16]

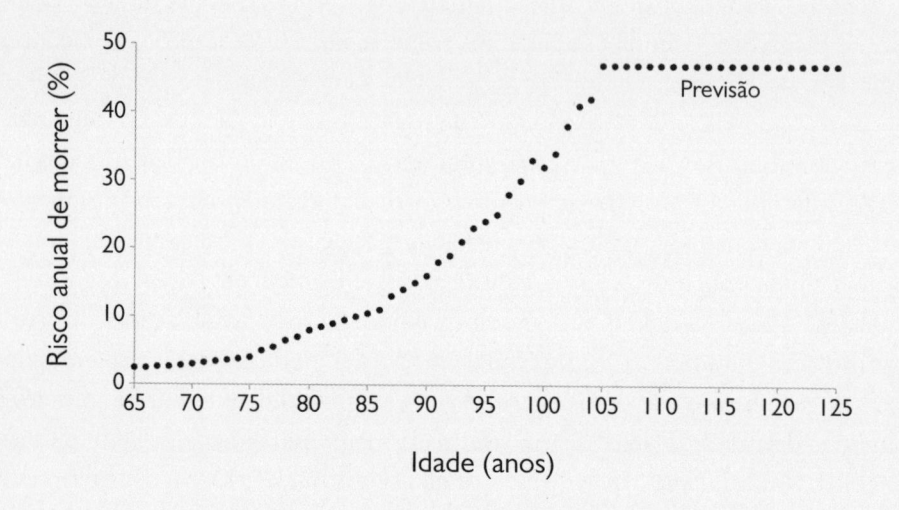

Essa pequena queda no risco de morrer, visível na marca de cem anos, parece indicar que as pessoas que se aproximam dessa idade querem continuar vivas para participar de seu centésimo aniversário. Sei que eu quero.

ZONAS AZUIS

As chamadas zonas azuis se destacaram nas manchetes em 2008, quando os demógrafos descobriram os quatro lugares no mundo com mais pessoas acima dos cem anos de idade: Nicoya, na Costa Rica; Sardenha, na Itália; Ikaria, na Grécia; e Okinawa, no Japão (algumas listas incluem Del Mar, na Califórnia). A maior parte das pessoas que vive nas zonas azuis tem as seguintes características em comum:[17]

- São fisicamente ativas, não com treinos de musculação e resistência, mas tarefas domésticas, jardinagem e caminhada, como parte integrante da vida cotidiana — essas pessoas se movimentam muito.
- A vida delas tem senso de propósito, ocupando-se de atividades que consideram significativas.
- Apresentam níveis mais baixos de estresse e ritmo mais lento.
- Têm laços familiares e comunitários mais fortes.
- Seguem dietas variadas, com ingestão moderada de calorias, mas baseadas principalmente em fontes vegetais e em alimentos de alta qualidade.

Agora, tudo isso é atraente porque coincide com o que sabemos sobre estilos de vida saudáveis. O fato de serem características das zonas azuis, porém, não são prova de que funcionam, pois há numerosas falhas estatísticas nessa linha de trabalho. Poucos membros da comunidade científica levam a sério as zonas azuis — há menos de uma dúzia de estudos sobre elas publicada em periódicos revistos por pares, e nenhum nos melhores e mais respeitados.

Primeiro, as pessoas que vivem nessas zonas tendem a adotar esses fatores de estilo de vida positivo, mas apenas poucas, muito poucas, vivem mais de cem anos. Seguir essas práticas não garante, de modo algum, vida longa. Além disso, não sabemos se os indivíduos que de fato viveram mais de cem anos se incluem entre aqueles que adotam esses comportamentos, ou se os seguem com mais frequência e intensidade do que a média das pessoas.

Mais importante é o princípio estatístico bem conhecido de variabilidade e tamanho da amostra. Em amostras pequenas (ou seja, conjuntos de dados pequenos), encontram-se com mais frequência observações que se afastam da média do que em amostras maiores. Por exemplo, sabemos que o número de nascimentos de meninos e meninas é mais ou menos igual. Se considerarmos um hospital pequeno, com apenas seis nascimentos, talvez encontremos quatro meninas e dois meninos — 67% de meninas. Em um hospital grande, com sessenta nascimentos, talvez encontremos 34 meninas e 26 meninos — 57% de meninas. Aumentando o tamanho da amostra, a tendência será se aproximar da distribuição verdadeira. E o mesmo ocorre com a idade. O número de pessoas com mais de cem anos é muito pequeno, em comparação com a população mundial — a quantidade de pessoas com essa idade simplesmente não é suficiente para que a estatística seja confiável. (Outro alvoroço metodológico.)

GENÉTICA VERSUS AMBIENTE

Um velho provérbio diz que se tudo o que tivermos for um martelo, tudo parecerá um prego. Os geneticistas procuram genes recorrentes em padrões familiares que parecem conferir certas predisposições comportamentais ou físicas. O problema, no entanto, é que nem tudo que ocorre nas famílias é genético. Considere falar francês, que é um traço comum de famílias. Há quem diga que um gene predispõe a falar francês. Quem pensa assim, porém, está errado. Filhos de falantes de francês são mais propensos a serem ensinados no idioma do que filhos de não falantes de francês. E um casal que fala a mesma língua é mais propenso a criar filhos juntos do que um casal que não fala a mesma língua.

Graham Ruby, cientista de bioinformática, analisou com atenção dados de longevidade de 400 milhões de pessoas.[18] Ocorre que a verdadeira herdabilidade — a influência de genes na longevidade — é de apenas 7%, muito menos do que se supunha antes. É verdade que a longevidade é traço comum em famílias, mas no estudo de Ruby ela aparecia com a mesma probabilidade em parentes não consanguíneos, como sogros e sogras, e consanguíneos. Isso ocorre por causa de um conceito denominado acasalamento sortido. Ao selecionar um cônjuge, a maioria das pessoas tende a se sentir mais à vontade com alguém mais ou menos semelhante em termos de atratividade física, intelecto, sociabilidade e outros traços. Isso significa que escolhemos pessoas com genes semelhantes aos nossos, mesmo que não sejamos tão próximos. Isso significa que cultura e ambiente — as mudanças de estilo de vida saudáveis que fazemos — são mais importantes do que os genes para prever quanto viveremos. (Exceção óbvia é ter um gene que predisponha fortemente a uma doença fatal.) O que faz parecer que a longevidade é traço familiar, então, são outros fatores, além dos genes, compartilhados em família — casas, bairros, acesso a educação e a cuidados de saúde, cultura e culinária.[19] Portanto, é verdade, por exemplo, que uma variante boa, protetora, do gene *APOE* (apolipoproteína E) desponta de forma reiterada em centenários e, sim, em zonas azuis e quase azuis.[20] Mas parece contar uma parte tão pequena da história que é melhor colocar os esforços para prolongar a vida em outros lugares.

VERMES, FOXO E INSULINA

A genética, porém, não trata só dos traços herdáveis. Os genes desempenham uma função diária na codificação das sequências proteicas que instruem o corpo em tudo o que ele faz para nos manter saudáveis e vivos. Qualquer coisa capaz de interferir na expressão e replicação dos genes pode influenciar a longevidade. Já mencionei a proteína FOXO, que parece contribuir para a renovação celular em hidras. Quando essas proteínas são impedidas de funcionar, as hidras começam a envelhecer. Estamos apenas começando a revelar o papel das FOXO em humanos.[21] Todos temos genes *FOXO*; na verdade, são de vários tipos diferentes, mas a maneira como se comportam pode ser distinta entre indivíduos e ao longo da vida. Ocorre que pessoas que chegam aos noventa ou cem anos têm uma forma de *FOXO* inexistente em outras pessoas.

Cynthia Kenyon conseguiu duplicar a duração da vida do verme *C. elegans*, manipulando a FOXO, que, por sua vez, ativa numerosos mecanismos de reparo e fortalecimento celular que costumam decair com o envelhecimento — é como se as células tivessem algum tipo de relógio que começa a atrasar, e a FOXO reverte o processo.[22] Kenyon explicou da seguinte maneira:

> Podemos imaginar a FOXO como um zelador [...]; talvez ele seja um pouco preguiçoso, mas está presente, cuidando do edifício. No entanto, o prédio está decaindo. E, então, de repente, ele descobre que ocorrerá um tufão. Ele próprio de fato não faz nada. Ele pega o telefone — assim como a FOXO recorre ao DNA — e chama o especialista em telhados, o especialista em janelas, o especialista em pisos. Todos o atendem e reforçam o prédio. E, então, o tufão passa e a casa resiste em situação muito melhor do que estava antes. E não só isso, o edifício agora também pode durar mais, mesmo que não venha um furacão. Assim, esse é o conceito de como achamos que atua esse recurso de extensão da vida.[23]

No entanto, considere o seguinte: em condições de estresse, a FOXO envia um sinal que ativa os mecanismos que melhoram a capacidade da célula de se proteger e de se reparar. A adição de 2% de glicose à dieta bacteriana do verme *C. elegans* reverteu por completo o aumento da duração da vida, enfatizando a importância do papel da insulina na longevidade. Ao descobrir isso, Kenyon imediatamente mudou para uma dieta de baixa glicemia. "Tentei restrição calórica", explicou, "mas não gostei de sentir fome o tempo todo; desisti depois de dois dias!"[24] Daí a necessidade de seguir uma dieta adequada para você, ou será difícil persistir. Depois de uns dois anos da dieta de baixa glicemia, Kenyon mudou para o jejum intermitente, que mantém até hoje, pulando o jantar algumas vezes por semana.

Kenyon também descobriu que remover parte dos sistemas gonadais de vermes poderia estender de modo significativo a vida deles.[25] Isso se associa à descoberta de que homens castrados tendem a viver em média catorze anos a mais do que não castrados semelhantes em todos os outros fatores — e quanto mais jovens eram quando a castração ocorreu, maior foi o aumento da duração da vida, em alguns casos de até vinte anos.[26] Os castrati italianos também tinham a fama de serem mais longevos. Ainda não se compreende a conexão entre gônadas e envelhecimento. O processo claramente envolve algo mais que testosterona — talvez alguma coisa mais fundamental —, porque vermes não têm testosterona (embora expô-los a ela possa provocar alterações neurais adversas).[27]

A biologia subjacente ao parto humano talvez também tenha pistas para o envelhecimento. Quando temos filhos, já não somos crianças e, para muita gente, os sinais de envelhecimento são muito claros. E, no entanto, damos à luz bebês, humanos jovens e viçosos, sem indícios de envelhecimento. Como pode um corpo envelhecido produzir um corpo vigoroso? Kenyon estudou isso no *C. elegans* e descobriu que, pouco antes da fertilização do óvulo, parece ocorrer um grande surto de limpeza, em que o óvulo é purificado de proteínas deformadas e danificadas pela idade.[28] Kenyon, então, mostrou que o mesmo processo ocorre em sapos. Se isso também acontece em humanos é uma questão em aberto, mas, caso aconteça, o gatilho que dispara essa limpeza talvez ajude a estancar o envelhecimento.

O LIMITE DE HAYFLICK E OS TELÔMEROS

Você talvez esteja pensando que viver mais tempo significa apenas que ficamos mais propensos a ter Alzheimer ou câncer e a uma existência mais longa, porém menos prazerosa. Os cientistas também pensavam assim. Agora, no entanto, sabemos que muitas mutações de genes e outras intervenções que aumentam a longevidade também postergam doenças relacionadas com a idade.[29]

Em 1961, o anatomista Leonard Hayflick, do Wistar Institute, na Filadélfia, enfrentava dificuldades em desenvolver seus experimentos. Durante décadas, a sabedoria convencional professava que as células continuariam a se duplicar de maneira indefinida. Hayflick, todavia, não conseguia fazer isso com suas amostras. Ele admitia diversas possibilidades — que a temperatura ou umidade no laboratório estivesse errada, que as amostras estivessem contaminadas, ou talvez que houvesse algum problema na maneira como ele havia preparado as células. Analisando com mais cuidado seus registros do experimento, ele constatou que apenas as células mais velhas haviam parado, enquanto as mais jovens continuavam a se dividir.

Para eliminar a possibilidade de contaminação, ele pôs células velhas e mais jovens na mesma garrafa de vidro — só as células velhas pararam de se dividir. Em seguida, registrou que o limite da divisão celular humana se situava entre quarenta e sessenta divisões celulares, ou replicações. (O limite de Hayflick costuma ser citado como cinquenta).[30] Hayflick não sabia o que estabelecia o limite, mas especulou que as células tinham algum tipo de replicômetro, uma espécie de contador que acompanhava quantas replicações haviam ocorrido e, então, não deixava que o processo prosseguisse além de um limite predeterminado. Uma das descobertas surpreendentes foi que Hayflick podia congelar as amostras por até cinco anos e, quando descongeladas, elas reiniciavam a replicação como antes, e ainda a interrompiam no limite entre quarenta e sessenta. Hayflick (agora com noventa anos) se lembra:

Propus que as células humanas normais têm um mecanismo de contagem interno e que elas são mortais. Essa descoberta me permitiu mostrar, pela primeira vez, que, ao contrário das células normais, as cancerosas são imortais.

Concluí, também, que esses resultados diziam alguma coisa sobre o envelhecimento humano. Essa foi a primeira vez em que se encontraram evidências sugestivas de que o envelhecimento pode ser causado por ocorrências no interior das células. Até a minha descoberta, os cientistas achavam que o envelhecimento era provocado por ocorrências fora das células (acontecimentos extracelulares), como radiação, raios cósmicos, estresse etc.

O que mostrei com clareza foi que a cessação da divisão celular é função do número de vezes em que a célula se divide, ou, mais exatamente, em que o DNA da célula se copia. O DNA se copia apenas um número finito de vezes em células normais, e as células cancerosas devem ter um método para contornar esse mecanismo.[31]

Os pesquisadores depois descobriram que o limite de Hayflick é causado pelo encurtamento dos telômeros, as capas protetoras descartáveis na extremidade de cada cromossomo. Os telômeros foram comparados às agulhetas plásticas que revestem as pontas dos cadarços de calçados, impedindo-os de desfiar, mas são um pouco mais complicados do que isso. Imagine que o seu trabalho seja gravar apresentações musicais. Você precisa gravar a partir da primeira nota, mas você nem sempre sabe quando ocorrerá essa nota. A solução é um sinal — uma contagem de 1-2-3-4 ou alguma outra sinalização de que as coisas estão prestes a começar. Esse é o papel exercido pelos telômeros — eles alertam o fator de transcrição que copia o DNA de que é hora de começar a transcrever.[32] Mas, nesse caso, é como se você ouvisse a contagem de advertência (1-2-3-4), e a banda começasse a tocar no 3. Assim, você perde uma nota. Mais tarde, um amigo quer gravar a sua gravação, mas ele não é muito atento e perde a primeira nota da gravação, e, em consequência, a versão dele fica sem duas notas no total. Isso é o que acontece com os telômeros — o fator de transcrição perde umas poucas sequências cada vez que há uma replicação, deixando o telômero um pouco mais curto. Isso não importa muito nas primeiras cinquenta replicações, ou alguma coisa em torno disso, porque os telômeros contêm sequências de preenchimento de DNA, que não têm informações importantes. Mas depois de mais ou menos cinquenta divisões, os telômeros foram completamente usados e não são mais capazes de proteger os genes. Se o processo de cópia começasse nesse ponto (o que não ocorre), alguns filamentos de material genético importante não seriam transcritos e seria o caos. Assim, quando os telômeros ficam curtos demais, cessam a divisão celular e, por conseguinte, o reparo e a renovação celular.

Quando as células de DNA param de se dividir, não se morre de imediato — o corpo humano tem cerca de 10 trilhões de células, cada uma carregando DNA — embora seja sabido que as pessoas com telômeros curtos morrem mais jovens que as com telômeros longos.[33] Uma hipótese importante é que, quando os telômeros se encurtam e as células param de se replicar, elas entram em estado de senescência e começam a atrapalhar os trabalhos. Mas ainda não está comprovado que o encurtamento dos telômeros é a *causa*, em vez de apenas um marcador de problemas.

O comprimento dos telômeros é mediado por diversos fatores. Lembra da conscienciosidade — a propensão a ser planejado, confiável e trabalhador, e

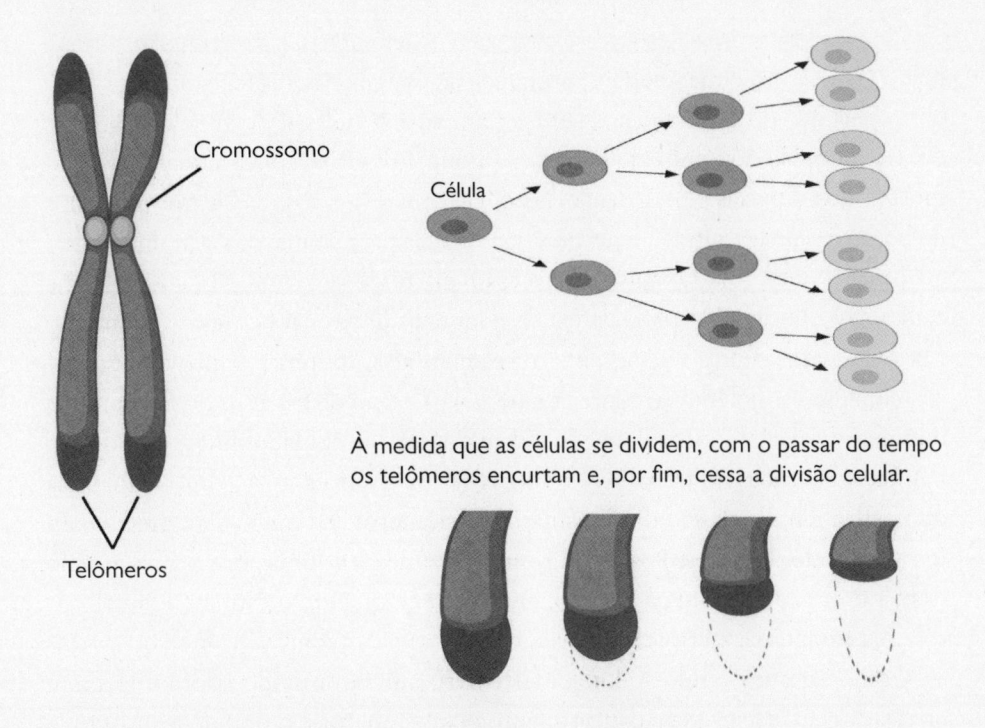

Cromossomo

Célula

Telômeros

À medida que as células se dividem, com o passar do tempo os telômeros encurtam e, por fim, cessa a divisão celular.

a aderir às normas sociais e tolerar a gratificação tardia? Ocorre que a consciensiosidade na infância é previsor de comprimento dos telômeros quarenta anos mais tarde, conforme demonstrado por Sarah Hampson e seus colegas.[34] Exercícios físicos se associam ao aumento da extensão dos telômeros e à atenuação dos efeitos negativos do estresse.[35] Uma dieta de alimentos integrais está ligada ao alongamento dos telômeros, enquanto alimentos processados, sobretudo cachorros-quentes, embutidos e bebidas adoçadas, têm a ver com o encurtamento.[36]

Fatores sociais e culturais também são importantes: bairros com baixa coesão social, onde as pessoas não se conhecem nem confiam umas nas outras, são ruins para os telômeros, e essa tendência se aplica a todos os níveis de renda.[37] Não importa para os telômeros se você mora em uma área precária de uma grande cidade ou numa mansão em uma área nobre — se você não tiver relacionamentos amistosos com os vizinhos, se não curtir conversar com eles, são grandes as chances de que seus telômeros fiquem mais curtos a cada dia. A evolução humana nos tornou uma espécie social, e os contatos humanos amistosos mitigam o estresse — até no nível genético.

Nem todos os tipos de estresse encurtam os telômeros. Estressores fortuitos e manejáveis são de fato benéficos, porque nos desafiam e instigam, conferindo-nos um repertório de habilidades de enfrentamento, fortalecendo as células através de um processo denominado *hormese* — conceito que se aplica a qualquer coisa que em doses baixas é benéfica, mas é tóxica em doses altas.[38] Outros exemplos de hormese são luz ultravioleta (precisamos dela para estimular a glândula pineal e sintetizar vitamina D, mas, em excesso, ela pode provocar câncer de pele e catarata) e vitamina A (precisamos de pequenas doses para o desenvolvimento normal e para a função ocular; em doses mais altas, porém, ela provoca anorexia, cefaleias, sonolência e confusão mental). O tipo de estresse que encurta os telômeros é o crônico, prolongado.[39] Em especial, o cuidado duradouro de um familiar, o *burnout* no trabalho e traumas sérios como estupro, abuso, violência doméstica e bullying são danosos para os telômeros. E, em geral, é preciso um longo período de estresse para danificar os telômeros — uma crise de um mês no trabalho provavelmente não é suficiente. Porém, quando o estresse é duradouro, uma característica típica da nossa vida, nossos telômeros ficam mais curtos.

Como estamos vendo ao longo deste livro, um fator moderador importante na relação entre estresse e comprimento dos telômeros é o tipo de resposta. Se desenvolvemos bons métodos para enfrentar o estresse e nos mantemos calmos, encontrando razões para sermos felizes, nossos telômeros talvez não sejam afetados. Algumas pessoas lidam com eventos difíceis com uma atitude "eu posso", uma mentalidade "deixa comigo", encarando essas situações como desafio e fonte de aprendizado; outras se desesperam. A resposta fisiológica a um estresse repentino é a liberação de cortisol pelas glândulas adrenais. Secreções breves são benéficas, respostas horméticas que aumentam nossa energia. Atletas que têm esse tipo de resposta saudável aos desafios durante as competições vencem com mais frequência; atletas olímpicos e pessoas vencedoras em muitas áreas tendem a ver os problemas da vida como desafios a serem superados.[40]

A meditação de atenção plena (o tipo defendido pelo Dalai Lama) aumenta a atividade de telomerase e alonga os telômeros.[41] Ainda não se sabe se isso acabará aumentando ou diminuindo o risco de câncer. E, como na distinção entre suplementos dietéticos e fontes alimentares de moléculas benfeitoras, como antioxidantes, pode ser que injeções de telomerase tenham um efeito fisiológico completamente diferente do aumento orgânico dessa enzima por meio de atividades saudáveis, como meditação e exercícios físicos.

A dor crônica é estressante, e o estresse diminui o comprimento dos telômeros. Jeffrey Mogil acabou de coletar novos dados que indicam que a relação entre dor e telômeros pode ser bidirecional — que a disfunção dos telômeros pode se converter em dor.[42] "Achamos que a razão de a disfunção dos telômeros se converter em dor é o fato de, depois de quatro meses — mas não antes —, começarmos a ver que a senescência celular na medula espinhal se correlaciona fortemente com a intensidade da dor em ratos."

Ouvimos muitos pacientes dizerem que "podem viver com" a dor que estão sentindo, e fico pensando se isso não é algum esforço para exibir resistência e resiliência. Se soubessem que viver com dor pode abreviar a vida, será que ainda se esquivariam da fisioterapia e dos medicamentos que poderiam aliviá-la?

TELOMERASE: UMA ZONA DE EQUILÍBRIO?

De maneira surpreendente, ocorre que telômeros demasiado longos também são prejudiciais. Um grande estudo, envolvendo mais de 26 mil pessoas, revelou que o risco geral de câncer aumentava em mais de 37% quando se dobrava o comprimento dos telômeros.[43] E alguns cânceres foram mais impactados que outros. Para as pessoas com os telômeros mais longos, o risco do câncer de pulmão aumentou em 90%; o de câncer de mama, em 48%; o de próstata, em 32%; e o colorretal, em 35%. O efeito mais nocivo foi aumentar em mais de 100% o risco de câncer pancreático. Mas apenas para mostrar como é complicada a relação entre comprimento do telômero e câncer, os indivíduos que tinham *mais curtos* também tiveram aumento do risco para certos cânceres: 63% maior para câncer de estômago e 41% maior para câncer de fígado. Em um estudo abrangendo 9127 pacientes e 31 tipos de câncer, constatou-se que os telômeros eram mais curtos em tumores e mais longos em sarcomas e gliomas.[44] (Sarcomas são cânceres em tecidos conjuntivos, como ossos, tendões, cartilagens, músculos e gorduras; gliomas são tumores que começam nas células gliais do cérebro ou da coluna vertebral.) A relação entre comprimento do telômero e atividade da telomerase nesse estudo ainda não está clara.

No livro *The Telomere Effect* [O efeito telômero], a psiquiatra Elissa Epel e a bióloga molecular Elizabeth Blackburn descrevem a situação nos seguintes termos (Blackburn ganhou o prêmio Nobel por descobrir a telomerase):

Precisamos que o nosso bom dr. Jekyll, a telomerase, continue saudável, mas se boa parte dela se concentrar nas células erradas, na hora errada, a telomerase assume a persona de Mr. Hyde para abastecer o tipo de crescimento celular descontrolado que é a marca registrada do câncer. O câncer é, basicamente, células que não param de se dividir; em geral, ele é definido como "renovação celular desenfreada".

Você não quer bombardear suas células com telomerase que pode incitá-las a tomar o rumo de se tornarem cancerosas. A menos que o suplemento de telomerase venha acompanhado de mais demonstrações completas da sua segurança em ensaios clínicos abrangentes — e de longo prazo —, opinamos que é mais sensato rejeitar qualquer pílula, creme ou injeção que alegue ser capaz de aumentar a sua telomerase.[45]

Siegfried Hekimi concorda, e acrescenta que faríamos bem em evitar "qualquer coisa que pretenda aumentar nossa longevidade, pois, claramente, nenhum experimento demonstrou ainda essa capacidade".[46] A pesquisa ainda é recente demais para vermos os efeitos de longo prazo de qualquer uma das poções, tinturas, óleos, essências e suplementos que estejam sendo comercializados para consumidores ingênuos.

Elizabeth Parrish, CEO da empresa de biotecnologia BioViva, não deve ter lido o livro de Epel e Blackburn nem conversado com Hekimi.[47] Atuando ela mesma como sujeito do experimento, encontrou um médico na Colômbia que estava disposto a injetar telomerase por via intravenosa (esse procedimento é ilegal nos Estados Unidos). Quatro anos depois, ela relata que, até agora, o comprimento de seus telômeros aumentou. No entanto, as medidas de comprimento dos telômeros são notoriamente imprecisas — as alterações que ela relata estão dentro da margem de erro das medições. As injeções de telomerase poderiam muito bem abastecer o câncer e de fato encurtar a vida dela, e ainda não saberíamos, porque ela ainda é muito jovem, tem 48 anos. Especula-se que o encurtamento dos telômeros evoluiu de uma adaptação *anticâncer*.[48] Os cientistas rotularam a autoexperimentação como pseudociência antiética. Um professor de patologia que era membro do conselho de administração da empresa de Parrish renunciou quando soube o que ela havia feito. A *MIT Technology Review* tachou o episódio de "novo fundo do poço no charlatanismo médico".[49]

Talvez Parrish devesse ter lido o trabalho coescrito por Leonard Hayflick, Jay Olshansky e Bruce Carnes, em que eles afirmam, inequivocamente:

É espantoso que numerosos empreendedores estejam atraindo clientes ingênuos e não raro desesperados para clínicas de "longevidade", alegando base científica para produtos antienvelhecimento que recomendam e, com frequência, vendem. Ao mesmo tempo, a internet tem permitido que aqueles que buscam lucro com supostos produtos antienvelhecimento alcancem com facilidade novos consumidores.

Alarmados por essas tendências, cientistas que estudam o envelhecimento, inclusive nós três, divulgaram uma declaração de posição contendo esta advertência: nenhuma intervenção atualmente oferecida no mercado — nenhuma — retarda, paralisa ou reverte, de maneira comprovada, o envelhecimento humano, e algumas podem ser absolutamente perigosas.[50]

As pessoas, em média, estão vivendo cada vez mais, e isso se deve a numerosos fatores ambientais positivos, como avanços da medicina, acesso a água limpa, e assim por diante — não a produtos que promovem a longevidade. Olshansky reforçou essa opinião em um trabalho de 2017 no qual observa que o melhor que podemos esperar, por enquanto, é basicamente aumentar a duração da saúde, mas que estender a duração da vida de modo artificial ainda é inalcançável.[51]

Isso não impede que muita gente tente, nem parece que desacelerará a indústria antienvelhecimento. Lembro de ter lido sobre a morte de Robert Atkins, o médico que popularizou a dieta que leva seu nome, com baixo teor de carboidratos e alto teor de gorduras e proteínas. Sua vida não foi especialmente longa — ele morreu aos 72 anos, depois de escorregar no gelo, em Nova York, e bater a cabeça. Uma piada macabra, corrente em meu laboratório, era que, embora a dieta de Atkins fosse ótima para o coração, ela levava os adeptos a escorregarem no gelo. De fato, pelo menos no próprio caso de Atkins, ela não era tão boa para o coração, pois registros médicos divulgados postumamente revelaram que ele tinha hipertensão, havia sofrido um infarto e ainda tinha insuficiência cardíaca congestiva — exatamente todos os motivos que nos davam para não adotar dietas com alto teor de gordura animal.[52] (Se você tiver de escolher, parece preferível extrair calorias de gorduras a ingeri-las por via de açúcar.) Roy Walford, que lançou e praticou, ele próprio, restrições calóricas, morreu de ELA (esclerose lateral amiotrófica) aos 79 anos — idade bastante avançada, mas não exatamente uma propaganda de longevidade.

A jornalista Pagan Kennedy rastreou várias pessoas que ficaram famosas por tentar viver para sempre, recorrendo a diversos esquemas com fins lucrativos, como dietas, manipulações e rotinas, para verificar quanto tempo viveram e de que morreram.[53] Nenhuma delas foi em especial longeva e a maioria morreu cedo — não de causas diretamente relacionadas com a autoexperimentação que estavam promovendo, mas, quem de fato sabe? O prêmio da ironia vai para Jerome Rodale, fundador da revista *Prevention*.[54] Gravando um episódio do programa *The Dick Cavett Show*, em 1971, aos 72 anos, ele se gabou: "Decidi viver cem anos. [...] Nunca me senti melhor na vida!". Ele morreu no palco, lá mesmo, na cadeira em que estava sendo entrevistado.

Não sabemos quanto tempo essas pessoas teriam vivido se não tivessem praticado seus regimes de longevidade, e não temos pessoas suficientes praticando o mesmo regime, sob condições controladas, para acompanhar de verdade o que está acontecendo. Tudo o que temos até agora são intuições sobre o que *poderia* funcionar.

O PROBLEMA DO LIXO DAS CÉLULAS

Telômeros encurtados provocam senescência em células sob outros aspectos saudáveis. As células senescentes são uma faca de dois gumes. Por um lado, não podem se dividir, o que significa que não ficam cancerosas; a senescência celular é uma maneira de evitar a formação de tumores malignos. Por outro, produzem fenótipo secretor associado à senescência (FSAS) — toxinas e mediadores inflamatórios que provocam muitos dos danos que associamos ao envelhecimento e à mortalidade. Você talvez esteja pensando "por que eu não poderia apenas tomar ibuprofeno ou naproxeno sódico (AINEs) para curar isso?". A explicação é que esse tipo de inflamação não reage a essas substâncias. É o que algumas pessoas denominam *inflamação furtiva*. (Quando se examina o tecido num microscópio, não se veem os marcadores-padrão de inflamação, e, mesmo assim, citocinas, quimiocinas e substâncias químicas inflamatórias tóxicas estão sendo liberadas.)

Em geral, quando as células morrem, elas são removidas pelos processos de limpeza celular. Porém, essas células, como zumbis em filmes de terror, não morrem. Assim, basicamente, a menos que a reprodução celular descontrolada do câncer se instale, morremos numa pilha de lixo de células senescentes de nossa própria lavra. (Lembrete para mim mesmo: anime-se! Curta a vida!)

O bioquímico Jan van Deursen e seus colegas descobriram um marcador químico que distingue certas células senescentes de células saudáveis, e então administraram um fármaco denominado AP20187, que mata essas células. Fármacos desse tipo são denominadas senolíticos (combinação da primeira parte da palavra *senescência* com *lítico*, que significa *destruir*) e o tratamento proposto é chamado senoterapia. Van Deursen descobriu que a eliminação dessas células zumbis em camundongos jovens retardava o envelhecimento.[55] Em camundongos já velhos, retardou a progressão de transtornos relacionados à idade. A remoção das células senescentes parece dar a partida em alguns mecanismos de reparo naturais.[56] Trabalhos subsequentes com camundongos demonstraram que a remoção das células zumbis dessa maneira pode reparar danos provocados por doenças pulmonares e por cartilagens lesionadas, e é capaz de ampliar em 25% a duração da vida.[57] Também pode prevenir a perda de memória.[58]

Até agora, catorze senolíticos foram identificados e testados, mas cada um atua em tipos distintos de células senescentes.[59] "Não há dúvida de que, para diferentes indicações, será preciso desenvolver tipos distintos de fármacos", diz o biólogo molecular Nathaniel David.[60] "Em um mundo perfeito, isso não seria necessário. Mas, infelizmente, a biologia não recebeu essa mensagem." No momento em que redijo esta página, a empresa de David, Unity, está no meio de um ensaio clínico de injeções de senolíticos diretamente no tecido danificado, como articulações com artrite. O fármaco que estão usando age de modo específico sobre os tipos de células senescentes que se acumulam no joelho.[61]

Agora, a parte complicada de tudo isso é que a senescência celular é benéfica — a célula danificada poderia começar a se dividir de maneira desenfreada e provocar câncer. Um dos riscos de se usar senolíticos é eles interferirem em processos que em geral inibem o crescimento do câncer, se mirarem em células pré-senescentes, que poderiam pegar qualquer um dos dois caminhos — tornar-se células zumbis ou cancerosas. E há outros problemas. Em ratos, os senolíticos retardam processos de cicatrização de feridas. Nenhum dos senolíticos conhecidos ainda é seguro em humanos. Como diz um pesquisador, "tudo parece bom em camundongos, mas quando você parte para humanos, é aí que pode dar errado". Mas mesmo que se provem seguros em humanos, ainda corremos o risco de os senolíticos promoverem o câncer.[62] Se apenas houvesse um meio de, de alguma maneira, controlar a progressão do câncer antes de ele tomar conta...

Dois imunologistas, Jim Allison e Tasuku Honjo, receberam o prêmio Nobel em 2018 por seu trabalho sobre curas imunoterápicas para o câncer. (Mais uma vez, o câncer é a divisão celular descontrolada.) Allison tem trabalhado no que ele chama de bloqueios de pontos de controles imunológicos. (Mencionei o trabalho dele no capítulo 5, sobre emoções.) O objetivo era usar o próprio sistema imune do corpo para atacar cânceres enquanto estes se formam, algo que o nosso sistema imune faz o tempo todo sem que o saibamos. Allison diz:

O sistema imune não sabe o tipo de câncer que você tem, ele só sabe que há células que não deveriam estar lá. Pensei, então, que poderíamos ignorar o câncer específico e apenas criar um bloqueio para os fatores que estão inibindo a resposta imune natural do corpo.

Células T circulam por todo o sistema buscando objetos estranhos. Em 1982, descobri a estrutura da célula T, o receptor de TCR. Infelizmente, uma célula tumoral não ativa as células T, ela requer um segundo sinal, que vem das células apresentadoras de antígenos. Especificamente, a proteína CD28 envia os sinais que geram o exército de respostas imunes. Agora, a molécula CTLA-4 o desativa — é um sistema inibidor. Sem a CTLA-4 você morre, porque o sistema imune ataca tudo, de forma indiscriminada, queira ou não queira, inclusive células ou tecidos saudáveis. Outro interruptor de desligamento da célula T é o PD-1.

As células cancerosas não enviam o segundo sinal de que o sistema imune precisa, as células apresentadoras de antígenos, o que lhes confere uma vantagem. Há uma janela durante a qual é possível desligar a ação inibidora da CLTA-4 e do PD-1 (pisando no freio) durante umas poucas semanas para matar o câncer. Esse bloqueio de ponto de controle, em teoria, deveria funcionar com qualquer câncer.[63]

A FDA norte-americana aprovou os fármacos ipilimumabe (para CTLA-4) e nivolumabe (para PD-1) para o tratamento de melanoma, com base no trabalho de Allison; os dois às vezes são administrados juntos. O tratamento costuma envolver quatro aplicações intravenosas do fármaco, em ocasiões distintas, distanciadas ao menos três semanas (alguns melanomas exigem tratamentos adicionais). Essas são algumas das primeiras entre as muitas imunoterapias do mercado e, como tal, têm valor limitado, dada a possibilidade de graves efeitos colaterais. Só o ipilimumabe pode gerar vários impactos adversos, como colite, hepatite, grave inflamação da glândula pituitária em 60% dos pacientes; 1%

dos pacientes desenvolveu diabetes. O fármaco não foi testado em mulheres grávidas, mas os cientistas especulam que ele é provavelmente tóxico para o feto. "Destravar o sistema imune pode ter consequências muito negativas", diz Allison, num eufemismo irônico, "portanto precisa ser feito com cuidado."[64]

De acordo com uma análise, nos três anos seguintes ao tratamento, 80% dos pacientes morrem.[65] Mas, para os 20% que superam esses três anos, a taxa de sobrevivência após dez anos é de quase 100%. É importante pôr esses números em perspectiva. Historicamente, para pacientes com melanoma avançado, a mediana do período de sobrevivência é muito baixa, em torno de oito meses, e apenas 10% deles chegam a cinco anos. A imunoterapia dobra a proporção dos que sobrevivem por cinco anos. E esses fármacos, e outros semelhantes, já foram aprovados para uso em vários tipos de câncer, inclusive melanoma, carcinoma de célula renal, linfoma de Hodgkins, câncer de bexiga, cabeça e pescoço, carcinoma de células de Merkel e câncer colorretal, gástrico e hepatocelular. Para algumas formas de câncer de próstata, foi anunciado em 2019 que um inibidor de ponto de controle, Keytruda, que já mencionei em relação a Jimmy Carter, tinha recebido aprovação da FDA. Os níveis de antígeno prostático específico (PSA) de um paciente foram reduzidos de mais de cem para menos de um em poucas semanas de terapia, e o câncer dele foi erradicado.

Já mencionei os príons, versões malformadas de uma proteína, que podem se espalhar como uma infecção, forçando cópias normais dessa proteína a assumir a mesma forma aberrante. Stan Prusiner recebeu o prêmio Nobel por descobri-los; foi a primeira vez que alguém mostrou que uma doença podia ser transmitida não só por infecção (por exemplo, através de bactérias ou vírus), mas também por meio de partículas proteicas infecciosas. Prusiner havia muito achava que os príons atuavam na doença de Alzheimer, mas poucos o levaram a sério. Lembre-se de que o Alzheimer se caracteriza pela presença de placas amiloides e de emaranhados de proteína tau no cérebro, acompanhada de declínio cognitivo.

Em 2019, Prusiner e seus colegas da Universidade da Califórnia em San Francisco Bill DeGrado, Carlo Condello e outros publicaram um novo estudo instigante, baseado em análises pós-morte de 75 pacientes de Alzheimer em que encontraram uma forma de príon autorreprodutivo, das proteínas amiloide beta e tau.[66] Níveis mais altos desses príons nos pacientes foram estreitamente associados ao início precoce do Alzheimer e à morte prematura. Essa nova descoberta levou os cientistas a explorarem novas terapias, com foco diretamente nos príons. "Isso mostra, sem sombra de dúvida", disse-me Prusiner, "que ambas as proteínas amiloide beta e tau são príons, e que a doença de Alzheimer é a desordem de príon duplo, em que essas duas proteínas traiçoeiras destroem o cérebro."[67] DeGrado acrescenta: "Agora sabemos que é a atividade dos príons que está ligada à doença, e não a quantidade de placas e emaranhados que aparecem na autópsia".[68] Durante anos, os cientistas trabalharam com fármacos que poderiam eliminar as placas e os emaranhados e não progrediram. Agora, eles podem focar terapias que miram em formas ativas de príon.

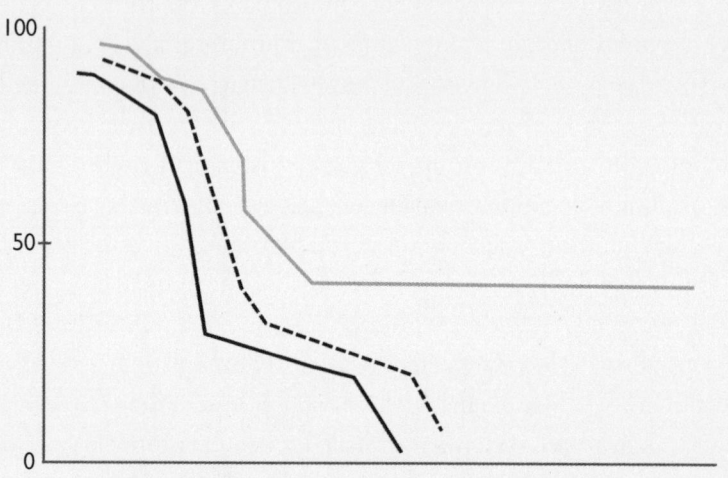

Linha sólida preta: curva de sobrevivência do grupo de controle
Linha tracejada: terapias convencionais para câncer
Linha cinza: imunoterapia

O desafio na próxima década será descobrir maneiras de mitigar os efeitos colaterais, talvez mirando no interruptor liga-desliga das células cancerosas e não permitindo que os medicamentos afetem outros sistemas. E as interações com outros sistemas precisam ser estudadas com mais atenção. Se o microbioma em nosso intestino estiver subdesenvolvido, talvez danificado por antibióticos ou quimioterapias normalmente aplicadas em pacientes de câncer, essas terapias não serão eficazes em absoluto. Quanto maior for a diversidade do bioma intestinal, mais eficazes serão as imunoterapias. Mas não sabemos por que é assim.

As abordagens imunoterápicas para o câncer estão recebendo muita atenção dos laboratórios. À medida que as técnicas se tornarem mais refinadas nos próximos cinco a dez anos, prevejo que elas ficarão cada vez mais importantes para a longevidade, eliminando um dos principais predadores que nos impedem de viver mais tempo. Como mostram as curvas do gráfico da página anterior, a taxa de sobrevivência das terapias convencionais é próxima a zero. A imunoterapia possibilita que a curva se estabilize.

Tudo isso são boas novas, mas não é uma resposta definitiva para a longevidade; estima-se que, mesmo se o câncer fosse erradicado, a média da duração da vida seria estendida em apenas sete anos — isso porque quem sobrevivesse ao câncer morreria por outras causas, como doenças cardiovasculares ou neurodegenerativas. Comecei este capítulo com uma pergunta hipotética: se extinguíssemos todas as doenças, poderíamos viver para sempre? Talvez, mas essa solução está muito distante. A maioria das doenças são provocadas pelo processo biológico básico de envelhecimento. A remoção das doenças de hoje permitiria que um novo conjunto de afecções se estabelecesse. E provavelmente tampouco gostaríamos muito dessas novas doenças.

VIVER PARA SEMPRE (REVISITANDO A SENESCÊNCIA)

Aubrey de Grey é o executivo-chefe de ciência da SENS Research Foundation (Strategies for Engineered Negligible Senescence [Estratégias para a engenharia da senescência negligenciável]). De Grey ergueu as sobrancelhas quando disse ao *Financial Times* que, teoricamente, os humanos poderiam viver até mil anos.[69] Ele acredita que identificou sete tipos de danos moleculares e celulares que, na opinião dele, poderiam ser reparados: perda celular, resistência à morte celular, superproliferação celular, "lixo" intracelular e extracelular, enrijecimento dos tecidos e defeitos mitocondriais.[70] Se isso for verdade, esses reparos não só desacelerariam os efeitos do envelhecimento, mas também poderiam de fato revertê-los. Os eticistas e sociólogos já começaram a especular sobre o que isso significará para aspectos como votos matrimoniais. (Continuaremos casados com a mesma pessoa durante oitocentos anos, ou seria aceitável mudar de cônjuge a cada duzentos anos, por exemplo?) Ou diferenças de idade em casais? (A sociedade consideraria escandaloso se um homem de quinhentos anos namorasse uma mulher de trezentos anos?) Se eu viver até mil anos e minha prole abranger mais de dez gerações, precisarei de uma mesa maior no jantar da noite de Natal.

As ideias de De Grey desabam quando as submetemos ao que de fato conhecemos sobre ciência. Lembro de quando o inventor do PalmPilot, Jeff Hawkins, deu uma palestra no Instituto Neurológico de Montreal sobre como ele usaria a tecnologia para melhorar a memória. Ao chegar ao púlpito, ele disse que tinha tido o cuidado de não consultar a literatura sobre memória e cérebro, para não ser constrangido pelo que outras pessoas estavam fazendo ou pensando sobre o assunto. Essa é uma abordagem ousada comum do Vale do Silício ou de start-ups. Os revolucionários querem revolucionar o status quo. O problema é que tudo o que Hawkins sugeriu entrava em contradição direta com centenas ou milhares de trabalhos sobre como a memória de fato funciona no cérebro. Evitar deliberadamente descobrir quais são os fatos conhecidos é perder tempo em busca de coisas que não funcionam ou têm poucas chances de funcionar, a ponto de serem temerárias.

Esse é também o caso de De Grey, de acordo com muitos biólogos, imunologistas, gerontologistas e neurocientistas. Para quem é um forasteiro, tudo parece muito impressionante. Para resolver os vários problemas do envelhecimento, você emprega

> toxinas rotuladas com marcador de senescência [...], deleção total da telomerase mais terapia celular [...], timopoiese mediada por IL-7 [...], proteínas codificadas alotópicas [mitocondriais] [...], terapia com células-tronco e fatores de crescimento [...], músculos geneticamente modificados [...], exposição periódica ao cloreto de fenacildimetiltiazólio.

Esses termos soam impressionantes e é fácil ficarmos deslumbrados com eles.[71] Podemos não saber o que significam, mas soam como se ele soubesse o que está fazendo. O sinal de alerta é que, entre essas ideias, ele não propõe hipóteses comprováveis nem experimentos específicos que impulsionem sua agenda de pesquisas.

Recebo e-mails como este: "Poderíamos ensinar as pessoas a serem melhores músicos apenas reconfigurando cirurgicamente o cérebro delas. Não entendo por que não fazemos isso".

Primeiro de tudo, não sabemos como "reconfigurar" o cérebro — você simplesmente não reconfigura as coisas de outra maneira, como se fossem as instalações elétricas de uma casa. Mesmo que *de fato* descobríssemos um meio de mudar a conexão entre dois pares de neurônios, teríamos de fazê-lo em dezenas ou centenas de milhares de neurônios para fazer diferença. E mesmo que isso fosse possível — via automação, por exemplo, com tecnologia nanorrobótica, que ainda não desenvolvemos —, como saber *quais* neurônios reconfigurar? Não estou nem mesmo mencionando o fato de que a cirurgia de cérebro é perigosa e que o prazo de recuperação é de muitos meses. Dentre a infinidade de ideias que circulam por aí, parte do trabalho do cientista é selecionar as que são consistentes com fatos demonstráveis e que são realmente factíveis. Essa é uma das questões mais difíceis a ser ensinada a estudantes de pós-graduação, e muitos nunca a aprendem. Os dirigentes de laboratórios de sucesso escolhem experimentos e pesquisas que, com base em opiniões fundamentadas, têm a maior probabilidade de prosperar, e, mesmo assim, o padrão é que de 50% a 75% das coisas que fazemos em laboratórios não funcionem por alguma razão.

Um trabalho de 2011 mostrou que uma das ideias de De Grey é totalmente inconsistente com o que sabemos sobre mitocôndrias, que fornecem energia às células (e nada do que aprendemos desde então muda essa conclusão).[72] Outro trabalho de 2014 questionou a abordagem dele, baseada em *reparos*, por não considerar a profusão de variáveis desconhecidas inerente ao mundo das células.[73]

Outros trabalhos encontraram falhas nas ideias de De Grey. A pá de cal sobre o assunto, porém, é uma coisa de que nunca ouvi falar em ciência. Um consórcio de 28 cientistas de diferentes universidades e centros de pesquisa de todo o mundo se propôs a publicar um artigo conjunto abrangente para contestar essas alegações.[74] Começaram citando H. L. Mencken: "Para todos os problemas complexos, há uma solução simples, e ela em geral está errada". Muitas das soluções propostas por Grey já foram testadas e nunca se comprovou sua eficácia em animais, muito menos em humanos. Outras soluções da mesma lavra, baseadas no que sabemos sobre a psicologia humana, provavelmente exercem efeitos danosos que contraindicariam o seu uso. As "toxinas com o rótulo de senescentes" mencionadas por De Grey não existem. O consórcio aponta, com sobriedade, o que todos nós na ciência sabemos, mas que os jornalistas e o público em geral nem sempre consideram:

a maioria das ideias terapêuticas, mesmo as mais plausíveis, dá em nada — e em estudos pré-clínicos ou em pesquisas clínicas, descobre-se que as intervenções propostas são nocivas ou provocam efeitos colaterais indesejáveis [...] ou, com mais frequência, simplesmente não funcionam.

E o tempo de desenvolvimento dessas ideias é de *décadas*, não apenas anos. Os 28 cientistas concluem de modo muito solene — talvez para se contrapor ao sensacionalismo midiático que cerca a SENS Research Foundation de De Grey:

A ideia de que um programa de pesquisa organizado com base na agenda da SENS não só retardará o envelhecimento, mas também o reverterá — convertendo idosos em jovens —, e ainda vai fazê-lo em nossa geração, é tão implausível que não impõe respeito algum na comunidade científica esclarecida.

Eles prosseguem para afirmar que nenhum deles acredita que os planos de De Grey para evitar o envelhecimento indefinidamente, ou para "rejuvenescer idosos", tenha nem mesmo a mais remota chance de sucesso.

Podemos e devemos insistir que se deve distinguir especulação baseada em evidências de especulação baseada apenas na realização de desejos [...]. Recorrer a chavões em lugar de hipóteses selecionadas e testadas sobre envelhecimento [...] pode ser marketing inteligente, mas é um substituto inapropriado para o pensamento científico.

O trabalho de Aubrey de Grey é exemplo típico de pseudociência, uma espécie de charlatanismo. Felizmente, há muitos trabalhos comprovados que oferecem esperança.

NO HORIZONTE[75]

Fármacos como resveratrol e cloromicetina podem imitar os efeitos de restrições calóricas sem a necessidade de efetivamente fazer jejum. Dois grandes estudos foram conduzidos com macacos a partir dos anos 1980, mas produziram resultados contraditórios. Isso talvez tenha ocorrido porque as condições de controle foram diferentes; de fato não sabemos.

Um novo uso para um fármaco que evita a rejeição de transplante de coronária, a rapamicina, também pode imitar os efeitos da restrição calórica. É um imunossupressor com risco de muitos efeitos colaterais em humanos, mas que, em camundongos, pode estender a vida em 25%.[76] Ele foi testado em outros mamíferos; ainda é cedo para dizer se, em cães, ampliará a longevidade, mas de fato melhora a função cardíaca; culturas celulares em humanos e ratos sugerem que pode ter propriedades antitumorais. Um estudo da empresa farmacêutica Novartis descobriu, contraintuitivamente (por se tratar de um imunossupressor), que doses semanais de rapamicina *intensificaram* a função imune em idosos.[77]

Outro tratamento experimental está usando metformina — medicamento para diabetes, que mencionei no capítulo 9, sobre dieta — para combater o envelhecimento.[78] Os pesquisadores ainda não estão convencidos de sua eficácia, mas em camundongos e humanos sem diabetes parece surtir efeitos de restrição calórica e reduzir inflamações e estresse oxidativo, além de diminuir os riscos de diabetes, doença cardíaca, declínio cognitivo e possivelmente câncer. A FDA dos Estados Unidos acabou de aprovar um estudo para testá-la (TAME — Targeting Aging with Metformin [Combater o envelhecimento com metformina]), e teremos de esperar alguns anos para saber se ela melhorará a duração da saúde, como se espera.[79] Uma ideia de por que poderia exercer efeitos antienvelhecimento é o fato da metformina reforçar os efeitos de uma enzima denominada AMPK (proteína quinase ativada por monofosfato de adenosina). A AMPK ajuda a imitar os efeitos benéficos da restrição de calorias e pode reduzir o fator de crescimento semelhante à insulina, ou IGF-1, proteína que promove a formação de tumores. E, se isso não fosse suficiente, também parece diminuir os produtos inflamatórios tóxicos de células senescentes. Como a metformina é um dos fármacos mais antigos e mais prescritos (foi descoberto na década de 1950), muitos médicos se sentem seguros ao receitá-la para o uso não prescrito de retardar o envelhecimento.

Talvez o produto antienvelhecimento mais famoso no mercado seja o NAD+ (nicotinamida adenina dinucleotídeo). O NAD+ é produzido no cérebro, e os níveis dele diminuem com a idade, embora o jejum aumente naturalmente os níveis produzidos. Suplementos de NAD+ parecem ser capazes de imitar os efeitos da restrição calórica e ficaram famosos depois de artigos publicados nas revistas *Time, Men's Journal, Good Housekeeping* e outras. O NAD+ regula o metabolismo celular, a sinalização celular, o reparo de DNA e os ritmos circadianos, e mantém normal a função mitocondrial.[80] Vários compostos diferentes aumentam os níveis de NAD+ no sangue, como o ribosídio de nicotinamida (RN), o pterostilbeno (PT), e o mononucleotídeo de nicotinamida (MNN).

Não é coincidência que as quatro primeiras sílabas de NAD+, *nicotinamida*, soem como nicotina. NAD+ é uma forma de vitamina B e foi uma das primeiras vitaminas descobertas. A nicotina, a substância viciante encontrada no tabaco, interfere na absorção de nicotinamida e B_3 pelo corpo, por causa da semelhança entre as duas moléculas.[81] Se você já ouviu que o fumo compromete o sistema imune, essa é uma das razões.

O geneticista David Sinclair, de Harvard, é uma das principais figuras nesse campo. O trabalho dele mostrou em numerosos estudos com camundongos que o NAD+ tem propriedades antitabagistas. Depois de apenas uma semana de suplementação,[82] a equipe dele não conseguia mais apontar a diferença entre um rato de 24 meses e um de dois meses — é como dizer que um humano de sessenta anos parece alguém de vinte anos.[83] (Isso levou Siegfried Hekimi a gracejar: "Ao que parece, trabalhar muito com NAD leva a não perceber que precisamos de óculos".)

Um ensaio randomizado controlado, liderado por Leonard Guarente, biólogo do MIT, estudou os efeitos sobre pessoas que tomaram uma combinação de dois precursores do NAD+, NR e PT.[84] Os participantes foram divididos de modo aleatório em três grupos, que receberam placebo, uma dose única ou uma dose dupla do suplemento, durante oito semanas. O suplemento aumentou de forma significativa os níveis de NAD+ em 40%, no grupo com dose única; e em 90%, no grupo com dose dupla. Não foram reportados eventos adversos sérios. (O estudo considerou uma dose-padrão de 250 miligramas de NR e de cinquenta miligramas de PT por dia, e alguns participantes ingeriram o dobro disso.)

Um complicador importante é o fato de Leonard Guarente ser cofundador de uma empresa chamada Elysium Health, que vende o mesmo composto testado. Isso por certo parece tendencioso. Poucos cientistas levarão a sério essa descoberta até que ela seja replicada por alguém que não seja motivado pelo lucro. Christopher Martens, fisiologista da Universidade de Delaware, conduziu um pequeno estudo, que usou mil miligramas por dia de NR, e também constatou aumentos significativos nos níveis de NAD+, de 60%.[85] Mas esse foi um estudo exploratório muito pequeno, com apenas quinze participantes em cada grupo experimental — nem de longe o suficiente para fazer alguma generalização.

Outro complicador é o seguinte: esses dois estudos apenas mostraram que o suplemento aumenta os níveis de NAD+ no sangue — não sabemos se o risco de eventos cardiovasculares, diabetes ou câncer será reduzido ou se as rugas desaparecerão como que por mágica e o cabelo ficará mais lustroso. Jeffrey Flier, ex-reitor da Escola de Medicina de Harvard, censurou a empresa por comercializar esses impulsores de NAD+: "A Elysium está vendendo comprimidos [sem] qualquer evidência de que de fato funcionam em humanos", acusação que parece igualmente aplicável a todas as empresas que vendem suplementos de NAD+ (ou, de resto, suplementos de antioxidantes).[86] Estudos em animais sobre NAD+ não são fáceis de replicar, e centenas de fármacos que funcionam em camundongos não são eficazes em humanos. Felipe Sierra, do Instituto Nacional de Envelhecimento dos Estados Unidos (NIA), e que, evidentemente, quer desfrutar de uma vida saudável durante muito tempo, diz: "Nada disso está pronto para o horário nobre. A conclusão é que não experimentarei nada disso. Por que não? Porque não sou um rato".[87]

David Sinclair não tem nada de bom a dizer sobre *qualquer* uma das empresas que vendem esses impulsores. "Testei os NMN ou NR à venda no mercado e fico longe desses produtos", ele me disse.[88] Sinclair tem dúvidas sobre a pureza e o conteúdo desses produtos comerciais disponíveis, mas, ao contrário de Felipe Sierra, não questiona os benefícios de impulsionar os níveis de NAD+. De fato, os pesquisadores convenceram Sinclair a tomar todos os dias um suplemento de NAD+, mil miligramas de uma formulação NMN que ainda não é oferecida no mercado. A propósito, ele também toma metformina, mil miligramas à noite, e quinhentos miligramas de resveratrol (pterostilbeno) todas as manhãs. Meu conselho, com base no que aprendi na literatura e com o próprio Sinclair, é esperar que a poeira assente sobre toda essa questão do NAD+. Se for aprovado pela FDA como fármaco, não como suplemento, a pureza será regulada de forma rigorosa, o que por ora não ocorre — e terá sido demonstrado que funciona em humanos, não apenas em camundongos.

Outra ideia que está sendo estudada é a possibilidade de aproveitar o poder de regeneração de alguns anfíbios. O axolote mexicano tem cerca de 23 centímetros de comprimento e a capacidade espantosa de regenerar membros decepados, tecidos cerebrais lesionados e até medula espinhal esmagada.[89] Seu genoma foi sequenciado há pouco tempo, e não tenha dúvida de que os pesquisadores do envelhecimento vão buscar pistas de como as terapias genéticas poderão ajudar a regenerar tecidos humanos envelhecidos. Curiosamente, a vida do axolote não é muito longa, ao contrário, digamos, das hidras, mas a capacidade deles de sobreviver a acidentes que seriam fatais para a maioria das espécies é um rumo promissor para pesquisas no futuro.

O axolote mexicano.

Diversos outros fármacos estão sendo testados quanto às suas propriedades antienvelhecimento. Um que recebeu muita atenção é a tioflavina T, substância química que ampliou de maneira drástica a vida de numerosas espécies de vermes, as quais, talvez contrariando a intuição de muitos cientistas, diferem geneticamente umas das outras mais do que os camundongos em relação aos humanos. Em uma espécie, ela dobrou a duração da vida.[90] Mas, claro, plagiando Felipe Sierra, os humanos não são vermes.

Uma das dificuldades, como você deve ter deduzido das páginas anteriores, é que nem tudo que tem base teórica funciona na prática e, mesmo quando funciona, nem tudo o que funciona em ambiente de laboratório faz o mesmo no mundo real. É como diz Richard Klausner, CEO da Lyell Immunopharma:

Setenta a oitenta por cento das descobertas científicas, que a indústria tenta explorar em fármacos ou terapias, simplesmente não funcionam. Funcionaram em certa linha de células no laboratório ou em determinado grupo de pessoas. Temos visto uma história de traduções incorretas. Por exemplo, "pouca gordura!". Foi uma bênção para a indústria alimentícia; menos gordura, menos calorias, você pode comer mais. A atual epidemia de obesidade é o resultado direto dessa tradução incorreta.[91]

ONDE ESTAMOS?

Um octogenário hoje pode esperar viver mais oito anos, quatro anos mais que os octogenários de 1990. Os centenários vivem mais do que nunca depois de alcançarem os cem anos.[92] E o número de pessoas com mais de oitenta anos que estão fazendo contribuições significativas para a família, para a comunidade e para o mundo está aumentando, à medida que a duração da saúde aumenta drasticamente. Estamos vivendo tempos em que ser velho significa ter mais saúde e oportunidades do que em qualquer outra época da história registrada. Os sexagenários estão fazendo o que era típico dos quadragenários. Já não é surpreendente ouvir relatos de pessoas na faixa dos oitenta que ainda trabalham. Nos Estados Unidos, oito em cada cem senadores estão na casa dos oitenta anos. Na Câmara dos Deputados norte-americana, em geral um grupo mais jovem, nove membros são octogenários. Entre os CEOs da *Fortune 500*, cinco têm mais de 77 anos. Jane Fonda, com 81 anos, está estrelando a série de TV de sucesso *Grace and Frankie*, já mencionada; Jiro Ono, aos 94 anos, é considerado o melhor chef de sushi do mundo e ainda trabalha em seus restaurantes de Tóquio, de nível mundial; e Rita Moreno, 88 anos, acabou de encerrar três temporadas em outro hit da TV (*One Day at a Time*).

Realmente não sabemos com certeza como ampliar a duração da saúde e da vida. Podemos evitar cigarro, guerras e receber diversos golpes na cabeça. Podemos ser conscienciosos em relação a vacinas, higiene, exercícios físicos, não trabalhar demais, aquecer-se no inverno e refrescar-se no verão, e ingerir alimentos frescos, não contaminados, durante todo o ano...

Ou podemos ser como Jeanne Calment e fumar até os 117 anos. Ou como Richard Overton, o mais idoso veterano da Segunda Guerra Mundial (quando morreu), que viveu 112 anos e cujo segredo da longevidade eram charutos (uma dúzia por dia), uísque e café (com três colheres de chá de açúcar).[93] O destino é caprichoso.

13. Viver com mais inteligência

Aprimoramento cognitivo

Enriqueça sem trabalhar! Perca peso comendo tudo o que quiser!! Fique mais inteligente fazendo palavras cruzadas ou sudoku quatro vezes por semana!!! (Empresas que anunciam essas promessas parecem estar conspirando com as que fabricam pontos de exclamação.) Todos gostamos do tom dessas promessas, e os americanos se sentem ainda mais atraídos por esse tipo de alegação. Somos uma cultura paradoxal de diletantes e amadores, de milionários que enriqueceram por conta própria e de pessoas que ainda esperam obter alguma coisa de graça.

A mídia tem dado muita atenção à ideia de "jogos mentais para envelhecer melhor". Juntando-se às já conhecidas palavras cruzadas, KenKen e sudoku surgem como novos jogos para exercitar o cérebro, pela internet ou no computador. As perguntas importantes sobre esses enigmas e jogos, velhos e novos, são: se eu praticar jogos mentais, perderei menos os óculos? Dirigirei com mais segurança? Minha memória vai melhorar? Em outras palavras, as habilidades e aptidões que eu desenvolver migrarão de uma atividade para as outras? Infelizmente, a resposta para a maioria dessas perguntas é não. Se você passar o tempo jogando sudoku, há poucas evidências de que melhorará em outras atividades — a única consequência é que você ficará melhor em sudoku.[1] Várias revisões e meta-análises sistemáticas concluíram que não há evidências convincentes de que jogos de exercício mental melhoram a cognição além do âmbito dos jogos, nem de que afastam a demência.[2]

O que nos leva a supor que eles contribuirão para o aprimoramento cognitivo? Em parte por causa da propaganda agressiva da Lumos Labs, a empresa que produz um jogo de exercício mental denominado Lumosity, que foi julgada culpada de propaganda enganosa e multada em 50 milhões de dólares.[3] Mas ela não é a única culpada. Uma concorrente, Neurocore, promovida pela secretária de educação, Betsy DeVos, foi repreendida pelo Conselho Nacional de Revisão de Publicidade por fazer alegações infundadas em seus anúncios.[4] Coletivamente, esses jogos de "exercício mental" podem na verdade provocar retrocessos, porque o tempo que você passa jogando é um tempo que você perde não praticando atividades que *sabemos* fazer diferença, como atividade física ao ar livre ou socializar com outras pessoas. (Ademais, a frase adotada pelos fabricantes desses jogos, *exercício mental*, é enganosa, pois muito poucos estudos observaram mudanças efetivas no cérebro em resposta a esses exercícios.)[5]

A Associação de Ciências Psicológicas (APS, na sigla em inglês) dos Estados Unidos publicou um trabalho em 2016 de uma equipe de especialistas liderada por Daniel Simons, psicólogo experimental da Universidade de Illinois. O grupo analisou 132 trabalhos citados por essas empresas de exercício mental com fins lucrativos.[6] O trabalho é muito cuidadoso e documentado. Parece uma acusação elaborada por um procurador federal. Desses 132 trabalhos, 21 eram estudos de revisão que não acrescentavam quaisquer dados novos e, portanto, eram redundantes; quinze relatavam dados de apenas um estudo isolado; e 36 careciam de grupos de controle adequados; seis trabalhos com um grupo de controle não incluíam atribuição randomizada; cinco outros apresentavam razões semelhantes para a não inclusão. Dos 49 trabalhos remanescentes, 25 relatavam sobre os mesmos seis experimentos. Muitos desses 49 trabalhos tinham como autores ou coautores empregados da empesa cujos produtos estavam sendo testados, e, portanto, não são avaliações independentes dos produtos. Se você não é especialista, é fácil ser enrolado pela quantidade em si de trabalhos citados por essas empresas. Agora, porém, você está por dentro. A equipe de Simons descobriu, como muitas outras, que jogos de exercício mental desenvolvem um conjunto estreito de habilidades específicas e as aprimoram, mas não outras, mesmo as que pareceriam correlatas. Simons e colegas concluíram:

> Encontramos poucas evidências convincentes de que a prática de tarefas cognitivas nos produtos de exercício mental gera benefícios cognitivos duradouros para a

cognição no mundo real [...]. Se a sua esperança for afastar as perdas cognitivas que às vezes acompanham o envelhecimento ou melhorar seu desempenho na escola ou em sua atividade profissional, você deve ser cético.

Os consumidores também devem considerar o custo-benefício comparativo de adotar um regime de exercício mental. O tempo dedicado ao uso de softwares de exercício mental pode ser destinado a outras atividades ou até a outras formas de "exercício mental" (como exercício físico) que poderiam gerar benefícios para a saúde e para o bem-estar.[7]

Essas atividades de exercício mental são divertidas. Elas nos impõem desafios e oportunidades de melhorar em alguma coisa. Faço palavras cruzadas e KenKen todos os dias, mas eles não melhoram o meu desempenho ao escrever livros ou ao calcular a gorjeta num restaurante — eles têm o seu próprio mundo, um mundo que aprecio e incluo entre meus hobbies favoritos. Eu os exerço por me darem prazer e me desafiarem mentalmente, não por esperar que melhorem meu desempenho em outras áreas.

Art Shimamura aconselha:

Talvez seja preferível se envolver em tarefas que se assemelhem mais de perto ao tipo de atividade mental que você aprecia ou em que quer melhorar seu desempenho. Você quer aprender mais com leituras? Associe-se a um clube do livro e discuta suas ideias com outras pessoas. Você quer ficar mais atento em suas atividades diárias? Pratique o tipo específico de atividade que exige esses processos mentais. Você quer ser criativo? Aprenda uma nova música, um passo de dança ou uma receita para o jantar. Explore novas localidades em seu bairro e imediações.[8]

QUESTÕES ÉTICAS

Imagine uma época, digamos, daqui a vinte anos, em que bioengenheiros e engenheiros genéticos tenham desenvolvido maneiras de melhorar nossos pulmões e músculos, permitindo que mais pessoas participem de maratonas, com melhor desempenho e mais facilidade. Esse não teria sido o objetivo original, pelo menos no início. Esses pesquisadores intrépidos, alguns dos quais provavelmente estão agora em seus laboratórios, estariam tentando encontrar a cura para o câncer de pulmão e para a sarcopenia (lembre-se do capítulo 10, sobre movimento e exercício: a sarcopenia é para os músculos o que a osteoporose é para os ossos). Em algum lugar ao longo do processo, alguém perceberia que a tecnologia em desenvolvimento poderia ser usada para melhorar atividades rotineiras, ampliando as capacidades pessoais além de seus limites normais.

Se um atleta com câncer de pulmão fosse submetido a um tratamento para erradicar a doença e restabelecer seus padrões, você permitiria que ele competisse nos Jogos Olímpicos? Por que não? Isso não parece diferente de tomar aspirina para dor de cabeça, extrair um joanete ou treinar na atmosfera rarefeita das grandes altitudes, tudo permitido pelo Comitê Olímpico Internacional. Mas e se o mesmo tratamento de pulmão conferisse uma vantagem quando aplicado em alguém sem câncer? Para muita gente, isso parece antiético, tanto quanto o uso de esteroides. Permitimos que atletas tomem esteroides se for por necessidade médica, mas não se for puramente para melhoria do desempenho. Muita gente compartilha o sentimento de que as competições esportivas devem seguir regras bem definidas, que garantam a equidade.

Agora, imagine também que, nesse futuro próximo, os neuroquímicos tenham desenvolvido várias maneiras de modificar nosso cérebro para melhorar a cognição. Coletivamente, são os chamados potencializadores cognitivos farmacêuticos, ou PCFs. A motivação inicial talvez tenha sido restaurar funções perdidas em pessoas com deficiência cognitiva, provocada por doença ou lesão. Mas, então, a caixa de Pandora estaria aberta. Seria justo que pessoas em geral saudáveis usassem esses fármacos? Isso soa para muita gente como algo injusto. Tudo bem. E se, porém, pessoas com quem você compete estiverem tomando esses fármacos — pessoas de sua própria empresa lutando por uma promoção, trabalhadores de outras empresas tramando para superar a sua posição no mercado —, você deveria também recorrer ao fármaco apenas para manter o ritmo? Agora, para aumentar a aposta ética: e se o aprimoramento cognitivo proporcionado pelos cientistas pudesse acelerar a descoberta da cura para o câncer, ou se os negociadores fossem capazes de resolver o conflito palestino-israelense — isso mudaria o cálculo ético?

Se você ainda se sentir pouco à vontade quanto ao aprimoramento cognitivo, lembre-se de que já está alterando a sua neuroquímica por meio de cafeína e álcool (para não mencionar Prozac). Um implante neural pode estimular com mais eficiência o córtex pré-frontal e o tronco cerebral da mesma maneira que a ação desses fármacos, mas com mais precisão. Um PCF ou um implante capaz de melhorar a memória poderia capacitá-lo a se lembrar de detalhes cruciais, como a quem recorrer para pedir ajuda, como usar um telefone ou onde você mora.[9] Seria aceitável um restaurador de memória implantado em pessoas com Alzheimer? E quanto a crianças em idade escolar? O neurocientista Michael Gazzaniga imagina a seguinte conversa: "Querida, sei que estávamos economizando esse dinheiro para as férias, mas talvez devêssemos comprar os chips neurais para os gêmeos. É difícil para eles na escola quando tantas outras crianças já estão equipadas".[10] Se isso parece muito diferente das gerações anteriores, quando os pais compravam óculos, aparelhos auditivos ou Ritalina, a diferença é que óculos, aparelhos auditivos ou Ritalina (pelo menos para os portadores de TDAH ou condições correlatas) são tratamentos para algum problema. Estudantes saudáveis ou executivos de empresas que tomam Ritalina, por outro lado, podem ser vistos como trapaceiros, tentando fraudar o sistema.

E, no entanto, por que deveríamos traçar uma linha artificial dividindo drogas sancionadas pela sociedade, como a cafeína, de fármacos, como a Ritalina? É difícil responder, e os eticistas discordam dos critérios.

No caso de idosos, delimitar essa fronteira exige sutileza e conhecimento médico que não possuímos. Grosso modo, um em cada seis adultos com mais de sessenta anos tem deficiência cognitiva branda, uma condição médica legítima. Tratamos toda uma gama de afecções em indivíduos desse grupo etário, de pressão arterial alta a colesterol elevado e artrite. Por que não tratar a deficiência cognitiva branda? As doenças do cérebro devem ser tão estigmatizadas a ponto de não as tratarmos? Essa atitude retrógrada nos lança cem anos no passado, quando as pessoas com esquizofrenia, síndrome de Down e os autistas eram trancafiados em sanatórios. E, então, um passo adiante: e quanto aos outros cinco em seis adultos que *não* foram diagnosticados com deficiência cognitiva branda, mas que talvez já a estejam desenvolvendo ou já a tenham desenvolvido, embora ela ainda não tenha sido detectada? Suponha que você simplesmente já perceba alguns indícios, ainda muito tênues. Sua memória e energia já não são como antes. Por que *você* não poderia também recorrer a esses potencializadores?

Os eticistas começaram a debater todas essas questões, e algumas das considerações aventadas até agora incluem: (1) efeitos desconhecidos de longo prazo e efeitos colaterais de fármacos e implantes para aprimoramento cognitivo; (2) desigualdade de acesso a essas tecnologias; (3) a possibilidade de que algumas organizações militares ou empresariais forcem seu pessoal a usar esses recursos; e (4) se o uso deles constitui trapaça em contextos competitivos (acadêmicos, negócios, operações militares, negociações diplomáticas, esportes).[11]

A Comissão de Bioética dos Estados Unidos divulgou um relatório em que delineia esses diferentes usos como forma de enquadrar a discussão ética:

> A modificação neural pode servir a pelo menos três propósitos: (1) manter ou melhorar a saúde neural e a função cognitiva em faixas típicas ou normais, dentro dos padrões estatísticos; (2) tratar doenças, deficiências, lesões ou debilidades (referidas como "transtornos neurológicos") para alcançar ou restaurar o funcionamento típico ou normal, dentro dos padrões estatísticos; e (3) expandir ou aumentar as funções acima em faixas típicas ou normais, dentro dos padrões estatísticos.[12]

O primeiro ponto é relevante para a discussão sobre idosos e deficiência cognitiva branda: os idosos podem procurar apenas *manter* a saúde neural e cognitiva, nas mesmas condições de quando eram mais jovens, tanto quanto lhes for possível. Quanto a se essa atitude é considerada uso ético, não está claro. A comissão não chegou a assumir uma posição, mas foram firmes em um aspecto: se esses potencializadores estão disponíveis para algumas pessoas, eles devem estar igualmente ao alcance de todos. "Instamos que os formuladores de políticas garantam acesso equitativo aos potencializadores neurais benéficos. Em nossa sociedade, o acesso aos serviços e oportunidades existentes, como educação e nutrição, não são iguais entre indivíduos ou grupos." A comissão argumenta que esses vários potencializadores não devem ser terreno exclusivo dos que já são os mais ricos e mais bem-sucedidos, porque isso serviria apenas para ampliar as lacunas de oportunidades, um problema trans-social. Os mais afluentes já têm melhor acesso a assistência média, representação legal e mobilidade social.

ESTIMULANTES: ADDERALL, MODAFINILA, PITOLISANT, RITALINA, NICOTINA

Membros da Comissão de Bioética dos Estados Unidos escrevem:

Adderall e outros estimulantes são usados *off-label* por indivíduos que desejam aumentar sua vantagem competitiva, trabalhando em jornadas mais longas, com maior atenção e dormindo menos. A toda hora vemos manchetes sobre a "epidemia" do uso de anfetaminas por estudantes de alto desempenho, buscando notas mais altas e escores de testes padronizados.[13]

Não há evidências de que essa situação tenha mudado nos anos subsequentes à divulgação dessa afirmação. Adultos que estejam experimentando os efeitos do envelhecimento talvez achem que o uso cuidadoso de estimulantes (e de preferência com orientação médica) talvez os leve a se sentir mais jovens, mais vigorosos e mais alertas. O que não sabemos ao certo é se esses medicamentos têm efeitos deletérios duradouros.

O Adderall* pertence a um grupo de anfetaminas que, em regra, são usadas *off-label* (isto é, para aplicações não aprovadas), com o objetivo de promover aprimoramento cognitivo. As conclusões são mistas quanto a se o Adderall e outras anfetaminas de fato melhoram a cognição; contudo, esses fármacos são conhecidos por aumentar a motivação, o que não é pouco.[14] Por outro lado, há alguns relatos de que prejudicam a criatividade.[15]

Mencionei a modafinila, fármaco que é prescrito para jet lag ou para alterações no ritmo circadiano. Ela não estimula a produção de dopamina, mas se liga aos receptores de dopamina no cérebro e inibe a sua recaptação, fazendo com que qualquer dopamina que já esteja no sistema permaneça por mais tempo, e também é um antagonista do receptor de adenosina, como café, chá e cafeína.[16] Como o Adderall, a modafinila (originalmente vendida sob o nome comercial Stavigile) pode aumentar a motivação e promover a vigília.[17] Alguns

---

* Adderall é o nome comercial de uma mistura de quatro sais de anfetamina: aspartato de anfetamina monoidratado, sulfato de anfetamina, sulfato de dextroanfetamina e sacarato de dextroanfetamina. O medicamento não é comercializado no Brasil — a Agência Nacional de Vigilância Sanitária (Anvisa) não autoriza sua comercialização devido a seu potencial de viciar quem faz uso dele. (N. E.)

indivíduos saudáveis que não passaram por deslocamentos cronobiológicos têm recorrido a esse fármaco em busca de aprimoramento cognitivo. Uma revisão sistemática descobriu que a modafinila melhorou de modo consistente a atenção, as funções executivas e o aprendizado, com poucos efeitos colaterais.[18] Contudo, outras revisões descreveram efeitos mistos, inclusive limitações, como redução da criatividade,[19] e, em outros casos, provocou lentidão cognitiva sem aumento na precisão.[20] Há quem a use quando enfrenta trabalho repetitivo e monótono, que não requer criatividade. Outros relatam que ela lhes permite se concentrar numa tarefa, mas que o foco pode ser tão estreito que os deixa desatentos a outras coisas, tornando-os distraídos, propensos a erros e incapazes de ampliar a atenção quando necessário. (Uma nova formulação do fármaco é chamada armodafinila e vendida sob o nome comercial Nuvigil; os efeitos são basicamente idênticos.)

O pitolisant, atualmente disponível apenas no Reino Unido e na Europa (ele recebeu a aprovação da FDA nos Estados Unidos em 2019), é um agente promotor da vigília e do alerta que atua como antagonista do receptor H3 (histamina). Desenvolvido para narcolépticos, também tem sido usado *off-label* para aprimoramento cognitivo e alívio da depressão.

A Ritalina (nome genérico metilfenidato) é um de vários promotores de dopamina existentes, e também aumenta os níveis de norepinefrina. Como vimos, o envelhecimento quase sempre é acompanhado de perda de neurônios receptores de dopamina no cérebro, o que se acredita ser parcialmente responsável pelo declínio cognitivo típico, inclusive pela descoberta de que os idosos são em especial prejudicados quando se exige processamento rápido e eficiente em novas situações.[21] Alunos do ensino superior vêm tomando Ritalina há cinquenta anos para ajudar nos estudos e para o aprimoramento cognitivo geral — em enquetes, entre 5% e 35% deles relataram ter usado Ritalina no ano anterior.[22] Isso não quer dizer que as mudanças em outros neurotransmissores — como a serotonina, acetilcolina ou noradrenalina — não afetem a cognição, apenas que a dopamina parece produzir esse efeito, e os promotores da dopamina, como a Ritalina, atuam como neuropotencializadores eficazes.

Para um neurocientista, a nicotina é, sob muitos aspectos, a droga perfeita para o aprimoramento cognitivo. Aumenta a vigilância, a atenção, o foco, a memória e a criatividade, e refina as habilidades motoras, tudo sem provocar a agitação ou o estresse que costumam acompanhar os estimulantes — de fato, ela tende a reduzir o estresse.[23] Em especial, a nicotina aumenta a atenção ao desativar áreas do modo padrão, como o cingulado posterior.[24] Ela vem sendo estudada para tratar depressão em idosos e para as doenças de Parkinson e Alzheimer,[25] para as quais se considera que exerça efeitos neuroprotetores.[26] A *Scientific American* exalta a nicotina como a próxima droga inteligente.[27]

O problema dela é que seus sistemas de entrega mais comuns, fumo e mastigação, provocam câncer. Mesmo em outros sistemas de entrega, como chiclete, adesivo e os novos sprays bucais, ela é altamente viciante. Pode aumentar os batimentos cardíacos, a pressão arterial e a inflamação, causar náuseas, e acelera o crescimento do câncer em roedores. Em altas doses, a nicotina é um veneno, uma adaptação evolutiva das folhas da planta de tabaco para evitar que insetos as comam. Os humanos podem tolerá-la em pequenas doses, contudo, e, se ingerirmos a dose certa, podemos colher os benefícios sem padecer dos malefícios. Para minimizar a possibilidade de vício, é melhor usá-la de forma esporádica, para reforçar o foco e a energia, e não por mais de alguns dias seguidos. E é importante se limitar a doses baixas. Se quiser experimentá-la, tente o chiclete ou o spray bucal e comece com a menor dose possível. Mas *caveat emptor* (cuidado, comprador). No momento em que escrevo esta página, o tabaco vaporizado não é considerado melhor que o fumo em si, e pode de fato ser muito pior.

Há muitos outros fármacos associados ao aprimoramento cognitivo. Um deles é o tolcapone, promotor de dopamina não estimulante, que em alguns poucos estudos tem demonstrado melhorar de forma significativa o processamento de informação, a atenção e a memória.[28] O problema é ser altamente tóxico para o fígado; depois de três pacientes na Europa terem morrido de lesão no fígado atribuída ao tolcapone, o produto foi retirado do mercado.[29] Um fármaco semelhante em termos químicos, entacapone, é mais brando para o fígado, mas tampouco transpõe a barreira sangue-cérebro e, assim, não confere benefícios cognitivos semelhantes. Depois, há o pramipexol (Sifrol, Agamir, Livipark, Mipexol, Parki, Pramipezan, Rocky, Sifrogran, Stabil, Minergi, Pisa, Quera, Tulipax), outro promotor da dopamina que os pesquisadores pensaram que aumentaria a cognição, mas em vez disso induziu sonolência e prejudicou o aprendizado em pessoas saudáveis.[30] Menciono tudo isso como advertência sobre como um fármaco capaz de reforçar um sistema fisiológico pode semear tumulto em outro. Incluí nesta seção os fármacos que são relativamente seguros (pelo menos para uso em curto e médio prazo) em comparação com muitos que foram retirados do mercado ou que envolvem riscos para outros sistemas.

Dave Hamilton, cofundador do *The Mac Observer*, participou recentemente do encontro "Cannabis and Parenting" [Canabis e parentalidade] no festival SXSW. Uma mulher contou a história de uma adolescente cujo médico administrou canabis para tratar de uma condição de saúde. As instruções do médico para a garota foram o ponto de destaque e se aplicam a qualquer medicação ou tratamento: observe a si mesmo.

> Se as suas notas (ou trabalho) começarem a decair, precisamos encontrar um plano de tratamento diferente. Além disso, você precisa manter o convívio social. Se constatar que está evitando a companhia de outras pessoas e se escondendo em seu quarto, teremos de mudar seu plano de tratamento.[31]

Dave nota que

> um conselho tão inteligente e esclarecido serve para qualquer um de nós, em tratamento com qualquer medicação. Mesmo que nossos médicos e o WebMD digam que algo está "certo", precisamos manter a autoconsciência em relação a qualquer efeito residual em nossas vidas como um todo.

APRIMORAMENTO DA MEMÓRIA E DA ATENÇÃO

Rivastigmina e memantina

Há evidências precoces e incompletas de que a rivastigmina (nome comercial Exelon) pode atenuar os sintomas de declínio cognitivo, como dificuldades de memória e desorientação.[32] Ela aumenta a acetilcolina no cérebro (é um agonista colinérgico), mas ainda não compreendemos exatamente seu mecanismo de atuação nem por que produz tais efeitos terapêuticos. Você deve se lembrar de que a acetilcolina está ligada ao sono e, portanto, a rivastigmina pode simplesmente ajudar os pacientes a desfrutarem de melhores noites de sono, o que é muito significativo. Mas, como vimos, os neurotransmissores em geral participam de numerosas atividades, e a acetilcolina também se associa a interações entre regiões do cérebro que participam dos processos de atenção, memória e controle cognitivo. A rivastigmina produz uma longa lista de efeitos colaterais que acometem dois terços dos usuários, e muitos interrompem seu uso. Esses efeitos colaterais, porém, parecem ser reversíveis, e se você estiver sofrendo e seu Fator V for alto (abertura para experiência), peça a seu médico para deixá-lo experimentar e decidir por si próprio.

Do mesmo modo, há evidências precoces e incompletas de que a memantina (nome comercial Ebix) poderia atenuar e reverter os sintomas da deficiência cognitiva e transtornos neurocognitivos brandos. A memantina bloqueia o glutamato (é antagonista do glutamatérgico), e o glutamato se associa à excitação da sinalização neural. Como no caso da rivastigmina, ainda não compreendemos os mecanismos de ação. Parte do que estaria acontecendo talvez esteja ligado à hiperexcitabilidade que pode ocorrer no hipocampo caso se libere muito glutamato ou se este não for absorvido com rapidez suficiente; qualquer uma dessas duas hipóteses poderia ser consequência do desgaste de conjuntos celulares no cérebro. Quando o hipocampo recebe muito glutamato, condição denominada excitotoxicidade induzida pelo glutamato, temos observado redução da regeneração neurônica e da ramificação dendrítica, além de deficiências de memória e aprendizado.[33]

Em termos da diferença entre rivastigmina e memantina, Carlos Quintana, neurologista de San Francisco, usa a analogia de sintonizar o rádio de um carro numa emissora.[34] "A rivastigmina é como sintonizar na frequência com mais exatidão, e a memantina é como aumentar o ganho. Os dois fármacos trabalham juntos muito bem e costumam ser prescritos juntos." De fato, uma meta-análise recente concluiu que há evidências moderadas de que uma terapia combinada usando os dois fármacos produz pequenas melhoras na cognição, no humor e no comportamento.[35] Aspecto importante a ser lembrado é que essas pequenas melhoras representam uma média estatística de pessoas que veem grandes melhoras, pessoas que não veem nenhuma melhora e pessoas que pioram. É muito possível que você experimente mais do que "pequenas" melhoras (mas também é muito possível que não). Como antes, se estiver com disposição aventureira e o seu médico não o diagnosticar com alguma contraindicação, pode fazer um experimento.

REVISITANDO OS HORMÔNIOS

Mencionei o papel dos hormônios na saúde física e mental, e em especial como a terapia de reposição hormonal pode ajudar na restauração dos ciclos de sono. Algumas pessoas são muito sensíveis ao equilíbrio hormonal do corpo, e até pequenos declínios de testosterona, estrogênio e progesterona, ligados à idade, podem provocar dificuldades cognitivas, sobretudo na memória e na atenção.

Você deve lembrar que senescência é o efeito acumulado de ocorrências no corpo, ao longo do tempo, que podem ser danosas ou criar dificuldades. Senescência celular é o caso específico de nossas células perderem a capacidade de se reparar e de se replicar. Muito do que reconhecemos como efeitos indesejáveis do envelhecimento é causado por ela — rugas, perda de memória e redução da resposta do sistema imune. Esses processos são acompanhados por um declínio progressivo da capacidade da maioria dos órgãos de se reparar e de se recuperar de lesões e doenças. Muitos idosos — talvez a maioria — vivem com inflamações crônicas moderadas e decréscimo da função do sistema imune. A maioria dos estudos sugere que essa inflamação é produto de privação hormonal (estrogênio e testosterona).[36]

Por que algumas pessoas são mais bem-sucedidas que outras não é, claro, uma questão simples. Se os efeitos do envelhecimento resultassem apenas de inflamação moderada, todo mundo que tomou anti-inflamatórios pararia de envelhecer. Se fosse apenas falta de hormônios, a terapia de reposição hormonal resolveria o problema — mas não é. Muitas pessoas determinadas e ambiciosas que conheço, com setenta anos ou mais, estão ingerindo suplementos hormonais com prescrição médica, mas muitos não estão. Há, como em tudo o mais, grandes diferenças individuais. Para muitos, porém, testosterona para homens e estrogênio para mulheres podem aumentar a clareza mental e a capacidade de concentração, além de melhorar a memória.

TERAPIA DE ESTIMULAÇÃO COGNITIVA[37]

Entre os tratamentos não farmacológicos, a terapia de estimulação cognitiva (TEC) tem os mais altos registros de eficácia. Administrada por um terapeuta ou facilitador, a TEC se empenha em reorientar as pessoas para suas memórias e para a vida cotidiana, assim como em promover atividades físicas e sociais. Os dados disponíveis não são muito convincentes, por falta de estudos controlados rigorosos, mas o quadro preliminar mostra que a terapia de estimulação cognitiva é responsável por melhoras significativas na função cognitiva e na qualidade de vida autorrelatada, embora sem efeitos significativos na autossuficiência.

OUTROS TRATAMENTOS

Os estudos que vou analisar nesta seção são apenas preliminares. De acordo com uma definição rigorosa, nenhum deles se qualificaria como "medicamento", pois as evidências ainda estão sendo reunidas. Muitas das descobertas se baseiam em modelos de animais e ainda precisam ser verificadas em humanos. Pelo que sei, nenhum deles se comprovou nocivo; todos devem ser vistos como trabalhos em andamento. A lista de suplementos a que os fabricantes atribuem propriedades anti-idade pode encher mais de uma centena de páginas.[38] Se não estiver incluído aqui é porque não conheço nenhuma evidência confiável de sua eficácia. Isso abrange itens como DHEA, betacaroteno, vitamina E, selênio, ginseng, creatina, ginkgo e piracetam.

Vitamina B_{12}

A vitamina B_{12} (cobalamina),[39] encontrada em carne, frango, ovos, leite e peixe, é necessária para a produção de mielina no cérebro e participa do metabolismo de todas as células do corpo.[40] Os veganos tendem a ter deficiência de B_{12} e são aconselhados a ingerir suplementos. À medida que envelhecemos, o estômago produz menos ácido gástrico, reduzindo a capacidade do corpo de absorver a vitamina B_{12} que é encontrada nos alimentos, e, assim, a deficiência dessa vitamina é mais comum em idosos.

Muitas das pesquisas sobre B_{12} têm sido impulsionadas pela hipótese da homocisteína, um aminoácido potencialmente tóxico que, em níveis elevados, associa-se a deficiência cognitiva, doença de Alzheimer, demência e doenças cardiovasculares.[41] Acreditamos que ela aumenta o estresse oxidativo, agrava os danos ao DNA e que sua neurotoxidade leva à morte de células. A B_{12} (junto com a B_6 e o folato) é responsável pela reciclagem da homocisteína, mantendo sob controle seus níveis; acredita-se, portanto, que níveis insuficientes de B_{12} são responsáveis por um acúmulo tóxico de homocisteína.

A deficiência dessa vitamina se associa ao declínio cognitivo, e idosos com níveis mais altos de B_{12} costumam apresentar melhor desempenho em testes de cognição.[42] Evidentemente, o mero fato de a insuficiência de B_{12} estar ligada a déficits cognitivos não significa que a suplementação corrigirá isso. Com efeito, uma revisão de Cochrane, de 2003, não mostrou correlação entre suplementação de B_{12} e melhoria da função cognitiva.[43] Embora uma revisão de 2017 tenha demonstrado que ela foi de fato eficaz na redução dos níveis de homocisteína, só isso não se traduz em melhorias cognitivas mensuráveis.[44]

Por outro lado, outra meta-análise descobriu que a suplementação de B_{12} levou a melhoras importantes na memória,[45] e ainda outra concluiu que ela retardava a taxa de atrofia do cérebro associada a demência e deficiência cognitiva branda, e que, para começar, os efeitos mais intensos ocorriam em indivíduos com níveis de homocisteína mais altos.[46]

Em um nível anedótico, muitos médicos e pacientes alegam que a suplementação de B_{12} aumenta a energia e combate tendências depressivas. Ingerir suplementação de B_{12} não provoca nenhum mal, até onde sei, desde que os níveis de plasma no sangue não superem os limites máximos recomendados, e é possível que ela seja neuroprotetora à medida que envelhecemos, ao promover a mielinização.[47]

Neuroshroom

Bob Weir, membro fundador do Grateful Dead (72 anos), tem tomado uma formulação comercial de extratos de cogumelos secos denominada Neuroshroom.[48] Ele explica que começou porque "um médico amigo meu, que mora perto de mim, em Mill Valley, que é também xamã, sugeriu que eu fizesse a experiência. Os cogumelos contêm um fator de crescimento neurotrófico. O efeito é sutil, mas sinto que meu dia fica um pouco mais leve e meu foco fica um pouco melhor".

Cogumelos são uma mistura de proteínas, ácidos graxos não saturados, carboidratos e traços de vários elementos.[49] Um dos ingredientes ativos no Neuroshroom são polissacarídeos de *Hericium erinaceus* (PHE). Essa substância aumenta os níveis de acetilcolina no cérebro (o mesmo sistema que é afetado pela rivastigmina), a qual é em geral segregada em grandes quantidades durante o estágio 4 do sono (como vimos no capítulo 11, sobre sono).[50] A qualidade de sonho que associamos a dormir ou a estar em certos estados alterados é mediada por essa substância neuroquímica. O PHE reforça rapidamente a expressão gênica do fator de crescimento neural no hipocampo, o assento da memória. Esse processo poderia ao mesmo tempo melhorar o armazenamento de novas recordações e a recuperação das antigas — até de velhas memórias que se supunha já estarem extintas havia muito tempo.

O PHE também tem qualidades neuroprotetoras e neurorregenerativas, possibilitando o reparo de nervos danificados e o crescimento de novos.[51] Em um estudo, melhorou o desempenho cognitivo geral e foi eficaz em pessoas com até oitenta anos que sofriam de deficiência cognitiva branda. Também há algumas evidências de que melhora a função do sistema imune e pode desenvolver resistência imunológica natural ao câncer. Alguns estudos demonstraram que ele reduz a depressão e a ansiedade.[52] Outro ingrediente nos cogumelos que Weir ingere é *Cordyceps militaris*, que comprovadamente erradica a fadiga e reforça os níveis de energia. Um terceiro ingrediente é *Ganoderma lucidum*, que, como foi demonstrado em experimentos, reduz a fadiga em pacientes de câncer de mama.[53] Parece exercer efeitos neuroprotetores no hipocampo[54] e promover a função cognitiva em modelos de ratos com doença de Alzheimer.[55] Também tem propriedades anti-inflamatórias[56] e reduz o estresse oxidativo.[57] Um estudo de 2019 examinou quase setecentos adultos com sessenta anos ou mais em Cingapura e descobriu que os participantes que consumiam mais de duas porções de cogumelos por semana reduziram em 50% as chances de ter deficiência cognitiva branda, independente de idade, gênero, educação, tabagismo, consumo de álcool, hipertensão, diabetes, cardiopatias, AVC, atividades físicas e atividades sociais.[58]

Bacopa

Bacopa monnieri, hissopo de água, é uma planta nativa do sul e leste da Índia, Austrália, Europa, África, Ásia, e América do Sul e do Norte, inclusive partes do sudeste dos Estados Unidos.[59] De acordo com novas evidências, ela pode melhorar processos cognitivos de ordem superior,[60] como aprendizado e memória, e, em especial, tem efeito importante sobre a retenção de novas informações, mesmo entre idosos.[61] Parece que esse resultado é obtido regulando a expressão do transportador de triptofano hidroxilase e serotonina.[62] Formulações em cápsulas do extrato estão disponíveis no mercado, e a culinária indiana tradicional a usa como ingrediente em alimentos. Como é uma gordura solúvel, deve ser ingerida nas refeições. Demora para funcionar — não espere efeitos perceptíveis antes de duas semanas.

Os tratamentos descritos nesta seção, como Neuroshrooms e Bacopa, e os ácidos graxos ômega-3 mencionados no capítulo 9, sobre dieta, são, claro, alimentos, e não "medicamentos". Qual é a distinção exata entre dietas e medicamentos, dado que os alimentos que consumimos também podem afetar nossa saúde, da mesma maneira que comprimidos ou medicações? Até certo ponto, as escolhas de dietas e alimentos são formas de medicação. (Talvez minha avó estivesse certa sobre o caldo de galinha.)

REVISITANDO OS ANOS 1960

Drogas recreativas

Muitos membros da geração Woodstock usavam drogas na tentativa de expandir a consciência, para iluminação espiritual, para se sentir mais perto da natureza ou simplesmente para se divertir. Os alucinógenos (também conhecidos como psicodélicos), como peiote, mescalina, LSD e psilocibina, estavam mais associados a esses usos, enquanto cocaína, anfetaminas, barbitúricos e quaaludes estavam menos ligados à expansão da mente e mais à alteração do humor, manipulação do estado energético ou apenas experimentação ("Ei, cara... experimente isso"). O problema é que tudo isso se mistura numa única categoria de "drogas", e, no entanto, são substâncias muito diferentes, com efeitos drasticamente díspares, do ponto de vista biológico e psicológico.

Para os atuais membros da geração Woodstock, agora na casa dos sessenta e setenta anos, a ingestão moderada de alucinógenos pode, em alguns casos, proporcionar aprimoramento cognitivo e emocional. O físico Leonard Mlodinow relata que experiências com canabis podem aprimorar uma capacidade que ele denomina "pensamento elástico".

Certos talentos podem nos ajudar, qualidades do pensamento [...]. Por exemplo, a capacidade de deixar de lado ideias confortáveis e se acostumar a ambiguidades e contradições; a habilidade de se erguer acima de mentalidades convencionais e de reformular as questões que levantamos [...] para superar as barreiras neurais e psicológicas que nos bloqueiam.[63]

E os efeitos da canabis são mais pronunciados em quem é menos criativo, para começar. Em outas palavras, ela atua como equalizador da percepção, criatividade e imaginação.

Os usuários de psilocibina relatam ter tido "experiências místicas", e pacientes com câncer terminal a consideraram útil na redução da ansiedade diante da morte iminente. Uma única dose da droga em idosos provocou mudança positiva duradoura no Fator V da personalidade — abertura para experiências.[64] O livro *Como mudar sua mente: O que a nova ciência das substâncias psicodélicas pode nos ensinar sobre consciência, morte, vícios, depressão e transcendência*, do autor de obras sobre ciência Michael Pollan, explora uma espécie de eco ressonante de alguns dos objetivos mais idealistas das drogas psicodélicas que atraíram tanta gente na década de 1960.[65]

Fiquei extremamente curioso sobre as experiências das pessoas que eu estava entrevistando — ateus radicais diziam que imergiram numa jornada espiritual profunda, e pessoas aterrorizadas pela ideia de morte perdiam totalmente o medo. Era evidente que havia muito mais a aprender sobre essas moléculas extraordinárias — no nível da neurociência, mas também no nível da experiência pessoal.

Essa perplexidade levou Pollan a experimentar pessoalmente as drogas, e no livro ele descreve essas experiências recentes como um sexagenário que toma pela primeira vez alucinógenos, o que, diz ele, melhorou sua vida. Ele enfatiza a importância de ter um guia para ajudá-lo a se preparar para as experiências, e um integrador para ajudá-lo a processá-las. No caso de Pollan, o integrador foi a esposa dele. Pollan resume assim a experiência: "As viagens me mostraram o que os budistas tentam nos dizer, mas eu nunca realmente entendi: que há mais na consciência do que o ego, como veríamos se ele simplesmente calasse a boca".

Os psicodélicos também o ajudaram a se sentir mais aberto, mais paciente e mais conectado à natureza. Com efeito, parece, o ajudaram a apertar o botão de reiniciar, deixar de dar como certas as coisas simples da vida e encarar o mundo e a vida com mais jovialidade. Se você estiver interessado em aprender mais a esse respeito, o livro de Pollan é um bom começo, e há um site informativo sem fins lucrativos sobre psicoativos à base de plantas.

Quero ser cuidadoso aqui e observar que se tratam de drogas poderosas e não isentas de riscos, em especial para pessoas que talvez tenham problemas psiquiátricos. (Mais uma vez, tudo o que tomamos tem riscos.) David Nutt, neuropsicofarmacologista no Imperial College de Londres, inclui os alucinógenos "entre as drogas mais seguras que conhecemos".[66] No entanto, se você tiver tendências latentes para transtornos mentais, as drogas podem deixá-lo muito perto do limite, às vezes além do ponto de retorno. Talvez tenha sido isso o que aconteceu com Brian Wilson, o gênio criativo por trás dos Beach Boys, que acabou com transtorno esquizoafetivo.[67] Em outro caso, um artista que ingeriu drogas poderosas durante muitos anos (que permanecerá anônimo, devido a considerações de privacidade) sofre de delírios paranoicos, achando que agentes da CIA estão morando no porão de sua casa, e parasitose delirante, achando que milhares de besouros microscópicos invadiram seu corpo em nível subcutâneo e que cobras se entocaram em todas as camas da casa. Nesse último caso, os delírios não comprometeram sua criatividade e produtividade, e o artista se recusa a reconhecer que são ilusões sem base na realidade.

Minhas próprias observações de pessoas que tomaram LSD numerosas vezes me levaram a acreditar que há mais ou menos um limite fixo de vezes em que se pode ingeri-lo sem efeitos nocivos, e que esse número é individual, dependendo da compleição psicológica de cada um. O problema é que não há como predeterminar qual é esse número. Para algumas pessoas, pode ser apenas um punhado de vezes; para outras, pode ser uma centena. Conheço muita gente que fez várias viagens com LSD e ficou bem, até o dia em que, de repente, ficou mal. No entanto, ao chegar aos sessenta ou setenta anos, você provavelmente se conhece muito bem. Sabe se ouviu vozes imaginárias ou teve episódios maníaco-depressivos, autoquestionamentos paralisantes ou pensamentos suicidas. Se você teve alguns desses sintomas, a experimentação com drogas provavelmente não é para você.

Venho passando algum tempo no Vale do Silício desde que frequentei Stanford como aluno, em 1974. Ainda vou lá com regularidade para dar palestras, encontrar-me com colegas que trabalham no Google ou visitar amigos. O lugar sempre foi diferente, mas, nos últimos tempos, ficou ainda mais estranho. A atmosfera de descontração e espontaneidade dos anos 1970 se transformou no desejo intenso que todo mundo parece sentir de superar todos os outros em todas as áreas possíveis. Você percebe essa guerra de todos contra todos na maneira frenética de dirigir o carro ou no estresse do pessoal de tecnologia ao comer em restaurantes enquanto manuseia dois ou três smartphones ao mesmo tempo. O Vale do Silício hoje está cheio de gente de vinte ou trinta anos em busca do que podem fazer para conquistar vantagem competitiva.

Portanto, não foi surpresa para mim quando a *Forbes* publicou um artigo em 2015 (logo após uma reportagem na *Rolling Stone*) sobre indivíduos na casa dos vinte anos no Vale do Silício que começaram a tomar psicodélicos em microdoses para aumentar a criatividade e a produtividade.[68] (Em *The Good Fight*, Diane Lockhart, representada por Christine Baranski, experimenta microdoses de psilocibina.)

Microdoses são apenas pequenas quantidades de substâncias, como LSD, que se supõe que estejam abaixo do limiar de qualquer efeito perceptível, em geral de 5% a 10% de uma dose normal. A dose ideal é aquela com que você "se sente bem, trabalha com eficácia e se esquece de que tomou alguma coisa".[69] Muitos dos efeitos benéficos associados a doses regulares de alucinógenos se referem a microdoses, mas, compreensivelmente, de forma mais controlável e menos espetacular. Os usuários relatam melhoras na criatividade, reduções no medo e na ansiedade e melhora do humor. Os adeptos de microdoses registraram escores mais baixos de atitudes disfuncionais e emoções negativas e medidas mais altas de sabedoria de vida, abertura mental e criatividade, assim como incidência mais baixa de suicídio.[70] Descobriu-se que doses regulares baixas de THC, o ingrediente ativo da canabis, reverte déficits de memória e restaura a função cognitiva em camundongos velhos, um caminho promissor para futuros experimentos humanos.[71]

DISPOSITIVOS

Já mencionei implantes neurais. Por mais futuristas e loucos que pareçam, eles já existem. Implantes cocleares são introduzidos cirurgicamente em pessoas que nascem surdas e cujo déficit auditivo resulta de problemas no ouvido interno, dentro de uma estrutura em forma de caracol, denominada cóclea.[72] Quando você ouve qualquer tipo de som, o tímpano se agita na mesma frequência. A cóclea traduz esse movimento para dentro e para fora em sinais elétricos que ela transmite para o córtex auditivo. Esses implantes têm sido usados desde a primeira dessas intervenções, na Universidade de Stanford, em 1964, e hoje se estima que haja 600 mil pessoas que os usam em todo o mundo.[73]

Outras formas de implantes neurais têm sido usadas para controlar a epilepsia, tratar a doença de Parkinson[74] e superar a depressão clínica.[75] A desvantagem deles é que são invasivos — exigem abertura cirúrgica no crânio e a inserção de um corpo estranho no cérebro (e, de fato, tem alguma coisa mais invasiva do que isso?). No entanto, à medida que se multiplicam e se refinam as cirurgias robóticas, é possível que em breve vejamos os tipos de implante que pareciam fantasiosos no passado — aprimoramento da memória por estimulação das vias do hipocampo (ou, de maneira ainda mais instigante, por estimulação seletiva das vias emocionais que facilitam o armazenamento e a recuperação da memória), ou de redes de atenção no córtex pré-frontal, no córtex insular e no cingulado anterior.

No momento em que escrevo esta página, uma equipe da Universidade da Pensilvânia liderada por Michael Kahana acabou de publicar um trabalho na *Nature Communications*. Eles desenvolveram um implante neural que aumentou a codificação e a recuperação de memórias de informações recentes, talvez um primeiro passo para o alívio dos sintomas mais devastadores da doença de Alzheimer e da demência.[76] Um aspecto inovador desse implante é não ser ativado o tempo todo — ele estuda os padrões de disparo neural no cérebro dos implantados e envia sinais elétricos apenas quando o cérebro parece ter problemas para codificar as novas informações, e se mantém inativo o resto do tempo. (Dessa maneira, parece um marca-passo para o coração.)

"Todos temos dias bons e ruins, momentos em que nosso pensamento está anuviado e que está afiado", disse Kahana. "Descobrimos que impulsionar o sistema quando ele está em estado lento pode lançá-lo a um estado de alto desempenho."[77] Kahana acha que as próximas pesquisas poderiam mirar, de preferência, também na recuperação de memórias antigas e esquecidas.[78]

BIÔNICA

Produtos biônicos podem reforçar nossos receptores sensoriais, transmitindo-nos informações que poderíamos não receber de outra forma. É possível que nos capacitem a usar o corpo de maneiras que até então pareciam impossíveis e, através da cognição incorporada, ampliar nossa vida mental. A biônica está ficando cada vez mais sofisticada e a atitude das pessoas em relação aos seus recursos está mudando. A tecnologia, movida em parte pela necessidade de servir aos veteranos de guerra que sofreram amputações, permite a recuperação de funcionalidades. Temos visto corredores olímpicos com pernas protéticas. Um usuário de mão protética pratica mergulho, colhe verduras e até pode usar hashi nas refeições, e uma prótese de mão "sensorial" experimental permite a outro amputado sentir a forma e a composição de objetos pela primeira vez desde a amputação.[79]

Samantha Payne, COO da Open Bionics, empresa de próteses, diz que a comercialização dessa tecnologia já está logo ali na esquina.[80]

Tudo de que precisamos são motores menores e baterias melhores; assim que os componentes avançarem, os produtos chegarão ao mercado [...]. Sinto que ocorreu uma enorme mudança cultural. Detectamos uma diferença muito nítida entre os mutilados mais jovens e os de quarenta anos ou mais. Os mais velhos queriam mãos biônicas tão próximas quanto possível da mão real. Toda a geração mais jovem quer mãos altamente personalizadas. Avançamos de uma sociedade que valorizava a conformidade para uma sociedade que celebra a individualidade. As pessoas estão mais dispostas a fazer experiências com o corpo. São extremamente abertas.

Os implantes no cérebro estão sendo usados para ajudar tetraplégicos a digitar ou movimentar membros paralisados com a mente. Um indivíduo com 24 anos quebrou o pescoço em um acidente e ficou paralisado durante seis anos. Um implante neural agora lhe permite movimentar o braço direito até então paralisado, a ponto de poder jogar video game.[81] Imagine um neurocirurgião cujas mãos sejam trêmulas demais para operar, mas que pode pensar no que quer fazer, enquanto um robô executa a operação.[82]

Zoltan Istvan é uma figura controversa que se identifica como parte do movimento transumanista, grupo de indivíduos que procura potencializar o corpo e o intelecto humano com implantes para aprimorar em grande medida a fisiologia, o intelecto e as realizações humanas; há quem veja essa tendência como caminho para a imortalidade.[83] Até agora, seus seguidores não foram muito além do implante de chips de radiofrequência que permitem aos usuários destravar portas e dar a partida em carros, implantes de crânio que possibilitam às pessoas ouvir música sem fio (o neurojack, como o escritor Sandy Pearlman certa vez o chamou) e implantes magnéticos que conferem aos utilizadores um sexto sentido para detectar a proximidade de metais. Outro entusiasta, Neil Harbisson, recebeu um implante de antena na cabeça que o capacita a ouvir ondas de cores, sentindo cores que em condições normais lhe passariam despercebidas, como infravermelho e ultravioleta.[84] Ele também tem um bluetooth implantado no crânio. "Posso me conectar com dispositivos próximos", diz, "ou posso me conectar com a internet. Assim, posso de fato me conectar com qualquer lugar do mundo."

Antes, porém, de qualquer um desses dispositivos com jeito extravagante se popularizar, uma revolução está em curso no campo dos diagnósticos. Muita gente já carrega ou veste dispositivos que rastreiam movimentos e frequência cardíaca e os transmite a seu próprio monitor ou ao smartphone, para criar um registro de exercícios. Nos próximos anos, outros dispositivos vestíveis — adesivos, camisas com sensores, pulseiras e pequenos implantes coletarão dados que indicarão nosso estado físico em termos de açúcar no sangue, hidratação, risco de convulsão ou enxaqueca. Tecnologia para isso já existe.[85] Serena Williams tem aparecido em anúncios usando um adesivo fabricado pela Gatorade que lê os níveis de cloro na transpiração para medir a perda total de eletrólitos, indicador de desidratação.[86]

MEDITAÇÃO

Muito se argumenta em prol da meditação, e se você não medita, os defensores da prática talvez não consigam disfarçar uma contrariedade intransigente e irritante. A meditação não cura câncer nem reverte a doença de Alzheimer ou a doença de Parkinson. Tampouco lhe trará a fama a que você aspira em seus sonhos mais malucos. Todavia, como parte de um estilo de vida saudável, pode ajudar a aumentar a eficácia e a eficiência do cérebro.

Perguntei ao Dalai Lama: "Suponha que, no futuro, aos 85 ou 90 anos, você sinta que a sua memória está falhando. Pode acontecer. Concordaria em tomar medicamentos indicados por um médico, para ajudá-lo a melhorar a memória?".

Ele respondeu: "Não sei. Sinto que o treino da mente pela meditação é realmente o que ajuda no aguçamento da mente. E também é útil, sabe, para manter a memória forte". E também o ajuda a manter-se atento ao que é mais importante para ele e a domar os próprios impulsos. Ele prossegue:

Adoro conversar. Geralmente digo às pessoas que uma de minhas fraquezas é abrir a boca e me alongar no blá-blá-blá sem parar. Assim, meu tempo sempre fica curto. Acho que a principal fonte de minha força é ser um monge budista. Todos os dias são preenchidos por orações e pensamentos; meu corpo, fala e mente se dedicam ao bem-estar dos outros. Não apenas nesta vida, mas enquanto houver espaço, enquanto houver seres sencientes, seguirei servindo. Assim, isso realmente me confere força interior, e dedico essa força. Uma vida mental tão cheia de entusiasmo também exerce efeito benéfico sobre o corpo.

O Dalai Lama trabalhou de perto com neurocientistas para compreender melhor os fundamentos cerebrais dessa atitude. A meditação envolve manter-se atento à nossa experiência imediata, no momento e no mundo, e evitar distrações como pensamento autorreferencial e divagação mental. Ela ajuda a nos treinar para não pensar em nada além do que estivermos fazendo no momento, disciplinando a rede do modo-padrão a que já me referi. A meditação reduz a atividade na rede do modo-padrão e aumenta a conectividade entre ela e regiões do cérebro que participam do controle cognitivo — isto é, o controle de nossos pensamentos: o cingulado anterior dorsal e os córtices pré-frontais dorsolaterais.[87] O resultado é que a meditação ao mesmo tempo diminui a atração do modo-padrão sobre a atenção e simplifica e aperfeiçoa a rede. O aumento da conectividade entre a região pré-frontal e as áreas-padrão também tem um efeito anti-inflamatório ao reduzir as citocinas.[88]

O neurocientista Richard Davidson, da Universidade de Wisconsin em Madison, descobriu que os monges apresentam ondas gama maiores durante a meditação compassiva. As ondas gama são a assinatura da atividade neuronal que entrelaça circuitos cerebrais distantes. São a base de atividades mentais de alto nível, como a consciência. O mecanismo das ondas gama consiste em promover a sincronização dos neurônios, e a consequente unidade dos disparos leva à unidade da consciência. Imagine a bela simetria mística: uma atividade capaz de nos fazer sentir em harmonia com o universo é aquela que faz nossos bilhões de neurônios dispararem como se fossem um só.

Quem medita há mais tempo apresenta mudanças estruturais no cérebro, inclusive aumento na espessura cortical, na densidade da matéria cinzenta hipocampal e no tamanho do hipocampo.[89] Outras mudanças são a ampliação da ínsula, das áreas somatomotoras, do córtex orbitofrontal, partes do córtex pré-frontal que contribuem para a atenção e para a autoconsciência, e de regiões do córtex cingulado, instrumental na autorregulação e na manutenção do foco.

Mesmo a meditação breve reduz a fadiga e a ansiedade ao mesmo tempo que aumenta o processamento visoespacial,[90] a memória de curto prazo e a função executiva; em muitos casos, esses benefícios persistem mesmo depois que se interrompe a prática de meditação.[91] Os meditadores mostram níveis mais baixos de cortisol[92] depois de tarefas estressantes, e de inflamação, não só durante a meditação, mas também no dia a dia; além disso, os benefícios aparecem depois de apenas quatro semanas (ou trinta horas) de prática de atenção plena.[93]

Davidson também demonstrou que a meditação pode produzir benefícios no nível dos genes. Depois de um dia de prática de oito horas, um grupo de meditadores experientes (com cerca de seis mil horas de prática na vida) apresentaram importante infrarregulação de genes inflamatórios.[94] Essa diminuição, se sustentada ao longo da vida, pode ajudar a combater doenças com início marcado por inflamação crônica de baixo grau — doenças cardiovasculares, artrite, diabetes, doença de Alzheimer e câncer. Alguns outros estudos-piloto apoiam a descoberta de que a meditação parece ter efeitos epigenéticos.[95] A solidão acarreta níveis mais altos de genes pró-inflamatórios; a meditação pode não só reduzir esses níveis mas também atenuar os sentimentos de solidão, como descobriu o Dalai Lama ao meditar sobre como ele é apenas uma entre 7 bilhões de pessoas no planeta (lembre-se das observações dele a esse respeito no capítulo 1, sobre diferenças individuais).[96] A meditação de atenção plena também se associa ao aumento da telomerase.[97] Em pessoas com deficiência cognitiva branda e Alzheimer em estágio inicial, a meditação tem demonstrado reduzir ou reverter o declínio cognitivo, atenuar o estresse e melhorar a qualidade de vida, além das mudanças neuroplásticas que acabei de descrever.[98]

Vislumbro um futuro em que seremos capazes de planejar com antecedência para evitar alguns dos efeitos adversos do envelhecimento; um futuro em que poderemos explorar o que sabemos sobre neuroplasticidade para escrever os próximos capítulos da nossa vida da maneira como quisermos que eles se desenrolem; um futuro em que uma combinação de avanços médicos e de escolhas de estilo de vida saudável possam moderar ou inverter os efeitos do declínio cognitivo, da depressão e da perda de energia que, de há muito, supomos serem parte inegociável do processo de envelhecimento. Esse futuro, em grande medida, já é presente para quem se dispuser a aproveitá-lo.

14. Viver melhor

Os melhores dias de nossa vida

Se eu soubesse que viveria tanto, teria cuidado melhor de mim mesma.
Eleanor Macoby, psicóloga e pesquisadora, ao completar cem anos

Na minha idade, a coisa mais embaraçosa que eu farei na vida é
provavelmente algo que já fiz.
David Bradley, ator (*Harry Potter, Game of Thrones*), 77 anos[1]

Há uma história antiga sobre a tensão entre longevidade e qualidade de vida. De acordo com a mitologia grega, Eos era a deusa da aurora. Toda manhã, ela saía numa carruagem púrpura, puxada por dois cavalos, trajando um vestido cor de açafrão, para trazer o dia. Ela se apaixonou profundamente pelo mortal Titônio, príncipe de Troia. Como deusa, ela era imortal e não podia suportar a ideia de que Titônio acabaria morrendo e ela teria de passar a eternidade sem ele. Eos implorou a Zeus para conceder imortalidade a Titônio, e Zeus concordou. Mas ela não pensou em também pedir o dom da juventude de que ela e outras divindades desfrutavam. Enquanto Eos continuou eternamente jovem, Titônio ficou velho, decrépito, sem forças até para movimentar as pernas. Ele continuou a envelhecer até que, por fim, ficou demente. Ela o pôs para fora de casa e o deixou em um quarto, sozinho, onde ele continuou a viver, demente e enfermo. Imortalidade e juventude não são a mesma coisa.

O filósofo David Velleman sugere que consideremos duas vidas hipotéticas, que representam extremos possíveis.

Uma vida começa no ponto mais baixo, mas assume uma tendência ascendente: infância de privação, juventude problemática, lutas e retrocessos no início da idade adulta, coroada, finalmente, por sucesso e satisfação na meia-idade e por uma aposentadoria tranquila. Outra vida começa no alto, mas descamba para a decadência: infância e juventude bem-aventuradas, triunfos e recompensas precoces no início da idade adulta, ao que se segue uma meia-idade repleta de desastres, que levam à miséria na velhice.[2]

Agora, imagine que conseguíssemos de alguma maneira quantificar o que entendemos por privação, problemas, lutas, triunfos, recompensas, sucesso e satisfação. Simplesmente atribuiríamos números a essas diferentes experiências e as avaliaríamos. (Você pode escolher a escala que desejar: esse foi um bom ano? Uma boa semana? Um bom dia ou mesmo um bom minuto?) Em seguida, imagine que fizéssemos isso ao longo da nossa existência e comparássemos duas vidas exatamente com a mesma duração, mas com os bons e os maus momentos distribuídos de maneira diferente, como na história narrada por Velleman. Em termos numéricos, as vidas poderiam ser idênticas — isto é, o número de situações ruins ou momentos negativos são iguais em cada uma, assim como o de situações boas ou momentos positivos em cada vida. Se a boa vida for aquela em que os bons momentos superam os maus por determinada quantidade, e se o bem-estar for apenas uma soma, então essas duas vidas devem ser vistas como igualmente desejáveis. Mas não é assim que a maioria das pessoas vê a questão. Se puder escolher, a maioria preferiria a vida que assume a tendência ascendente, e veríamos a pessoa que leva essa vida como a mais afortunada.[3]

O que Daniel Kahneman descobriu sobre prazer e dor — que as pessoas se dispunham a suportar a dor por mais tempo se o desfecho fosse relativamente prazeroso — foi observado no contexto restrito de procedimentos médicos dolorosos, como colonoscopias. Seria esse mesmo princípio aplicável à vida em si? O psicólogo e pesquisador Ed Diener acha que sim. Diener partiu da seguinte questão objetiva: o aumento da longevidade resultante de anos adicionais com baixa qualidade de vida melhoraria ou pioraria a percepção da qualidade de vida total?[4] Em outras palavras, ele investigou se as pessoas acham melhor viver menos, com um final de vida feliz, ou mais, com um final marcado por sofrimento e desconforto? Ele também considerou que a proximidade do fim da vida influencia a autoavaliação quanto à qualidade de vida.

A vida feliz que termina de repente foi considerada mais desejável que a feliz com mais cinco anos apenas prazerosos, mas não tão felizes quanto antes. Em contraste, uma vida terrível foi considerada mais aceitável se durasse mais cinco anos, que — embora ainda desagradáveis — não fossem tão terríveis quanto os anteriores. Os mesmos resultados foram obtidos entre idosos e jovens, indicando que, à medida que o fim se aproxima, as pessoas ainda não veem a longevidade como o único objetivo. O estudo confirma o efeito "ponto final" encontrado por Kahneman. (De um ponto de vista estritamente estatístico, essas descobertas são irracionais. No sentido numérico real, as pessoas com boa vida, mais longevas, de fato experimentam mais prazer que as pessoas menos longevas). Diener chamou essa tendência de efeito James Dean, inspirado no ator que morreu de maneira repentina, aos 24 anos, no auge do estrelato.

A explicação de Vellerman sobre a razão de preferirmos uma vida progressiva a uma regressiva é que isso não se deve ao fato de atribuirmos maior peso ao que acontece no fim, mas à possibilidade de os eventos mais recentes alterarem o significado dos eventos anteriores. Essa tendência talvez resulte de nosso anseio por instilar significado na vida. Somos atraídos pelos relatos de alguém que reconhece os erros da juventude e progride, que melhora como pessoa. Isso contribui para uma trajetória mais satisfatória, para um tema com mais inspirações e aspirações, do que a vida de alguém que vai na direção oposta. *Quando* vivemos os coisas boas e ruins realmente importa. Somos sensíveis ao momento dos eventos porque procuramos padrões no mundo que nos cerca — inclusive como vivemos nesse contexto.[5] Um caso de sucesso pode significar o fim de nossas frustrações ou prefigurar uma crise que não vimos chegando, dependendo de quando isso acontece em nossa vida. E o sentido que percebemos nesse evento depende em grande extensão dos que ocorreram antes ou depois.

Em conjunto, esses estudos sugerem que é importante considerar a qualidade de vida, não apenas a longevidade, e que talvez ela até mereça parte dos recursos que estão sendo destinados à pesquisa sobre longevidade. Levantei essa ideia com os gráficos sobre a Carga Global de Doenças, mostrando que as causas de morte (doenças cardíacas, câncer) tendem a não ser as mesmas coisas que impactam a qualidade de vida (incapacidades, dor, surdez, cegueira). Acrescente-se a isso o fato de que a medicina tende a focar salvar vidas e promover curas, prestando relativamente menos atenção às sequelas de doenças — a pergunta "E agora?". Essa questão se tornou tão importante que a revista *Nature* publicou um editorial instando os pesquisadores a estudar os efeitos duradouros de terapias que são dadas como certas.[6] A título de exemplo, é contada a história de Gregory Aune, que recebeu tratamento contra o linfoma de Hodgkin aos dezesseis anos com uma combinação de fármacos e radiação. Ele viu a morte de muitos pacientes em sua enfermaria. Agora, com 46 anos, teve de lidar com hipotireoidismo, diabetes, câncer de pele, infertilidade, cirurgia de coração aberto e um AVC, tudo ligado aos tratamentos que lhe foram ministrados. Hoje oncologista pediátrico, ele está pressionando por mais consciência quanto às consequências. "A toxicidade do tratamento persistiu em mim", diz ele.

Avançando nessa direção, a Organização Mundial da Saúde introduziu um indicador denominado expectativa de vida saudável (HALE, na sigla em inglês), que monitora quantos anos uma pessoa vive sem deficiências importantes, definido com base em critérios objetivos, como capacidade de trabalhar, caminhar, se vestir, conversar e se lembrar.[7]

Nem todos concordam comigo em relação ao valor de equilibrar longevidade e qualidade de vida — há quem queira apenas ficar vivo, não importa como. Acho, porém, que o fim da vida deve ser cercado por ocorrências e recordações positivas, e deve ser livre o máximo possível de dor física e psicológica. Três de meus avós usufruíram dessa dádiva — eles se foram de forma rápida, aproveitando a vida, sem saber o que os atingiu. Uma de minhas avós morreu num hospital e mal podia esperar para se livrar desse fardo mortal. "Sinto-me como uma almofada de alfinetes aqui", disse ela, sempre que as enfermeiras chegavam e a espetavam com as suas agulhas. Seus dias eram sombrios, pois ela já não apreciava as refeições e não tinha energia para aproveitar as visitas dos netos. Não estou convencido de que os medicamentos lhe fizeram bem. E, contudo, sou grato pelos meses adicionais que pude passar com ela e conhecê-la melhor. Mas minha felicidade não é a questão — o importante era o bem-estar dela.

Podemos mudar a conversa, em toda a sociedade, sobre o que significa ser idoso. Em geral, olhamos para a velhice como uma fase da vida de limitações, enfermidades e tristeza. Claro, é verdade que, ao envelhecermos, não fazemos mais algumas coisas tão bem quanto na juventude. Mas isso não significa necessariamente que todos os idosos sejam tristes ou deprimidos. Alguns, por certo, o são, mas, como grupo, são na verdade mais felizes que os jovens. A felicidade tende a diminuir na segunda metade dos trinta anos (a crise da meia-idade, já ouviu falar?), e então começa a aumentar de maneira acentuada depois dos 54 anos. Essa constatação se aplica a 72 países, da Albânia ao Zimbábue.[8]

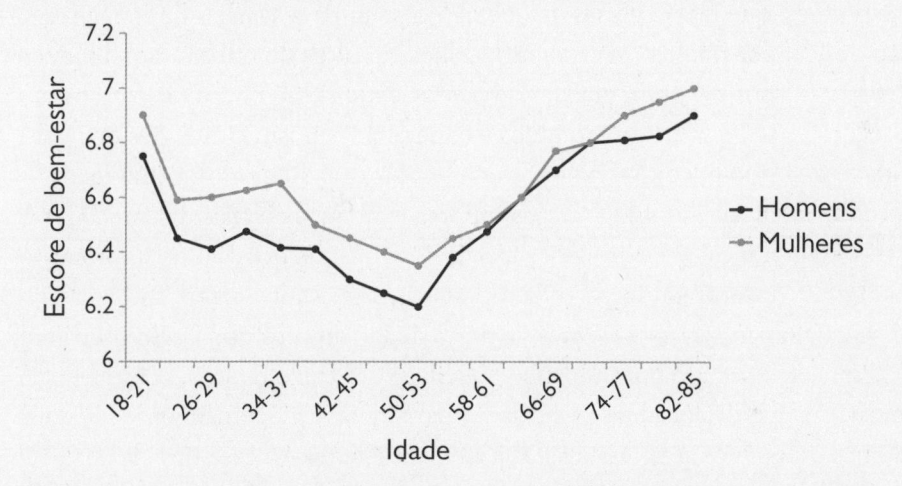

Seria possível tecer uma história a esse respeito, atribuindo a tendência a fatores sociais. É como diz Daniel Pink sobre a crise da meia-idade:

Uma possibilidade é o desapontamento com as expectativas não realizadas. Na idade ingênua dos vinte e trinta anos, as esperanças são altas; nossos cenários são cor-de--rosa. Até que a realidade se insinua como um vazamento lento no telhado. Apenas uma pessoa chega a CEO — e não será você. Alguns casamentos desmoronam — e o seu, infelizmente, é um deles [...]. Todavia, não ficamos no porão emocional durante muito tempo, porque, com o passar do tempo, ajustamos nossas aspirações e mais tarde percebemos que a vida é muito boa. Em suma, afundamos na meia-idade porque somos péssimos em prever. Na juventude, nossas expectativas são altas demais.[9]

Ou talvez seja de novo a explicação de Velleman: como espécie, somos movidos a dar sentido à vida. Olhando paras trás, ficamos felizes ao ver que, não importam as lutas inevitáveis que enfrentamos, elas nos trouxeram para onde estamos agora. Mesmo que as coisas tenham dado uma virada para baixo, somos felizes por estarmos vivos e por termos vivenciado quaisquer boas experiências que tivemos. Sim, preferiríamos que as coisas tivessem sido melhores, mas reconsideramos e reiniciamos a vida de maneira positiva. Essa abordagem é compatível com e prevista pela teoria da seletividade socioemocional de Carstensen (como vimos no capítulo 6, sobre a vida com pessoas): os idosos apresentam um viés de positividade. Vivem de maneira diferente dos jovens, passando mais tempo fazendo coisas de que gostam. Não admira que sejam mais felizes que os quarentões, que fazem coisas de que não gostam para avançar na vida e serem capazes de, por fim (assim esperam), colher os frutos do trabalho infeliz. Além disso, os idosos mostram um viés de positividade — são muito mais propensos a seguir e a se lembrar de estímulos e experiências positivas. O viés de positividade tem sido encontrado em diversos contextos diferentes, como memória recente, memória autobiográfica, atenção a expressões faciais de emoções positivas, lembranças de expressões faciais positivas, recordação de informações saudáveis e interpretação positiva de situações emocionalmente ambíguas.[10]

Quais seriam as bases do viés de positividade no cérebro? Carstensen acredita que ele é gerado por mudanças de cima para baixo (volitivas) na cognição motivada, que deslocam as prioridades para metas emocionalmente satisfatórias. De fato, duas áreas associadas à atenção seletiva e a esse tipo de cognição motivada são a região ventro-medial do córtex pré-frontal e o córtex cingulado anterior adjacente.[11] Demonstrou-se que essas áreas são ativas em especial em idosos, o que pode contribuir para a positividade e o bem-estar deles.

No capítulo 6, sobre a vida com pessoas, mencionei Sony Rollins, um dos maiores músicos de jazz vivos.[12] Ele perdeu a capacidade de tocar seu instrumento poucos anos atrás, em consequência de uma fibrose pulmonar. Em uma carreira de sete décadas, tocou com os melhores — Miles Davis, Dizzy Gillespie, Thelonious Monk, Bud Powell e Max Roach — e gravou mais de sessenta álbuns como líder de banda. Hoje, aos 89 anos, seria de esperar que seus problemas de saúde o tivessem deixado triste ou frustrado, mas quando o visitamos, o encontramos notavelmente contente, filosófico e animado, focado na qualidade, em vez de na extensão da vida. De acordo com Sonny Rollins:

O propósito da vida, de acordo com os budistas e outros com ideias afins, é viver e aprender. Continuamos aprendendo. Não é importante para mim viver 144 anos. Não tem nada a ver com os 144 anos. Se eu aprendi tudo de que precisava para progredir no espírito de Buda, ou algo semelhante, em que você realmente se transforma em uma pessoa mais iluminada... por isso é que estamos aqui... uma alma iluminada. Passamos, quem sabe, por quantas vidas? Não sei. Não tento especular a esse respeito. Isso não é de minha conta. As pessoas me dizem: "Ah, Sonny, você pensa muito nessas coisas — como é o céu?". E lhes digo: "Olha, não desperdice meu tempo. Não quero saber como é o céu. Meu negócio é bem aqui, na Terra". Tentar ser uma pessoa melhor, tentar fazer coisas que deixem outros felizes, o que, como eu disse, me deixa feliz, por fazer outros felizes. É disso que se trata. Essas outras coisas não significam nada. Pelo menos, essa é a minha maneira de pensar. Essa é a filosofia oriental. Acho que sou mais feliz agora que eu... que eu tenho muito mais compreensão.

COMPARAÇÕES SOCIAIS INFLUENCIAM A SATISFAÇÃO

Um de meus alunos, um refugiado da Romênia que se estabeleceu no Canadá, contou-me esta história:

Meu primeiro encontro com o tema da qualidade de vida foi logo no começo da minha infância. Eu estava brincando com um grupo de crianças da vizinhança, numa pequena vila romena, quando uma equipe de missionários norte-americanos se aproximou e me chamou de lado para me perguntar sobre o que supunham ser a vida miserável, assolada pela pobreza, que eu e meus amigos teríamos. Com aparência piedosa, eles olharam para nós, crianças descalças e sujas, e meus amigos e eu olhamos de volta para eles, confusos — não conseguíamos entender por que esses estrangeiros pareciam tão preocupados. Não achávamos que havia alguma coisa errada. Seria o caso de argumentar, então, que a qualidade de vida *percebida* é mais importante para o bem-estar individual do que medidas *objetivas* de qualidade de vida.

A teoria da comparação social afirma que nossa satisfação na vida tende a ser influenciada menos pelo que temos e mais pelo que temos em relação aos outros. Ou seja, observamos como os outros vivem, se têm sapatos ou sentem menos dores crônicas e agudas — e nos julgamos com base nessa comparação. Somos uma espécie social, e estamos sintonizados à equidade. Se vemos outras pessoas que têm coisas que não temos, como sapatos ou boa saúde, sentimo-nos enganados. Se ninguém que conhecemos tem sapatos e boa saúde, apenas pensamos: "É a vida". Aos 89 anos, Sonny Rollins vai bem em comparação com quase qualquer um de seus contemporâneos do jazz. A maioria está morta e sofreu de problemas de saúde mais debilitantes que os de Sonny.

MEDINDO A QUALIDADE DE VIDA E A FELICIDADE

Felicidade é uma percepção pessoal, e seus determinantes diferem muito através das culturas. A maioria dos índices de qualidade de vida combina medidas objetivas, como saúde, independência, padrão de vida e segurança (por exemplo, proteção contra crimes), com medidas subjetivas, como a autoavaliação da pessoa de sua satisfação com vários componentes importantes da vida, como liberdade de escolha, relacionamentos sociais, relacionamentos românticos, trabalho significativo e humor.[13]

Supõe-se que todos aspirem a ser mais felizes, as pessoas querem ter o máximo possível de algo bom. Essa visão, porém, é tendenciosa, típica de quem vive em sociedades individualistas, como Europa e América do Norte. Para pessoas de sociedades coletivistas e holísticas — onde se enfatiza contradição, mudança e contexto —, os estados de existência ideais para o ego são mais moderados que em outras culturas.[14] Essa abordagem poderia ser chamada de princípio da moderação, sob o qual as pessoas impõem tetos conscientes sobre as coisas boas a que aspiram em um mundo perfeito. Embora ele viva em Nova York, essa é a visão cultivada por Sonny Rollins e, de fato, pelos seguidores das filosofias e religiões como budismo, confucionismo, hinduísmo, jainismo e taoismo. Você talvez reconheça as semelhanças com o princípio aristotélico da média de ouro (nem de mais, nem de menos).

Os ocidentais tendem a ver felicidade e sofrimento como opostos, e a vida como um desafio para minimizar o negativo e maximizar o positivo. Os orientais tendem a ver ambos como correlatos e mutuamente necessários, como o yin e yang na filosofia chinesa. De fato, estudos com milhares de pessoas mostram que membros de culturas holísticas aspiram a menos felicidade, prazer, liberdade, saúde, autoestima e longevidade que membros de culturas individualistas, embora seus objetivos para a sociedade em geral sejam os mesmos. A Rússia — com uma história sociológica situada em algum ponto entre uma cultura individualista e uma coletivista — ficou no lado das culturas orientais, quando incluída nesse estudo.

Os americanos têm caído nos rankings mundiais de felicidade nos últimos anos, de acordo com o *World Happiness Report* [Relatório mundial da felicidade].[15] No ranking de 2019, com 156 países, os Estados Unidos caíram uma posição, para o número dezenove, a pior classificação desde o início do relatório. "Terminamos em 19º lugar na lista, atrás da Bélgica", gracejou o comediante Jimmy Kimmel.[16] "As pessoas que gostam de pôr maionese na batata frita são mais felizes do que nós. Ânimo, gente!"

O relatório considera seis variáveis: PIB, apoio social, duração da saúde (não duração da vida!), liberdade para fazer escolhas, generosidade e proteção contra a corrupção. "De muitas formas, os americanos deveriam estar mais felizes agora do que nunca", disse Jean Twenge, um dos autores do relatório.[17] "A taxa de crimes violentos está baixa, assim como a de desemprego." Os autores especulam que a posição dos Estados Unidos caiu em consequência de uma onda de vícios — opioides, jogo, redes sociais e comportamentos sexuais arriscados —, assim como do aumento da obesidade e da depressão grave.[18]

Os autores também culpam o uso excessivo de dispositivos digitais.[19] Em 2017, a média dos indivíduos com dezessete ou dezoito anos era mais de seis horas do tempo para o lazer — além de qualquer tempo dedicado aos trabalhos escolares — na internet, nas redes sociais e trocando mensagens de texto, atividades que têm sido associadas ao crescimento da depressão. Com o aumento do tempo de tela, as pessoas ficaram cada vez menos propensas a participar de interações presenciais, como se reunir com amigos ou participar de festas. Ocorreu também um declínio em outras atividades solitárias não relacionadas com telas, como leitura e sono. Embora falemos sobre como as redes sociais estão nos aproximando uns dos outros e tornando o mundo menor, os dispositivos sociais diminuem os contatos sociais em favor de um tipo de contato virtual amorfo e esporádico.

Outro componente dessa queda nacional na felicidade talvez seja a onda de condenações por corrupção nos Estados Unidos, de pessoas em altas posições nas empresas e nos governos, em 2018 e 2019 — ausência de corrupção é um dos índices de qualidade de vida.

O estudo mais longo sobre saúde e felicidade já realizado é o Harvard Grant Study (agora parte do Study of Adult Development [Estudo do Desenvolvimento Adulto]). Iniciado em 1938, ele acompanhou 268 estudantes homens de Harvard e 456 de um grupo de controle de Boston, durante mais de 75 anos, sem saber como se desenrolariam suas histórias de vida. (Um dos membros do estudo foi o presidente John F. Kennedy.) Cerca de 59 deles, a maioria na faixa dos noventa anos, ainda estão participando. Os pesquisadores estão estudando seus filhos e netos e, no começo dos anos 2000, começaram a coletar dados também das esposas dos participantes. O psiquiatra Robert Waldinger, que hoje lidera o estudo, resumiu assim as descobertas:

> A mensagem mais clara que recebemos desse estudo de 75 anos é a seguinte: bons relacionamentos nos mantêm felizes e saudáveis, ponto [...]; as conexões sociais são realmente boas para nós [...]; a solidão mata. As pessoas com mais relacionamentos sociais, envolvendo familiares, amigos e membros da comunidade, são mais felizes, saudáveis e longevas. E a solidão se torna tóxica [...]. Casamentos muito conflituosos, sem afeto o bastante, são muito ruins para a saúde — pior do que se divorciar.[20]

A qualidade de nossos relacionamentos aos cinquenta anos é um previsor mais importante de como será a saúde aos oitenta anos do que o nível de colesterol.[21] Os bons relacionamentos protegem o cérebro. Sobretudo aos oitenta anos, uma pessoa que sinta ter um vínculo amoroso, em que pode contar com a outra pessoa em situações de necessidade, preservará memórias mais nítidas por mais tempo e desfrutará de uma saúde melhor em geral. Os Beatles estavam certos a esse respeito (e em muitas outras áreas): amor é a coisa mais importante.[22] Um segundo pilar importante da felicidade é encontrar uma maneira de lidar com a vida que não afaste o amor.

A descoberta mais notável do estudo é o enorme impacto dos relacionamentos, muito maior do que já havíamos constatado antes. A pessoa pode ter uma carreira bem-sucedida, dinheiro e até boa saúde física, mas, sem relacionamentos solidários e amorosos, elas não serão felizes.[23] Os pesquisadores descobriram que os relacionamentos de homens aos 47 anos eram previsores melhores de ajustes na velhice do que qualquer outra variável, exceto a capacidade de enfrentar reveses (o que ele denominou mecanismos de defesa). Bons relacionamentos entre irmãos pareceram especialmente poderosos: 93% dos homens que eram prósperos aos 65 anos tinham convivido com irmãos ou irmãs na juventude. "É a aptidão social", escreveu George Vaillant, que dirigiu o estudo durante três décadas, "e não o brilho intelectual nem a classe social dos pais que leva ao envelhecimento saudável."[24] Inquirido sobre o que havia aprendido depois de trinta anos estudando o grupo, Vaillant foi claro: "Que a única coisa que de fato importa na vida são os seus relacionamentos com outras pessoas".

Aos 85 anos, um homem no estudo descreveu o prazer do seu segundo casamento de três décadas como "na verdade simplesmente estarmos juntos. Compartilhar a vida um do outro e a de nossos filhos. Aconchegar-se nas noites frias".[25] Uma mulher, depois de um casamento de cinquenta anos, disse que o segredo era serem os melhores amigos um do outro.

> Há um relacionamento físico. Não é bem o que era na nossa juventude, mas o principal é que eu o *adoro*. Mais do que em qualquer outra época. Rimos muito, rimos de nós mesmos, e não nos levamos muito a sério. Não sei como chegamos aqui, mas é maravilhoso. Igualmente importante, deixamos o outro livre.

(Se você ama alguém, dê-lhe liberdade.)

Uma descoberta interessante do estudo é que pessoas casadas pela segunda vez eram em geral tão felizes quanto as que mantiveram o primeiro casamento. Ou seja, quem se divorcia não é, como grupo, um descontente incapaz de acertar. Nas décadas de 1960 e 1970, muitos pesquisadores achavam que o divórcio era provocado por transtornos de personalidade, estilos de enfrentamento inadequados, comportamento passivo-agressivo, mau comportamento, agressão e abuso de álcool. Isso, porém, não vem sendo confirmado pelas pesquisas. Os casamentos fracassam por várias razões, e, em geral, a explicação mais simples é a mais exata: o casal costuma não ser compatível e só o percebeu mais tarde. E, para muita gente, o casamento só melhorou na velhice. Como observa Vaillant, "com o passar do tempo, os hormônios podem feminizar os homens e masculinizar as mulheres, nivelando a situação".[26] A política também parece estar ligada à felicidade na velhice, pelo menos no que diz respeito ao sexo: os idosos progressistas praticam mais sexo, de acordo com o estudo de Harvard. Os homens mais conservadores cessaram as relações sexuais em média aos 68 anos, enquanto os mais progressistas mantiveram o sexo ativo até a faixa dos oitenta.

Parte do Harvard Grant Study foi um grupo de controle de homens que residiam num bairro de classe baixa de Boston — o Glueck Study. A classe social dos pais, o QI e a renda não foram previsores de longevidade e felicidade para os homens de Glueck ou de Harvard. Mas a educação era muito importante, e não precisava ser educação de elite — aos setenta anos, os homens do bairro de classe baixa que se formaram em faculdades que não eram de elite eram tão saudáveis quanto os de Harvard. Curiosamente, enquanto os homens de Glueck eram 50% mais propensos a se tornar dependentes de álcool que os de Harvard, os que de fato desenvolviam dependência eram duas vezes mais propensos a eventualmente pararem de beber.[27] "A diferença não tem nada a ver com tratamento, inteligência, autocuidado ou ter algo a perder", diz Vaillant. "Tem a ver com chegar ao fundo do poço. Alguém dormindo sob os trilhos do trem pode, em algum momento, reconhecer que é um alcoólatra, mas aquele que se enfurna todas as noites num clube privado talvez não se dê conta da realidade." Outro fato interessante sobre o uso de álcool: pessoas divorciadas costumam dizer que bebem porque o cônjuge as deixou. Mas isso é uma autoilusão: na grande maioria dos casos, o cônjuge as deixou porque elas bebem.

Não são apenas as conexões sociais na velhice que determinam a felicidade e outras medidas de satisfação com a vida. Embora sejam cruciais, elas ocorrem em um contexto de conexões sociais duradouras. Os homens que, na infância, tinham relacionamentos "calorosos" com as mães ganhavam em média 87 mil dólares a mais por ano que os homens cuja mãe era indiferente. (Uau! Obrigado, mãe!) Os homens que tiveram maus relacionamentos com a mãe na infância eram muito mais propensos a desenvolver demência na velhice. Mais tarde, na vida profissional, as relações com a mãe quando meninos — mas não com o pai — mostraram associação com a eficácia no trabalho. Por outro lado, relações calorosas com o pai quando meninos se associavam na idade adulta com taxas mais baixas de ansiedade, maior aproveitamento das férias e aumento da "satisfação na vida" aos 75 anos — ao passo que o relacionamento caloroso com a mãe na infância não teve relação significativa com este último.

Casais idosos em geral encontram solução para a solidão na companhia um do outro, depois que a carreira e os filhos se tornam secundários na vida. Talvez seja necessário algum esforço para se conhecerem de novo. Sem isso, velhas queixas ou a atitude "a grama do vizinho é sempre mais verde" podem levar os casais mais velhos a se sentirem distantes um do outro e até a buscar o divórcio. De fato, de acordo com o Censo dos Estados Unidos, a taxa de divórcio entre casais com mais de 65 anos triplicou nos últimos 25 anos. Mas, para aqueles que conseguem, os benefícios são mensuráveis: os casais mais satisfeitos um com o outro são mais longevos — até 25%.[28] E aí está — o relacionamento romântico certo rende o benefício duplo de aumentar a longevidade e melhorar a qualidade de vida. É o que diz a ciência. Contribuir para a felicidade do cônjuge nos ajudará a viver melhor.

TRABALHO VERSUS APOSENTADORIA

Qual é a idade ideal para se aposentar? Nunca. Mesmo que você tenha limitações físicas, é melhor continuar trabalhando, seja num emprego, seja como voluntário. Quincy Jones está numa cadeira de rodas, mas, aos 85 anos, ainda está envolvido na produção de músicas, descobrindo talentos, dando palestras e como porta-voz público da importância das artes na sociedade. Lamont Dozier, coautor de canções lendárias como "Heat Wave", "Stop! In the Name of Love", e "Reach Out, I'll Be There" (e com catorze sucessos número um da *Billboard*), aos 78 anos ainda compõe. "Eu levanto todas as manhãs e escrevo durante uma ou duas horas", diz ele. "Pra isso que o bom Deus me pôs aqui."[29] Tempo demais à toa está ligado a infelicidade. Ocupe-se! Não com trabalho intenso ou atividades triviais, mas com atividades significativas.[30]

Os economistas cunharam o termo *desaposentadoria* para descrever as hordas de pessoas que se aposentam, concluem que não gostam de ficar paradas e voltam ao trabalho. Entre 25% e 40% das pessoas que se aposentam voltam à força de trabalho.[31] A economista de Harvard Nicole Maestas diz: "Você ouve certos temas: sentimento de propósito. Usar o cérebro. E outro componente fundamental é engajamento social".[32] Lembre-se das palavras de Sigmund Freud, de que as duas coisas mais importantes na vida são ter amor e um trabalho significativo. (Ele errou em muitas coisas, mas parece que dessa vez acertou.)

Entrevistei inúmeras pessoas entre setenta e 98 anos para este livro, para compreender melhor o que contribui para a satisfação na vida. Cada uma delas seguia trabalhando. Algumas, como os músicos Donald Fagen do Steely Dan

(71 anos) e Judy Collins (oitenta anos), aumentaram a carga de trabalho. Outras, como George Shultz (91 anos) e o Dalai Lama (84 anos), modificaram os programas de trabalho para acomodar a desaceleração relacionada à idade, mas, nos dias em que trabalham, realizam mais do que a maioria de seus colegas mais jovens. Manter-se ocupado com atividades significativas exige algumas estratégias e remanejamento de prioridades. A autora Barbara Ehrenreich (78 anos) rejeita muitos dos exames prescritos pelos médicos porque não quer perder tempo em consultórios com algo que talvez prolongue sua vida em apenas umas três semanas. Por quê?

> Porque tenho mais o que fazer. Em parte, para mim isso parece começar com uma decisão de troca: quero ficar sentada em uma sala de consultório médico sem janela, cumprir meus prazos ou sair para uma caminhada? Quase sempre fico com a última.[33]

Muitos empregadores permitem que funcionários mais velhos modifiquem a carga horária para continuar trabalhando. Nos Estados Unidos, os empregadores são obrigados a promover ajustes razoáveis, como os referentes a início e fim da jornada, salas de repouso e até leitos para sonecas; e a discriminação etária é ilegal.[34] Ela também é ilegal no Canadá, no México e na Finlândia. A legislação varia no mundo. Em geral, a União Europeia permite a rescisão na idade de aposentadoria (na Alemanha, por exemplo, ela hoje é de 65 anos, e está sendo aumentada para 67 anos). Na Coreia do Sul, a idade de aposentadoria compulsória é de sessenta anos. Em outros países, como a Austrália, a legislação e suas interpretações estão evoluindo. (Na Austrália, por exemplo, os tribunais decidiram em favor da Qantas Airways, que rescindiu o contrato de trabalho de um piloto aos sessenta anos. Embora tenha sido uma violação do Age Discrimination Act, de 2004, a Alta Corte decidiu que, por se tratar de exigência da Convenção sobre Aviação Civil Internacional de que comandantes com sessenta anos ou mais fossem impedidos de voar em certas rotas, a rescisão do contrato de trabalho de pilotos a partir dessa idade era legal.)

Mais importante, acho que precisamos trabalhar juntos na luta por mudanças na maneira como as sociedades veem os idosos, em especial como os encaram como força de trabalho. A cultura corporativa nos Estados Unidos tende para o etarismo. É difícil para os idosos conseguir emprego e serem promovidos. Dois terços dos trabalhadores americanos disseram que já haviam testemunhado ou experimentado discriminação etária no trabalho. Os empregadores devem reconhecer que oferecer oportunidades a trabalhadores mais velhos é um negócio inteligente, não só um ato filantrópico reconfortante. As equipes multigeracionais com membros mais velhos tendem a ser mais produtivas; os idosos turbinam a produtividade dos demais membros, levando essas equipes a superarem o desempenho de outras com menos diversificação etária. O Deutsche Bank está na vanguarda dessa abordagem e relata menos erros e mais feedback positivo entre jovens e idosos.[35]

Muitos países promulgaram leis proibindo a discriminação no emprego contra pessoas com deficiências, inclusive doença de Alzheimer (por exemplo, nos Estados Unidos, o Americans with Disabilities Act, de 1990, e no Reino Unido, o Equality Act, de 2010). A Fundação BrightFocus, organização sem fins lucrativos, lista as seguintes adaptações entre as que poderiam ser úteis para trabalhadores com Alzheimer:

- adotar lembretes na rotina diária — escritos ou verbais;
- dividir tarefas maiores em outras menores;
- promover treinamento adicional quando há mudanças no local de trabalho;
- descongestionar o local de trabalho;
- reduzir a jornada ou a semana de trabalho;
- mudar o horário de trabalho.[36]

Reconhecendo essa tendência, o Aeroporto de Heathrow, em Londres, tornou-se o primeiro do mundo "adaptado para a demência", com mil empregados dedicados a atender às necessidades especiais das pessoas com deficiências cognitivas, e treinamento especial para todos os 76 mil empregados do aeroporto.[37] Os pesquisadores da Universidade John Carroll, instituição jesuíta privada na Universidade Heights, em Ohio, criaram um coral intergeracional, reunindo idosos com demência e jovens.[38] Essa interação mudou a atitude dos estudantes, que descreveram a proximidade que sentiam no coral e o desenvolvimento de amizades multietárias. Cantando juntos, os idosos com demência se sentiram incluídos, bem-vindos, valorizados e respeitados.

A falecida treinadora da equipe de basquete feminino do Tennessee, Pat Summitt, que também foi medalhista de prata nos Jogos Olímpicos de 1976, foi diagnosticada com Alzheimer em agosto de 2011 e seguiu trabalhando, para concluir a temporada esportiva, até 2012. "Não quero que sintam pena de mim", disse ela, "e vou me certificar disso."[39]

Se não for possível continuar no emprego depois de certa idade e se novos empregadores não estiverem dispostos a contratar idosos, ainda há muitas outras maneiras de participar ativamente de um trabalho construtivo. Já mencionei o programa Head Start — a organização que criou condições para que a minha avó lesse para crianças desfavorecidas. A AARP Foundation tem um programa chamado Experience Corps, que recruta idosos para atuar como tutores em escolas públicas para crianças em desvantagem econômica. O programa exerceu impacto positivo de grande intensidade sobre as crianças — melhor alfabetização, maior pontuação nos testes, desempenho e comportamento escolar mais adequados. Também exerceu impacto positivo nos voluntários. Em um estudo, os voluntários se imbuíram de mais senso de realização do que os participantes do grupo de controle e apresentaram maior aumento no volume do cérebro, do hipocampo e do córtex em comparação com os participantes do grupo de controle, que mostraram redução no volume do cérebro.[40] Essas diferenças foram ainda mais acentuadas nos voluntários homens, que, em dois anos de voluntariado, apresentaram *reversão* de três anos no envelhecimento. Como observou Anaïs Nin: "A vida encolhe ou expande na proporção da coragem de cada um". Isso também se aplica ao volume do cérebro.[41]

Essa coragem, essa expansão da vida, pode ocorrer de várias maneiras para diferentes pessoas: fazendo cursos on-line, como os do Coursera ou da Khan Academy (mas se empenhe em interagir com pessoas vivas reais na discussão do aprendizado; o aprendizado de forma isolada só vai até certo ponto na preservação da mente ativa); participar ou promover um clube do livro ou grupos de discussão sobre atualidades; voluntariado em um hospital ou igreja; contribuições para a Associação Cristã de Moços (ACM) e outras organizações religiosas, e trabalhar na distribuição de refeições para os pobres. Ajudar o próximo produz efeitos transformadores. Em seu romance *Desonra*, o escritor sul-africano J. M. Coetzee, ganhador do prêmio Nobel, escreveu:

> Ele continua ensinando porque é assim que ganha a vida; e também porque aprende a ser humilde, faz com que perceba o seu papel no mundo. A ironia não lhe escapa: aquele que vai ensinar acaba aprendendo a melhor lição, enquanto os que vão aprender não aprendem nada.[42]

Observei essa ironia, diretamente, em minha própria vida, embora goste de pensar que meus alunos evitavam não aprender nada. E talvez eu não seja tão cínico quanto Coetzee (ou pelo menos seu personagem no romance). Acho que o professor certo, o *crente* convicto numa criança ou num idoso, pode inclinar a balança da vida dessa pessoa e ajudá-la a superar os obstáculos, para acertar o caminho rumo à felicidade e ao sucesso que os conduzirá ao envelhecimento saudável. Meus professores fizeram isso por mim.

CONTINUIDADE DO CUIDADO E DA QUALIDADE DE VIDA

À medida que a medicina se automatiza e a tecnologia diagnóstica se torna mais sofisticada e impessoal, fala-se em redução do relacionamento pessoal que médicos e pacientes desfrutam há séculos, em prol de os pacientes procurarem quem estiver disponível, estabelecendo relações pouco duradouras. De fato, o *New England Journal of Medicine* sugeriu que o cuidado não pessoal deve se tornar a opção padrão em medicina.[43] Esse sistema já foi adotado, se não de forma deliberada, ao menos por necessidade, em muitas localidades, como Montreal, onde, até 2016, havia escassez aguda de médicos. Em quase vinte anos de residência lá, nunca tive um clínico geral, porque nenhum aceitava novos pacientes. Eu raramente consultava o mesmo médico duas vezes — nem mesmo especialistas, e era raro as consultas se prolongarem por mais de doze minutos.

A alternativa é o sistema que conheci durante toda a vida, no qual com o passar do tempo passei a ter um bom relacionamento de trabalho com meus médicos. Uma análise sistemática na *British Medical Journal* confirma a superioridade dessa abordagem ao descobrir que a maior continuidade do trabalho se associa ao aumento da longevidade, em um estudo abrangendo várias culturas e países.[44]

Bom exemplo disso é o relacionamento que tive com meu otorrinolaringologista, dr. Meyer Schindler.[45] Meu *avô* se consultara com ele, assim como meu pai, o que significa que ele conhecia a história da minha família em primeira mão, uma forma importante de prever uma gama de possíveis condições e doenças. Quando fui nele pela primeira vez, ele já era idoso, mas seus dois filhos trabalhavam no consultório e, às vezes, auxiliavam nos meus exames. Meyer continuou a trabalhar até morrer, e então os filhos, David e Brian, passaram a cuidar de mim. Procurei um novo clínico geral cerca de seis anos atrás, e ele é o médico mais atencioso que já tive. Ele me encoraja a mandar uma mensagem quando surgir alguma dúvida. Pela primeira vez na vida tenho um médico mais jovem que eu e, assim, espero que ele continue comigo durante muito tempo. Acredito que, à medida que nos conhecermos, a qualidade do atendimento será cada vez melhor. Se eu for hospitalizado ou enfrentar alguma doença grave, ele coordenará o atendimento com os especialistas, servindo como maestro da orquestra do cuidado.

O dr. Eduardo Dolhun, médico da Clínica Mayo e chefe da Clínica Dolhun, em San Francisco, descreve o relacionamento médico-paciente ideal do seguinte modo:

> Você quer um médico que conheça você e a sua família, que conheça não só a sua história, mas também a sua personalidade, os seus hábitos e os seus hobbies — que saiba como você vive e como se diverte. Tudo isso contribui para as decisões e para os diagnósticos. O médico que tiver de tratar de alguém sem esse contexto fica em condições muito precárias.
>
> O contexto importa. Se o ambiente pode modificar a expressão gênica — a epigenética —, é evidente que o contexto em que a pessoa vive é não só importante, mas crítico para a compreensão. A díade paciente-médico é uma dialética que se desenvolve com o tempo e permite que o médico aprecie de forma mais plena as nuances sutis do comportamento e da fisiologia que podem sinalizar doenças ou falta de saúde. A capacidade do médico de se apoiar nesse relacionamento lhe permite descobrir a patologia e fazer intervenções precoces para redirecionar ou orientar o paciente a superar a doença e alcançar a saúde. Isso é especialmente importante em casos como doenças cardiovasculares, que costumam demorar anos ou décadas para se manifestar, como infarto ou AVC.[46]

Cada vez mais, pacientes afluentes preferem consultar especialistas e dispensam o atendimento inicial do clínico geral. Entretanto, a especialização tende a repartir os pacientes.[47] Não só aumenta o custo do tratamento, mas também pode resultar em diferentes profissionais trabalhando com soluções conflitantes entre si.

"Não há como minimizar a importância do relacionamento entre o paciente e o médico de primeiro atendimento", disse o dr. David Brill, clínico geral da Clínica Cleveland. "O que estamos redescobrindo nos Estados Unidos é que a medicina de melhor qualidade e mais eficácia em relação ao custo é a praticada entre 1910 e 1970: os pacientes cultivavam o relacionamento com o médico da família."[48]

Um movimento está se formando para oferecer atendimento mais personalizado por clínicos gerais por meio do que é chamado de casa de saúde centrada no paciente. O objetivo é proporcionar:

- uma única fonte central de cuidados e de registros médicos;
- uma abordagem focada no paciente, que enfatize a pessoa como um todo;
- uma equipe de cuidadores como complemento ao médico, incluindo equipe de enfermagem, médicos assistentes e pessoal de apoio, todos contribuindo para o cuidado contínuo.[49]

A casa de saúde centrada no paciente poderia oferecer, de modo geral, acesso a clínicos fora do horário comercial normal, como durante a noite e em fins de semana; disponibilizar serviços de enfermagem contínua e de gerência do atendimento, para acompanhamento dos pacientes depois da visita ao consultório, garantindo que estão tomando os medicamentos e orientados, por exemplo, quanto às prescrições; controlar quando os pacientes precisam marcar outra consulta e quando necessitam de novas receitas; e monitorá-los se estiverem hospitalizados.

Prover cuidados médicos é difícil, e não raro os médicos sofrem de sobrecarga de informação, sobretudo se estiverem cuidando de um novo paciente que está em sofrimento. Essa é a vantagem de ter um médico que esteja familiarizado com você e conheça a sua história. Considere o exemplo do dr. Gordon Caldwell, médico consultor em Oban, na Escócia (terra do melhor uísque do mundo). Durante rondas matinais diárias, os médicos têm pouco tempo para verificar o que está acontecendo com os pacientes. Ele expôs o diálogo interior que manteve consigo mesmo uma manhã, durante o exame de uma senhora que parecia ter pneumonia e diabetes, com altos níveis de glicose.

Isso é o tipo de coisa que me passa pela cabeça, enquanto examino uma paciente. "Puxa, ela parece muito magra e tem dedos espessos, manchados de alcatrão, será que ela também está com câncer de pulmão? Será que fui simpático e estou criando um clima favorável? Espero conduzir bem essa consulta. Ah, ela mencionou dor de cabeça, talvez tenha metástases no cérebro ou arterite temporal, será que medimos a taxa de sedimentação de eritrócitos e será que chegamos a olhar a radiografia do tórax? Agora ela diz que não sai há seis meses, e é possível que esteja com deficiência de vitamina D. Medimos o nível ou receitamos logo vitamina D? Não sei por que esse estudante está com cara de tédio, vou pedir a ele para olhar a lista de medicamentos e ao residente para ver a taxa de sedimentação de eritrócitos.

Agora, ataco primeiro o problema da glicose alta ou da pneumonia? Ah, o marido dela chegou e parece zangado, aonde foi a enfermeira? Preciso dela para ouvir toda a conversa e acalmar a paciente e o marido depois que eu for embora, se a situação ficar difícil. E preciso me lembrar de que o diretor médico disse que estamos indo mal nas formas de tromboembolismo venoso e demência e estamos procurando riscos de pressão, e o quarto alvo está indo mal, poderia dar alta a esta senhora e fazer todas os seus exames em ambulatório, e, droga, lá vai Henry, o Hoover, e, ainda por cima, o residente saiu para atender o bip e o sistema de arquivamento e comunicação de imagens caiu, então não podemos revisar a radiografia de tórax, agora "há quantos anos você fuma?".

Bem, é assim que é para mim, não importa quão calmo eu pareça do lado de fora. Isso não deixa nenhuma capacidade residual de raciocínio para: "Será que a perda de peso dela é por causa de uma tireoide hiperativa, ou dentes falsos mal ajustados, ou depressão, ou apenas por beber álcool e não comer nada?".[50]

Esse tipo de processo de pensamento é comum, na medida em que os médicos precisam bancar os detetives grande parte do tempo, e é enorme o número de variáveis. Você pode ajudar a reduzir o ruído, preparando uma lista de todos os seus medicamentos — inclusive suplementos e fármacos sem prescrição médica, como anti-histamínicos e analgésicos. Lembre-se de que o simples fato de um remédio ser comprado sem receita não significa que não tenha interações negativas com outras drogas que você esteja ingerindo. Cúrcuma e ginkgo, por exemplo, são anticoagulantes. Se você também estiver tomando outro anticoagulante controlado, os efeitos podem ser ampliados, acarretando uma situação séria se você se cortar, tiver úlcera ou qualquer tipo de sangramento interno... ou se for necessário passar por alguma cirurgia de emergência ou biópsia.

A certa altura, se viver muito, você ou um ente querido enfrentará uma redução marcante em alguma habilidade, física ou mental, do tipo que pode impor mudanças no estilo de vida. Não estou falando de demorar um pouco mais para sair de casa ou de precisar usar uma caixa de remédios para evitar doses duplicadas ou esquecer de algum medicamento. Refiro-me à incapacidade de dirigir, de fazer trabalhos caseiros, de preparar refeições ou de se lembrar de compromissos ou de pessoas importantes. Já ouvi falar de pais que se ressentem de os filhos lhes dizerem o que podem e não fazer ou de os filhos ficarem apavorados ao imaginar os pais dirigindo ou mantendo armas de fogo que ficaram guardadas em segurança durante décadas. Essas são situações difíceis. Muitos idosos de fato perdem algumas capacidades e funções, e precisam de ajuda. Alguns ficam mais à vontade ao pedir ajuda, mas outros encaram o ato em si como reconhecer o próprio declínio. E ninguém gosta de se considerar incapaz ou caduco.

Parte do planejamento consciencioso para a velhice inclui esse tipo de conversas antes de elas de fato se tornarem imprescindíveis. Preparar-se de antemão para essas interações significa que não parecerão abruptas nem repentinas quando chegar a hora. Possibilita considerar opções e se preparar de maneira antecipada quando você ainda está lúcido e menos emotivo. Também envolva seu médico nessas conversas. Basicamente, programe-as com antecedência. Quando Noé construiu a arca? *Antes* do dilúvio.

Joseph F. Coughlin, diretor do AgeLab, do MIT, sugere três perguntas que todos devemos fazer a nós mesmos e aos idosos de nossa família para imaginar qual será a nossa qualidade de vida ao envelhecer.[51] Embora as perguntas em si talvez pareçam superficiais ou até caprichosas, elas propiciam diretrizes eficazes para a nossa qualidade de vida.

1. Quem apaga as lâmpadas que eu acendi?

Essa é uma pergunta sugestiva de quem executará as tarefas da casa, o que a maioria das pessoas faz quando são jovens. Você quer mesmo que seu cônjuge de noventa anos suba numa escada para substituir a lâmpada embutida no teto? Quem vai tirar as latas de lixo no dia da coleta ou arrastar o aspirador de pó pesado? Quem cortará as verduras quando sua visão piorar e suas mãos estiverem trêmulas? Anteveja não só a quem você poderá pedir ajuda, mas também se terá ou não que pagar por isso, e quanto será necessário poupar se for o caso. Descubra que serviços sociais estão disponíveis em sua área.

2. E se você quiser uma casquinha de sorvete?

A capacidade de ser espontâneo é a chave para se sentir como se você fosse o roteirista de sua própria vida. Se você sair para comprar uma casquinha de sorvete, quem o acompanhará? Você já avaliou a distância para saber se poderá ir a pé? E se o dia estiver quente demais? E se for necessário ir de carro? Quem pode dirigir? De maneira mais ampla, Coughlin pergunta: "Estou envelhecendo em uma comunidade onde são muitas as atividades e pessoas para me manterem ocupado, ativo e me divertindo?". Qualidade de vida é ser capaz de acessar de maneira fácil e rotineira essas pequenas experiências que imprimem um sorriso em nosso rosto.

3. Com quem almoçarei?

Como vimos, o isolamento social é um dos principais fatores de risco para idosos. Uma comunidade social vital — alguém próximo para quem ligar e com quem sair para almoçar de vez em quando — pode fazer toda a diferença. "Planejar onde e com quem se aposentar pode ser tão importante quanto qual será o preço", diz Coughlin.

Por exemplo, uma casa no campo pode ser tentadora, à medida que você se aproxima da aposentadoria, mas pode levar a uma rede inadequada de amigos ou ao completo isolamento durante a velhice. A geração *baby boomer* está manejando aposentadorias diferentes das dos pais. Eles são mais propensos a viver sozinhos, a terem menos filhos e a morar em localidades periféricas e rurais, que talvez não lhes ofereçam acesso fácil a comunidades ativas e hospitaleiras.

Hoje temos mais opções do que em qualquer outra época para viver em idade avançada quando sentimos que talvez precisemos de um pouco de ajuda nas tarefas do dia a dia. As famílias intergeracionais estão em ascensão, seja os pais idosos morando com os filhos, seja os filhos levando a família para morar com os pais, nas casas em que cresceram.

Embora as casas de repouso sombrias e úmidas dos filmes da década de 1950 ainda existam, há uma tendência mundial para instalações que promovam independência. Mencionei a vida assistida (também denominada cuidado com a memória) no capítulo 6, a respeito de viver com pessoas, como parte dessa tendência. Argentum, um dos principais grupos ativistas, descreve-a assim:

> Vida assistida é um contexto doméstico e comunitário para idosos que combina habitação, serviços de apoio e cuidados de saúde, conforme as necessidades. As pessoas que escolhem a vida assistida desfrutam de estilo de vida independente, com assistência personalizada para atender às necessidades individuais e benefícios que enriquecem a vida de cada um. A vida assistida promove independência, propósito e dignidade para os residentes e estimula o envolvimento da família e dos amigos dos residentes. Há pessoal especializado para suprir às necessidades programadas e não programadas. As comunidades em geral oferecem refeições, atividades sociais e de bem-estar, além de serviços de cuidados pessoais. Há, atualmente, 28 585 comunidades nos Estados Unidos, com mais de 835 200 residentes em casas de vida assistida.[52]

Por mais confortáveis e convenientes que sejam as numerosas comunidades de vida assistida, muitos idosos querem ficar na própria casa o quanto puderem resistir. Podemos fazer algumas coisas para tornar a opção de ficar em casa viável.

INSTALAR SISTEMAS: ALZHEIMER, PREPARAÇÃO PARA DEFICIÊNCIAS COGNITIVAS BRANDAS

Uma das grandes dificuldades de pessoas com Alzheimer e deficiência cognitiva branda é se acostumar a novidades. Comece a planejar agora para que os novos sistemas pareçam familiares. A ideia aqui é que, quando necessário, tudo seja conhecido. Não espere surgir os primeiros sintomas — quando será tarde demais. Introduza logo essas mudanças. Torne-as fáceis e rotineiras.

Escreva seu endereço no telefone celular e num cartão em sua carteira. Inclua também o número do telefone do seu médico, de seu cônjuge e de um membro ou amigo da família que possa ajudar em caso de necessidade. Se você sofrer um acidente e estiver incapaz de responder, a equipe de emergência talvez precise telefonar para essas pessoas.

Se você toma medicamentos, comece a usar um estojo de separação dos comprimidos, para que já esteja familiarizado com esse recurso quando for necessário. Nos Estados Unidos, farmácias preparam pacotes diários de comprimidos para os clientes sem custo adicional. Se você tomar comprimidos de manhã, à tarde e à noite, por exemplo, haverá um pacote separado para cada horário, identificado com clareza.[53]

Mantenha suas chaves e carteira sempre em um lugar determinado. Você pode comprar uma geladeira inteligente, que peça automaticamente para entregar em casa os alimentos que estão faltando. Ou encontre um supermercado físico ou on-line que entregue em casa e no qual você possa deixar preparada uma lista de compras. Ponha todos os seus pagamentos em débito automático ou cartão de crédito. Tenha um sistema para acompanhar as senhas de contas e deixe de sobreaviso alguém que conheça as senhas e que possa acessá-las, se for o caso. Consulte a polícia local ou alguém próximo e de confiança para aprender a se proteger de golpistas.

O que todos podemos fazer agora é ser objetivos e atentos em relação à vida contemporânea. Mantenha-se *curioso* e *antenado*. Esteja aberto a novas experiências. Preserve seus *vínculos sociais*. Tente ser *consciencioso*. Siga as práticas de estilo de vida *saudável* que descrevi em relação a dieta, exercício e bons hábitos de sono.

ESCOLHA O HOSPITAL CERTO – ANTES DE PRECISAR

Como em relação a qualquer outra coisa, há bons e maus hospitais. Alguns são bons para certas coisas, mas não para outras. Certos hospitais são pavorosos sob todos os aspectos. Nos Estados Unidos, o site Medicare's Hospital Compare mostra as taxas de complicações e infecções cirúrgicas de diferentes hospitais e identifica quais apresentam taxa de mortalidade abaixo da média para seis condições médicas — AVC, insuficiência cardíaca, pneumonia, infarto, cirurgia de revascularização do miocárdio e doença pulmonar obstrutiva crônica. Também mostra quais hospitais têm taxas de readmissão superiores à média — pacientes que voltam porque o problema não foi resolvido.[54] E há também o site HospitalInspections.org, que funciona como um inspetor municipal de restaurantes e mostra os hospitais com problemas sérios.[55] Vários sites facilitam a busca dos hospitais e prontos-socorros próximos e o tempo de espera médio. Atualize a lista com as melhores opções uma vez por ano. Deixe essas informações perto do telefone fixo e as inclua no smartphone, se tiver um.[56]

(Ao escolher um pronto-socorro numa área urbana, é melhor procurar um que esteja localizado num bairro tranquilo, em vez de no centro da cidade — este último pode estar entupido de pacientes esfaqueados e baleados, principalmente às sextas-feiras e sábados à noite, e, a menos que tenha sido esfaqueado ou baleado, você esperará muito tempo para ser atendido.)

INSTRUÇÃO PREVENTIVA PARA OS MÉDICOS

No que talvez seja uma maneira macabra de ver as coisas, chegamos a um ponto embaraçoso da história, em que é preciso escolher, até certo ponto, de que queremos morrer. Algumas intervenções que consideramos neste livro reduzem as chances de infarto, mas aumentam as de câncer. Alguns tratamentos reduzem o risco de morte por câncer, mas aumentam de infecção. Em especial, se você já passou dos 85 anos ou algo parecido, algumas cirurgias têm menos de 50% de probabilidade de sucesso e não estendem a vida em muito mais do que o período de recuperação.

A ciência já contribuiu em muito para reduzir o risco de morte por doença cardíaca, ainda mais para quem pratica exercícios regulares, come bem, não fuma e limita o álcool. Se não morrer de cardiopatias, você viverá mais, e os riscos mais elevados são de morrer de câncer, AVC e demência, todas causa mortis comparativamente desagradáveis. O médico Alex Lickerman observa a respeito desse paradoxo desconfortável: "Reduzir o risco de morrer de uma doença aumentou nosso risco de morrer de outras, a princípio mais horríveis".[57]

É bom considerar essas questões quando você é mais jovem e antes de precisar escolher — e compartilhar seus sentimentos com familiares e amigos. Em momentos de crise, seus sentimentos certamente podem mudar, e não há nada demais nisso. O ponto é se familiarizar com essas ideias ao considerar as várias questões e ramificações possíveis. Algumas questões que devem ser consideradas (sei que são incômodas, mas quem sabe seja melhor para *você* participar dessas decisões do que deixá-las por conta de um grupo de médicos, caso você esteja inconsciente):

- Onde quero ficar, se já não estiver mais consciente do que ocorre no meu entorno? Em casa, com familiares e amigos, em uma casa de repouso ou em uma unidade de cuidado assistido?
- Onde traçar a linha entre qualidade de vida e longevidade? Quero continuar vivo, não importam as condições — mesmo que seja mantido vivo por máquinas e só esteja consciente durante trinta minutos por dia? E se estiver em coma, sem chances razoáveis de despertar?
- Se os médicos precisarem adotar procedimentos de emergência para a preservação da vida, até que ponto podem ir? O que estou disposto a suportar, em termos de danos colaterais? E se os procedimentos comprometerem minha voz para sempre? E se puderem me salvar, mas com deficiência de memória permanente ou paralisia?
- Onde quero estar quando morrer? Em casa? Em um hospital?
- Se eu estiver incapaz de decidir, ou se acontecer algum imprevisto, a quem eu gostaria de delegar essa decisão?

E não se apresse nas reflexões a esse respeito. Como mostrou o psicólogo e pesquisador Dan Gilbert, de Harvard, tendemos a subestimar nossa resiliência. Somos propensos a pensar que certos reveses nos deixarão *infelizes*, e não raro nos surpreendemos ao constatar que, quando ocorrem, nós os superamos, e que essas desgraças não são assim tão catastróficas. Estudos com amputados e tetraplégicos, por exemplo, mostraram que essas pessoas não são *nem de longe* tão infelizes quanto talvez se suponha, nem mesmo sofrem tanto quanto elas próprias receavam. A vida é admirável e maravilhosa e, sim, às vezes é desafiadora e *irritante*, até fracamente deprimente; mas, depois de se adaptar a uma virada negativa, muita gente ainda curte a vida.

Uma instrução preventiva para os médicos, também denominada testamento vital, é um documento formal que permite responder de forma antecipada a perguntas como essas e especificar o que você quer que seja feito em várias situações nas quais seja incapaz de responder diretamente a perguntas de profissionais de saúde. Esses documentos têm status legal em alguns países, como Estados Unidos e Reino Unido, e, em outros, servem de orientações não obrigatórias em termos legais. É possível encontrar modelos on-line, ou, se você for muito cuidadoso, pode recorrer a um advogado. Depois de elaborá-lo, convém informar aos familiares e a seu procurador onde encontrar o documento original, além de lhes fornecer cópias, assim como a seus médicos. (Em algumas jurisdições, não se aceitam cópias para médicos e autoridades públicas, daí a necessidade de informar onde está guardado o original.)

O dr. Barak Gaster, professor da Escola de Medicina da Universidade de Washington, elaborou um modelo de instrução preventiva para médicos, referente a demência.[58] Em um artigo que escreveu para o *Journal of the American Medical Association*, Gaster ressalta a singularidade da demência nesse contexto:

> As instruções médicas preventivas-padrão em geral não são úteis para pacientes que desenvolvem demência, que é uma doença singular, do ponto de vista de diretrizes antecipadas. Ela costuma progredir devagar, ao longo de muitos anos, e deixa as pessoas com um horizonte temporal duradouro de função cognitiva decrescente e de perda da capacidade de orientar o próprio atendimento médico. As instruções médicas preventivas em geral lidam com uma condição terminal iminente ou coma permanente, mas não costumam se referir ao cenário mais comum de demência progressiva gradual.[59]

A diretriz de Garter sobre demência apresenta quatro objetivos de cuidados de saúde para três contextos diferentes: demência branda, moderada e grave. Escolha o seu objetivo. Obviamente, se mudar de opinião, você pode substituir uma diretriz anterior por outra mais nova. O conteúdo é o seguinte:

Se eu tiver demência (branda/moderada/grave), quero que o objetivo de meu atendimento seja:

- Viver o máximo possível. Desejo que não sejam poupados esforços para prolongar minha vida, inclusive para reativar meu coração se ele parar de bater.
- Receber tratamentos para prolongar a minha vida, mas se meu coração parar de bater ou se eu não puder respirar por conta própria, não quero que apliquem choque em meu coração para reiniciá-lo ou me ponham em um respirador. Em vez disso, se ocorrer uma dessas duas situações,

deixem-me morrer em paz. Motivo: caso essas situações ocorram, minha demência provavelmente também piorará se eu sobreviver. E isso não seria qualidade de vida aceitável para mim.

- Receber cuidados apenas onde moro. Não quero ir para um hospital, mesmo que eu fique muito doente, e não quero ser ressuscitado. Se um tratamento, como antibióticos, for capaz de me manter vivo por mais tempo e puder ser aplicado em casa, quero receber esse cuidado. Mas se eu continuar a piorar, não quero ir para o pronto-socorro ou hospital. Desejo morrer em paz. Motivo: não quero me submeter aos riscos e traumas que podem sobrevir num hospital.

- Receber cuidados apenas para o meu conforto, focados em aliviar meu sofrimento, como dor, ansiedade e falta de ar. Não quero nenhum cuidado que apenas prolongue a minha vida.

Como em qualquer diretriz antecipada pré-formatada, essas são apenas orientações. Você pode mudar as palavras ou moldá-las para refletir seus próprios sentimentos.

FIM DA VIDA

Como qualquer parte da vida, o fim é menos estressante e talvez mais tranquilo se a pessoa se der ao trabalho de se aprofundar no tema. Podemos decidir não entrar de forma mansa naquela noite suave que cai; porém, se a noite se sobrepuser, é melhor sabermos o que esperar e assumir posições que sejam de nossa escolha, não de outros. "A morte, ao se aproximar, não deve surpreender", diz Gloria Steinem.[60]

Quero morrer em casa, cercado por suspiros e sons familiares, de preferência rodeado de quem amo, com os sons da natureza entrando pela janela, sejam barulhos de pássaros durante o dia ou grilos e corujas à noite. Outras pessoas querem morrer no hospital, para ter todas as chances de reivindicar algumas horas ou dias a mais, quem sabe alguns meses. Também há quem não quer ser um peso para a família e prefere algum tipo de casa de repouso.[61]

Muito do que acontece no caso de doenças terminais — injeções, exames, vários procedimentos de diagnóstico e tratamento — é doloroso e estressante.[62]

Experiências aversivas como essas podem solapar a disposição do paciente para aceitar ou manter um tratamento, mas podem ser contrapostas por imersão na natureza.[63] Ambientes de realidade virtual (RV) se tornam cada vez mais disponíveis em contextos de cuidados de saúde, e têm sido eficazes no tratamento de dores agudas. (Para quem não está familiarizado com essa tendência, consiste em assistir a um filme tridimensional; em algumas versões, é possível controlar as cenas para estimular o paciente a caminhar ou a interagir com o ambiente.) Os pacientes que experimentaram cenas de natureza em RV relataram menos dor durante o procedimento e em suas recordações do que os que experimentaram cenas urbanas em RV ou sem RV, sugerindo que não se trata apenas de efeitos dispersivos, mas de imersão no contexto em si.[64] Outros estudos descobriram que sons naturais, como cantos de pássaros e ondas do mar, podem até acelerar a recuperação e reduzir o estresse.[65]

Tendo isso em vista, hospitais e instalações de cuidados paliativos estão percebendo as qualidades regenerativas da natureza e buscando maneiras de oferecer aos pacientes acesso crescente a cenas naturais.[66] Considerados periféricos ao cuidado médico durante grande parte do século XX, os jardins agora voltaram à moda e se integraram no projeto da maioria dos novos hospitais, de acordo com a Sociedade Americana de Paisagistas.[67]

O TriPoint Medical Center em Concord, em Ohio, é um exemplo. O prédio é cercado por florestas, pântanos e córregos cristalinos. Para entrar no centro, cruzamos um lago ornamental e passamos por uma cachoeira. A natureza permeia todo o local e dá um tom de serenidade e cura, que é reforçado por pinturas de cenas naturais de artistas locais.[68] O Henry Ford West Bloomfield Hospital, em Michigan, situa-se em meio a mais de três hectares de paisagem natural, e o interior é enriquecido por árvores e arbustos; uma estufa com 140 metros quadrados se destaca na propriedade. O Matilda International Hospital, em Hong Kong, assenta-se no topo do histórico Victoria Peak, descortinando vistas amplas do mar do Sul da China. A Clínica Glotterbad se situa no meio da Floresta Negra, na Alemanha.

Rachel Clarke, médica do Serviço Nacional de Saúde da Grã-Bretanha, foi pioneira em compreender que a natureza pode ser intensamente reconfortante para muitos doentes terminais.[69] Ela conta a história de um paciente de uns oitenta anos que tinha câncer na língua e, assim, não podia falar — ao menos não tão bem para se fazer entender pelo pessoal do hospital. Sentado na cadeira, ele se mostrava cada vez mais inquieto, debatendo-se, agitando os braços, fazendo caretas, jogando a cabeça de um lado para o outro. Ninguém conseguia descobrir o que ele queria, exceto um médico mais jovem, que simplesmente posicionou a cadeira do paciente de frente para o jardim. "Ele se acalmou, com os olhos fixos nas árvores e no céu", diz Clarke. "Tudo o que ele queria era aquela vista."

Outra paciente, que sofria de câncer de mama metastático aos 51 anos, foi transferida para um hospital de cuidados paliativos para doentes terminais. "Meu primeiro pensamento", disse a paciente,

> meu impulso, foi me levantar e encontrar um espaço aberto. Eu precisava respirar ar fresco, ouvir ruídos naturais, longe do hospital e de suas salas de tratamento... de alguma maneira, quando eu ouvi a canção de um melro no jardim, achei incrivelmente tranquilizante. Parecia acalmar aquele medo de que tudo iria desaparecer.

Sobre sua paciente, Clarke se lembra: "Sempre que ela conseguia sentar lá fora, no jardim, ou em algum lugar onde houvesse árvores e vida silvestre, ela se imbuía dessa sensação de paz, aliviando-a de todo o medo e da perda associados ao diagnóstico de câncer terminal".[70]

No fim das contas, na batalha para se agarrar à vida, a natureza sempre ganha. O dramaturgo Dennis Potter descreveu os efeitos profundos de imergir na natureza durante seus últimos dias sofrendo de câncer pancreático, e o redirecionamento da atenção para experiências sensoriais imediatas, um estado zen:

> A única coisa que se sabe ao certo é o presente.
>
> Essa instantaneidade é tão viva para mim agora que, de modo um tanto perverso, sinto-me quase sereno, posso celebrar a vida. Embaixo da minha janela, por exemplo, tudo floresce de forma exuberante. É uma ameixeira, parece uma macieira, mas as flores são brancas. E, em vez de dizer: "Ah, que belas flores", ao vê-las lá embaixo, pela janela, enquanto escrevo, penso que é a flor mais alva, evanescente e exuberante que já existiu.
>
> As coisas são ao mesmo tempo mais triviais e mais importantes do que nunca, e a diferença entre o prosaico e o inusitado é absolutamente deslumbrante.
>
> E se as pessoas se dão conta disso — não há como descrevê-lo, é preciso experimentá-lo —, o glorioso dessa experiência, ou, se preferir, o conforto e a segurança... não que eu esteja interessado em reconfortar as pessoas, sabe. O fato é que, se você curte o presente, cara, você se empolga com ele e o festeja![71]

JUNTANDO TUDO

O fator isolado mais importante para o envelhecimento saudável é o traço de personalidade da conscienciosidade. Ela está associada a numerosos desfechos positivos na vida. Como escrevi no primeiro capítulo, as áreas de psiquiatria e de psicologia clínica partem da premissa de que é possível mudar; você pode estar determinado ou se treinar para ser mais consciencioso, mesmo mais tarde na vida, e os benefícios ainda se acumularão a seu favor. As últimas descobertas da ciência parecem confirmar o que, há milênios, argumentam várias religiões — que a personalidade é maleável e que é possível aprender a interagir com o mundo de novas maneiras, mesmo para além dos oitenta anos.

Ninguém disse que é fácil mudar, o que se aplica ainda mais em idade avançada, à medida que nossas idiossincrasias se assentam — o que é apenas uma maneira coloquial de descrever o tipo de rigidez biológica que ocorre em cérebros mais velhos. Adotar novas escolhas de estilo de vida é difícil. Porém, se você se lembrar de por que é importante mudar, é provável que persista, mesmo quando a sua motivação esmorecer um pouco.

Há três fatores adicionais que determinam a qualidade do envelhecimento e que são mais importantes que o resto. O primeiro são as experiências da infância, em particular de afeto parental e de traumas na cabeça. Agora, é tarde demais para fazer alguma coisa, mas é possível proteger e orientar os jovens com quem você convive, e é possível prever o próprio desfecho ao refletir a esse respeito. Crianças malcuidadas, cujos pais só oferecem cuidado e atenção de forma esporádica, transformam-se em adultos que têm dificuldade em desenvolver relacionamentos íntimos duradouros.

Se você sofreu uma concussão quando criança, as chances de desenvolver demência em idade avançada são de duas a quatro vezes maiores. No caso de quem sofre várias concussões, o aumento do risco não é cumulativo — ou seja, cada nova concussão não aumenta o risco na mesma proporção, mas acelera as chances de consequências nefastas em idade avançada. Esportes em que a cabeça da criança é usada como um aríete ou outros tipos de contato com um objeto ou outra pessoa são perigosos para a saúde mental.

O segundo fator mais importante na preservação da vitalidade mental na velhice é praticar atividade física em vários ambientes naturais. Não é necessário correr maratonas. Caminhadas vigorosas em parques ou florestas, rápidas o suficiente para acelerar o ritmo cardíaco e irrigar o cérebro com sangue oxigenado rico, são a recomendação. A variedade de ambientes estimula o cérebro e, em especial, o hipocampo, a sede da memória. E os milhares de microajustes a serem feitos no modo de andar, no ângulo dos pés e na manutenção do equilíbrio e do ritmo, exercitam os circuitos do cérebro que evoluíram para se ajustar ao ambiente. A adaptação a novas situações, em especial ao mundo físico, e o fortalecimento dos circuitos viso-motores-cinestésicos do cérebro podem fazer uma diferença enorme para afastar o declínio cognitivo. Até dez minutos de caminhada lenta todos os dias produz benefícios duradouros para o corpo e a mente. E se isso não for possível, faça o que puder. "Tenho uma casa de dois andares e uma memória muito ruim", diz Betty White, aos 97 anos, "por isso, subo e desço as escadas o tempo todo. Esse é o meu exercício."[72]

O terceiro fator mais importante são as interações sociais. Interagir com outras pessoas é uma das coisas mais complexas que podemos fazer com o cérebro. Pode ser tocando música juntos, jogando golfe ou cartas, atuando em teatros comunitários, recordando-se ou discutindo literatura em um clube do livro. Quase todas as partes do cérebro são ativadas pela interação com outras pessoas ao vivo, face a face, em tempo real. (Desculpe, Skype.) Esse esforço envolve ler a linguagem corporal, interpretar as emoções e avaliar a entonação do discurso. Temos de acompanhar o que estão dizendo e tentar imaginar como contribuir para a conversa, sem desvirtuá-la. Nos diálogos, precisamos empregar empatia, compaixão, lógica e alternância da fala — todas operações cognitivas relativamente avançadas. Isolamento e falta de conexões são fortes previsores de doença e mortalidade. Um estudo do Karolinska Institute mostrou que pessoas com amplas redes sociais eram 60% menos propensas a desenvolver demência.[73] "O cérebro evoluiu para o propósito muito especial de engajamento social", observa Art Shimamura. Um dos bloqueios desse engajamento são as muitas raivas que acumulamos ao longo da vida, às vezes direcionadas para pessoas, às vezes apenas voltadas para partidos políticos, grupos ou classes de que elas são membros. O Dalai Lama não tem o monopólio da opinião de que compaixão é saudável. Vemos evidências disso também na neurociência. Uma boa estratégia para a vida, em qualquer idade, é deixar de lado os ressentimentos, pequenos e grandes. Não passe a vida cultivando ódios e reveses. Como diz Alan Simpson, ex-senador dos Estados Unidos, com 88 anos de idade: "O ódio corrói o recipiente em que é armazenado".

As crianças têm necessidade inata de conexões físicas e emocionais com os pais, mesmo as que parecem não precisar desses vínculos. Durante séculos, pensamos que os indivíduos enquadrados no espectro autista eram solitários com fobia social — não encaram as pessoas nos olhos e parecem gostar de atividades isoladas. Agora sabemos que essas atitudes mascaram uma profunda ansiedade social e que a maioria precisa desesperadamente de conexões sociais. (Os cientistas costumam ser percebidos como indivíduos esquisitos e, de fato, muita gente na ciência pertence ao espectro autista. Como reconhecer um matemático extrovertido numa festa? Ele é o que está olhando para os sapatos *dos outros*.)

Quando se trata de envelhecimento, tendemos a achar que, à medida em que ficamos velhos, o cérebro desacelera. Embora isso seja verdade sob alguns aspectos, o raciocínio abstrato e a inteligência prática aumentam com a idade. Quanto mais experimentamos, mais bem equipados ficamos para detectar padrões e prever resultados futuros. Embora possa ser difícil para idosos aprender novas habilidades, eles nunca foram tão bons em suas áreas de expertise, como demonstram George Augspurger e Maxine Waters.

Lembre-se de que o mundo está mudando, e essas mudanças se chocam com nossas experiências acumuladas. Empenhe-se em se atualizar, em acompanhar as transformações do mundo. Isso envolve sair do casulo, fazer o que em geral não faria, como aprender a usar um novo aplicativo de smartphone ou encomendar e pagar de forma antecipada um café na padaria local. Essas coisas podem ser embaraçosas, mas nos ajudam a prevenir a rigidez mental que pode acompanhar o envelhecimento.

Lembre-se, ainda, de que a dor física é informada pelos sentidos, mas também é influenciada por fatores emocionais e culturais. Um estado emocional negativo pode provocar aumento da dor, e uma sensação que de outra forma seria dolorosa pode ser interpretada como positiva, por exemplo um incômodo muscular depois do exercício. Do mesmo modo como podemos atribuir de forma equivocada o coração acelerado à atração física, como escrevemos no capítulo 5, sobre emoções, também podemos imputar erroneamente uma dor a fontes falsas. O corpo por vezes nos desinforma, apresentando-nos uma realidade falsa.

Pratique a gratidão.[74] Esse reconhecimento é motivador, direciona a química do cérebro para emoções mais positivas e lubrifica os circuitos cerebrais do prazer. Pode ser tão simples quanto apreciar o sabor do café da manhã ou um raio de sol que atravessa a janela. Gratidão é uma atitude mental poderosa. Como escreveu Walt Whitman: "Felicidade, não em outro lugar, mas neste... não daqui a uma hora, mas agora".

CONTINUE ORDENHANDO AS VACAS

Em 2018, Plácido Domingo, aos 77 anos, cantou seu 150º papel, um marco extraordinário na ópera. "Se você olhar a história dos cantores de ópera, ele se destaca sozinho", disse o ex-gerente geral da Metropolitan Opera.[75] E isso não é tudo. Domingo gravou mais de uma centena de álbuns e CDs e atuou quase 4 mil vezes. Quando Maria Callas lhe disse que ele estava cantando demais, na época em que Plácido tinha 41 anos, ele não ouviu. Em 2018, declarou ao *New York Times*: "Quando eu descanso, eu enferrujo". Como cantava Neil Young: "*It's better to burn out than it is to rust... rust never sleeps*" [É melhor queimar do que enferrujar... a ferrugem nunca dorme]. Embora Young tenha escrito isso aos 34 anos, aos 73 ele ainda canta a mesma letra. Aos 86 anos, T. Boone Pickens, presidente da BP Capital Management e ativista a favor de energia alternativa, declarou: "Eu me aposentarei numa caixa que será carregada para fora do meu escritório". Ele continuou a trabalhar até morrer, cinco anos mais tarde.[76]

Um amigo me contou a história de como a avó dele viveu até os 113 anos. Ela morreu enquanto ordenhava uma vaca. Todo dia, ela caminhava até o estábulo, usava a coordenação olhos-mãos e os músculos mãos-pulsos para fazer a ordenha. Isso reforçava seu senso de responsabilidade e propósito. Esforços individuais para a realização, dedicação persistente à carreira ou à comunidade, ou, sim, animais domésticos estão ligados a benefícios importantes para a saúde.[77]

Até 2030, haverá mais indivíduos nos Estados Unidos com mais de 65 anos do que com menos de quinze. Estima-se que dois terços das pessoas com mais de 65 anos que já viveram estão vivas hoje;[78] e três quartos das pessoas com mais de 75 anos que já viveram estão vivas hoje.[79] Precisamos mudar a maneira como nossa sociedade encara a idade. O relacionamento de respeito mútuo entre idosos e jovens é um dos mais fortes potencializadores da qualidade de vida de qualquer pessoa.

Comecei este livro com uma pergunta que deveríamos fazer a nós mesmos e que atinge o âmago de como vemos o futuro do envelhecimento. O que significaria para todos nós ver os idosos como recurso, não como fardo, e encarar o envelhecimento como ascensão, não como declínio. Tentei mostrar aqui que essa nova abordagem significaria aproveitar recursos humanos que estão sendo subutilizados. Seria restaurar a dignidade de um grupo marginalizado, exatamente quando mais precisam dessa valorização. Promoveria laços familiares mais fortes e vínculos de amizade mais intensos entre todos nós. Também implicaria que decisões importantes em todos os domínios, de questões pessoais a acordos internacionais, seriam iluminadas por experiência e inteligência, com a perspectiva esclarecida pela maturidade que a idade traz. E talvez até acarretasse um mundo mais compassivo.

Podemos alcançar esse futuro se quisermos. Precisamos educar a nós mesmos e a nossos familiares sobre as *vantagens* do envelhecimento — a sabedoria, o viés de positividade, a compaixão que os idosos demonstram. Como indivíduos, como membros da comunidade, como sociedade, é em prol de nossos melhores interesses ajudar a construir uma cultura que abrace os dons dos idosos, urdindo interações transgeracionais na trama das experiências cotidianas. Aprendendo com a ciência do cérebro, podemos promover uma compreensão transformadora do processo de envelhecimento, de sua história humana, e no meio-tempo melhorar a qualidade de vida. Essa é a nova verdade sobre o envelhecimento.

Em 2018, alguém perguntou a Gloria Steinem, então com 84 anos: "A quem você vai passar a tocha?". "A ninguém", ela respondeu, rindo. "Continuarei segurando minha tocha. Vou deixar que outras pessoas acendam a delas na minha." Segure a sua tocha. Não se vá de forma mansa. E não se esqueça de rir. Não importa o que aconteça ao seu redor, lembre-se de rir.[80]

Apêndice
Rejuvenescendo o cérebro

1. Não se aposente. Não deixe de se engajar em um trabalho significativo.
2. Olhe para frente. Não olhe para trás. (Recordar não promove saúde.)
3. Exercite-se. Acelere o ritmo cardíaco. De preferência na natureza.
4. Adote um estilo de vida moderado, com práticas saudáveis.
5. Cultive um círculo social vibrante e cheio de novidades.
6. Conviva com pessoas mais jovens que você.
7. Visite o médico com regularidade, mas não de forma obsessiva.
8. Não se considere velho (a não ser para adotar precauções prudentes).
9. Aprecie suas forças cognitivas — padrões de reconhecimento, inteligência cristalizada, sabedoria, conhecimento acumulado.
10. Promova a saúde cognitiva através de aprendizado experimental: viajando, convivendo com os netos, imergindo em novas atividades e situações. Faça coisas novas.

Agradecimentos

Sou grato às seguintes pessoas por ler e melhorar versões anteriores de partes ou de todo este livro: Heather Bortfeld, Howard Gardner, Michael Gazzaniga, Lew Goldberg, Sarah Hampson, Siegfried Hekimi, Mike Lankford, Sonia Lupien, Jay Olshansky e Robert Sternberg; e a estas outras por responder a perguntas, à medida que surgiam: Neil Charness, Daniel Dennett, Eduardo Dolhun, Mallory Frayn, Derek Han, Janet King, Stan Kubow, Joe LeDoux, Jasper Rine, Stephanie Shih, Daniel Simons e David Sinclair.

Stephen Morrow, Jeffrey Mogil, Lindsay Fleming, Sarah Chalfant e Rebecca Nagel leram tudo com muita atenção e contribuíram com ótimas ideias e muita clareza com suas anotações e sugestões. Lindsay atuou como assistente de pesquisa e editora, e desenhou a maioria das figuras que aparecem neste livro. Len Blum ajudou com seu senso de humor e edição magistral em todo o texto, melhorando-o em muito. Hannah Feeney supervisionou centenas de detalhes na edição e produção do livro, com grande eficiência e competência.

Sou muito agradecido às diversas pessoas que compartilharam comigo suas próprias experiências de terem mais de setenta anos: Judy Collins, Sua Santidade o Dalai Lama, Lamont Dozier, Donald Fagen, Jane Fonda, presidente Vicente Fox, Charles Koch, Tim Laddish, minha mãe e meu pai, Sonia e Lloyd Levitin, Joni Mitchell, Sonny Rollins, secretário George Shultz, Paul Simon, Jack Weinstein e Bob Weir.

Mais ou menos na época em que iniciei minha formação, um conhecido cientista cognitivo, Michael Posner, iniciou uma colaboração fecunda com uma conhecida psicóloga desenvolvimentista, Mary Rothbart. (Isso não acontece com a frequência que se poderia imaginar.) Mike se tornou meu orientador de doutorado, e eu aprendi a me dedicar a esses diferentes campos. Sempre cuidando de mim, Mike sugeriu que a neurocientista cognitiva do desenvolvimento Helen Neville participasse da minha banca de doutorado, com o biólogo Terry Takahashi. Enquanto tudo isso acontecia, eu tinha um escritório no Oregon Research Institute e era membro do grupo de pesquisa liderado por Lewis R. Goldberg, psicométrico (mensuração de fatores psicológicos) e pai da psicologia da personalidade moderna. Lá, Jack Digman e Sarah Hampson desempenharam um papel importante em minha educação. No percurso, também tive a grande sorte de aprender com inúmeros pensadores de ponta fora do meu campo de atuação, como Susan Nolen-Hoeksema (que morreu tragicamente com cinquenta e poucos anos), Lee Ross, Ellen Markman, Susan Carey e Laura Carstensen. Agradeço a todos por essa formação e mentoria.

Notas

Consultei em torno de 4 mil trabalhos da literatura científica, revisados por pares, durante a pesquisa para este livro. Se este fosse um artigo científico, a maioria seria citada no texto, à medida que fossem mencionados, com remissão para a seção de referências bibliográficas. No entanto, minha experiência como leitor de livros de não ficção sugere que todos esses parênteses no texto com nomes de pesquisadores são dispersivos e afastam da narrativa do autor. Meu objetivo na compilação destas notas é fundamentar asserções factuais (por exemplo, estatísticas sobre a prevalência de certa doença) e descrever experimentos (como óculos de prisma de inversão), de modo que os leitores interessados possam acompanhar. Tentei fazer citações de coisas representativas do assunto, em geral uma meta-análise ou uma revisão que em si abranja centenas de artigos, em vez de uma série de artigos empíricos que levaram à revisão.

Para um relato mais completo, a bibliografia na íntegra está disponível em meu site (DanielLevitin.org), e as referências citadas aqui contêm elas próprias muito mais referências.

INTRODUÇÃO [pp. 9-24]

1. N. Bakalar "Lack of Sleep Tied to Diabetes in Pregnancy". *The New York Times*, 18 out. 2017. Disponível em: <https://www.nytimes.com/2017/10/18/well/family/lack-of-sleep-tied-to-diabetes-of-pregnancy.html>.

2. D. Quenqua, "Can Fathers Have Postpartum Depression?". *The New York Times*, 17 out. 2017. Disponível em: <https://www.nytimes.com/2017/10/17/well/family/can-fathers-have-postpartum-depression.html>.

3. B. James et al., "Contribution of Alzheimer Disease to Mortality in the United States". *Neurology*, v. 82, n. 12, pp. 1045-50, 2014.

4. Essa pode ser uma maneira confusa de abordar a questão, mas partir do começo da vida, como recém-nascido, é como se definem os índices de risco. Obviamente, se você experimenta numerosos fatores ambientais — toxinas, sucessivos golpes na cabeça — que acabam causando Alzheimer, seu risco pessoal de fatores ambientais aumenta para 100%. Klodian Dhana, Denis A. Evans, Kumar B. Rajan et al., "Impact of Healthy Lifestyle Factors on the Risk of Alzheimer's Dementia: Findings from Two Prospective Cohort Studies". In: Alzheimer's Association International Conference, 14 jul. 2019, Los Angeles; I. E. Jansen et al., "Genome-wide Meta-Analysis Identifies New Loci Functional Pathways Influencing Alzheimer's Disease Risk". *Nature Genetics*, v. 5, n. 3, pp. 404-13, 2019.

5. P. Eikelenboom et al., "Whether, When and How Chronic Inflammation Increases the Risk of Developing Late-Onset Alzheimer's Disease". *Alzheimer's Research and Therapy*, v. 4, n. 3, p. 15, 2012. Disponível em: <http://dx.doi.org/10.1186/alzrt118>.

6. Ibid.; D. J. Marciani, "Development of an Effective Alzheimer's Vaccine". In: Hayat, M. A. (org.). *Immunology*. Londres: Elsevier, 2018, pp. 149-69. v. 1: Immunotoxicology, Immunopathology, and Immunotherapy.

7. M. J. Meaney e M. Szyf, "Environmental Programming of Stress Responses through DNA Methylation: The Interface between a Dynamic Environment and a Fixed Genome". *Dialogues in Clinical Neuroscience*, v. 7, n. 2, pp. 103-23, 2005.

8. Citações diretas ou quase diretas de L. Warwick, "Dr. Michael Meaney: More Cuddles, Less Stress!". *Bulletin of the Centre of Excellence for Early Childhood Development*, out. 2005. Disponível em: <http:www.excellence-earlychildhood.ca/documents/Page2Vol4No2Oct05ANG.pdf>.

1. PERSONALIDADE E DIFERENÇAS INDIVIDUAIS [pp. 27-56]

1. S. E. Hampson, "Personality Development and Health". In: McAdams, D.; Shiner, R.; Tackett, J. (orgs.). *The Handbook of Personality Development*. Nova York: Guilford Press, 2019, pp. 489-502.

2. Ibid.

3. S. E. Hampson et al., "Lifetime Trauma, Personality Traits, and Health: A Pathway to Midlife Health Status". *Psychological Trauma: Theory, Research, Practice, and Policy*, v. 8, n. 4, pp. 447-54, 2016. Disponível em: <http://dx.doi.org/10.1037/tra0000137>.

4. H. S. Friedman et al., "Does Childhood Personality Predict Longevity?". *Journal of Personality and Social Psychology*, v. 65, n. 1, pp. 176-85, 1993. Disponível em: <http:/dx.doi.org/10.1037/0022-3514.65.1.176>.

5. W. Bleidorn, "What Accounts for Personality Maturation in Early Adulthood?". *Current Directions in Psychological Science*, v. 24, n. 3, pp. 245-52, 2015; G. W. Edmonds et al., "Personality Stability from Childhood to Midlife: Relating Teachers' Assessments in Elementary School to Observer and Self-Ratings 40 Years Later". *Journal of Research in Personality*, v. 47, n. 5, pp. 505-13, 2013; N. W. Hudson e R. C. Fraley, "Volitional Personality Trait Change: Can People Choose to

Change Their Personality Traits?". *Journal of Personality and Social Psychology*, v. 109, n. 3, pp. 490-507, 2015.

6. N. Bayley, "The Life Span as a Frame of Reference in Psychological Research". *Vita Humana*, v. 6, n. 3, pp. 125-39, 1963.

7. P. B. Baltes e K. W. Schaie, "On Life-Span Developmental Research Paradigms: Retrospects and Prospects". In: Baltes, P. B.; Schaie, K. W. (orgs.). *Life-Span Developmental Psychology*. Cambridge: Academic Press, 1973, pp. 365-95.

8. B. P. Chapman, S. Hampson e J. Clarkin, "Personality-Informed Interventions for Healthy Aging: Conclusions from a National Institute on Aging Workgroup". *Developmental Psychology*, v. 50, n. 5, pp. 1426-41, 2014.

9. C. DeYoung, "Personality Neuroscience and the Biology of Traits". *Social and Personality Psychology Compass*, v. 4, n. 12, pp. 1165-80, 2010. Disponível em: <http://dx.doi.org/10.1111/j.1751-9004.2010.00327>.

10. "A Super Brief and Basic Explanation of Epigenetics for Total Beginners". *WhatIsEpigenetics*, 30 jul. 2018. Disponível em: <www.whatisepigenetics.com/what-is-epigenetics/>.

11. R. Gajewski, "Jason Alexander: 'Seinfeld' Killed Off Susan Because Actress Was 'F—ing Impossible' to Work With". *Hollywood Reporter*, jun. 2015. Disponível em: <https://www.hollywood-reporter.com/live-feed/jason-alexander-seinfeld-killed-susan-800031>.

12. L. A. Zebrowitz e J. M. Montepare, "Social Psychological Face Perception: Why Appearance Matters". *Social Personality Psychology Compass*, v. 2, n. 3, pp. 1497-517, 2008; P. Belluck, "Do Matter". *The New York Times*, 24 abr. 2009, p. ST1.

13. W. Terrill e J. M. Mastrofski, "Situational and Officer-Based Determinants of Police Coercion". *Justice Quarterly*, v. 19, n. 2, pp. 215-48, 2002.

14. C. Gibson, "Scientists Discovered What Causes Resting Bitch Face". *The Washington Post*, 2 fev. 2016. Disponível em: <https://www.washingtonpost.com/news/arts-and-entertainment/wp/2016/02/02/scientists-have-discovered-the-source-of-your-resting-bitch-face/>.

15. L. R. Goldberg, comunicação pessoal, 1994; ver também L. R. Goldberg, "Language and Individual Differences: The Search for Universals Personality Lexicons". In: Wheeler, L. (org.). *Review of Personality and Social Psychology*. Beverly Hills: Sage, 1981, pp. 141-65. v. 2.

16. Ibid.

17. J. M. Murphy, "Psychiatric Labeling in Cross-Cultural Perspective". *Science*, v. 191, n. 4231, pp. 1019-28, 1976.

18. G. W. Allport e H. S. Odbert, "Trait-Names: A Psycho-lexical Study". *Psychological Monographs*, v. 7, n. 1, pp. 1-171, 1936; J. S. Wiggins, *Paradigms of Personality Assessment*. Nova York: Guilford Press, 2003; L. R. Goldberg, comunicação pessoal, 8 ago. 2018.

19. L. R. Goldberg, "What the Hell Took So Long? Donald Fiske and the Big-Five Factor Structure". In: Shrout, P. E.; Fiske, S. K. (orgs.). *Personality Research, Methods and Theory: A Festschrift Honoring Donald W. Fiske*. Hillsdale: Erlbaum, 1995, pp. 29-43.

20. L. R Goldberg, "The Structure of Phenotypic Personality Traits". *American Psychologist*, v. 48, n. 1, pp. 26-34, 1993.

21. G. Saucier, "Openness versus Intellect: Much Ado about Nothing?". *European Journal of Personality*, v. 6, pp. 381-6, 1992.

22. L. R. Goldberg, "The Development of Markers for the Big-Five Factor Structure". *Psychological Assessment*, v. 4, n. 1, p. 26, 1992.

23. Id., "A Broad-Bandwidth, Public Domain, Personality Inventory Measuring the Lower-Level Facets of Several Five-Factor Models". In: I. Mervielde et al. (orgs.). *Personality Psychology in Europe*. Tilburg: Tilburg University Press, 1999, pp. 7-28. v. 7; L. R. Goldberg et al., "The International Personality Item Pool and the Future of Public-Domain Personality Measures". *Journal of Research in Personality*, v. 40, pp. 84-96, 2006.

24. Lew Goldberg observa que poucos estudos léxicos em grande escala encontraram um fator "abertura". De fato, o psicólogo Robert McCrae, especializado em personalidade, escreveu um artigo clássico asseverando que havia muito poucas ocorrências do termo "abertura" no léxico inglês. Contudo, o fato é que muitos cientistas especializados em personalidade preferem o rótulo "abertura" a "intelecto", com base no fato de que o primeiro parece mais apropriado para designar um traço de personalidade, ao passo que o último parece mais adequado para se referir à inteligência como atributo medido por testes de QI.

25. Talvez você tenha visto isso em outros livros como modelo OCEAN ou CANOE, que simplesmente lista os fatores em outra ordem e renomeia Estabilidade Emocional como seu contrário, Neuroticismo.

26. C. DeYoung, op. cit.

27. Ibid.

28. B. C. Trumble et al., "Successful Hunting Increases Testosterone and Cortisol in a Subsistence Population". *Proceedings of the Royal Society of London B: Biological Sciences*, v. 281, n. 1776, p. 20132876, 2014.

29. G. Saad e J. G. Vongas, "The Effect of Conspicuous Consumption on Men's Testosterone Levels". *Organizational Behavior and Human Decision Processes*, v. 110, n. 2, pp. 80-92, 2009.

30. S. M. Anders, J. Steiger e K. L. Goldey, "Effects of Gendered Behavior on Women and Men". *Proceedings of the National Academy of Sciences*, v. 112, n. 45, pp. 13805-10, 2015.

31. C. DeYoung, op. cit.

32. X. Gonda et al., "Association of the S Allele of the 5-HTTLPR with Neuroticism-Related Traits and Temperaments in a Psychiatrically Healthy Population". *European Archives of Psychiatry and Clinical Neuroscience*, v. 259, n. 2, pp. 106-13, 2009.

33. J. T. Nigg, "Temperament and Developmental Psychopathology". *Journal of Child Psychology and Psychiatry*, v. 47, n. 3-4, pp. 395-422, 2006.

34. M. K. Rothbart, "Temperament, Development, and Personality". *Psychological Science*, v. 16, n. 4, pp. 20-6, 2007.

35. M. I. Posner, M. K. Rothbart e B. E. Sheese, "Attention Genes". *Developmental Science*, v. 10, pp. 24-9, 2007.

36. H. E. Fisher et al., "Four Broad Temperament Dimensions: Description, Convergent Validation Correlations, and Comparison with the Big Five". *Frontiers in Psychology*, v. 6, p. 1098, 2015.

37. B. W. Roberts, K. E. Walton e W. Viechtbauer, "Patterns of Mean-Level Change in Personality Traits across the Life Course: A Meta-Analysis of Longitudinal Studies". *Psychological Bulletin*, v. 132, n. 1, pp. 1-25, 2006; Sarah Hampson acrescenta o seguinte aviso, depois de ler o primeiro capítulo: "Gosto da mensagem animadora de que a personalidade altera à medida que mudamos. Acredito nisso, mas também tenho de reconhecer que nossas descobertas no projeto Havaí (a per-

sonalidade na infância influencia as condições de saúde quarenta anos depois, independente das influências sobre a personalidade do adulto) desafiam essa posição. O que podemos fazer como adultos se fomos crianças insubordinadas e inconscienciosas? Nossa saúde no longo prazo pode ter sido prejudicada por essas primeiras influências. Pelo menos, como adultos, podemos nos esforçar para sermos mais conscienciosos e usar esse traço para fazer alguma coisa em relação aos problemas de saúde que possam ter surgido na infância (por exemplo, compensar esses danos adotando estilo de vida mais saudável) [...]. O projeto Havaí, na fase em curso, está olhando para a personalidade e as deficiências cognitivas, e as pesquisas anteriores indicam que a personalidade é uma influência importante sobre a resiliência cognitiva. Esperamos prever o declínio cognitivo brando com base na personalidade pregressa e, talvez, nas mudanças anteriores de personalidade".

38. B. W. Roberts e D. Mroczek, "Personality Trait Change in Adulthood". *Current Directions in Psychological Science*, v. 17, n. 1, pp. 31-5, 2008.

39. R. Helson, C. Jones e V. S. Kwan, "Personality Change over 40 Years of Adulthood: Hierarchical Linear Modeling Analyses of Two Longitudinal Samples". *Journal of Personality and Social Psychology*, v. 83, n. 3, p. 752, 2002.

40. B. W. Roberts, K. E. Walton e W. Viechtbauer, op. cit.

41. R. Helson, C. Jones e V. S. Kwan, op. cit.

42. B. W. Roberts e D. Mroczek, op. cit; W. Bleidorn, op. cit.

43. W. Bleidorn, op. cit.

44. B. W. Roberts, K. E. Walton e W. Viechtbauer, op. cit.

45. R. R. McCrae et al., "Age Differences in Personality across the Adult Life Span: Parallels in Five Cultures". *Developmental Psychology*, v. 35, n. 2, p. 466, 1999.

46. D. P. McAdams, "The Psychological Self as Actor, Agent, and Author". *Perspectives on Psychological Science*, v. 8, n. 3, pp. 272-95, 2013.

47. K. Peveto, "101-Year-Old Baton Rouge Runner Earns World Record, Nickname, at National Senior Games". *The Advocate*, 3 jul. 2017. Disponível em: <https://www.theadvocate.com/baton_rouge/entertainment_life/health_fitness/101-year-old-baton-rouge-runner-earns-world-record-and-a-new-nickname-at-national/article_eda49a74-5c2d-11e7-9839-e3e4446b940d.html>.

48. J. McCoy, "Meet Julia Hawkins, the 101-Year-Old Who Has Up Competitive Running". *Runner's World*, 24 mar. 2017. Disponível em: <https://www.runnersworld.com/runners-stories/a20851266/meet-julia-hawkins-the-101-old-who-has-recently-taken-up-competitive-running/>.

49. L. Bonos, "Jane Fonda and Lily Tomlin on *Grace and Frankie*, Aging in Hollywood and Female Sexuality". *The Washington Post*, 28 mar. 2017. Disponível em: <https://www.washingtonpost.com/news/soloish/wp/2017/03/28/jane-fonda-and-lily-tomlin-on-grace-and-frankie-aging-in-hollywood-and-female-sexuality/>.

50. David Emery, "The Life of Colonel Sanders". *Snopes*, 2 dez. 2016. Disponível em: <https://www.snopes.com/fact-check/colonel-sanders/>.

51. "Jim Bakker PTL Club with Colonel Sanders 1979". PTL Club TV, 20 nov. 2011. Disponível em: <https://www.youtube.com/watch?v=ttdTGPQer-o>.

52. S. E. Hampson et al., "Childhood Conscientiousness Relates to Objectively Measured Adult Physical Health Four Decades Later". *Health Psychology*, v. 32, n. 8, p. 925, 2013.

53. B. P. Chapman, S. Hampson e J. Clarkin, op. cit.

54. C. Koch, comunicação pessoal, 22 jul. 2017.

55. H. G. Welch e W. C. Black, "Overdiagnosis in Cancer". *Journal of the National Cancer Institute*, v. 102, pp. 605-13, 2010; H. G. Welch, L. Schwartz e S. Woloshin, *Overdiagnosed: Making People Sick in the Pursuit of Health*. Boston: Beacon, 2011.

56. F. Strack, L. L. Martin e S. Stepper, "Inhibiting and Facilitating Conditions of the Human Smile: A Nonobtrusive Test of the Facial Feedback Hypothesis". *Journal of Personality and Social Psychology*, v. 54, pp. 768-77, 1988; T. L. Kraft e S. D. Pressman, "Grin and Bear It: The Influence of Manipulated Facial Expression on the Stress Response". *Psychological Science*, v. 23, n. 11, pp. 1372-8, 2012.

57. Thupten Jinpa Langri, comunicação pessoal, 2 abr. 2018.

58. J. Oliver, "Tibetan Sovereignty Debate and Human Rights in Tibet". *Last Week Tonight with John Oliver*, produzido por J. Oliver, exibido em 5 mar. 2017, HBO.

59. "The Dalai Lama's Guide to Happiness". *A Million Smiles*, 9 out. 2013. Disponível em: <https://www.youtube.com/watch?v=IUEkDc_LfKQ>.

60. R. Helson, C. Jones e V. S. Kwan, op. cit.

61. Lupien et al., "Increased Cortisol Levels and Impaired Cognition in Aging: Implication for Depression and Dementia in Later Life". *Reviews Neurosciences*, v. 10, n. 2, pp. 117-40, 1999.

2. A MEMÓRIA E NOSSO SENSO DE IDENTIDADE [pp. 57-89]

1. G. Martin, comunicação pessoal, 17 set. 1993.

2. A. J. O. Dede e C. N. Smith, "The Functional and Structural Neuroanatomy of Systems Consolidation for Autobiographical and Semantic Memory". In: Clark, R. E.; Martin, S. (orgs.). *Behavioral Neuroscience of Learning and Memory, Current Topics in Behavioral Neurosciences*. Cham: Springer, 2016. v. 37; M. Moscovitch et al., "Functional Neuroanatomy Remote Episodic, Semantic and Spatial Memory: A Unified Account Based on Multiple Trace Theory". *Journal of Anatomy*, v. 207, n. 1, pp. 35-66, 2005; B. Milner, S. Corkin, e H. L. Teuber, "Further Analysis of the Hippocampal Amnesic Syndrome: 14-Year Follow-Up Study of HM", *Neuropsychologia*, v. 6, n. 3, pp. 215-34, 1968.

3. A. J. O. Dede e C. N. Smith, op. cit.; M. Moscovitch et al., op. cit.

4. Já escrevi sobre isso em D. J. Levitin, *The Organized Mind*. Nova York: Dutton, 2014. [Ed. bras.: *A mente organizada: Como pensar com clareza na era da sobrecarga de informação*. Rio de Janeiro: Objetiva, 2015.]

5. M. S. Gazzaniga, *Who's in Charge: Free Will and the Science of the Brain*. Nova York: Ecco, 2012.

6. D. J. Levitin, "Absolute Memory for Musical Pitch: Evidence from the Production of Learned Melodies". *Perception & Psychophysics*, v. 56, n. 4, pp. 414-23, 1994.

7. Ver, por exemplo, D. L. Hintzman e R. A. Block, "Repetition and Memory: Evidence for a Multiple-Trace Hypothesis". *Journal of Experimental Psychology*, v. 88, n. 3, p. 297, 1971; D. L. Hintzman, "Judgments of Frequency and Recognition Memory in a Multiple-Trace Memory Model". *Psychological Review*, v. 95, n. 4, p. 528, 1988; S. D. Goldinger, "Echoes of Echoes? An Episodic Theory of Lexical Access". *Psychological Review*, 105, n. 2, p. 251, 1998.

8. D. L. Hintzman, "'Schema Abstraction' in a Multiple-Trace Memory Model". *Psychological Review*, v. 93, n. 4, p. 411, 1986.

9. Moscovitch et al., op. cit.; B. R. Postle, "The Hippocampus, Memory, and Consciousness". In: Laureys, S.; Gosseries, O.; Tononi, G. (orgs.). *The Neurology of Consciousness*. 2. ed. San Diego: Elsevier, 2016.

10. J. D. Wammes, M. E. Meade e M. A. Fernandes, "The Drawing Effect: Evidence for Reliable and Robust Memory Benefits in Free Recall". *Quarterly Journal of Experimental Psychology*, v. 69, n. 9, pp. 1752-76, 2016.

11. J. Weinstein, comunicação pessoal, Brooklyn, NY, 25 abr. 2018.

12. S. Kosslyn, comunicação pessoal, 8 set. 2018.

13. J. Mitchell, comunicação pessoal, 9 set. 2012.

14. G. Shultz, comunicação pessoal, Stanford, CA, 21 mar. 2018.

15. J. Kimball, comunicação pessoal, Los Angeles, CA, 3 mar. 2018.

16. S. Lupien, comunicação pessoal, Montreal, 13 mar. 2019.

17. S. Sindi et al., "When We Test, Do We Stress? Impact of the Environment on Cortisol Secretion and Memory Performance in Older Adults". *Psychoneuroendocrinology*, v. 38, n. 8, pp. 1388-96, 2013; S. Sindi et al., "Now You See It, Now You Don't: Testing Environments Modulate the Association between Hippocampal Volume and Cortisol Levels in Young and Older Adults". *Hippocampus*, v. 24, n. 12, pp. 1623-32, 2014; em um contexto de memória mais natural, jovens e idosos não diferiram na exatidão geral: D. Davis, N. Alea e S. Bluck, "The Difference between Right and Wrong: Accuracy of Older and Younger Adults' Story Recall". *International Journal of Environmental Research and Public Health*, v. 12, n. 9, pp. 10861-85, 2015; um estudo concluiu que os idosos ficavam mais estressados que os jovens em testes de laboratório, mas não mediu de forma direta o estresse nem verificou os níveis de cortisol: A. Ihle et al., "Adult Age Differences in Prospective Memory in the Laboratory: Are They Related to Higher Stress Levels in the Elderly?". *Frontiers in Human Neuroscience*, v. 8, p. 1021, 2014.

18. B. M. Ben-David, G. Malkin e H. Erel, "Ageism and Neuropsychological Tests". In: Ayalon, Liat; Tesch-Römer, Clemens (orgs.). *Contemporary Perspectives on Ageism*. Cham: Springer, 2018, pp. 277-97.

19. M. A. Shafto et al., "On the Tip-of-the-Tongue: Neural Correlates of Increased Word-Finding Failures in Normal Aging". *Journal of Cognitive Neuroscience*, v. 19, n. 12, pp. 2060-70, 2007.

2,5. INTERLÚDIO [pp. 90-118]

1. S. Innes, "Review of *The Cambridge Introduction to Emmanuel Levinas* by Michael Morgan". *Religious Studies*, v. 48, n. 4, pp. 552-7, 2012. Disponível em: <http://www.jstor.org/stable/23351460>.

2. L. K. Jones, "Neurophysiological Development across the Lifespan". In: Field, T. A.; Jones, L. K.; Russell-Chapin, L. A. (orgs.). *Neurocounseling: Brain-Based Clinical Approaches*. Alexandria: John Wiley & Sons, 2017.

3. Agradeço a "Darpa" Dan Kaufman por sua formulação. D. Kaufman, comunicação pessoal, 14 jul. 2018.

4. Center on the Developing Child, "Five Numbers to Remember about Early Childhood Development", resumo, 2009. Disponível em: <www.developingchild.harvard.edu>.

5. E. Santos e C. A. Noggle, "Synaptic Pruning". In: Goldstein, S.; Naglieri, J. A. (orgs.). *Encyclopedia of Child Behavior and Development*. Boston: Springer, 2011.

6. Ver: <https://ghr.nlm.nih.gov/primer/basics/gene>.

7. K. Wong, "Tiny Genetic Differences between Humans and Other Primates Pervade the Genome". *Scientific American*, 1 set. 2014. Disponível em: <http://www.scientificamerican.com/article/tiny-genetic-differences-between-humans-and-other-primates-pervade-the-genome/>.

8. Tenho sido cuidadoso ao usar os termos *inferência estatística* e *análise estatística*. O modo de o cérebro aprender coisas complexas como linguagem é uma questão contenciosa. Há quem acredite que o cérebro tem uma estrutura modular e que alguns desses módulos são "inatos", termo que se vê tanto em artigos científicos quanto em livros populares. Também há quem entenda que o cérebro tem predisposições biológicas, mas que são moldadas pela experiência, e que "inato" é uma alegação muito forte. Cientistas razoáveis tendem a discordar. Temos de esperar que se faça mais experimentos e que surjam mais dados.

9. "Entrevista a Evan Balaban. Caseib 2010", postada por UC3M, 21 dez. 2010. Disponível em: <https://www.youtube.com/watch?v=sIqD98W9k64>.

10. W. James, *The Principles of Psychology*. Londres: MacMillan, 1890.

11. B. Brogaard, "Serotonergic Hyperactivity as a Potential Factor in Developmental, Acquired and Drug-Induced Synesthesia". *Frontiers in Human Neuroscience*, v. 7, p. 657, 2013.

12. L. K. Low e H. J. Cheng, "Axon Pruning: An Essential Step Underlying the Developmental Plasticity of Neuronal Connections". *Philosophical Transactions of the Royal Society of London. Series B, Biological Sciences*, v. 361, pp. 1531-44, 2006.

13. Ibid.

14. Z. Petanjek et al., "Extraordinary Neoteny of Synaptic Spines in the Human Prefrontal Cortex". *Proceedings of the National Academy of Sciences*, v. 108, n. 32, pp. 13281-6, 2011.

15. Agradeço a Michael Gazzaniga por esse cálculo.

16. M. Gazzaniga, comunicação pessoal, 15 jul. 2018.

17. I. Maddieson e K. Precoda, *UCLA Phonological Segment Inventory Database (UPSID)*, n. d. Disponível em: <http://web.phonetik.uni-frankfurt.de/upsid_info.html>; S. Shih, comunicação pessoal, 7 ago. 2018.

18. O. T. Giles et al., "Hitting the Target: Mathematical Attainment in Children Is Related to Interceptive-Timing Ability". *Psychological Science*, v. 29, n. 8, pp. 1334-45, 2018.

19. J. K. Niparko et al., "Spoken Language Development in Children following Cochlear Implantation". *Journal of the American Medical Association*, v. 303, pp. 1498-506, 2010; J. G. Nicholas e A. E. Geers, "Sensitivity of Expressive Linguistic Domains to Surgery Age and Audibility of Speech in Preschoolers Cochlear Implants". *Cochlear Implants International*, v. 19, n. 1, pp. 26-37, 2018.

20. M. L. Hall et al., "Auditory Access, Language Access, and Implicit Sequence Learning in Deaf Children", *Developmental Science*, v. 21, n. 3, 2018, e12575.

21. A. K. Bhatara, E. M. Quintin e D. J. Levitin, "Musical Ability and Developmental Disorders". In: *The Handbook of Intellectual Disability and Development*. Nova York: Oxford University Press, 2012, p. 138.

22. H. J. Lee et al., "Transgenerational Effects of Paternal Alcohol Exposure in Mouse Offspring". *Animal Cells and Systems*, v. 17, n. 6, pp. 429-34, 2013; J. Day et al., "Influence of Paternal

Preconception Exposures on Their Offspring: Through Epigenetics to Phenotype". *American Journal of Stem Cells*, v. 5, n. 1, p. 11, 2016.

23. Para ver uma tartaruga gigante que quer abraçar, vá para a página Animal Lovers Only, no Facebook. Disponível em: <https.www.facebook.com/AnimalLoversOnly1/videos/242545276572254/>.

24. Os neurônios da retina crescem ao longo de um caminho até chegarem ao córtex visual, na parte posterior do cérebro, parando primeiro em uma estação retransmissora, o corpo geniculado lateral. Os neurônios também se estendem até os colículos superiores, para o controle do movimento dos olhos; até a área pré-tectal, para controlar a dilatação e a constrição das pupilas; e até o núcleo supraquiasmático, para ajudar a controlar os ritmos diurnos e a regular os hormônios, em resposta às horas do dia, conforme indicadas pela luz solar. Eles são orientados em parte por instruções genéticas.

25. M. Bedny, H. Richardson e R. Saxe, "'Visual' Cortex Responds to Spoken Language in Blind Children". *Journal of Neuroscience*, v. 35, n. 33, pp. 11674-81, 2015; B. Röder et al., "Speech Processing Activates Visual Cortex in Congenitally Blind Humans". *European Journal Neuroscience*, v. 16, n. 5, pp. 930-6, 2002.

26. M. Sur, P. E. Garraghty e A. W. Roe, "Experimentally Induced Visual Projections into Auditory Thalamus and Cortex". *Science*, v. 242, n. 4884, pp. 1437-41, 1988; S. L. Pallas, A. W. Roe e M. Sur, "Visual Projections Induced into the Auditory Pathway of Ferrets. I. Novel Inputs to Primary Auditory Cortex (AI) from the LP/ Pulvinar Complex and the Topography of the MGN-AI Projection". *Journal of Comparative Neurology*, v. 298, n. 1, pp. 50-68, 1990.

27. A. L. de Dieuleveult et al., "Effects of Aging in Multisensory Integration: A Systematic Review". *Frontiers in Aging Neuroscience*, v. 9, p. 80, 2017. Disponível em: <http://dx.doi.org/10.3389/fnagi.2017.00080>.

28. A. Shimamura, *Get SMART! Five Steps toward a Healthy Brain*. Scotts Valley: CreateSpace, 2017.

29. R. Peters, "Ageing and the Brain". *Postgraduate Medical Journal*, v. 82, n. 964, pp. 84-8, 2006; R. Rutledge et al., "Risk Taking for Potential Reward Decreases across the Lifespan". *Current Biology*, v. 26, n. 12, pp, 1634-9, 2016.

30. M. Kubota et al., "Alcohol Consumption and Frontal Lobe Shrinkage: Study of 1432 Non-Alcoholic Subjects". *Journal of Neurology, Neurosurgery and Psychiatry*, v. 71, n. 1, pp. 104-6, 2001; X. Yang et al., "Cortical and Subcortical Gray Matter Shrinkage in Alcohol-Use Disorders: A Voxel-Based Meta-Analysis". *Neuroscience and Biobehavioral Reviews*, v. 66, pp. 92-103, 2016.

31. A. M. Hedman et al., "Human Brain Changes across the Life Span: A Review of 56 Longitudinal Magnetic Resonance Imaging Studies". *Human Brain Mapping*, v. 33, n. 8, pp. 1987-2002, 2012.

32. R. Peters, op. cit.

33. A. Shimamura, op. cit.

34. M. Balter, "The Incredible Shrinking Human Brain". *Science*, 25 jul. 2011. Disponível em: <http://www.sciencemag.org/news/2011/07/incredible-shrinking-human-brain>; C. C. Sherwood et al., "Aging of the Cerebral Cortex Differs between Humans and Chimpanzees". *Proceedings of the National Academy of Sciences*, v. 108, n. 32, pp. 13029-34, 2011.

35. R. Buckner, J. Andrews-Hanna e D. Schacter, "The Brain's Default Network Anatomy, Function, and Relevance to Disease". *Annals of the New York Academy of Sciences*, v. 1124, n. 1, pp. 1-38, 2008.

36. S. Gauthier et al., "Mild Cognitive Impairment". *Lancet*, v. 367, n. 9518, pp. 1262-70, 2006.

37. Ibid.

38. C.Petersen, "Mild Cognitive Impairment". *Continuum: Lifelong Learning Neurology*, v. 22, n. 2, p. 404, 2016.

39. C. M. Stephan et al., "The Neuropathological Profile of Mild Cognitive Impairment (MCI): A Systematic Review". *Molecular Psychiatry*, v. 17, n. 11, p. 1056, 2012.

40. R. C. Petersen et al., "Mild Cognitive Impairment: A Concept in Evolution". *Journal of Internal Medicine*, v. 275, n. 3, pp. 214-28, 2014.

41. L. Qian et al., "Intrinsic Frequency Specific Brain Networks for Identification of MCI Individuals Using Resting-State fMRI". *Neuroscience Letters*, v. 664, pp. 7-14, 2018.

42. Y. Stern, "Cognitive Reserve in Ageing and Alzheimer's Disease". *Lancet Neurology*, v. 11, n. 11, pp. 1006-12, 2012; Y. Stern, "Cognitive Reserve: Implications for Assessment and Intervention". *Folia Phoniatrica et Logopaedica*, v. 65, n. 2, pp. 49-54, 2013; H. Amieva et al., "Compensatory Mechanisms in Higher-Educated Subjects with Alzheimer's Disease: A Study of 20 Years of Cognitive Decline". *Brain*, v. 137, n. 4, 2013, pp. 1167-75, 2014.

43. A. Shimamura, op. cit.

44. P. Belluck, "Will We Ever Cure AD?". *The New York Times*, 19 nov. 2018, p. D6.

45. P. Eikelenboom e R. Veerhuis, "The Importance of Inflammatory Mechanisms for the Development of Alzheimer's Disease". *Experimental Gerontology*, v. 34, n. 3, pp. 453-61, 1999.

46. P. L. McGeer, J. Rogers e E. G. McGeer, "Inflammation, Anti-Inflammatory Agents, and Alzheimer's Disease: The Last 22 Years". *Journal of Alzheimer's Disease*, v. 54, n. 3, pp. 853-7, 2016.

47. N. Brouwers, K. Sleegers e C. Van Broeckhoven, "Molecular Genetics of Alzheimer's Disease: An Update". *Annals of Medicine*, v. 40, n. 8, pp. 562-83, 2008; A. Pink et al., "Neuropsychiatric Symptoms, APOE ε4, and the Risk of Incident Dementia: A Population-Based Study". *Neurology*, v. 84, n. 9, pp. 935-43, 2015.

48. Y. Y. Lim, E. C. Mormino e Alzheimer's Disease Neuroimaging Initiative, "APOE Genotype and Early β-Amyloid Accumulation in Older Adults without Dementia". *Neurology*, v. 89, n. 10, pp. 1028-34, 2017.

49. "Dr. John Zeisel: Looking at Dementia with Hope", postado por JewishHome Life Communities, 20 jun. 2018. Disponível em: <https://www.youtube.com/watch?v=Ze1WyCh_5zQ>.

50. G. Livingston et al., "Dementia Prevention Intervention, and Care". *Lancet*, v. 390, n. 10113, pp. 2673-734, 2017.

51. Associated Press, " Low-Dose Aspirin Too Risky for Most People, Studies Find". *NBC News*, 27 ago. 2018. Disponível em: <https://www.nbcnews.com/health/heart-health/low-dose-aspirin-too-risky-most-studies-find-n904281>.

52. European Society of Cardiology, "Jury Still Out on Aspirin a Day to Prevent Heart Attack and Stroke". *ScienceDaily*, 6 ago. 2018. Disponível em: <https://www.sciencedaily.com/releases/2018/08/180826120759.htm>.

53. J. Rée, "The Brain's Way of Healing: Stories of Remarkable Recoveries and Discoveries by Norman Doidge — Review". *The Guardian*, 23 jan. 2015. Disponível em: <https://www.theguardian.com/books/2015/jan/23/the-brains-way-healing-stories-remarkable-recoveries-norman-doidge-review>; N. Doidge, *The Brain's Way of Healing: Stories of Remarkable Recoveries and Discoveries*. Londres: Penguin UK, 2015.

54. A. Zuger, "The Brain: Malleable, Capable, Vulnerable". *The New York Times*, 29 maio 2007. Disponível em: <https://www.nytimes.com/2007/05/29/health/29book.html>.

55. S. M. Ryan e Y. M. Nolan, "Neuroinflammation Negatively Affects Adult Hippocampal Neurogenesis and Cognition: Can Exercize Compensate?". *Neuroscience and Biobehavioral Reviews*, n. 61, pp. 121-31, 2016.

56. O. Bergmann, K. L. Spalding e J. Frisén, "Adult Neurogenesis in Humans". *Cold Spring Harbor Perspectives in Biology*, v. 7, n. 7, p. a018994, 2015.

57. S. F. Sorrells et al., "Human Hippocampal Neurogenesis Drops Sharply in Children to Undetectable Levels in Adults". *Nature*, v. 555, n. 7696, p. 377, 2018.

58. M. Boldrini et al., "Human Hippocampal Neurogenesis Persists throughout Aging". *Cell Stem Cell*, v. 22, n. 4, pp. 589-99, 2018.

59. S. C. Danzer, "Adult Neurogenesis in the Human Brain: Paradise Lost?". *Epilepsy Currents*, v. 18, n. 5, pp. 329-31, 2018; G. Kempermann et al., "Human Adult Neurogenesis: Evidence and Remaining Questions". *Cell Stem Cell*, v. 23, n. 1, pp. 25-30, 2018.

60. M. Kodama, comunicação pessoal, 25 dez. 2016.

61. R. W. Berkowsky, J. Sharit e S. J. Czaja, "Factors Predicting Decisions about Technology Adoption among Older Adults". *Innovation in Aging*, v. 1, n. 3, p. igy002, 2018; T. L. Mitzner et al., "Technology Adoption by Older Adults: Findings from the PRISM Trial". *Gerontologist*, v. 59, n. 1, pp. 34-44, 2018.

62. Vision Council Research, "U. S. Optical Overview and Outlook", dez. 2015. Disponível em: <https://www.thevisioncouncil.org/sites/default/files/Q415-Topline-Overview-Presentation-Stats-with-Notes-FINAL.PDF>.

63. W. Chien F. R. Lin, "Prevalence of Hearing Aid Use among Older Adults in the States". *Archives of Internal Medicine*, v. 172, n. 3, pp. 292-3, 2012.

64. L. Rapoport, "Hearing Aids Hospitalization for Older U. S. Adults". Reuters, 9 maio 2018. Disponível em: <https://Reuters.com/article/us-healthvhearing/hearing-aids-tied-to-less-hospitalization-older-u-s-adults-idUSKBN1IA2ZR>.

3. PERCEPÇÃO [pp. 119-48]

1. I. Kohler, "Experiments with Goggles". *Scientific American*, v. 206, n. 5, pp. 62-73, 1962.

2. E. E. Hannon, "Perceptual Development". *Handbook of Child Developmental Science*, v. 2, pp. 63-112, 2015; L. G. Craton, "The Development Perceptual Completion Abilities: Infants' Perception of Stationary, Occluded Objects". *Child Development*, v. 67, n. 3, pp. 890-904, 1996; B. Kimchi, "Perceptual Completion of Partly Occluded Contours Childhood". *Journal of Experimental Child Psychology*, v. 167, pp. 49-61, 2018.

3. H. E. F. von Helmholtz, *Treatise on Physiological Optics*. Org. de P. C. Southall. Nova York: Dover, 1962 [1909].

4. J. Luauté et al., "Dynamic Changes in Brain Activity Adaptation". *Journal of Neuroscience*, v. 29, n. 1, pp. 169-78, 2009; Y. Rossetti et al., "Testing Cognition and Rehabilitation in Unilateral Neglect with Adaptation: Multiple Interplays between Sensorimotor Adaptation Spatial Cognition".

In: Kansaku, K.; Cohen, L. G.; Birbaumer, N. (orgs.). *Clinical Systems Neuroscience*. Tóquio: Springer, 2015, pp. 359-81.

5. J. Luauté et al., "Functional Anatomy Therapeutic Effects of Prism Adaptation on Left Neglect". *Neurology*, v. 66, n. 12, pp. 1859-67, 2006; M. Lunven et al., "Anatomical Predictors of Successful Prism Adaptation in Chronic Visual Neglect". *Cortex*, 2018.

6. R. Held, "Plasticity in Sensory-Motor Systems". *Scientific American*, v. 213, n. 5, pp. 84-97, 1965; J. Fernández-Ruiz e R. Díaz, "Prism Adaptation and Aftereffect: Specifying the Properties of a Procedural Memory System". *Learning and Memory*, v. 6, n. 1, pp. 47-53, 1999.

7. O sistema é sensível a dois parâmetros distintos: o ângulo de deslocamento e o número de vezes em que se deve adaptar o motor.

8. Um vídeo do experimento pode ser visto aqui: "Erismann and Kohler Inversion 'Upside--Down' Goggles — Film 2", postado por Perceiving Acting, 10 abr. 2013. Disponível em: <https://www.youtube.com/watch?v=z1HYcN7f9N4>.

9. P. Sachse et al., "'The World Is Upside Down' — The Innsbruck Goggle Experiments of Theodor Erismann (1883-1961) and Ivo Kohler (1915-1985)". *Cortex*, v. 92, pp. 222-32, 2017.

10. Heart and Stroke Foundation of Canada, "One Quarter of Seniors over 70 Have Had Silent Strokes". *ScienceDaily*, 5 out. 2011. Disponível em: <https://www.sciencedaily.com/releases/2011/10/111004113739.htm>.

11. A. R. Riestra e A. M. Barrett, "Rehabilitation of Spatial Neglect". In: Barnes, M. P.; Good, D. C. (orgs.). *Handbook of Clinical Neurology*. v. 110. Amsterdam: Elsevier, 2013, pp. 347-55.

12. Y. Rossetti et al., "Prism Adaptation to a Rightward Optical Deviation Rehabilitates Left Hemispatial Neglect". *Nature*, v. 395, n. 6698, p. 166, 1998; F. Frassinetti et al., "Long-Lasting Amelioration Visuospatial Neglect by Prism Adaptation". *Brain*, v. 125, n. 3, pp. 608-23, 2002; N. Vaes et al., "Rehabilitation of Visuospatial Neglect by Prism Adaptation: Effects of a Mild Treatment Regime. A Randomised Controlled Trial". *Neuropsychological Rehabilitation*, v. 28, n. 6, pp. 899-918, 2018.

13. M. Botvinick e J. Cohen, "Rubber Hands 'Feel' Touch That Eyes See". *Nature*, v. 391, p. 756, 1998. Disponível em: <http://dx.doi.org./10.1038/35784>; A. Kalckert e H. H. Ehrsson, "The Onset Time of the Ownership Sensation in the Moving Rubber Hand Illusion". *Frontiers in Psychology*, v. 8, p. 344, 2017; M. Tsakiris, "My Body in the Brain: A Neurocognitive Model of Body-Ownership". *Neuropsychologia*, v. 48, pp. 703-12, 2010. Disponível em: <http://dx.doi.org/10.1016/neuropsychologia.2009.09.034>; M. Tsakiris e P. Haggard, "The Rubber Hand Illusion Revisited: Visuotactile Integration and Self-Attribution". *Journal Experimental Psychology: Human Perception and Performance*, v. 31, pp. 80-91, 2005. Disponível em: <http://dx.doi.org/10.1037/0096-1523.31.1.80>; vídeos sobre esse assunto estão disponíveis em "The Rubber Hand Illusion — Horizon: Is Seeing Believing? — BBC Two", postado por BBC, 15 out. 2010. Disponível em: <https://www.youtube.com/watch?v=sxwn1w7MJvk>; e "Is That My Real Hand? Breakthrough", postado por National Geographic, 4 nov. 2015. Disponível em: <https://www.youtube.com/watch?v=DphlhmtGRqI>.

14. M. Tsakiris, "Looking for Myself: Current Multisensory Input Alters Self-Face Recognition". *PLoS One*, v. 3, p. e4040, 2008. Disponível em: <http://dx.doi.org/10.1371/journal.pone.0004040>; M. Tsakiris, "The Multisensory Basis of the Self: From Body to Identity to Others". *Quarterly Journal of Experimental Psychology*, v. 70, n. 4, pp. 597-609, 2017; M. P. Paladino et al.,

"Synchronous Multisensory Stimulation Blurs Self-Other Boundaries". *Psychological Science*, v. 21, pp. 1202-07, 2010. Disponível em: <http://dx.doi.org/10.1177/0956797610379234>; você pode ver um vídeo sobre isso em "Demo Enfacement Illusion Tsakiris October 2011", postado por manostsak", 13 fev. 2018. Disponível em: <https://www.youtube.com/watch?v=WO1MrUX0K3c>.

15. G. Porciello et al., "The 'Enfacement' Illusion: A Window on the Plasticity of the Self". *Cortex*, v. 104, p. 261-75, 2018.

16. National Transportation Safety Board, NTSB ID: NYC99MA178: O acidente ocorreu em 16 jul. 1999, em Vineyard Haven, MA (Washington, DC: NTSB, 1999). O relatório oficial sobre o acidente, do National Transportation Safety Board, enfatiza que "ilusões ou falsas impressões ocorrem quando a informação fornecida pelos órgãos sensoriais é mal interpretada ou inadequada [...] algumas ilusões podem acarretar desorientação espacial ou incapacidade de determinar com exatidão a atitude ou o movimento da aeronave em relação à superfície terrestre". Para mais informações, ver R. Gibb, B. Ercoline e L. Scharff, "Spatial Disorientation: Decades of Pilot Fatalities". *Aviation, Space, and Environmental Medicine*, v. 82, n. 7, pp. 717-24, 2011.

17. W. Magerl e R. D. Treede, "Secondary Tactile Hypoesthesia: A Novel Type of Pain-Induced Somatosensory Plasticity in Human Subjects". *Neuroscience Letters*, v. 361, n. 1-3, p. 136-9, 2004; T. Weiss, "Plasticity and Cortical Reorganization Associated with Pain". *Zeitschrift für Psychologie*, 2016.

18. S. Aglioti, A. Bonazzi e F. Cortese, "Phantom Lower Limb as a Perceptual Marker of Neural Plasticity in the Mature Human Brain". *Proceedings of the Royal Society of London. Series B: Biological Sciences*, v. 255, n. 1344, pp. 273-8, 1994; L. Nikolajsen e K. F. Christensen, "Phantom Limb Pain". In: Tubbs, R. et al. (orgs.). *Nerves and Nerve Injuries*. Nova York: Elsevier, 2015, pp. 23-34.

19. E. L. Altschuler et al., "Rehabilitation of Hemiparesis after Stroke with a Mirror". *Lancet*, v. 353, n. 9169, pp. 2035-26, 1999; V. S. Ramachandran e D. Rogers-Ramachandran, "Phantom Limbs and Neural Plasticity". *Archives of Neurology*, v. 57, n. 3, pp. 317-20, 2000; J. Barbin et al., "The Effects of Mirror Therapy on Pain and Motor Control of Phantom Limb in Amputees: A Systematic Review". *Annals of Physical and Rehabilitation Medicine*, v. 59, n. 4, pp. 270-5, 2016.

20. R. S. Davidson et al., "Surgical Correction of Presbyopia". *Journal of Cataract & Refractive Surgery*, v. 42, n. 6, pp. 920-30, 2016.

21. D. E. Levari et al., "Prevalence-Induced Concept Change in Human Judgment". *Science*, v. 369, n. 6396, pp. 1465-7, 2018.

22. Ibid.

23. National Eye Institute, "Facts about Cataracts", set. 2015. Disponível em: <https://nei.health/gov/health/cataract/cataract_facts>.

24. Ibid.

25. J. O. Pickles, "Mutation in Mitochondrial DNA as a Cause of Presbycusis". *Audiology and Neurotology*, v. 9, n. 1, pp. 23-33, 2004; Y. Shen et al., "Cognitive Decline, Dementia, Alzheimer's Disease and Presbycusis: Examination of the Possible Molecular Mechanism". *Frontiers in Neuroscience*, v. 12, p. 394, 2018.

26. V. Lobo et al., "Free Radicals, Antioxidants and Functional Foods: Impact on Human Health". *Pharmacognosy Reviews*, v. 4, n. 8, p. 118, 2010; A. Santo, H. Zhu e Y. R. Li, "Free Radicals: From Health to Disease". *Reactive Oxygen Species*, v. 2, n. 4, pp. 245-63, 2016.

27. V. Lobo et al., op. cit.; M. Serafini e I. Peluso, "Functional Foods for Health: The Interrelated Antioxidant and Anti-Inflammatory Role of Fruits, Vegetables, Herbs, Spices and Cocoa in Humans". *Current Pharmaceutical Design*, v. 22, n. 44, pp. 6701-15, 2016.

28. E. A. Decker et al., "Hurdles in Predicting Antioxidant Efficacy in Oil-in-Water Emulsions". *Trends in Food Science and Technology*, v. 67, p. 183-94, 2017.

29. Clínica Mayo, "Antioxidants", 7 fev. 2017. Disponível em: <https://www.mayoclinic.org/healthy-lifestyle/nutrition-and-healthy-eating/multimedia/antioxidants/sls-0076428>.

30. National Institute on Deafness and Other Communication Disorders, "Age-Related Hearing Loss", mar. 2016. Disponível em: <https://www.nidcd.nih.gov/health/age-related-hearing-loss>.

31. T. G. Sanchez et al., "Musical Hallucination Associated with Hearing Loss". *Arquivos de Neuro-psiquiatria*, v. 69, n. 2B, pp. 395-400, 2011; M. M. J. Linszen et al., "Auditory Hallucinations in Adults with Hearing Impairment: A Large Prevalence Study". *Psychological Medicine*, v. 49, n. 1, pp. 132-9, 2019.

32. Clínica Mayo, "Tinnitus". Disponível em: <https://www.mayo clinic.org/diseases-conditions/tinnitus/symptoms-causes/syc-20350156>.

33. J. Henry, K. Dennis e M. Schechter, "Theoretical/Review Article-General Review of Tinnitus: Prevalence, Mechanisms, Effects, and Management". *Journal of Speech, Language, and Hearing Research*, v. 48, n. 5, pp. 1204-34, 2005; A. McCormack et al., "A Systematic Review of the Reporting of Tinnitus Prevalence and Severity". *Hearing Research*, v. 337, pp. 70-9, 2016.

34. J. Henry, K. Dennis e M. Schechter, op. cit., p. 1207.

35. A. L. Giraud et al., "A Selective Imaging of Tinnitus". *Neuroreport*, v. 10, n. 1, pp. 1-5, 1999; N. Weisz et al., "Tinnitus Perception and Distress Is Related to Abnormal Spontaneous Brain Activity as Measured by Magnetoencephalography". *PLoS Medicine*, v. 2, n. 6, p. e153, 2005; A. B. Elgoyhen et al., "Tinnitus: Perspectives from Human Neuroimaging". *Nature Reviews Neuroscience*, v. 16, n. 10, p. 632, 2015.

36. M. Dominguez et al., "A Spiking Neuron Model of Cortical Correlates of Sensorineural Hearing Loss: Spontaneous Firing, Synchrony, and Tinnitus". *Neural Computation*, v. 18, n. 12, pp. 2942-58, 2006; R. Schaette e R. Kempter, "Development of Tinnitus-Related Neuronal Hyperactivity through Homeostatic Plasticity after Hearing Loss: A Computational Model". *European Journal of Neuroscience*, v. 23, p. 3124-38, 2006; S. E. Shore, L. E. Roberts e B. Langguth, "Maladaptive Plasticity in Tinnitus — Triggers, Mechanisms and Treatment". *Nature Reviews Neurology*, v. 12, n. 3, p. 150, 2016.

37. R. Schaette et al., "Acoustic Stimulation Treatments against Tinnitus Could Be Most Effective When Tinnitus Pitch Is within the Stimulated Frequency Range". *Hearing Research*, v. 269, n. 1/2, pp. 95-101, 2010; R. Schaette, "Mechanisms Tinnitus". In: Baguley, D.; Wray, N. (orgs.). *Annual Tinnitus Research Review*. Sheffield, UK: British Tinnitus Association, 2016, pp. 10-15.

38. A. Gawande, *Being Mortal: Medicine and What Matters in the End*. Nova York: Metropolitan Books, 2014, p. 31.

39. R. L. Doty e V. Kamath, "The Influences of Age on Olfaction: A Review". *Frontiers in Psychology*, v. 5, p. 20, 2014; J. Seubert et al., "Prevalence and Correlates of Olfactory Dysfunction in Old Age: A Population-Based Study". *Jornals of Gerontology Series A: Biomedical Sciences and Medical Sciences*, v. 72, n. 8, p. 1072-9, 2017.

40. C. Bushdid et al., "Humans Can Discriminate More than 1 Trillion Olfactory Stimuli". *Science*, v. 343, n. 6177, pp. 1370-2, 2014; S. C. P. Williams, "Human Nose Can Detect a Trillion Smells". *Science*, 20 mar. 2014. Disponível em: <https://www.sciencemag.org/news/2014/03/human-nose-can-detect-trillion-smells>.

41. S. S. Schiffman, "Taste and Smell Losses in Normal Aging and Disease". *Journal of the American Medical Association*, v. 278, n. 16, pp. 1357-62, 1997; E. McGinley, "Supporting Older Patients with Nutrition and Hydration". *Journal of Community Nursing*, v. 31, n. 4, 2017.

42. Y. Zhang et al., "Coding of Sweet, Bitter, and Umami Tastes: Different Receptor Cells Sharing Similar Signaling Pathways". *Cell*, v. 112, n. 3, pp. 293-301, 2003; K. Kurihara, "Umami the Fifth Basic Taste: History of Studies on Receptor Mechanisms and Role as a Food Flavor". *BioMed Research International*, ID do artigo 189402, 2015.

43. J. L. Garrison e Z. A. Knight, "Linking Smell to Metabolism and Aging". *Science*, v. 358, n. 6364, p. 718-9, 2017; S. Nordin, "Sensory Perception of Food and Aging". In: Raats, M.; De Groot, L.; Van Asselt, D. (orgs.). *Food for the Aging Population*. Nova York: Elsevier, 2017, pp. 57-82; G. Sergi et al., "Taste Loss in the Elderly: Possible Implications for Dietary Habits". *Critical Reviews in Food Science and Nutrition*, v. 57, n. 17, pp. 3684-9, 2017; S. Schiffman e M. Pasternak, "Decreased Discrimination of Food Odors in the Elderly". *Journal of Gerontology*, v. 34, pp. 73-9, 1979. Disponível em: <http://dx.doi.org/10.1093/geronj/34.1.73>; S. S. Schiffman, "Taste and Smell Losses with Age". *Boletín de la Asociación Médica de Puerto Rico*, v. 83, pp. 411-4, 1991; S. S. Schiffman, J. Moss e R. P. Erickson, "Thresholds of Food Odors in the Elderly". *Experimental Aging Research*, pp. 389-98, 1976. Disponível em: <http://dx.doi.org/10.1080/03610737608257997>; S. S. Schiffman e J. Zervakis, "Taste and Smell Perception in the Elderly: Effect of Medication and Disease". *Advances in Food and Nutrition Research*, v. 44, pp. 247-346, 2002. Disponível em: <http://dx.doi.org/10.1016/S1043-4526(02)44006-5>.

44. J. M. Boyce e G. R. Shone, "Effects of Ageing on Smell and Taste". *Postgraduate Medical Journal*, v. 82, n. 966, pp. 239-41, 2006; L. E. Spotten et al., "Subjective and Objective Taste and Smell Changes in Cancer". *Annals of Oncology*, v. 28, n. 5, pp. 969-84, 2017; B. N. Landis, C. G. Konnerth e T. Hummel, "A Study on the Frequency of Olfactory Dysfunction". *Laryngoscope*, v. 114, n. 10, pp. 1764-9, 2004.

45. S. Schiffman, "Changes in Taste and Smell with Age: Psychophysical Aspects". In: Ordy, J. M.; Brizzee, K. (orgs.). *Sensory Systems and Communication in the Elderly: Aging*. v. 10. Nova York: Raven Press, 1979, pp. 227-46.

46. S. Grafton, comunicação pessoal, 29 mar. 2018.

4. INTELIGÊNCIA [pp. 149-81]

1. A. Blakey, citado no encarte do álbum de Art Blakey Quintet, *A Night at Birdland*. v. 3. Nova York: Blue Note Records, 1954. 1 CD/LP de 10".

2. L. B. Karasik et al., "WEIRD Walking: Cross-Cultural Research on Motor Development". *Behavioral and Brain Sciences*, v. 33, n. 2/3, pp. 95-6, 2010. WEIRD [estranho] significa, ironicamente, *Western, Educated, Industrialized, Rich, and Democratic* [ocidental, escolarizado, industrializado,

rico e democrático], porque essa parcela da população mundial responde por cerca de 80% do que os cientistas comportamentais sabem sobre o comportamento humano, embora represente menos de 2% do total.

3. R. D. Baker e F. R. Greer, "Diagnosis and Prevention of Iron Deficiency and Iron-Deficiency Anemia in Infants and Young Children (0-3 Years of Age)". *Pediatrics*, v. 126, n. 5, pp. 1040-50, 2010; P. M. Gupta et al., "Iron, Anemia, and Iron Deficiency Anemia among Young Children in the United States". *Nutrients*, v. 8, n. 6, p. 330, 2016. Disponível em: <http://dx.doi.org/10.3390 nu8060330>.

4. The National Academies of Science, Engineering, Medicine, *How People Learn II: Learners, Contexts and Cultures*. Washington, DC: The National Academies Press, 2018, p. 21. Disponível em: <http://nap.edu/24783>.

5. D. Krakauer, comunicação pessoal, 19 jul. 2019.

6. The National Academies of Science, op. cit.

7. Robert Sternberg escreveu sobre a importância da aquisição de conhecimento nessa teoria triádica da inteligência, embora ele não a tenha considerado um tipo distinto de inteligência, como faço aqui; R. J. Sternberg, *Beyond IQ: A Triarchic Theory of Intelligence*. Cambridge: Cambridge University Press, 1985.

8. Escrevi a respeito de sobrecarga de informação em um livro anterior: D. J. Levitin, *The Organized Mind: Thinking Straight in the Age of Information Overload*, op. cit.

9. E. L. Thorndike, "The Measurement of Intelligence: Present Status". *Psychological Review*, v. 31, pp. 219-52, 1924.

10. H. Gardner, "Reflections on Multiple Intelligences: Myths and Messages". *Phi Delta Kappan*, v. 77, pp. 200-9, 1995.

11. R. J. Sternberg et al., "The Relationship between Academic and Practical Intelligence: A Case Study in Kenya". *Intelligence*, v. 29, n. 5, p. 408, 2001.

12. Uma pergunta típica é a seguinte:

Uma criança pequena de sua família tem "homa". Ela está com dor de garganta, dor de cabeça e febre e está enferma há três dias. Qual dos seguintes cinco "Yadh nyaluo" (medicamento herbáceo luo) pode tratar "homa"?

I. Chamama. Pegue a folha e fito (cheire o remédio pelo nariz para espirrar a doença).

II. Kaladali. Pegue as folhas, beba e fito.

III. Obuo. Pegue as folhas e fito.

IV. Ogaka. Pegue as raízes, triture e beba.

V. Ahundo. Pegue as folhas e fito.

Nesse item, as opções um e dois representam tratamentos comuns para "homa". A opção três representa um tratamento raro, a opção quatro é um tratamento que não é usado para "homa", e a opção cinco inclui uma erva imaginária (inexistente). Assim, as opções um a três foram pontuadas como respostas corretas. Quando a opção cinco foi escolhida, uma penalidade de três pontos era aplicada.

Para evitar o viés etnocêntrico, a pontuação se baseou no conhecimento dos "curandeiros", não no que os ocidentais acreditam ser respostas corretas.

13. R. J. Sternberg et al., op. cit., p. 414.

14. M. Gazzaniga et al., *Psychological Science*. 3. ed. canadense. Nova York: W.W. Norton, 2010.

15. J. L. Adams, *Conceptual Blockbusting: A Guide to Better Ideas*. Nova York: W. W. Norton, 1980. [Ed. bras.: *Ideias criativas: Como vencer seus bloqueios mentais*. Rio de Janeiro: Ediouro, 1994.]

16.

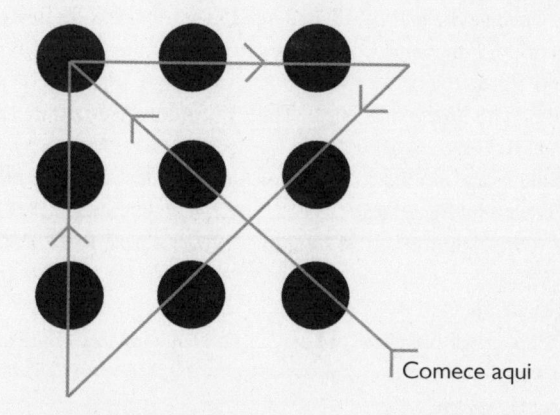

Comece aqui

Para os mais familiarizados com matemática, meu ex-professor George Polya escreveu um livro intitulado *How to Solve It* [Como resolver], um grande pequeno livro que expandiu as habilidades para a solução de problemas de gerações de estudantes — e, por causa de seu estilo cativante e contagiante de escrita, ele alcança quem tem fobia a números. G. Polya, *How to Solve It: A New Aspect of Mathematical Method*. Princeton, NJ: Princeton University Press, 2004.

17. J. Mogil, comunicação pessoal, 15 jul. 2019.

18. M. Lankford, *Becoming Leonardo: An Exploded View of the Life of Leonardo da Vinci*. Brooklyn, NY: Melville House, 2017.

19. A. P. Shimamura et al., "Memory and Cognitive Abilities in Academic Professors: Evidence for Successful Aging". *Psychological Science*, v. 6, pp. 271-7, 1995; A. P. Shimamura, *Get SMART! Five Steps toward a Healthy Brain*. Scotts Valley, CA: CreateSpace, 2017.

20. R. C. Gur et al., "Age and Regional Cerebral Blood Flow at Rest and during Cognitive Activity". *Archives of General Psychiatry*, v. 44, pp. 617-21, 1987.

21. R. L. Buckner, "Memory and Executive Function in Aging and AD: Multiple Factors That Cause Decline and Reserve Factors That Compensate". *Neuron*, v. 44, pp. 195-208, 2004.

22. S. Aichele et al., "Fluid Intelligence Predicts Change in Depressive Symptoms in Later Life: The Lothian Birth Cohort 1936". *Psychological Science*, v. 29, n. 12, pp. 1-12, 2018. Disponível em: <http://dx.doi.org/10.1177/0956797618804501>.

23. R. J. Sternberg et al., op. cit.

24. S. L. Brincat et al., "Gradual Progression from Sensory to Task-Related Processing in Cerebral Cortex". *Proceedings of the National Academy of Sciences*, v. 115, n. 30, pp. E7202-11, 2018.

25. Ibid.

26. A. Susac et al., "Development of Abstract Mathematical Reasoning: The Case of Algebra". *Frontiers in Human Neuroscience*, v. 8, p. 679, 2014.

27. Ibid.

28. S. R. Howard et al., "Numerical Ordering of Zero in Honey Bees". *Science*, v. 360, n. 6393, pp. 1124-6, 2018; A. Nieder, "Honey Bees Zero in on the Empty Set". *Science*, v. 360, n. 6393, pp. 1069-70, 2018.

29. D. Ackerman, *One Hundred Names for Love*. Nova York: W. W. Norton, 2011, pp. 82-3.

30. S. Kühn et al., "The Importance of the Default Mode Network in Creativity — A Structural MRI Study". *Journal of Creative Behavior*, v. 48, n. 2, pp. 152-63, 2014; R. E. Beaty et al., "Creativity and the Default Network: A Functional Connectivity Analysis of the Creative Brain at Rest". *Neuropsychologia*, v. 64, pp. 92-8, 2014.

31. T. A. Salthouse, "The Processing-Speed Theory of Adult Age Differences in Cognition". *Psychological Review*, v. 103, n. 3, p. 403, 1996; T. A. Salthouse, T. M. Atkinson e D. E. Berish, "Executive Functioning as a Potential Mediator of Age-Related Cognitive Decline in Normal Adults". *Journal of Experimental Psychology: General*, v. 132, n. 4, p. 566, 2003; L. J. Whalley et al., "Cognitive Reserve and the Neurobiology of Cognitive Aging". *Ageing Research Reviews*, v. 3, n. 4, pp. 369-82, 2004.

32. L. J. Whalley et al., op. cit.

33. P. G. Ince, "Pathological Correlates of Late-Onset Dementia in a Multicenter Community--Based Population in England and Wales". *Lancet*, v. 357, n. 9251, pp. 169-75, 2001.

34. L. J. Whalley et al., op. cit.

35. Ibid.; K. Fujishiro et al., "The Role of Occupation in Explaining Cognitive Functioning in Later Life: Education and Occupational Complexity in a US National Sample of Black and White Men and Women". *Journals of Gerontology: Series B*, v. 74, n. 7, pp. 1189-99, 2017. Disponível em: ‹ https://doi.org/10.1093/geronb/gbx112›.

36. S. Cullum et al., "Decline across Different Domains of Cognitive Function in Normal Ageing: Results of a Longitudinal Population-Based Study Using CAMCOG". *International Journal of Geriatric Psychiatry*, v. 15, pp. 853-62, 2000; M. Zhang et al., "The Prevalence of Dementia and Alzheimer's Disease in Shanghai, China: Impact of Age, Gender, and Education". *Annals of Neurology: Official Journal of the American Neurological Association and the Child Neurology Society*, v. 27, n. 4, pp. 428-37, 1990; Y. Stern, "Cognitive Reserve in Ageing and Alzheimer's Disease". *Lancet Neurology*, v. 11, n. 11, pp. 1006-12, 2012; E. A. Boots et al., "Occupational Complexity and Cognitive Reserve in a Middle-Aged Cohort at Risk for Alzheimer's Disease". *Archives of Clinical Neuropsychology*, v. 30, n. 7, pp. 634-42, 2015.

37. K. Duncker e L. S. Lees, "On Problem-Solving". *Psychological Monographs*, v. 58, n. 5, p. 1, 1945.

38. Esse problema tem sido usado em várias versões e formulações diferentes, da concepção original de Duncker a trabalhos de Gick e Holyoak, e verbetes em textos de psicologia cognitiva. Essa formulação é o meu próprio amálgama dessas outras versões. K. Duncker e L. S. Lees, op. cit.; M. L. Gick e K. J. Holyoak, "Schema Induction and Analogical Transfer". *Cognitive Psychology*, v. 15, n. 1, pp. 1-38, 1983; M. L. Gick e K. J. Holyoak, "Analogical Problem Solving". *Cognitive Psychology*, v. 12, n. 3, pp. 306-55, 1980.

39. E. E. Lee e D. V. Jeste, "Neurobiology of Wisdom". In: R. J. Sternberg e J. Glück (orgs.). *The Cambridge Handbook of Wisdom*. Cambridge: Cambridge University Press, 2019.

40. P. B. Baltes e J. Smith, "The Fascination of Wisdom: Its Nature, Ontogeny, and Function". *Perspectives on Psychological Science*, v. 3, n. 1, pp. 56-64, 2008.

41. J. Glück, S. Bluck e N. M. Weststrate, "More on the MORE Life Experience Model: What We Have Learned (So Far)". *Journal of Value Inquiry*, pp. 349-70, 2019.

42. No relato bíblico, duas mulheres se apresentaram ao rei, que atuava como juiz no reino, alegando serem mãe de um bebê. Salomão propõe que o bebê seja dividido ao meio. Uma das mu-

lheres concorda com a solução e a outra lhe implora que não o faça, e, em vez disso, dê o bebê à rival. Salomão sabia que o amor da mãe verdadeira pela criança seria confirmado e que apenas a mãe verdadeira se oporia à proposta.

43. S. Brassen et al., "Don't Look Back in Anger! Responsiveness to Missed Chances in Successful and Nonsuccessful Aging". *Science*, v. 336, n. 6081, pp. 612-4, 2012.

44. I. Grossmann et al., "Reasoning about Social Conflicts Improves into Old Age". *Proceedings of the National Academy of Sciences*, v. 107, n. 16, pp. 7246-50, 2010; D. A. Worthy et al., "With Age Comes Wisdom". *Psychological Science*, v. 22, n. 11, pp. 1375-80, 2011.

45. J. N. Beadle et al., "Aging, Empathy, and Prosociality". *Journals of Gerontology, Series B: Psychological Sciences and Social Sciences*, v. 70, n. 2, pp. 215-24, 2015.

46. L. L. Carstensen et al., "Emotional Experience Improves with Age: Evidence Based on over 10 Years of Experience Sampling". *Psychology and Aging*, v. 26, n. 1, pp. 21-33, 2011.

47. S. Brassen et al., op. cit.

48. L. L. Carstensen e M. DeLiema, "The Positivity Effect: A Negativity Bias in Youth Fades with Age". *Current Opinion in Behavioral Sciences*, v. 19, pp. 7-12, 2018.

49. K. S. Birditt, L. M. Jackey e T. C. Antonucci, "Longitudinal Patterns of Negative Relationship Quality across Adulthood". *Journals of Gerontology, Series B: Psychological Sciences and Social Sciences*, v. 64, n. 1, pp. 55-64, 2009.

50. T. W. Meeks e D. V. Jeste, "Neurobiology of Wisdom". *Archives of General Psychiatry*, v. 66, n. 4, pp. 355-65, 2009.

51. P. S. Goldman-Rakik e R. M. Brown, "Regional Changes of Monoamines in Cerebral Cortex and Subcortical Structures of Aging Rhesus Monkeys". *Neuroscience*, v. 6, n. 2, pp. 177-87, 1981; L. Bäckman et al., "The Correlative Triad among Aging, Dopamine, and Cognition: Current Status and Future Prospects". *Neuroscience and Biobehavioral Reviews*, v. 30, n. 6, pp. 791-807, 2006; V. Kaasinen et al., "Age-Related Dopamine D2/ D3 Receptor Loss in Extrastriatal Regions of the Human Brain". *Neurobiology of Aging*, v. 21, n. 5, pp. 683-8, 2000.

52. R. J. Sternberg, "Why Schools Should Teach for Wisdom: The Balance Theory of Wisdom in Educational Settings". *Educational Psychologist*, v. 36, n. 4, pp. 227-45, 2001.

5. DAS EMOÇÕES À MOTIVAÇÃO [pp. 182-216]

1. S. Wonder, "Visions". In: *Innervisions*. Detroit: Tamla, 1973. 1 disco. Faixa 2 (5 min 25 s).

2. Escrevi antes sobre isso em D. J. Levitin, "Inside the Theater of the Mind. Review of *How Emotions Are Made* by Lisa Feldman Barrett". *The Wall Street Journal*, 4 mar. 2017, p. B5.

3. R. J. Davidson, "On Emotion, Mood, and Related Affective Constructs". In: Ekman, P.; Davidson, R. J. (orgs.). *The Nature of Emotion: Fundamental Questions*. Nova York: Oxford University Press, 1994, pp. 51-5.

4. J. LeDoux, "Rethinking the Emotional Brain". *Neuron*, v. 73, pp. 653-76, 2002.

5. F. de Waal, *Mama's Last Hug*. Nova York: W. W. Norton, 2019.

6. R. M. Macnab e D. E. Koshland, "The Gradient-Sensing Mechanism in Bacterial Chemotaxis". *Proceedings of the National Academy of Sciences*, v. 69, n. 9, pp. 2509-12, 1972.

7. S. W. Emmons, "The Mood of a Worm". *Science*, v. 338, n. 6106, pp. 475-6, 2012; J. L. Garrison et al., "Oxytocin/ Vasopressin-Related Peptides Have an Ancient Role in Reproductive Behavior". *Science*, v. 338, n. 6106, pp. 540-3, 2012.

8. J. LeDoux, op. cit.

9. Ibid.

10. D. G. Dutton e A. P. Aron, "Some Evidence for Heightened Sexual Attraction under Conditions of High Anxiety". *Journal of Personality and Social Psychology*, v. 30, n. 4, p. 510, 1974.

11. S. Schachter e J. Singer, "Cognitive, Social, and Physiological Determinants of Emotional State". *Psychological Review*, v. 69, n. 5, p. 379, 1962; G. L. White, S. Fishbein e J. Rutsein, "Passionate Love and the Misattribution of Arousal". *Journal of Personality and Social Psychology*, v. 41, n. 1, p. 56, 1981.

12. Escrevi antes sobre isso em D. J. Levitin, "Brain Candy. Review of *Human: The Science behind What Makes Us Unique* by M. Gazzaniga". *The New York Times Sunday Book Review*, 24 ago. 2008, p. 5.

13. K. Jensen, J. Call e M. Tomasello, "Chimpanzees Are Vengeful but Not Spiteful". *Proceedings of the National Academy of Sciences*, v. 104, n. 32, p. 13046-50, 2007.

14. T. Lomas, "Towards a Positive Cross-Cultural Lexicography: Enriching Our Emotional Landscape through 216 'Untranslatable' Words Pertaining to Well-Being". *Journal of Positive Psychology*, v. 11, n. 5, p. 546-58, 2016. Disponível em: <http://dx.doi.org/10.1080/17439760.2015.1127993>; T. Lomas, "The Magic of Untranslatable Words". *Scientific American*, 12 jul. 2016. Disponível em: <https://www.scientificamerican.com/article/the-magic-of-untranslatable-words/>.

15. L. F. Barrett, *How Emotions Are Made: The Secret Life of the Brain*. Boston: Houghton Mifflin Harcourt, 2017.

16. E. C. Nook et al., "The Nonlinear Development of Emotion Differentiation: Granular Emotional Experience Is Low in Adolescence". *Psychological Science*, v. 29, n. 8, p. 1346-57, 2018.

17. Escrevi antes sobre isso em D. J. Levitin, "The Ultimate Brain Quest. Review of *Connectome: How the Brain's Wiring Make Us Who We Are* by Sebastian Seung". *The Wall Street Journal*, 4 fev. 2012, pp. C5-C6.

18. S. J. Lupien et al., "Beyond the Stress Concept: Allostatic Load — A Developmental Biological and Cognitive Perspective". In: Cicchetti, D.; Cohen, D. J. (orgs.). *Developmental Psychopathology*. v. 2: Developmental Neuroscience. Hoboken, NJ: John Wiley & Sons, 2015, pp. 578-628.

19. "Stress", *OED Online*, s. v. Disponível em:<https://www.oed.com/viewdictionaryentry/Entry/191511>.

20. P. Sterling, "Allostasis: A Model of Predictive Regulation". *Physiology and Behavior*, v. 106, pp. 5-15, 2012; G. H. Ice e G. D. James, *Measuring Stress in Humans: A Practical Guide for the Field*. Cambridge: Cambridge University Press, 2007, p. 284.

21. P. Sterling e J. Eyer, "Allostasis: A New Paradigm to Explain Arousal Pathology". In: Fisher, S.; Reason, J. (orgs.). *Handbook of Life Stress, Cognition and Health*. Oxford, UK: John Wiley & Sons, 1988, pp. 629-49.

22. Agradeço a Sonia Lupien pela ajuda com esses dois parágrafos.

23. A. Edes e D. E. Crews, "Allostatic Load and Biological Anthropology". *American Journal of Physical Anthropology*, v. 162, pp. 44-70, 2017.

24. H. Frumkin et al., "Nature Contact and Human Health: A Research Agenda". *Environmental Health Perspectives*, v. 125, n. 7, p. 075001, 2017; C. E. Hostinar e M. R. Gunnar, "Social Support

Can Buffer against Stress and Shape Brain Activity". *AJOB Neuroscience*, v. 6, n. 3, pp. 34-42, 2015; A. Linnemann et al., "Music Listening as a Means of Stress Reduction in Daily Life". *Psychoneuroendocrinology*, v. 60, pp. 82-90, 2015.

25. A. Danese e B. S. McEwen, "Adverse Childhood Experiences, Allostasis, Allostatic Load, and Age-Related Disease". *Physiology and Behavior*, v. 106, n. 1, pp. 29-39, 2012; B. S. McEwen, "Allostasis and Allostatic Load: Implications for Neuropsychopharmacology". *Neuropsychopharmacology*, v. 22, n. 2, pp. 108-24, 2000.

26. D. J. Barker, "Developmental Origins of Chronic Disease". *Public Health*, v. 126, n. 3, pp. 185-9, 2012.

27. T. Booth et al., "Association of Allostatic Load with Brain Structure and Cognitive Ability in Later Life". *Neurobiology of Aging*, v. 36, pp. 1390-9, 2015.

28. G. Bizik et al., "Allostatic Load as a Tool for Monitoring Physiological Dysregulations and Comorbidities in Patients with Severe Mental Illnesses". *Harvard Review of Psychiatry*, v. 21, pp. 296-313, 2012; R. W. Kobrosly et al., "Depressive Syntoms Are Associated with Allostatic Load among Community-Dwelling Older Adults". *Physiology and Behavior*, v. 123, pp. 223-30, 2014; J. A. Stewart, "The Detrimental Effects of Allostasis: Allostatic Load as a Measure of Cumulative Stress". *Journal of Physiological Anthropology*, v. 25, pp. 133-45, 2006.

29. E. Zsoldos et al., "Allostatic Load as a Predictor of Grey Matter Volume and White Matter Integrity in Old Age: The Whitehall II MRI Study". *Scientific Reports*, v. 8, n. 1, p. 6411, 2018.

30. R. P. Juster e B. S. McEwen, "Sleep and Chronic Stress: New Directions for Allostatic Load Research". *Sleep Medicine*, v. 16, n. 1, pp. 7-8, 2015.

31. B. L. Ganzel, P. A. Morris, e E. Wethington, "Allostasis and the Human Brain: Integrating Models of Stress from the Social and Life Sciences". *Psychological Review*, v. 117, n. 1, p. 134, 2010; B. S. McEwen e P. J. Gianaros, "Stress-and Allostasis-Induced Brain Plasticity". *Annual Review of Medicine*, v. 62, pp. 431-45, 2011; G. Tabibnia e D. Radecki, "Resilience Training that Can Change the Brain". *Consulting Psychology Journal: Practice and Research*, v. 70, n. 1, pp. 59-88, 2018.

32. G. Y. Lim et al., "Prevalence of Depression in the Community from 30 Countries between 1994 and 2014". *Scientific Reports*, v. 8, n. 1, p. 2861, 2018; J. Wang et al., "Prevalence of Depression and Depressive Symptoms among Outpatients: A Systematic Review and Meta-Analysis". *BMJ Open*, v. 7, n. 8, p. e017173, 2017. Disponível em: <http://dx.doi.org/10.1136/BMJopen-2017-017173>; D. J. Brody, L. A. Pratt e J. P. Hughes, "Prevalence of Depression among Adults Aged 20 and Over: United States, 2013-2016". In: *NCHS Data Brief 303*. Hyattsville, MD: National Center for Health Statistics, 2018, pp. 1-8.

33. Institute for Quality and Efficiency in Health Care, "Depression: How Effective Are Antidepressants?". *Informed Health Online*, 12 jan. 2017. Disponível em: <https://www.ncbi.nlm.nih.gov/books/NBK361016/>; A. Cipriani et al., "Antidepressants Might Work for People with Major Depression: Where Do We Go from Here?". *Lancet Psychiatry*, v. 5, n. 6, pp. 461-3, 2018.

34. Sua Santidade, o Dalai Lama, comunicação pessoal, Índia, 30 ago. 2018.

35. "Dalai Lama: 'Anger, Hatred, Fear, Is Very Bad for Our Health'", postado por CBS News, out. 2013. Disponível em: <https://www.dailymotion.com/video/x16a709>.

36. "No Regrets: Dalai Lama's Advice for Living and Dying", postado por Karuna Hospice Service, 6 ago. 2015. Disponível em: <https://www.youtube.com/watch?v=k3eJ4ezYXDI>.

37. Centers for Disease Control and Prevention, "Depression Is Not a Normal Part of Growing Older", 14 set. 2022. Disponível em: <https://www.cdc.gov/aging/mentalhealth/depression.htm>.

38. U. Padayachey, S. Ramlall e J. Chipps, "Depression in Older Adults: Prevalence and Risk Factors in a Primary Health Care Sample". *South African Family Practice*, v. 59, n. 2, pp. 61-6, 2017.

39. A. Fiske, J. L. Wetherell e M. Gatz, "Depression in Older Adults". *Annual Review of Clinical Psychology*, v. 5, pp. 363-89, 2009.

40. K. L. Lichstein et al., "Insomnia in the Elderly". *Sleep Medicine Clinics*, v. 1, n. 2, pp. 221-9, 2006.

41. H. C. Hendrie et al., "The NIH Cognitive and Emotional Health Project: Report of the Critical Evaluation Study Committee". *Alzheimer's and Dementia*, v. 2, n. 1, pp. 12-32, 2006.

42. R. J. Davidson et al., "Neural and Behavioral Substrates of Mood and Mood Regulation". *Biological Psychiatry*, v. 52, n. 6, pp. 478-502, 2002; G. Gariepy, H. Honkaniemi e A. Quesnel--Vallee, "Social Support and Protection from Depression: Systematic Review of Current Findings in Western Countries". *British Journal of Psychiatry*, v. 209, n. 4, pp. 284-93, 2016.

43. J. Mogil, comunicação pessoal, 16 jul. 2019.

44. J. Rodda, Z. Walker e J. Carter, "Depression in Older Adults". *British Medical Journal*, v. 343, n. 8, p. d5219, 2011.

45. H. Lavretsky et al., "Combined Citalopram and Methylphenidate Improved Treatment Response Compared to Either Drug Alone in Geriatric Depression: A Randomized Double-Blind, Placebo-Controlled Trial". *American Journal of Psychiatry*, v. 172, n. 6, p. 561, 2015; T. A. Ketter et al., "Long-Term Safety and Efficacy of Armodafinil in Bipolar Depression: A 6-Month Open-Label Extension Study". *Journal of Affective Disorders*, v. 197, pp. 51-7, 2016.

46. K. N. Mansson et al., "Neuroplasticity in Response to Cognitive Behavior Therapy for Social Anxiety Disorder". *Translational Psychiatry*, v. 6, n. 2, p. e727, 2016; D. Collerton, "Psychotherapy and Brain Plasticity". *Frontiers in Psychology*, v. 4, p. 548, 2013.

47. R. D. Lane et al., "Memory Reconsolidation, Emotional Arousal, and the Process of Change in Psychotherapy: New Insights from Brain Science". *Behavioral and Brain Sciences*, v. 38, p. e1, 2015.

48. R. J. DeRubeis, G. J. Siegle e S. D. Hollon, "Cognitive Therapy versus Medication for Depression: Treatment Outcomes and Neural Mechanisms". *Nature Reviews Neuroscience*, v. 9, n. 10, p. 788, 2008.

49. R. J. Davidson et al., op. cit.

50. W. H. Frey II, *Crying: The Mystery of Tears*. Minneapolis, MN: Winston Press, 1985; R. Turner et al., "Effects of Emotion on Oxytocin, Prolactin, and ACTH in Women". *Stress*, v. 5, n. 4, pp. 269-76, 2002.

51. S. Nolen-Hoeksema, "Responses to Depression and Their Effects on the Duration of the Depressive Episode". *Journal of Abnormal Psychology*, v. 100, n. 4, pp. 569-82, 1991; S. Nolen--Hoeksema e J. Morrow, "Effects of Rumination and Distraction on Naturally Occurring Depressed Mood". *Cognition and Emotion*, v. 7, n. 6, pp. 561-70, 1993.

52. N. M. Morris e J. R. Udry, "Variations in Pedometer Activity during the Menstrual Cycle". *Obstretics and Gynecology*, v. 35, n. 2, pp. 199-201, 1970; M. Haselton, *Hormonal: The Hidden Intelligence of Hormones — How They Drive Desire, Shape Relationships, Influence Our Choices, and Make Us Wiser*. Boston: Little, Brown, 2018.

53. S. J. Stanton e O. C. Schultheiss, "Basal and Dynamic Relationships between Implicit Power Motivation and Estradiol in Women". *Hormones and Behavior*, v. 52, n. 5, pp. 571-80, 2007; K. Lebron Milad, B. M. Graham e M. R. Milad, "Low Estradiol Levels: A Vulnerability Factor for the Development of Posttraumatic Stress Disorder". *Biological Psychiatry*, v. 72, n. 1, pp. 6-7, 2012. Disponível em: <http://dx.doi.org/10.1016/j.biopsych.2012.04.029>.

54. M. Ostensen, P. M. Villiger e F. Förger, "Interaction of Pregnancy and Autoimmune Rheumatic Disease". *Autoimmunity Reviews*, v. 11, n. 6/7, pp. A437-46, 2012.

55. J. Greenspan et al., "Studying Sex and Gender Differences Pain and Analgesia: A Consensus Report". *Pain*, v. 132, pp. S26-S45, 2007.

56. M. L. Smith et al., "Facial Appearance Is a Cue to Oestrogen Levels in Women". *Proceedings of the Royal Society of London B: Biological Sciences*, v. 273, n. 1583, pp. 135-40, 2006; D. S. Fleischman e D. M. Fessler, "Progesterone's Effects on the Psychology of Disease Avoidance: Support for the Compensatory Behavioral Prophylaxis Hypothesis". *Hormones and Behavior*, v. 59, n. 2, pp. 271-5, 2011.

57. M. Haselton, op. cit., p. 76.

58. O. C. Schultheiss, A. Dargel e W. Rohde, "Implicit Motives and Gonadal Steroid Hormones: Effects of Menstrual Cycle Phase, Oral Contraceptive Use, and Relationship Status". *Hormones and Behavior*, v. 43, n. 2, pp. 293-301, 2003.

59. E. Timby et al., "Pharmacokinetic and Behavioral Effects of Allopregnanolone in Healthy Women". *Psychopharmacology*, v. 186, n. 3, p. 414, 2006; A. Smith et al., "Cycles of Risk: Associations between Menstrual Cycle and Suicidal Ideation among Women". *Personality and Individual Differences*, v. 74, pp. 35-40, 2015.

60. C. Eisenegger, J. Haushofer e E. Fehr, "The Role of Testosterone in Social Interaction". *Trends in Cognitive Sciences*, v. 15, n. 6, pp. 263-71, 2011.

61. S. J. Stanton, S. H. Liening e O. C. Schultheiss, "Testosterone Is Positively Associated with Risk Taking in the Iowa Gambling Task". *Hormones and Behavior*, v. 59, n. 2, pp. 252-6, 2011; ver também J. M. Coates e J. Herbert, "Endogenous Steroids and Financial Risk Taking on a London Trading Floor". *Proceedings of the National Academy of Sciences*, v. 105, n. 16, pp. 6167-72, 2008.

62. S. M. van Anders, L. D. Hamilton, e N. V. Watson, "Multiple Partners Are Associated with Higher Testosterone in North American Men and Women". *Hormones and Behavior*, v. 51, n. 3, pp. 454-9, 2007.

63. S. L. Miller e J. K. Maner, "Scent of a Woman: Men's Testosterone Responses to Olfactory Ovulation Cues". *Psychological Science*, v. 21, n. 2, pp. 276-83, 2010.

64. O. C. Schultheiss, K. L. Campbell e D. C. McClelland, "Implicit Power Motivation Moderates Men's Testosterone Responses to Imagined and Real Dominance Success". *Hormones and Behavior*, v. 36, n. 3, pp. 234-41, 1999.

65. M. Ritschard et al., "Enhanced Testosterone Levels Affect Singing Motivation but Not Song Structure and Amplitude Bengalese Finches". *Physiology and Behavior*, v. 102, n. 1, pp. 30-5, 2011.

66. C. Eisenegger, J. Haushofer e E. Fehr, op. cit.

67. Committee on How People Learn II, *How People Learn II: Learners, Contexts and Cultures*. Washington, DC: National Academies Press, 2018, p. 21. Disponível em: <http://nap.edu/24783>.

68. P. Simon, comunicação pessoal, Nova York, 19 set. 2013.

69. R. Lewis, "No Longer Singing, Linda Ronstadt's Latest Tour Is a Conversation with the Audience". *Los Angeles Times*, 3 out. 2018. Disponível em: <http://www.latimes.com/entertainment/music/la-et-ms-linda-ronstadt-conversation-20181003-story.html>.

70. Simon, comunicação pessoal, Nova York, 4 mar. 2009.

71. Committee on How People Learn II, op. cit., p. 21.

72. P. L. Ackerman e M. E. Beier, "Determinants of Domain Knowledge and Independent Study Learning in an Adult Sample". *Journal of Educational Psychology*, v. 98, n. 2, pp. 366-81, 2006; M. E. Beier e P. L. Ackerman, "Determinants of Health Knowledge: An Investigation of Age, Gender, Abilities, Personality, and Interests". *Journal of Personality and Social Psychology*, v. 84, n. 2, pp. 439-48, 2003; M. E. Beier e P. L. Ackerman, "Age, Ability, and the Role of Prior Knowledge on the Acquisition of New Domain Knowledge: Promising Results in a Real-World Learning Environment". *Psychology and Aging*, v. 20, n. 2, pp. 341-55, 2005. Disponível em: <http://dx.doi.org/10.1037/0882-7974.20.2.341>; M. E. Beier, C. K. Young e A. J. Villado, "Job Knowledge: Its Definition, Development and Measurement". In: Ones, D. et al. (orgs.). *The Handbook of Industrial, Work, and Organization Psychology*. Los Angeles, CA: Sage, 2018.

73. V. L. Patel, G. J. Groen e C. H. Frederiksen, "Differences between Medical Students and Doctors in Memory or Clinical Cases". *Medical Education*, v. 20, n. 1, pp. 3-9, 1986; ver também B. L. Anderson-Montoya et al., "Running Memory for Clinical Handoffs: A Look at Active and Passive Processing". *Human Factors*, v. 59, n. 3, pp. 393-406, 2017.

74. E. L. Deci e R. M. Ryan, *Intrinsic Motivation and Self-Determination in Human Behavior*. Nova York: Plenum Press, 1985; E. L. Deci e R. M. Ryan, "The 'What' and 'Why' of Goal Pursuits: Human Needs and the Self-Determination of Behavior". *Psychological Inquiry*, v. 11, pp. 227-68, 2000; R. M. Ryan e E. L. Deci, *Self-Determination Theory: Basic Psychological Needs in Motivation, Development, and Wellness*. Nova York: Guilford Publications, 2017.

75. C. S. Dweck, "Even Geniuses Work Hard". *Educational Leadership*, v. 68, n. 1, pp. 16-20, 2010.

76. Id., *Mindset: The New Psychology of Success*. Nova York: Penguin Random House, 2008.

77. Alguns desses pontos são de S. Levitin, *Heart and Sell*. Wayne, NJ: Career Press, 2017, p. 31.

78. C. Dweck, "Carol Dweck Revisits the Gowth Mindset". *Education Week*, v. 35, n. 5, pp. 20-4, 2015.

79. Committee on How People Learn II, op. cit., p. 21; L. L. Carstensen, D. M. Isaacowitz e S. T. Charles, "Taking Time Seriously: A Theory of Socioemotional Selectivity". *American Psychologist*, v. 54, n. 3, pp. 165-81, 1999.

80. D. J. Levitin, "Severed". *The New Yorker*, 10 out. 2018. Disponível em: <https://www.newyorker.com/culture/personal-history/severed>.

81. T. Laddish, mensagem de e-mail, 29 out. 2018.

82. P. Brickman, D. Coates e R. Janoff-Bulman, "Lottery Winners and Accident Victims: Is Happiness Relative?". *Journal of Personality and Social Psychology*, v. 36, n. 8, p. 917, 1978.

83. Ver também D. A. Schkade e D. Kahneman, "Does Living in California Make People Happy? A Focusing Illusion in Judgments of Life Satisfaction". *Psychological Science*, v. 9, n. 5, pp. 340-6, 1998; D. Gilbert, *Stumbling on Happiness*. Toronto: Vintage Canada, 2009; S. Lyubomirsky, *The Myths of Happiness: What Should Make You Happy, but Doesn't, What Shouldn't Make You Happy, but Does*. Nova York: Penguin, 2014.

84. Vicente Fox, comunicação pessoal, León, México, 18 maio 2018.

6. FATORES SOCIAIS [pp. 217-43]

1. Abro com essa citação por ela ser tão bem conhecida e por soar tão verdadeira para tanta gente; compreendemos o desejo de nos livrar das demandas alheias e da natureza exasperante dos outros. Esse entendimento, porém, é uma interpretação equivocada do aforismo de Sartre. O filósofo, na verdade, está dizendo que somos felizes na solidão. O significado dessa asserção é que não conseguimos escapar dos julgamentos dos outros, de seus olhares observadores, da vergonha que nos acomete quando nossas falhas são reveladas. A citação integral da peça *Entre quatro paredes* (*Huis clos*) é:

todos esses olhares sobre mim. Todos esses olhares que me comem! [...] Ah, vocês são só duas? Pensei que fossem muitas, muitas mais. [...] Então, é isso que é o inferno! Nunca imaginei... Não se lembram? O enxofre, a fogueira, a grelha... Que brincadeira! Nada de grelha. O inferno... O INFERNO SÃO OS OUTROS!

P. Caws, "To Hell and Back: Sartre on (and in) Analysis with Freud". *Sartre Studies International*, v. 11, n. 1, pp. 166-76, 2005. E o próprio Sartre disse:

"O inferno são os outros" sempre foi incompreendido. Supõe-se que com isso quis dizer que nossas relações com os outros são em geral venenosas, que são sempre infernais. Mas o que de fato expressei é uma coisa totalmente diferente. O que estou mostrando é que se nossa relação com alguém é tortuosa, viciada, então, essa outra pessoa só pode ser o inferno. Por quê? Porque [...] quando pensamos em nós mesmos, quando tentamos nos conhecer [...] usamos o que outras pessoas já conhecem a nosso respeito. Julgamos a nós mesmos com os meios de que outras pessoas já dispõem e que elas nos conferem para nos julgarmos. Em qualquer coisa que sinta dentro de mim mesmo, entra o julgamento de outrem... Isso, porém, não significa de modo algum que não podemos ter relações com o próximo. Simplesmente salienta a importância capital de todas as outras pessoas para cada um de nós.

2. L. C. Hawkley e J. T. Cacioppo, "Loneliness Matters: A Theoretical and Empirical Review of Consequences and Mechanisms". *Annals of Behavioral Medicine*, v. 40, n. 2, pp. 218-27, 2010.

3. L. M. Jaremka et al., "Loneliness Promotes Inflammation during Acute Stress". *Psychological Science*, v. 24, n. 7, pp. 1089-97, 2013.

4. A. M. Stranahan, D. Khalil e E. Gould, "Social Isolation Delays the Positive Effects of Running on Adult Neurogenesis". *Nature Neuroscience*, v. 9, n. 4, p. 526, 2006.

5. J. McGregor, "This Former Surgeon General Says There's a Loneliness Epidemic and Work Is Partly to Blame". *The Washington Post*, 4 out. 2017. Disponível em: <https://www.washingtonpost.com/news/on-Leadership/wp/2017/10/04/this-former-surgeongeneral-says-theres-a-loneliness-epidemic-and-work-is-partly-to-blame/>.

6. J. Holt-Lunstad et al., "Loneliness and Social Isolation as Risk Factors for Mortality: A Meta-Analytic Review". *Perspectives on Psychological Science*, v. 10, n. 2, pp. 227-37, 2015.

7. Ibid.

8. R. D. Putnam, "Bowling Alone: America's Declining Social Capital". In: Crothers, L.; Lockhart, C. (orgs.). *Culture and Politics*. Nova York: Palgrave Macmillan, 2000, pp. 223-34.

9. E. Klinenberg, "Is Loneliness a Health Epidemic?". *The New York Times*, 9 fev. 2018. Disponível em: <https://www.nytimes.com/2018/02/09/opinion/sunday/loneliness-health.html>.

10. Já escrevi sobre isso em D. J. Levitin, *The Organized Mind*, op. cit.

11. M. Ankarcrona et al., "Glutamate-Induced Neuronal Death: A Succession of Necrosis or Apoptosis Depending on Mitochondrial Function". *Neuron*, v. 15, n. 4, pp. 961-73, 1995; R. Sattler e M. Tymianski, "Molecular Mechanisms of Glutamate Receptor-Mediated Excitotoxic Neuronal Cell Death". *Molecular Neurobiology*, v. 24, n. 1/3, pp. 107-29, 2001.

12. R. A. Hawkins, "The Blood-Brain Barrier and Glutamate". *American Journal of Clinical Nutrition*, v. 90, n. 3, pp. 867S-74S, 2009; M. B. Bogdanov e R. J. Wurtman, "Effects of Systemic or Oral Ad Libitum Monosodium Glutamate Administration on Striatal Glutamate Release, as Measured Using Microdialysis in Freely Moving Rats". *Brain Research*, v. 660, n. 2, pp. 337-40, 1994.

13. F. X. Vollenweider e M. Kometer, "The Neurobiology of Psychedelic Drugs: Implications for the Treatment of Mood Disorders". *Nature Reviews Neuroscience*, v. 11, n. 9, p. 642, 2010.

14. S. W. Cole et al., "Myeloid Differentiation Architecture of Leukocyte Transcriptome Dynamics in Perceived Social Isolation". *Proceedings of the National Academy of Sciences*, v. 112, n. 49, pp. 15142-7, 2015.

15. J. Rodriguez-Romaguera e G. D. Stuber, "Social Isolation Co-Opts Fear and Aggression Circuits". *Cell*, v. 173, n. 5, pp. 1071-2, 2018.

16. K. Asahina et al., "Tachykinin-Expressing Neurons Control Male-Specific Aggressive Arousal in Drosophila". *Cell*, v. 156, n. 1, pp. 221-35, 2014.

17. Y. Yang et al., "Neural Correlates of Proactive and Reactive Aggression in Adolescent Twins". *Aggressive Behavior*, v. 43, n. 3, pp. 230-40, 2017.

18. Ibid.

19. L. W. De Jong et al., "Strongly Reduced Volumes of Putamen and Thalamus in Alzheimer's Disease: An MRI Study". *Brain*, v. 131, n. 12, pp. 3277-85, 2008.

20. F. Caravaggio et al., "Exploring Personality Traits Related to Dopamine D⅔ Receptor Availability in Striatal Subregions of Humans". *European Neuropsychopharmacology*, v. 26, n. 4, pp. 644-52, 2016; A. Laakso et al., "Prediction of Detached Personality in Healthy Subjects by Low Dopamine Transporter Binding". *American Journal of Psychiatry*, v. 157, n. 2, pp. 290-2, 2000.

21. H. F. Harlow e S. J. Suomi, "Social Recovery by Isolation-Reared Monkeys". *Proceedings of the National Academy of Sciences*, v. 68, n. 7, pp. 1534-8, 1971.

22. A. M. Hansen et al., "School Education, Physical Performance in Late Midlife and Allostatic Load: A Retrospective Cohort Study". *Journal of Epidemiology and Community Health*, v. 70, pp. 748-54, 2016.

23. H. D. Chapin, "Are Institutions for Infants Necessary?". *Journal of the American Medical Association*, v. 64, n. 1, pp. 1-3, 1915.

24. T. Bahrampour, "A Lost Boy Finds His Calling". *The Washington Post*, 30 jan. 2014. Disponível em: <https://www.washingtonpost.com/sf-style/2014/01/30/a- lost-boy-finds-his-calling/>.

25. K. L. Humphreys et al., "Foster Care Promotes Adaptive Functioning in Early Adolescence among Children Who Experienced Severe, Early Deprivation". *Journal of Child Psychology and Psychiatry*, v. 59, n. 7, pp. 811-21, 2018.

26. T. Bahrampour, "Romanian Orphans Subjected to Deprivation Must Now Deal with Dysfunction". *The Washington Post*, 30 jan. 2014. Disponível em: <https://www.washingtonpost.com/local/romanian-orphans-subjected-to-deprivation-must-now-deal-with- disfunction/2014/01/30/a9dbea6c-5d13-11e3-be07-006c776266ed_story.html>.

27. E. Fombonne et al., "Prevalence of Autism Spectrum Disorders in Guanajuato, Mexico: The Leon Survey". *Journal of Autism and Developmental Disorders*, v. 46, n. 5, pp. 1669-85, 2016.

28. D. Khullar, "How Social Isolation Is Killing Us". *The New York Times*, 22 dez. 2016. Disponível em: <https://www.nytimes.com/2016/12/22/upshot/how-social-isolation-is-killing-us.html>.

29. K. Asahina et al., "Tachykinin-Expressing Neurons Control Male-Specific Aggressive Arousal in Drosophila". *Cell*, v. 156, n. 1, pp. 221-35, 2014.

30. J. Shih, R. Hodge e M. A. Andrade-Navarro, "Comparison of Inter- and Intraspecies Variation in Humans and Fruit Flies". *Genomics Data*, v. 3, pp. 49-54, 2015.

31. M. Zelikowsky et al., "The Neuropeptide Tac2 Controls a Distributed Brain State Induced by Chronic Social Isolation Stress". *Cell*, v. 173, n. 5, pp. 1265-79, 2018.

32. Cell Press, "One Way Social Isolation Changes the Mouse Brain". EurekAlert!, 17 maio 2018. Disponível em: <https://www.eurekalert.org/pub_releases/2018-05/cp-ows051018.php>; ver também M. Zelikowsky et al., op. cit.

33. V. Trezza et al., "Accumbens μ-Opioid Receptors Mediate Social Reward". *Journal of Neuroscience*, v. 31, n. 17, pp. 6362-70, 2011.

34. Ibid.

35. M. L. Chanda e D. J. Levitin, "The Neurochemistry of Music". *Trends in Cognitive Sciences*, v. 17, n. 4, pp. 179-93, 2013; V. Menon e D. J. Levitin, "The Rewards of Music Listening: Response and Physiological Connectivity of the Mesolimbic System". *Neuroimage*, v. 28, n. 1, pp. 175-84, 2005.

36. S. M. Wang et al., "Five Potential Therapeutic Agents as Antidepressants: A Brief Review and Future Directions". *Expert Review of Neurotherapeutics*, v. 15, n. 9, pp. 1015-29, 2015.

37. H. M. Nordahl et al., "Paroxetine, Cognitive Therapy or Their Combination in the Treatment of Social Anxiety Disorder with and without Avoidant Personality Disorder: A Randomized Clinical Trial". *Psychotherapy and Psychosomatics*, v. 85, n. 6, pp. 346-56, 2016.

38. L. C. Hawkley e J. T. Cacioppo, "Loneliness Matters: A Theoretical and Empirical Review of Consequences and Mechanisms". *Annals of Behavioral Medicine*, v. 40, n. 2, pp. 218-27, 2010; S. Ni et al., "Effect of Gratitude on Loneliness of Chinese College Students: Social Support as a Mediator". *Social Behavior and Personality*, v. 43, n. 4, pp. 559-66, 2015.

39. C. Lim e R. D. Putnam, "Religion, Social Networks, and Life Satisfaction". *American Sociological Review*, v. 75, n. 6, pp. 914-33, 2010.

40. D. Khullar, op. cit.

41. Canadian Longitudinal Study on Aging, "Canadian Longitudinal Study on Aging Releases First Report on Health and Aging in Canada", 22 maio 2018. Disponível em: <https://www.clsa-elcv.ca/stay-informed/new-clsa/2018/canadian-longitudinal-study-aging-releases-first-report-health-and-aging>.

42. Befriending Networks, "What Is Befriending?". Disponível em: <https://www.befriending.co.uk/aboutbefriending.php>.

43. Disponível em: <https://www.spacescot.org/>.

44. K. T. K. Lim e R. Yu, "Aging and Wisdom: Age-Related Changes in Economic and Social Decision Making". *Frontiers in Aging Neuroscience*, v. 7, p. 120, 2015.

45. A estrutura e as ideias desse parágrafo foram influenciadas por K. Lim e R. Yu, op. cit.

46. L. L. Carstensen e B. L. Fredrickson, "Influence of HIV Status and Age on Cognitive Representations of Others". *Health Psychology*, v. 17, n. 6, p. 494, 1998; L. L. Carstensen, D. M. Isaacowitz

e S. T. Charles, "Taking Time Seriously: A Theory of Socioemotional Selectivity". *American Psychologist*, v. 54, n. 3, p. 165, 1999; L. L. Carstensen, H. H. Fung e S. T. Charles, "Socioemotional Selectivity Theory and the Regulation of Emotion in the Second Half of Life". *Motivation and Emotion*, v. 27, n. 2, pp. 103-23, 2003; C. E. Löckenhoff e L. L. Carstensen, "Socioemotional Selectivity Theory, Aging and Health: The Increasingly Delicate Balance between Regulating Emotions and Making Tough Choices". *Journal of Personality*, v. 72, n. 6, pp. 1395-424, 2004; L. L. Carstensen, "The Influence of a Sense of Time on Human Development". *Science*, v. 312, n. 5782, pp. 1913-5, 2006.

47. J. Heckhausen, C. Wrosch e R. Schulz, "A Motivational Theory of Life-Span Development". *Psychological Review*, v. 117, n. 1, p. 32, 2010.

48. C. E. Löckenhoff e L. L. Carstensen, op. cit.

49. T. Hedden e J. D. Gabrieli, "Insights into the Ageing Mind: A View from Cognitive Neuroscience". *Nature Reviews Neuroscience*, v. 5, n. 2, p. 87, 2004.

50. L. A. Leotti, S. S. Iyengar e K. N. Ochsner, "Born to Choose: The Origins and Value of the Need for Control". *Trends in Cognitive Sciences*, v. 14, n. 10, pp. 457-63, 2010.

51. E. J. Langer e J. Rodin, "The Effects of Choice and Enhanced Personal Responsibility for the Aged: A Field Experiment in an Institutional Setting". *Journal of Personality and Social Psychology*, v. 34, n. 2, p. 191, 1976.

52. A. Bandura e R. Wood, "Effect of Perceived Controllability and Performance Standards on Self-Regulation Complex Decision Making". *Journal of Personality and Social Psychology*, v. 56, n. 5, p. 805, 1989.

53. E. M. Tricomi, M. R. Delgado e J. A. Fiez, "Modulation of Caudate Activity by Action Contingency". *Neuron*, v. 41, n. 2, pp. 281-92, 2004; G. Coricelli et al., "Regret and Its Avoidance: A Neuroimaging Study of Choice Behavior". *Nature Neuroscience*, v. 8, n. 9, p. 1255, 2005.

54. L. A. Leotti, S. S. Iyengar e K. N. Ochsner, op. cit.

55. R. M. Ryan et al., "The Significance of Autonomy and Autonomy Support in Psychological Development and Psychopathology". In: Cicchetti, D.; Cohen, D. J. (orgs.). *Developmental Psychopathology*. v. 1: Theory and Method. Hoboken, NJ: John Wiley & Sons, 2015, pp. 795-849.

56. C. Kilgannon, "The World's Oldest Barber Is 107 and Still Cutting Hair Full Time". *The New York Times*, 7 out. 2018. Disponível em: <https://www.nytimes.com/2018/10/07/nyregion/worlds-oldest-barber-anthony-mancinelli.html>.

57. Y. Hayashi e R. Tracy, "Partisan or Deal Maker? Maxine Waters Rises as Banking Industry's Overseer". *The Wall Street Journal*, 20 nov. 2018. Disponível em: <https://www.wsj.com/articles/partisan-or-deal-maker-maxine-waters-rises-as-banking-industrys-overseer-1542717000>.

58. A. P. Shimamura, *Get SMART! Five Steps toward a Healthy Brain*. Scotts Valley, CA: CreateSpace, 2017.

59. Ibid.

60. Ibid.

61. N. D. Anderson et al., "The Benefits Associated with Volunteering among Seniors: A Critical Review and Recommendations for Future Research". *Psychological Bulletin*, v. 140, n. 6, p. 1505, 2014.

62. Ibid.

63. Organização Internacional do Trabalho, *Manual on the Measurement of Volunteer Work*. Genebra, Suíça: International Labour Organization, 2011.

64. M. C. Carlson et al., "Exploring the Effects of an 'Everyday' Activity Program on Executive Function and Memory in Older Adults: Experience Corps". *Gerontologist*, v. 48, pp. 793-801, 2008.

65. T. D. Windsor, K. J. Anstey e B. Rodgers, "Volunteering and Psychological Well-Being among Young-Old Adults: How Much Is Too Much?". *Gerontologist*, v. 48, n. 1, pp. 59-70, 2008.

7. DOR [pp. 244-72]

1. O subtítulo deste capítulo é de uma velha piada vaudeville. Um homem vai ao médico e, ao levantar bruscamente o cotovelo, diz: "Dói quando faço isto". O médico responde: "Não faça isso!".

2. R. J. Gatchel et al., "The Biopsychosocial Approach to Chronic Pain: Scientific Advances and Future Directions". *Psychological Bulletin*, v. 133, n. 4, p. 581, 2007.

3. C. S. Lin, S. Y. Wue e C. A. Yi, "Association between Anxiety and Pain in Dental Treatment: A Systematic Review and Meta-Analysis". *Journal of Dental Research*, v. 96, n. 2, pp. 153-62, 2017; M. Zhuo, "Neural Mechanisms Underlying Anxiety — Chronic Pain Interactions". *Trends in Neurosciences*, v. 39, n. 3, pp. 136-45, 2016.

4. N. D. Volkow e A. T. McLellan, "Opioid Abuse in Chronic Pain — Misconceptions and Mitigation Strategies". *New England Journal of Medicine*, v. 374, n. 13, pp. 1253-63, 2016.

5. Organização Mundial da Saúde, "About the Global Burden of Disease (GBD) Project". Disponível em: <https://www.who.int/healthinfo/global_burden_disease/about/en/>; <http://www.healthdata.org/data-visualization/gbd-compare>; R. Lozano et al., "Global and Regional Mortality from 235 Causes of Death for 20 Age Groups in 1990 and 2010: A Systematic Analysis for the Global Burden of Disease Study 2010". *Lancet*, v. 380, n. 9859, pp. 2095-128, 2012.

6. Disponível em: <http://www.healthdata.org/data-visualization/gbd-compare>.

7. D. J. Gaskin e P. Richard, "The Economic Costs of Pain in the United States". *Journal of Pain*, v. 13, n. 8, pp. 715-24, 2012.

8. N. D. Volkow e A. T. McLellan, "Opioid Abuse in Chronic Pain — Misconceptions and Mitigation Strategies". *New England Journal of Medicine*, v. 374, n. 13, pp. 1253-63, 2016.

9. H. K. Beecher, "Pain in Men Wounded in Battle". *Annals of Surgery*, v. 123, n. 1, p. 96, 1946.

10. A observação de que os componentes sensoriais e afetivos da dor são distinguíveis foi a base do trabalho de Melzack e Wall (1965), que lançou o estudo moderno da dor; R. Melzack e P. D. Wall, "Pain Mechanisms: A New Theory". *Science*, v. 150, pp. 971-9, 1965; ver também J. Katz e B. N. Rosenbloom, "The Golden Anniversary of Melzack and Wall's Gate Control Theory of Pain: Celebrating 50 Years of Pain Research and Management". *Pain Research and Management*, v. 20, n. 6, pp. 285-6, 2015.

11. H. K. Beecher, "Relationship Significance of Wound to Pain Experienced". *Journal of the American Medical Association*, v. 161, n. 17, pp. 1609-13, 1956.

12. R. Melzack e P. D. Wall, op. cit.

13. R. Melzack, "The McGill Pain Questionnaire from Description to Measurement". *Anesthesiology*, v. 103, n. 1, pp. 199-202, 2005.

14. R. D. Treede et al., "The Cortical Representation Pain". *Pain*, v. 79, n. 2/3, pp. 105-11, 1999.

15. Há um mapa de representação cortical específico para movimentos motores, também traçado por Penfield, com os músculos lineares da cabeça aos dedos dos pés representados no cérebro. Os

músculos da faringe ocupam cerca de 40% de todo o córtex motor; as mãos, outros 30%. Daí se conclui que o controle do corpo fica com apenas 30% do córtex. Os 70% restantes nos permitem falar, gesticular ao mesmo tempo e tocar instrumentos musicais. Os 30% alocados às mãos é que permitem aos relojoeiros e a outros profissionais de alta qualificação exercer seu ofício, e pesquisas mostram que essas áreas se ampliam com mais treinamento e experiência.

16. M. C. Bushnell, M. Čeko e L. A. Low, "Cognitive and Emotional Control of Pain and Its Disruption Chronic Pain". *Nature Reviews Neuroscience*, v. 14, n. 7, p. 502, 2013.

17. I. A. Strigo et al., "Psychophysical Analysis of Visceral and Cutaneous Pain in Human Subjects". *Pain*, v. 97, n. 3, p. 235-46, 2002. Os sujeitos foram submetidos à dor de calor no peito ou à dor de um balão inflado no esôfago. O balão esofágico provoca sensação de desconforto semelhante à do balão endorretal, às vezes usado em endoscopia. O calor cutâneo aplicado foi de até 46°C, e a pressão visceral foi de até 40 mmHg.

18. Ibid.

19. F. Cervero e L. A. Connell, "Distribution of Somatic and Visceral Primary Afferent Fibres within the Thoracic Spinal Cord of the Cat". *Journal of Comparative Neurology*, v. 230, n. 1, p. 88-98, 1984; F. Cervero e L. A. Connell, "Fine Afferent Fibers from Viscera Do Not Terminate in the Substantia Gelatinosa of the Thoracic Spinal Cord". *Brain Research*, v. 294, n. 2, pp. 370-4, 1984.

20. I. A. Strigo et al., "Differentiation of Visceral and Cutaneous Pain in the Human Brain". *Journal of Neurophysiology*, v. 89, pp. 3294-303, 2003.

21. I. A. Strigo et al., "The Effects of Racemic Ketamine on Painful Stimulation of Skin and Viscera in Human Subjects". *Pain*, v. 113, n. 3, pp. 255-64, 2005.

22. P. Raineville, "Brain Mechanisms of Pain Affect and Pain Modulation". *Current Opinion in Neurobiology*, v. 12, pp. 195-204, 2002.

23. L. Sztriha et al., "Congenital Insensitivity to Pain with Anhidrosis". *Pediatric Neurology*, v. 25, n. 1, pp. 63-6, 2001.

24. S. Mardy et al., "Congenital Insensitivity to Pain with Anhidrosis (cipa): Effect of *TRKA* (*NTRK1*) Missense Mutations on Autophosphorylation of the Receptor Tyrosine Kinase for Nerve Growth Factor". *Human Molecular Genetics*, v. 10, n. 3, pp. 179-188, 2001.

25. nih, us National Library of Medicine, Genetics Home Reference, "*SCN9A* Gene". Disponível em: <https://medlineplus.gov/genetics/gene/scn9a/#location>.

26. E. M. Nagasako, A. L. Oaklander e R. H. Dworkin, "Congenital Insensitivity to Pain: An Update". *Pain*, v. 101, n. 3, pp. 213-9, 2003.

27. P. D. Wall, *Pain: The Science of Suffering*. Nova York: Columbia University Press, 2000.

28. R. Y. Hwang et al., "Nociceptive Neurons Protect Drosophila Larvae from Parasitoid Wasps". *Current Biology*, v. 17, n. 24, pp. 2105-16, 2007; E. M. Nagasako, A. L. Oaklander e R. H. Dworkin, op. cit.

29. R. J. Crook et al., "Nociceptive Sensitization Reduces Predation Risk". *Current Biology*, v. 24, n. 10, pp. 1121-5, 2014.

30. D. Netburn, "What Injured Squid Can Teach Us about Irritability and Pain". *Los Angeles Times*, 8 maio 2014.

31. L. Tiemann et al., "Behavioral and Neuronal investigations of Hypervigilance in Patients with Fibromyalgia Syndrome". *PLoS One*, v. 7, n. 4, p. e35068, 2012.

32. S. Linton, *Understanding Pain for Better Clinical Practice: A Psychological Perspective*. v. 16. Nova York: Elsevier Health Sciences, 2005, p. 15.

33. R. Moore e I. Brodsgaard, "Cross-Cultural Investigations of Pain". *Epidemiology of Pain*, pp. 53-80, 1999.

34. S. Linton, op. cit., p. 14.

35. Ibid., p. 3.

36. D. D. Price, D. G. Finniss e F. Benedetti, "A Comprehensive Review of the Placebo Effect: Recent Advances and Current Thought". *Annual Review of Psychology*, v. 59, pp. 565-90, 2008.

37. R. Dobrila-Dintinjana e A. Načinović-Duletić, "Placebo in the Treatment of Pain". *Collegium Antropologicum*, v. 35, n. 2, pp. 319-23, 2011.

38. P. Tétreault et al., "Brain Connectivity Predicts Placebo Response across Chronic Pain Clinical Trials". *PLoS Biology*, v. 14, n. 10, p. e1002570, 2016.

39. M. Cummings, "Modellvorhaben Akupunktur — A Summary of the ART, ARC and GERAC Trials". *Acupuncture in Medicine*, v. 27, n. 1, pp. 26-30, 2009; K. Linde et al., "The Impact of Patient Expectations on Outcomes in Four Randomized Controlled Trials of Acupuncture in Patients with Chronic Pain". *Pain*, v. 128, n. 3, pp. 264-71, 2007; D. C. Cherkin et al., "A Randomized Trial Comparing Acupuncture, Simulated Acupuncture, and Usual Care for Chronic Low Back Pain". *Archives of Internal Medicine*, v. 169, n. 9, pp. 858-66, 2009.

40. J. S. Mogil et al., "Melanocortin-1 Receptor Gene Variants Affect Pain and μ-opioid Analgesia in Mice and Humans". *Journal of Medical Genetics*, v. 42, n. 7, pp. 583-7, 2005.

41. D. Francis et al., "Nongenomic Transmission across Generations of Maternal Behavior and Stress Responses in the Rat". *Science*, v. 286, n. 5442, pp. 1155-8, 1999.

42. D. Kahneman et al., "When More Pain Is Preferred to Less: Adding a Better End". *Psychological Science*, v. 4, n. 6, pp. 401-5, 1993.

43. S. Linton, op. cit., p. 14.

44. US Department of Health and Human Services, "What Is the U.S. Opioid Epidemic?", 22 jan. 2019. Disponível em: <https://www.hhs.gov/opioids/about-the-epidemic/index.html>; National Institute on Drug Abuse, "Opioid Overdose Crisis", jan. 2019. Disponível em: <https://www.drugabuse.gov/drugs-abuse/opioids/opioid-overdose-crisis>.

45. T. J. Atkinson et al., "Medication Pain Management in the Elderly: Unique and Underutilized Analgesic Treatment Options". *Clinical Therapeutics*, v. 35, n. 11, pp. 1669-89, 2013.

46. B. R. Da Costa et al., "Effectiveness of Non-Steroidal Anti-Inflammatory Drugs for the Treatment of Pain in Knee and Hip Osteoarthritis: Network Meta-Analysis". *Lancet*, v. 390, n. 10090, pp. e21-e33, 2017.

47. C. A. Heyneman, C. Lawless-Liday e G. C. Wall, "Oral versus Topical NSAIDs in Rheumatic Diseases". *Drugs*, v. 60, n. 3, pp. 555-74, 2000.

48. C. Villemure et al., "Insular Cortex Mediates Increased Pain Tolerance in Yoga Practitioners". *Cerebral Cortex*, v. 24, n. 10, pp. 2732-40, 2013. Foram estudados diferentes estilos de ioga: a prática de posturas físicas (*asana* em sânscrito), exercícios de respiração (*pranayama*), exercícios de concentração que focam e estabilizam a atenção (*dharana*) e meditação (*dhyana*).

49. M. H. Pitcher et al., "Modest Amounts of Voluntary Exercise Reduce Pain- and Stress--Related Outcomes in a Rat Model of Persistent Hind Limb Inflammation". *Journal of Pain*, v. 18, n. 6, pp. 687-701, 2017.

50. J. Mogil, comunicação pessoal, 20 jul. 2019.

51. R. W. Shields, "Peripheral Neuropathy". *Cleveland Clinic Center for Continuing Education*, ago. 2010. Disponível em: <www.clevelandclinicmeded.com/medicalpubs/disease-management/neurology/peripheral-neuropathy/>.

52. R. Hill, "NK1 (Substance P) Receptor Antagonists — Why Are They Not Analgesic in Humans?". *Trends in Pharmacological Sciences*, v. 21, n. 7, pp. 244-6, 2000.

53. K. Ebner e N. Singewald, "The Role of Substance P in Stress and Anxiety Responses". *Amino Acids*, v. 31, n. 3, pp. 251-72, 2006.

54. S. W. Park et al., "Substance P Is a Promoter of Adult Neural Progenitor Cell Proliferation under Normal and Ischemic Conditions". *Journal of Neurosurgery*, v. 107, n. 3, pp. 593-9, 2007.

55. T. W. Reid et al., "Stimulation of Epithelial Cell Growth by the Neuropeptide Substance P". *Journal of Cellular Biochemistry*, v. 52, n. 4, pp. 476-85, 1993; S. M. Brown et al., "Neurotrophic and Anhidrotic Keratopathy Treated with Substance P and Insulinlike Growth Factor 1". *Archives of Ophthalmology*, v. 115, n. 7, pp. 9267, 1997.

56. V. Gangadharan e R. Kuner, "Pain Hypersensitivity Mechanisms at a Glance". *Disease Models and Mechanisms*, v. 6, n. 4, pp. 889-95, 2013.

57. A. Latremoliere e C. J. Woolf, "Central Sensitization: A Generator of Pain Hypersensitivity by Central Neural Plasticity". *Journal of Pain*, v. 10, n. 9, pp. 895-926, 2009.

58. A. B. Fleischer, T. J. Meade e A. B. Fleischer, "Notalgia Paresthetica: Successful Treatment with Exercises". *Acta Dermato-Venereologica*, v. 91, n. 3, pp. 356-7, 2011.

59. M. C. Bushnell, M. Čeko e L. A. Low, "Cognitive and Emotional Control of Pain and Its Disruption in Chronic Pain". *Nature Reviews Neuroscience*, v. 14, n. 7, p. 502, 2013.

60. N. J. Stagg et al., "Regular Exercise Reverses Sensory Hypersensitivity in a Rat Neuropathic Pain Model: Role of Endogenous Opioids". *Anesthesiology*, v. 114, n. 4, pp. 940-8, 2011.

61. Linton, op. cit., p. 28.

62. K. B. Jensen et al., "Evidence of Dysfunctional Pain Inhibition in Fibromyalgia Reflected in rACC during Provoked Pain". *Pain*, v. 144, n. 1/2, pp. 95-100, 2009; M. N. Baliki et al., "Chronic Pain and the Emotional Brain: Specific Brain Activity Associated with Spontaneous Fluctuations Intensity of Chronic Back Pain". *Journal of Neuroscience*, v. 26, n. 47, pp. 12165-73, 2006.

63. K. D. Davis and M. Moayedi, "Central Mechanisms of Pain Revealed through Functional and Structural MRI". *Journal of Neuroimmune Pharmacology*, v. 8, n. 3, pp. 518-34, 2013.

64. J. Mogil, comunicação pessoal, 5 jun. 2018.

65. M. C. S. Rodrigues e C. D. Oliveira, "Drug-Drug Interactions and Adverse Drug Reactions in Polypharmacy among Older Adults: An Integrative Review". *Revista Latino-Americana de Enfermagem*, v. 24, p. e2800, 2016.

66. O. C. Gleason, "Delirium". *American Family Physician*, v. 67, n. 5, pp. 1027-34, 2003.

PARTE II: AS ESCOLHAS QUE FAZEMOS [pp. 273-4]

1. A. A. Kondratova e R. V. Kondratov, "The Circadian Clock and Pathology of the Ageing Brain". *Nature Reviews Neuroscience*, v. 13, n. 5, p. 325, 2012.

1. Essa estratégia de abertura é inspirada em U. Schibler e P. Sassone-Corsi, "A Web of Circadian Pacemakers". *Cell*, v. 111, n. 7, pp. 919-22, 2002.

2. T. Roenneberg e M. Merrow, "The Circadian Clock and Human Health". *Current Biology*, v. 26, n. 10, pp. R432-R443, 2016.

3. J. C. Dunlap e J. J. Loros, "Making Time: Conservation of Biological Clocks from Fungi to Animals". *Microbiology Spectrum*, v. 5, n. 3, 2017.

4. R. Lehmann et al., "Morning and Evening Peaking Rhythmic Genes Are Regulated by Distinct Transcription Factors in *Neurospora crassa*". In: Bossert, M. (org). *Information and Communication Theory Molecular Biology*. Lecture Notes in Bioengineering. Cham, Suíça: Springer, 2018.

5. L. L. Moroz et al., "Neuronal Transcriptome of Aplysia: Neuronal Compartments and Circuitry". *Cell*, v. 127, n. 7, pp. 1453-67, 2006.

6. Genetic Science Learning Center, "The Time of Our Lives", 1 mar. 2016. Disponível em: <https://learn.genetics.utah.edu/content/basics/clockgenes/>.

7. O. Froy, "Circadian Rhythms, Aging, and Life Span in Mammals". *Physiology*, v. 26, n. 4, pp. 225-35, 2011; H. Li e E. Satinoff, "Fetal Tissue Containing the Suprachiasmatic Nucleus Restores Multiple Circadian Rhythms in Old Rats". *American Journal of Physiology — Regulatory, Integrative and Comparative Physiology*, v. 275, n. 6, pp. R1735-R1744, 1998.

8. Nos humanos, supõe-se que existam relógios em todas as células; já foram encontrados relógios nas glândulas adrenais, no esôfago, nos pulmões, no fígado, no pâncreas, no baço, no timo, na pele e no cérebro.

9. S. B. S. Khalsa et al., "A Phase Response Curve to Single Bright Light Pulses in Human Subjects". *Journal of Physiology*, v. 549, n. 3, pp. 945-52, 2003; K. N. Paul, T. B. Saafir e G. Tosini, "The Role of Retinal Photoreceptors in the Regulation of Circadian Rhythms". *Reviews in Endocrine and Metabolic Disorders*, v. 10, n. 4, pp. 271-8, 2009; J. M. Zeitzer et al., "Response of the Human Circadian System to Millisecond Flashes of Light". *PLoS One*, v. 6, n. 7, p. e22078, 2011; P. C. Zee e P. Manthena, "The Brain's Master Circadian Clock: Implications and Opportunities for Therapy of Sleep Disorders". *Sleep Medicine Reviews*, v. 11, n. 1, pp. 59-70, 2007.

10. C. Dibner e U. Schibler, "Circadian Timing of Metabolism in Animal Models and Humans". *Journal of Internal Medicine*, v. 277, n. 5, pp. 513-27, 2015.

11. S. Hood e S. Amir, "The Aging Clock: Circadian Rhythms and Later Life". *Journal of Clinical Investigation*, v. 127, n. 2, pp. 437-46, 2017.

12. G. Asher e P. Sassone-Corsi, "Time for Food: The Intimate Interplay between Nutrition, Metabolism, and the Circadian Clock". *Cell*, v. 161, pp. 84-93, 2015.

13. Ibid.

14. T. Roenneberg, "What Is Chronotype?". *Sleep and Biological Rhythms*, v. 10, n. 2, pp. 75-6, 2012; T. Roenneberg, A. Wirz-Justice e M. Merrow, "Life between Clocks: Daily Temporal Patterns of Human Chronotypes". *Journal of Biological Rhythms*, v. 18, n. 1, pp. 80-90, 2003.

15. E. Laber-Warren, "Up for the Job? Check the Clock". *The New York Times*, 25 dez. 2018, p. D1.

16. C. Vetter et al., "Aligning Work and Circadian Time in Shift Workers Improves Sleep and Reduces Circadian Disruption". *Current Biology*, v. 25, n. 7, pp. 907-11, 2015.

17. E. Laber-Warren, op. cit.

18. S. Horstmann et al., "Sleepiness-Related Accidents in Sleep Apnea Patients". *Sleep*, v. 23, n. 3, pp. 383-92, 2000.

19. W. Shakespeare, *The Tragedy of Hamlet*, ato 3, cena 2. [Ed. bras.: *Hamlet*. Trad. de Bruna Beber. São Paulo: Ubu, 2019.]

20. D. R. Samson et al., "Chronotype Variation Drives Night-Time Sentinel-like Behaviour in Hunter-Gatherers". *Proceeding of the Royal Society B: Biological Sciences*, v. 284, n. 1858, p. 20170967, 2017.

21. D. A. Kalmbach et al., "Genetic Basis of Chronotype in Humans: Insights from Three Landmark GWAS". *Sleep*, v. 40, n. 2, 2017.

22. S. E. Jones et al., "Genome-Wide Association Analyses Chronotype in 697,828 Individuals Provides Insights into Circadian Rhythms". *Nature Communications*, v. 10, n. 1, p. 343, 2019.

23. D. R. Samson et al., op. cit.

24. F. Marlowe, *The Hadza: Hunter-Gatherers of Tanzania*. Berkeley: University of California Press, 2010.

25. S. Michel, G. D. Block e J. H. Meijer, "The Aging Clock". In: Colwell, C. S. (org.). *Circadian Medicine*. 1. ed. Hoboken, NJ: John Wiley & Sons, 2015, pp. 321-35.

26. M. W. Hurd e M. R. Ralph, "The Significance of Circadian Organization for Longevity in the Golden Hamster". *Journal of Biological Rhythms*, v. 13, n. 5, pp. 430-6, 1998; H. Li e E. Satinoff, "Fetal Tissue Containing the Suprachiasmatic Nucleus Restores Multiple Circadian Rhythms in Old Rats". *American Journal of Physiology — Regulatory, Integrative and Comparative Physiology*, v. 275, n. 6, pp. R1735-R1744, 1998.

27. S. Hood e S. Amir, op. cit.

28. D. G. Harper et al., "Dorsomedial NSQ Neuronal Subpopulations Subserve Different Functions in Human Dementia". *Brain*, v. 131, n. 6, pp. 1609-17, 2008; S. Michel, G. D. Block e J. H. Meijer, op. cit.

29. M. H. Smolensky et al., "Circadian Disruption: New Clinical Perspective of Disease Pathology and Basis for Chronotherapeutic Intervention". *Chronobiology International*, v. 33, n. 8, pp. 1101-19, 2016.

30. S. Michel, G. D. Block e J. H. Meijer, op. cit.

31. S. Forbes-Robertson et al., "Circadian Disruption and Remedial Interventions". *Sports Medicine*, v. 42, n. 3, pp. 185-208, 2012.

32. M. P. Mattson et al., "Meal Frequency and Timing in Health and Disease". *Proceedings of the National Academy of Sciences*, v. 111, n. 47, pp. 16647-53, 2014.

33. C. B. Forsyth et al., "Circadian Rhythms, Alcohol and Gut Interactions". *Alcohol*, v. 49, n. 4, pp. 389-98, 2015; G. R. Swanson et al., "Decreased Melatonin Secretion Is Associated with Increased Intestinal Permeability and Marker of Endotoxemia in Alcoholics". *American Journal of Physiology — Gastrointestinal and Liver Physiology*, v. 308, n. 12, pp. G1004-G1011, 2015.

34. K. Eckel-Mahan e P. Sassone-Corsi, "Metabolism and the Circadian Clock Converge". *Physiological Reviews*, v. 93, n. 1, p. 107-35, 2013; V. Leone et al., "Effects of Diurnal Variation of Gut Microbes and High-Fat Feeding on Host Circadian Clock Function and Metabolism". *Cell Host and Microbe*, v. 17, n. 5, pp. 681-9, 2015; A. Zarrinpar et al., "Diet and Feeding Pattern Affect the Diurnal Dynamics of the Gut Microbiome". *Cell Metabolism*, v. 20, n. 6, pp. 1006-17, 2014.

35. A. A. Kondratova e R. V. Kondratov, "The Circadian Clock and Pathology of the Ageing Brain". *Nature Reviews Neuroscience*, v. 13, n. 5, p. 325, 2012.; R. F. Riemersma-Van Der Lek et al., "Effect of Bright Light Melatonin on Cognitive and Noncognitive Function in Elderly Residents of Group Care Facilities: A Randomized Controlled Trial". *Journal of the American Medical Association*, v. 299, n. 22, pp. 2642-55, 2008.

36. D. P. Cardinali, A. M. Furio e L. I. Brusco, "Clinical Aspects of Melatonin Intervention in Alzheimer's Disease Progression". *Current Neuropharmacology*, v. 8, n. 3, pp. 218-27, 2010.

37. R. Hornedo-Ortega et al., "In Vitro Effects of Serotonin, Melatonin, and Other Related Indole Compounds on Amyloid-β Kinetics and Neuroprotection". *Molecular Nutrition and Food Research*, v. 62, n. 3, p. 1700383, 2018; M. Shukla et al.; "Mechanisms of Melatonin in Alleviating Alzheimer's Disease". *Current Neuropharmacology*, v. 15, n. 7, pp. 1010-31, 2017.

38. A. de Jonghe et al., "Effectiveness of Melatonin Treatment on Circadian Rhythm Disturbances in Dementia. Are There Implications for Delirium? A Systematic Review". *International Journal of Geriatric Psychiatry*, v. 25, n. 12, pp. 1201-8, 2010.

39. A. J. Lewy, "Circadian Misalignment in Mood Disturbances". *Current Psychiatry Reports*, v. 11, n. 6, p. 459, 2009; A. J. Lewy, "Clinical Implications in the Melatonin Phase Response Curve". *Journal of Clinical Endocrinology and Metabolism*, v. 95, n. 7, pp. 3158-60, 2010.

40. A. Padilla, comunicação pessoal, 26 ago. 2019.

41. A. M. Schroeder et al., "Voluntary Scheduled Exercise Alters Diurnal Rhythms of Behaviour, Physiology and Gene Expression in Wild-Type and Vasoactive Intestinal Peptide-Deficient Mice". *Journal of Physiology*, v. 590, n. 23, pp. 6213-26, 2012; Y. Yamanaka et al., "Physical Exercise Accelerates Reentrainment of Human Sleep-Wake Cycle but Not of Plasma Melatonin Rhythm to 8-H Phase-Advanced Sleep Schedule". *American Journal of Physiology — Regulatory, Integrative and Comparative Physiology*, v. 298, n. 3, pp. R681-R691, 2009.

42. J. W. Daly, J. Holmen e B. B. Fredholm, "Is Caffeine Addictive? The Most Widely Used Psychoactive Substance in the World Affects Same Parts of the Brain as Cocaine". *Lakartidningen*, v. 95, n. 51/52, pp. 5878-83, 1998.

43. M. Lazarus et al., "Adenosine and Sleep". In: Barret, J. (org.). *Handbook of Experimental Pharmacology*. Berlim: Springer, 2017.

44. T. M. Burke et al., "Effects of Caffeine on the Human Circadian Clock In Vivo and In Vitro". *Science Translational Medicine*, v. 7, n. 305, p. 305ra146, 2015.

45. I. Clark e H. P. Landolt, "Coffee, Caffeine and Sleep: A Systematic Review of Epidemiological Studies and Randomized Controlled Trials". *Sleep Medicine Reviews*, v. 31, pp. 70-8, 2017.

46. T. M. Burke et al., op. cit.

47. M. Lastella et al., "The Chronotype of Elite Athletes". *Journal of Human Kinetics*, v. 54, n. 1, pp. 219-25, 2016.

48. L. C. Roden, T. D. Rudner e D. E. Rae, "Impact of Chronotype on Athletic Performance: Current Perspectives". *ChronoPhysiology and Therapy*, v. 7, pp. 1-6, 2017; J. A. Vitale e A. Weydahl, "Chronotype, Physical Activity, and Sport Performance: A Systematic Review". *Sports Medicine*, v. 47, n. 9, pp. 1859-68, 2017.

49. S. Forbes-Robertson et al., "Circadian Disruption and Remedial Interventions". *Sports Medicine*, v. 42, n. 3, pp. 185-208, 2012.

50. J. Roy e G. Forest, "Greater Circadian Disadvantage during Evening Games for the National Basketball Association (NBA), National Hockey League (NHL) and National Football League (NFL) Teams Travelling Westward". *Journal of Sleep Research*, v. 27, n. 1, pp. 86-9, 2017; A. Song, T. Severini e R. Allada, "How Jet Lag Impairs Major League Baseball Performance". *Proceedings of the National Academy of Sciences*, v. 114, n. 6, pp. 1407-12, 2017.

51. A. A. Kondratova e R. V. Kondratov, op. cit.

9. DIETA [pp. 292-322]

1. S. Agarwal e A. V. Rao, "Tomato Lycopene and Its Role in Human Health and Chronic Diseases". *Canadian Medical Association Journal*, v. 163, n. 6, p. 739-44, 2000; A. V. Rao e L. G. Rao, "Carotenoids and Human Health". *Pharmacological Research*, v. 55, n. 3, pp. 207-16, 2007.

2. J. C. Tilburt, M. Allyse e F. W. Hafferty, "The Case of Dr. Oz: Ethics, Evidence, and Does Professional Self-Regulation Work?". *AMA Journal of Ethics*, v. 19, n. 2, pp. 199-206, 2017.

3. A. Astrup e M. F. Hjorth, " Low-Fat or Low Carb for Weight Loss? Depends on Your Glucose Metabolism". *EBioMedicine*, v. 22, pp. 20-1, 2017.

4. R. H. Eckel (org.), *Obesity: Mechanisms and Clinical Management*. Filadélfia: Lippincott Williams & Wilkins, 2003.

5. E. Topol, "The A.I. Diet". *The New York Times*, 3 mar. 2019, p. SR1.

6. M. Müller e S. Kersten, "Nutrigenomics: Goals and Strategies". *Nature Reviews Genetics*, v. 4, n. 4, p. 315, 2003.

7. S. Ipaktchian, "Read This and Lose 50 Pounds". *Stanford Medicine Magazine*, outono 2007. Disponível em: <http://sm.stanford.edu/archive/stanmed/2007fall/diet.html>; ver também C. D. Gardner et al., "Comparison of the Atkins, Zone, Ornish, and LEARN Diets for Change in Weight and Related Risk Factors among Overweight Premenopausal Women: The A to Z Weight Loss Study: A Randomized Trial". *Journal of the American Medical Association*, v. 297, n. 9, pp. 969-77, 2007.

8. R. H. Eckel, "The Dietary Approach to Obesity: Is It the Diet or the Disorder?". *Journal of the American Medical Association*, v. 293, n. 1, pp. 96-7, 2005.

9. M. L. Dansinger et al., "Comparison of the Atkins, Ornish, Weight Watchers, and Zone Diets for Weight Loss and Heart Disease Risk Reduction: A Randomized Trial". *Journal of the American Medical Association*, v. 293, n. 1, pp. 43-53, 2005.

10. C. B. Ebbeling et al., "Effects of a Low Carbohydrate Diet on Energy Expenditure during Weight Loss Maintenance: Randomized Trial". *British Medical Journal*, v. 363, p. k4583, 2018.

11. K. D. Hall e J. Guo, "Carbs versus Fat: Does It Really Matter for Maintaining Lost Weight?". *bioRxiv*, p. 476655, 2019.

12. N. Gonzalez, "The Gonzalez Protocol". *Dr. Gonzalez*, n.d. Disponível em: <https://www.dr-gonzalez.com/case-reports/>.

13. S. Lerner, "When Medicine Is Murder". *The Village Voice*, 26 mar. 2002.

14. R. B. Phillips et al., "Lead, Mercury, and Arsenic in US- and Indian-manufactured Ayurvedic Medicines Sold via the Internet". *Journal of the American Medical Association*, v. 300, n. 8, pp. 915-23, 2008; Centers for Disease Control and Prevention, "Lead Poisoning Associated with

Ayurvedic Medications — Five States, 2000-2003". *Morbidity and Mortality Weekly Report*, v. 53, n. 26, pp. 582-4, 2004.

15. Equipe da Clínica Mayo, "Integrative Medicine: Evaluate CAM Claims". *Mayo Clinic*, 2018. Disponível em: <https://www.mayoclinic.org/healthy-lifestyle/consumer-health/in-depth/alternative-medicine/art-20046087>.

16. M. Wenner Moyer, "Why Almost Everything Dean Ornish Says about Nutrition Is Wrong". *Scientific American*, 2015. Disponível em: <https://www.scientificamerican.com/article/why-almost-everything-dean-ornish-says-about-nutrition-is-wrong/>.

17. S. Liou, "About Free Radical Damage". *Huntington's Outreach Project for Education at Stanford*, 29 jun. 2011. Disponível em: <https://hopes.stanford.edu/about-free-radical-damage>.

18. T. A. Polk, *The Aging Brain*. Chantilly, VA: The Great Courses, 2016; Khan Academy, "Introduction to Cellular Respiration and Redox", n.d. Disponível em: <https://www.khanacademy.org/science/biology/cellular-respiration-and-fermentation/intro-to-cellular-respiration/a/intro-to-cellularrespiration-and-redox>; R. Boumis, "What Is Being Oxidized and What Is Being Reduced in Cell Respiration?". *Sciencing*, 29 maio 2019. Disponível em: <https://sciencing.com/being-oxidized-being-reduced-cell-respiration-17081.html>. Temos mais detalhes neste trecho do artigo V. Lobo et al., "Free Radicals, Antioxidants and Functional Foods: Impact on Human Health". *Pharmacognosy Reviews*, v. 4, n. 8, p. 118, 2010:

> O termo [estresse oxidativo] é usado para descrever as condições de dano oxidativo, quando o equilíbrio crítico entre geração de radicais livres, de um lado, e defesas antioxidantes, de outro, é desfavorável. O estresse oxidativo, que ocorre como resultado de um desequilíbrio entre produção de radicais livres e defesas antioxidantes, correlaciona-se com danos a ampla variedade de espécies moleculares, como lipídios, proteínas e ácidos nucleicos. O estresse oxidativo esporádico pode ocorrer em tecidos lesionados por trauma, infecção, calor, ferimento, hipertoxia, toxinas e excesso de exercício físico. Esses tecidos lesionados aumentam a produção de enzimas que geram radicais (por exemplo, xantina oxidase, lipogenase, ciclo-oxigenase), a ativação de fagócitos, a liberação de ferro livre, íons de cobre ou a ruptura das cadeias de transporte de elétrons de fosforilação oxidativa, produzindo excesso de receptor tirosina quinase (ROS). A indução, a promoção e a progressão do câncer, assim como os efeitos colaterais de radiação e quimioterapia, associam-se ao desequilíbrio entre o ROS e sistema de defesa antioxidante. O ROS está ligado à indução e ao agravamento de diabetes mellitus, afecções oculares relacionadas com a idade e doenças neurodegenerativas, como Parkinson.

19. B. T. Ashok e R. Ali, "The Aging Paradox: Free Radical Theory of Aging". *Experimental Gerontology*, v. 34, n. 3, pp. 293-303, 1999.

20. Muitos trabalhos transgênicos mostram que a regulação negativa das enzimas antioxidantes não encurta necessariamente o tempo de vida. No entanto, isso é controverso.

21. D. Han (professor associado de ciências biofarmacêuticas na KGI), mensagem de e-mail, 22 jan. 2019.

22. J. King (professor emérito, Universidade da Califórnia em Berkeley), mensagem de e-mail, 21 jan. 2019.

23. U. Nurmatov, G. Devereux e A. Sheikh, "Nutrients and Foods for the Primary Prevention of Asthma and Allergy: Systematic Review and Meta-Analysis". *Journal of Allergy and Clinical Immunology*, v. 127, n. 3, pp. 724-33, 2011.

24. A. M. Pisoschi e A. Pop, "The Role of Antioxidants in the Chemistry of Oxidative Stress: A Review". *European Journal Medicinal Chemistry*, v. 97, pp. 55-74, 2015.

25. S. K. Myung et al., "Efficacy of Vitamin and Antioxidant Supplements in Prevention of Cardiovascular Disease: Systematic Review and Meta-Analysis of Randomised Controlled Trials". *British Medical Journal*, v. 346, p. f10, 2013.

26. A. M. Pisoschi e A. Pop, op. cit.

27. D. Han, comunicação pessoal, 25 fev. 2019.

28. M. Ristow et al., "Antioxidants Prevent Health-Promoting Effects of Physical Exercise in Humans". *Proceedings of the National Academy of Sciences*, v. 106, n. 21, pp. 8665-70, 2009.

29. Clínica Mayo, "High Cholesterol", n.d. Disponível em: <https://www.mayoclinic.org/diseases-conditions/high-blood-cholesterol/symptoms-causes/syc-20350800>; us National Library of Medicine, "Cholesterol", n.d. Disponível em: <https://medlineplus.gov/cholesterol.html>.

30. R. Chou et al., "Statins for Prevention of Cardiovascular Disease in Adults: Evidence Report and Systematic Review for the us Preventive Services Task Force". *Journal of the American Medical Association*, v. 316, n. 19, p. 2008-24, 2016; A. Thompson e N. J. Temple, "The Case for Statins: Has It Really Been Made?". *Journal of the Royal Society of Medicine*, v. 97, n. 10, pp. 461-4, 2004.

31. Equipe da Clínica Mayo, "High Cholesterol".

32. R. Chowdhury et al., "Association of Dietary, Circulating, and Supplement Fatty Acids with Coronary Risk: A Systematic Review and Meta-Analysis". *Annals of Internal Medicine*, v. 160, n. 6, pp. 398-406, 2014.

33. Equipe da Escola de Medicina de Harvard, "11 Foods That Lower Cholesterol". *Harvard Health Publishing*, n.d. Disponível em: <https://www.health.harvard.edu/heart-health/11-foods-that-lower-cholesterol>.

34. R. Chowdhury et al., op. cit.

35. A. Malhotra, R. F. Redberg e P. Meier, "Saturated Fat Does Not Clog the Arteries: Coronary Heart Disease Is a Chronic Inflammatory Condition, the Risk of Which Can Be Effectively Reduced from Healthy Lifestyle Interventions". *British Journal of Sports Medicine*, v. 51, n. 15, pp. 1111-2, 2017; M. M. Pinheiro e T. Wilson, "Dietary Fat: The Good, the Bad, and the Ugly". In: Temple, N. J.; Wilson, T.; Bray, G. A. (orgs.). *Nutrition Guide for Physicians and Related Healthcare Professionals*. Cham: Humana Press, 2017, pp. 241-7.

36. M. Mattson, "Why Fasting Bolsters Brain Power". *TEDx Talks*, 18 mar. 2014. Disponível em: <https://www.youtube.com/watch?v=4UkZAwKoCP8>.

37. R. J. Colman et al., "Dietary Restriction Delays Disease Onset and Mortality in Rhesus Monkeys". *Science*, v. 325, pp. 201-4, 2009; W. Mair et al., "Demography of Dietary Restriction and Death in Drosophila". *Science*, v. 301, pp. 1731-3, 2003.

38. C. Lee e V. Longo, "Dietary Restriction with and without Caloric Restriction for Healthy Aging". *F1000Research*, v. 5, 2016.

39. C. Kenyon, "The Genetics of Ageing". *Nature*, v. 464, pp. 504-12, 2010.

40. N. M. Templeman et al., "A Causal Role for Hyperinsulinemia in Obesity". *Journal of Endocrinology*, v. 232, n. 3, pp. R173-R183, 2017.

41. R. Marín-Juez et al., "Hyperinsulinemia Induces Insulin Resistance and Immune Suppression via Ptpn6/Shp1 in Zebrafish". *Journal of Endocrinology*, v. 222, n. 2, pp. 229-41, 2014.

42. L. Drimba et al., "The Role of Acute Hyperinsulinemia in the Development of Cardiac Arrhythmias". *Naunyn-Schmiedeberg's Archives of Pharmacology*, v. 386, n. 5, pp. 435-44, 2013.

43. M. Mattson, op. cit.

44. G. Bedse et al., "Aberrant Insulin Signaling in Alzheimer's Disease: Current Knowledge". *Frontiers in Neuroscience*, v. 9, p. 204, 2015.

45. J. M. Campbell et al., "Metformin Use Associated with Reduced Risk of Dementia in Patients with Diabetes: A Systematic Review and Meta-Analysis". *Journal of Alzheimer's Disease*, v. 65, n. 4, pp. 1225-36, 2018.

46. V. M. Walker et al., "Can Commonly Prescribed Drugs Be Repurposed for the Prevention or Treatment of Alzheimer's and Other Neurodegenerative Diseases? Protocol for an Observational Cohort Study in the UK Clinical Practice Research Datalink". *BMJ Open*, v. 6, n. 12, p. e012044, 2016; ver também A. Gupta, B. Bisht e C. S. Dey, "Peripheral Insulin-Sensitizer Drug Metformin Ameliorates Neuronal Insulin Resistance and Alzheimer's-like Changes". *Neuropharmacology*, v. 60, n. 6, pp. 910-20, 2011.

47. M. Mattson, op. cit.

48. F. R. Pérez-López et al., "Effects of the Mediterranean Diet on Longevity and Age-Related Morbid Conditions". *Maturitas*, v. 64, n. 2, pp. 67-79, 2009.

49. Na data em que esta nota foi redigida, o verbete da Wikipédia sobre glucosinolatos afirmava que não há evidências clínicas de que essas substâncias químicas naturais são eficazes contra o câncer. Os artigos da Wikipédia podem mudar a qualquer momento e, em geral, são tão exatos quanto a última pessoa que decidiu editá-los. Essa conclusão contraria minha interpretação da literatura e a de muitos cientistas profissionais que revisaram este livro. Eis exemplos da literatura que confirmam a minha opinião:

G. Tse e G. D. Eslick, "Cruciferous Vegetables and Risk of Colorectal Neoplasms: A Systematic Review and Meta-Analysis". *Nutrition and Cancer*, v. 66, n. 1, pp. 128-39, 2014.

R. W.-L. Ma e K. Chapman, "A Systematic Review of the Effect of Diet Prostate Cancer Prevention and Treatment". *Journal of Human Nutrition and Dietetics*, v. 22, n. 3, pp. 187-99, 2009.

M. Loef e H. Walach, "Fruit, Vegetables and Prevention of Cognitive Decline or Dementia: A Systematic Review of Cohort Studies". *Journal Nutrition, Health and Aging*, v. 16, n. 7, pp. 626-30, 2012.

J. D. Potter e K. Steinmetz, "Vegetables, Fruit and Pythoestrogens as Preventive Agents". *IARC Scientific Publications*, v. 139, pp. 61-90, 1996.

H. Steinkellner et al., "Effects of Cruciferous Vegetables and Their Constituents on Drug Metabolizing Enzymes Involved in the Bioactivation of DNA-Reactive Dietary Carcinogens". *Mutation Research/Fundamental and Molecular Mechanisms of Mutagenesis*, v. 480, pp. 285-97, 2001.

H. H. Nguyen et al., "The Dietary Phytochemical Indole-3-Carbinol Is a Natural Elastase Enzymatic Inhibitor That Disrupts Cyclin E Protein Processing". *Proceedings of the National Academy of Sciences*, v. 105, n. 50, pp. 19750-5, 2008.

F. Fuentes, X. Paredes-Gonzales e A. N. T. Kong, "Dietary Glucosinolates Sulforaphane, Phenethyl Isothiocyanate, Indole-3-Carbinol/3, 3-Diindolylmethane: Antioxidative Stress/ Inflammation, Nrf2, Epigenetics/Epigenomics and in Vivo Cancer Chemopreventive Efficacy". *Current Pharmacology Reports*, v. 1, n. 3, pp. 179-96, 2015.

K. J. Royston e T. O. Tollefsbol, "The Epigenetic Impact of Cruciferous Vegetables on Cancer Prevention". *Current Pharmacology Reports*, v. 1, n. 1, pp. 46-51, 2015.

50. Grand View Research, "Omega 3 Supplement Market Analysis by Source (Fish Oil, Krill Oil), by Application (Infant Formula, Food and Beverages, Nutritional Supplements, Pharmaceutical, Animal Feed, Clinical Nutrition), and Segment Forecasts, 2018-2025". *Grand View Research*, maio 2017. Disponível em: <https://www.grandviewresearch.com/industry-analysis/omega-3-supplement-market>; Statista, "Global Omega-3 Supplement Market Size in 2016 and 2025 (in Billion US Dollars)", 2016. Disponível em: <https://www.statista.com/statistics/758383/omega-3-supplement-market-size-worldwide/>.

51. A. S. Abdelhamid et al., "Omega-3 Fatty Acids for the Primary and Secondary Prevention of Cardiovascular Disease". *Cochrane Database of Systematic Reviews*, v. 11, 2018.

52. NIH National Center for Complementary and Integrative Health, "Omega-3 Supplements: In Depth", 2018. Disponível em: <https://nccih.nih.gov/health/ omega3/introduction.htm>.

53. H. LeWine, "Fish Oil: Friend or Foe?". *Harvard Health Publishing*, 2019. Disponível em: <https://www.health.harvard.edu/blog/fish-oil-friend-or-foe-201307126467>.

54. S. E. Brien et al., "Effect of Alcohol Consumption on Biological Markers Associated with Risk of Coronary Heart Disease: Systematic Review and Meta-Analysis of Interventional Studies". *British Medical Journal*, v. 342, p. d636, 2011.

55. A. Artero et al., "The Impact of Moderate Wine Consumption on Health". *Maturitas*, v. 80, n. 1, pp. 3-13, 2015.

56. World Cancer Research Fund and American Institute for Cancer Research, *Food, Nutrition, Physical Activity, and the Prevention of Cancer: A Global Perspective*. v. 1. Washington, DC: American Institute for Cancer Research, 2007.

57. L. Schwingshackl e G. Hoffmann, "Adherence to Mediterranean Diet and Risk of Cancer: An Updated Systematic Review and Meta-Analysis of Observational Studies". *Cancer Medicine*, v. 4, n. 12, pp. 1933-47, 2015.

58. Pérez-López et al., "Effects of the Mediterranean Diet"; O. Vang et al., "What Is New for an Old Molecule? Systematic Review and Recommendations on the Use of Resveratrol". *PLoS One*, v. 6, n. 6, p. e19881, 2011.

59. J. M. Smoliga, J. A. Baur e H. A. Hausenblas, "Resveratrol and Health — A Comprehensive Review of Human Clinical Trials". *Molecular Nutrition and Food Research*, v. 55, n. 8, pp. 1129-41, 2011.

60. D. G. Loughrey et al., "The Impact of the Mediterranean Diet on the Cognitive Functioning of Healthy Older Adults: A Systematic Review and Meta-Analysis". *Advances in Nutrition*, v. 8, n. 4, pp. 571-86, 2017.

61. O. van de Rest et al., "Dietary Patterns, Cognitive Decline, and Dementia: A Systematic Review". *Advances in Nutrition*, v. 6, n. 2, pp. 154-68, 2015.

62. J. Brody, "Muscle Loss in Aging Can Be Reversed". *The New York Times*, 4 set. 2018, p. D5.

63. United States Department of Agriculture, Agricultural Research Service, USDA Food Composition Databases, n.d. Disponível em: <https://ndb.nal.usda.gov/ndb/nutrients/index>.

64. J. Brody, op. cit.

65. US National Library of Medicine, National Center for Biotechnology Information, *PubChem Database*, "Leucine", CID 6106, 2019. Disponível em: <https://pubchem.ncbi.nlm.nih.gov/compound/6106>.

66. R. Elango et al., "Determination of the Tolerable Upper Intake Level of Leucine in Acute Dietary Studies in Young Men". *American Journal of Clinical Nutrition*, v. 96, n. 4, pp. 759-67, 2012;

A. G. Wessels et al., "High Leucine Diets Stimulate Cerebral Branched-Chain Amino Acid Degradation and Modify Serotonin and Ketone Body Concentrations in a Pig Model". *PLoS One*, v. 11, n. 3, p. e0150376, 2016; M. Yudkoff et al., "Brain Amino Acid Requirements and Toxicity: The Example of Leucine". *Journal of Nutrition*, v. 135, n. 6, pp. 1531S-1538S, 2005.

67. M. Messina, "Soy and Health Update: Evaluation of the Clinical and Epidemiologic Literature". *Nutrients*, v. 8, n. 12, p. 754, 2016.

68. E. Dolhun, "Aftermath of Typhoon Haiyan: The Imminent Epidemic of Waterborne Illnesses in Leyte, Philippines". *Disaster Medicine and Public Health Preparedness*, v. 7, n. 6, pp. 547-8, 2013.

69. Troeger et al., "Estimates of the Global, Regional, and National Morbidity, Mortality, and Aetiologies of Diarrhoea in 195 Countries: A Systematic Analysis for the Global Burden of Disease Study 2016". *Lancet Infectious Diseases*, v. 18, n. 11, pp. 1211-28, 2018; C. Trinh e K. Prabhakar, "Diarrheal Diseases in the Elderly". *Clinics in Geriatric Medicine*, v. 23, n. 4, pp. 833-56, 2007.

70. E. P. Dolhun (médico), comunicação pessoal, 21 fev. 2017.

71. D. R. Thomas et al., "Understanding Clinical Dehydration and Its Treatment". *Journal of the American Medical Directors Association*, v. 9, n. 5, pp. 292-301, 2008.

72. Organização Mundial da Saúde, "Diarrhoeal Disease", 2017. Disponível em: ‹https://www.who.int/news-room/fact-sheets/details/diarrhoeal-disease›.

73. E. Dolhun, comunicação pessoal.

74. Infelizmente, vários produtos SRO têm gosto ruim, o que leva muitas pessoas que precisam deles a não ingeri-los; outros são sobrecarregados com açúcar refinado, para melhorar o sabor, o que é contraproducente. Recomendo DripDrop, desenvolvido por um colega meu, Eduardo Dolhun, médico treinado pela Clínica Mayo, que participa com regularidade de missões humanitárias em países do Terceiro Mundo, e trata de desidratação usando seu produto. Não tenho interesse financeiro na empresa, nem me beneficio com a compra desse produto. Veja a lista de referências aqui: Eduardo P. Dolhun, "Oral Rehydration Composition", US Patent 8,557,301, protocolada em 1 jul. 2011 e emitida em 15 out. 2013. Disponível em: ‹https://patentimages.storage.googleapis.com/bd/54/5b/cd03de0b6f973c/US8557301.pdf›.

75. D. Gandell et al., "Treatment of Constipation in Older People". *CMAJ*, v. 185, n. 8, pp. 663-70, 2013.

76. Y. Li et al., "Hippocampal Gene Expression Profiling in a Rat Model of Functional Constipation Reveals Abnormal Expression Genes Associated with Cognitive Function". *Neuroscience Letters*, v. 675, pp. 103-9, 2018.

77. Y. M. I. Kazem et al., "Constipation, Oxidative Stress in Obese Patients and Their Impact on Cognitive Functions and Mood, the Role of Diet Modification and *Foeniculum vulgare* Supplementation". *Journal of Biological Sciences*, v. 17, n. 7, pp. 312-19, 2017; R. T. Wang e Y. Li, "Analysis of Cognitive Function of Old People with Functional Constipation". *Journal of Harbin Medical University*, v. 6, pp. 603-5, 2011.

78. A. Low, "Treating Constipation with Laxatives". *GI Society: Canadian Society of Intestinal Research*, 2010. Disponível em: ‹https://www.badgut.org/information-centre/a-z-digestive-topics/treating-constipation-with-laxatives/›.

79. A. Evrensel e M. E. Ceylan, "The Gut-Brain Axis: The Missing Link in Depression". *Clinical Psychopharmacology and Neuroscience*, v. 13, n. 3, p. 239, 2015; Y. E. Borre et al., "Microbiota and

Neurodevelopmental Windows: Implications for Brain Disorders". *Trends in Molecular Medicine*, v. 20, n. 9, pp. 509-18, 2014.

80. C. Rousseaux et al., "*Lactobacillus acidophilus* Modulates Intestinal Pain and Induces Opioid and Cannabinoid Receptors". *Nature Medicine*, v. 13, n. 1, p. 35, 2007.

81. M. Valles-Colomer et al., "The Neuroactive Potential of the Human Gut Microbiota in Quality of Life and Depression". *Nature Microbiology*, v. 1, 2019.

82. T. G. Dinan e J. F. Cryan, "Melancholy Microbes: A Link between Gut Microbiota and Depression?". *Neurogastroenterology and Motility*, n. 25, pp. 713-9, 2013.

83. Y. E. Borre et al., op. cit.

84. A. Evrensel e M. E. Ceylan, op. cit.; J. F. Cryan e T. G. Dinan, "Mind-Altering Microorganisms: The Impact of the Gut Microbiota on Brain and Behaviour". *Nature Reviews Neuroscience*, v. 13, n. 10, p. 701, 2012.

85. J. F. Cryan e T. G. Dinan, op. cit.; E. G. Severance et al., "Discordant Patterns of Bacterial Translocation Markers and Implications for Innate Immune Imbalances in Schizophrenia". *Schizophrenia Research*, v. 148, n. 1/3, pp. 130-7, 2013; A. I. Petra et al., " Gut-Microbiota-Brain Axis and Its Effect on Neuropsychiatric Disorders with Suspected Immune Dysregulation". *Clinical Therapeutics*, v. 37, n. 5, pp. 984-95, 2015; F. Dickerson, E. Severance e R. Yolken, "The Microbiome, Immunity, and Schizophrenia and Bipolar Disorder". *Brain, Behavior, and Immunity*, v. 62, pp. 46-52, 2017.

86. Y. E. Borre et al., op. cit.

87. M. Hoppe et al., "Probiotic Strain *Lactobacillus plantarum* 299v Increases Iron Absorption from an Iron-Supplemented Fruit Drink: A Double-Isotope Cross-Over Single-Blind Study in Women of Reproductive Age". *British Journal of Nutrition*, v. 114, n. 8, pp. 1195-202, 2015.

88. M. Trinder et al., "Probiotic Lactobacilli: A Potential Prophylactic Treatment for Reducing Pesticide Absorption in Humans and Wildlife". *Beneficial Microbes*, v. 6, n. 6, pp. 841-7, 2015.

89. M. Zarrati et al., "Effects of Probiotic Yogurt Fat Distribution and Gene Expression of Proinflammatory Factors in Peripheral Blood Mononuclear Cells in Overweight and Obese People with or without Weight-Loss Diet". *Journal of the American College of Nutrition*, v. 33, n. 6, pp. 417-25, 2014.

90. Y. Zhang et al., "Effects of Probiotic Type, Dose and Treatment Duration on Irritable Bowel Syndrome Diagnosed by Rome III Criteria: A Meta-Analysis". *BMC Gastroenterology*, v. 16, n. 1, p. 62, 2016.

91. M. Messaoudi et al., "Assessment of Psychotropic-like Properties of a Probiotic Formulation (*Lactobacillus helveticus* R0052 and *Bifidobacterium longum* R0175) in Rats and Human Subjects". *British Journal of Nutrition*, v. 105, n. 5, pp. 755-64, 2011.

92. J. F. Cryan e T. G. Dinan, op. cit.

93. Ibid. T. Chen et al., "Role of the Anterior Insular Cortex in Integrative Causal Signaling during Multisensory Auditory-Visual Attention". *European Journal of Neuroscience*, v. 41, n. 2, pp. 264-74, 2015.

94. K. Tillisch et al., "Consumption of Fermented Milk Product with Probiotic Modulates Brain Activity". *Gastroenterology*, v. 144, n. 7, pp. 1394-401, 2013.

95. A. Reynolds et al., "Carbohydrate Quality and Human Health: A Series of Systematic Reviews and Meta-Analyses". *Lancet*, v. 393, n. 10170, pp. 434-45, 2019.

96. M. J. Claesson et al., "Gut Microbiota Composition Correlates with Diet and Health in the Elderly". *Nature*, v. 488, n. 7410, p. 178, 2012; J. F. Cryan e T. G. Dinan, op. cit.

97. Y. E. Borre et al., op. cit.

98. M. J. Claesson et al., op. cit.

99. Equipe da Escola de Medicina de Harvard, "Health Benefits of Taking Probiotics". *Harvard Health Publishing*, 22 ago. 2018. Disponível em: ‹https://www.health.harvard.edu/vitamins-and-suplemenets/health-benefits-of-taking-probiotics›.

100. C. C. Dodoo et al., "Use of a Water-Based Probiotic to Treat Common Gut Pathogens". *International Journal of Pharmaceutics*, v. 556, pp. 136-41, 2019; M. Fredua-Agyeman and S. Gaisford, "Comparative Survival of Commercial Probiotic Formulations: Tests in Biorelevant Gastric Fluids and Real-Time Measurements Using Microcalorimetry". *Beneficial Microbes*, v. 6, n. 1, pp. 141-51, 2014.

101. Y. Ringel, E. M. Quigley e H. C. Lin, "Using Probiotics in Gastrointestinal Disorders". *American Journal of Gastroenterology Supplements*, v. 1, n. 1, pp. 34-40, 2012.

102. Prosauker Rose LLP, "$15 Million False Ad Verdict Boosts Damages in Probiotic IP Dispute". *Lexology*, 21 dez. 2018. Disponível em: ‹https://www.lexology.com/library/detail.aspx?g=fac1ef1c-2e1e-4108-b0da-d998aaf70ed2›.

103. E. Watson, "'Confusing' False Ad Lawsuit over KeVita Kombucha Reflects Split in Industry over Production Methods, Say Attorneys". *Food Navigator USA*, 25 out. 2017. Disponível em: ‹https://www.foodnavigator-usa.com/Article/2017/10/26/Confusing-false-ad-lawsuit-over-KeVita-kombucha-reflects-splitindustry-over-production-methods-say-attorneys›.

104. GI Society: Canadian Society of Intestinal Research, "Lawsuit Settled: Dannon Yogurt Didn't Measure Up to Its Claims", *Bad Gut*, 16 nov. 2016. Disponível em: ‹https://www.badgut.org/information-centre/a-z-digestive-topics/dannon-lawsuit-settled/›. Outra ação coletiva, contra a GT's Kombucha, não mencionada no texto, encerrada com um acordo de 8,25 milhões de dólares em 2017, descobriu que a marca tinha até 2,5% de álcool, como cervejas de baixo teor alcoólico. A ação também sustentou que a GT's Kombucha continha mais de dois gramas de açúcar em cada 227 gramas, ao contrário do que constava do rótulo nutricional. M. Caballero, "Judge Approves $8.25 Million Settlement in GT's Kombucha and Whole Foods Suit". *BevNet News*, 3 fev. 2017. Disponível em: ‹https://www.bevnet.com/news/2017/judge-approves-8-25-million-settlement-gts-kombucha-whole-foods-suit›.

105. Dois produtos probióticos de eficácia comprovada são Symprove, disponível em ‹https://www.symprove.com/›; e Visbiome, disponível em ‹https://www.visbiome.com/›. Não tenho interesse financeiro nessas empresas nem me beneficio se você comprar esses produtos.

106. D. Charalampopoulos e R. A. Rastall, "Prebiotics in Foods". *Current Opinion in Biotechnology*, v. 23, n. 2, pp. 187-91, 2012.

107. B. M. Corcoran et al., "Survival of Probiotic Lactobacilli in Acidic Environments Is Enhanced in the Presence of Metabolizable Sugars". *Applied and Environmental Microbiology*, v. 71, n. 6, pp. 3060-7, 2005.

108. M. Lyte et al., "Resistant Starch Alters the Microbiota-Gut Brain Axis: Implications for Dietary Modulation of Behavior". *PLoS One*, v. 11, n. 1, p. e0146406, 2016; A. Gunenc, C. Alswiti e F. Hosseinian, "Wheat Bran Dietary Fiber: Promising Source of Prebiotics with Antioxidant Potential". *Journal of Food Research*, v. 6, n. 2, p. 1, 2017; F. M. N. A. Aida et al., "Mushroom as a Potential Source of Prebiotics: A Review". *Trends in Food Science and Technology*, v. 20, n. 11/12, pp. 567-75, 2009; M. de Jesus Raposo, A. de Morais e R. de Morais, "Emergent Sources of Prebiotics: Seaweeds and Microalgae". *Marine Drugs*, v. 14, n. 2, p. 27, 2016.

109. G. J. Bakker e M. Nieuwdorp, "Fecal Microbiota Transplantation: Therapeutic Potential for a Multitude of Diseases beyond *Clostridium difficile*". *Microbiology Spectrum*, v. 5, n. 4, 2017; J. F. Petrosino, "The Microbiome in Precision Medicine: The Way Forward". *Genome Medicine*, v. 10, n. 1, p. 12, 2018.

110. S. Paramsothy et al., "Faecal Microbiota Transplantation for Inflammatory Bowel Disease: A Systematic Review and Meta-Analysis". *Journal of Crohn's and Colsitis*, v. 11, n. 10, pp. 1180-99, 2017.

111. H. Eyre et al., "Preventing Cancer, Cardiovascular Disease, and Diabetes: A Common Agenda for the American Cancer Society, The American Diabetes Association, and the American Heart Association". *Circulation*, v. 109, n. 25, pp. 3244-55, 2004.

112. A. O'Connor, "The Hunt for an Optimal Diet". *The New York Times*, 25 dez. 2018, D4; H. Pontzer, B. M. Wood e D. A. Raichlen, "Hunter-Gatherers as Models in Public Health". *Obesity Reviews*, v. 19, pp. 24-35, 2018.

113. K. Hall et al., "Ultra-Processed Diets Cause Excess Calorie Intake and Weight Gain: An Independent Randomized Controlled Trial of Ad Libitum Food Intake". *Cell Metabolism*, v. 30, pp. 67-77, 2019.

114. N. Van Dyke e E. J. Drinkwater, "Relationships between Intuitive Eating and Health Indicators: Literature Review". *Public Health Nutrition*, v. 17, n. 8, pp. 1757-66, 2014.

115. M. Frayn, "Doing Away with Diets Once and for All". *Eat North*, 9 jan. 2019. Disponível em: <https://eatnorth.com/mallory-frayn/doing-away-diets-once-and-all>.

116. K. Buchanan e J. Sheffield, "Why Do Diets Fail? An Exploration of Dieters' Experiences Using Thematic Analysis". *Journal of Health Psychology*, v. 22, n. 7, pp. 906-15, 2017.

117. N. Van Dyke e E. J. Drinkwater, op. cit.

118. M. Frayn e B. Knäuper, "Emotional Eating and Weight in Adults: A Review". *Current Psychology*, v. 37, n. 4, pp. 924-33, 2018.

119. N. Johnson, "Food Confusion". *Stanford Magazine*, jul./ago. 2013. Disponível em: <https://stanfordmag.org/contents/food-confusion>.

10. EXERCÍCIO [pp. 323-38]

1. S. Grafton, mensagem de e-mail, 21 dez. 2018.

2. Já escrevi sobre isso em D. J. Levitin, *The Organized Mind*, op. cit.; ver também D. C. Dennett, "The Cultural Evolution of Words and Other Thinking Tools". In: *Cold Spring Harbor Symposia on Quantitative Biology*, v. 74, 2009, Cold Spring Harbor, NY. *Evolution: The Molecular Landscape*. Cold Spring Harbor, NY: Cold Spring Harbor Laboratory Press; e P. MacCready, "An Ambivalent Luddite at a Technological Feast". *Designfax*, ago. 1999. Disponível em: <http://maccready.library.caltech.edu/islandora/object/pbm%3A27832#page/1/mode/2up>.

3. P. D. Loprinzi, M. K. Edwards e E. Frith, "Potential Avenues for Exercise to Activate Episodic Memory-Related Pathways: A Narrative Review". *European Journal Neuroscience*, v. 46, n. 5, pp. 2067-77, 2017.

4. A. Setti e A. M. Borghi, "Embodied Cognition over the Lifespan: Theoretical Issues and Implications for Applied Settings". *Frontiers in Psychology*, v. 9, p. 550, 2018. Scott Grafton recomenda: "Precisamos ser cuidadosos e explícitos sobre a que nos referimos ao falar em cognição incorporada.

O termo tem sido usurpado por alguns psicólogos, numa espécie de exacerbação esotérica de integração cósmica com os sentidos, como J. J. Gibson sob o efeito de LSD. O termo surgiu com Rodney Brooks, roboticista que argumenta ser realmente absurdo, do ponto de vista da engenharia, instalar em uma unidade central todos os elementos de captação e reação de um sistema. O desejável é que parte das funções sejam executadas na periferia para liberar a unidade de controle central (isto é, o cérebro). Outro exemplo claro com os nervos é o reflexo de Sherrington (o de impulso do joelho), que envolve apenas a medula espinhal. São loops e camadas, cada uma acrescentando uma função. As duas primeiras não precisam de nenhum córtex. Em outras palavras, a cognição incorporada consiste em instalar no corpo funções de inteligência e controle" (Grafton, mensagem de e-mail).

5. D. Krakauer, comunicação pessoal, 19 jul. 2019.

6. A. Linson et al., "The Active Inference Approach to Ecological Perception: General Information Dynamics for Natural and Artificial Embodied Cognition". *Frontiers in Robotics and AI*, v. 5, p. 21, 2018.

7. C. R. Madan e A. Singhal, "Using Actions to Enhance Memory: Effects of Enactment, Gestures, and Exercise on Human Memory". *Frontiers in Psychology*, v. 3, p. 507, 2012.

8. P. D. Loprinzi et al., "Experimental Effects of Exercise on Memory Function among Mild Cognitive Impairment: Systematic Review and Meta-Analysis". *The Physician and Sportsmedicine*, v. 47, n. 1, pp. 21-6, 2019.

9. Ibid.

10. S. F. Tsai et al., "Exercise Counteracts Aging-Related Memory Impairment: A Potential Role for the Astrocytic Metabolic Shuttle". *Frontiers in Aging Neuroscience*, v. 8, p. 57, 2016.

11. A. M. Glenberg e J. Hayes, "Contribution of Embodiment to Solving the Riddle of Infantile Amnesia". *Frontiers in Psychology*, v. 7, p. 10, 2016.

12. M. C. Costello e E. K. Bloesch, "Are Older Adults Less Embodied? A Review of Age Effects through the Lens of Embodied Cognition". *Frontiers in Psychology*, v. 8, p. 267, 2017.

13. B. Hommel e A. Kibele, "Down with Retirement: Implications of Embodied Cognition for Healthy Aging". *Frontiers in Psychology*, v. 7, p. 1184, 2016.

14. Ibid.

15. L. Valenti, "At 75, Mick Jagger Shares His Incredible Post-Heart Surgery Dance Moves". *Vogue*, 15 maio 2019. Disponível em: <https://www.vogue.com/article/mick-jagger-post-heart-surgery-dance-workout-moves-fitness>.

16. J. Sitzes, "How Jane Fonda Looks So Young at 80". *Prevention*, 18 maio 2018. Disponível em: <https://www.prevention.com/fitness/a20686775/jane-fonda-age>.

17. C. Y. Kuo e Y. Y. Yeh, "Sensorimotor-Conceptual Integration in Free Walking Enhances Divergent Thinking for Young and Older Adults". *Frontiers Psychology*, v. 7, p. 1580, 2016.

18. S. F. Tsai et al., op. cit.

19. S. M. Ryan e Y. M. Nolan, "Neuroinflammation Negatively Affects Adult Hippocampal Neurogenesis and Cognition: Can Exercise Compensate?". *Neuroscience and Biobehavioral Reviews*, v. 61, pp. 121-31, 2016.

20. Ibid.

21. Ibid.

22. A. Shimamura, *Get SMART! Five Steps to a Healthy Brain*. Scotts Valley, CA: CreateSpace, 2017.

23. American College of Sports Medicine, *ACSM's Guidelines for Exercise Testing and Prescription*. Filadélfia: Lippincott Williams & Wilkins, 2013.

24. H. Patel et al., "Aerobic vs Anaerobic Exercise Training Effects on the Cardiovascular System". *World Journal of Cardiology*, v. 9, n. 2, p. 134, 2017.

25. J. Brody, "Muscle Loss in Aging Can Be Reversed". *The New York Times*, 4 set. 2018, p. D5.

26. W. R. Frontera et al., "Strength Conditioning in Older Men: Skeletal Muscle Hypertrophy and Improved Function". *Journal of Applied Physiology*, v. 64, n. 3, pp. 1038-44, 1988.

27. M. A. Fiatarone et al., "High-Intensity Strength Training in Nonagenarians: Effects on Skeletal Muscle". *Journal of the American Medical Association*, v. 263, n. 22, pp. 3029-34, 1990.

28. S. J. Colcombe et al., "Aerobic Exercise Training Increases Brain Volume in Aging Humans". *Journals of Gerontology Series A: Biological Sciences and Medical Sciences*, v. 61, n. 11, pp. 1166-70, 2006.

29. Cardiac Exercise Research Group, "7 Week Fitness Program". *NTNU*, n.d. Disponível em: <https://www.ntnu.edu/cerg/regimen>.

30. J. M. Letnes et al., "Peak Oxygen Uptake and Incident Coronary Heart Disease in a Healthy Population: The HUNT Fitness Study". *European Heart Journal*, v. 40, n. 20, pp. 1633-9, 2018.

31. "Making 2019 Happier". *The Week*, 11 jan. 2019, p. 16.

32. J. S. Thum et al., " High-Intensity Interval Training Elicits Higher Enjoyment Than Moderate Intensity Continuous Exercise". *PLoS One*, v. 12, n. 1, p. e0166299, 2017.

33. L. M. Valenti et al., "Effect of Sexual Intercourse on Lower Extremity Muscle Force in Strength-Trained Men". *Journal of Sexual Medicine*, v. 15, n. 6, pp. 888-93, 2018.

34. World Fitness Level, "How Fit Are You, Really?". Disponível em: <https://www.world fitnesslevel.org/#/>.

35. K. Suwabe et al., "Rapid Stimulation of Human Dentate Gyrus Function with Acute Mild Exercise". *Proceedings of the National Academy of Sciences*, v. 115, n. 41, pp. 10487-92, 2018; A. Wahid et al., "Quantifying the Association between Physical Activity and Cardiovascular Disease and Diabetes: A Systematic Review and Meta-Analysis". *Journal of the American Heart Association*, v. 5, n. 9, p. e002495, 2016; ver também P. Siddarth et al., "Sedentary Behavior Associated with Reduced Medial Temporal Lobe Thickness in Middle-Aged and Older Adults". *PLoS One*, v. 13, n. 4, p. e0195549, 2018.

36. K. Suwabe et al., op. cit.

37. S. B. Chapman et al., "Shorter Term Aerobic Exercise Improves Brain, Cognition, and Cardiovascular Fitness in Aging". *Frontiers in Aging Neuroscience*, v. 5, p. 75, 2013.

38. S. Scutti, "'Pandemic' of Inactivity Increases Disease Risk Worldwide, WHO Study Says". *CNN*, 5 set. 2018. Disponível em: <https://www.cnn.com/2018/09/04/health/exercise-physical-activity-who-study/index/html>.

39. R. A. Friedman, "Standing Can Make You Smarter". *The New York Times*, 19 abr. 2018, p. A31.

40. S. Carrell, "Scottish GPs to Begin Prescribing Rambling and Birdwatching". *The Guardian*, 4 out. 2018. Disponível em: <https://www.the guardian.com/uk-news/2018/oct/05/scottish-gps-nhs-begin-prescribing-rambling-birdwatching>.

41. J. Housman, "Scottish Doctors Are Now Issuing Prescriptions to Go Hiking". *Adventure Journal*, 22 out. 2018. Disponível em: <https://www.adventure-journal.com/2018/10/scottish-doctors-are-now-issuing-prescriptions-to-go-hiking/?>.

11. SONO [pp. 339-54]

1. M. Lazarus et al., "Adenosine and Sleep". In: Barrett, J. (org.). *Handbook of Experimental Pharmacology*. Berlim: Springer, 2017.

2. P. Doyle, "The Last Word: Billy Joel on Self-Doubt, Trump and Finally Becoming Cool". *Rolling Stone*, 14 jun. 2017.

3. D. Kamp, "Nighty Night". *The New York Times Sunday Book Review*, 15 out. 2017, p. BR16.

4. R. Friedel e P. Israel, *Edison's Electric Light: The Art of Invention*. Baltimore, MD: Johns Hopkins University Press, 2010, pp. 29-31.

5. M. Walker, *Why We Sleep: Unlocking the Power of Sleep and Dreams*. Nova York: Scribner, 2017. [Ed. bras.: *Por que nós dormimos: A nova ciência do sono e do sonho*. Trad. Maria Luiza X. de A. Borges. Rio de Janeiro: Intrínseca, 2018.] E esse resumo do livro é de D. Kamp, op. cit.

6. R. Cooke, "'Sleep Should Be Prescribed': What Those Late Nights Out Could Be Costing You". *The Guardian*, 24 set. 2017.

7. M. Walker, op. cit.

8. R. Cooke, op. cit.

9. Ovídio, *Metamorphoseon libri* (*Metamorphoses*). Liber XI. [Ed. bras.: *As metamorfoses*. Org. de Zilma G. Nunes e Mauri Furlan. Florianópolis: UFSC, 2014, p. 272.]

10. S. S. Yoo et al., "The Human Emotional Brain without Sleep — A Prefrontal Amygdala Disconnect". *Current Biology*, v. 17, n. 20, pp. R877-R878, 2007.

11. L. Xie et al., "Sleep Drives Metabolite Clearance from the Adult Brain". *Science*, v. 342, n. 6156, pp. 373-7, 2013.

12. J. Fang et al., "Association of Sleep Duration and Hypertension among US Adults Varies by Age and Sex". *American Journal of Hypertension*, v. 25, n. 3, pp. 335-41, 2012.

13. D. J. Gottlieb et al., "Association of Sleep Time with Diabetes Mellitus and Impaired Glucose Tolerance". *Archives of Internal Medicine*, v. 165, n. 8, pp. 863-7, 2005.

14. A. J. Clark et al., "Impaired Sleep and Allostatic Load: Cross-Sectional Results from the Danish Copenhagen Aging and Midlife Biobank". *Sleep Medicine*, v. 15, n. 12, pp. 1571-8, 2014; R. P. Juster e B. S. McEwen, "Sleep and Chronic Stress: New Directions for Allostatic Load Research". *Sleep Medicine*, v. 16, n. 1, pp. 7-8, 2015.

15. E. Shokri-Kojori et al., "β-Amyloid Accumulation in the Human Brain after One Night of Sleep Deprivation". *Proceedings of the National Academy of Sciences*, v. 115, n. 17, pp. 4483-8, 2018.

16. E. van Der Helm e M. P. Walker, "Overnight Therapy? The Role of Sleep in Emotional Brain Processing". *Psychological Bulletin*, v. 135, n. 5, p. 731, 2009.

17. C. Dickens, *Night Walks*. Nova York: Penguin Classics, 1860.

18. C. M. Paradis, L. A. Siegel e S. B. Kleinman, "Two Cases of Zolpidem-Associated Homicide". *Primary Care Companion for CNS Disorders*, v. 14, n. 4, 2012.

19. R. Cooke, op. cit.

20. Esse parágrafo é de D. J. Levitin, *The Organized Mind: Thinking Straight in the Age of Information Overload*, op. cit.; M. Sarter e J. P. Bruno, "Cortical Cholinergic Inputs Mediating Arousal, Attentional Processing and Dreaming: Differential Afferent Regulation of the Basal Forebrain by Telencephalic and Brainstem Afferents". *Neuroscience*, v. 95, n. 4, pp. 933-52, 1999.

21. X. De Jaeger et al., "Decreased Acetylcholine Release Delays the Consolidation of Object Recognition Memory". *Behavioural Brain Research*, v. 238, pp. 62-8, 2013; J. Micheau e A. Marighetto, "Acetylcholine and Memory: A Long, Complex and Chaotic but Still Living Relationship". *Behavioural Brain Research*, v. 221, n. 2, pp. 424-9, 2011; E. J. Wamsley et al., "Dreaming of a Learning Task Is Associated with Enhanced Sleep-Dependent Memory Consolidation". *Current Biology*, v. 20, n. 9, pp. 850-5, 2010.

22. S. Drechsler et al., "With Mouse Age Comes Wisdom: A Review and Suggestions of Relevant Mouse Models for Age-Related Conditions". *Mechanisms of Ageing and Development*, v. 160, pp. 54-68, 2016.

23. S. Farajnia et al., "Aging of the Suprachiasmatic Clock". *Neuroscientist*, v. 20, n. 1, pp. 44-55, 2014.

24. S. Drechsler et al., op. cit.

25. M. A. Lluch, T. Lloret e P. V. Llorca, "Aging and Sleep, and Vice Versa". *Approaches to Aging Control*, v. 16, pp. 17-21, 2012.

26. Ver, por exemplo, A. Naska et al., "Siesta in Healthy Adults and Coronary Mortality in the General Population". *Archives of Internal Medicine*, v. 167, n. 3, pp. 296-301, 2007.

27. M. Walker, op. cit.

28. L. Barateau et al., "Hypersomnolence, Hypersomnia, and Mood Disorders". *Current Psychiatry Reports*, v. 19, n. 2, p. 13, 2017.

29. L. Barateau et al., op. cit.

30. K. Gleason e W. V. McCall, "Current Concepts in the Diagnosis and Treatment of Sleep Disorders in the Elderly". *Current Psychiatry Reports*, v. 17, n. 6, p. 45, 2015.

31. N. E. Avis et al., "Duration of Menopausal Vasomotor Syntoms over the Menopause Transition". *JAMA Internal Medicine*, v. 175, n. 4, pp. 531-9, 2015.

32. M. Bruyneel, "Sleep Disturbances in Menopausal Women: Aetiology and Practical Aspects". *Maturitas*, v. 81, n. 3, pp. 406-9, 2015; L. Lampio et al., "Predictors of Sleep Disturbance in Menopausal Transition". *Maturitas*, v. 94, pp. 137-42, 2016.

33. D. Cintron et al., "Efficacy Menopausal Hormone Therapy on Sleep Quality: Systematic Review and Meta-Analysis". *Endocrine*, v. 55, n. 3, pp. 702-11, 2017.

34. S. Lupien, mensagem de e-mail, 5 dez. 2018.

35. Grupo de Redação dos Investigadores da Iniciativa Saúde da Mulher, "Risks and Benefits of Estrogen plus Progestin in Healthy Postmenopausal Women: Principal Results from the Women's Health Initiative Randomized Controlled Trial". *Journal of the American Medical Association*, v. 288, n. 3, pp. 321-33, 2002.

36. R. A. Lobo, "Where Are We 10 Years after the Women's Health Initiative?". *Journal of Clinical Endocrinology and Metabolism*, v. 98, n. 5, pp. 1771-80, 2013.

37. A. Vermeulen, "Andropause". *Maturitas*, v. 34, n. 1, pp. 5-15, 2000; A. M. Matsumoto, "Andropause: Clinical Implications of the Decline in Serum Testosterone Levels with Aging in Men". *Journals of Gerontology Series A: Biological Sciences and Medical Sciences*, v. 57, n. 2, pp. M76-M99, 2002.

38. A. Vermeulen, op. cit.

39. Ibid.

40. A. Yang, A. A. Palmer e H. de Wit, "Genetics of Caffeine Consumption and Responses to Caffeine". *Psychopharmacology*, v. 211, n. 3, pp. 245-57, 2010.

41. T. Roehrs e T. Roth, "Caffeine: Sleep and Daytime Sleepiness". *Sleep Medicine Reviews*, v. 12, n. 2, pp. 153-62, 2008.

42. E. Murillo-Rodriguez et al., "Anandamide Enhances Extracellular Levels of Adenosine and Induces Sleep: An In Vivo Microdialysis Study". *Sleep*, v. 26, n. 8, pp. 943-7, 2003.

43. I. Clark e H. P. Landolt, "Coffee, Caffeine and Sleep: A Systematic Review of Epidemiological Studies and Randomized Controlled Trials". *Sleep Medicine Reviews*, v. 31, pp. 70-8, 2017.

44. L. Shilo et al., "The Effects of Coffee Consumption on Sleep and Melatonin Secretion". *Sleep Medicine*, v. 3, n. 3, pp. 272-3, 2002.

45. T. T. Roth, op. cit.

46. H. P. Landolt, "Caffeine, the Circadian Clock, and Sleep". *Science*, v. 349, n. 6254, p. 1289, 2015.

47. J. Snel e M. K. Loritz, "Effects of Caffeine on Sleep and Cognition". In: Van Dongen, H. P. A.; Kerkhof, G. A. (orgs.). *Human Sleep and Cognition Part II: Clinical and Applied Research, Progress in Brain Research*. v. 190. Amsterdam: Elsevier, 2011, pp. 105-17.

48. T. Jiang et al., "Protective Effects of Melatonin on Retinal Inflammation and Oxidative Stress in Experimental Diabetic Retinopathy". *Oxidative Medicine and Cellular Longevity*, 2016.

49. F. Yang et al., "Melatonin Protects Bone Marrow Mesenchymal Stem Cells against Iron Overload-Induced Aberrant Differentiation and Senescence". *Journal of Pineal Research*, v. 63, n. 3, p. e12422, 2017.

50. Z. Xin et al., "Melatonin as a Treatment for Gastrointestinal Cancer: Review". *Journal of Pineal Research*, v. 58, n. 4, pp. 375-87, 2015.

51. N. T. de Talamoni et al., "Melatonin, Gastrointestinal Protection, and Oxidative Stress". In: Gracia-Sancho, J.; Salvadó, J. (orgs.). *Gastrointestinal Tissue*. Cambridge, MA: Academic Press, 2017, pp. 317-25.

52. V. Martinez et al., "Tolerance to Stress Combination in Tomato Plants: New Insights in the Protective Role of Melatonin". *Molecules*, v. 23, n. 3, p. 535, 2018.

53. T. I. Morgenthaler et al., "Practice Parameters for the Clinical Evaluation and Treatment of Circadian Rhythm Sleep Disorders". *Sleep*, v. 30, n. 11, pp. 1445-59, 2007.

54. Equipe de Hopkins Medicine, "Melatonin for Sleep: Does It Work?", n.d. Disponível em: <https://www.hopkinsmedicine.org/healthhealthy-sleep/sleep-science/melatonin-for-sleep-does-it-work>.

55. G. Chechile, "Melatonin and Cancer". *Approaches to Aging Control*, v. 17, pp. 33-47, 2012.

56. Ibid.

57. M. K. Scullin et al., "The Effects of Bedtime Writing on Difficulty Falling Asleep: A Polysomnographic Study Comparing To-Do Lists and Completed Activity Lists". *Journal of Experimental Psychology: General*, v. 147, n. 1, p. 139, 2018.

12. VIVER MAIS [pp. 357-89]

1. De uns tempos para cá, têm-se questionado as alegações de que ela chegou aos 122 anos de idade, mas não acho que isso muda nossa compreensão da longevidade humana. Outras pessoas viveram quase tanto, como Sarah Knauss, até os 119 anos. Ver N. Zak, "Evidence That Jeanne Cal-

ment Died in 1934 — Not 1997". *Rejuvenation Research*, v. 22, n. 1, pp. 3-12, 2019; J. Daly, "Was the World's Oldest Person Ever Actually Her 99-Year-Old Daughter?". *Smithsonian*, 2 jan. 2019. Disponível em: ‹https://www.smithsonianmag.com/smart-news/study-questions-age-worlds-oldest-woman-180971153/›.

2. G. Quirós, "These Flatworms Can Regrow a Body from a Fragment. How Do They Do It and Could We?". *Shots — Health News from NPR*, 6 nov. 2018. Disponível em: ‹https://www.npr.org/sections/health-shots/2018/11/06/663612981/these-flatworms-can-regrow-a-body-from-a-fragment-how-do-they-do-it-and-could-we›.

3. A. R. Gehrke et al., "Acoel Genome Reveals the Regulatory Landscape of Whole-Body Regeneration". *Science*, v. 363, n. 6432, p. eaau6173, 2019.

4. T. Shomrat e M. Levin, "An Automated Training Paradigm Reveals Long-Term Memory in Planarians and Its Persistence through Head Regeneration". *Journal Experimental Biology*, v. 216, n. 20, pp. 3799-810, 2013. O trabalho deles se baseou em trabalho anterior de K. Agata e Y. Umesono, "Brain Regeneration from Pluripotent Stem Cells in Planarian". *Philosophical Transactions of the Royal Society B: Biological Sciences*, v. 363, n. 1500, pp. 2071-8, 2008; e outros.

5. W.C. Hahn et al., "Inhibition of Telomerase Limits the Growth of Human Cancer Cells". *Nature Medicine*, v. 5, n. 10, p. 1164, 1999.

6. S. J. McInnes e P. J. A. Pugh, "Tardigrade Biogeography". In: Schill, R. O. (org.). *Water Bears: The Biology of Tardigrades*. Cham, Suíça: Springer, 2018, pp. 115-29.

7. T. C. Boothby et al., "Tardigrades Use Intrinsically Disordered Proteins to Survive Desiccation". *Molecular Cell*, v. 65, n. 6, pp. 975-84, 2017; Boothby fez um vídeo educativo sobre os tardígrados: *Meet the Tardigrade, the Toughest Animal on Earth*. Direção: R. Cans. [S.l.]: TEDEd, 21 mar. 2017. Disponível em: ‹http://ed.ted.com/lessons/meet-the-tardigrade-the-toughest-animal-on-earth-thomas-boothby›.

8. X. Dong, B. Milholland e J. Vijg, "Evidence for a Limit to Human Lifespan". *Nature*, v. 538, n. 7624, p. 257, 2016.

9. Citado em R. Mandelbaum, "Scientists Push Back against Controversial Paper Claiming a Limit to Human Lifespans". *Gizmodo*, 28 jun. 2017. Disponível em: ‹https://gizmodo.com/scientists-push-back-against-controversial-paper-claimi-1796483675›.

10. Wikipédia, "Mile Run World Record Progression", atualizado em 13 jul. 2019. Disponível em: ‹https://en.wikipedia.org/wiki/Mile_run_world_record_progression#cite_note-iaaf-5›.

11. B. G. Hughes e S. Hekimi, "Many Possible Lifespan Trajectories". *Nature*, v. 546, n. 7660, p. E8, 2017.

12. Citado em S. Kirkey, "Forever Young: No Detectable Limit to Human Lifespan, McGill Biologists Say". *The National Post*, 28 jun. 2017. Disponível em: ‹https://nationalpost.com/news/canada/no-detectable-limit-to-human-lifespan›.

13. J. Olshansky, comunicação pessoal, 21 mar. 2019.

14. E. Barbi et al., "The Plateau of Human Mortality: Demography of Longevity Pioneers". *Science*, v. 360, n. 6396, pp. 1459-61, 2018.

15. C. Zimmer, "What Is the Limit of Our Life Span?". *The New York Times*, 3 jul. 2018, p. D3.

16. M. P. Rozing, T. B. Kirkwood e R. G. Westendorp, "Is There Evidence for a Limit to Human Lifespan?". *Nature*, v. 546, n. 7660, p. E11, 2017.

17. D. Buettner e S. Skemp, "Blue Zones: Lessons from the World's Longest Lived". *American Journal of Lifestyle Medicine*, n. 5, pp. 318-21, 2016; M. Poulain, A. Herm e G. Pes, "The Blue Zones: Areas of Exceptional Longevity around the World". *Vienna Yearbook of Population Research*, v. 11, n. 1, p. 87, 2013.

18. J. G. Ruby et al., "Estimates of the Heritability of Human Longevity Are Substantially Inflated Due to Assortative Mating". *Genetics*, v. 210, n. 3, pp. 1109-24, 2018.

19. M. Molteni, "The Key to Long Life Has Little to Do with 'Good Genes'". *Wired*, nov. 2018.

20. S. Ryu et al., "Genetic Landscape of APOE in Human Longevity Revealed by High-Throughput Sequencing". *Mechanisms of Ageing and Development*, v. 155, pp. 7-9, 2016.

21. R. Martins, G. J. Litgow e W. Link, "Long Live FOXO: Unraveling the Role of FOXO Proteins in Aging and Longevity". *Aging Cell*, v. 15, n. 2, pp. 196-207, 2016.

22. Kenyon o fez indiretamente, manipulando o fluxo ascendente de sinais similares ao da insulina de FOXO.

23. C. Kenyon, "Experiments that Hint of Longer Lives". *TEDGlobal*, 17 nov. 2011. Disponível em: <https://www.ted.com/talks/cynthia_kenyon_experiments_that-hint_of_longer_lives/transcript#t-157928>.

24. C. Kenyon, comunicação pessoal, 28 fev. 2016.

25. H. Hsin e C. Kenyon, "Signals from the Reproductive System Regulate the Lifespan of *C. elegans*". *Nature*, v. 399, n. 6734, p. 362, 1999.

26. J. B. Hamilton e G. E. Mestler, "Mortality and Survival: Comparison of Eunuchs with Intact Men and Women in a Mentally Retarded Population". *Journal of Gerontology*, v. 24, n. 4, pp. 395-411, 1969.

27. M. Gámez-del-Estal et al., "Epigenetic Effect of Testosterone in the Behavior of *C. elegans*. A Clue to Explain Androgen-Dependent Autistic Traits?". *Frontiers in Cellular Neuroscience*, v. 8, p. 69, 2014.

28. K. A. Bohnert e C. Kenyon, "A Lysosomal Switch Triggers Proteostasis Renewal in the Immortal *C. elegans* Germ Lineage". *Nature*, v. 551, n. 7682, p. 629, 2017; C. Zimmer, "Young Again: How Mating Turns Back Time". *The New York Times*, 22 nov. 2017, p. D3.

29. C. Kenyon, "The Genetics of Ageing". *Nature*, v. 464, pp. 504-12, 2010.

30. L. Hayflick, "Human Cells and Aging". *Scientific American*, v. 218, n. 3, p. 32-7, 1968.

31. J. Cepelewicz, "Ingenious: Leonard Hayflick". *Nautilus*, 24 nov. 2016. Disponível em: <http://nautil.us/issue/42/fakes/ingenious-leonard-hayflick>.

32. Alexey Olovnikov, biólogo russo, propôs uma analogia que tinha a ver com um trem de metrô e um túnel, mas nunca consegui seguir a lógica da associação, nem visualizar a situação que ele estava descrevendo. A. M. Olovnikov, "Telomeres, Telomerase, and Aging: Origin of the Theory". *Experimental Gerontology*, v. 31, n. 4, pp. 443-8, 1996.

33. M. Armanios e E. H. Blackburn, "The Telomere Syndromes". *Nature Reviews Genetics*, v. 13, n. 10, p. 693, 2012.

34. G. W. Edmonds, H. C. Côté e S. E. Hampson, "Childhood Conscientiousness and Leukocyte Telomere Length 40 Years Later in Adult Women — Preliminary Findings of a Prospective Association". *PLoS One*, v. 10, n. 7, p. e0134077, 2015.

35. N. C. Arsenis et al., "Physical Activity and Telomere Length: Impact of Aging and Potential Mechanisms of Action". *Oncotarget*, v. 8, n. 27, pp. 45008, 2017; E. Puterman et al., "The Power of

Exercise: Buffering the Effect of Chronic Stress on Telomere Length". *PLoS One*, v. 5, n. 5, p. e10837, 2010; J. H. Kim et al., "Habitual Physical Exercise Has Beneficial Effects on Telomere Length in Postmenopausal Women". *Menopause*, v. 19, n. 10, pp. 1109-11, 2012.

36. J. Y. Lee et al., "Association between Dietary Patterns in the Remote Past and Telomere Length". *European Journal of Clinical Nutrition*, v. 69, n. 9, p. 1048, 2015; N. Rafie et al., "Dietary Patterns, Food Groups and Telomere Length: A Systematic Review of Current Studies". *European Journal of Clinical Nutrition*, v. 71, n. 2, p. 151, 2017; A. M. Fretts et al., "Processed Meat, but Not Unprocessed Red Meat, Is Inversely Associated with Leukocyte Telomere Length in the Strong Heart Family Study". *Journal of Nutrition*, v. 146, n. 10, pp. 2013-8, 2016.

37. S. Y. Gebreab et al., "Perceived Neighborhood Problems Are Associated with Shorter Telomere Length in African American Women". *Psychoneuroendocrinology*, v. 69, pp. 90-7, 2016; B. L. Needham et al., "Neighborhood Characteristics and Leukocyte Telomere Length: The Multi-Ethnic Study of Atherosclerosis". *Health and Place*, v. 28, pp. 167-72, 2014.

38. T. G. Son, S. Camandola e M. P. Mattson, "Hormetic Dietary Phytochemicals". *Neuromolecular Medicine*, v. 10, n. 4, p. 236, 2008.

39. E. Blackburn e E. Epel, *The Telomere Effect: A Revolutionary Approach to Living Younger, Healthier, Longer*. Nova York: Hachette, 2017.

40. Ibid.

41. N. S. Schutte e J. M. Malouff, "A Meta-Analytic Review of the Effects of Mindfulness Meditation on Telomerase Activity". *Psychoneuroendocrinology*, v. 42, pp. 45-8, 2014; M. Alda et al., "Zen Meditation, Length of Telomeres, and the Role of Experiential Avoidance and Compassion". *Mindfulness*, v. 7, n. 3, pp. 651-9, 2016; E. A. Hoge et al., "Loving-Kindness Meditation Practice Associated with Longer Telomeres in Women". *Brain, Behavior, and Immunity*, v. 32, pp. 159-63, 2013.

42. J. Mogil, "What's Wrong with Animal Models of Pain?". The Opioid Crisis and the Future of Addiction and Pain Therapeutics: Opportunities, Tools, and Technologies Symposium, Washington, DC, fev. 2019 (vídeo, ver 30min35s). Disponível em: <https://videocast.nih.gov/summary.asp?Live=31408& bhcp=1>.

43. University of Pittsburgh Schools of the Health Sciences, "Telomere Length Predicts Cancer Risk". *ScienceDaily*, 3 abr. 2017. Disponível em: <www.sciencedaily.com/releases/2017/04/170403083123.htm>; J. M. Yuan et al., "A Prospective Assessment for Telomere Length in Relation to Risk of Cancer in the Singapore Chinese Health Study". AACR Annual Meeting, Washington, DC, abr. 2017.

44. F. P. Barthel et al., "Systematic Analysis of Telomere Length and Somatic Alterations in 31 Cancer Types". *Nature Genetics*, v. 49, n. 3, p. 349, 2017. Ver também P. C. Haycock et al., "Association between Telomere Length and Risk of Cancer and Non-Neoplastic Diseases: A Mendelian Randomization Study". *JAMA Oncology*, v. 3, n. 5, pp. 636-51, 2017.

45. E. Blackburn e E. Epel, op. cit.

46. S. Hekimi, comunicação pessoal, 26 mar. 2019.

47. D. Warmflash, "Liz Parrish Is Patient Zero in Her Own Anti-Aging Experiment". *The Crux*, 29 abr. 2016. Disponível em: <http://blogs.discovermagazine.com/crux/2016/04/29/liz-parrishis-an-ceo-and-patient-zero/#.XLdySpNKjox>.

48. W. Shay, "Role of Telomeres and Telomerase in Aging and Cancer". *Cancer Discovery*, v. 6, n. 6, pp. 584-93, 2016.

49. A. Regalado, "A Tale of Do-It-Yourself Gene Therapy". *MIT Technology Review*, 14 out. 2015. Disponível em: <https://www.technologyreview.com/s/542371/a-tale-of-do-it-yourself-gene-therapy/>.

50. S. J. Olshansky, L. Hayflick e B. A. Carnes, "No Truth to the Fountain Youth". *Scientific American*, v. 286, n. 6, pp. 92-5, 2002.

51. S. J. Olshansky, "Is Life Extension Today a Faustian Bargain?". *Frontiers in Medicine*, v. 4, p. 215, 2017.

52. K. McLaughlin e R. Winslow, "Report Details Dr. Atkins's Health Problems". *The Wall Street Journal*, 10 fev. 2004. Disponível em: <https://www.wsj.com/articles/SB107637899384525268>.

53. P. Kennedy, "No Magic Pill Will Get You to 100". *The New York Times*, 9 mar. 2018, p. SR1.

54. D. Cavett, "When That Guy Died on My Show". *The New York Times*, 3 maio 2007. Disponível em: <https://opinionator.blogs.nytimes.com/2007/05/03/when-that-guy-died-on-my- show/>.

55. D. J. Baker et al., "Clearance of p16 Ink4a-Positive Senescent Cells Delays Ageing-Associated Disorders". *Nature*, v. 479, n. 7372, p. 232, 2011.

56. M. Scudellari, "To Stay Young, Kill Zombie Cells". *Nature*, v. 550, n. 7677, pp. 448-50, 2017.

57. M. J. Schafer et al., "Cellular Senescence Mediates Fibrotic Pulmonary Disease". *Nature Communications*, v. 8, p. 14532, 2017; O. H. Jeon et al., "Local Clearance of Senescent Cells Attenuates the Development of Post-Traumatic Osteoarthritis and Creates a Pro-Regenerative Environment". *Nature Medicine*, v. 23, n. 6, p. 775, 2017; D. J. Baker et al., "Naturally Occurring p16 Ink4a-Positive Cells Shorten Healthy Lifespan". *Nature*, v. 530, n. 7589, p. 184, 2016.

58. T. J. Bussian et al., "Clearance of Senescent Glial Cells Prevents Tau-Dependent Pathology and Cognitive Decline". *Nature*, v. 562, n. 7728, p. 578, 2018.

59. M. Scudellari, op. cit.

60. Ibid.

61. Z. Corbyn, "Want to Live for Ever? Flush Out Your Zombie Cells". *The Guardian*, 6 out. 2018. Disponível em: <https://www.theguardian.com/science/2018/oct/06/race-to-kill-killer-zombie-cells-senescent-damaged-ageing-eliminate-research-mice-aubrey-de-grey>.

62. Citado em ibid.

63. J. Allison, comunicação pessoal, jul. 2018.

64. J. Allison, comunicação pessoal.

65. F. S. Hodi et al., "Two-Year Overall Survival Rates from a Randomised Phase 2 Trial Evaluating the Combination of Nivolumab and Ipilimumab versus Ipilimumab Alone in Patients with Advanced Melanoma". *Lancet Oncology*, v. 17, n. 11, p. 1558, 2016.

66. A. Aoyagi et al., "Aβ and Tau Prion-Like Activities Decline with Longevity in the Alzheimer's Disease Human Brain". *Science Translational Medicine*, v. 11, n. 490, p. eaat8462, 2019.

67. S. Prusiner, comunicação pessoal, 12 set. 2019.

68. B. DeGrado, comunicação pessoal, 11 set. 2019.

69. H. Cox, "Aubrey de Grey: Scientist Who Says Humans Can Live for 1,000 Years". *Financial Times*, 18 fev. 2017. Disponível em: <https://www.ft.com/content/238cc916-e935-11e6-967b-c88452263daf>.

70. A. D. N. J. de Grey, "Undoing Aging with Molecular and Cellular Damage Repair". *MIT Technology Review*, 2017. Disponível em: <https://www.technologyreview.com/s/609576/undoing-aging-with-molecular-and-cellular-damage-repair/>.

71. H. Warner et al., "Science Fact and the SENS Agenda: What Can We Reasonably Expect from Ageing Research?". *EMBO Reports*, v. 6, n. 11, pp. 1006-8, 2005.

72. A. Kowald e T. B. Kirkwood, "Evolution of the Mitochondrial Fusion-Fission Cycle and Its Role in Aging". *Proceedings of the National Academy of Sciences*, v. 108, n. 25, pp. 10237-42, 2011.

73. M. Kyriazis, "The Impracticality of Biomedical Rejuvenation Therapies: Translational and Pharmacological Barriers". *Rejuvenation Research*, v. 17, n. 4, pp. 390-6, 2014.

74. H. Warner et al., op. cit.

75. N. Barzilai, "An Update on Anti-Aging Drug Trials". *Innovation in Aging*, v. 2, supl. 1, p. 544, 2018.

76. D. E. Harrison et al., "Rapamycin Fed Late in Life Extends Lifespan in Genetically Heterogeneous Mice". *Nature*, v. 460, n. 7253, p. 392, 2009.

77. J. B. Mannick et al., "mTOR Inhibition Improves Immune Function in the Elderly". *Science Translational Medicine*, v. 6, n. 268, p. 268ra179, 2014.

78. G. Garg et al., "Antiaging Effect of Metformin on Brain in Naturally Aged and Accelerated Senescence Model of Rat". *Rejuvenation Research*, v. 20, n. 3, p. 173-82, 2017; M. G. Novelle et al., "Metformin: A Hopeful Promise in Aging Research". *Cold Spring Harbor Perspectives in Medicine*, v. 6, n. 3, p. a025932, 2016.

79. PR Newswire, "Anti-Aging Human Study on Metformin Wins FDA Approval", 16 dez. 2015. Disponível em: <https://www.prnewswire.com/news-releases/anti-aging-human- study-on-metformin-wins-fda-approval-300193724.html>.

80. Y. Aman et al., "Therapeutic Potential of Boosting NAD+ in Aging and Age-Related Diseases". *Translational Medicine of Aging*, v. 2, pp. 30-7, 2018; S. I. Imai e L. Guarente, "NAD+ and Sirtuins in Aging and Disease". *Trends in Cell Biology*, v. 24, n. 8, pp. 464-71, 2014.

81. S. Loui, "Nicotinamide". *Huntington's Outreach Project for Education at Stanford*, 29 jun. 2010. Disponível em: <https://hopes.stanford.edu/nicotinamide/#relationship-between-nicotinamide-and-nicotine>.

82. J. Li et al., "A Conserved NAD+ Binding Pocket That Regulates Protein-Protein Interactions During Aging". *Science*, v. 355, n. 6331, pp. 1312-7, 2017.

83. S. Dutta e P. Sengupta, "Men and Mice: Relating Their Ages". *Life Sciences*, v. 152, pp. 244-8, 2016.

84. R. W. Dellinger et al., "Repeat Dose NRPT (Nicotinamide Riboside and Pterostilbene) Increases NAD+ Levels in Humans Safely and Sustainably: A Randomized, Double-Blind, Placebo-Controlled Study". *NPJ Aging and Mechanisms of Disease*, v. 3, n. 1, p. 17, 2017.

85. C. R. Martens et al., "Chronic Nicotinamide Riboside Supplementation Is Well-Tolerated and Elevates NAD+ in Healthy Middle-Aged and Older Adults". *Nature Communications*, v. 9, n. 1, p. 1286, 2018.

86. Citado em M. Bolotnikova, "Anti-Aging Approaches". *Harvard Magazine*, set./out. 2017. Disponível em: <https://harvardmagazine.com/2017/09/anti-aging-breakthrough>.

87. Citado em M. Taylor, "A 'Fountain of Youth' Pill? Sure, if You're a Mouse". *Kaiser Health News*, 11 fev. 2019. Disponível em: <http./news/a-fountain-of-youth-pill-sure-if-youre-a-mouse/>.

88. D. Sinclair, comunicação pessoal, 19 mar. 2019.

89. S. Nowoshilow et al., "The Axolotl Genome and the Evolution of Key Tissue Formation Regulators". *Nature*, v. 554, n. 7690, p. 50, 2018.

90. M. Lucanic et al., "Impact of Genetic Background and Experimental Reproducibility on Identifying Chemical Compounds with Robust Longevity Effects". *Nature Communications*, v. 8, p. 14256, 2017.

91. R. Klausner, *In Favor of Science: The Importance and Impact of Scientific Research*. San Francisco: Consequent, 2019.

92. P. B. Baltes e J. Smith, "New Frontiers in the Future of Aging: From Successful Aging of the Young Old to the Dilemmas of the Fourth Age". *Gerontology*, v. 49, n. 2, pp. 123-35, 2003.

93. S. Sault, "If You Ask Richard Overton the Secret to Longevity, He'll Tell You God and Cigars Are the Answer". *Texas Hill Country*, 15 jun. 2017. Disponível em: <https://texashillcountry.com/richard-overton-the-secret-to-longevity/>; B. Meyer, "At 112, America's Oldest Man Has the Secret to a Long Life: 'Just Keep Living. Don't Die'". *Dallas News*, 10 maio 2017. Disponível em: <https://www.dallasnews.com/life/better-living/2018/05/10/americas-oldest-man-still-kicking-smoking-nears-112-secret-dont-die.>

13. VIVER COM MAIS INTELIGÊNCIA [pp. 390-414]

1. M. Melby-Lervag e C. Hulme, "Is Working Memory Training Effective? A Meta-Analytic Review". *Developmental Psychology*, v. 49, n. 2, p. 270, 2013.

2. A. Bahar-Fuchs, L. Clare e B. Woods, "Cognitive Training and Cognitive Rehabilitation for Mild to Moderate Alzheimer's Disease and Vascular Dementia". *Cochrane Database of Systematic Reviews*, v. 6, 2013; Stanford Center on Longevity, "A Consensus on the Brain Training Industry from the Scientific Community", 20 out. 2014. Disponível em: <http://longevity3.stanford.edu/blog/2014/10/15/the-consensus-on-the-brain-training-industry-from-the-scientific-community-2/>.

3. A multa depois foi reduzida para 2 milhões de dólares. Federal Trade Commission, "Luminosity to Pay $2 Million to Settle FTC Deceptive Advertising Charges for Its 'Brain Training' Program", 5 jan. 2016. Disponível em: <https://www.ftc.govnews-vents/press-releases/2016/01/Lumosity-pay-2-million-settle-ftc-deceptive-advertising-charges>.

4. E. L. Green, "Brain-Function Firm Backed by DeVos Misled in Ads". *The New York Times*, 27 jun. 2018, p. B3.

5. D. J. Simons et al., "Do 'Brain-Training' Programs Work?". *Psychological Science in the Public Interest*, v. 17, n. 3, pp. 103-86, 2016.

6. D. J. Simons et al., op. cit.

7. Ibid.

8. A. Shimamura, *Get SMART! Five Steps toward a Healthy Brain*. Scotts Valley, CA: CreateSpace, 2017.

9. B. Carey, "A Memory Jolt Raises Hopes". *The New York Times*, 13 fev. 2018, p. D1.

10. M. S. Gazzaniga, *Human: The Science behind What Makes Your Brain Unique*. New York: Harper Perennial, 2008. Já escrevi sobre isso em D. J. Levitin, "Brain Candy". *The New York Times*, 22 ago. 2008, p. BR9.

11. A. D. Mohamed, "Neuroethical Issues in Pharmacological Cognitive Enhancement". *Wiley Interdisciplinary Reviews: Cognitive Science*, v. 5, n. 5, pp. 533-49, 2014; H. Maslen, N. Faulmüller

e J. Savulescu, "Pharmacological Cognitive Enhancement — How Neuroscientific Research Could Advance Ethical Debate". *Frontiers in Systems Neuroscience*, v. 8, p. 107, 2014.

12. Presidential Committee for the Study of Bioethical Issues, "Gray Matters: Topics at the Intersection of Neuroscience, Ethics, and Society", mar. 2015. Disponível em: <https:/bioethicsarchive. georgetown.edu/pcsbi/sites/default/files/GrayMatter_V2_508.pdf>.

13. A. L. Allen e N. K. Strand, "Cognitive Enhancement and Beyond: Recommendations from the Bioethics Commission". *Trends in Cognitive Sciences*, v. 19, n. 10, pp. 549-51, 2015.

14. K. L. Cropsey et al., "Mixed-Amphetamine Salts Expectancies among College Students: Is Stimulant Induced Cognitive Enhancement a Placebo Effect?". *Drug and Alcohol Dependence*, v. 178, pp. 302-9, 2017.

15. M. J. Farah et al., "When We Enhance Cognition with Adderall, Do We Sacrifice Creativity? A Preliminary Study". *Psychopharmacology*, v. 202, n. 1/3, pp. 541-7, 2009.

16. P. Gerrard e R. Malcolm, "Mechanisms of Modafinil: A Review of Current Research". *Neuropsychiatric Disease and Treatment*, v. 3, n. 3, p. 349, 2007.

17. M. J. Farah, "The Unknowns of Cognitive Enhancement". *Science*, v. 350, n. 6259, pp. 379-80, 2015.

18. R. M. Battleday e A. K. Brem, "Modafinil for Cognitive Neuroenhancement in Healthy Non-Sleep-Deprived Subjects: A Systematic Review". *European Neuropsychopharmacology*, v. 25, pp. 1865-81, 2015.

19. A. D. Mohamed, "The Effects of Modafinil on Convergent and Divergent Thinking of Creativity: A Randomized Controlled Trial". *Journal of Creative Behavior*, v. 50, n. 4, pp. 252-67, 2014.

20. A. D. Mohamed e C. R. Lewis, "Modafinil Increases the Latency of Response in the Hayling Sentence Completion Test in Healthy Volunteers: A Randomised Controlled Trial". *PLoS One*, v. 9, n. 11, p. e110639.

21. L. Bäckman et al., "The Correlative Triad among Aging, Dopamine, and Cognition: Current Status and Future Prospects". *Neuroscience and Biobehavioral Reviews*, v. 30, n. 6, pp. 791-807, 2006.

22. T. E. Wilens et al., "Misuse and Diversion of Stimulants Prescribed for ADHD: A Systematic Review of the Literature". *Journal of the American Academy of Child and Adolescent Psychiatry*, v. 47, n. 1, pp. 21-31, 2008.

23. I. Smith, "Psychostimulants and Artistic, Musical, and Literary Creativity". In: Taba, P.; Lees, A.; Sikk, K. (orgs.). *The Neuropsychiatric Complications of Stimulant Abuse — International Review of Neurobiology*. v. 120. Waltham, MA: Academic Press, 2015, pp. 301-26; S. J. Heishman, B. A. Kleykamp e E. G. Singleton, "Meta-Analysis of the Acute Effects of Nicotine and Smoking on Human Performance". *Psychopharmacology*, v. 210, n. 4, pp. 453-69, 2010.

24. B. Hahn et al., "Nicotine Enhances Visuospatial Attention by Deactivating Areas of the Resting Brain Default Network". *Journal of Neuroscience*, v. 27, n. 13, pp. 3477-89, 2007.

25. J. A. Gandelman, P. Newhouse e W. D. Taylor, "Nicotine and Networks: Potential for Enhancement of Mood and Cognition in Late-Life Depression". *Neuroscience and Biobehavioral Reviews*, v. 84, pp. 289-98, 2018.

26. G. E. Barreto, A. Iarkov e V. E. Moran, "Beneficial Effects of Nicotine, Cotinine and Its Metabolites as Potential Agents for Parkinson's Disease". *Frontiers in Aging Neuroscience*, v. 6, p. 340, 2015; M. Kolahdouzan e M. J. Hamadeh, "The Neuroprotective Effects of Caffeine in Neurodegenerative Diseases". *CNS Neuroscience and Therapeutics*, v. 23, n. 4, pp. 272-90, 2017.

27. D. Hurley, "Will a Nicotine Patch Make You Smarter?". *Scientific American*, 9 fev. 2014. Disponível em: ‹https://www.scientificamerican.com/article/will-a-nicotine-patch-make-you-smarter-excerpt/›.

28. J. A. Apud et al., "Tolcapone Improves Cognition and Cortical Information Processing in Normal Human Subjects". *Neuropsychopharmacology*, v. 32, n. 5, p. 1011, 2007.

29. N. Borges, "Tolcapone-Related Liver Dysfunction". *Drug Safety*, v. 26, n. 11, pp. 743-7, 2003.

30. J. Micallef et al., "Antiparkinsonian Drug-Induced Sleepiness: A Double-Blind Placebo--Controlled Study of L-Dopa, Bromocriptine and Pramipexole in Healthy Subjects". *British Journal of Clinical Pharmacology*, v. 67, n. 3, pp. 333-40; D. A. Pizzagalli et al., "Single Dose of a Dopamine Agonist Impairs Reinforcement Learning in Humans: Behavioral Evidence from a Laboratory-Based Measure of Reward Responsiveness". *Psychopharmacology*, v. 196, n. 2, pp. 221-32, 2008.

31. D. Hamilton, comunicação pessoal, 8 jun. 2019.

32. A. Ströhle et al., "Drug and Exercise Treatment of Alzheimer Disease and Mild Cognitive Impairment: A Systematic Review and Meta-Analysis of Effects on Cognition in Randomized Controlled Trials". *American Journal of Geriatric Psychiatry*, v. 23, n. 12, pp. 1234-49, 2015; J. T. O'Brien et al., "Clinical Practice with Anti-Dementia Drugs: A Revised (Third) Consensus Statement from the British Association for Psychopharmacology". *Journal of Psychopharmacology*, v. 31, n. 2, pp. 147-68, 2017.

33. B. M. Altevogt, M. Davis e D. E. Pankevich (orgs.). *Glutamate-Related Biomarkers in Drug Development for Disorders of the Nervous System: Workshop Summary*. Washington, DC: National Academies Press, 2011.

34. C. Quintana, comunicação pessoal, 21 maio 2018.

35. P. L. Santaguida, T. A. Shamliyan e D. R. Goldmann, "Cholinesterase Inhibitors and Memantine in Adults with Alzheimer Disease". *American Journal of Medicine*, v. 129, n. 10, pp. 1044-7, 2016.

36. C. M. Gameiro, F. Romao e C. Castelo-Branco, "Menopause and Aging: Changes in the Immune System — A Review". *Maturitas*, v. 67, n. 4, pp. 316-20, 2010; C. Castelo-Branco e I. Soveral, "The Immune System and Aging: A Review". *Gynecological Endocrinology*, v. 30, n. 1, pp. 16-22, 2014.

37. A. Spector et al., "Efficacy of an Evidence-Based Cognitive Stimulation Therapy Programme for People with Dementia: Randomised Controlled Trial". *British Journal of Psychiatry*, v. 183, n. 3, pp. 248-54, 2003; J. D. Huntley et al., "Do Cognitive Interventions Improve General Cognition in Dementia? A Meta-Analysis and Meta Regression". *BMJ Open*, v. 5, n. 4, p. e005247, 2015.

38. J. Birks e J. G. Evans, "Ginkgo Biloba for Cognitive Impairment and Dementia". *Cochrane Database of Systematic Reviews*, v. 1, 2009; J. Geng et al., "Ginseng for Cognition". *Cochrane Database of Systematic Reviews*, v. 12, 2010; P. E. Gold, L. Cahill e G. L. Wenk, "Ginkgo Biloba: A Cognitive Enhancer?". *Psychological Science in the Public Interest*, v. 3, n. 1, pp. 2-11, 2002; A. W. Rutjes et al., "Vitamin and Mineral Supplementation for Maintaining Cognitive Function in Cognitively Healthy People in Mid and Late Life". *Cochrane Database of Systematic Reviews*, v. 12, 2018; Q. Yuan et al., "Effects of Ginkgo Biloba on Dementia: An Overview of Systematic Reviews". *Journal of Ethnopharmacology*, v. 195, pp. 1-9, 2017.

39. NIH Office of Dietary Supplements, "Vitamin B_{12}". 29 nov. 2018. Disponível em: ‹https://ods.od.nih.gov/factsheets/VitaminB12-HealthProfessional/›.

40. G. Scalabrino, "The Multi-Faceted Basis of Vitamin B_{12} (Cobalamin) Neurotrophism in Adult Central Nervous System: Lessons Learned from Its Deficiency". *Progress in Neurobiology*, v. 88, n. 3, pp. 203-20, 2009.

41. D. Kennedy, "B Vitamins and the Brain: Mechanisms, Dose and Efficacy — A Review". *Nutrients*, v. 8, n. 2, p. 68, 2016.

42. J. L. Reay, M. A. Smith e L. M. Riby, "B Vitamins and Cognitive Performance in Older Adults". *ISRN Nutrition*, 11 mar. 2013.

43. R. Malouf e A. A. Sastre, "Vitamin B12 for Cognition". *Cochrane Database of Systematic Reviews*, v. 3, 2003.

44. D. M. Zhang et al., "Efficacy of Vitamin B Supplementation on Cognition in Elderly Patients with Cognitive-Related Diseases: A Systematic Review and Meta-Analysis". *Journal of Geriatric Psychiatry and Neurology*, v. 30, n. 1, pp. 50-9, 2017.

45. R. L. Kane et al., "Interventions to Prevent Age-Related Cognitive Decline, Mild Cognitive Impairment, and Clinical Alzheimer's-Type Dementia". *Comparative Effectiveness Reviews*, v. 188, 2017.

46. G. Douaud et al., "Preventing Alzheimer's Disease-Related Gray Matter Atrophy by B-Vitamin Treatment". *Proceedings of the National Academy of Sciences*, v. 110, n. 23, pp. 9523-8, 2013.

47. B. Bistrian, "Should I Stop Taking These Vitamins?". *Harvard Health Letter*, maio 2010.

48. PrimalHerb. Disponível em: <https://primalherb.com/product/neuro-shroom/?rfsn=2393934.d10479>. Já escrevi sobre isso em D. J. Levitin, "What It Was Like Doing Mushrooms with Grateful Dead's Bob Weir". *High Times*, 22 mar. 2019.

49. E. Ulziijargal e J. L. Mau, "Nutrient Compositions of Culinary-Medicinal Mushroom Fruiting Bodies and Mycelia". *International Journal of Medicinal Mushrooms*, v. 13, n. 4, 2011.

50. K. Mori et al., "Effects of *Hericium erinaceus* on Amyloid β (25-35) Peptide-Induced Learning and Memory Deficits in Mice". *Biomedical Research*, v. 32, n. 1, pp. 67-72, 2011.

51. K. Mori et al., "Improving Effects of the Mushroom Yamabushitake (*Hericium erinaceus*) on Mild Cognitive Impairment: A Double-Blind Placebo-Controlled Clinical Trial". *Phytotherapy Research*, v. 23, n. 3, p. 367-72, 2009.

52. M. Nagano et al., "Reduction of Depression and Anxiety by 4 Weeks *Hericium erinaceus* Intake". *Biomedical Research*, v. 31, n. 4, pp. 231-7, 2010.

53. H. Zhao et al., "Spore Powder of *Ganoderma lucidum* Improves Cancer-Related Fatigue in Breast Cancer Patients Undergoing Endocrine Therapy: A Pilot Clinical Trial". *Evidence-Based Complementary and Alternative Medicine*, 2012.

54. Y. Zhou et al., "Neuroprotective Effect of Preadministration with *Ganoderma lucidum* Spore on Rat Hippocampus". *Experimental and Toxicologic Pathology*, v. 64, n. 7/8, pp. 673-80, 2012.

55. S. Huang et al., "Polysaccharides from *Ganoderma lucidum* Promote Cognitive Function and Neural Progenitor Proliferation in Mouse Model of Alzheimer's Disease". *Stem Cell Reports*, v. 8, n. 1, pp. 84-94, 2017.

56. W. B. Stavinoha, "Status of *Ganoderma lucidum* in United States: *Ganoderma lucidum* as an Anti-Inflammatory Agent". *Proceedings of the 1st International Symposium on Ganoderma Lucidum in Japan*, pp. 17-8, 2008.

57. W. J. Li et al., "*Ganoderma atrum* Polysaccharide Attenuates Oxidative Stress Induced by D-Galactose in Mouse Brain". *Life Sciences*, v. 88, n. 15/16, pp. 713-8, 2011.

58. L. Feng et al., "The Association between Mushroom Consumption and Mild Cognitive Impairment: A Community-Based Cross-Sectional Study in Singapore". *Journal of Alzheimer's Disease*, v. 68, pp. 197-203, 2019.

59. S. C. Pierce et al., "Hydrology and Species-Specific Effects of *Bacopa monnieri* and *Leersia oryzoides* on Soil and Water Chemistry". *Ecohydrology: Ecosystems, Land and Water Process Interactions, Ecohydrogeomorphology*, v. 2, n. 3, pp. 279-86, 2009.

60. C. Stough et al., "The Chronic Effects of an Extract of *Bacopa monniera* (Brahmi) on Cognitive Function in Healthy Human Subjects". *Psychopharmacology*, v. 156, n. 4, pp. 481-4, 2001.

61. S. Roodenrys et al., "Chronic Effects of Brahmi (*Bacopa monnieri*) on Human Memory". *Neuropsychopharmacology*, v. 27, n. 2, p. 279, 2002.

62. P. D. Charles et al., "*Bacopa monniera* Leaf Extract Up-Regulates Tryptophan Hydroxylase (TPH2) and Serotonin Transporter (SERT) Expression: Implications in Memory Formation". *Journal of Ethnopharmacology*, v. 134, n. 1, pp. 55-61, 2011.

63. L. Mlodinow, *Elastic: Flexible Thinking in a Time of Change*. Nova York: Pantheon, 2018.

64. Equipe de Hopkins Medicine, "Single Dose of Hallucinogen May Create Lasting Personality Change". 29 set. 2011. Disponível em: <https://www.hopkinsmedicine.org/news/media/releases/single_dose_of_hallucinogen_may_create_lasting_personality_change>.

65. J. Zack, "Michael Pollan Takes a Trip in His Latest Book, *How to Change Your Mind*". *San Francisco Chronicle*, 21 maio 2018. Disponível em: <https://www.sfchronicle.com/books/article/Michael-Pollan-gets-stoned-in-his-latest-book-12932010.php>.

66. D. Nutt, *Drugs without the Hot Air: Minimising the Harms of Legal and Illegal Drugs*. Cambridge: UIT Cambridge, 2012, p. 254.

67. S. Belli, "A Psychobiographical Analysis of Brian Douglas Wilson: Creativity, Drugs, and Models of Schizophrenic and Affective Disorders". *Personality and Individual Differences*, v. 46, n. 8, pp. 809-19, 2009. Ver também D. H. Linszen, P. M. Dingemans e M. E. Lenior, "Cannabis Abuse and the Course of Recent-Onset Schizophrenic Disorders". *Archives of General Psychiatry*, v. 51, n. 4, pp. 273-9, 1994.

68. R. Glatter, "LSD Microdosing: The New Job Enhancer in Silicon Valley and Beyond?", *Forbes*, 27 nov. 2015. Disponível em: <https://www.forbes.com/sites/robertglatter/2015/11/27/lsd-microdosing-the-new-job-enhancer-in-silicon-valley-and-beyond/#36bbc7e2188a>.

69. J. Fadiman e S. Korb, "Microdosing Psychedelics". In: Winkelman, M. J.; Sessa, B. (orgs.). *Advances in Psychedelic Medicine: State-of-the-Art Therapeutic Applications*. Westport, CT: Praeger, 2019, p. 323.

70. T. Anderson et al., "Microdosing Psychedelics: Personality, Mental Health, and Creativity Differences in Microdosers". *Psychopharmacology*, v. 236, n. 2, pp. 731-40, 2019; P. S. Hendricks et al., "Classic Psychedelic Use Is Associated with Reduced Psychological Distress and Suicidality in the United States Adult Population". *Journal of Psychopharmacology*, v. 29, n. 3, pp. 280-8, 2015.

71. A. Bilkei-Gorzo et al., "A Chronic Low Dose of Δ 9-Tetrahydrocannabinol (THC) Restores Cognitive Function in Old Mice". *Nature Medicine*, v. 23, n. 6, p. 782, 2017.

72. J. Saliba et al., "Functional Near-Infrared Spectroscopy for Neuroimaging in Cochlear Implant Recipients". *Hearing Research*, v. 338, pp. 64-75, 2016.

73. A. P. Sanderson et al., "Exploiting Routine Clinical Measures to Inform Strategies for Better Hearing Performance in Cochlear Implant Users". *Frontiers in Neuroscience*, v. 12, p. 334, 2019.

74. J. M. Bronstein et al., "Deep Brain Stimulation for Parkinson Disease: An Expert Consensus and Review of Key Issues". *Archives of Neurology*, v. 68, n. 2, p. 165, 2011.

75. A. M. Lozano et al., "Subcallosal Cingulate Gyrus Deep Brain Stimulation for Treatment--Resistant Depression". *Biological Psychiatry*, v. 64, n. 6, pp. 461-7, 2008.

76. Y. Ezzyat et al., "Closed-Loop Stimulation of Temporal Rescues Functional Networks and Improves Memory". *Nature Communications*, n. 1, p. 365, 2018.

77. Citado em B. Carey, "'Pacemaker' for the Brain Can Help Memory, Study Finds". *The New York Times*, 21 abr. 2017, p. A19.

78. B. Carey, "A Brain Implant Improved Memory, Scientists Report". *The New York Times*, 7 fev. 2018, p. A17.

79. E. Landau, "Artificial Hand Lets Amputee Feel Object". CNN, 6 fev. 2014. Disponível em: ‹https://www.cnn.com/2014/02/05/health/bionic-hand/index.html›.

80. Citado em R. Godwin, "We Will Get Regular Body Upgrades: What Will Humans Look Like in 100 Years?". *The Guardian*, 22 set. 2018.

81. C. E. Bouton et al., "Restoring Cortical Control of Functional Movement in a Human with Quadriplegia". *Nature*, v. 533, n. 7602, p. 247, 2016.

82. Agradeço a Dan Kaufman, do Google, por essa ideia.

83. Z. Istvan, "I Just Got a Computer Chip Implanted in My Hand — and the Rest of the World Won't Be Far Behind". *Business Insider*, 25 set. 2015.

84. S. Jeffries, "Neil Harbisson: The World's First Cyborg Artist". *The Guardian*, 6 maio 2014. Para ser claro, Harbisson não consegue navegar pela internet com o cérebro ou receber imagens de vídeo exibidas em alguma espécie de tela mental. Pessoas com bluetooth podem enviar e receber sinais auditivos através de um implante no dente que transmite o som para o cérebro, por condução óssea; M. Franco, "Antenna Implanted in Cyborg's Skull Gets Wi-Fi, Color as Sound". CNET, 14 abr. 2014. Disponível em: ‹https://www.cnet.com/news/cyborg-interview-hear-colors-with-antenna-in-your-skull/›.

85. A. Mandavilli, "A Patch Uses Sweat to Get a Read on Your Body's Toil". *The New York Times*, 21 jan. 2019, p. B3.

86. A. Stych, "Serena Williams Rocks Wearable Tech in Gatorade Ad". *The Business Journals*, 27 dez. 2018. Disponível em: ‹https://www.bizjournals.com/bizwomen/news/latest-news/2018/12/serena-williams-rocks-wearable-tech-in-gatoradead.html?page=all›.

87. J. A. Brewer et al., "Meditation Experience Is Associated with Differences in Default Mode Network Activity and Connectivity". *Proceedings of the National Academy of Sciences*, v. 108, n. 50, pp. 20254-9, 2011; K. A. Garrison et al., "Meditation Leads to Reduced Default Mode Network Activity beyond an Active Task". *Cognitive, Affective, and Behavioral Neuroscience*, v. 15, n. 3, pp. 712-20, 2015.

88. J. D. Creswell et al., "Alterations in Resting-State Functional Connectivity Link Mindfulness Meditation with Reduced Interleukin-6: A Randomized Controlled Trial". *Biological Psychiatry*, v. 80, n. 1, pp. 53-61, 2016.

89. J. H. Jang et al., "Increased Default Mode Network Connectivity Associated with Meditation". *Neuroscience Letters*, v. 487, n. 3, p. 358-62, 2011; S. W. Lazar et al., "Meditation Experience Is Associated with Increased Cortical Thickness". *Neuroreport*, v. 16, n. 17, p. 1893, 2005; R. E. Wells et al., "Meditation's Impact on Default Mode Network and Hippocampus in Mild Cognitive Impairment: A Pilot Study". *Neuroscience Letters*, v. 556, p. 15-9, 2013; K. C. Fox et al., "Is Meditation Associated with Altered Brain Structure? A Systematic Review and Meta-Analysis of Morphometric Neuroimaging in Meditation Practitioners". *Neuroscience and Biobehavioral Reviews*, v. 43, pp. 48-73, 2014.

90. F. Zeidan et al., "Mindfulness Meditation Improves Cognition: Evidence of Brief Mental Training". *Consciousness and Cognition*, v. 19, n. 2, pp. 597-605, 2010.

91. M. A. Cohn e B. L. Fredrickson, "In Search of Durable Positive Psychology Interventions: Predictors and Consequences of Long-Term Positive Behavior Change". *Journal of Positive Psychology*, v. 5, n. 5, pp. 355-66, 2010.

92. M. A. Rosenkranz et al., "Reduced Stress and Inflammatory Responsiveness in Experienced Meditators Compared to a Matched Healthy Control Group". *Psychoneuroendocrinology*, v. 68, pp. 117-25, 2016.

93. E. Walsh, T. Eisenlohr-Moul e R. Baer, "Brief Mindfulness Training Reduces Salivary IL-6 and TNF-α in Young Women with Depressive Symptomatology". *Journal of Consulting and Clinical Psychology*, v. 84, n. 10, p. 887, 2016.

94. P. Kaliman et al., "Rapid Changes in Histone Deacetylases and Inflammatory Gene Expression in Expert Meditators". *Psychoneuroendocrinology*, v. 40, p. 96-107, 2014.

95. J. A. Dusek et al., "Genomic Counter-Stress Changes Induced by the Relaxation Response". *PLoS One*, v. 3, n. 7, p. e2576, 2008; H. Lavretsky et al., "A Pilot Study of Yogic Meditation for Family Dementia Caregivers with Depressive Symptoms: Effects on Mental Health, Cognition, and Telomerase Activity". *International Journal of Geriatric Psychiatry*, v. 28, n. 1, pp. 57-65, 2013; E. Luders et al., "The Unique Brain Anatomy of Meditation Practitioners: Alterations in Cortical Gyrification". *Frontiers in Human Neuroscience*, v. 6, p. 34, 2012.

96. J. D. Creswell et al., "Mindfulness-Based Stress Reduction Training Reduces Loneliness and Pro-Inflammatory Gene Expression in Older Adults: A Small Randomized Controlled Trial". *Brain, Behavior, and Immunity*, v. 26, n. 7, pp. 1095-101, 2012.

97. N. S. Schutte e J. M. Malouff, "A Meta-Analytic Review of the Effects of Mindfulness Meditation on Telomerase Activity". *Psychoneuroendocrinology*, v. 42, pp. 45-8, 2014; T. L. Jacobs et al., "Intensive Meditation Training, Immune Cell Telomerase Activity, and Psychological Mediators". *Psychoneuroendocrinology*, v. 36, n. 5, pp. 664-81, 2011.

98. Russell-Williams et al., "Mindfulness and Meditation: Treating Cognitive Impairment and Reducing Stress in Dementia". *Reviews in the Neurosciences*, v. 29, n. 7, pp. 791-804, 2018.

14. VIVER MELHOR [pp. 415-49]

1. Citado em N. Narboe (org.), *Aging: An Apprenticeship*. Portland, OR: Red Notebook Press, 2017, p. 80.

2. D. Velleman, "Well-Being and Time". *Pacific Philosophical Quarterly*, v. 72, n. 1, pp. 48-77, 1991.

3. M. Slote, *Goods and Virtues*. Nova York: Oxford University Press, 1983.

4. E. Diener, D. Wirtz e S. Oishi, "End Effects of Rated Life Quality: The James Dean Effect". *Psychological Science*, v. 12, n. 2, pp. 124-31, 2001.

5. Ver também J. Glasgow, "The Shape of a Life and the Value of Loss and Gain". *Philosophical Studies*, v. 162, n. 3, pp. 665-82, 2013.

6. Equipe de Nature Editorial, "Study the Survivors". *Nature*, v. 568, p. 143, 2019; R. Garza, "Children's Cancer Research to Expand, with Help from Local Oncologist, Survivor". *Rivard Report*, 11 jun. 2018. Disponível em: <https:therivardreport.com/childrens-cancer-research-to-expand-with-help-from-local-oncologist-survivor/>.

7. H. S. Friedman e M. L. Kern, "Personality, Well-Being and Health". *Annual Reviews of Psychology*, v. 65, pp. 719-42, 2014.

8. D. G. Blanchflower e A. J. Oswald, "Is Well-Being U-Shaped over the Life Cycle?". *Social Science and Medicine*, v. 66, n. 8, pp. 1733-49, 2008.

9. Pink resume um argumento apresentado pelo cientista social Hannes Schwandt. D. H. Pink, *When: The Scientific Secrets of Perfect Timing*. Nova York: Penguin Press, 2019.

10. L. L. Carstensen e M. DeLiema, "The Positivity Effect: A Negativity Bias in Youth Fades with Age". *Current Opinion in Behavioral Sciences*, v. 19, pp. 7-12, 2018.

11. M. Mather, "The Affective Neuroscience of Aging". *Annual Review of Psychology*, v. 67, pp. 213-38, 2016; L. K. Sasse et al., "Selective Control of Attention Supports the Positivity Effect in Aging". *PLoS One*, v. 9, n. 8, p. e104180, 2014.

12. S. Rollins, comunicação pessoal, jun. 2018.

13. Ver, por exemplo, Economist Intelligence Unit, "The Economist Intelligence Unit's Quality-of-Life Index", 2005. Disponível em: <http://www.economist.com/media/pdf/QUALITY_OF_LIFE.pdf>; European Union European Commission, "Quality of Life Indicators", 2013. Disponível em: <https://ec.europa.eu/eurostat/statistics-explained/index.php/Quality_of_life_indicators>; P. Haslam, J. Schafer e P. Beaudet (orgs.). *Introduction to International Development: Approaches, Actors, and Issues*. 2. ed. Don Mills: Oxford University Press, 2012.; D. Kahneman e. B. Krueger, "Developments in the Measurement of Subjective Well-Being". *Journal of Economic Perspectives*, v. 20, n. 1, pp. 3-24, 2006; United Nations Development Program, *Human Development Report*, 2013. Disponível em: <http://hdr.undp.org/en/statistics/hdi/>. Agradeço aos meus alunos da McGill, Lauren Guttman, Jane Stocks e Noa Yaakoba-Zohar, por me chamarem a atenção para essas questões e para estudos correlatos.

14. M. J. Hornsey et al., "How Much Is Enough in a Perfect World? Cultural Variation in Ideal Levels of Happiness, Pleasure, Freedom, Health, Self-Esteem, Longevity, and Intelligence". *Psychological Science*, v. 29, n. 9, pp. 1393-404, 2018. Ver também Y. Ushida e S. Kitayama, "Happiness and Unhappiness in East and West: Themes and Variations". *Emotion*, v. 9, pp. 441-56, 2009.

15. A. Chiu, "Americans Are the Unhappiest They've Ever Been, U.N. Report Finds. An 'Epidemic of Addictions' Could Be to Blame". *The Washington Post*, 21 mar. 2019.

16. Citado em ibid.

17. Ibid.

18. J. M. Twenge e W. K. Campbell, "Associations between Screen Time and Lower Psychological Well-Being among Children and Adolescents: Evidence from a Population-Based Study". *Preventive Medicine Reports*, v. 12, n. 271, 2018.

19. A. Chiu, op. cit.

20. Ibid.

21. Ibid.

22. C. Gregoire, "The 75-Year Study That Found the Secrets to a Fulfilling Life". *Huffington Post*, 11 ago. 2013. Disponível em: <http://www.huffingtonpost.com/2013/08/11/how-this-harvard-psycholo_n_3727229.html>.

23. J. W. Shenk, "What Makes Us Happy?". *The Atlantic*, jun. 2009. Disponível em: <https://www.theatlantic.com/magazine/archive/2009/06/what-makes-us-happy/307439/>.

24. Citado em ibid.

25. G. Vaillant, "The Importance of Relationships to Health, Resilience, and Ageing". Edith Dominian Memorial Lecture, Londres, jun. 2014. Disponível em: <https://www.youtube.com/watch?v=XHnuReGjkws>.

26. Ibid.

27. C. Lambert, "Deep Cravings". *Harvard Magazine*, 1 mar. 2000. Disponível em: <http://harvardmagazine.com/2000/03/deep-cravings.html>.

28. Um aumento de um desvio padrão na satisfação dos cônjuges estava ligada a uma redução de 13% da mortalidade; um aumento de dois desvios padrões na satisfação dos cônjuges estava associado a uma redução de 25% na mortalidade; O. Stavrova, "Having a Happy Spouse Is Associated with Lowered Risk of Mortality". *Psychological Science*, v. 30, n. 5, pp. 695-7, 2019.

29. L. Dozier, comunicação pessoal, 26 jul. 2018.

30. M. A. Killingsworth e D. T. Gilbert, "A Wandering Mind Is an Unhappy Mind". *Science*, v. 330, n. 6006, p. 932, 2010.

31. N. Maestas, "Back to Work Expectations and Realizations of Work after Retirement". *Journal of Human Resources*, v. 45, n. 3, pp. 718-48, 2010; A. Mergenthaler et al., "The Changing Nature of (Un-)Retirement in Germany: Living Conditions, Activities and Life Phases of Older Adults in Transition". *BiB Working Paper*, n. 3, 2017; L. G. Platts et al., "Returns to Work after Retirement: A Prospective Study of Unretirement in the United Kingdom". *Ageing and Society*, v. 39, n. 3, pp. 439-64, 2019; R. Kanabar, "Unretirement in England: An Empirical Perspective". *Discussion Papers in Economics*, Department of Economics and Related Studies, University of York, 2012.

32. Citado em P. Span, "When Retirement Doesn't Quite Work Out". *The New York Times*, 3 abr. 2018, p. D5.

33. I. Chotiner, "Barbara Ehrenreich Doesn't Have Time for Self-Care". *Slate*, 13 abr. 2018. Disponível em: <https://slate.com/news-and-politics/2018/04/barbara-ehrenreich-says-smoking-bans-are-a-war-on-the-working-class.html>.

34. Um resumo das leis sobre discriminação em quarenta países está disponível em *AgeDiscrimination.info*. Disponível em: <http://www.agediscrimination.info/international-age-discrimination/>.

35. "The Joys of Living to 100". *The Economist*, 6 jul. 2017. Disponível em: <https://www.economist.com/special-report/2017/07/06/the-joys-of-living-to-100>.

36. K. Allen, "Alzheimer's and Employment". *BrightFocus*, 24 out. 2017. Disponível em: <https://www.brightfocus.org/alzheimers/article/alzheimers-and-employment>.

37. A. Shaw, "London Heathrow Set to Become World's First 'Dementia-Friendly' Airport". *The Sunday Post*, 2 set. 2018. Disponível em: <https://www.sundaypost.com/fp/positive-progress-for-heathrow-with-dementia-friends/#r3z-addoor>.

38. P. B. Harris e C. A. Caporella, "Making a University Community More Dementia Friendly through Participation in an Intergenerational Choir". *Dementia*, 2018.

39. "Pat Summit". Wikipédia, atualizado em 14 jul. 2019. Disponível em: <https://en.wikipedia.org/wiki/Pat_Summitt>.

40. M. C. Carlson et al., "Impact of the Baltimore Experience Corps Trial on Cortical and Hippocampal Volumes". *Alzheimer's and Dementia*, v. 11, n. 11, pp. 1340-8, 2015.

41. C. A. Dingle, *Memorable Quotations: French Writers of the Past*. iUniverse, 2000, p. 126.

42. J. M. Coetzee, *Disgrace*. Nova York: Viking, 1999. [Ed. bras.: *Desonra*. Trad. de José Rubens Siqueira. São Paulo: Companhia das Letras, 2011.]

43. S. Duffy e T. H. Lee, "In-Person Health Care as Option B". *New England Journal of Medicine*, v. 378, n. 2, pp. 104-6, 2018.

44. D. J. P. Gray et al., "Continuity of Care with Doctors — A Matter of Life and Death? A Systematic Review of Continuity of Care and Mortality". *BMJ Open*, v. 8, n. 6, 2018.

45. "The History of San Francisco Otolaryngology", n.d. Disponível em: <http://www.sfotomed.com/history.html>.

46. E. Dolhun, comunicação pessoal, 9 jul. 2013.

47. R. Yeravdekar, V. R. Yeravdekar e M. A. Tutakne, "Family Physicians: Importance and Relevance". *Journal of the Indian Medical Association*, v. 110, n. 7, pp. 490-3, 2012.

48. B. Mastroianni, "Why Keeping the Same Doctor Can Help You Live Longer". *HealthLine*, 16 jul. 2018. Disponível em: <https://www.healthline.com/health-news/same-doctor-help-you-live-longer>.

49. G. L. Jackson et al., "The Patient-Centered Medical Home: A Systematic Review". *Annals of Internal Medicine*, v. 158, n. 3, pp. 169-78, 2013; Patient-Centered Primary Care Collaborative, "Defining the Medical Home". Disponível em: <https://www.pcpcc.org/about/medical-home>; K. C. Stange et al., "Defining and Measuring the Patient-Centered Medical Home". *Journal of General Internal Medicine*, v. 25, n. 6, pp. 601-12, 2010; The Commonwealth Fund, "Primary Care: Our First Line of Defense", 12 jun. 2013. Disponível em: <https://www.commonwealthfund.org/publications/publication/2013/jun/primary-care-our-first-line-defense>.

50. G. Caldwell, comunicação pessoal, 27 mar. 2019.

51. J. F. Coughlin, "Three Questions That Can Predict Future Quality of Life". *MIT AgeLab*, n.d. Disponível em: <http://agelab.mit.edu/system/files/2018-12/three_questions_that_can_predict_future_quality_of_life_0.pdf>.

52. Argentun, "Senior Living Innovation Series: Memory Care", 2016. Aviso: Argentum me pagou para falar em sua assembleia geral, mas escrevi essa seção antes do convite, e isso não influenciou minha decisão de mencioná-los neste livro.

53. CVS, "Multi-Dose Packs". Disponível em: <https:/www.cvs.com/content/multidose>; Pill Pack. Disponível em: <https://www.pilpack.com/>.

54. Disponível em: <https://www.medicare.gov/hospitalcompare>.

55. A. Frakt, "Why It's Crucial to Choose the Right Hospital". *The New York Times*, 22 ago. 2016, p. A3.

56. Ver, por exemplo, "ER Wait Watchers", *ProPublica*, n.d. Disponível em: <https://projects.propublica.org/emergency/>.

57. A. Lickerman, "The Best Disease from Which to Die". *Psychology Today*, 9 set. 2012. Disponível em: <https://www.psychologytoday.com/us/blog/happiness-in-world/201209/the-best-disease-which-die>.

58. P. Span, "One Day Your Mind May Fade. But You Can Plan Ahead". *The New York Times*, 23 jan. 2018, p. D5; a instrução médica preventiva do dr. Gaster está disponível aqui: <https://dementia-directive.org/>.

59. B. Gaster, E. B. Larson e J. R. Curtis, "Advance Directives for Dementia: Meeting a Unique Challenge". *Journal of the American Medical Association*, v. 318, n. 22, pp. 2175-6, 2017.

60. G. Steinem, "Into the Seventies". In: Narboe, N. (org.). *Aging: An Apprenticeship*. Portland, OR: Red Notebook Press, 2017, p. 177.

61. O cantor-compositor Conor Oberst tem uma canção chamada "I Don't Want to Die (in the Hospital)": <https://www.youtube.com/watch?v=-JoCQhh3_pE>.

62. R. Sinatra, "Causes and Consequences of Inadequate Management of Acute Pain". *Pain Medicine*, v. 11, pp. 1859-71, 2010.

63. K. Tanja-Dijkstra et al., "The Soothing Sea: A Virtual Coastal Walk Can Reduce Experienced and Recollected Pain". *Environment and Behavior*, v. 50, n. 6, pp. 599-625, 2018.

64. Ibid.

65. T. O. Iyendo, "Exploring the Effect of Sound and Music on Health in Hospital Settings: A Narrative Review". *International Journal of Nursing Studies*, v. 63, pp. 82-100, 2016.

66. Ver M. Jonwiak, "Nature Scenes and Hospital Recovery". *Association of Nature and Forest Therapy*, 15 set. 2016. Disponível em: <https://www.anft.blog/blog-nature-scenes-and-hospital-recovery>.

67. D. Franklin, "How Hospital Gardens Help Patients Heal". *Scientific American*, 1 mar. 2012. Disponível em: <https://www.scientificamerican.com/article/nature-that-nurtures/>.

68. J. Ference, "Nature's Calming Influence". *Health Facilities Management*, v. 23, n. 7, p. 44, 2010.

69. R. Clarke, "In Life's Last Moments, Open a Window". *The New York Times*, 9 set. 2018, p. SR7.

70. Citado em L. Hawkins, "The Uplifting Power of Nature at the End of Life". *e-hospice*, 23 nov. 2018. Disponível em: <https://ehospice.com/uk_posts/the-uplifting-power-of-nature-at-the-end-of-life/>.

71. Citado em J. Rockwell, "Dennis Potter's Last Interview, on 'Nowness' and His Work". *The New York Times*, 12 jun. 1994, p. 2002030.

72. Narrado a Camille Sweeney em L. H. Lapham, "Old Masters". *The New York Times Magazine*, 23 out. 2014. Disponível em: <https://www.nytimes.com/interactive/2014/10/23/magazine-old-masters-at-top-of-their-game>.

73. L. Fratiglioni et al., "Influence of Social Network on Occurrence of Dementia: A Community--Based Longitudinal Study". *Lancet*, v. 355, n. 9212, pp. 1315-9, 2000.

74. S. Ni et al., "Effect of Gratitude on Loneliness of Chinese College Students: Social Support as a Mediator". *Social Behavior and Personality*, v. 43, n. 4, pp. 559-66, 2015.

75. Citado em J. Barone, "Placido Domingo Nears the Unthinkable". *The New York Times*, 23 ago. 2018, p. C1.

76. Narrado a Camille Sweeney em L. H. Lapham, op. cit.

77. H. S. Friedman e M. L. Kern, "Personality, Well-Being, and Health". *Annual Reviews of Psychology*, v. 65, pp. 719-42, 2014.

78. K. Dychtwald, "Will the 'Age Wave' Make or Break America? The Questions That Trump, Clinton and Sanders Must Answer". *Huffington Post*, 19 maio 2017. Disponível em: <http://agewave.com/media_files/05%2018%2016%20HP_Questions.pdf>.

79. G. Vradenburg, comunicação pessoal, 28 mar. 2019. Vradenburg é o CEO de US Against Alzheimer.

80. G. Steinem, "Boston Speaker Series: Gloria Steinem". *Boston Speakers Series*, 9 jan. 2019.

Créditos das imagens

p. 51 (no alto): Foto usada sob licença Creative Commons.

p. 51 (embaixo): Foto usada sob licença Creative Commons.

p. 61: Figura desenhada por Dan Piraro, baseada em S. L. Armstrong, L. R. Gleitman e H. Gleitman, "What Some Concepts Might Not Be". *Cognition*, v. 13, n. 3, pp. 263-8, 1983.

p. 167: Cortesia de James Adams.

p. 199: Figura adaptada de A. Fiske, J. L. Wetherell e M. Gatz, "Depression in Older Adults". *Annual Review of Clinical Psychology*, v. 5, pp. 363-89, 2009.

p. 252: Imagem usada sob licença Creative Commons.

p. 254: Figura redesenhada por Lindsay Fleming a partir de M. C Bushnell, M. Ceko e L. A. Low, "Cognitive and Emotional Control of Pain and Its Disruptions in Chronic Pain". *Nature Reviews Neuroscience*, v. 14, n. 7, p. 502, 2013.

p. 283: Fotos usadas sob licença Creative Commons.

p. 284: Figura desenhada por Lindsay Fleming, baseada em S. Hood e S. Amir, "The Aging Clock: Circadian Rhythms and Later Life". *Journal of Clinical Investigation*, v. 127, n. 2, pp. 437-46, 2017.

p. 334: Figura redesenhada por Lindsay Fleming a partir de S. G. Wannamethee, A. G. Shaper e M. Walker, "Changes in Physical Activity, Mortality, and Incidence of Coronary Heart Disease in Older Men". *Lancet*, v. 351, n. 9116, pp. 1603-8, 1998.

p. 364: Figura redesenhada por Lindsay Fleming a partir de E. Dolgin, "There's No Limit to Longevity, Says Study That Revives Human Lifespan Debate". *Nature*, 2018. Disponível em: <https://www.nature.com/articles/d41586-018-05582-3>.

p. 419: Figura redesenhada por Lindsay Fleming a partir de A. A. Stone et al., "A Snapshot of the Age Distribution of Psychological Well-Being in the United States". *Proceedings of the National Academy of Sciences*, v. 107, n. 22, pp. 9985-90, 2010.

Índice remissivo

antidepressivos, 14, 103, 195, 199-201, 228

antioxidante, 138, 299-301, 491n18

aposentadoria: aceleração do fim da vida e, 12, 171; compulsória, 12-3, 239-40, 428; *desaposentadoria* e, 427; perda do senso de agência e, 235-6; qualidade de vida e, 427-31; Sanders sobre, 51; tendência para introverter-se e, 238

aplicativos, atributos de segurança nos, 210-1

aprendizado: Alzheimer e, 110-1; ativo vs. passivo, 83; fazer associações e, 154; habilidades manuais, 117; inferência estatística no, 98-9; influência dos genes, cultura e oportunidades no, 155-6; inteligência e, 155; motivação para, 207-9; novidades na velhice, 117; qualidade de vida e, 431; reserva cognitiva e, 175; sono e, 345

aprimoramento cognitivo: aprimoramento da memória/atenção, 399-400; drogas recreativas e, 405-8; estimulantes e, 396-9; ética do, 392-5

arte de fazer acontecer, A (Allen), 52

arteriosclerose, 105

artes criativas, 115-6

artistas e empreendimentos artísticos, 49-52, 170, 197

artrite, 246, 263-4, 413

aspirina, 113

assertividade, 43

associação de padrões e abstração, 60-3, 134-5, 153-4

associações, formação de, 154; *ver também* sociabilidade

Astorino, Todd, 332

ataques terroristas, 11 setembro de 2001, 73

atenção, 108, 110-1, 316, 399-400, 412-3

atenção, modo executivo central de, 108

atenção plena [*mindfulness*], 84, 296

atitudes culturais orientais, 13, 422-3

atitudes e comportamentos pró-sociais, 178

atitudes em relação aos idosos, 11, 20-1

atividade e exercício, 323-38; aeróbico e anaeróbico, 330; ambientes fechados e, 147-8,

243, 267-8, 325, 328-9, 336-8, 445; benefícios do, 305, 325-7, 334-6, 334; caminhada e, 336-8; cognição incorporada e, 325, 327; comprimento do telômero e, 371; constipação e, 312; defesa contra Alzheimer e, 16; estilos de vida sedentários e, 323-4; fluxo de sangue para o cérebro e, 198; função cognitiva e, 324-5, 327, 329-31, 333, 336; gestão da dor e, 265-7; higiene do sono e, 289; importância de, 324, 326-7; isolamento social e solidão e, 229; longevidade e, 365; memória e, 330, 335; motivação para manter-se em forma (apto), 212-3; neurogênese e, 330; neuroplasticidade e, 329-30; níveis mínimos de, 334-5; objetivos compatíveis com a idade, 213; redução de, 198, 214, 328; riscos de lesão e, 332; senso de agência e, 328; Shultz e, 152; treino intervalado de alta intensidade (HIIT), 332-3

atividade sexual, 206, 425-6

Atkins, Robert, 375

atletismo, 48-49, 290-91

audição: aparelhos auditivos e, 117, 137, 139-40; deficiência auditiva e, 101, 104-5, 138; implantes cocleares e, 101-2, 104, 140, 409; mudanças relacionadas com a idade em, 137-40; taxas de perda de audição, 117, 137-8; zumbido no ouvido e, 138-9

Augspurger, George, 150, 153, 174

Aune, Gregory, 418

autismo, transtornos do espectro de, 67, 109, 226, 447

autodisciplina, 45

autoeficácia, 235-7

autonomia funcional, 236-7

autorreflexão, 178-9

autorregulação, 44-5, 52, 233, 413

AVCs (acidente vascular cerebral), 112-3; causas do, 113-4; como causa de morte, 246, 248; confabulações/inferências e, 74, 76; consequências do, 113; mudanças na personalidade e, 45; negligência unilateral em seguida a, 128; prevenção de, 113; tipos de, 112-3

e, 220-1; risco das mulheres de, 15; ruptura do ritmo circadiano e, 285; sem deficiência cognitiva, 174; síndrome do entardecer, sintomas e, 285, 288; sobre, 110-1; solidão e, 217

doença de Parkinson, 16, 143, 265, 274, 276, 285, 398, 409, 491n18

doença de Pick, 45

doenças e condições crônicas, taxas de, 197

Doidge, Norman, 115

Dolhun, Eduardo, 432

dominância, 43

Domingo, Plácido, 448

dopamina: ansiedade social e, 221; busca de novidades e, 209; "curtidas" no ciberespaço e, 219; depressão e, 200; diferenças individuais e, 188-9; influência sobre os traços de personalidade, 44; isolamento social e, 228; microbioma e, 314; putâmen e, 221; reduções na produção/ingestão de, 105, 209, 328, 396-8; ritmo circadiano e, 287; sabedoria e, 180

dor, 244-72; altas e baixas ao longo do tempo, 247; ambientes de realidade virtual e, 443; angústia mental e, 250; antecipação da, 256; aspectos temporais, 262-3, 262; atribuições equivocadas, 447; base neurológica da, 247-54, 253, 261; causa de lesões e, 260; comprimento do telômero e, 373; considerações culturais e, 259, 447; crônica, 245-7, 249, 258-9, 269-70, 373; custos do tratamento, 246; cutânea (dor somática), 254-5, 484n17; efeito do membro fantasma, 132-3, 247; efeitos placebo e, 260-1; empatia e, 253; estratégias de enfrentamento e, 267-8; exposição ambiental à dor, 261-2; fatores genéticos da, 261-2; fatores psicológicos na, 260, 262, 268; ferramenta para descrever, 250-1; função cognitiva e, 253-4, 269; função da, 249, 256-9; hipersensibilidade à, 266; idade ajustada ao risco, 246-7; insensibilidade/indiferença à, 257; interações de emoções com, 253-4, 447; má interpretação da inevitabilidade da, 271; opioides e, 75, 246,

260-1, 263, 265-6, 423; percepção da, 247, 253-6; polifarmácia e, 270-2; problemas de, relacionados com a idade, 269-72; teoria do portão de controle da dor, 249; tratamento da, 263-7; visceral, 254-5, 484n17

Dozier, Lamont, 427

drogas recreativas, 405-8

Duncker, Karl, 176, 472n38

duração da doença, 246, 248, 273-4

duração da saúde, 152, 229, 246, 363, 389, 423

duração da vida dos humanos: busca de limites, 362-4; comprimento do telômero e, 370-1; duração da doença e, 16-7, 17, 368; duração da saúde e, 16-7, 17, 363, 368, 375, 385, 389; expectativa de, 389; humano vivo mais idoso, 357, 503-4n1; indústria antienvelhecimento e, 375; população com mais de 65 anos, 448; risco anual de morte e, 363-4, 364

Dweck, Carol, 211-2

Edison, Thomas, 340

educação, 175, 223-4, 426

efeito de distorção pelo observador, 215

"efeito La Dolce Vita", 46-7

Ehrenreich, Barbara, 428

Einstein, Albert, 161, 168

eixo HPA (hipotálamo-pituitária-adrenal), 55, 193, 220

Ekman, Paul, 186

ELA (esclerose lateral amiotrófica), 143

Em defesa da comida (Pollan), 322

emoções, 182-216; alimentação emocional e, 321; apresentações musicais e, 182; atribuições equivocadas, 185; categorização, 135-6; compreensão dos outros, 187-8; de animais, 185; desenvolvimento e maturação das, 187-8; diferenciação das, 188; dor de angústia mental e, 250; específicas da cultura/universal, 186-7; função do sono no processamento das, 342; função evolutiva das, 183-6; fundo neuroquímico das, 188-9; gratidão, 31, 229, 447-8; hormônios e, 207; inatas, 186; interação da dor com, 253-4, 254, 447; luto,

influências socioeconômicas, 18

Innsbruck, Áustria, experimentos de adaptação sensorial em, 127

insônia, 197-8, 199, 200, 347-8

instituições de cuidado de longa duração, 235-6, 316-7, 437

instruções médicas preventivas, 439-41

insulina, 304-5, 367

intelecto, 35, 41-2, 458n24; ver também abertura para experiências

inteligência, 149-81; conscienciosidade e, 52-3; criatividade e, 164-8, 471n16; crise dos órfãos romenos e, 224-5; depressão e, 169-70; desempenho escolar e, 154-6, 163; expertise em idosos e, 149-50, 154, 447; fluida, 156-8, 169-70, 174-7; mensuração, 153; pensamento abstrato e, 171-5, 447; princípio COACH e, 152-3; raciocínio analógico e, 153, 176-7; reserva cognitiva e, 110; sabedoria e, 153-4, 178-81; sobre, 153-4; testes de avaliação, 163-8, 173, 175; tipos de, 154-8, 169-70; várias áreas da, 158-62; velocidade de processamento e, 168-71, 174

inteligência corporal-cinestésica, 158

inteligência interpessoal, 159, 179

inteligência lógico-matemática, 158

inteligência naturalista, 159-60, 470n12

inteligência visual-espacial, 158, 161

internet, 210, 219

intolerância à lactose, 19

inverno e relógios biológicos, 286-7

ioga, 265, 267

Isaacson, Walter, 237

isolamento ver solidão e isolamento social

isolamento social e comportamento agressivo, 227-8

Istvan, Zoltan, 411

Jagger, Mick, 329

James, William, 29, 96, 108

jejum, 305-6, 368

Jobs, Steve, 53

Joel, Billy, 340

"jogos para exercitar o cérebro", 167-8, 390-2

Jones, Quincy, 155, 427

Kahana, Michael, 409-10

Kahneman, Daniel, 262-3, 416-7

Kamp, David, 340

Keele, Steve, 61-2, 81, 171

Kendrick, Anna, 34

Kennedy, John F., Jr., 131, 424

Kennedy, Pagan, 375-6

Kentucky Fried Chicken (KFC), 50

Kenyon, Cynthia, 304-6, 367-8

Keynes, John Maynard, 358

Khullar, Dhruv, 226

Kimball, Jeffrey, 86

Klausner, Richard, 388-9

Klinenber, Eric, 218-9

Koch, Charles, 52

Kodama, Mari, 116

Korsakoff, síndrome de, 143

Kosslyn, Stephen, 85

Krakauer, David, 156

laços afetivos, teoria dos, 222-3, 445

Laddish, Tim, 214

Larsson, Stieg, 256

Lashley, Karl, 114

laxantes, 312-3

Lear, Norman, 313

LeDoux, Joseph, 184

Lennon, John, 53

leucina, 309-10

Levin, Michael, 359

Lewisohn, Mark, 59

libido, 205-6

Lickerman, Alex, 439

linguagem, 97-104, 110-1, 138

linguagem de sinais, 102, 104

linkAges, programa comunitário, 230

Linton, Steven, 260, 267-8

Lobo, Rogerio, 350

lobo temporal medial, 68, 87, 103-7, 110

lobos temporais, 78-9, 82, 87

pensamento abstrato, 100, 171-5, 447

"pensar fora da caixa", 165-6, *165-7*, 471n16

percepção sensorial, 119-48; adaptações na, 126-30, 132; ambientes complexos e, 147-8; animais e, 119-20; bebês e, 95-7; brilho e, 122-4, *123*; declínio da, 88, 117-8; efeito do membro fantasma e, 132-3; experimentos de adaptação prismática, 126, 129; ilusão da mão de borracha e, 129-30; ilusões, 125; interação física com o ambiente e, 131-2; lógica da, 121-5, *123*; pilotos e, 130-1; preenchimento perceptual e, 134-5; *Ratos demolidores*, desenho animado, 130; receptores sensoriais e, 120; senso de identidade e, 130; sentido de tato, 141; sentidos de paladar e olfato, 141-7; *ver também* audição; visão e sistema visual

perda de apetite, 271

perdão, 21

períodos críticos do desenvolvimento, 100-4

personalidade: base biológica da, 43; cultura e, 30-3, 37-8; diferenças individuais na, 188-9; genética e, 31, 43, 189; maleabilidade da, 11, 28-30, 53-5, 445, 458-9n37; mensuração científica da, 35-43; modelo Big Five da, 40-6; modelos de conduta e, 48-52; mudanças na, relacionadas com a saúde, 47-8; mudanças relacionadas com a idade na, 44-8; mudanças sombrias na, 11; na infância, 27-9; oportunidade e, 33; organização dos traços de, 40-2; temperamento vs., 44-5; traços de, 11, 30-3, 38-43; traços físicos e, 34-5; *ver também* conscienciosidade; *e traços específicos*

Physical Intelligence [Inteligência física] (Grafton), 323

Pickens, T. Boone, 448

Pierce, John R., 13, 201

pilotos, percepção sensorial dos, 130-1

Pink, Daniel, 419

pitolisant, 397

placebo, efeitos, 260-1

poda neuronal, 96-8

polícia, vieses da, 34

polifarmácia, 270-2

poliglotas, 98

Pollan, Michael, 322, 406-7

Polya, George, 471n16

Pontzer, Herman, 319-20

Popper, Karl, 177

Por que nós dormimos (Walker), 341

Posner, Michael, 21, 61-2, 81, 171

potencializadores cognitivos farmacêuticos (pcfs), 393-5

Potter, Dennis, 444

práticas religiosas, 229-30

práticas saudáveis, 23, 56, 152

prebióticos, 318

predisposições, 44-5, 162, 189, 201

preenchimento perceptual, 134-5

presbiopia, 134, 137

pressão arterial, 113, 138

princípio da generalização, 60-5

princípio da moderação, 422

príons, 16, 379-80

privação de sono: Alzheimer e, 15, 343-4; ativação da amígdala e, 342; consequências cognitivas da, 15, 343-4; fatores sociais que contribuem para, 341; horários trabalho/escola e, 280-1; níveis epidêmicos de, 341; queda de energia depois do almoço e, 287; riscos associados a, 15, 281, 343-4

probióticos, 313, 315-8, 497n105

procrastinação, 191

produtividade, duração da, 290

progesterona, 204-5, 349, 401

proteínas, 94, 309-10

proteínas foxo e genes *FOXO*, 359, 367

Protocolo Bredesen, 16

Prozac, 14, 103, 200-1, 393

Prusiner, Stan, 16, 379-80

psicodélicos, 220, 405-8

psicologia positiva, 229

psicologia social, 55

psicoterapia, 29, 55, 201, 229

psilocibina, 220, 405-6; *ver também* cogumelos

putâmen, 220-1, 236

Putnam, Robert, 218

qualidade de vida: comparações sociais e, 421-2; conversas difíceis e, 435-7; cuidado no fim da vida e, 442-4; efeitos de novos empreendimentos sobre, 52; expectativa de vida saudável (HALE), 418; hospitais e, 438-9; instrução preventiva para os médicos, 439-42; longevidade e, 415-8; mensuração, 422-7; positividade em idosos e, 420-1; preparação para futuras deficiências e, 437-8; relacionamentos médico-paciente e, 431-4; terapia de reposição hormonal e, 206; trabalho significativo e, 427-31; três perguntas a considerar e, 435-7; união do casal e, 426-7; voluntarismo e, 430

quebra-cabeças, solução, 168

Questionário de Dor McGill, 250-1, *250-1*

Quintana, Carlos, 400

raciocínio analógico, 153, 176-7

raciocínio matemático e abstrato, 171-2;

radicais livres, 138, 299-300, 491n18

raiva, 186, 446

Ramachandran, Vilayanur, 132-3

Ramsay, James, 213, 326

Ratos demolidores, desenho animado, Warner Bros., 130

realismo, 48

reconhecimento facial, 64-5

recurso, tratar os mais velhos como, 20

redes sociais, 24, 219, 423

refeições, horário das, 279

reflexividade, 178-9

regeneração, 359, 362, 387, *388*

regras, observância de, 33, 45

rejeição, sentimentos de, 12

relacionamento paciente-médico, 431-4

relacionamentos: casamento e união do casal, 231, 424-7, 517n28; com os pais, 222, 426, 445; comprimento do telômero e, 371-2; efeitos da ruminação sobre, 202-3; efeitos das redes sociais sobre, 219; exercer compaixão nos, 54-6; falta de, 192; felicidade e, 424-7; função cognitiva e, 424-5; hormônios sexuais e, 205; importância de, significativos, 238, 424-7; laços de, 20; positivos, 180; produção de progesterona e, 204-5

relativismo, valorização do, 178

relógio biológico, 275-91; componente genético do, 276-9, 282; consumo de álcool e, 308; cronotipos e, 279-82, *280*, 290-1; desempenho máximo e, 290-1; evolução do, 275; fome e, 275, 283; hipótese da sentinela e, 281-3; horários de trabalho e de escolas e, 280-1; ingestão de cafeína e, 289-90; luz artificial e, 280, 340, 347-8; melatonina e, 278, 280, *280*, 284, 286-90, 352-3; meses de inverno e, 286-7; mudanças em, 284-6; mudanças relacionadas com a idade em, 282-5, *284*; necessidades de sono, viagem e, 286-7; relógio mestre e, 276-9, 283

remédios naturais, 297-8

Remembering [Lembrar-se] (Bartlett), 83

repouso passivo, modo de atenção, 108

reprodução, 368

repulsa/nojo, 147, 185-6

resiliência, 31, 113, 163, 194, 201, 440

respeito, perda de, 12

responsabilidade (traço de personalidade), 34-5

ressentimentos, deixar de lado os, 446

restrição calórica, 304-9, 375, 384-5

resveratrol, 308, 384, 387

Richards, Keith, 340

Richards, Michael, 32

rigidez, 53

Ritalina, 189, 394, 397

ritmos circadianos, 275-80, 282, 284-5, 287-91; *ver também* atividade e exercício; relógio biológico

rivastigmina (Exelon), 143, 399-400

Robertson, Anna Mary *ver* Vovó Moses

Rock, Irv, 80, 122, 124, 126, 146

Rodale, Jerome, 376

Roenneberg, Till, 281

Rollins, Sonny, 238, 420-2

Ronstadt, Linda, 208-9

Ruby, Graham, 366

ruminação, 202-3

solidão e isolamento social: como previsor de doença e mortalidade, 446; como tendência difusa, 218; efeitos da, 219-20, 227-8, 413, 424; fatores que contribuem para, 218-9; meditação e, 413; perda da motivação e, 328; redução, 226-32; sobre, 217-8; união do casal e, 426-7

solução de problemas: criatividade e, 167-8, 329; pensamento abstrato e, 174; prática, 167-8, 177; privação de sono e, 343; raciocínio analógico e, 176-7, 472n38; sabedoria e, 153-4

sonecas (cochilos), 347

sonhar, 78, 344

sono, 339-54; ajudas para dormir com prescrição médica e, 197-8; cirurgia de catarata e, 278; consolidação da memória e, 78; consumo de álcool e, 308; dieta e, 287-8; dificuldades com, 197-8; doença de Alzheimer e, 16; dor e, 270; exposição à luz azul e, 278, 347-8, 353; função cognitiva e, 354; função restauradora do, 339, 342-3; higiene do sono, 16, 198, 229, 287-9, 353-4; hipersonia e, 348; horários trabalho/escola e, 280-1; ingestão de cafeína e, 289-90, 351-2; insônia e, 197-8, 199, 200, 347-8; isolamento social e solidão e, 229; mudanças relacionadas com a idade e, 346-8; necessidade de sono (impulso do sono), 339; perturbações do, 347; problemas especiais das mulheres, 349-50; problemas especiais dos homens, 350; protocolo de Bredesen e, 16; reiniciando o ciclo de sono, 344-6; síndrome da perna inquieta e, 347; soneca e, 347; sonhos e, 78, 344; tempo necessário para, 341-3, 345-6; *ver também* melatonina

sorrir, efeitos emocionais de, 54

Srivastava, Mansi, 359

Steinem, Gloria, 442, 449

Sternberg, Robert, 159-60, 470n7

Stewart, Kristen, 34

Stills, Stephen, 155, 340

substância P (neuroquímico), 265

sucesso, 52-3

Summitt, Pat, 429-30

superalimentos, 322

suplementos, 16, 300-1, 306-8

Sur, Mriganka, 105

surgência (nível de atividade), 45

surpresa, 186

Suwabe, Kazuya, 335-6

Swedberg, Heidi, 32

tabagismo, 108, 137, 294, 386, 398

Tac2/NkB (neurocinina), 227, 265

tálamo, 253, 344

talidomida, 103

tanezumab, 269-70

Tang, Paul, 230

tardígrados, 360-1, *361*

tato, sentido do, 96, 132, 141

tecnologia, 77, 86, 108, 139-40, 347-8

telomerase, 359-60, 372-4, 414

Telomere Effect, The [O efeito telômero] (Epel), 373-4

telômeros, 142-3, 359-60, 370-4, *371*, 376

temperamento, 44-5

tempo ao ar livre: criatividade e, 328-9; funções cognitivas e, 147-8, 324-6, 337-8, *337*, 447; importância do, 243, 445-6; tratamento da dor e, 267-8

tempo de intercepção, 100

tenacidade, 207

teoria da seletividade socioemocional, 233-4

teoria do portão de controle da dor, 249

teoria dos múltiplos rastros (MTT), 81

terapia cognitivo-comportamental (TCC), 192, 201, 229

terapia de estimulação cognitiva (TEC), 401-2

terapia de reposição hormonal (TRH), 206, 349-51, 401

testamento vital (instrução preventiva para os médicos), 439-42

testar a si próprio, 49

testosterona, 43, 205-6, 310, 350-1, 368, 401

Thomas, Alma, 50

Thomas, Dylan, 9, 329

ESTA OBRA FOI COMPOSTA PELA ABREU'S SYSTEM EM INES LIGHT
E IMPRESSA EM OFSETE PELA GRÁFICA SANTA MARTA SOBRE PAPEL PÓLEN NATURAL
DA SUZANO S.A. PARA A EDITORA SCHWARCZ EM FEVEREIRO DE 2024